世界のフクロウ全種図鑑
OWLS OF THE WORLD

世界のフクロウ
全種図鑑
OWLS OF THE WORLD

Heimo Mikkola
ハイモ・ミッコラ 著
早矢仕有子 監修
五十嵐友子 訳

X-Knowledge

【本書の和名と、日本に分布する種について】
　本書の和名については山階芳麿著『世界鳥類和名辞典』(大学書林、1986年)に準拠したが、現在では分類されている種数がはるかに増えているうえに、分類上の位置付けが変わってしまった種も多く(属が変更されたなど)、該当しない種も多数存在する。そこで、『世界鳥類和名辞典』に掲載されていない種の和名については、世界の鳥類データベースサイトである「Avibase」(https://avibase.bsc-eoc.org/avibase.jsp?lang=EN)から引用し、「Avibase」にも和名が記載されていない種については英名のままとした。
　また、日本に分布している種に関しては、本書の分類的位置付けや和名・英名・学名のいずれかに、日本鳥学会発行の『日本鳥類目録』(最新版は2012年発行の第7版)と違いがあるものもあるため、それらの種については種名の覧にその旨補足を加えた。

OWLS OF THE WORLD:
A PHOTOGRAPHIC GUIDE, 2nd Edition
by Heimo Mikkola

© Heimo Mikkola, 2013
This translation of OWLS OF THE WORLD:
A PHOTOGRAPHIC GUIDE, Second edition
is published by X-Knowledege Co., Ltd.
by arrangement with Bloomsbury Publishing PLc.
through Tuttle-Mori Agency, Inc., Tokyo

装幀・本文デザイン	米倉英弘(細山田デザイン事務所)
本文組版	竹下隆雄
編集強力	小泉伸夫
翻訳協力	石黒千秋、的場知之、株式会社トランネット

CONTENTS

謝辞	13
序文	15
フクロウの特徴	16
視覚	16
聴覚	17
羽角の役割	18
静かな羽ばたき	20
くちばしと爪	22
フクロウの生態	24
外見と大きさ	24
鳴き声	26
羽色のバリエーションと年齢	28
羽衣の異常	30
換羽	33
獲物と狩り	33
生息地	40
行動	41
ギルド内捕食	50
繁殖戦略	51
寿命	52
移動	54
フクロウの進化	57
分布と生物地理学	57
分類とDNA塩基配列	58
フクロウと人間	60
保護活動	66
絶滅したフクロウ	69
フクロウ愛好家	70
フクロウ関連団体と世界の研究機関	71
インターネットで見られるフクロウ	71
種の解説について	72
写真	73
分布地図	73
参考文献	73
典型的なフクロウ類の身体	74
用語集	75
メンフクロウ科	78
001. メンフクロウ　BARN OWL　*Tyto alba*	78
002. アメリカメンフクロウ　AMERICAN BARN OWL　*Tyto furcata*	82
003. CURAÇAO BARN OWL　*Tyto bargei*	86
004. LESSAR ANTILLES BARN OWL　*Tyto insularis*	87
005. GALÁPAGOS BARN OWL　*Tyto punctatissima*	88
006. ケープベルデメンフクロウ　CAPE VERDE BARN OWL　*Tyto detorta*	89
007. SÃO TOMÉ BARN OWL　*Tyto thomensis*	90

008.	オーストラリアメンフクロウ	AUSTRALIAN BARN OWL	*Tyto delicatula*	91
009.		BOANG BARN OWL	*Tyto crassirostris*	93
010.	アンダマンメンフクロウ	ANDAMAN BARN OWL	*Tyto deroepstorffi*	94
011.	イスパニオラメンフクロウ	ASHY-FACED OWL	*Tyto glaucops*	95
012.	マダガスカルメンフクロウ	MADAGASCAR RED OWL	*Tyto soumagnei*	98
013.	ニューブリテンメンフクロウ	GOLDEN MASKED OWL	*Tyto aurantia*	100
014.	スラメンフクロウ	TALIABU MASKED OWL	*Tyto nigrobrunnea*	101
015.	ヒガシメンフクロウ	EASTERN GRASS OWL	*Tyto longimembris*	102
016.	ミナミメンフクロウ	AFRICAN GRASS OWL	*Tyto capensis*	104
017.	コメンフクロウ	LESSER MASKED OWL	*Tyto sororcula*	106
018.	オオメンフクロウ	AUSTRALIAN MASKED OWL	*Tyto novaehollandiae*	107
019.	マヌスメンフクロウ	MANUS MASKED OWL	*Tyto manusi*	108
020.	セレベスメンフクロウ	SULAWESI MASKED OWL	*Tyto rosenbergii*	109
021.	タスマニアメンフクロウ	TASMANIAN MASKED OWL	*Tyto castanops*	110
022.	ミナハサメンフクロウ	SULAWESI GOLDEN OWL	*Tyto inexspectata*	112
023.	ヒメススイロメンフクロウ	LESSER SOOTY OWL	*Tyto multipunctata*	113
024.	ススイロメンフクロウ	GREATER SOOTY OWL	*Tyto tenebricosa*	114
025.	コンゴニセメンフクロウ	ITOMBWE OWL	*Tyto prigoginei*	116
026.	ニセメンフクロウ	ORIENTAL BAY OWL	*Phodilus badius*	117
027.	スリランカメンフクロウ	SRI LANKA BAY OWL	*Phodilus assimilis*	120

フクロウ科　　　　　　　　　　　　　　　　　　　　　　　　　　　122

028.	ヨーロッパコノハズク	COMMON SCOPS OWL	*Otus scops*	122
029.	サバクコノハズク	PALLID SCOPS OWL	*Otus brucei*	126
030.	アラビアコノハズク	ARABIAN SCOPS OWL	*Otus pamelae*	128
031.	アフリカコノハズク	AFRICAN SCOPS OWL	*Otus senegalensis*	130
032.	ソコトラコノハズク	SOCOTRA SCOPS OWL	*Otus socotranus*	132
033.	アカヒメコノハズク	CINNAMON SCOPS OWL	*Otus icterorhynchus*	133
034.	ハイイロコノハズク	SOKOKE SCOPS OWL	*Otus ireneae*	134
035.	ペンバオオコノハズク	PEMBA SCOPS OWL	*Otus pembaensis*	135
036.	サントメコノハズク	SÃO TOMÉ SCOPS OWL	*Otus hartlaubi*	136
037.	セーシェルコノハズク	SEYCHELLES SCOPS OWL	*Otus insularis*	138
038.	マヨットコノハズク	MAYOTTE SCOPS OWL	*Otus mayottensis*	139
039.	コモロコノハズク	GRANDE COMORE SCOPS OWL	*Otus pauliani*	140
040.	アンジュアンコノハズク	ANJOUAN SCOPS OWL	*Otus capnodes*	141
041.	モハリコノハズク	MOHÉLI SCOPS OWL	*Otus moheliensis*	142
042.	マダガスカルコノハズク	MADAGASCAR SCOPS OWL	*Otus rutilus*	143
043.	トロトロカコノハズク TOROTOROKA SCOPS OWL		*Otus madagascariensis*	145
044.	タイワンコノハズク	MOUNTAIN SCOPS OWL	*Otus spilocephalus*	148
045.	インドオオコノハズク	INDIAN SCOPS OWL	*Otus bakkamoena*	150
046.	コノハズク	ORIENTAL SCOPS OWL	*Otus sunia*	152
047.	ヒガシオオコノハズク	COLLARED SCOPS OWL	*Otus lettia*	156
048.	オオコノハズク	JAPANESE SCOPS OWL	*Otus semitorques*	158
049.	リュウキュウコノハズク	ELEGANT SCOPS OWL	*Otus elegans*	160
050.	スンダコノハズク	SUNDA SCOPS OWL	*Otus lempiji*	162
051.	ニコバルコノハズク	NICOBAR SCOPS OWL	*Otus alius*	163
052.	ムンタワイコノハズク	SIMEULUE SCOPS OWL	*Otus umbra*	164
053.	エンガノコノハズク	ENGGANO SCOPS OWL	*Otus enganensis*	165
054.	メンタワイオオコノハズク	MENTAWAI SCOPS OWL	*Otus mentawi*	166
055.	ラジャーオオコノハズク	RAJAH SCOPS OWL	*Otus brookii*	168

056.	SINGAPORE SCOPS OWL *Otus cnephaeus*	169
057.	ルソンオオコノハズク LUZON LOWLAND SCOPS OWL *Otus megalotis*	170
058.	エベレットコノハズク MINDANAO LOWLAND SCOPS OWL *Otus everetti*	171
059.	ネグロコノハズク VISAYAN LOWLAND SCOPS OWL *Otus nigrorum*	173
060.	オニコノハズク GIANT SCOPS OWL *Otus gurneyi*	174
061.	パラワンオオコノハズク PALAWAN SCOPS OWL *Otus fuliginosus*	176
062.	ハナジロコノハズク WHITE-FRONTED SCOPS OWL *Otus sagittatus*	177
063.	アカチャコノハズク REDDISH SCOPS OWL *Otus rufescens*	178
064.	セレンディブコノハズク SERENDIB SCOPS OWL *Otus thilohoffmanni*	180
065.	アンダマンコノハズク ANDAMAN SCOPS OWL *Otus balli*	181
066.	ジャワコノハズク JAVAN SCOPS OWL *Otus angelinae*	182
067.	フロレスオオコノハズク WALLACE'S SCOPS OWL *Otus silvicola*	183
068.	フロレスコノハズク FLORES SCOPS OWL *Otus alfredi*	184
069.	ミンダナオコノハズク MINDANAO SCOPS OWL *Otus mirus*	185
070.	ルソンコノハズク LUZON SCOPS OWL *Otus longicornis*	186
071.	ミンドロコノハズク MINDORO SCOPS OWL *Otus mindorensis*	187
072.	リンジャニコノハズク RINJANI SCOPS OWL *Otus jolandae*	188
073.	モルッカコノハズク MOLUCCAN SCOPS OWL *Otus magicus*	189
074.	WETAR SCOPS OWL *Otus tempestatis*	190
075.	SULA SCOPS OWL *Otus sulaensis*	192
076.	ビアクコノハズク BIAK SCOPS OWL *Otus beccarii*	193
077.	セレベスコノハズク SULAWESI SCOPS OWL *Otus manadensis*	194
078.	KALIDUPA SCOPS OWL *Otus kalidupae*	195
079.	BANGGAI SCOPS OWL *Otus mendeni*	196
080.	SIAU SCOPS OWL *Otus siaoensis*	197
081.	SANGIHE SCOPS OWL *Otus collari*	198
082.	ボルネオコノハズク MANTANANI SCOPS OWL *Otus mantananensis*	199
083.	アメリカコノハズク FLAMMULATED OWL *Psiloscops flammeolus*	202
084.	ニシアメリカオオコノハズク WESTERN SCREECH OWL *Megascops kennicottii*	204
085.	ヒガシアメリカオオコノハズク EASTERN SCREECH OWL *Megascops asio*	207
086.	クーパーコノハズク PACIFIC SCREECH OWL *Megascops cooperi*	210
087.	OAXACA SCREECH OWL *Megascops lambi*	211
088.	ヒゲコノハズク WHISKERED SCREECH OWL *Megascops trichopsis*	212
089.	ヒゲオオコノハズク BEARDED SCREECH OWL *Megascops barbarus*	214
090.	バルサスオオコノハズク BALSAS SCREECH OWL *Megascops seductus*	216
091.	パナマオオコノハズク BARE-SHANKED SCREECH OWL *Megascops clarkii*	217
092.	スピックスコノハズク TROPICAL SCREECH OWL *Megascops choliba*	218
093.	ペルーオオコノハズク MARIA KOEPCKE'S SCREECH OWL *Megascops koepckeae*	222
094.	シロエリオオコノハズク PERUVIAN SCREECH OWL *Megascops roboratus*	224
095.	TUMBES SCREECH OWL *Megascops pacificus*	226
096.	ホイオオコノハズク MONTANE FOREST SCREECH OWL *Megascops hoyi*	228
097.	アンデスオオコノハズク RUFESCENT SCREECH OWL *Megascops ingens*	229
098.	SANTA MARTA SCREECH OWL *Megascops 'gilesi'*	230
099.	コロンビアオオコノハズク COLOMBIAN SCREECH OWL *Megascops colombianus*	231

100.	シナモンオオコノハズク CINNAMON SCREECH OWL	*Megascops petersoni*	232
101.	アンデスコノハズク CLOUD-FOREST SCREECH OWL	*Megascops marshalli*	234
102.	チャバラオオコノハズク NORTHERN TAWNY-BELLIED SCREECH OWL	*Megascops watsonii*	235
103.	SOUTHERN TAWNY-BELLIED SCREECH OWL	*Megascops usta*	236
104.	ズグロオオコノハズク BLACK-CAPPED SCREECH OWL	*Megascops atricapilla*	238
105.	ミミナガオオコノハズク SANTA CATARINA SCREECH OWL	*Megascops sanctaecatarinae*	239
106.	ムシクイコノハズク VERMICULATED SCREECH OWL	*Megascops vermiculatus*	240
107.	CHOCÓ SCREECH OWL	*Megascops centralis*	242
108.	RORAIMA SCREECH OWL	*Megascops roraimae*	244
109.	ハラグロオオコノハズク GUATEMALAN SCREECH OWL	*Megascops guatemalae*	245
110.	プエルトリコオオコノハズク PUERTO RICAN SCREECH OWL	*Megascops nudipes*	246
111.	RIO NAPO SCREECH OWL	*Megascops napensis*	247
112.	ノドジロオオコノハズク WHITE-THROATED SCREECH OWL	*Megascops albogularis*	249
113.	カキイロコノハズク　PALAU OWL	*Pyrroglaux podarginus*	251
114.	ユビナガフクロウ　CUBAN BARE-LEGGED OWL	*Gymnoglaux lawrencii*	252
115.	アフリカオオコノハズク NORTHERN WHITE-FACED OWL	*Ptilopsis leucotis*	254
116.	ミナミアフリカオオコノハズク SOUTHERN WHITE-FACED OWL	*Ptilopsis granti*	256
117.	シロフクロウ　SNOWY OWL	*Nyctea scandiaca*	258
118.	アメリカワシミミズク　GREAT HORNED OWL	*Bubo virginianus*	262
119.	マゼランワシミミズク MAGELLANIC HORNED OWL	*Bubo magellanicus*	266
120.	ワシミミズク　EURASIAN EAGLE OWL	*Bubo bubo*	268
121.	キタアフリカワシミミズク　PHARAOH EAGLE OWL	*Bubo ascalaphus*	272
122.	ベンガルワシミミズク　ROCK EAGLE OWL	*Bubo bengalensis*	274
123.	イワワシミミズク（ケープワシミミズク） CAPE EAGLE OWL	*Bubo capensis*	276
124.	アクンワシミミズク　AKUN EAGLE OWL	*Bubo leucostictus*	278
125.	アフリカワシミミズク　SPOTTED EAGLE OWL	*Bubo africanus*	280
126.	アビシニアンワシミミズク　GREYISH EAGLE OWL	*Bubo cinerascens*	282
127.	コヨコジマワシミミズク　FRASER'S EAGLE OWL	*Bubo poensis*	284
128.	ウサンバラワシミミズク　USAMBARA EAGLE OWL	*Bubo vosseleri*	285
129.	クロワシミミズク　MILKY EAGLE OWL	*Bubo lacteus*	286
130.	ヨコジマワシミミズク　SHELLEY'S EAGLE OWL	*Bubo shelleyi*	288
131.	ネパールワシミミズク　FOREST EAGLE OWL	*Bubo nipalensis*	289
132.	マレーワシミミズク　BARRED EAGLE OWL	*Bubo sumatranus*	290
133.	ウスグロワシミミズク　DUSKY EAGLE OWL	*Bubo coromandus*	292
134.	フィリピンワシミミズク　PHILIPPINE EAGLE OWL	*Bubo philippensis*	294
135.	シマフクロウ　BLAKISTON'S FISH OWL	*Bubo blakistoni*	296
136.	ミナミシマフクロウ　BROWN FISH OWL	*Bubo zeylonensis*	298
137.	マレーウオミミズク　MALAY FISH OWL	*Bubo ketupu*	300
138.	ウオミミズク　TAWNY FISH OWL	*Bubo flavipes*	302
139.	ウオクイフクロウ　PEL'S FISHING OWL	*Bubo peli*	304

140.	アカウオクイフクロウ　RUFOUS FISHING OWL　*Bubo ussheri*	307
141.	タテジマウオクイフクロウ VERMICULATED FISHING OWL　*Bubo bouvieri*	308
142.	メガネフクロウ　SPECTACLED OWL　*Pulsatrix perspicillata*	310
143.	SHORT-BROWED OWL　*Pulsatrix pulsatrix*	312
144.	キマユメガネフクロウ TAWNY-BROWED OWL　*Pulsatrix koeniswaldiana*	313
145.	アカオビメガネフクロウ　BAND-BELLIED OWL　*Pulsatrix melanota*	314
146.	モリフクロウ　TAWNY OWL　*Strix aluco*	315
147.	ウスイロモリフクロウ　HUME'S OWL　*Strix butleri*	318
148.	アフリカヒナフクロウ　AFRICAN WOOD OWL　*Strix woodfordii*	320
149.	マレーモリフクロウ　SPOTTED WOOD OWL　*Strix seloputo*	322
150.	インドモリフクロウ　MOTTLED WOOD OWL　*Strix ocellata*	324
151.	オオフクロウ　BROWN WOOD OWL　*Strix leptogrammica*	326
152.	NIAS WOOD OWL　*Strix niasensis*	328
153.	ヒマラヤフクロウ　HIMALAYAN WOOD OWL　*Strix nivicola*	329
154.	BARTELS'S WOOD OWL　*Strix bartelsi*	330
155.	MOUNTAIN WOOD OWL　*Strix newarensis*	331
156.	ナンベイヒナフクロウ　MOTTLED OWL　*Strix virgata*	332
157.	アカアシモリフクロウ　RUFOUS-LEGGED OWL　*Strix rufipes*	333
158.	MEXICAN WOOD OWL　*Strix squamulata*	334
159.	チャコフクロウ　CHACO OWL　*Strix chacoensis*	336
160.	ブラジルモリフクロウ　RUSTY-BARRED OWL　*Strix hylophila*	337
161.	アカオビヒナフクロウ　RUFOUS-BANDED OWL　*Strix albitarsis*	338
162.	シロクロヒナフクロウ　BLACK-AND-WHITE OWL　*Strix nigrolineata*	339
163.	クロオビヒナフクロウ　BLACK-BANDED OWL　*Strix huhula*	340
164.	ニシアメリカフクロウ　SPOTTED OWL　*Strix occidentalis*	342
165.	チャイロアメリカフクロウ　FULVOUS OWL　*Strix fulvescens*	345
166.	アメリカフクロウ　BARRED OWL　*Strix varia*	346
167.	シセンフクロウ　SICHUAN WOOD OWL　*Strix davidi*	348
168.	フクロウ　URAL OWL　*Strix uralensis*	350
169.	カラフトフクロウ　GREAT GREY OWL　*Strix nebulosa*	353
170.	タテガミズク　MANED OWL　*Jubula lettii*	357
171.	カンムリズク　CRESTED OWL　*Lophostrix cristata*	358
172.	オナガフクロウ　NORTHERN HAWK OWL　*Surnia ulula*	360
173.	スズメフクロウ　EURASIAN PYGMY OWL　*Glaucidium passerinum*	364
174.	アフリカスズメフクロウ　PEARL-SPOTTED OWL　*Glaucidium perlatum*	366
175.	ムネアカスズメフクロウ RED-CHESTED PYGMY OWL　*Glaucidium tephronotum*	368
176.	ヒメフクロウ　COLLARED PYGMY OWL　*Glaucidium brodiei*	370
177.	カリフォルニアスズメフクロウ NORTHERN PYGMY OWL　*Glaucidium californicum*	372
178.	ケープスズメフクロウ　BAJA PYGMY OWL　*Glaucidium hoskinsii*	374
179.	ロッキーズスズメフクロウ　MOUNTAIN PYGMY OWL　*Glaucidium gnoma*	375
180.	RIDGWAY'S PYGMY OWL　*Glaucidium ridgwayi*	376
181.	ウンムリンスズメフクロウ CLOUD-FOREST PYGMY OWL　*Glaucidium nubicola*	378
182.	コスタリカスズメフクロウ COSTA RICAN PYGMY OWL　*Glaucidium costaricanum*	379
183.	グアテマラスズメフクロウ GUATEMALAN PYGMY OWL　*Glaucidium cobanense*	380

184.	キューバスズメフクロウ　CUBAN PYGMY OWL　*Glaucidium siju*	382
185.	メキシコスズメフクロウ TAMAULIPAS PYGMY OWL　*Glaucidium sanchezi*	384
186.	コリマスズメフクロウ　COLIMA PYGMY OWL　*Glaucidium palmarum*	385
187.	コスズメフクロウ CENTRAL AMERICAN PYGMY OWL　*Glaucidium griseiceps*	387
188.	SICK'S PYGMY OWL　*Glaucidium sicki*	388
189.	PERNAMBUCO PYGMY OWL　*Glaucidium minutissimum*	389
190.	ハーディスズメフクロウ　AMAZONIAN PYGMY OWL　*Glaucidium hardyi*	390
191.	アカスズメフクロウ FERRUGINOUS PYGMY OWL　*Glaucidium brasilianum*	392
192.	アネッタイスズメフクロウ SUBTROPICAL PYGMY OWL　*Glaucidium parkeri*	394
193.	アンデススズメフクロウ　ANDEAN PYGMY OWL　*Glaucidium jardinii*	395
194.	ボリビアスズメフクロウ　YUNGAS PYGMY OWL　*Glaucidium bolivianum*	396
195.	ペルースズメフクロウ　PERUVIAN PYGMY OWL　*Glaucidium peruanum*	398
196.	ミナミスズメフクロウ　AUSTRAL PYGMY OWL　*Glaucidium nana*	400
197.	CHACO PYGMY OWL　*Glaucidium tucumanum*	402
198.	モリスズメフクロウ　JUNGLE OWLET　*Taenioglaux radiata*	403
199.	クリセスズメフクロウ CHESTNUT-BACKED OWLET　*Taenioglaux castanonota*	406
200.	ジャワスズメフクロウ　JAVAN OWLET　*Taenioglaux castanoptera*	407
201.	オオスズメフクロウ　ASIAN BARRED OWLET　*Taenioglaux cuculoides*	408
202.	セアカスズメフクロウ　SJÖSTEDT'S OWLET　*Taenioglaux sjostedti*	410
203.	ETCHÉCOPAR'S OWLET　*Taenioglaux etchecopari*	411
204.	ヨコジマスズメフクロウ AFRICAN BARRED OWLET　*Taenioglaux capense*	412
205.	ザイールスズメフクロウ　ALBERTINE OWLET　*Taenioglaux albertina*	414
206.	クリイロスズメフクロウ　CHESTNUT OWLET　*Taenioglaux castanea*	415
207.	カオカザリヒメフクロウ　LONG-WHISKERED OWL　*Xenoglaux loweryi*	416
208.	サボテンフクロウ　ELF OWL　*Micrathene whitneyi*	418
209.	モリコキンメフクロウ　FOREST SPOTTED OWL　*Heteroglaux blewitti*	421
210.	アナホリフクロウ　BURROWING OWL　*Athene cunicularia*	424
211.	コキンメフクロウ　LITTLE OWL　*Athene noctua*	427
212.	LILITH OWL　*Athene lilith*	431
213.	ETHIOPIAN LITTLE OWL　*Athene spilogastra*	433
214.	NORTHERN LITTLE OWL　*Athene plumipes*	434
215.	インドコキンメフクロウ　SPOTTED LITTLE OWL　*Athene brama*	436
216.	キンメフクロウ　TENGMALM'S OWL　*Aegolius funereus*	440
217.	アメリカキンメフクロウ NORTHERN SAW-WHET OWL　*Aegolius acadicus*	444
218.	メキシコキンメフクロウ UNSPOTTED SAW-WHET OWL　*Aegolius ridgwayi*	446
219.	セグロキンメフクロウ　BUFF-FRONTED OWL　*Aegolius harrisii*	447
220.	アカチャアオバズク　RUFOUS OWL　*Ninox rufa*	448
221.	オニアオバズク　POWERFUL OWL　*Ninox strenua*	450
222.	オーストラリアアオバズク　BARKING OWL　*Ninox connivens*	452
223.	スンバアオバズク　SUMBA BOOBOOK　*Ninox rudolfi*	454
224.	ミナミアオバズク　SOUTHERN BOOBOOK　*Ninox boobook*	455
225.	ニュージーランドアオバズク　MOREPORK　*Ninox novaeseelandiae*	460
226.	RED BOOBOOK　*Ninox lurida*	462
227.	TASMANIAN BOOBOOK　*Ninox leucopsis*	463

228.	アオバズク	BROWN BOOBOOK	*Ninox scutulata*	464
229.	アオバズク	NORTHERN BOOBOOK	*Ninox japonica*	466
230.	チョコレートアオバズク	CHOCOLATE BOOBOOK	*Ninox randi*	468
231.	アンダマナアオバズク	HUME'S HAWK OWL	*Ninox obscura*	469
232.	アンダマンアオバズク	ANDAMAN HAWK OWL	*Ninox affinis*	470
233.	マダガスカルアオバズク	MADAGASCAR HAWK OWL	*Ninox superciliaris*	471
234.	フィリピンアオバズク	LUZON HAWK OWL	*Ninox philippensis*	473
235.	ミンドアオバズク	MINDORO HAWK OWL	*Ninox mindorensis*	474
236.	ミンダナオアオバズク	MINDANAO HAWK OWL	*Ninox spilocephala*	475
237.	ミンドロアオバズク	ROMBLON HAWK OWL	*Ninox spilonota*	476
238.	セブアオバズク	CEBU HAWK OWL	*Ninox rumseyi*	477
239.	カミギンアオバズク	CAMIGUIN HAWK OWL	*Ninox leventisi*	478
240.	スールーアオバズク	SULU HAWK OWL	*Ninox reyi*	479
241.	チャバラアオバズク	OCHRE-BELLIED HAWK OWL	*Ninox ochracea*	480
242.	ソロモンアオバズク	WEST SOLOMONS BOOBOOK	*Ninox jacquinoti*	481
243.		GUADALCANAL BOOBOOK	*Ninox granti*	482
244.		MALAITA BOOBOOK	*Ninox malaitae*	483
245.		MAKIRA BOOBOOK	*Ninox roseoaxillaris*	483
246.	セグロアオバズク	JUNGLE HAWK OWL	*Ninox theomacha*	484
247.	フイリアオバズク	SPECKLED HAWK OWL	*Ninox punctulata*	485
248.	ニューブリテンアオバズク	RUSSET HAWK OWL	*Ninox odiosa*	487
249.	モルッカアオバズク	MOLUCCAN BOOBOOK	*Ninox squamipila*	488
250.	ハルマハラアオバズク	HALMAHERA BOOBOOK	*Ninox hypogramma*	489
251.	タニンバルアオバズク	TANIMBAR BOOBOOK	*Ninox forbesi*	490
252.	シュイロアオバズク	CINNABAR HAWK OWL	*Ninox ios*	491
253.	トギアンアオバズク	TOGIAN HAWK OWL	*Ninox burhani*	492
254.	コアオバズク	LITTLE SUMBA HAWK OWL	*Ninox sumbaensis*	493
255.	クリスマスアオバズク	CHRISTMAS HAWK OWL	*Ninox natalis*	494
256.	アドミラルチーアオバズク	MANUS HAWK OWL	*Ninox meeki*	496
257.	ニューアイルランドアオバズク	BISMARCK HAWK OWL	*Ninox variegata*	497
258.	パプアオナガフクロウ	PAPUAN HAWK OWL	*Uroglaux dimorpha*	498
269.	オニコミミズク	FEARFUL OWL	*Nesasio solomonensis*	499
260.	ジャマイカズク	JAMAICAN OWL	*Pseudoscops grammicus*	500
261.	ナンベイトラフズク	STYGIAN OWL	*Asio stygius*	502
262.	トラフズク	LONG-EARED OWL	*Asio otus*	504
263.	アビシニアトラフズク	AFRICAN LONG-EARED OWL	*Asio abyssinicus*	508
264.	マダガスカルトラフズク MADAGASCAR LONG-EARED OWL		*Asio madagascariensis*	509
265.	タテジマフクロウ	STRIPED OWL	*Asio clamator*	510
266.	コミミズク	SHORT-EARED OWL	*Asio flammeus*	512
267.	ガラパゴスコミミズク GALÁPAGOS SHORT-EARED OWL		*Asio galapagoensis*	516
268.	アフリカコミミズク	MARSH OWL	*Asio capensis*	518

参考文献	520
写真クレジット	521
索引	523

謝　辞

　本書の執筆にあたり、たくさんの方々に力をお借りした。まず、本書に芸術的な彩りを与えてくれた以下のカメラマン諸氏に感謝の意を表したい。フリードヘルム・アダム、イヴ・アダムス、ロジャー・アールマン、デボラ・アレン、デスモンド・アレン、マイケル・アントン、クリスティアン・アルトゥソ、ロビン・アランデール、デヴィッド・アスカニオ、ニック・アタナス、オーレリアン・オードヴァール、ニック・ボールドウィン、マット・バンゴ、ポール・バニック、グレン・バートリー、エヤル・バルトフ、ビル・バストン、デヴィッド・ベーレンズ、ソネル・ベキル、ボニー・ブロック、アミール・ベン・ドヴ、ニック・ボロウ、エイドリアン・ボイル、ニール・ボウマン、マーク・ブリッジャー、クリス・ブリネル、ドゥシャン・M・ブリンクファイゼン、ジム＆ディーヴァ・バーンズ、トーマス・M・ビュチンスキー、ジョン・カーリオン、ペイ・ウェン・チャン、HY・チェン、ロビン・チッテンデン、ローアン・クラーク、アーウィン・コラーツ、ヘスス・コントレラス、エイプリル・コンウェイ、サイモン・クック、マーレイ・クーパー、マイク・ダンゼンベイカー、アビシェク・ダス、スバルギヤ・ダス、マリオ・ダヴァロス・P、サンティアゴ・ダビド・R、クレベール・デ・ブルゴス、ロイ・デ・ハース、ギハン・デ・シルヴァ・ウィジェイラトネ、マティアス・ディーリング、ブラム・ドゥミュレミースター、アルビット・デオマラリ、キャスリーン・デュウェル、タンギー・ドヴィル、エリック・ディドネ、K-D・B・ダイクストラ、リー・ディンガン、アンドレス・ミゲル・ドミンゲス、ガイ・ダットソン、ジェームズ・イートン、クヌート・アイゼルマン、ウィリー・エカリヨン、アン・エリオット、スチュアート・エルソム、ジャック・エラール、ハンヌ＆イェンス・エリクセン、マンディ・エトピソン、ジョン・イヴソン、アウグスト・ファウスティーノ、イアン・フィッシャー、ティム・フィッツハリス、ディック・フォースマン、クリスティアン・フォックセラト、エロル・フラー、ギリェルメ・ガジョ＝オルティス、ニック・ガードナー、トム＆パム・ガードナー、ハンス・ヘルメラード、スティーヴ・ゲトル、マーティン・グッディ、マイケル・ゴア、マルティン・ゴッチュリング、アーサー・グロセット、ジョン・グローヴズ、ロベルト・ギュラー、ステファン・ハーゲ、マーティン・ヘイル、トレヴァー・ハーデカー、カレン・ハーグリーヴ、ヒュー・ハロップ、セバスチャン・K・ハーツォグ、ウディタ・ヘッティジ、ジョン・ヒックス、ロン・ホフ、ステファン・ホーンワルド、デヴィッド・ホランズ、ジョン＆ジェミ・ホームズ、マーセル・ホリオーク、ディーター・ホフ、ジョン・ホーンバックル、スティーヴ・ハギンス、ロブ・ハッチンソン、デヴィッド・ジロフスキー、ドナルド・M・ジョーンズ、ジェイエシュ・ジョシ、アルト・ユヴォネン、アダム・スコット・ケネディ、ヴィキ・ルイーズ・ケネディ、私市一康、マット・クノート、シーグ・コピニッツ、エフゲニー・コテレフスキー、ペテル・クレイズル、ロルフ・クンツ、マルクス・ラーゲルクヴィスト、サンダー・ラガーフェルド、フランク・ランバート、ヘニー・ラマーズ、マーティアン・ラマーティング、ダニー・ラレド、チエン・C・リー、ウィル・ルール、タッソ・レヴェンティス、ジェリー・リゴン、マルクス・リーヘ、ルーカス・リモンタ、ケヴィン・リン、ダリオ・リンス、スコット・リンステッド、ダン・ロックショウ、ジェームズ・ローウェン、ラム・マリヤ、トーマス・マンゲルセン、チャールズ・マーシュ、ラルフ・マーティン、ダニエル・マルティネス・A、ジョナタン・マルティネス、S＆D＆K・マスロウスキ、マルコ・マストロリッリ、ベンス・メイト、マルコ・マテシク、フアン・マトゥテ、アンドラス・マズラ、ルイス・ガブリエル・マッツォーニ、ロブ・マッケイ、フィル・マクリーン、ロス・マクラウド、イアン・メリル、ジェローム・ミケレッタ、ドミニク・ミッチェル、ジョン・ミッターマイヤー、デヴィッド・モンティチェッリ、ピート・モリス、リー・モット、ヴェルナー・ミュラー、ホセ・カルロス・モタ＝ジュニア、レベッカ・ネイソン、デヴィッド・W・ネルソン、ジョナサン・ニューマン、ポール・ノークス、ロルフ・ナスバウマー、ピア・ウーベリ、ダニエル・オッキアート、ハノス・オラ、ファビオ・オルモス、スコット・オルムステッド、アトル・イヴァール・オルセン、エリカ・オルセン、アラン・パスクア、ヤリ・ペルトメキ、ヴィンセンツォ・ベンテリアーニ、ナイル・ペリンス、ウィニー・ブーン、リチャード・ポーター、ヒラ・ブンジャビ、マティアス・ピュッツェ、エスコ・ラヤラ、イヴ＝ジャック・レイ＝ミレ、アダム・ライリー、パディー・ライアン、アマノ・サマルパン、ニランジャン・サント、アリ・サドル、イェライ・セミナリオ、デヴィッド・シャクルフォード、デュビ・シャピロ、榛葉忠雄、マンチ・シリッシュ・S、ジュシ・シヴォ、オリヴァー・スマート、ポール・スミス、ラルス・ゾーリンク、エリック・ソン・ジョー・タン、フランツ・シュタインハウザー、ウルフ・ストール、マッティ・スオパイェルヴィ、ハリ・ターヴェッティ、嵩原建二、田中豊成、スタン・タキエラ、ゲイリー・ソバーン、オースティン・トーマス、ラッセル・ソーストロム、クリス・タウネンド、戸塚学、キース・ヴァレンティン、リック・ファン・デル・ヴィッド、エリック・ヴァンデルヴェルフ、ペーテル・ファン・デル・ウォルフ、メンノ・ファン・ダン、レスリー・ヴァン・ルー、フレッド・ファン・オルフェン、クリス・ファン・レイスウェイク、アレックス・ヴァルガス、フィリップ・ヴェルベレン、ローラン・ヴェルリンド、ヤン・フェルメール、トム・ヴェズ、S・P・ヴィジャヤクマール、トーマス・ヴィンケ、チョイ・ワイ・ムン、デイヴ・ワッツ、ダグ・ウェクスラー、ロジャー・ウィルムシャースト、マーティン・B・ウィザーズ、ポール・S・ウルフ、ミシェル＆ピーター・ウォン、サイモン・ウーリー。

　また、公表、未公表を問わず、分類学的および生物学的データ、測定値、分布に関する情報など、有益なデータや情報、素材も多くの方々に提供していただいた。なかでも、以下の諸氏のご協力にお礼を言いたい。クリスティアン・アルトゥソ、ロザンナ・アヴェント、カーラ・ブローム、パウラ・L・エンリケス、ジョン・フィエルサ、ジョン・グレイ、デンヴァー・W・ホルト、モニカ・カーク、ニルス・カール・クラブ、ロルフ・G・クラヘ、マウリシオ・ウガルテ＝ルイス、オッシ・V・リンクヴィスト、ジェフ・R・マーティン、カール・メイヤー、セオドール・メブス、アニータ・ミッコラ、カリウキ・ンダンガンガ、ダーシー・オガダ、フアン・フレイル・オルティス、ウォルフガング・シェルズインガー、ジェフゲニ・シェルガリン、アラン・シラツキ、フリードヘルム・ワイク、マイケル・ウィンク、タマス・ザライ。

　そして、ブルームズベリー社の編集者ジム・マーティンにも深く感謝を。彼は、私が1人では到底見つけられないほどの画像を集めてくれただけでなく、出版にいたるまでの期間を通していつでも相談に乗ってくれ、かつ心強いアドバイスを与えてくれた。ナイジェル・レッドマンも、大英自然史博物館（トリング分館）に収蔵されている標本の写真を撮影し、あやふやだった分類に光を当ててくれたほか、エルネスト・ガルシアと協力して文章や写真、地図、キャプションなどの矛盾点と誤りを指摘してくれた。最後に、フルークアート社のジュリー・ダンドにも心から感謝の言葉を贈りたい。彼女はプロジェクトマネージャーとして、そしてデザイナーとして、何千枚もの写真の中から本書に掲載する写真を選別してくれたうえに、自らも数多くの写真を入手し、そのたびに時間をかけてレイアウトを練り直してくれた。彼女の力があったからこそ、本書が完成したと言っても過言ではない。

◀ ルソンコノハズク（*Otus longicornis*）（写真：ブラム・ドゥミュレミースター）

序　文

　ブルームズベリー社の編集者ジム・マーティンから連絡があったのは2009年の暮れのことだ。ブルームズベリー社とは、1983年に拙著『Owls of Europe（ヨーロッパのフクロウ）』を刊行して以来、四半世紀を超える付き合いだったが、今度は世界のフクロウについて書かないかという話だった。この間には『Owls of Europe』の電子書籍版が刊行されただけでなく、他の研究者によるフクロウ関連の書籍も多数出版された。なかでも、カレル・フォスの『Owls of the Northern Hemisphere（北半球のフクロウ）』(1988年) やジェームズ・ダンカンの『Owls of the World（世界のフクロウ）』(2003年) はフクロウについて詳細に調べられているし、世界中のフクロウの分類や分布、特徴について書かれたクラウス・ケーニヒ、フリードヘルム・ワイク、ジャン=ヘンドリック・ベキングの『Owls of the World（世界のフクロウ）』第2版（2008年）も非常にわかりやすい。私もこれらの書は本書の執筆にあたり、ずいぶんと参照させていただいた。また、分布地図に関しては、出版社の許可を得たうえでケーニヒらの著書をもとに作成させてもらった。

　現在、世界に生息するフクロウのうち68%は南半球で暮らし、北半球で見られるのは32%にすぎない。その多くが森林での生活に適応しており、世界中で問題となっている森林破壊の影響を受けている。これまでに確認された270近い種のフクロウのうち、およそ75%が樹木の密生する原生林に棲むと考えられるが、こうした森林はかつてない勢いで破壊されつつあるのだ。その主な要因は農地の開拓で、樹木の伐採は近年では特にブラジルとインドネシアで深刻な問題となっている。かつて、夜の闇に包まれた森の奥から聞こえてくるフクロウの鳴き声は、死やすぐそこに迫る不運のしるしと広く信じられた時代があった。しかし、本当の不幸は声を聞かせてくれるフクロウがいなくなってしまうことだと私たちは学ばなければならない。フクロウにとっても人間にとっても、木が切り倒されて、動物の鳴き声ひとつ聞こえなくなった森林は明るい未来をもたらしてくれるものではないのだ。
　世界の人口の大半が都市部に生活している今日、私たちが今まで以上に森林に依存していることにどれほどの人が気づいているだろうか。私たちは偉大なる樹木の価値を認識すべきだし、私たちが過剰に排出する二酸化炭素を森林が浄化してくれていることを忘れてはならない。また、森林を焼きはらうことは二酸化炭素吸収能力を損なうばかりか、温室ガスの一大要因である二酸化炭素を生み出し、大気中に放出することにもなる。そうして気候が変化すれば、樹木は大きな被害を受けるし、その結果としてより広範囲にわたって森林が破壊されることにもなりかねない。アマゾン川流域がその良い例だ。そうした問題解決への手がかりとして、森林伐採による農林業開発に依存した生活を送る熱帯地域の人々に富裕国が援助を行うという策が考えられる。つまり、今問われているのはフクロウの生息地である森林を賢く利用する方法であり、その理解を深めるのに本書が役立てば、筆者としてこれほど嬉しいことはない。

　本書の第1版は、2011年11月までに調査を終えることができたデータに基づいて執筆したが、この第2版では、それから2013年5月までの間に新たに発見されたり、新種として分類し直されたりした19種もリストに加えた。このうちDNAの解析により新種と確認されたのはわずか4種のみで、残りの種はすべて鳴き声をもとに分類されている。したがって本書の改訂にあたっては、フクロウの鳴き声に関する部分に特に注力したが、世界のフクロウの分類はいまだ流動的であり、すべて確定しているものではないと、広い心でリストを眺めていただければ幸いだ。今後も鳴き声、あるいは分子レベルでの研究により亜種ではなく、独立した種であると分類し直される種もあるだろうし、逆に分布や生態、遺伝的な特性について新しい事実が明らかになることで独立した種ではないとされるものもあるだろう。なお、この第2版では2013年5月までに調査を終えた70の分布図と30の写真を修正、追加したことも付け加えておきたい。

◀ マゼランワシミミズク（*Bubo bubo*）（写真：ロブ・ハッチンソン）

フクロウの特徴

柔らかな羽衣［訳注：鳥の体表を覆う羽毛全体］、短い尾、大きな頭、そして多くの種がもつ幅広の顔盤［訳注：凹状の皿のような顔］とその中に陣取る大きな目……ごく少数の例外はあるものの、フクロウたちの外見は非常に特徴的だ。鳥類の中でも珍しく、フクロウの目は正面を向いており、上まぶたでまばたきをするので、とても人間的な表情に見える。それがフクロウの魅力のひとつであるとも言えよう。

フクロウの仲間には夜行性の種が多く、闇の中でハンターとしての能力を存分に発揮できるよう、数多くの特徴を発達させてきた。

視覚

夜行性のハンターとしての第一の特徴は目だ。完全な暗闇の中ではさすがのフクロウも獲物を目視できないが、わずかな光があれば狩りができるよう目が発達している。フクロウの眼球は細長く、角膜、瞳孔、水晶体が非常に大きい。他の鳥類と比較すると、体重が同程度の場合、フクロウの目は2.2倍の大きさがあり、大型のフクロウの中には人間よりも大きい眼球をもつ種もいるほどだ。たとえばモリフクロウ（Strix aluco）は中型の種だが、眼球は人間のものよりも長く、円錐形をしているため、網膜を最大限大きくすることができる。さらに角膜もとても分厚く、第二の水晶体とも言うべき役割を果たしている。このような構造をしているので、目に入ってくるわずかな光を増幅させ、網膜に明るい像を映すことができるのだ。

また、他の猛禽類と異なってフクロウのくちばしは下方向へ少し曲がっている。これは、正面を向いている目の視界をさえぎらないようにするためだ。ただし、フクロウの視野は110度とやや狭く、両眼視できるのはそのうちの60〜70度。目が正面を向いていることで、鳥類の中では両眼視野は広いほうだが、モリフクロウでは両眼視の範囲はわずか48度だと考えられている。フクロウはまた、眼球をほとんど動かすことができない。そのため側方を見るには頭ごと横を向くことが必要で、トラフズク（Asio otus）などは首を270度以上回転させることができる。

人間もフクロウも、離れて位置する左右の目で物体を見ることにより、物体の位置を的確に認識することができる（これを両眼視差法と言う）。さらに左右の目が離れていればいるほど、映像の情報はより正確なものになる。大型の種は当然のことながら左右の目が離れて位置することになるが、小型種の場合は両目の間の距離を確保する必要があり、そのために頭骨が平たく発達した。それに加えて、頭を上下左右に動かすことで立体視をさらに精密にしている。頭をひょいひょいと動かすのは、いかにもフクロウらしくてかわいらしいのだが、こうして動くのも、しっかりと物を見るためだ。見る対象物が動けば、フクロウの頭も動く——だからこそ彼らは、物をじっくり見てから、次の行動を決めることができるのだ。

アナホリフクロウ（Athene cunicularia）を解剖学的見地から研究してわかったことがある。フクロウの脳の頭頂部にはウルスト（Wulst）［訳注：Wulstはドイツ語で「隆起」の意。盛り上がっていることから命名された］と呼ばれる高次の領域があり、左右の目から取り込んだ映像をこの領域で処理しているのだ。哺乳類には立体的な映像の情報を処理する一次視覚野という領域があるのだが、フクロウではウルストがこれにあたる。ウルストの大きさは種によってさまざまだが、その大きさと両眼視領域の広さは比例する。また、生体の電気的反応を研究する電気生理学の分野では、メンフクロウ（Tyto alba）のウルストには立体視を可能にするニューロンの数が多いことがわかっている。さらにテストの結果、フクロウの視覚は人間のそれと比較すると、35倍もの感度があることも明らかになっている。

周知の通り、フクロウたちは暗闇での生活によく適応し

▲ミナミアフリカオオコノハズク（Ptiliopsis granti）は頭の大きさに比して、目がかなり大きい（写真：マーク・ブリッジャー）

ており、日中にねぐらから姿を現すことはほとんどない完全な夜行性のフクロウもいれば、強烈な日光が照る中では目がくらんでしまうフクロウもいる。つまりフクロウは光に対する感受性が高く、人間にとっては真っ暗闇の中でも、わずかな光を感じ取ることができるのだ。これは光を感受する視細胞（多くは桿状体）が多いからであり、夜行性であればその数も多くなる。たとえばモリフクロウは網膜の1mm²当たり、およそ5万6,000の桿状体をもつ。ただし、明るい中でまったく動けないフクロウはおらず、スズメフクロ

視覚／聴覚　17

▼ニセメンフクロウ（*Phodilus badius*）のまばたきは、まるで人間のよう。まぶたにも羽毛が生えている（写真：ジェームズ・イートン）

▼さまざまな角度で物を見るため、フクロウの首は実によく動く。写真はコキンメフクロウ（*Athena noctua*）（写真：クリス・ブリネル）

ウ（*Glaucidium passerinum*）やアナホリフクロウなどは太陽光の下でも狩りができるし、ワシミミズク（*Bubo bubo*）などは瞳孔の調節範囲が広いので、明るい光の中でも人間より物をよく見ることができる。ちなみに、瞳孔は虹彩［訳注：眼球の色がついている部分］の中央にある穴で、虹彩の働きによって大きくなったり小さくなったりして絞りの役割を果たすものだ。

次に色に関してだが、動物が色をどの程度認識できるのかを知ることは難しい。それでも、フクロウの網膜には色覚に関係する視細胞（錐状体）があるので、いくらかの明かりがあれば色を認識できるのではないかと思われる。実際、薄明薄暮性のコキンメフクロウ（*Athena noctua*）は、少なくとも黄、緑、青を区別できることが実験の結果わかっている（ただし、赤および黒に近い灰色は区別できない）。また、昼行性のフクロウ、たとえばスズメフクロウなども色を認識できる。

なお、チョウゲンボウ（ハヤブサ科）など、昼行性の猛禽類は紫外線領域も見ることができる。小型の哺乳類は尿や糞でマーキングをすることがあるのだが、その痕跡が紫外線を反射するので、それを頼りにチョウゲンボウは獲物が多くいる場所を見つけることができるのだ。では、フクロウにもこうした能力があるのだろうか。この点に関する調査も行われているが、モリフクロウの場合は、紫外線や紫の光線に対する感度の高い錐体細胞をもっていなかった。

また、キンメフクロウ（*Aegolius funereus*）を用いた実験では、紫外線を獲物の目印に利用することができなかった。しかし、昼行性のスズメフクロウ類は近紫外線を感受できるし、昼行性の猛禽類と同様、紫外線を利用して獲物の位置情報を得ることもわかっている。

聴覚

素晴らしい視力の持ち主であるフクロウだが、その聴覚もかなり優れている。眼球だけでなく、耳の構造も独特の進化を遂げているのだ。その耳は目の横あたりについており（頭のてっぺんに立っているのは羽角と呼ばれる飾り羽で、耳ではない）、羽毛に隠れて見えないが、第一に特筆すべきは穴の大きさである。たいていの鳥類の耳は比較的小さくて丸い穴が開いているだけなのだが、フクロウの場合はかなり大きな穴が開いている。その穴は縦の半月型で、大きいだけではなく、頭を貫通しているのではないかと思うほどに深い。内耳［訳注：耳は外耳、中耳、内耳の3つの構造に分けられ、もっとも内側にあたるのが内耳］も相当に大きいし、脳の聴覚野も、同じ大きさのほかの鳥類と比較すると神経細胞の数がかなり多い。たとえばメンフクロウ（*Tyto alba*）の聴力は、人間の聴力の数十倍もあることが実験によって明らかになっている。また、耳の穴が大きく聴力が優れているフクロウの中でも、耳甲介が特に大きい種がある。耳の表面に位置するこのくぼみも羽毛に埋もれて外から見ること

はできないが、羽毛は自由に立てることができる。ただし、フクロウが顔盤の筋肉や、耳の穴を覆う薄い皮膚膜をどの程度まで自由に動かしているのかは解明されていない。それでもフクロウが生活環境の中でさまざまな音を聞き分けられるのは、耳自体を動かして音を聞く哺乳類と同様に、こうした能力があるからなのは間違いない。

また、程度は種によってさまざまなのだが、フクロウ類は鼓膜の周囲の骨や耳の穴を覆う皮膚膜などを含め、左右の耳で形も位置も非対称になっている。これは狩りの際に大いに役立っており、左右の耳に入る音にずれが生じることで、より正確に音源の位置を割り出すことができるのだ。こうした種は、音源の位置が3度変化しただけで気がつくし、わずか2度の誤差で音源のほうを向くことができるほどだ。

研究施設での実験によると、完全な暗闇の中でメンフクロウは聴覚のみに頼って獲物の位置を知り、捕食することができた。小さな獲物が出す高周波のキーキー声、枯れ葉が擦れるカサカサ音——そのいずれも、フクロウにとっては獲物の位置を正確に知るための重要な情報になるのだ。野生下でも同様に、多くのフクロウ類が、特に冬場に雪の下に隠れるげっ歯類やトガリネズミ類を狩るため、鋭い聴覚を駆使している。たとえばアメリカメンフクロウ（*Tyto furcata*）、カラフトフクロウ（*Strix nebulosa*）、トラフズク（*Asio otus*）などは空を飛んでいながら、雪の下に潜んでいる小さな哺乳類を感知し、急降下して捕らえることができる。ただし、これほど聴覚が発達しているわけではない種でも、優れた視力と聴覚を使って獲物をうまく狩っている。そもそもフクロウの狩場は、まったく光が差さない真っ暗闇になることはないのだ。

近年になって、フクロウが音源の位置を正確に突き止めるために、経験や感覚に基づいて構成された「心象地図（mental map）」を使って、聴覚の正確さをさらに高めていることがわかってきた。脳内における聴覚空間の地図の正確さを保つためには音情報だけでは不十分であり、常に視覚により情報を最新化していることが必要である。そのためにフクロウの脳内には「門」があり、聴覚空間の地図を更新する際にその門を開けて視覚情報を受け取っている。こうして視覚と聴覚をうまく併用することで、夜間でもフクロウはチョロチョロと逃げ惑うネズミなどの獲物の位置を正確に捉え、捕獲しているのだ。

これまで、暗闇の中を移動するフクロウはエコーロケーション［訳注：音や超音波を発し、その反響によって物体の距離や方向、大きさなどを知ること。反響定位とも言う］の能力をもっているわけではないし、紫外線を感知して獲物を見つけるわけでもないとたびたび強調されてきた。しかし現在では、アメリカメンフクロウとその近縁種が飛翔中に発する金属的なクリック音は、獲物を見つけるために行っているエコーロケーションの一種ではないかと考えられている。紫外線についても、これまでの認識が誤りである可能性も否定できないので、引き続き調査研究が必要だ。

▲オーストラリアメンフクロウ（*Tyto delicatula*）の耳の穴。通常は皮膚膜と顔盤の羽毛に埋もれていて見えないが、羽毛を立てている（写真：ローアン・クラーク）

羽角の役割

世界に生息する268種のフクロウのうち、およそ43％の種が頭部に羽角と呼ばれる飾り羽をもつ。耳や角に似たこの飾り羽は聴力に影響するようなものではなく、その役割については3通りの考え方がある。ひとつ目は、感情を表現する、あるいは暗闇の中で仲間にその存在を示すためのツールだとするもの。同じ地域には羽角のある種、ない種が共存していることが多く、またフクロウ類は夜の闇の中でも頭の形や羽角の有無から仲間を識別できるほどの視力をもち合わせている。つまり、鳴き声同様、どの種のフクロウであるかを知らせる役割を果たしているということだ。

ふたつ目は、敵を威嚇する際に、哺乳類に顔つきを似せるためのものであるというもの。フクロウの巣はオオヤマネコやキツネ、テンなどの哺乳類に狙われることも多い。そうしたときに、哺乳類のような耳のある顔つきが捕食者をひるませるために役立つことがあるのだ。

そして3つ目が、頭の丸い輪郭を不規則なものにすることで、擬態の役に立てているというもの。実際、羽角を立て、体を細長くしていると、まるで割れた木の幹のように見える。これは、フクロウ類が直立の姿勢で枝にとまることと、大部分の種が灰褐色や灰色なので可能なことだ。また、キンメフクロウ（*Aegolius funereus*）やアメリカキンメフクロウ（*Aegolius acadicus*）など、羽角がない種であっても、昼間にねぐらで休息しているときに警戒すると、耳を立てるように頭頂の羽毛を立たせていることがある。縦に

▼羽角がよく目立つトラフズク（*Asio otus*）は英名を「Long-eared Owl」と言う。つまり耳の長いフクロウだ（写真：スティーヴ・ハギンズ）

▼そのトラフズクでも、飛んでいるときには羽角はよく見えない（写真：ジュシ・シヴォ）

▼マダガスカルコノハズク（*Otus rutilus*）の羽角はごく小さい（写真：ロイ・デ・ハース）

▼マレーワシミミズク（*Bubo sumatranus*）の目立つ羽角は水平方向に飛び出している（写真：HY・チェン）

▼メスのキンメフクロウ（*Aegolius funereus*）が頭頂の羽毛を逆立て、羽角があるふりをしている（写真：マッティ・スオパイェルヴィ）

▼ニセメンフクロウ（*Phodilus badius*）の「羽角」は偽物としてはかなり印象的（写真：ロイ・デ・ハース）

細長く体型を変え、頭頂の羽毛も羽角と同じように立たせることで、敵から見つかりにくくしているのだ。

静かな羽ばたき

ほとんどのフクロウが先端に丸みのある大きな翼をもつが、特に開けた土地で狩りをする種や移動性の種では翼が長く、逆に森の中で狩りをする種の翼は短い。飛ぶための初列風切［訳注：風切羽のうち、人の手首の先に相当する部分から生えている羽毛。肘から先の部分から生えているのが次列（じれつ）風切］は10枚あり、そのほかに雨覆［訳注：風切羽の根本を覆う短い羽毛］の下に隠れている小さな初列風切が1枚、尾羽が12枚生えている。通常、風切羽と尾羽は1枚1枚の柔軟性がやや高く、外縁は特に柔らかい。この特性が羽ばたき音を消すのに役立っているのではないかと思われていたが、モリフクロウ（*Strix aluco*）の風切羽の柔らかい縁を切り取って調べてみたところ、さほど音に変わりはなかった。それでも、地面に近いところで視覚のみならず聴覚も頼りに狩りを行う鳥類にとって、羽ばたき音がしないというのは欠かせない資質であり、多くのフクロウが羽ばたき音を立てずに飛ぶのは確かなことだ。

フクロウは体重に対して、翼の面積が占める比重がかなり大きい。空気力学的に言うと、多くのフクロウ類は翼面荷重（翼の1cm²当たりにかかる体重の割合）が小さいということになる。下の表1に、12種のフクロウ類とほかの4種の鳥類の翼面荷重を示した。

翼面荷重が大きいということは、飛ぶために大きな力を必要とするということであり、そのためには翼をたくさん動かさなければならないので、羽ばたき音も大きくなる。その点、翼面荷重が小さいフクロウ類は軽やかに飛ぶことができるので、羽ばたく回数が少なく、消費エネルギーも少なくすむ。したがって滑空もしやすく、長い時間をゆっくりと飛ぶことも可能だ。

表1　フクロウとそのほかの鳥類の翼面荷重

種名	翼面荷重（g/cm²）
ワシミミズク	0.71
シロフクロウ	0.55
モリフクロウ	0.40
ヒガシアメリカオオコノハズク	0.37
コミミズク	0.36
カラフトフクロウ	0.35
フクロウ	0.34
アメリカメンフクロウ	0.32
トラフズク	0.29
キンメフクロウ	0.29
スズメフクロウ	0.26
メンフクロウ	0.21
ハシボソガラス/ズキンガラス	0.42
ハヤブサ	0.63
イヌワシ	0.65
クロライチョウ	1.34

◀ トラフズク（*Asio otus*）の初列風切。羽毛の外縁は柔らかく、細かい切れ込みが入っているので、音を立てずに飛ぶことができる（写真：マルコ・マストロリッリ）

▶メンフクロウ（*Tyto alba*）の柔らかい羽毛に覆われた翼。下面の羽毛は縁がさらに柔らかいので、音を立てずに飛ぶことができる（写真：ラルス・ゾーリンク）

▶現時点でわかっている限り、フクロウの中でもっとも翼面荷重が小さいのはメンフクロウだ（写真：メンノ・ファン・ダン）

▶カラフトフクロウ（*Strix nebulosa*）は大きな翼と幅広の尾をもつ。そのため、飛行術はメンフクロウより長けている（写真：ハッリ・ターヴェッティ）

くちばしと爪

　フクロウのくちばしと爪は、獲物を捕らえて食べるために適した形になっている。くちばしは通常は短く、さほど強力ではない。くちばしがカギ型に曲がって下を向いているのは、正面を向いている目の視界をさえぎらないためだ。また、昼行性の鳥類と同様に、羽毛に隠れている柔らかい蝋膜(ろうまく)［訳注：上のくちばし付け根を覆う肉質の膜］には、鼻孔が開いている。

　フクロウの趾(あしゆび)は4本。そのうちの第4趾(し)は向きを自由に変えることができる。脚と趾に羽毛が生えている種が多いのは、捕獲した獲物に噛まれたときに脚を保護するためだと思われる。シロフクロウ（*Nyctea scandiaca*）の場合は、凍てつく寒さから保護するための羽毛が脚を覆っている。逆に、魚を食べる種では脚は裸出しており、趾の裏側には突起がある。また、食虫性の種も脚に羽毛はないが、趾には剛毛羽(もうきんう)が生えているものが多い。しかし、いずれの種でも猛禽類(もうきんるい)らしく、獲物をがっちりつかんで離さないよう、爪は鋭く、カーブしている。

◀コミミズク（*Asio flammeus*）のくちばしは猛禽類らしい強さをもつ。そのため、小型の哺乳類が少ないときにも、海鳥のように大きな獲物を捕食することができる（写真：ヤリ・ペルトメキ）

◀フクロウ（*Strix uralensis*）のくちばしはかなり力強く、リスや狩猟鳥などの大物を殺すことができる（写真：マッティ・スオパイェルヴィ）

▶最強のくちばしの持ち主であるワシミミズク（*Bubo bubo*）。このくちばしで、キツネやマーモット、子ジカまで殺すことができる（写真：ヴィンセンツォ・ペンテリアーニ）

▶色素が欠如したトラフズク（*Asio otus*）。フクロウ類の特徴のひとつでもある、向きが変幻自在な第4趾を見せている（写真：クリス・ファン・レイスウェイク）

▶カラフトフクロウ（*Strix nebulosa*）の脚は完全に羽毛に覆われており、雪の冷たさと獲物の反撃から守られている。爪はとても長く、わずかにカーブしているため、雪の中にいる小型のげっ歯類もしっかりとつかむことができる（写真：ヒュー・ハロップ）

フクロウの生態

外見と大きさ

 格別に大きい、あるいはごく小さいという種がいくつかあるが、だいたいのフクロウ類は鳥類としては中程度の大きさだ。もっとも大型なのはワシミミズク（*Bubo bubo*）で、全長は75cmにも達する。逆に、もっとも小さいフクロウはサボテンフクロウ（*Micrathene whitneyi*）で、全長はわずか12～14cmしかない。しかし多くの鳥類がそうであるように、フクロウの仲間も柔らかい羽毛が全身に密に生えているので、実際の体より大きく見える。狩りと狩りの合間に休息するときにも体が冷えずにいられるのは、この羽毛のおかげだ。ちなみに雌雄の体格差を比べると、調査研究の進んでいる168種のうち（残りの100種は不明）、90％の種でメスのほうが大きかった。オスのほうが大きくて体重もあるのはわずか11種にすぎず、雌雄差がないのは5種だった（表2参照）。体格の雌雄差については、表2の下の囲み記事も参照されたい。

表2　フクロウ類の体格の雌雄差

体格の大きい性別	メス	オス	性差なし	不明
種数	152	11	5	100
総数に対する%	57	4	2	
研究が進んでいる168種の中での%	90	7	3	

体格の雌雄差

 多くの猛禽類と同じく、フクロウ類もほとんどの種でメスのほうがオスより大きい。人間に当てはめれば「男女逆転現象」ということになるのだろうが、猛禽類に限らず、たいがいの動物で体格が良いのはオスではなくメスなので、人間のほうが動物界では例外だ。
 では、なぜフクロウはオスよりもメスのほうが大きいのだろうか。この問題について長年議論がなされてきたが、メスのほうが大きい理由のひとつとして、産卵から抱卵、そして巣を守るというメスの役割が関係していると考えられる。体が大きければ卵をたくさん産むことができるし、卵を温めるための熱エネルギーも大きくなるからだ。また、外敵から卵やヒナを守るにも、体が大きいほうが有利なのは明らかだ。その反面、オスの体が小さいことにもメリットはある。敏捷にすばやく飛ぶことができ、少ないエネルギーで家族のために狩りをすることができるのだ。

◀ サボテンフクロウ（*Micrathene whitneyi*）は現存するフクロウ類の中で最小（写真：ジム＆ディーヴァ・バーンズ）

▶ 世界最大のフクロウ、ワシミミズク（*Bubo bubo*）（写真：ヴィンセンツォ・ペンテリアーニ）

鳴き声

　フクロウの仲間は姿を見かける機会より、声を聞くことのほうが格段に多いだろう。特にいくつかの種は、鳴禽類ほどではないにせよ、よく鳴き声を上げる。鳴禽類と違うところは、フクロウが鳴くときには口を開けず、喉だけを球状に膨らませることだ。それが暗闇に白く輝いて見える。また、多くの鳴禽類は自分の鳴き声の周波数と、聞き取ることができる周波数の範囲に相関関係があるが、フクロウの場合は必ずしもそうではない。ただし、鳴禽類の中には鳴き声の周波数帯が可聴域の上限を超えているものもおり、逆にフクロウはいくつかの種で調査した結果、もっともよく聞こえる周波数帯よりも低い周波数で鳴くことがわかった。このことから言えるのは、フクロウの聴力は獲物の位置を定める機能への適応的な進化の結果であり、鳴き声はさまざまな環境の下、仲間同士で情報を交換し、コミュニケーションをとるための手段だということだ。

　温暖な気候の地域では、フクロウたちは晩冬から早春の夜にかけて音楽的な鳴き声を響かせるが、熱帯地方ではさまざまな動物たちの鳴き声が飛び交うため、フクロウたちはそれに負けじと鳴かなければならない。世界を見渡せば、ギャーギャー声にキーキー声、猫に似た声、アヒルに似た声、笛のような声、金切り声など、実にバラエティに富んだフクロウの鳴き声が夜の空気に乗って遠くまで届く。こうした鳴き声は自分の存在を知らしめ、そこが自分のなわばりであることをアピールするためのものでもある。フクロウにとって鳴き声は種を識別する手段であり、暗闇の中でも飛びながら相手の姿を目視できるのと同じように、声だけで相手を識別することができるのだ。実際、鳴き声の周波数を記録するソノグラムを使い、モリフクロウ（*Strix aluco*）で実験してみると、どの個体が鳴いているのか彼らが識別していることがわかるという。

　また、カラフトフクロウ（*Strix nebulosa*）の鳴き声を録音してみたところ、その鳴き方は長い「フーーーー」と短い「フー」の2種類の組み合わせにすぎないものの、個体ごとに個性があることがわかった。微妙な違いとはいえ、仲間同士がそれぞれの個体を識別し、なわばりを主張する、あるいは自分の猟場を守るためには十分だ。もし鳴くのをやめれば、たちまち別のオスになわばりを奪われてしまうだろう。近年の研究によると、ヨーロッパコノハズク（*Otus scops*）のオスは体重が重いほど、声が低いという。実際、彼らはライバルに対して体の大きさを誇示するため、低い声を出す。それに対し、なわばりの主であるオスは、自分のほうが体が大きいオスであるとアピールするため、少しでも低い声で返答する。鳴き声に関する次なる研究課題は、オスの声の低さはメスのパートナー選びに影響を与えるのかどうかを解明することだ。

　もうひとつ、議論がなされてきた鳴き声についての話題がある。本当にフクロウは月夜になると活発に動き、より

◀ワシミミズク（*Bubo bubo*）の「鳴く」という誇示行動（ディスプレイ）は、月の満ち欠けと密接な関連がある（写真：ヴィンセンツォ・ペンテリアーニ）

▶堂々と鳴き声を上げるアメリカワシミミズク（*Bubo virginianus*）。白い喉が風船のように膨らみ、尾と羽角が立っている（写真：ポール・バニック）

鳴き声　27

多く鳴くのかということだ。確かに、ワシミミズク（Bubo bubo）の鳴き声は月の満ち欠けに密に結びついており、月が明るい夜より暗い夜のほうが鳴き声は少ないとされる。鳴き声を上げる誇示行動（ディスプレイ）に白く膨らむ喉は欠かせなく、月明かりの中でこそ、その白さが際立つからだ。しかし、メキシコに棲むニシアメリカフクロウ（Strix occidentalis）の亜種S. o. lucidaは、下弦の月が見られるころから新月までの暗い時期にもっともよく鳴く。その際に、白い喉を見せびらかすこともない。これは、姿を隠しにくい月夜にわざわざ声を上げて目立つ行動をとることは、この小さなフクロウの場合、体の大きいアメリカワシミミズク（Bubo virginianus）などに捕食されるリスクを高めることになるからだ。

デンマークでは、モリフクロウの鳴き声に関する素晴らしい研究がなされている。モリフクロウは1年を通して鳴き声を上げるものの、一定の頻度で鳴くわけではないことがわかったのだ。デンマークでもっとも頻繁に声が聞かれるのは2月なかばから5月初旬まで。その後、6月から7月にかけてがもっとも少なく、8月から10月にまたクライマックスがやってきて、12月から1月に再び静かになる。この周期は繁殖のサイクルや換羽、なわばり争いなどの活動を反映したものだ。また、天候の変化にも影響を受ける。たとえば、強風の日や雨の日に鳴き声はあまり聞かれないし、そこに寒気が加わればなおのことだ。さらに、空が雲で覆われている夜より、月夜のほうがモリフクロウは鳴かない。月が出た夜は、そうでない夜より、小型の哺乳類はもちろん、小型の鳥類も一部、活動が活発になる。つまり、モリフクロウは月夜によく狩りを行うため、結果として鳴く時間が減るのだろう。

羽色のバリエーションと年齢

羽衣はだいたい隠蔽色になっていて、フクロウたちが昼の間、ねぐらで休息していても背景に溶け込んで目立たなくなっている。したがって環境によって羽色は変わるのが当然であり、生息地が離れれば少しずつ羽色にも変化が見られる。たとえば、冬の間は雪に閉ざされるような北方に棲む種は概して淡い灰色で、南に棲む種は濃い茶色という傾向がある。シベリアのワシミミズク類が大きくて白いのはよく知られているが、同様にコミミズク（Asio flammeus）やフクロウ（Strix uralensis）もシベリアに生息する個体は淡色だ。一方、アメリカワシミミズク（Bubo virginianus）のように生息域が広範にわたる場合、それぞれの生息地で環境に大きな違いが生じることになるため、羽色も白に近い淡色から濃い茶色、あるいは深みのあるオレンジ系とバリエーションが豊かになる。森林地帯に棲む個体はベースが茶色や灰色だし、開けた土地に適応した個体は淡色だ。そのほか、ウスイロモリフクロウ（Strix butleri）やLilith Owl（Athene lilith）など砂漠地帯に棲むフクロウは、やはり砂色の羽衣をまとっている。

羽色に多型がある種も多く、ここにも気候の影響がある。ヒガシアメリカオオコノハズク（Megascops asio）の赤色型が生息域の北方でやや少ないのは、冬の厳しい寒さに襲わ

▼モリフクロウ（Strix aluco）の灰色型（写真：ペテル・クレイズル）

▼こちらは褐色型のモリフクロウ（写真：アンドレス・ミゲル・ドミンゲス）

れたとき、灰色型よりも生き残れる確率が低いためだ。さらに寒冷地域に棲む赤色型は、オスよりもメスのほうが生き残りやすいこともわかっている。英国でもっともよく見られるフクロウであるモリフクロウ（*Strix aluco*）にも、変色型が存在する。一般的には褐色だが、少ないながらも灰色の個体がいるのだ。一方、フィンランドでは、褐色型よりも、寒い気候の中で生き残りやすい灰色型が多い。ただ、温暖化の影響で、ここ30年で冬期の気温が上昇しているため灰色型が若干減り、褐色型が増加するという変化が起きている。このモリフクロウの褐色型と灰色型の2型の間では、寄生虫に対する免疫防除や、羽色を維持する労力に違いが見られるほか、おそらく冬の寒さへの感度にも違いがある。また、羽色には年齢によっても変化が表れる。たとえばコミミズク（*Asio flammeus*）のように、年齢が上がるに従って羽色が薄く、白に近くなるという種も多い。

　フクロウの場合、雌雄で羽色に差異はあまり見られないが、それでもいくつかの例外はある。たとえばシロフクロウ（*Nyctea scandiaca*）のオスはほぼ純白なのに対し、メスには斑点と縞模様がある。とはいえ、多くの種で羽色の雌雄差に関する研究は進んでいないのが現状だ。

　孵化したばかりのヒナの羽衣はふわふわしていて、だいたいが白に近い。こうした羽衣は幼綿羽と呼ばれ、ペンギンやフクロウなどの場合、1回の換羽では成鳥と同じ羽衣にはならず、第2幼綿羽の時期がある。巣立ちを迎えてもまだ成鳥と同じにはならず、さらに数カ月の時間を要するのが一般的だ。ただし、幼鳥と成鳥の羽衣の違いはほとんどの種でごくごく小さい。例外は、第1回目の換羽を終えた幼鳥の羽衣が巣立ちから数年たっても全部、または部分的に残っている種で、親鳥と一緒にいなければ、どの種のフクロウかわからないほどだ。たとえば、キンメフクロウ（*Aegolius funereus*）の幼鳥はほぼ全身がチョコレート色で、外見は親鳥とさほど変わらないまま、生まれた年の10月か11月に最後の換羽を終えるが、シロフクロウの幼鳥はかなり濃い縞模様があり、成鳥と同じ純白の羽衣を手に入れるまでにかなりの時間を必要とする。また、南米に棲むメガネフクロウ（*Pulsatrix perspicillata*）も、幼鳥は「白いフクロウ」として知られるほど白く、親鳥とはまったく違う種に見える。この幼鳥は、飼育下で成鳥の羽衣になるまで5年かかった例があるが、通常はもう少し早い時期に最後の換羽を終えると思われる。

◀シロクロヒナフクロウ（*Strix nigrolineata*）の幼鳥。全身がくすんだ白だが、顔は成鳥と同じ黒（写真：ジョナタン・マルティネス）

▶メガネフクロウ（*Pulsatrix perspicillata*）の幼鳥。顔面は黒いが、目のまわりに成鳥のような白い線模様はまだない

◀アメリカワシミミズク（*Bubo virginianus*）の幼鳥は成鳥とは異なり、黄色っぽい体に淡黄褐色と灰色の横縞が密に入るが、顔盤の縁取りが濃いところは成鳥と同じ（写真：マット・クノート）

▶アメリカフクロウ（*Strix varia*）の幼鳥。頭と腹部がまだ綿羽に包まれており、顔盤に成鳥のような同心円状の線模様はない（写真：ポール・S・ウルフ）

羽衣の異常

白化（アルビニズム）に関して間違った認識が広く浸透しているが、ここで紙幅を少々割いて、羽色の突然変異について議論したい。種の同定において、色素異常による変色なのか、はたまた新種なのか、きちんとした知識がなければ誤ることも多いからだ。近年推測されるところでは——推測とはいえ、十分正当ではあるが——気候変動とオゾン層破壊の結果、白化は全世界で共通の事象となりつつある。モリフクロウ（Strix aluco）に進化的な変化が生じて多型が観察されるのも、人類の営みによる急速な気候変動が原因だと立証されている。そうしたことも含め、羽色の変異について詳しく考察していきたい。

白化や先天性色素欠如、あるいは黒化（メラニズム）などの色素異常は、色素の量と分布が正常な状態から変化することによって起こる。色素が化学的に変化すると異常な色が表れ、羽毛の模様、あるいは羽毛の構造そのものにも変化が生じる。羽衣に異常があるとすれば、原因が色素異常にあることが多く、なかでも私たちに耳馴染みのある色素、メラニンが関わっていることが多い。メラニンのうち、ユーメラニン（真性メラニン）は黒や灰色、フェオメラニン（褐色メラニン）は茶色ないし淡い黄褐色、エリスロメラニン（紅色メラニン）は赤茶色を発現させ、リポクローム色素は赤ないし黄色を呈する。極端な色調異常は偶発的な突然変異とされることが多いが、変異は遺伝子によってコントロールされるものであり、通常は劣性遺伝による。また、人工繁殖の結果、色調の異なる個体が変種として作り出されることもある。

なお、白化は色素が完全に欠損していることを指し、羽衣全体が白色で、目が赤く、脚とくちばしは淡いピンクになる。色素欠如とは一部の色素が欠損している状態で、羽衣は色が薄くなるか白っぽくなるものの、全体的には正常な羽色を保持している。たとえば、ユーメラニンをもたない個体は黒色が表れないため、淡い黄色みのある茶色になり、ユーメラニンのみで形成される黒い模様は白色になる。こうした羽色の変異をつかさどる遺伝子は性染色体と関連があり、自然界ではメスにしか例を見ない。黒化とは、黒ないし茶色のメラニン量が通常より多く、一般的にはメラニンが存在しない部分にもメラニンが広がることを言う。黒化個体では、全身が黒一色か、きわめて濃い茶色になるか、黒と濃い茶色が混じる。

<u>白化（アルビニズム）</u>　フクロウにはきわめてまれで、これまで5種の報告例しかない。

［ヒガシアメリカオオコノハズク］1982〜87年、米国ニューヨーク州ロングアイランドにて。

［オオフクロウ］1970年代、スリランカにて。

［モリフクロウ］1996年、イタリア。1996年、英国。2005年、ドイツにて。

［アメリカフクロウ］1976年、北米にて。

［コミミズク］1967年、オランダにて。

シロフクロウ（Nyctea scandiaca）の成鳥はほかのフクロウより断然白いが、それは羽毛の構造由来の色だ。つまり、羽毛には色素がほとんどないか、まったくなく、光がその内部で反射して白く見えるのだ。

<u>黒化（メラニズム）</u>　フクロウの黒化は白化と同様に珍しい。報告があったのは、コキンメフクロウ（Athena noctua。トルコ）、インドコキンメフクロウ（Athene brarna。インドのサスワッド）、2件のモリフクロウ（Strix aluco。クロアチアとスイス）、フクロウ（Strix uralensis。ハンガリー）、カラフトフクロウ（Strix nebulosa。ロシアのウジンスカヤ）、ワシミミズク（Bubo bubo。ヨーロッパで飼育されていた個体）、アメリカワシミミズク（Bubo virginianus。カナダ）、4件のメンフクロウ（Tyto alba。いずれも英国で飼育されていたもの）の12件のみ。英国では、灰色および茶色のコミミズク（Asio flammeus）も報告されているが、記録が古く、詳細は伝わっていない。

<u>色素欠如</u>　フクロウの羽色異常でもっとも多い。筆者の調べでは、以下の例がある。

［メンフクロウ］英国ノーフォークの愛好家のもとに、真っ白だが、目の色は通常と変わらないオスが1羽いる。ほかにも濃色の目をした純白のメンフクロウが2012年に見つかっており、ピーター・オッテンによる写真をwww.owlpages.comで見ることができる。

［ヒメススイロメンフクロウ］2009年、オーストラリアの野生猛禽類センター（Australian Raptor Wildlife Centre）で茶色の目をした真っ白なヒナが生まれた。

［アメリカワシミミズク］米国の2羽が知られる。1羽はカスパーという名で、ミズーリ州で飼育されている。

［メガネフクロウ］1976年以来、ベルギーのアントワープ動物園で、中米産のつがいから通常の色調の子孫のほかに、少なくとも14羽の色素欠如個体が生まれている。メガネフクロウの飼育個体群では、もしかしたらどこでも色素欠如個体が生まれるのかもしれない。

［インドオオコノハズク］英国の愛好家のもとで、1994〜96年に1組のつがいから毎年1羽ずつ色素欠如個体が生まれている。

［ニシアメリカオオコノハズク］米国ワシントン州の成鳥1羽と幼鳥1羽が知られる。

［ヒガシアメリカオオコノハズク］米国ネブラスカ州にあるリンカーン子供動物園に純白の個体が1羽いる。わずかに黄褐色の羽毛が胸に見られるほかは真っ白だが、目はピンクではない。

［アメリカフクロウ］2010〜11年に米国ミネソタ州で1羽の白色個体が頻繁に目撃されているほか、イリノイ州中部でも非常に白い個体の写真が撮影された（この素晴らしい写真はインターネットで公開されている）。2012年にはミネソタ州ダルースのハンターズパークでも、やや黄色がかった白色個体が見つかっている。

[カラフトフクロウ] 1980年代中頃までにカナダで捕獲された300羽以上の生きた成鳥と約80羽の死んだ成鳥の中から5羽の白色個体が見つかっている。その後もカナダでは、2羽の白色個体が報告されている。米国では、1980年にアイダホ州のターギー国立森林公園において最初の白色個体が確認され、1990〜92年の間には、ターギーから112kmほど離れた場所でも、際立って白い個体の目撃例が数件報告されている。この個体はオスで、3シーズンにわたって同じ繁殖地に棲み、通常の羽色のメスとつがいになり、3度の繁殖期のうち2度で、正常な羽色の灰色の子を合計で3羽残している。さらに米国では、イエローストーン国立公園で2〜3羽の白色個体が目撃されているほか、2008年にはそこからさほど離れていないモンタナ州ボーズマンでも1羽が見つかっている。

1990年代にはドイツで飼育していたカラフトフクロウが年々、換羽のたびに白さを増すという事象が観察されている。またフィンランドでは、淡色で体の大きいカラフトフクロウの追跡調査が9年以上にわたって行われた。「リンダ」と名付けられたこのフクロウは、白く変異していたおかげで、まるで発信機をつけているかのように、いつも簡単に見つけることができた。リンダについては、32ページの囲み記事も参照していただきたい。

そのほかスウェーデンでも、1994年に淡色のカラフトフクロウのメスが見つかっている。このフクロウはシベリアやアラスカ、カナダ北部原産のハスキー犬のような淡い青色の目をしていたため、「ハスキー」と名付けられた。ハスキーはリンダほど白っぽくなかったが、シベリア生まれと推測されている。ちなみに、シベリア産のワシミミズク、フクロウ（*Strix uralensis*）、コミミズクは通常では見られないほど淡色であることが知られている。

[モリフクロウ] ドイツでは、飼育下のモリフクロウに多くの白色個体が生じている。そのすべてが通常の個体と同じく濃い茶色の目をしていたが、くちばしと趾は黄色っぽかった。ドイツでは、1996年だけでも5羽の白いモリフクロウが孵化していることから、これまでに数十羽の白色個体が生まれ育っていると思われる。

[コキンメフクロウ] 1902年にイタリアで濃色の目をした白色個体が観察されている。スペインのヘレスでも、白いコキンメフクロウの個体群が確認されており、そのうちの数羽が動物園で展示されている。そのフクロウたちの羽衣はむらのない白色だが、目の色は通常の個体と変わらない。また、2006年には英国グロースターシャーの軍用機格納庫で、野生の若いコキンメフクロウの白色個体が発見されている。

[アナホリフクロウ] 1912年までに米国で1羽の白色個体が報告されているほか、96年にはブラジルでも白いアナホリフクロウが目撃されている。ブラジルでは2012年にも白色個体が見つかっているが、このアナホリフクロウは真っ白というより淡色で、ネス・ダコスタによる写真をwww.owlpages.comで見ることができる。

[ヨーロッパコノハズク] 2012年に黄白色の個体が巣にいるところが見つかっており、アンドレイ・サフォノフによる写真をwww.owlpages.comで見ることができる。

[インドコキンメフクロウ] 2012年にインドのアッサム

◀アナホリフクロウ（*Athene cunicularia*）の色素欠如個体。羽衣全体が真っ白だが、目は通常と同じく黄色がかっている。（写真：ホセ・カルロス・モタ=ジュニア）

地方で、羽衣は真っ白だが、目とくちばしは通常の個体と同じ黄色、つまり白化個体（アルビノ）ではなく白色個体が写真に収められている。

[アオバズク属] 1996年に米国ミネソタ州ダルースで、両翼に白い羽毛がたくさん混じる白色個体が捕獲された。北米では翌年にも1羽の白色個体が捕獲されている。

[アフリカスズメフクロウ] 1902年に採集された色素欠如個体の標本が大英自然史博物館（トリング館）に保管されている。

[トラフズク] 1998年にベラルーシのミンスクで、羽衣は真っ白だが、目が黄色い個体が銃で撃たれた。その翌年にオランダで撮影されたトラフズクも全身が白いものの、通常の個体と同じ色の目をしていた。

[コミミズク] 1980年に米国ミネソタ州で、胸が真っ白で、顔と背もほぼ白の個体が見つかった。また、1983年以前にはコネチカット州で羽衣全体が白色の個体が撃ち落とされている。

[アメリカキンメフクロウ] 1977〜83年にかけて米国ミネソタ州で足輪をつけるために1万4,000羽以上の猛禽類が捕らえられたが、その中から部分的に白く変色した個体が3羽見つかっている。

ここまで白変した羽衣をもつフクロウを17種挙げたが、そのうちのいくつかは標本となっている（15以上のメガネフクロウ、カラフトフクロウ、モリフクロウなど）。しかし本書の初版では、白色個体を不完全な白化個体、あるいは部分白化個体として誤った扱いをしてきた。白化は「生じるか、生じないか」の現象であり、「部分的」ということはありえないのだ。また、すべての色素が欠損しているということは、目の網膜にも異常が表れるということであり、明るい光の中では十分に見ることもできない。そのため白化個体は、通常よりも寿命が短い。これに対して白色個体は目の色が正常で、視覚も正常である。白化個体が野生下でも長く生きられるのは、目に異常がないからだと言えよう。

リンダ

フィンランド中部のヴェサントで1994年の3〜4月にかけて、大きな白いカラフトフクロウ（*Strix nebulosa*。英名のGreat Grey Owlは「大きな灰色のフクロウ」の意）が観察され、その後11月にも姿が見られた。当初、このカラフトフクロウは部分白化個体と思われたが、のちに、色素が欠如しているか、色素が異常に淡い黄褐色であるために、ユーメラニンが欠乏した羽色型に見えるのだとみなされるようになった。このように野生の鳥類に起きた色素異常は、なかなか正確に実態をつかむことができない。そのカラフトフクロウは頭頂部から背中にかけてと、胸と脇腹がほぼ白色、あるいは黄色がかっていた。顔盤と縁取りには通常見られる黒い横縞はなく、カラフトフクロウに特徴的な同心円状の模様もなかった（その代わりに顔と縁取りの端に淡い茶色の模様があった）。

しかしながら目は通常の個体と同様に黄色で、黒っぽい褐色で縁取られていた。典型的なカラフトフクロウは目と目の間に、勾玉を背合わせしたような白い斑紋が見られるのだが、この模様もくちばしも通常の個体と同じだった。くちばしを囲むヒゲは黒色ではなく茶色だったが、その両脇にある白い口ヒゲと首の前部にあるくっきりした白斑も通常の個体と変わらなかった。また、非常に明るい色をした風切羽と尾羽にも、一般的な個体と同様に茶色の模様がかすかだが入っていた（そのため、遠目には黄色っぽく見えた）。ただし、趾と鉤爪、ふ蹠［訳注：趾の付け根からかかとまで］は通常の個体よりずっと薄い色をしていた。

1995年3月、ヴェサントから北へ170kmほどのカヤーニ付近でもこれによく似た白いフクロウが目撃され、写真を比較したところ、両者は同一の個体であることが判明した。その後約2年の間、この「グレート・ホワイト」が観察されることはなかったが、1998年に入り再びカヤーニから北東へ200kmほど離れたリミンカという海沿いの村に姿を現した（このときは足輪をつけるために捕獲され、年齢は4歳以上で、過去に目撃されているのと同一の個体であると確認された）。「リンダ」という名前が与えられたこのメスは、正常な色調のオスとつがいになっているようだった。ただし、残念ながら巣は確認できず、したがってこの2羽の間に子は生まれなかった可能性が高い。

リンダは1998年の春以降、また姿を消したが、その2年後、リミンカから東へ200kmほど行った、ロシアとの国境からもさほど遠くない町プオランカで目撃された。このときは2年前につけられた足輪が目印となり、リンダであるとすぐに確認できた。今回は巣も見つかったが、ハタネズミの少ない年だったのでヒナは1羽だけで、その羽衣は父鳥と同じく正常な色調だった。

しかし2000年になるとリンダの姿はまた見られなくなり、次に確認されたのは2003年の2月から3月にかけてのことだった。場所はスウェーデンとの国境近く、プオランカから北西に200kmほどのイーという町である。イーは牧草地帯だったが、3月後半にはその周辺で姿を見かけることはなくなった。どうやら、仲間と同様に、深い森にある巣に引っ込んでしまったようだった。

リンダは結局9年以上生き、かなり目立つ容姿であっても、白色のカラフトフクロウが自然界で生き延びることが可能だと証明した。そして、メスのカラフトフクロウが食料の有無によって東西南北いずれの方角へも長距離移動をすることを示したのだった。

換羽

フクロウの羽毛は柔らかくてふんわりしているため、日々使っている間に擦り切れてくる。そこで換羽が起こるのだが、すべての羽毛が毎年抜け替わるわけではないので、種によっては換羽の進み具合から年齢を判別することができ

きる。ただし、換羽の状況は多くのフクロウで依然として解明されていない。それでも、ヨーロッパに棲むフクロウの初列風切［訳注：風切羽のうち、人の手首の先に相当する部分から生えている羽毛］の換羽については比較的わかっている。詳しくは表3を参照されたい。

表3　ヨーロッパに棲むフクロウの初列風切の換羽

フクロウの種	1年間に起こる換羽の範囲	成鳥の羽衣（基羽）になるまでの期間	換羽の時期
メンフクロウ	部分的	3年	5〜10月
ワシミミズク	部分的	4〜5年	不明
シロフクロウ	部分的	4年	産卵直後
オナガフクロウ	ほぼ全体	2年	産卵直後
スズメフクロウ	全体	1年	繁殖後
コキンメフクロウ	全体	1年	繁殖後
モリフクロウ	部分的	3〜4年	繁殖後
フクロウ	部分的	4年	繁殖後
カラフトフクロウ	部分的	4年	繁殖後
トラフズク	全体	2年	5〜10月
コミミズク	全体	1年	5〜10月
キンメフクロウ	部分的	2年	5〜10月

種類を問わず、換羽の最中に飛行能力が著しく落ちてしまっては元も子もないので、初列風切の換羽はゆっくりと進む。初列風切の抜け替わる順番は、内側から始まって外側に向かう種が多い。しかしメンフクロウ（*Tyto alba*）の場合は、真ん中から始まって両側に進み、すべての初列風切が抜け替わるまでに3カ月を要する。さらにメンフクロウは尾羽の換羽もかなりゆっくりで、どこから始まるかも決まっていない。それとは対照的にコキンメフクロウ（*Athena noctua*）のような小型のフクロウでは、尾羽の換羽はほぼすべてが同時に進行する。

また、南米に棲むメガネフクロウ（*Pulsatrix perspicillata*）の場合、完全に成鳥の羽衣に替わるのに5年かかるが、その間は複雑な順序で抜け替わり、かなりの期間、新しい羽毛と古い羽毛が混在することになる。アメリカワシミミズク（*Bubo virginianus*）の換羽も3〜6年という長い期間を要するが、どの順番で生え変わるかはおおむね決まっており、多くの個体で3年目、場合によって4年目までは正確に年齢がわかるとされている。とはいえ、3度目の換羽と4度目の換羽では擦り切れ方や色合いなど、わずかな違いで見極めるしかなく、かなり判断は難しい。それでも、紫外線を照射すると羽毛中のポルフィリン色素が蛍光を発することがわかっているので、こうした知見を踏まえた新しい手法が開発されれば、初列風切が何回抜け替わっているかを判別し、成鳥の年齢を正確に判断することが可能になるだろう。

獲物と狩り

フクロウは、季節ごとにいったい何を食べているのだろうか。その答えは、彼らが消化できない毛皮や羽毛、骨などを固めて吐き出したペリットを調べることで比較的容易に導き出されており、大型のフクロウではげっ歯類やトガリネズミなどの小型哺乳類が圧倒的に多く、小型のフクロウでは昆虫や節足動物を捕食することが多い。しかしフクロウは元来、日和見性のハンターなので、獲物となる生物の種類は多岐にわたり、多くの種が爬虫類や両生類、魚、カニ、ミミズのほか、鳥類も捕食する。ちなみに、世界に生息する268種のフクロウのうち53％が食虫性で、32％が肉食性、2％が魚食性である（残りの13％は食料と狩りの詳細がわかっていない）。

その狩りの方法は獲物によって異なる。飛んでいるコウモリや蛾などの小型生物を飛行しながら捕らえるフクロウもいるし、水辺に棲む魚食性のフクロウは川の水面に浮かび上がった魚を鉤爪でつかむか、岸や川の浅瀬でカニを狩る。しかし大部分のフクロウは、地表近くを静かに飛ぶか、止まり木でじっとしながら地面にいる虫や小型哺乳類が接近する音に聞き耳を立てる。そうして彼らは生きた動物を捕まえて食べ、死肉を口にすることはめったにない。

ハタネズミやネズミを食べるフクロウは、森林管理とバイオディーゼル産業に欠かせない役割を担うとして、その存在に注目が集まっている。たとえばフィンランドの森林

所有者は、樹木にダメージを与えるげっ歯類を退治してもらおうと、フクロウのために毎年、数千の巣箱を設置している。バイオディーゼルの生産においてはアブラヤシの重要度が高まっているが、ネズミがアブラヤシ農園に深刻な被害を与えてきたため、フクロウに白羽の矢が立った。ネズミ駆除の立役者となるべく、マレーシアに初めてメンフクロウ（*Tyto alba*）が導入されたのは1980年代で、今ではアジアのアブラヤシ農園の多くで重用されている。実際、フクロウの巣箱の利用率は今や50〜60％に上り、アブラヤシへのダメージは目に見えて減っている。

◀ペリットを吐き出そうとしているシロフクロウ（*Nyctea scandiaca*）のメス。ペリットは何を食べたかを知るための最良の資料である（写真：クリス・ファン・レイスウェイク）

◀オナガフクロウ（*Surnia ulula*）がペリットを吐き出したところ。フクロウにはたいていお気に入りの止まり木があり、その下ではたくさんのペリットが見つかる（写真：ハッリ・ターヴェッティ）

獲物と狩り 35

▶多くのフクロウはペリットや食べ残しを巣の底に残している。これらを集めれば、何をどのような割合で食べているのかを調査できる（写真：ローアン・クラーク）

▶メンフクロウ（*Tyto alba*）のペリットに含まれていた、ネズミやハタネズミの頭骨をはじめとする骨の数々（写真：イヴ・アダムズ）

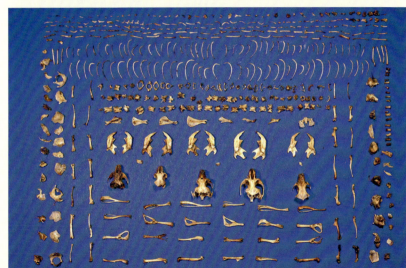

▶53％のフクロウが主に昆虫や小型の生物を食べている。写真のサボテンフクロウ（*Micrathene whitneyi*）も例外ではない。米国アリゾナ州にて（写真：ジム＆ディーヴァ・バーンズ）

◀大きなオサムシを捕らえた食虫性のLilith Owl（*Athene lilith*）（写真：ダニー・ラレド）

◀ミミズを食べるコキンメフクロウ（*Athene noctua*）（写真：クリスティアン・フォッセラト）

▶こちらはネズミを食べるコキンメフクロウ（写真：クリス・ファン・レイスウェイク）

▶トカゲをくわえるアナホリフクロウ（*Athene cunicularia*）（写真：ジム＆ディーヴァ・バーンズ）

◀小型のげっ歯類を主食とするアメリカキンメフクロウ（*Aegolius acadicus*）（写真：マット・バンゴ）

◀捕食した若鳥を巣にもち帰るメンフクロウ（*Tyto alba*）（写真：アンドレス・ミゲル・ドミンゲス）

◀フクロウ（*Strix uralensis*）はいろいろなものを食べる。なかでも森に棲むネズミなどの小型げっ歯類が好物だ（写真：戸塚学）

▶大型の哺乳類を捕食できるのはワシミミズクの仲間だけだ。写真はオスのワシミミズク（*Bubo bubo*）で、自分の3倍の重さ（約7.5kg）があるメスのマングースを捕らえた（写真：ヴィンセンツォ・ペンテリアーニ）

▶魚食性のフクロウ類は10種にも満たない。その1種であるシマフクロウ（*Bubo blakistoni*）はシベリアから日本に棲み、フクロウ類の中で2番目に大きい（写真：ハンス・ヘルメラード）

生息地

　ツンドラから砂漠や草原に湿地。樹木がまばらな林縁に、よく茂った雨林。さらには低地や山地、そして島まで……。どのような場所にも何かしらの種のフクロウが生息するが、78％が樹林帯や林縁に、およそ20％が樹木がまばらだったり、低木が立ち並んだりする農村地帯に棲み、18％が人間の居住地やその付近での生活に適応している。ほんの数種類ではあるものの、北極圏で見られるシロフクロウ（*Nyctea scandiaca*）や北米の砂漠に棲むサボテンフクロウ（*Micrathene whitneyi*）のように、樹木が生育しない場所を好む種もある。

　また、平野や岩場といった地上で生活する種もあり、メンフクロウ科ではエチオピア区［訳注：生物地理学において、サハラ砂漠以南のアフリカ大陸を含む地域］に棲むミナミメンフクロウ（*Tyto capensis*）とインドからオーストラリアに分布するヒガシメンフクロウ（*Tyto longimembris*）がそうだ。フクロウ科では、南北アメリカに棲むアナホリフクロウ（*Athene cunicularia*）が長い脚で地面を駆け回る。そうした種以外ではほとんどが樹上で生活をするが、近年では世界的に森林破壊が進み、生息数が減っている種も少なくない。

◀ワシミミズク（*Bubo bubo*）は基本的に、人里から離れた豊かな自然の中で生活する（写真：ヴィンセンツォ・ペンテリアーニ）

◀なかには都会に適応するワシミミズクもおり、ヘルシンキには少なくとも7組のつがいが棲んでいる（写真：ヴィンセンツォ・ペンテリアーニ）

生息地／行動　41

▶コキンメフクロウ（*Athene noctua*）は家畜のいるところを好む。これは、食糞性コガネムシ（いわゆるフンコロガシなど）を捕食するためだ（写真：エリカ・オルセン）

行動

　フクロウの羽衣（うい）は色も模様も周囲の風景に溶け込むのに好適で、多くの種が日中は樹洞や葉の茂みに身を隠している。世界のフクロウのうち、少なくとも69％の種が夜行性で、完全な昼行性のフクロウはわずか3％にすぎない。残りの28％のフクロウのうち、22％は昼や薄明薄暮に行動し、6％はほとんど生態がわかっていない。ただし、昼行性と夜行性の境界は必ずしも明確ではない。たとえば、北極圏に棲むシロフクロウ（*Nyctea scandiaca*）やオナガフクロウ（*Surnia ulula*）は、夏の間は日の沈まない夜に、冬には貴重な昼間に狩りをする。

　フクロウの大部分はなわばりを守って暮らしているが、シロフクロウやコミミズク（*Asio flammeus*）のように渡りをする種の場合は、数組のつがいが集まって繁殖する（こうした繁殖形態はルースコロニーと呼ばれる）という例もある。一方、なわばり意識が強いのはワシミミズク（*Bubo bubo*）とモリフクロウ（*Strix aluco*）で、特に繁殖期にはほかの猛禽（きんるい）類に対して非常に攻撃的になる。実際、ワシミミズクが捕食する獲物の3〜5％をほかの猛禽類や小型のフクロウが占めている。

　ドイツでの調査によると、コキンメフクロウ（*Athena noctua*）のオスは年間を通してなわばりを守っていた。ただし、守る範囲は季節によって変動があり、3月から4月の求愛シーズンには最大で28ヘクタールのなわばりを守る例が見られたが、5月から6月の繁殖期には、どのオスも平均13ヘクタールまで縮小していた。そして、巣立ち後の幼鳥がまだ親鳥から餌をもらっている7月から8月になると、なわばりはさらに小さくなり、最小では1.6ヘクタールだった。しかし9月から10月にかけて若鳥が方々へ分散していくと、なわばりは再び拡張して10ヘクタールとなり、冬季にはさらに拡張して20ヘクタールほどになった。この調査では、コキンメフクロウのオスが攻撃的になるのは暖かい天候のときだけであることも確認された。

　モリフクロウの場合は、一定面積の生息地に棲める個体数の上限はなわばり行動によって決まっている。英国北部で行われた調査によれば、オスの行動範囲はメスよりもずっと広く、平均167ヘクタールであったのに対し、メスは44ヘクタールだった。また、オスの行動圏は互いに重なっていたのに対し、メスの行動圏の重なりはかなり小さかった。さらに、1羽のオスの行動圏には複数のメスの行動圏も含まれていた。

　一方、英国の南部では、モリフクロウのつがいのなわばりは北部よりずっと狭く、開けていない樹林帯では平均13ヘクタール、樹林帯と開放地が混じった生息環境では20ヘクタールほどだった。また、樹林帯に生息する成鳥の個体数は餌動物の数が変動しても変化はなかった。繁殖にいたらなかったり、本来産める数より実際の産卵数が少なかったり、孵化（ふか）に失敗したり、若い個体が越冬できずに死んだりすることによって、個体数が一定に保たれているのだ。これに対し、放浪性のフクロウは個体数の変動が激しく、たとえばコミミズクは、主食であるハタネズミの数に応じて毎月のようになわばりの広さを変える。獲物が少なくなってくると定住をやめ、繁殖と狩りに適した場所を探して移動を開始するのだ。

　1羽のフクロウの生涯を知るには、一般的に足輪を装着した個体を追跡してデータを収集するという手法がとられる。一方で、同じ営巣地に棲み続ける個体を毎年確認し、再捕獲すれば、ヒナの数だけでなく、「夫婦の問題」について

の情報も得られる。フィンランドで行われた調査によれば、80〜90％のモリフクロウが生涯にわたって同じなわばりを維持し、90％が生まれた場所から50km以内のところでヒナを育てていることがわかった。また、フクロウ（Strix uralensis）の場合は、98〜100％のオスと90〜95％のメスが前年の繁殖地に戻ってくるという。

フクロウの生活にまつわる不思議な特性として「モビング」が挙げられる。モビングとは、日中に開けた場所に姿を現したフクロウに対し、小さな鳥たちが嫌がらせをすることを言う。モビングをする鳥は多岐にわたり、たとえばヨーロッパでは、フィンチ、シジュウカラ、ムシクイ、ホオジロ、クロウタドリなどがいる。フクロウが目立つ場所でじっとしていると、そんな鳥たちの恰好の標的になる。集団でフクロウのごく近くまで近づいてきて、攻撃を仕掛けるのだ。一方で、フクロウが活発に狩りをしているときはモビングされない。

では、世界中どこでも普段はフクロウの恐怖にさいなまれている昼行性の鳥たちが、危険を冒してまでフクロウにモビングをする要因は何なのだろうか。この点に関して、剥製にしたフクロウと木の模型のフクロウを用いた調査が行われている。その結果、モビングを誘引する大きな要因は、フクロウの大きな頭、短い尾、特徴的な輪郭、茶色ないし灰色の羽衣、斑点や縦縞などの模様、そしてくちばしが見えることに加え、目が顔の前面にあることだということがわかった。さらに、その土地のフクロウの鳴き声を真似るだけで、モビングする鳥たちが集まってくることもある。また、小型のフクロウ、特にスズメフクロウ属の後頭部にある「目玉模様（眼状紋）」にも生態学的に重要な機能があると考えられる。ただし、こちらの場合はモビングを誘発するものではなく、むしろその逆だ。先の調査で模型のフクロウの後頭部に目に似た模様を描いておいたところ、嫌がらせをする鳥たちが模型から離れていったことからも、それは明らかだ。

フクロウの中でも体が格別に大きいワシミミズク類は、ほかの鳥たちからは捕食者として特に警戒される存在だ。それゆえ彼らが姿を現すと、カラスからはたいてい嫌がらせを受ける。カラスやワタリガラスを探すときにワシミミズクの模型や剥製を用いるのはそのためだ。

ところで、すべてのフクロウとは言わないが、ほとんどの種が見せる行動の中でも重要な意味をもつもののひとつに、相互羽づくろいがある。これは、相手への攻撃性を弱めたり、性別の確認をしたりする役に立っていると思われ、カラフトフクロウ（Strix nebulosa）の場合はつがいの絆の強さを表していると言われる。また、若い個体でもこの行動がよく見られることから、求愛のためだけのものでもないようだ。メンフクロウ（Tyto alba）の場合は、相互羽づくろいは冬の間を通して、つがいになったオスとメスの間で日常的に行われる。ただし、メスがオスの羽づくろいをする

ことのほうが多く、金切り声や柔らかい声で鳴きながらオスに近づいて、顔のまわりや後頭部の羽づくろいをする。するとオスは嬉しそうに高い声を出したり、チュッチュッという鳴き声を上げたりする。

ここで、話をフクロウの巣に移そう。巣をつくるのはまったく得意でないフクロウだが、巣を守ることにかけては一流だ。外敵が巣の外にいる幼鳥や巣そのものに近づこうものなら、親鳥は防衛のディスプレイ（誇示行動）を派手に演じたり、けがをしているように装ったり、あるいは猛烈な攻撃を仕掛ける。防衛のディスプレイとは、全身の羽毛を逆立て、翼を大きく広げてもち上げ、翼の上面を外敵に見せることによって体を大きく見せる行為だ。その際、頭を左右に揺らして尾も広げる（時には尾をぐっともち上げる）。さらに、目を大きく見開き、くちばしをカチカチ言わせ、シューッという音を立てて威嚇することもある。

けがをしているように見せかける行為（擬傷行動）は、親鳥が外敵を巣から引き離すために行うものだ。具体的には、巣のまわりの地面をバタバタたたいて、簡単に餌食になりそうなほどの重傷を負っているふりをする。そして外敵の注意を巣から遠避け、いざ外敵が親鳥を捕まえにくると、あっさり飛び立って逃げてしまうのだ。その結果、往々にして外敵は無力なヒナに気づかず、その場を去ることになる。

巣を守るためにフクロウが攻撃に出る際は、雌雄の親鳥がそろって行う場合もあるが、通常はメスが低く飛んで外敵の頭上から急襲し、鋭い鉤爪で一撃を加える。巣の防衛は、繁殖段階が進むほど強化される。つまり、卵や孵化後間もないヒナより、成鳥したヒナを強く守ろうとするのだ。なかでも北方に棲むフクロウ（Strix uralensis）やカラフトフクロウ、あるいはずっと南方に棲むモリフクロウやワシミミズク、トラフズク（Asio otus）などは、巣の近くで激しい攻撃をすることが知られている。筆者の知るところでは、ヨーロッパだけでも攻撃的なフクロウに出くわして片目を失った者が6人いる。また、フィンランドでは近年、飼い主と散歩している最中の犬がカラフトフクロウとワシミミズクに襲われるという事例が増え続けている。繁殖期以外の時期でも、さらにフクロウが営巣するなわばりに近づきすぎたわけでもないのに攻撃してくるのだ。実は筆者が飼っている猟犬（ローデシアンリッジバック種）も、自宅のあるアフリカ南東部のマラウイ共和国でメスのアフリカワシミミズク（Bubo africanus）に襲われた。これは、給水塔の近くにある巣に近づきすぎたときのことだった。

人間を含め、地上から外敵が近づくと、フクロウはゆっくりと体を縦に伸ばしながら羽衣を体にぴったりと添わせて、姿を隠そうとすることもある。「姿隠し」のディスプレイと言ってもよいだろう。ある種のフクロウでは、このディスプレイのときに羽角を直立させてさらに細長くなり、目を糸のように細く閉じて、その細い隙間から外敵の様子をうかがう。

▶メンフクロウ（*Tyto alba*）のつがいが互いに羽づくろいをし合っている。これは繁殖期ではない時期に見られた（写真：アンドレス・ミゲル・ドミンゲス）

▶相互羽づくろいをするヒガシアメリカオオコノハズク（*Megascops asio*）の若鳥。言うまでもなく、求愛行動ではない（写真：クリスティアン・アルトゥソ）

▶自分の尾を羽づくろいするアメリカワシミミズク（*Bubo virginianus*）の若鳥（写真：アン・エリオット）

◀営巣木で完璧に姿を隠す、まだら模様のインドモリフクロウ（*Strix ocellata*）（写真：ロン・ホフ）

◀翼が折れて飛べないふりをしているベンガルワシミミズク（*Bubo benghalensis*）（写真：ニランジャラン・サント）

◀雪に飛び込んでハタネズミを捕まえたスズメフクロウ（*Glaucidium passerinum*）。体が沈まないように翼を全開にして、外敵がいないか気づかわしげに辺りを見回している（写真：ハッリ・ターヴェッティ）

行動　**45**

▶スズメフクロウはまるでミソサザイ（スズメ目）のように尾をピシッピシッと動かす。モリコキンメフクロウ（*Heteroglaux blewittii*）にも尾をピシッピシッとたたく行動が見られることから、両者は近縁かもしれない（写真：レスリー・ヴァン・ルー）

▼体を細長くし、羽角を直立させて警戒姿勢をとるアフリカオオコノハズク（*Ptilopsis leucotis*）（写真：ロン・ホフ）

▼▶コミミズク（*Asio flammeus*）のつがいが空で遊んでいる。これは求愛行動のひとつ（写真：リー・モット）

◀日中に交尾をするコキンメフクロウ（*Athene noctua*）（写真：クリスティアン・フォッセラト）

◀アナホリフクロウ（*Athene cunicularia*）が翼と足を伸ばしている（写真：レスリー・ヴァン・ルー）

◀こちらのアナホリフクロウは頭上で両翼を伸ばしている（写真：ホセ・カルロス・モッタ=ジュニア）

行動 **47**

▶羽毛を逆立てているトラフズク（*Asio otus*）の成鳥。排泄の前か、飛び立とうとしているところと思われる（写真：イアン・フィッシャー）

▶巣立ったばかりのトラフズクの幼鳥が翼を逆さにもち上げ、防衛のディスプレイ（誇示行動）を演じている。外敵に対して、より大きく、手ごわい相手に見せようとしているのだろう（写真：エフゲニー・コテレフスキー）

▶警戒姿勢をとり、体を細長くさせているオスのカラフトフクロウ（*Strix nebulosa*）。人間などの外敵が近づくと、この姿勢をとる。フィンランドにて（写真：マッティ・スオパイェルヴィ）

◀カリフォルニアスズメフクロウ（*Glaucidium californicum*）の後ろ姿。後頭部に偽の目玉模様がある（写真：ドナルド・M・ジョーンズ）

◀コキンメフクロウ（*Athene noctua*）は後頭部に「顔」に見える模様がある。首の後ろに帯をなす白斑と縦長の白斑がふたつあるが、眼状紋はほかのスズメフクロウ属ほど明瞭ではない（写真：エヤル・バルトフ）

◀お気に入りのねぐらに潜り込んだオスのヒガシアメリカオオコノハズク（*Megascops asio*）。だが、せっかくの休息をアオカケスのモビングに邪魔された（写真：クリスティアン・アルトゥソ）

▶ハチドリにちょっかいを出されたペルースズメフクロウ（*Glaucidium peruanum*）（写真：クリスティアン・アルトゥソ）

▶この写真が撮影される直前に、6種の鳥たちがアカスズメフクロウ（*Glaucidium brasilianum*）に対してモビングをしていた。だが、そのうちのタイランチョウが逆に捕まってしまった。小鳥たちにとって、モビングはいつも優勢とは限らないのだ（写真：ホセ・カルロス・モタ=ジュニア）

▶ワシミミズク（*Bubo bubo*）が日中に空を飛べば、たいていはカラスがつきまとう（写真：アトル・イヴァール・オルセン）

ギルド内捕食

近年まで、ギルド内捕食という概念がほとんど理解されていなかったため、フクロウの保全を考えるにあたり、その点について考慮されることはほとんどなかった。ギルドとは同一の栄養段階に属し、ある共通の資源（餌や生息空間）を利用している複数の種または個体群を指し、ギルド内捕食とは、一般的には同様の資源を利用する2種の一方が他方を食べることを言う。近年では、ヨーロッパに棲むフクロウの実態はかなり判明しつつあり、その報告からギルド内捕食の指数を算出することが可能になっている。その結果を表4に示した。

ギルド内捕食指数の高いワシミミズク（Bubo bubo）、モリ

表4　ヨーロッパに棲むフクロウのギルド内捕食指数

指数が正の数（+1まで）のフクロウは他種を襲う（すなわち、獲物として食べられるより、ほかのフクロウを殺す）ことが多い種であり、負の数（−1まで）の種はほかのフクロウを殺すより、殺されることが多い種である。

フクロウの種	ギルド内捕食指数
ワシミミズク	＋1.0
モリフクロウ	＋0.5
フクロウ	＋0.4
カラフトフクロウ	＋0.3
コミミズク	＋0.2
トラフズク	＋0.1
シロフクロウ	0
メンフクロウ	−0.3
オナガフクロウ	−0.3
キンメフクロウ	−0.8
ウスイロモリフクロウ	−1.0
コキンメフクロウ	−1.0
ヨーロッパコノハズク	−1.0
スズメフクロウ	−1.0

フクロウ（Strix ocellata）、フクロウ（Strix uralensis）の3種はなわばり意識が強い留鳥［訳注：1年中ほぼ同じ地域で生活する鳥の呼称］で、さまざまな獲物を捕食する。それより指数がやや低いカラフトフクロウ（Strix nebulosa）、シロフクロウ（Nyctea scandiaca）、オナガフクロウ（Surnia ulula）などの種は遊動性であることが多く、基本的に小型の哺乳類を常食としている。一方、体が非常に小さい種は自分より体の大きい種を殺す能力がないので、指数も−1という低い数値にならざるをえない。ちなみにフィンランドでは、フクロウ（Strix uralensis）が増加したことによってキンメフクロウ（Aegolius funereus）が年2%の割合で減っており、ギルド内捕食の被害に遭っていると考えられる。また米国でも、ニシアメリカフクロウ（Strix occidentalis）のなわばりにアメリカフクロウ（Strix varia）が侵入してきたため、ニシアメリカフクロウが年3%減少している。そこで、試験的にアメリカフクロウを駆除し、その結果ニシアメリカフクロウが保護できるのかどうか見極めるべきだという過激な案も出てきている。

◀ワシミミズク（Bubo bubo）はさまざまな小型のフクロウを襲って捕食する。写真は80日齢の幼鳥が、ランチタイムにコキンメフクロウ（Athene noctua）を捕らえたところ（写真：ヴィンセンツォ・ペンテリアーニ）

▶▲ほかのフクロウに襲われることもあるキンメフクロウ（Aegolius funereus）は、逆に小型のスズメフクロウ（Glaucidium passerinum）を狩ることもある（写真：マッティ・スオパイェルヴィ）

繁殖戦略

　大半のフクロウは、主食とするげっ歯類の増減を見極めて確保できる獲物の量を判断し、それをもとに繁殖活動の開始時期を決める。したがって、獲物のハタネズミが多い年は少ない年に比べて産卵の時期が早いし、メンフクロウ（*Tyto alba*）やコミミズク（*Asio flammeus*）などは、獲物が豊富で温暖な年には冬でも繁殖することがある。しかし繁殖活動の開始時期は天候の影響を受けやすく、雪が遅くまで降る年には巣立ちの近いヒナであっても遺棄されることがある。

　フクロウ類の繁殖にはさまざまなパターンがある。たとえば、メンフクロウはわずか1歳で最高14個もの卵を産み、1シーズンに複数回繁殖することもある。これに対し、ワシミミズク（*Bubo bubo*）とフクロウ（*Strix uralensis*）は数年かけてゆっくり成熟するため卵の数は少なく、獲物が少ない年には産卵しないことすらある。

　その巣はどの種もほぼ例外なく自分でつくることがなく、猛禽類やカラスが放棄した古い巣、木や岩の穴、人間の居住空間など、さまざまな場所を利用して営巣する。ワシミミズクなどは、もぬけの殻になったアリ塚を掘って巣にすることもある。また、シロフクロウ（*Nyctea scandiaca*）やコミミズクなど、タイガやツンドラに棲む種は開けた土地、あるいは植物がわずかに生えている地面の土を浅く掻き取り、中敷きを少し入れて巣にする。一方、砂漠に棲む種は日中の暑さと陽の光を避けるために、げっ歯類が放棄した穴などを再利用して地中に営巣することが多い。

　フクロウ類の卵は球形に近く、灰白色をしているものが多い。クラッチサイズ（一腹卵数）は1〜14個。卵の数は、周期的に増減するげっ歯類を主食とするフクロウほど変動しやすい。たとえば、シロフクロウはハタネズミの多い年には10〜14個の卵を産むが、逆にハタネズミが少ない年には2〜4個、あるいは0個ということもある。

　また、数日おきに産卵するフクロウ類も多い。こうした種は、メスが1個目を産んだらすぐに抱卵を始めるので、ヒナは産まれた順に孵化することになる。つまり、巣にはさまざまな大きさのヒナがいることになるが、ハタネズミなどの獲物が少ない年にはヒナ同士がわずかばかりの餌を奪い合わなければならず、結果、あとに産まれたヒナは生き延びられないことが多い。それでも少なくとも、しっかり食べることができた1羽は生き残ることができるわけであ

り、こうすることで、獲物の少ない年にはヒナが全滅する リスクを最小限に抑えることができるのだ。

　通常、抱卵を行うのはメスだけだ。その間、オスは狩り に出かけ、メスのために獲物を巣にもち帰る。そしてヒナ が孵ったら、その世話はオスとメスの両方が行う。孵化ま での期間は長く、トラフズク（*Asio otus*）で26〜28日、メ ンフクロウで32〜34日、ワシミミズクで34〜36日かかる。 そうして孵化したヒナは耳と目が開いておらず、体温調節 もできない晩成性である。孵化してすぐのヒナは幼綿羽と 呼ばれるふわふわとした羽衣をまとっており、その後換羽 期を経て成鳥の羽衣となるが、これらの羽毛は同じ羽乳 頭で抜け替わる。繁殖を開始する時期は、孵化からわずか 1年という種もあるが、大型の種では2〜4歳になってよう やく訪れる。

寿命

フクロウは長生きだと言われるが、寿命について信頼でき るデータは驚くほど少ない。孵化したばかりのヒナを死ぬ

◀獲物のハタネズミが多い 年、キンメフクロウ（*Aegolius funereus*）のオスはあり余る ほどの食料を巣にもち帰るが、 メスに抱かれたヒナはまだ小 さすぎて、すべてを食べ尽く すことができない（写真：エ スコ・ラヤラ）

◀コミミズク（*Asio flammeus*） の巣はだいたい地面の上にあ る。卵は産み落とされた順に 孵る（写真：クリスティアン・ アルトゥソ）

繁殖戦略／寿命　**53**

までケージで飼えば、どのくらいの寿命なのか判断できるだろうが、飼育下では自然界にいるより長生きする傾向がある。したがって自然状態でのフクロウの寿命を推測するには、野生のフクロウを捕獲し、標識をつけ、その後の観察が求められる。これまでにわかっているフクロウ類の長寿記録は、表5の通りだ。

野生でも飼育下でも、体の大きい種ほど長生きする傾向がある。しかし、表5に示したワシミミズク（*Bubo bubo*）の飼育下での寿命には疑問を感じる人も多いようだ。このデータはロシアでのものだが、英国で飼育されたワシミミズクでは40歳を超えた例がないのに、ロシアで飼育されると50歳にも60歳にもなるなどということが果たしてあるの

表5　フクロウ類の長寿記録（野生の場合と飼育の場合を示した）

フクロウの種	体重（g）	野生での寿命	飼育下での寿命
クロワシミミズク	1,588〜3,115	（記録なし）	30歳以上
マレーウオミミズク	1,028〜2,100	（記録なし）	30歳以上
キマユメガネフクロウ	481（メス1例）	（記録なし）	30歳
シマフクロウ	3,400〜4,500	（記録なし）	30歳
メンフクロウ	254〜612	29歳2カ月	34歳
トラフズク	200〜435	27歳9カ月	（記録なし）
アメリカワシミミズク	900〜2,503	27歳9カ月	50歳
ワシミミズク	1,500〜4,600	27歳4カ月	53歳、68歳？
フクロウ	451〜1,307	23歳10カ月	30歳
モリフクロウ	325〜800	22歳5カ月	27歳
ニシアメリカフクロウ	520〜760	21歳	25歳
ニュージーランドアオバズク	150〜216	（記録なし）	27歳
コミミズク	206〜500	20歳9カ月	（記録なし）
ヒガシアメリカオオコノハズク	125〜250	20歳8カ月	（記録なし）
アメリカフクロウ	468〜1,051	18歳2カ月	（記録なし）
アメリカメンフクロウ	311〜700	17歳10カ月	（記録なし）
オナガフクロウ	215〜450	16歳2カ月	10歳
カラフトフクロウ	568〜1,900	15歳11カ月	27歳
コキンメフクロウ	105〜260	15歳10カ月	18歳
キンメフクロウ	90〜215	15歳	（記録なし）
アメリカコノハズク	45〜63	13歳	14歳
ニシアメリカオオコノハズク	87〜250	12歳11カ月	（記録なし）
シロフクロウ	710〜2,950	11歳7カ月	35歳
インドオオコノハズク	125〜152	（記録なし）	22歳
アカウオクイフクロウ	743〜834	（記録なし）	21歳以上
アナホリフクロウ	120〜250	11歳	（記録なし）
アフリカワシミミズク	487〜850	（記録なし）	15歳
アメリカキンメフクロウ	54〜124	10歳4カ月	（記録なし）
ヨーロッパコノハズク	60〜135	6歳10カ月	12歳以上
スズメフクロウ	47〜100	6歳	7歳
サボテンフクロウ	36〜48	4歳11カ月	（記録なし）
ヒガシオオコノハズク	100〜170	4歳4カ月	（記録なし）

だろうか……。また、野生での長寿記録をもつのはメンフクロウ（*Tyto alba*）だが、より寿命が短い何種かのフクロウと体重はさほど変わらない。同様にアメリカコノハズク（*Psiloscops flammeolus*）は小さい体のわりに長生きで、体重比で考えれば、大型のフクロウにも引けを取らない。こうした例を見ると、寿命というのは画一的に語れるものではないと実感させられる。それに、地球規模で考えれば足輪をつけて追跡されているフクロウはごくわずかで、サンプルとしては十分な数とは言えないのが現状だ。

移動

　フクロウ類の多くは定住性が強く、定期的に長い渡りをすることが知られる種はごくわずかだ。ヨーロッパに棲むフクロウの中では、ヨーロッパコノハズク（*Otus scops*）の

◀幼鳥に足輪をつけることが寿命と移動を研究する最良の方法だ。写真はメンフクロウ（*Tyto alba*）の幼鳥（写真：クリスティアン・フォッセラト）

▶メンフクロウにとって交通事故は深刻な問題だ（写真：レベッカ・ネイソン）

▼◀寿命の長いワシミミズク（*Bubo bubo*）だが、送電線による感電事故死も少なくない（写真：ヘスス・コントレラス）

▼有刺鉄線はアメリカメンフクロウ（*Tyto furcata*）など、開けた野原で狩りをする種にとっての脅威となりうる（写真：ホセ・カルロス・モタ=ジュニア）

大半がエチオピア区［訳注：生物地理学において、サハラ砂漠以南のアフリカ大陸を含む地域］へ、サバクコノハズク（*Otus brucei*）の北方個体群がエジプト北東部、インダス川流域、インドのボンベイ方面へ渡りをする。東アジアに棲むフクロウでは、コノハズク（*Otus sunia*）がシベリア東部および日本から中国、マレーシア、スマトラ島、インドに渡って越冬する。アオバズク（*Ninox japonica*）もアジア内で温帯地方と熱帯地方の間を移動するが、その詳細についてはわかっていない（ただし、はるか南のオーストラリアで1羽の死骸が見つかっている）。ユーラシア大陸に棲むフクロウの中でももっとも遠くまで移動するのは、トラフズク（*Asio otus*）とコミミズク（*Asio flammeus*）の北方個体群だ。この2種は北米にも生息し、その一部は渡りをすることが知られている。

ヨーロッパのトラフズクについては渡りに関する詳細な調査が行われ、北方に棲む個体群は北海に接する国々を移動していることがわかった。北の大地から北海という広大な海を越え、南を目指してグレートブリテン島に到達する個体群もあれば、東方のロシアへ移動する個体群もあるのだ。また、スイスで育ったトラフズクはスペイン、フランス、地中海に浮かぶサルデーニャ島を含めたイタリアで越冬し、ドイツのトラフズクは最初に足輪を装着した地点から1,200km離れたフランスと、2,140km離れたポルトガルで見つかっている。フィンランドで足輪をつけられたコミミズクの場合はヨーロッパ中に分散しており、グレートブリテン島ではスコットランドからイングランドの南東端にいたる東海岸沿いの広い範囲で見つかった。そうした追跡調査からは、もっとも遠くまで渡った個体は3,000km以上も移動したことがわかっている。さらにコミミズクは、サハラ砂漠を越えることも知られている。ちなみに、旧北区［訳注：動物地理区において、ヒマラヤ山脈以北のユーラシア大陸およびサハラ砂漠以北のアフリカ大陸を含む地域］西部に棲む種でサハラ砂漠越えをするのは、コミミズクとヨーロッパコノハズクのみだ。

そのほかシロフクロウ（*Nyctea scandiaca*）、オナガフクロウ（*Surnia ulula*）、カラフトフクロウ（*Strix nebulosa*）など、数種のフクロウが冬季に定着せず放浪する。そのきっかけは、主食とするげっ歯類の生息数が変動することにあり、げっ歯類が急増すると、フクロウの個体数も一気に増える場合がある。シロフクロウの追跡調査では、ノルウェーで足輪を装着したヒナが翌年1,380km離れた地点で、フィンランドで足輪を装着した成鳥が2年後に810km離れたノルウェーで、グレートブリテン島の北に位置するシェトランド諸島のフェア島で足輪を装着した個体が3年後に南西へ310km離れたアウターヘブリディーズ諸島で見つかった。カラフトフクロウの場合は、スウェーデンで足輪をつけられたメスの成鳥が7年後に900km離れたロシアで確認されている。オナガフクロウに関しては、フィンランド生まれの2羽が東（ウラル山脈方面）へ2,659kmの地点と2,795kmの地点で確認され、別の3羽が逆方向へ1,200～1,400km行ったノルウェー南部で見つかっている。また、ごくまれだが、オナガフクロウの放浪個体がヨーロッパ中部から西部で観察されることもある。

北米に棲むオナガフクロウも、ヨーロッパの個体と同様に長距離を移動する。たとえば、カナダと米国アラスカ州

の個体群は米国北部の州に向かって南下し、そのうちの一部はいったんそこで巣をつくり、繁殖を終えてから北へ帰る。カナダでは、電波発信器をつけたカラフトフクロウも2年後にそこから800km北の地点で見つかっている。

また、キンメフクロウ（Aegolius funereus）の場合は、メスと若鳥だけが渡りをする。これは、周期的に獲物が不足することに関係しており、そうしたときにメスと若鳥は渡りをするほうが有利だからである。一方のオスは1年中とどまり、質の良い巣穴を防衛するほうが有利だ。これに対して、アメリカキンメフクロウ（Aegolius acadicus）はオスが渡りをすることがわかっている。巣で足輪を装着されたアメリカキンメフクロウのオスが、3年後に北北西へ900km離れた地点で死骸となって見つかった例があるのだ。

移動に関する最後のトピックとして、地球温暖化についても挙げないわけにはいかない。というのも、このまま温暖化が続いていけば、ある種の生物は理想的な生存環境を確保するために移住せざるをえなくなることがこの10年ほどでわかってきたのだ。フクロウの場合も、南方に棲むはずの種が現在ではかなり北で見られるようになっている。たとえば、スウェーデンやフィンランドに棲むヨーロッパコノハズクや北方に棲むオナガフクロウは、フィンランドの南部および中部からずっと北部へと移住している。地球の温暖化が進むことにより生息地に変化が生じ、フクロウたちも北を目指したり、標高の高い山地に移動したりする必要に迫られているのだ。

◀北海を渡る船舶に"タダ乗り"するコミミズク（Asio flammeus）。広大な海を越えるという長旅を成功させる秘訣は、このような策にあるのかもしれない（写真：マルティン・ゴッチュリング）

フクロウの進化

最古の鳥類の化石は2億2,500万年前までさかのぼることができるが、フクロウの化石は6,500万〜5,600万年前のものが最古だ。その後3,300万〜4,200万年をかけて、真のフクロウ目——北米でStrix brevis、フランスでBubo poirrieri——が出現した。そして3万〜1万年前の更新世（約260万〜1万1,700年前）の時期になると、Ornimegalonyxという大型のメンフクロウがカリブ海と地中海の周辺に跋扈することとなる。このフクロウは体長が100cmを超え、体重は現代のワシミミズク（Bubo bubo）の2倍はあったと思われる大きな体で、カピバラのような大型げっ歯類を捕食していたと考えられている。

フクロウ類の中でもメンフクロウ科は、その起源が東半球にあるのか西半球にあるのかいまだ判断がつかないほど歴史が長い。たとえば南フランスのケルシー洞窟では、暁新世（約6,550万〜5,600万年前）から漸新世（約4,000万〜2,500万年前）の堆積物からメンフクロウ科6属の化石が見つかっている。このことから、フクロウ科が現代のように分化するより早くメンフクロウ科の分化が始まっていたことがよくわかる。

コノハズク類に関しては、ハンガリーやフランスでは更新世中期および後期以前の地層からヨーロッパコノハズク（Otus scops）の化石骨は見つかっておらず、コノハズクの仲間の大半が東南アジアに生息することから、ヨーロッパとアフリカに棲むコノハズクはアジアのコノハズクと共通の祖先から進化したと考えられる。一方、アメリカオオコノハズク類の化石片は、米国カンザス州にある鮮新世（約500万〜258万年前）後期の地層から見つかっている。これはニシアメリカオオコノハズク（Megascops kennicottii）やヒガシアメリカオオコノハズク（Megascops asio）によく似ており、アメリカオオコノハズク類の起源が北米の熱帯地域にあるとする仮説を裏付ける証拠となっている。

オナガフクロウ属唯一の種であるオナガフクロウ（Surnia ulula）については、米国テネシー州、フランス、スイス、オーストリア、ハンガリーの更新世後期の地層から化石が出ているが、近縁種の化石は見つかっていない。また、スズメフクロウ（Glaucidium passerinum）の南北アメリカ大陸での化石は米国カリフォルニア州やメキシコ、ブラジルなど、更新世の地層からのみ発掘されている。さらにアナホリフクロウの1種Speotyto megalopezaの化石も、米国アイダホ州とカンザス州の鮮新世後期の地層から見つかっているが、現代のアナホリフクロウ（Athene cunicularia）と比べると、いくぶん大きく、がっしりした体つきであったようだ。

旧チェコスロバキアとハンガリーの更新世中期の地層からは、Strix intermediaの化石が見つかっている。これは、体格や骨格から判断するに、現存するモリフクロウ（Strix aluco）とフクロウ（Strix uralensis）の中間型と思われる。ハンガリーでは、典型的なキンメフクロウ属が鮮新世後期に存在していたこともわかっており、実際に同じ場所の更新世後期以降の層からはキンメフクロウ（Aegolius funereus）の化石が出ている。そのほか米国テネシー州でも、更新世後期の地層からキンメフクロウとアメリカキンメフクロウ（Aegolius acadicus）の化石が発掘されている。

今では希少となった種の多くは英国の更新世後期の地層で見つかっているが、シロフクロウ（Nyctea scandiaca）とワシミミズクもその例だ。

分布と生物地理学

五大陸のすべてに生息し、小さな孤島にも分布するフクロウの仲間は、鳥類の中でも繁栄しているグループと言えよう。しかも、これまでフクロウ類がいなかった南極大陸でも最近、メンフクロウ（Tyto alba）が見つかっている。ただし、大多数の種は熱帯ないし亜熱帯に暮らしており、全268種のうち17%が生物地理学の区分で言うエチオピア区［訳注：サハラ砂漠以南のアフリカ大陸を含む地域］に、25%が新熱帯区［訳注：南米および中米大陸を含む地域］に、18%がオーストラリア区［訳注：オーストラリア大陸、ニュージーランド、ニューギニアを含む地域］に、23%が東洋区［訳注：ヒマラヤ山脈以南の南アジア、東南アジア、インド亜大陸を含む地域］に生息している。一方、北米と旧世界の旧北区［訳注：ヒマラヤ山脈以北のユーラシア大陸およびサハラ砂漠以北のアフリカ大陸を含む地域］には世界のフクロウのうちの17%の種が生息しているが、北米とユーラシア大陸の両方に棲むのは、そのうちの6種に限られる。

分類とDNA塩基配列

フクロウ類は外見的な特徴から、比較的簡単にほかの鳥類と区別できる。しかし個々の種については情報が不十分で、種や属の境界があいまいなケースも多く、ほかの非スズメ目の科に比べると、フクロウ目の分類はかなり混乱している。そもそも「種」という語の概念自体、新しい分析手法が開発されたり、時代や研究分野により優先事項が変わることで、時とともに変化し続けているのだ。ちなみに、種の定義は基本的に4通りある。それぞれの概念については、右の囲み記事を参照いただきたい。

これまでの調査で、鳥類の中でもフクロウはあまり交雑を起こさないことがわかっている。交雑を起こす割合は、狩猟鳥で20％以上、ハクチョウ、ガチョウ、カモなどでは40％を超えるが、フクロウではわずか1％にすぎない。それゆえ、今でも生物学的種概念に従ってフクロウの分類をすることは可能だ。しかしながら、すべての種を定義するにはこの概念では限界がある。生物学的な種という概念は、種を進化の基本単位とし、その上位の属、科、目は人間が便宜的にグループとしてまとめたもので、進化の系統を厳密には反映していないとするものだからだ。しかし、形態的種概念にも問題はある。どれほどの差異があれば、ふたつの群は別種と考えられるのか、その線引きを明確にできないため、判断に迷うケースが出てくるのだ。進化的種概念も、とても魅力的な考え方ではあるものの、生物の進化史を正確にたどることは実際には不可能だ。近年導き出された遺伝子型クラスター的種の概念にも、問題は見られる。DNAコードの解読という技術は生物分類学に革命をもたらしたが、DNAの多様性は形態の多様性や生殖適合性と完全に一致するものではないからだ。つまり、休みなく進化を続ける自然界にどれかひとつの定義を当てはめようとすること自体、無理があるのだ。

こうした理由から、現在も種として"認められる"フクロウは150〜250の間で変動している。アフリカでの例を挙げよう。ザイールスズメフクロウ（*Taenioglaux albertina*）、クリイロスズメフクロウ（*T. castanea*）、Etchécopar's Owlet（*T. etchecopari*）、セアカスズメフクロウ（*T. sjostedti*）は、いずれも鳴き声がよく似ているからという理由で、ヨコジマスズメフクロウ（*T. capense*）の亜種として扱われていた。つまり、これらのスズメフクロウたちを1種とみなしていたわけだが、現在では5種とすべきという考え方もある。この点についてはっきりさせるには、5つの個体群にどの程度交流があるのか、そして分布が重なる地域では何が起きているのかを明確にしなければならない。

ただし後者に関して言えば、分布図を見ると、これら5グループのスズメフクロウたちが同じ地域に生息しているわけではないことが明らかだ。たとえば、この集団の中でリベリアないしコートジボワールに分布するのは*T. etchecopari*だけだ。種を分類しようとすると、しばしばこのような問題に直面するし、適用する種の定義が異なれば導き出され

る答えも変わってくる。本書では新種として認められそうなフクロウ類もすべて掲載したが、そうした「新種」について是とすべきか否とすべきか、DNAや生態、鳴き声、生物学的側面を調査することによって新たな判断材料が得ら

種の定義

生物学的種概念：
個体間の交配が実質的あるいは潜在的に可能な一群が、ほかの同様な個体群とは生殖的に隔離されていること。

形態的種概念：
ほかの集団と共通しない形態的特徴を共有すること。

進化的種概念：
進化の歴史を共有し、共通の祖先から進化していること。

遺伝子型クラスター的種の概念：
近年に導入された概念で、ほかの集団と共通しない遺伝的特徴を共有すること。形態よりも遺的差異によって種を同定する。

れた方がいらっしゃれば、是非ともご教示いただければと思う。

現状ではまだ、シトクロムb遺伝子の塩基配列を調べるための血液サンプルを採取できたフクロウ類の数は少ない。250を超える種のうち、DNAデータを得られたのは150種ほどだ。これは多くの種で個体数が少ないためであり、残りの100を超える種はDNA検査を行うためのサンプル採取が待たれている。

では、新種とはいったいどのようにして登場するのだろう。多くの場合、研究者の間で亜種として扱われていたのを種として訂正し、公表することによって誕生する。また、事例は少ないものの、熱帯雨林にはまったく知られていないフクロウがいて、これを新種として同定するケースもある。そうした状況の中で、2000年以降に新種として公表されたフクロウは、表6に示す通り10種しかない。すなわち、Pernambuco Pygmy Owl（認定年度2002年、以下同じ）、コアオバズク（2002）、セレンディブコノハズク（2004）、トギアンアオバズク（2004）、Sick's Pygmy Owl（2005）、Santa Marta Screech Owl（2008）、カミギンアオバズク（2012）、セブアオバズク（2012）、ミンドロアオバズク（2012）、リンジャニコノハズク（2013）の10種だ。

また、古い分類で種および亜種とされていたもののうち、21種／亜種が整理されて新しい名称を付与され、種として

独立させるべきであるとの提案がなされており、本書でもそのように扱っている。その21種は、以下の通り（カッコ内は初出の年）。アオバズク（Northern Boobook）(1844)、ソロモンアオバズク（1850）、フィリピンアオバズク（1855）、ハルマハラアオバズク（1860）、Northern Little Owl（1870）、Hume's Hawk Owl（1873）、ルソンオオコノハズク（1875）、ミンダナオアオバズク（1879）、スールーアオバズク（1880）、タニンバルアオバズク（1883）、Guadalcanal Boobook（1888）、エベレットコノハズク（1897）、Kalidupa Scops Owl（1903）、マヌスメンフクロウ（1914）、Makira Boobook（1929）、Malaita Boobook（1931）、Banggai Scops Owl（1939）、ネグロコノハズク（1950）、チョコレートアオバズク（1951）、Chocó Screech Owl（1982）。また、絶滅したとされていたSiau Scops Owl（1873）の場合は、インドネシアのシアウ島で生存している兆候が見られたので、絶滅種ではなくなった。

本書では、詳細な記述がなされている420亜種と記録がない10亜種を掲載しているが、この中にも将来、独立種になるものがいるかもしれない。実際、20亜種がおそらく独立種であろうと考えられている。亜種も地球に生息する多

表6　新種のフクロウが公表された時期

年代	公表された種の数
1800年以前	23
1801〜1900	173
1901〜2000	62
2001〜2013	10

様な動物の一部であり、亜種は種に劣らず重要であると認識すべきだ。言い換えれば、亜種の絶滅は種の絶滅ほど深刻ではないなどと考えてはいけないのだ。フクロウ類のすべての種と亜種のDNAを解析し、生物音響学に基づくデータを収集するのは生半可な仕事ではない。けれども、種であれ亜種であれ動物の価値に変わりはなく、絶滅の危機にさらすことなく保護しなければならない。種の保全状況を認定するための基準を亜種にも適用すれば、絶滅が懸念されるフクロウの数はおそらく2倍になるだろう。

▼セブアオバズク（*Ninox spilonota*）も新種として公表されたフクロウのひとつ。かつてはフィリピンアオバズクの種群［訳注：種群（complex）は同一種内で性的隔離の見られるグループ］にひとまとめにされていた。ちなみに、フィリピンアオバズク種群からは6種が分離され、新たに1亜種が加わっている。3月、フィリピンのセブ島にて（写真：ブラム・ドゥミュレミースター）

フクロウと人間

　生き物たちが絶滅へと向かう道のりには、人間の営みが大いに関連している。絶滅へと向かうのか、種として生き延びるのか——その運命を決定づけるものとして、生息環境のみならず、社会的あるいは文化的な要因も複雑に関わっているのだ。しかし、生き物の保全という問題解決に参加する価値が再発見されたのは、ごく最近のことだ。

　面白いことに、フクロウは謎に満ちた鳥でありながら、良くも悪くも人間の心を惹きつけてきた。悪魔の手先と恐れられ、崇拝され、忌み嫌われ、愛され、時には愚かな動物と見下され、時には賢者として尊敬もされる。そして魔術、医療、気象、生と死……さまざまな事象と結びつけられ、高級料理の食材にすらなってきた。

　民話に登場するフクロウは災いを告げる鳥であり、人を騙すのが得意だと考えられてきた。逆に遠い昔から権力者や学者、詩人、そして動物愛好家たちには広く愛されてもいる。フランスでは大いなる敬意を表すため、フクロウに貴族の名をつけることがあった。たとえばワシミミズク (*Bubo bubo*) は「ミミズク大公 (Hibou Grand-Duc)」、トラフズク (*Asio otus*) は「ミミズク中公爵 (Hibou Moyen-duc)」と呼ばれることがある。また、北海道に住むアイヌの人々はシマフクロウ (*Bubo blakistoni*) を「コタンコロカムイ(村の守り神)」と呼び、大切な神のひとつとして崇めている。

　古代の人間が初めて意識した鳥類もフクロウだったかもしれない。迷信に支配されていた時代に、夜の闇の中から聞こえてくる鳴き声が破滅をもたらすと信じられていたとしても不思議はなかろう。ちなみに、人間の進化の歴史がアフリカで始まったのはほぼ間違いないとされる。そのアフリカでフクロウも生まれ、人間の歴史と交差しつつ、両者ともに進化を続けながら大陸の外へと移動していったと考えられる。つまり、人間が移動すると同時に、フクロウに対する考え方も世界のあちらこちらに広がり、アフリカでも北米でも南米でも似たようなイメージを抱かれることになったのだろう。しかし、それからずっと時代が下っても、世界各地でフクロウに対する認識に大きな差がないのは、フクロウ自身のもつ複雑な特性、たとえば夜行性という習性や、不気味な鳴き声、すべてを見透かすような大きな目、そして音を立てることもなく飛ぶ姿などから想起されるイメージが共通しているからではないかと思われる。

　たとえばメソポタミア文明においては、紀元前2300～2000年のシュメールでつくられた粘土板に、動物の角でできた頭飾りをかぶり、足には鋭く長い鉤爪が生えたリリト(死を司る女神)が、フクロウを従える姿が見られる。また、古代エジプト文明ではメンフクロウ (*Tyto alba*) がヒエログリフ(象形文字)に登場するなど、よく見られるモチーフとなっているが、芸術作品になることはあまりない。それでも、デルエルバハリにある古代エジプト第18王朝(紀元前1550～1307年)のファラオ、トトメス3世の墓にはとても丁寧かつ正確にかたどられたメンフクロウが彫られている。

　さらにエジプトのヒエログリフでは、耳のようなものをもつフクロウもよく使われていた。このモデルは明らかにトラフズクやキタアフリカワシミミズク (*Bubo ascalaphus*) といった、羽角をもつフクロウ類だろう。私がアフリカで見つけたフクロウのシンボルの中で、唯一否定的ではない意味合いをもつのもやはり古代エジプトのもので、紀元前3000年ごろのヒエログリフの碑文に使われた「M」がメンフクロウになっていた。

　コロンブスが到来する以前のアメリカ大陸でも、フクロウは広く使われるモチーフであり、彫刻やトーテムポール、仮面、神像、陶器などにデザインされていた。たとえば、紀元前300年ごろ～紀元800年ごろまでペルー北部で栄えたモチェ(モチーカ)の遺跡から発見された壺には、メンフクロウのような顔盤をもつフクロウが描かれている。そのくちばしにはネズミがくわえられており、おそらくフクロウの有益性を認識していたかなり初期の作品だと思われる。また、マヤのヒエログリフにもフクロウが使われており、こちらはア・プチ(死神であり、戦いや人間の生贄などとも結びつきがある)をはじめとする神々を表していると考えられる。このように死と結びつけるのはメキシコ南部のサポテカ文明(紀元前1400～1150年)でも同じで、人間が死に近づくとフクロウが知らせにきて、魂を連れていくと信じられ

▼古代エジプトのパピルス。トラフズク (*Asio otus*) かキタアフリカワシミミズク (*Bubo dscalaphus*) のいずれか、あるいはその両方がモデルになっていると思われる。ヒエログリフの「M」がメンフクロウになっていることにも注目(写真：ハイモ・ミッコラ)

ていた。新世界にはほかにも古くから先住民族が住んでおり、それぞれフクロウは勇気と力、または知恵や計略の象徴、あるいは戦いの中での象徴的存在などとされていた。これらいくつかの例を見ただけでも、ヨーロッパの移民やアフリカの奴隷たちが到来する以前のアメリカ大陸でも、フクロウの外見や習性から想起されるイメージは旧世界のものとさほど違わなかったことがわかる。

このように、フクロウのイメージは共通の源から発生したとする説の信憑性は高いのだが、まったく異なる方向へ想像力を膨らませてきた人たちもいる。たとえばヨーロッパでは、フクロウの大きな目に魅せられた人々はすべてを見透かす知恵の象徴と考えたが、逆に愚かさの象徴と考える社会もあった。実際、フィンランド語でフクロウを表す「ポッロ（pöllö）」という語は「無知」という意味ももつし、古代ローマの人々は、フクロウの中にはとても愚かなものがいて、彼らは首を回し続け、しまいには窒息してしまうと考えていた。さらにインドでも、フクロウは愚かさや尊大な態度と同義であり、「フクロウのように（ullu ki tarah）」と言えば「バカな行動をする」ことを指すし、「フクロウを

つくる（ullu banana）」というフレーズは「バカにする」という意味でよく使われる。

ヨーロッパでは、遠い昔からシロフクロウ（Nyctea scandiaca）を狩って食べるという風習もあったようだ。実際、イヌイットはシロフクロウを「脂肪の塊」と考え、今でも食すことがある。またウルグアイでは、先住民族が病から回復しつつある人たちにアナホリフクロウ（Athene cunicularia）を食べさせていた。彼らは、その肉には食欲を取り戻す薬効があると考えていたのだ。同じように、フクロウは何世紀もの間、病を癒す薬としての力があるとさまざまな地方で信じられていた。古くから薬効が信じられていたのは、肉そのものに力があるというだけでなく、フクロウを体内に取り入れることにより、夜目がきいたり、知恵があったりというフクロウの特性をも吸収できると考えられていたからだ。そこで、さまざまな病や問題に薬として使われたフクロウの例を表7にまとめた。

ただし、表7に示したフクロウの薬効は、いずれも科学的な裏付けがあるわけではなく、期待される効果があるのかどうかも疑わしい。フクロウが薬として使われていること

表7　伝統医療におけるフクロウ

病気・問題	必要なフクロウの部位	処方方法/効果	地域
目の不調	フクロウの全身または卵	黒焼きにして粉砕	英国、インド
耳の痛み	小さいフクロウの脳または肝臓	油に混ぜて耳に注入	イタリア
喘鳴、咳	フクロウ丸ごと	スープにして食する	英国
喘息	フクロウの体部	コーヒー豆を食べるフクロウが効果的	プエルトリコ
インフルエンザ	フクロウの魔法の声	耳を澄ますことで、最悪の症状を取り除く	ヨーロッパ
痛風	羽毛をむしったフクロウの体部	火にかけて乾燥させたものを潰して豚脂と混ぜ、患部に塗布	ヨーロッパ
出血	メンフクロウ	油で煮出したあと、ヒツジの乳でつくったバター、ハチミツを加えて患部に塗布	イタリア
腱の炎症	トラフズクまたはワシミミズクの頭	灰にしたものをユリの根、ハチミツを加えたワインと一緒に飲む	イタリア
リウマチ	フクロウの羽毛	炭焼き	ポーランド
白髪	フクロウの卵	毛染めに加える	ヨーロッパ
抜け毛予防	フクロウの卵	薄毛に効果的	ヨーロッパ
子どもの夜泣き、不眠	フクロウの羽毛	枕の下に置く。子どもにも大人にも効果的	ヨーロッパ
てんかん	フクロウの卵	月が欠けている夜にスープにして食する	ヨーロッパ
ヘビに噛まれたとき	フクロウの脚	プルンバーゴ（ルリマツリ）というハーブと一緒に焼く	ヨーロッパ
二日酔い	フクロウの卵	3日間ワインに漬け込んで食する	ヨーロッパ
ワイン嫌いにさせる	フクロウの卵	1個食べると、一生ワインを飲みたくなくなる	ヨーロッパ
断酒	フクロウの卵	1個食べると、子どもは二度とアルコールを口にしなくなる	ヨーロッパ

▼古い言い伝えを信じる人間にとってフクロウは墓地や死、不運を思い起こさせる。写真のコキンメフクロウ（*Athene notua*）は稲妻を連れてやってきた（写真：ベンス・メイト）

を取り上げたのは、そうした風習に対する関心からであり、さらに言えば、多くのフクロウが必要以上に殺されている現状について考えるきっかけとしたかったからだ。

実際にアフリカでは、今でも魔術に使うためにフクロウが殺されることは多いし、呪術師が人に呪いをかけて殺害するためにフクロウを利用することもある。近年、新世界と旧世界で行われた聞き取り調査（回答数1,507）の結果を見ても、中南米や中央アジア、ヨーロッパに比べて、アフリカではフクロウにまつわる迷信が多く残っていることは明らかだ。アフリカでアンケートに答えた661名のうち、58％（女性の64％、男性の54％）がフクロウを凶兆や魔術、あるいは死と結びつけて考えており、さらに19％がフクロウを恐れていると回答したのだ。一方、中南米では477名の回答者のうち、フクロウを魔術や魔法使いと直結させて考えているのは4％で、ヨーロッパ（回答数251）と中央アジア（回答数118）にいたってはフクロウと魔術を結びつけて考えている人はいなかった。逆にヨーロッパでは75％、中央アジアでは49％、中南米では6％の人がフクロウを知恵の象徴と捉えており、アフリカではこうしたポジティブなイメージをもつ回答者はわずか1名だった。

アフリカでフクロウを殺すのが習慣化しているのは、このように人々がフクロウに対してネガティブなイメージを強くもっているからだ。彼らはフクロウを犠牲にして、自らの身を魔術や呪いから守ろうとしているのだ。とはいえ、アフリカ以外でもフクロウは殺されており、たとえば南米や中央アジアでは伝統医療にフクロウが利用されることがある。先の聞き取り調査では、南米では11％、中央アジアでは12％の回答者が、薬としてフクロウの体の一部を利用している知人がいると答えた。また、アジアでは強精作用に期待をして、フクロウを殺し、服用する習慣も残っている。さらにアジアでも南米でも、フクロウの羽毛は幸運をもたらし、恋愛を成就させると信じられている。

これとは別に、フクロウについて一般の人々がどれほどの知識をもっているのか詳細に調べた研究がある。1997年から翌年にかけて、フィンランドとメキシコの人々がそれぞれフクロウとどのように関わってきたのかを知るために行われたものだ。回答者数はフィンランドで251名、メキシコで210名。この461名に対して、知っているフクロウの種類や呼び名、生息地、餌、鳴き声、さらには人間の犠牲になるフクロウのことや、フクロウにまつわる迷信などについての質問がなされた。その結果、フクロウの種類に関する知識は、メキシコよりフィンランドの人々のほうがはるかに高いことがわかった。これは、フィンランドではフクロウの生態について学校で教えることが大きく影響しているものと思われる。

そのフィンランドの言葉で「キッサポッロ（kissapöllö）」

は直訳すると「猫の顔をしたフクロウ」だが、実際にはフクロウ全般、またはモリフクロウ（Strix aluco）かキンメフクロウ（Aegolius funereus）を指す。こう呼ばれるようになったのは、フクロウの顔盤が猫の顔に似ているからだろう。面白いことに、コスタリカでも2番目によく使われるフクロウの呼び名は「カラ・デ・ガト（cara de gato）」、つまり「猫の顔」だ。一方、メキシコで一番よく使われる呼び名は「テコロテ（tecolote）」という語で、同国北部のアステカで話されてきたナワトル語で「石」を意味する「テコ（teco）」と「鳥」を意味する「ロット（lotl）」が、その語源だ。ただしメキシコでは、主なフクロウ類の名前は鳴き声に由来するものが多く、見た目から名付けられたものは少ない。

フクロウ全般を指すのによく使われる「ブオ（Buho）」という語も、やはり鳴き声から派生したものだ。

ちなみに、フィンランドの回答者にフクロウがもっとも多く生息する環境を問うと、一番多い回答は森林で、そのほかには湿地や山腹、草地、川岸という回答も多く寄せられた。一方、メキシコでは山地と森林が1位と2位。以下、都市部、牧草地、洞窟などと続くが、フクロウがどのような場所に棲むのか知らないと答えた者も少なからずいた。獲物に関しては、フィンランドではハツカネズミに続いてハタネズミと答える者が多く、メキシコではハツカネズミと同様、果実や種子類も食べると考える回答者が多かった。ほぼ肉食のフクロウが果物や種子類を食べるというのはまっ

▶世界中でフクロウの顔は猫に似ていると思われているようだ。たしかに写真のヒガシアメリカオオコノハズク（Megascops asio）を見ると、なるほどと納得せざるをえない（写真：クリスティアン・アルトゥソ）

▼暗闇の中、宙を飛ぶ白い姿──メンフクロウ（*Tyto alba*）が繁殖の地として好む廃屋で幽霊を見たという話が多いのもうなずける（写真：ローラン・ヴェルリンド）

たくの誤りなのだが、餌に関する知識は乏しく、女性の5人に1人が何を食べるのか思いつかないと回答した。

また、フクロウの鳴き声がもっともよく聞かれる場所について問うと、フィンランドでは森林という答えが回答者の80％から寄せられた（なかには家の近くでも聞こえることがあると答えた人もいた）。これに対して、メキシコの回答者で森林と答えたのは64％だった。

右ページの囲み記事にある通り、フィンランドでもメキシコでもフクロウに対する迫害は続いているが、フィンランドでは近年になり、魔術や伝統医療に利用する、あるいは凶兆をもたらす悪者として退治するというのでは、フクロウに迫害を加える正当な理由にはならないと考えられるようになってきた。実際、フィンランドでフクロウにまつわる迷信がどれほど残っているか質問したところ、回答者の半数が迷信はないと答えた。その一方で、「自分は信じないが、信じている人を知っている」と答えた人も少なくなかった。また、子どもは大人よりも迷信を信じる率が高く、高齢者も迷信深いという傾向があった。それに対し若い人たちは、ほかの国ではあるかもしれないが、フィンランドにはないと答える傾向が強かった。さらに都市部よりも郊外、現在よりも過去、南部よりもラップランド［訳注：スカンジナビア半島北部の地域で、大部分が北極圏内に含まれる］のほうが迷信を信じる傾向も見られた。こうした回答を見ていると、それぞれが何かしらの迷信を受け継いではいるもの

表8　フィンランドおよびメキシコにおけるフクロウのイメージに対する割合
興味深いことに、フィンランドでもメキシコでも、男性のほうがフクロウにまつわる迷信を信じるという傾向があった。

フクロウのイメージ	フィンランドの女性	フィンランドの男性	メキシコの女性	メキシコの男性
知恵の象徴	82	66	6	7
有益	55	75	14	18
有害	0	1.9	1	5
恐怖の対象	15	11	1	0
迷信	3.2	3.8	35	42
凶兆	0.7	1.9	9	14

フクロウに対する迫害

過去、フィンランドでは日常的にフクロウが殺されていた。20世紀初めごろには、ワシミミズク（Bubo bubo）だけでも毎年約1,000羽が殺されており、1950年代までは退治の報酬が支払われることすらあった。ワシミミズクが法によって保護されるようになったのは1983年になってからのことだ。先の調査で回答を寄せた者のうち、実際にフクロウが殺されるのを目撃したことがあると答えたのは女性で7％、男性で18％にすぎなかったが、回答者の大半（206名）がフクロウが殺される理由を何かしら思いつくと答えた。その主な理由として挙げられたのが、フクロウの愚かさだった。一方で、現在でもフクロウに対する迫害が行われているかという質問に対してはわからないと答える人も多く、フクロウが殺される理由が思いつかないと回答したのは28％だった。

メキシコでも女性の18％、男性の43％がフクロウが殺されるのを見たことがあると答えたが、その理由はフィンランドとは少し違っていた。羽毛目当てが17％、装飾としてが16％、恐れからが8％、食用としてが8％、迷信や偏見からが7％、狩猟の対象としてが6％、無知からが5％、魔術などを目的としてが4％、凶運をもたらすというのが4％、殺すこと自体が楽しい、あるいは薬として利用する、鳴き声がうるさい、フクロウが嫌い、人間の死を予知するという理由がそれぞれ3％で、理由がわからないという人は8％だった。どうやらメキシコではフクロウと伝統医療や魔術がいまだに密接に結びついているため、人々はフクロウを殺すことに罪悪感を覚えにくいようだ。

の、忘れようとしているか、迷信を信じていることを隠そうとしているのではないかと思われる。なお、この調査ではそのほかのフクロウのイメージについても質問しているが、それに対する回答は表8の通りだった。

こうした比較研究の結果わかったのは、迷信深い人たちはヨーロッパよりもラテンアメリカ諸国に多いということだ。その反面、メキシコよりもフィンランドのほうがフクロウを怖いと感じる人が多かった。このことはつまり、フィンランドでも本当は迷信が根強く残っているが、そのことを認めるよりも、恐れていることを認めるほうがましだと考える人が多いことを意味しているのではないだろうか。

迷信も恐怖心も、「身を守る」という大義名分も、なかなか消えるものではない。何世紀も前から続いてきた根深いものとなればなおさらだ。だからこそ、フクロウが有益な鳥であること、迷信や言い伝えには根拠がないことを人々の間に広く周知させることが必要だ。そのためには書籍や学校の授業、テレビ番組などを通して自然の中でフクロウが果たす役割を伝えるとともに、誤った考えを正していかなければならない。しかも今、フクロウたちは生息環境の破壊という危機に直面している。したがって正しい知識を広めていくことに加え、フクロウを保護するためのプログラムが広く求められる。環境に関わる問題と、生物学的な問題の両方を理解し、人間の営みが与える影響を考えなければ、フクロウの生息数減少を食い止め、保護することはできないのだ。

▶ギリシャ神話に登場するアテナは知恵の女神であり、アテネの守護神。聖なるフクロウ、コキンメフクロウ（Athene noctua）を従えている

保護活動

　IUCN（国際自然保護連合）では、本書に取り上げたフクロウのうち6種を近絶滅種（CR：ごく近い将来に野生での絶滅の可能性がきわめて高いもの）、26種を絶滅危惧種（EN：CRほどではないが、近い将来に絶滅の可能性が高いもの）、43種を危急種（VU：絶滅の危険が増大している種）または近危急種（NT：存続基盤が脆弱な種）に分類している。ほぼすべての種において、生息数減少の大きな要因は生息地が奪われることだ。「序文」で触れた通り、フクロウ類のうち3分の2の種が森林を必要としているのだが、世界のいたるところで森林破壊が進んでおり、絶滅が心配されるこの75種にとって前途は実に厳しい。

　しかも、伐採や農地開拓といった直接的な原因だけでなく、地球の気候変動という間接的な理由から森林破壊に拍車がかかっている。たとえば、南アフリカに生える巨大なムクロジ科の樹木やアルジェリア北部のヒマラヤスギは暑さと水不足に弱いし、シベリアでは気温の上昇と乾燥化が進んだために広大な範囲で森林火災が発生した。また、オーストラリアでも広い範囲でユーカリが熱波の影響を受けているし、アマゾン流域では2005年と2010年に100年に一度クラスの大干ばつが発生したため、相当数の大樹が枯れてしまった。さらに米国南西部、具体的にはアリゾナからニューメキシコ、テキサスにいたる地域でも、2011年に極端な乾燥により数百万エーカーを焼き尽くす大規模な森林火災が発生し、農地や家などの建造物を含め甚大な被害が出ている。この火災によって、何千羽ものフクロウがすみかを失ったであろうことは疑いようもない。

　森林破壊の次に問題になるのは、殺虫剤や殺鼠剤の使用だ。こうした薬剤が広く使われると、餌の多くを占める虫やげっ歯類がいなくなり、フクロウは生きる道を奪われてしまうのだ。さらに先の項でも述べたように、地域によっては悪魔の手先であるとか、魔術師や呪術師の使いであるといった迷信が根強く残り、フクロウ自体が迫害されたり、「正当な理由」をもって殺されたりしている。

　そうした中、絶滅が危惧される哺乳類に対しては、高度な技術を駆使した繁殖プログラムがいくつも進められている。しかし、莫大な費用がそうした哺乳類に集中しているため、フクロウを対象とした繁殖プログラムはほとんど行われていない。バードライフ・インターナショナル［訳注：鳥類を指標に、その生息環境の保護を目的に活動する国際環境NGO］の調べでは、危機的状況にある種ですら、プログラムの対象とはなっていないのが現状だ。とはいえフクロウという鳥は、本当はコストがあまりかからず、また飼育下で健康状態に問題が出ることも少なく、長生きできるので飼育しやすい鳥なのだが……。

　それでも現在では、何カ所かの動物園や個人が繁殖プロジェクトを始めたり、計画したりしている。対象はクリスマスアオバズク（*Ninox natalis*）やメガネフクロウ（*Pulsatrix perspicillata*）などの希少種。白い顔が特徴的なアフリカオオコノハズク（*Ptilopsis leucotis*）とミナミアフリカオオコノハズク（*Ptilopsis granti*）を対象としたプログラムも進行しているが、残念なことに両者の交雑を食い止めることはできず、ハイブリッド（交雑個体）が生まれている。一方で、S.C.R.O（the Society for the Conservation and Research of Owls＝フクロウ保護・調査協会）とドミニカ共和国が手を結んで立ち上げた、西インド諸島のイスパニオラ島に固有の4種を保護する繁殖プロジェクトは将来的に成果が期待され、イスパニオラメンフクロウ（*Tyto glaucops*）とアナホリフクロウ（イスパニオラ島に固有の亜種 *A. c. troglodytes*）は飼育下での繁殖が確認されている。

　幸いにも、フクロウの大多数が現在も低危険種（LC：絶滅種、野生絶滅種、絶滅危機種［近絶滅種、絶滅危惧種、危急種］、近危急種のいずれにも該当しない種）とされている。ほとんど生息数が減少していない種も多く、たとえばアメリカワシミミズク（*Bubo virginianus*）は推定530万羽以上、メンフクロウ（*Tyto alba*）とアメリカメンフクロウ（*Tyto furcata*）は合わせて490万羽が世界に生息している。夜行性という習

保護活動 **67**

◀人間がつくった巣箱に落ち着くキンメフクロウ (*Aegolius funereus*)。スウェーデンにて（写真：レベッカ・ネイソン）

◀◀モリフクロウ (*Strix aluco*) やフクロウ (*Strix uralensis*) など、多くのフクロウ類が巣の周囲では攻撃的になる。したがってヒナに足輪をつけるときは、目と頭を保護することが大事だ。フィンランドにて（写真：ハッリ・ターヴェッティ）

性を手に入れ、鳥類の中でもうまく生き残ってきたフクロウたちは、これからも繁栄し続けるだろう。

　そんなフクロウたちは、広い土地で、多種多様な獲物を狩る鳥だ。そのためフクロウを保護するには、彼らが棲みやすいように環境自体を変えていくよりも、すみかを提供するというのが現実的な方法と考えられる。たとえばスウェーデンとフィンランドでは、多数の巣箱を設置したことで、フクロウ (*Strix uralensis*) の生息数が大きく増加した。特に、メンフクロウは巣箱を設置することで数を増やしやすい種だ。要するに、メンフクロウにとって大きな問題は営巣地の減少であるのだ。アフリカでも巣箱の設置によってアフリカワシミミズク (*Bubo africanus*)、アフリカヒナフクロウ (*Strix woodfordii*)、アフリカスズメフクロウ (*Glaucidium perlatum*)、アフリカコノハズク (*Otus senegalensis*) が増加したし、ヨーロッパではそれぞれの営巣環境に似せた巣箱をモリフクロウ (*Strix aluco*)、フクロウ (*Strix uralensis*)、オナガフクロウ (*Surnia ulula*)、キンメフクロウ (*Aegolius funereus*)、コキンメフクロウ (*Athena noctua*) が利用している。保護プロジェクトが実行されている地域でフクロウ類が見られるということは、適切な巣箱が設置され、計画が成功しているという

◀前面の半分が開いていれば、トラフズク (*Asio otus*) は巣箱を使ってくれるようになる（写真：フレッド・ファン・オルフェン）

ことだろう。

　ただし、異種間での争いを避けるため、巣箱など人工の巣を設置する前にはまず、そのエリアに棲む種を確認しておくことが重要だ。たとえばワシミミズク（*Bubo bubo*）のなわばり内には、彼らより小さな樹洞営巣性のフクロウのための巣箱をかけてはいけない。ワシミミズクは競争相手となる猛禽類が自分のなわばりにいることを許さないし、一方で繁殖に適した天然樹洞不足はとても深刻なので、たとえワシミミズクが近くに棲んでいても、小型のフクロウは巣箱に引きつけられて繁殖を試みてしまうからだ。また、フクロウ（*Strix uralensis*）やモリフクロウの巣箱は、キンメフクロウやスズメフクロウ、コキンメフクロウの巣から最低でも2kmは離れたところに設置しなければならない。

　巣箱のほかにも、人工の巣が役に立つケースもある。たとえばカラフトフクロウ（*Strix nebulosa*）の場合は、ほかの猛禽類が捨てた巣を再利用することが多いため、人間が小枝や棒切れでつくった巣や大きなバスケットを木の枝に設置したところ、そこに卵を産みつけた例がカナダやフィンランド、スウェーデン、ロシアで報告されている。やや小さくて平たいバスケットであれば、トラフズク（*Asio otus*）が営巣することもある。また米国では、地下1mに設置した樹脂製の箱をアナホリフクロウ（*Athene cunicularia*）が利用したという例もある。この巣は樹脂製の箱から地上まで2本の柔らかいチューブをつなぎ合わせてつくったもので、箱には底がなくて土にじかに接しているため、自然の環境を再現できるようになっている。

▲トラフズク（*Asio otus*）とカラフトフクロウ（*Strix nebulosa*）は、人間が小枝でつくった巣がお気に入り。写真はトラフズクのヒナ（写真：フレッド・ファン・オルフェン）

◀犬用のバスケットや、人が小枝でつくった巣もカラフトフクロウの巣になるが、今のところ私がつくった大きな巣箱には誰も入ってくれていない（写真：ヤリ・ペルトメキ）

絶滅したフクロウ

人間がある島に流れ着く。その島で生きるために彼らは狩りをし、森を切り拓く。共にやってきた彼らの飼い猫もまた狩りをする——こうした営みが、島の固有種であるフクロウを絶滅に追いやってきた。たとえばバハマ西部に浮かぶアンドロス島の老齢林に棲んでいた全長1mにも及ぶ飛べないメンフクロウ、*Tyto pollens*は16世紀に絶滅した。ヨーロッパから奴隷を連れて入植者がやってきたからだ。

また、インド洋北西部に位置するレユニオン島にも、脚がほとんど裸出しているということを除けば、姿も大きさもトラフズク（*Asio otus*）によく似た*Mascarenotus grucheti*というフクロウがいたが、こちらも1700年までに絶滅している。さらに、モーリシャスにも2種類の固有種がいたのだが、*Mascarenotus murivorus*は1761年までに、大型で全長が最大60cmにもなる*M. sauzieri*は1859年に姿を消してしまった。この*Mascarenotus*属はアオバズク属（*Ninox*）以外の属とは別の進化的系統であり、トラフズク属（*Asio*）やコノハズク属（*Otus*）とは姿形が似ているが、類縁関係は遠い収斂進化である。

マカロネシア［訳注：アゾレス諸島、マデイラ諸島、カナリア諸島、ベルデ岬諸島など、ヨーロッパや北アフリカに近接する大西洋の島々を含む地域］では、*Otus mauli*が最初に絶滅したと考えられる。同地域の第四紀（およそ260万年前から現代まで）の地層からは骨の化石も見つかっているが、このフクロウは地上に棲んでいたために、人間の移住にともなって生息地を失い、絶滅したと思われる。このフクロウと同種、または近縁種の骨のかけらも、マデイラ諸島のポルトサント島の砂丘で発見されている。これはかつてアゾレス諸島にいたコノハズク類と同種のものだと考えられ、さらに調査が進めばマデイラ島やヨーロッパのコノハズク類とは別の種であることがはっきりするだろう。

鳥類学者の間では、現存する種の中にはモーリシャス島とレユニオン島にたどり着いたものがいると考えられており、実際にレユニオンではコノハズク類の目撃例が何件か報告されている。これは当初、マダガスカルコノハズク（*Otus rutilus*）が迷い込んできたものと思われていたのだが、新種のコノハズク類の可能性もある。このようにいまだ同定されていない種は、本書に記載していない。また、次に挙げる2種も近年絶滅した可能性が高いことから、やはり本書に記載しなかった。

［SumatranまたはStresemann's Scops Owl（*Otus stresemanni*）］正基準標本は1914年、インドネシアのスマトラ島にそびえるクリンチ山で発見されたものだが、その後この種は見つかっていない。そこで、このフクロウはタイワンコノハズクの亜種*O. spilocephalus vandewateri*の赤色型ではないかという疑問が湧きあがった。しかし、タイワンコノハズクは淡色の襟状紋が目立つのに対し、*O. stresemanni*は体部に白の細かい斑点は入っているものの襟状紋がないなど、明らかな違いがある。

［ワライフクロウ（*Sceloglaux albifacies*）］ニュージーランドの固有種で、1930年代以降は目撃例がない。

本書には、近年絶滅した9亜種も掲載したが、そのいずれもが近い将来、再発見され、「絶滅」というレッテルを外すことができる日が来ることを切に願う。

▶写真は、ニュージーランドはウェリントンの国立博物館に展示されているワライフクロウ（*Sceloglaux albifacies*）の標本（写真：パディー・ライアン）

▼1892年に撮影されたワライフクロウは飼育下にあった個体だ。生きたワライフクロウの写真は珍しい

フクロウ愛好家

　ヨーロッパや米国をはじめ、世界中いたるところに、フクロウのマークや絵がついた物なら何でも集めたいという人たちがいる。オーストラリアでもフクロウの工芸品は人気だし、日本やフィジーにも愛好家はたくさん住んでいる。ニュージーランドのある愛好家などは、世界192カ国からフクロウ柄の切手を1,200種以上も集めたという。

　下の囲み記事では、フクロウが好きになり、その関連グッズを集めたいと思うようになる心理について考察した。人形に彫り物、像や絵画はほんの一例だ。愛好家たちはフクロウ柄のシーツの上で眠り、フクロウが描かれた鍋で料理をし、フクロウをかたどったアクセサリーを身に着ける。そのほかにもキーホルダーにペーパーウェイト、鍋つかみに栓抜き、さらには貯金箱や灰皿、トランプなど、フクロウグッズを挙げれば切りがない。

　性別で比べると、女性のほうがフクロウ関連グッズを集める人が多いようだが、男性のほうがいったんはまるととことんはまり、コレクションの規模が大きくなる（5,000点を超えるなど）傾向が強いようだ。フクロウ愛好家には社交的で行動的な人も多いので、これからますます愛好家は増えていくだろう。

フクロウ好きになる理由

夜勤をする人や夜更かしが好きな人　体内時計にずれが生じて、深夜から午前6時がもっとも調子が良いというような人を「night owl（夜のフクロウ）」と言う。そうしたところから、フクロウ好きになる人もいるようだ。ある病院の看護師は自分たちを「チーム・フクロウ」と名付け、そのうちの2人がフクロウ関連グッズのコレクターになった。

ガールスカウトのブラウニー　ボーイスカウトの女の子版をガールスカウト、あるいはガールガイドと言う。その中で7〜10歳の子どもたちがブラウニー、ブラウニーを率いる大人のリーダーが「Brown Owl（茶色のフクロウ）」、リーダーのアシスタントが「Tawny Owl（モリフクロウ）」や「Snowy Owl（シロフクロウ）」と呼ばれる。こうした関連性があるため、ガールスカウトにもフクロウ愛好家が多い。

受け継がれるコレクション　フクロウ関連のグッズを誰かからもらったら、そしてそれが自分の大切な人からであればなおのこと、自分もグッズを集めたくなるだろう。もし家族や友人が亡くなってフクロウのコレクションを受け継いだのなら、自分もコレクションを続けることになるかもしれない。

本物のフクロウとの関わり　筆者もそうだが、こうした書籍を手に取った読者諸氏ももうフクロウの虜だ！

たまたま　家の棚にいくつかのフクロウの工芸品が並んでいるのを目にして初めて、自分が案外フクロウ関連のグッズをもっていることに気づく。そして、どこかでフクロウグッズを見かけたときに「ふむ。これもフクロウが並んでいるあの棚に置きたいな」と思うようになっていく。

▼愛好家が大好きなフクロウの人形たち

フクロウ関連団体と世界の研究機関

　フクロウに関わる組織やプロジェクトは数多く、フクロウに関心をもつ人々のために地域で、あるいは世界規模でフォーラムが開かれている。その内容は調査から保護、そしてフクロウに関するおしゃべりなど多岐にわたる。すべての団体を掲載することは叶わないが、そのうちのいくつかを代表例として挙げておきたい。

Arbeitsgemeinschaft Eulenschutz
ドイツのフクロウ保護団体。毎年『Kauzbrief（フクロウ通信）』誌を発行している。https：//www.ag-eulenschutz.de

The Global Owl Project
フクロウの分類のための研究（DNAサンプルの採取を含む）と、世界のフクロウの保護に関して、資金問題を解決するために立ち上げられた世界規模のプロジェクト。現存する種（および亜種）も化石時代の種も含め、1758～2007年に生息したフクロウ目全部に関する文献資料の素晴らしいDVDも制作している。また、いくつかの地域に支部もある。
http：//www.globalowlproject.com

The International Owl Society
年に4回「Tyto News Brief（メンフクロウ通信）」というニュースレターを、年1回『Tyto（メンフクロウ）』誌を発行している。http：//www.international-owl-society.com

The Raptor Research Foundation
昼行性および夜行性の猛禽類について広く周知させるために、国際的な科学誌『The Journal of Raptor Research（猛禽類ジャーナル）』を年に4回発行している。
http：//www.raptorresearchfoundation.org

World Working Group on Birds of Prey and Owls
1970年代以降、4年ごとに開催される世界会議が終わると、フクロウを含む猛禽類の調査と保護の進行状況について報告書を発行するとともに、世界中のワシタカ目とフクロウ目の保護について議論を交わし、情報を提供している。
http：//www.raptors-international.org

Owl Research Institute
フクロウの調査と保護、情報の周知に尽力している。米国モンタナ州西部のミッションバレー、ナインパイプスに研究センターがある。http：//owlinstitute.org

インターネットで見られるフクロウ

　今日ではインターネット検索をすれば手早く情報を探したり、新しい写真を見たりすることができる。フクロウに関する情報もインターネット上にあふれている。もし一般的な事実を知りたければ、ドイツ語サイトの「http：//www.ageulen.de」か「http：//eulenwelt.de」、英語サイトの「http：//www.owlpages.com」か「http：//www.owls.org」がおすすめだ。

▼シマフクロウ（*Bubo blakistoni*）。北海道にて（写真：ピート・モリス）

種の解説について

「序文」で述べたように、本書ではクラウス・ケーニヒ、フリードヘルム・ワイク、ジャン=ヘンドリック・ベキングの著書『Owls of the World（世界のフクロウ）』第2版（2008年）をもとにフクロウの分類をしており、名称や掲載順も同書を参考にしている。ここにまったくの新種19種、絶滅してしまったと思われる2種を加え、合計268種を掲載した。遺伝子や行動、鳴き声などの調査研究が進めば、現在は亜種と考えられている種が実は独立した種であると認定されるなどして、将来的には新種がさらに増えることになるだろう。そうした可能性がある場合は、本文に記した。また、現時点で確認されている亜種もすべて記載するとともに、簡単な説明も付した。

名称については、デズモンド・モリスが2009年に刊行した著書『Owl（フクロウ）』の中で勘違いのもとになりそうな英名を整理し、たとえばカオカザリヒメフクロウ（*Xenoglaux loweryi*）やモリコキンメフクロウ（*Heteroglaux blewitti*）など、英名に使われていた「Owlet（小さいフクロウ）」を「Owl（フクロウ）」に修正したのにならい、本書でもOwletという名称は*Taenioglaux*属にのみ使用し、そのほかのすべてをOwlとした（ただし、「別名」の項目には*Taenioglaux*属以外でもOwletを使用した種もある）。

また、すべての種に001から268の番号（No.）をつけ、参照箇所がわかりやすいように、本文中でもこの番号を使っている。それぞれの種については外見や鳴き声に重点をおいて説明したが、生態の特徴などについても記述している。なお、行動や繁殖戦略など重要な生態についてはほとんどわかっていない種もあるので、現在の知見についてはこれまでのところですでに説明しておいた。

大きさについて

種ごとに全長、体重、翼長、翼開長のデータを可能な限り示した。全長によるクラス分けは以下の通り。

超小型	12〜16cm
ごく小型	17〜20cm
小型	21〜25cm
小型から中型	26〜34cm
中型	35〜45cm
やや大型	46〜56cm
大型	57〜63cm
ごく大型	64〜75cm

種ごとの説明には以下の項目を含める。

[**種名**] 和名、英名、学名。和名がない種は英名と学名。

[**大きさ**] 全長（cm）、体重（g）、翼長（mm）、翼開長（cm）を可能な限り示した。

[**別名**] 通称などではなく、一般的に使用される代替名。

[**外見**] それぞれの種について、まず羽衣の特徴や、類似の種とは異なる身体的な特徴について記した。確認されている羽色多型についてもすべて、この項目の中で説明している。そのほか、幼鳥の特徴や飛翔の特徴に関する情報があれば、やはりこの項目に含めた。野外での識別は項目内の説明でおおむね可能だが、一緒に掲載した写真も大いに参考になるだろう。

[**鳴き声**] わかっている範囲で、擬音も交えながら鳴き声を描写した。擬音で表す場合、各音節の間に1秒以上の間隔があるときには「フー、フー」と、0.5秒ほどの短い間隔のときには「フー・フー」、聞き分けられるほどの間隔がなく続くときには「フーフー」と表した。

[**獲物と狩り**] 記録がある種については、主となる餌について記した。狩りの手法については知られていないことが多いが、わかっている範囲で記載した。

[**生息地**] その種が好む生息環境を可能な限り記した。また、情報があれば生息する標高についても記載した。

[**現状と分布**] 分布範囲についてはこの項目の中で大まかに説明しているが、地図も同時に参照していただきたい。現状や保護の必要性に関しては、記録に乏しい、あるいは調査がまったくなされていないという種も多いのだが、生息環境の破壊という危機に直面していながら保護の対象となっていない種も少なくない。そこで、調査研究が強く求められる点についても項目内で強調した。

[**地理変異**] 地理的品種が存在しない場合は「亜種のない単型種」としている。亜種が存在する多型種については、そのすべての亜種を記載し、主だった違いを簡単に述べるとともに、分布範囲を記した。分類が確立していない種も多く、特に亜種の分類はいまだ揺れが大きいので、研究が進めば新たに種として独立するもの、逆に独立した種ではなく亜種とされるものなども出てくるだろう。そうした可能性についても項目内で言及した。

[**類似の種**] 生息域が重なる種や、姿が似ている種につい

て見分けるポイントを含めて記載した。また、生息域が地理的に離れていても、混同しやすい種があれば比較説明を加えた。

写真

本書の制作にあたって、写真の入手にはかなりの労力を費やした。足りない写真は大手エージェントに探してもらうように依頼したほか、鳥類に関するインターネットサイトの管理団体や国際的な雑誌、さらには個人的なつながりを頼るなど、あらゆる手段を講じて入手した。写真がまったくない種も14あり、そのうちの5種については大英自然史博物館所有の標本の写真を使用させていただいた。

このようにして、現在知られているすべてのフクロウについて850点以上の写真を掲載し、その中では羽色多型、幼鳥、飛翔中など、さまざまな姿を紹介することもできた。さらに、特徴のある亜種の写真も数多く収めることができたので、世界に生息するフクロウをかなり幅広くカバーすることができたと自負している。また、写真に添えたキャプションでは、それぞれの種について生息域や特徴などを簡単に説明すると同時に、目撃された場所や時期（月）、カメラマンの名前についても記載した。なお、写真のクレジットは巻末にまとめてある。

分布地図

これも「序文」で述べたが、『Owls of the World（世界のフクロウ）』第2版（クラウス・ケーニヒほか、2008年）からは、分布地図も相当な数を引用させていただいた。ただし、現在の状況に照らし合わせて修正を加えたものもある。特にアフリカとヨーロッパに生息するフクロウの分布地図には多数、手を入れさせてもらった。また、これまで記録がなかった種については新たに地図を作成し、掲載している。

この分布地図の中では、現時点でわかっている生息域を、緑色でできうる限り正確に示した。しかしアメリカキンメフクロウ（Aegolius acadicus）のように、冬を越すために渡りをする種もある。そうしたいくつかの種については、越冬地を青、夏に過ごす繁殖地をオレンジ色で示し、渡りをしない亜種が過ごす通年生息域を緑色で示した。その一方でアオバズク（Brown Boobook）（Ninox scutulata）のように、渡りをする北の個体群の越冬地（マレーシアやインドネシア）と、渡りをしない南の個体群の生息域が重なる種については、分布地図に移動の様子を表すことができないため、文中での説明にとどまっていることをご理解いただければと思う。また、アオバズク（Northern Boobook）（Ninox japonica）のように不定期に移動をする場合は矢印で目的地を指し示し、さらに島などのごく狭い範囲に棲む場合も矢印で示した。なお、生息域の境界が不明確な場合や、近年の生息数の減少により生息域が変化している場合にはクエスチョンマークをつけている。

参考文献

各種ごとに参考文献を挙げることは紙幅の関係で叶わなかったが、主だった出典元については520ページにリストアップしている。ちなみに筆者はフクロウに関する論文や書籍を5,000点以上所有しているが、本書の執筆にあたっては、そのすべてを何らかの形で参考にさせていただいた。仮にその全部を網羅するリストを掲載していたとした

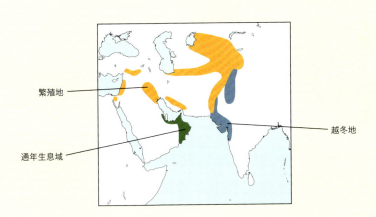

ら、おそらく150ページほど増えてしまうことになり、結果、価格も跳ね上がっただろうし、手に取りにくい書籍になってしまっただろう。そうしたことからも、掲載する参考文献については限定させていただいた次第だ。もし読者諸氏が本書の文中の説明について強い関心がある、あるいはさらに深く特定の種について調べたいという場合には、「heimomikkola@yahoo.co.uk」までEメールをいただければ参考文献に関する情報を喜んでお伝えしたいと思う。

典型的なフクロウ類の身体

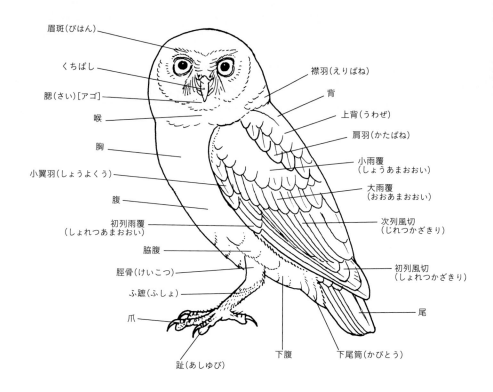

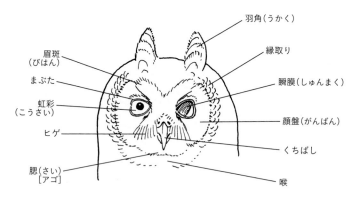

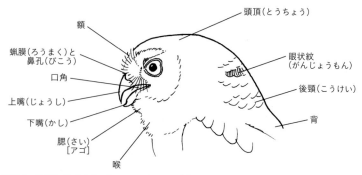

＊イラストは『Owls of the World（世界のフクロウ）』第2版（クラウス・ケーニヒほか、2008年）に掲載（フリードヘルム・ワイク作成）されたものを転載。

用 語 集

● **雨覆**（あまおおい）
翼の風切羽の根本を覆うように生える短い羽毛。翼や尾の気流を円滑にさせる。翼上面のものを上雨覆、下面のものを下雨覆と言い、上雨覆は初列雨覆、大雨覆、中雨覆、小雨覆に分けられる。

● **隠蔽型擬態**（いんぺいがたぎたい）
フクロウの場合、敵に見つからないように体の形を変える行為。たとえば木の枝に似せて細長い姿勢をとるなど。

● **羽衣**（うい）
鳥の体表を覆う羽毛全体のこと。季節、雌雄、年齢などで異なることがある。羽装とも言う。

● **羽角**（うかく）
頭の上にある、耳のように見える左右一対の飾り羽。耳や角ではなく羽毛で、立てることも、倒すこともできる。実際の耳は目の横あたりについているが、この穴は羽毛に隠れて見えない。

● **エリスロメラニン**
メラニンまたは赤茶の色素が欠如し、羽毛に赤茶色が発現すること。

● **塩基配列**
すべての細胞に含まれる核酸の最小単位をヌクレオチドと言い、このヌクレオチドがリン酸を介して糖と結合（ホスホジエステル結合）したものが、遺伝情報の伝達の中心的役割を果たす核酸である。塩基はヌクレオチドの構成要素であり、その配列が遺伝情報を表す。特定の塩基配列は、決まった酵素タンパク質の結合を促進させる。

● **角膜**
眼球を覆う硬い透明な膜で、虹彩と水晶体を保護する。

● **風切羽**（かざきりばね）
翼の外側にある飛ぶための羽毛。人の手首の先に相当する部分から生えているのが初列風切、肘から先の部分から生えているのが次列風切、肩から肘までの部分に生えているのが三列風切。

● **換羽**（かんう）
古い羽毛が抜け落ちて新しい羽毛に生え換わること。

● **顔盤**（がんばん）
多くのフクロウの頭部前面は凹状の皿のような形をしていて、両目の位置と合わせて人間の顔のように見えることから、この部分を特に顔盤と言い、フクロウの特徴のひとつとなっている。顔盤はパラボラアンテナのように集音機能があり、かすかな音でも効率よく耳に伝える。

● **基亜種**（きあしゅ）
亜種のある種を多型種、亜種のない種を単型種と言い、多型種で最初に発見（発表）された亜種のこと。原種、原名亜種とも呼ばれる。種は属名と種小名の2語で表し（二名法）、亜種は属名と種小名に亜種小名を加えた3語で表す（三名法）。

● **擬傷行動**
親鳥が卵やヒナを捕食者から守るため、捕食者の注意を引き、あるいはおびき寄せる行為。傷を負ったり、翼が折れたりしたふりをする。

● **擬声語**
動物の出す音（鳴き声など）を言語音で真似て表した語。

● **暁新世**（ぎょうしんせい）
およそ6,550万〜5,600万年前までの地質時代。

● **ギルド**
同一の栄養段階に属し、ある共通の資源（餌や生息空間）を利用している複数の種または個体群。ギルド内の2種の一方が他方を食べることをギルド内捕食と言う。

● **更新世**（こうしんせい）
およそ260万〜1万1,700年前までの地質時代。

● **硬葉樹林**
ユーカリ類のような硬い葉をつける常緑の低木および高木からなる森林。

● **黒化（メラニズム）**
先天的にメラニン色素が過度に増加した状態で、皮膚や羽毛、目などが黒くなる。

● **固有種**
特定の地域や国でのみ見られる種。

● **耳羽**（じう）
耳を覆う羽毛。

● **脂肪色素**
脂質（カロテン、カロテノイドなど）を含む色素で、黄色やオレンジ色、赤色を発現させる。

● **収斂進化**（しゅうれんしんか）
系統の異なる複数の生物が、似通った形質を個別に進化させること。

● **種群**
同一種内で性的隔離の見られるグループ。

● **瞬膜**（しゅんまく）
眼球を覆い、水平方向に開閉する透明の膜で、第3眼瞼（第3のまぶた）とも言う。

●**食虫性**
　昆虫、あるいは昆虫に類する小型動物を主食とする習性。

●**性的二型**
　外見や体のサイズが雌雄間で異なること。

●**漸新世**（ぜんしんせい）
　およそ4,000万〜2,500万年前の地質時代。

●**先天性色素欠如**
　特定の色素、またはすべての色素が欠如している状態で、メラニンやカロテノイド、ポルフィリンの作用に影響を与えるため、白色個体が生まれる。通常、親鳥は羽色に異常がないが、片翼の初列風切1枚だけが白いといった軽微な変異や、全身が白いが目やくちばし、脚は通常と同じ色といった変異が見られる場合もある。

●**相互羽づくろい**
　互いに、または相手を羽づくろいすること。多くはつがい同士で行う。

●**側系統**
　種の進化の過程において、共通の祖先から枝分かれして進化した系統。

●**側所性**
　ふたつ以上の種の分布範囲が大きく重なるのではなく、近接している状態。生息地が重複する場合にもその範囲は広くなく、その部分でのみ両者が共存する。

●**側所的種分化**
　側所的に存在するふたつの集団が、時間をかけて種分化すること。

●**ソノグラム**
　鳴き声を分析・表示するために使用される一般的な方法。

●**多型性**
　同じ個体群の中にふたつ以上の表現型が存在すること。それぞれの個体がどの表現型になるかの決め手は、遺伝的要素または環境的要素である。

●**昼行性**
　日中に行動をする習性。

●**ディスプレイ**
　動物が進化の過程において、社会的なコミュニケーションの手段として獲得した誇示行為。威嚇、求愛、コミュニケーションなどの役割をもつ。

●**同所性**
　地理的に生息域が重複すること。これとは反対に、地理的に離れた場所に存在することを異所性と言う。

●**白化（アルビニズム）**
　チロシナーゼ（メラニン色素の生成に必要な酵素）が欠如した遺伝子異常。

●**薄明薄暮性**
　明け方や夕暮れ時など、薄暗い時間帯に姿を現し、あるいは行動する習性。

●**羽色変異型**
　生まれつき、羽衣の色が一般的な色とは異なる個体。

●**眉斑**（びはん）
　人の眉のように見える目の上の線状・帯状の模様（斑紋）。

●**ふ蹠**（ふしょ）
　趾の付け根からかかとまでの部分。跗は「きびす」でかかと、蹠は「足裏」で、かかとから足裏にかけての部分を意味する。鳥はつま先立ちで、かかとは人の膝の位置にあるので、人のすねに相当する部分に見える。「ふせき」とも読む。

●**ペリット**
　消化できない骨や羽毛などを固めて吐き出したもの。消化できないものをソーセージのような形のペリットにして、摂取からおよそ6時間後に吐き出す。

●**放浪性**
　繁殖期以外は特定のなわばりをもたない習性。

●**ポルフィリン**
　フクロウをはじめ、いくつかの種の鳥類の羽衣に多く含まれる色素だが、日光にさらされることで破壊されやすいため、新しい羽毛にもっとも多い。また、紫外線が当たると強い蛍光を発する。

●**目先**（めさき）
　左右の目とくちばしの間の部分。羽毛の色が違っている、あるいは羽毛が生えていないなど、この部分に他の部分と色の違うラインが入る種が多い。

●**モパネ林**
　アフリカ南部において、テレペンチン油を採取できるモパネの木が途切れなく広がる森林。

●**幼綿羽**（ようめんう）
　ヒナが孵化してから最初に生える綿羽。第1回目の換羽を終えた羽衣は第2幼綿羽と言う。

●**翼開長**（よくかいちょう）
　広げた両翼の先端から先端までの直線距離。

●**ユーメラニン**
　もっとも多いメラニン色素で、アルビノ（白化個体）では欠如していることが多い。

●**留巣性**（りゅうそうせい）
　ヒナが孵化後長く巣の中で親鳥の保護・給餌を受ける性質。晩成性とも言う。

●**留鳥**（りゅうちょう）
　同じ地域に1年中生息し、季節による移動や渡りをしない定住性の鳥。フクロウは留鳥が多く、渡りをしない種が多い。

●**蝋膜**（ろうまく）
　上のくちばし付け根を覆う肉質の膜。

▼色素が欠如したトラフズク（*Asio otus*）。アルビノのように全身が真っ白だが、目だけは通常の色が残っている（写真：クリス・ファン・レイスウェイク）

001 メンフクロウ [BARN OWL]
Tyto alba

全長 29～44cm　体重 254～612g　翼長 235～323mm　翼開長 85～98cm

別名　Common Barn Owl、Western Barn Owl

外見　中型で、羽角はない。雌雄を比べると、通常はメスのほうがオスより30～55gほど重く、羽色と斑点の色も濃い。体部上面は金色と淡黄褐色が混じり合い、淡い灰色の細かい斑点が入る。風切羽の上面は滑らかなので、翼を動かしたときの音が吸収される。ハート型の顔盤はオフホワイトで、やや小さめながら茶色がかった黒色の目が目立つ。くちばしは白っぽいピンク。体部下面は銀色がかった白で、淡黄褐色の斑点が散るが、風切羽と尾羽の下面に模様は見られない。脚部は白い羽毛で覆われ、灰茶色の趾は裸出しているか、わずかに短い羽毛が生えている程度。濃い灰色の爪は針のように鋭く長い。[幼鳥]ヒナの綿羽は白一色で、第1回目の換羽を終えると、くすんだクリーム色の羽毛が密に生える。その後は親鳥とほぼ同様の羽毛に覆われる。

[飛翔]　翼面荷重が低いため、波打つような軌跡を描いて飛ぶ。初列風切[訳注：風切羽のうち、人の手首の先に相当する部分から生えている羽毛]の縁には切れ目がない。

鳴き声　求愛の季節である晩冬から早春にかけては、文字にすると「シュリーーー！」といった、大きくて鋭い声を震わせる。また、耳障りなキーキー声を出すこともあり、それにちなんで英国では1666年に「Screech Owl（金切り声のフクロウ）」と名付けられたが、1678年には現在の英名である「Barn Owl（納屋のフクロウ）」に変更された。

獲物と狩り　草地や湿地に棲む陸生の小型げっ歯類、特にヨーロッパハタネズミなど、コロニーをつくるハタネズミ類を捕食する。そうした獲物は、草地など開けた土地や樹木がまばらな土地、あるいは窪地や川の流れる谷、沼沢地に近い場所の上を飛びながら探す。

生息地　樹木が点在する郊外の開けた土地で、人間の居住地からも遠くない場所に棲む。

現状と分布　中央ヨーロッパからアフリカ、東南アジアに分布する。比較的数の多い種で、全世界での生息数は本種とアメリカメンフクロウ（No.002）を合わせると490万羽と推定されるが、そのうち中央ヨーロッパに棲むのは5万羽にすぎない。たとえばイングランドとウェールズでは、1932年にはおよそ1万2,000組のつがいが生息していたが、この50年でその数は70％程度にまで落ち込んでいる。特に農業地帯で農薬の影響を受けて大きく減少しているほか、交通量が多い地域では事故に巻き込まれるケースも増えている。また、アフリカとインドでは今日でも凶兆をはらうため、黒魔術の生贄にされることが多い。ちなみに筆者はアフリカにいた22年の間に、迷信に踊らされてメンフクロウを迫害しようとしていた人たちの手から数十羽を救ったという経験がある。これらのメンフクロウはしばらく自宅で飼育し、完全に傷が回復するのを待って、自然に返してやった。アフリカでは、多くの愛鳥家がこのような救済活動を続けている。

地理変異　地域差は顕著で、体の大きさ、くちばしや脚、鉤

◀巣で親鳥の帰りを待つ真っ白な2羽のヒナ。まだ生まれて間がない。8月、イングランドのヨークシャーにて（写真：ロビン・アランデール）

▶ヤシの葉陰で休むメンフクロウの亜種*erlangeri*のつがい。大きさや色など、外見的な雌雄差はほとんどないが、胸に濃色の斑点がほとんど入っていないのがオス。6月、イスラエルにて（写真：エヤル・バルトフ）

爪の強さ、羽色、胸腹部の斑点の多さなどに違いが見られ、現在までに10亜種が確認されている。そのうち、胸の白さが際立つ基亜種の*alba*は英国からフランス西部、地中海地方にかけて生息する。体重の重い*T. a. guttata*はスウェーデン南部からヨーロッパの東部および中部、ロシア西部にまで生息し、胸の色がとても濃い個体も見られる。*T. a. ernesti*は色がとても淡く、生息地は地中海に浮かぶコルシカ島とサルディーニャ島。アフリカのモーリタニア南部から東はスーダン、南は中央アフリカを経て南アフリカ共和国に棲み、アフリカ大陸東のインド洋に浮かぶセーシェル島でも発見された*T. a. affinis*は基亜種に比べて色が濃く、ふ蹠［訳注：趾の付け根からかかとまで］が長いため脚長に見える。マダガスカルとコモロ諸島に棲む*T. a. hypermetra*はアフリカの亜種よりも大型で、顔盤の縁取りが目立つ。パキスタンやインド、ミャンマー北部からベトナム、タイにかけて生息するのは*T. a. stertens*。基亜種によく似ているが、背中の青みがかった灰色が際立つ。*T. a. schmitzi*はアフリカ大陸北西の島、マデイラとポルト・サントに棲む小型の亜種だが、脚部はがっしりして、翼に入る帯模様は4〜5本のみ。カナリア諸島の*T. a. gracilirostris*は体が小さく、くちばしも細い。ミャンマーの中西部から東はラオス、南はインドネシアに分布する*T. a. javanica*は*stertens*より色が濃く、背中は灰色がかった茶色。最後の*T. a. erlangeri*は中東のイラクとイランに棲む亜種で、体部上面の金色が

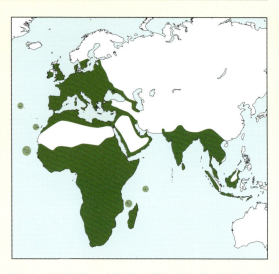

強く、灰色が淡い。ただし、本種の分類はまだ確定しておらず、たとえばとても重く（オスが555g、メスが612g）、羽色も濃い*javanica*を独立した種とするべきという説もある。

<u>類似の種</u>　ヨーロッパでは、ハート型の白い顔盤をもつフクロウは本種しかいない。アフリカ、南北アメリカ、オーストララシア［訳注：オーストラリア大陸、ニュージーランド、ニューギニアと周辺の島々］に棲むメンフクロウ属については、以降のページで説明する。

◀飛翔中の基亜種*alba*。脚は尾より後ろに突き出ていない。2月、イングランドのノーサンバーランドにて（写真：イアン・フィッシャー）

▲▶アフリカの亜種*affinis*はヨーロッパの亜種*guttata*によく似ているが、襟羽（えりばね）の色が濃く、顔の中央に黒っぽい線が縦に入る。ナミビアにて

▶キタハタネズミを捕らえた亜種*guttata*のメス。羽色は淡黄褐色から黄色で、体部下面には小さな斑点が入る。5月、オランダのバルネフェルトにて（写真：クリス・ファン・レイスウェイク）

▶▶こちらの*guttata*は暗色型で、薄暗い体部上面に灰色の細い線模様、羽毛の先端に白と黒の斑点が入る。赤褐色からオレンジの体部下面には色の濃い、大きめのまだら模様が無数に見られる。6月、オランダのバルネフェルトにて（写真：クリス・ファン・レイスウェイク）

Barn and Grass Owls：メンフクロウの仲間

002 アメリカメンフクロウ [AMERICAN BARN OWL]
Tyto furcata

全長 34～38cm　体重 311～700g　翼長 314～370mm　翼開長 90～100cm

外見　中型で、羽角はない。雌雄を比べると、体重はオスよりメスのほうが50gほど重い。羽色は雌雄ともにバリエーション豊かだが、やはりメスのほうが総じて色が濃い。一般的に体部上面は明るい黄茶色で、黒の細かい斑点が入るが、次列風切［訳注：風切羽のうち、人の肘から先に相当する部分から生えている羽毛］と尾羽はほぼ白。白っぽい顔盤はオレンジがかった茶色の羽毛で縁取られ、黒茶色の目に、クリーム色のくちばし。この顔の印象から、米国では「Monkey-faced Owl（サル顔のフクロウ）」とも呼ばれる。体部下面は上面よりやや白に近く、黒い斑点がはっきりしている。脚部は色の淡い趾の近くまで羽毛が生えており、爪は茶色がかった黒。[幼鳥] メンフクロウ（No.001）の幼鳥と似ている。

鳴き声　長く伸びる、耳障りな金切り声を上げる。

獲物と狩り　通常は止まり木からハタネズミなどの小型哺乳類に飛びかかるが、空中でコウモリなどを狩ることもある。また、カラフトフクロウ（No.169）と同様、深さ25cmにもなる雪の層の下に潜む獲物を見つけることもできるが、これはほかのメンフクロウ類にはない能力だ。

生息地　メンフクロウ（No.001）と同様の環境に棲むが、南米の亜種は熱帯および亜熱帯の森林に生息する。

現状と分布　北米大陸から南はアルゼンチン南部までの広い範囲に分布する。ただし、中南米では森林破壊の影響を受け、絶滅が危惧される地域もある。また、いずれの地域でも交通事故に巻き込まれるケースが増えている。

地理変異　6亜種が確認されている。そのうち、もっとも大きいのが基亜種の*furcata*で、キューバ、ケイマン諸島（絶滅している可能性もある）、ジャマイカに生息する。これによく似た*T. f. pratincola*は北中米と西インド諸島のイスパニオラ

◀基亜種よりやや小型の*tuidara*だが、ふ蹠［訳注：趾の付け根からかかとまで］が長く、力強い鉤爪（かぎつめ）をもつ。色の濃いほうがメスで、オスよりも細く見えるのは、体を細長くさせているから。雌雄ともに通常の個体よりも色が淡い。9月、ブラジルにて（写真：ホセ・カルロス・モタ＝ジュニア）

▶基亜種の*furcata*。アメリカメンフクロウの中でもっとも大きく、次列風切と尾羽はほとんど白一色。11月、ジャマイカにて（写真：イヴ＝ジャック・レイ＝ミレ）

島が原産だが、最近では人為的に導入された結果、ハワイ諸島の主だった島すべてと、オーストラリアとニュージーランドの間に浮かぶロードハウ島でも見られる。旧オランダ領アンティル諸島最大の島キュラソーから東へ約50km、ベネズエラ本土から北へ約90kmのボネール島には翼長わずか285mmと、6亜種の中で最小の*T. f. ssp*（亜種名未定）が棲む。南米大陸で見られるのは*T. f. tuidara*、*T. f. hellmayri*、*T. f. contempta*の3亜種で、*tuidara*はブラジルのアマゾン川流域から大陸最南端のティエラ・デル・フエゴまでとフォークランド諸島に棲み、基亜種よりやや体が小さく、羽色は淡い。その*tuidara*によく似た*hellmayri*は大陸北部から北東部、すなわちベネズエラとフランス領ギアナからアマゾン川流域にかけて生息する。最後の*contempta*はコロンビア、エクアドル、ペルーに生息する亜種で、平均翼長がオスで312mm、メスで291mmと雌雄差がある。以上6亜種の中で*contempta*はメンフクロウ（No.001）の亜種*T. a. guttata*に似ているうえに、きわめて大きいので、「Colombian Barn Owl」（*Tyto contempta*）という独立種とも考えられるが、DNA調査による裏付けはまだとれていない。さらに、ボネール島に棲む*ssp*もほかの亜種やCuraçao Barn Owl（No.003）と明らかに違いがあり、「Bonaire Barn Owl」という独立種とする向きもある。以前はメンフクロウの亜種とされていた本種の分類は、このようにいまだ確定しておらず、さらなる調査研究が求められる。

類似の種 生息域が離れているメンフクロウ（No.001）は本種とよく似ているが、平均体重は150gほど軽く、頭部も体部も本種より小さい。Curaçao Barn Owl（No.003）も生息域が異なり、やはり本種より体が小さい。分布範囲が孤立しているLesser Antilles Barn Owl（No.004）も本種より小型で、羽色は比較的淡くて体部下面が茶色っぽく、背中と翼には濃い灰色がかかっている。Galápagos Barn Owl（No.005）も生息域は重なっておらず、羽色がとても濃く、体部下面に斑点が多い。生息域が重なっているのはイスパニオラメンフクロウ（No.011）で、全長は本種とほぼ一緒だが、顔面は煤けた灰色をしている。

▼アメリカメンフクロウの亜種*pratincola*のオスは、メスより色が淡く、顔盤は純白だが、胸と脇腹に濃色の斑点が入る。1月、米国アリゾナ州にて（写真：ジム＆ディーヴァ・バーンズ）

▼こちらは*pratincola*のメス。オスより色が濃く、体も大きい。顔盤はわずかに赤みがかかっている。3月、米国アリゾナ州にて（写真：ジム＆ディーヴァ・バーンズ）

Barn and Grass Owls：メンフクロウの仲間 **85**

▲アメリカメンフクロウの亜種 *contempta* は、「Colombian Barn Owl」という独立種ではないかとも考えられる。エクアドルの標高2,500m付近にまで生息し、ほかの亜種よりも小型で、羽色のバリエーションも豊かだ。写真の個体は淡色型で、顔盤は白く、白みのある濃色で縁取られている。コロンビアにて（写真：ニック・アタナス）

▶南米大陸には3亜種が生息する。写真の *hellmayri* もそのひとつで、基亜種より色が淡く、小さい。ベネズエラにて

Tyto：メンフクロウ属

003　CURAÇAO BARN OWL
Tyto bargei

全長 約29cm　翼長 246〜258mm

外見
小型から中型で、羽角はない。本種の特徴は翼と尾が短いことだが、雌雄の体格差については不明。体部上面は淡い黄茶色で、黄土色と金茶色の斑点があり、風切羽と尾羽には濃色の横縞が入る。顔盤は白で、黄色みの強い黄土色の細い縁取りで囲まれ、茶褐色の目の周囲は白から淡い黄土色のグラデーションになっている。くちばしは白に近い象牙色。体部下面は白いが、胸の側面に濃色の斑点がまだらに入る。比較的長い脚は淡い灰色の羽毛で覆われ、爪は黒っぽい茶色。[幼鳥]ほかのメンフクロウ類の幼鳥に似ている。

鳴き声
耳障りな金切り声を上げる。飛行中にはカチカチと音を出すことがあり、エコーロケーション（反響定位）の能力があるのではないかと考えられる。

獲物と狩り
コウモリを含む小型の哺乳類を主食とするが、爬虫類や小型の鳥類、昆虫なども食べる。獲物は止まり木から、あるいは飛行しながら空中で捕まえる。

生息地
低木林や洞窟のある岩場を好むが、営巣のできる廃墟などがあれば、やや開けた田園地帯にも棲む。

現状と分布
カリブ海に浮かぶ旧オランダ領アンティル諸島最大の島、キュラソーに固有の種。1989年の時点でつがいは40組しか確認されず、人間が入ってきたことで数を減

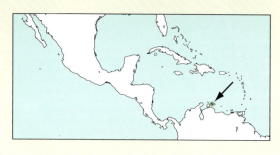

らしたものと思われる。特に、農薬の散布と交通量の増加の影響が大きい。

地理変異
亜種のない単型種とされるが、分類は未確定。以前はメンフクロウ（No.001）の亜種とされていた。

類似の種
キュラソー島に棲む唯一のメンフクロウ属。この島から比較的近いボネール島に棲むアメリカメンフクロウ（No.002）の亜種 *T. f. ssp*（亜種名未定）はもっと大型で、太い脚に羽毛は生えておらず、ふ蹠［訳注：趾（あしゆび）の付け根からかかとまで］とくちばしも長い。Lesser Antilles Barn Owl（No.004）も生息する島は異なるが、体格は同等。ただし、本種より羽色がやや濃く、体部下面は茶色みが強くて、背中と翼には濃い灰色がかかっている。

◀Curaçao Barn Owlのつがい。雌雄差はほとんどなく、どちらも体部下面に濃色の斑点がまだらに入る。キュラソー島にて

▼ボネール島に棲むアメリカメンフクロウ（No.002）は体部上面、翼、尾の黄色みがかなり強くて、脚に羽毛は生えていない。一方、Curaçao Barn Owlは背中の色がとても濃く、脚部は完全に羽毛に覆われている。キュラソー島にて（写真：いずれもカルマビ研究所／ペーテル・ファン・デル・ウォルフ）

004 LESSAR ANTILLES BARN OWL
Tyto insularis

全長 27〜33cm　体重 約260g　翼長 226〜247mm

外見　小型から中型で、羽角はない。雌雄の体重差を示すデータはないが、翼長は総じてメスのほうがオスより10mmほど長い。羽色は全体的に濃く、体部上面には濃い灰色がかかり、細かい白斑が見られる。風切羽と尾羽は茶色の地に濃色の横縞。淡い茶色の顔盤を囲む縁取りは、茶色の地に黒い斑点が入る。目は茶色がかった黒色で、くちばしは黄色みが強い。体部下面は茶色みが強く、矢柄の濃色の斑点が入る。脚は長く、趾の付け根まで羽毛に覆われ、その趾は灰茶色で、爪は黒に近い茶色。[幼鳥] ほかのメンフクロウ類の幼鳥に似ている。

鳴き声　甲高いが弱いキーキー声を上げる。ドミニカではクリック音も記録されている。

獲物と狩り　コウモリを含む小型の哺乳類を主食とするが、爬虫類や小型の鳥類、大型の昆虫なども食べる。狩りの方法に関する詳細な記録はないが、ほかのメンフクロウ類と同様だと思われる。

生息地　開けた農地、または岩が多く、灌木や低木林、洞窟のある森林に棲む。

現状と分布　カリブ海の小アンティル諸島に固有の種。その中でもドミニカ、セントヴィンセント、ベキア、ユニオン、カリアク、グレナダの各島に生息する。

地理変異　確認されているのは2亜種。基亜種*insularis*は数が少なく、セントヴィンセント、グレナダ、およびグレナディン諸島のいくつかの島に生息する。それより数が多い*T. i. nigrescens*はドミニカに棲み、体部上面に白斑はほとんど見られない。かつてメンフクロウ（No. 001）の亜種とみなされていた本種は、現在は生息地が小アンティル諸島に限定されることや、形態が異なることなどから、アメリカメンフクロウ（No. 002）やイスパニオラメンフクロウ（No. 011）とも別種とされているが、分類を確実なものにするためにはDNA調査が必要だ。

類似の種　生息域が異なるアメリカメンフクロウ（No. 002）は本種より体が大きく、顔盤と体部下面が白い。生息する島がわずかに離れているCuraçao Barn Owl（No. 003）は本種とさほど変わらない大きさだが、やはり顔盤と体部下面が白い。生息域がかなり離れているイスパニオラメンフクロウ（No. 011）は顔盤が煤けた灰色。

▶ Lesser Antilles Barn Owlの亜種*T. i. nigrescens*。Galápagos Barn Owl（No. 005）によく似ており、基亜種よりも体部上面の色が濃くて、斑点が少ない。体部下面も濃色の斑点が少ない。11月、ドミニカにて（写真：ジョン・ミッターマイヤー）

Tyto：メンフクロウ属

005 GALÁPAGOS BARN OWL
Tyto punctatissima

全長 33cm　翼長 229〜234mm　翼開長 68cm

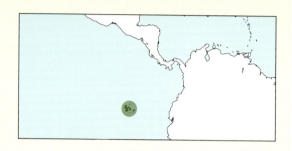

外見　小型から中型で、羽角はない。雌雄の体重差を示す明確なデータはないが、メスのほうがかなり重いと思われる。体部上面はシナモン色から茶色で、濃い灰色がかかっており、白い斑点が多数入る。風切羽と尾羽は茶色みを帯びた黄色の地に濃色の横縞。顔盤は白色がまだらになっており、縁取りにもオレンジがかった茶色に濃色の斑点が散る。やや小さい目は黒っぽく、くちばしは黄白色に黒みがかかっている。体部下面は淡いシナモン色一色か、白が混じる地に濃淡の斑紋が密に入るが、脚に近いほど斑紋の色は薄くなる。その脚は長く、羽毛で完全に覆われ、趾は灰茶色。爪は黒に近い茶色で、力強い。[幼鳥] ほかのメンフクロウ類の幼鳥に似ている。[飛翔] 蛾のように翼を柔らかく、大きく動かす。
鳴き声　やや高く、ざらついた「クリーー！」とも聞こえる声を長く続ける。
獲物と狩り　主に大小のネズミ類や昆虫などを食べるが、なかでもバッタ類を好むようだ。そのほか、小型の鳥類を捕食することもある。獲物は止まり木から、あるいは地上で襲いかかって捕らえる。
生息地　乾燥して草木が少ない低地に棲む。標高の高いところではやや開けた土地に生息し、人里近くでも見られることがある。
現状と分布　ガラパゴス諸島に固有の種で、その中でもフェルナンディナ、イサベラ、サンクリストバル、サンタクルスの各島での目撃例がある。フェルナンディナ島では生息数が比較的多いが、そのほかの島ではかなり少なく、人間による迫害や観光客の増加などの影響を受け、絶滅が危惧される。
地理変異　亜種のない単型種とされるが、分類は未確定。メンフクロウ（No.001）やアメリカメンフクロウ（No.002）の亜種ではなく、独立した種であると断言するためにはさらなる調査研究が必要だ。
類似の種　南米大陸のエクアドルの海岸から西に1,000kmほど離れたガラパゴス諸島に棲む唯一のメンフクロウ属。南米大陸本土に棲むアメリカメンフクロウ（No.002）の亜種 *T. f. contempta* は本種に比べて体が大きく、羽色のバリエーションが豊か。

◀ Galápagos Barn Owl は羽色が全体的に濃く、顔盤は煤けた茶色。体部上面は茶色で、白い斑点が無数に入る。下面はシナモン色の地に、茶色の虫食い跡のような模様と、濃淡の小さい斑紋が密に入る。最高で標高1,700mの地点で見られることがある。8月、ガラパゴス諸島のサンタクルス島にて（写真：シーグ・コピニッツ）

006 ケープベルデメンフクロウ [CAPE VERDE BARN OWL]
Tyto detorta

全長 35cm　翼長 272～297mm

外見　中型で、羽角はない。雌雄の体格差に関するデータはない。羽色は全体的に濃く、灰茶色の体部上面には黒で縁取られた大きな白斑が見られる。翼の上面はまだらな金茶色で、全体にうっすらと斑点模様が入る。顔盤は淡い赤褐色で、黒茶色の目に、白に近い象牙色のくちばし。体部下面は鈍い黄色から黄褐色の地に、濃色の矢柄の斑紋が散る。脚は長く、上部は黄褐色だが、下部と趾は灰茶色で、爪は茶色がかった黒。[幼鳥] ほかのメンフクロウ類の幼鳥に似ている。

鳴き声　詳細は不明だが、メンフクロウ（No.001）の鳴き声に似ていると言われる。

獲物と狩り　大小のネズミ類やヤモリ、ミズナギドリなどの海鳥のほかに、昆虫やクモなども捕食する。通常は止まり木から獲物に飛びかかるが、飛びながら空中で狩りをすることもある。

生息地　開けた、あるいはやや開けた土地を好むが、小さな島や、切り立った崖と洞窟のある峡谷にも棲む。そのほか、人間の居住地や廃墟の近くで見られることもある。

現状と分布　アフリカ大陸の西岸沖に位置するベルデ岬諸島（カーボベルデ）に固有の種で、その中でもサンビセンテ島とサンティアゴ島に生息する。個体数がきわめて少なく、しかも分布がごく狭い範囲に限定されることから、環境破壊や人間による迫害などで絶滅に追い込まれる可能性も否定できない。

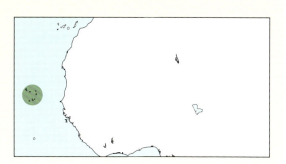

地理変異　亜種のない単型種。メンフクロウ（No.001）の亜種とされることもあるが、羽衣の違いが大きいため、現在では独立種と考えられている。ただし、分類を確実なものにするためにはさらなる調査研究が必要だ。

類似の種　アフリカ大陸に生息するメンフクロウ（No.001）の亜種 *T. a. affinis* もベルデ岬諸島で繁殖するが、本種より大きく、顔盤の白みも強いうえに、体部上面が灰色を帯びている。生息域が異なる São Tomé Barn Owl（No.007）は羽色が似ているが、全体的に濃色で、やや小型。

▼メンフクロウ（No.001）の亜種の中でもっとも色が濃い *T. a. guttata* よりも、ケープベルデメンフクロウのほうがさらに濃色。体部下面は鈍い黄色から黄褐色で、大きな矢柄の斑紋がところどころに入る。顔盤は淡い赤褐色で、くちばしは白に近い象牙色。6月、ベルデ岬諸島のサンティアゴ島にて（写真：エリック・ディドネ）

007 SÃO TOMÉ BARN OWL
Tyto thomensis

全長33cm　体重380g（オス1例）　翼長241〜264mm

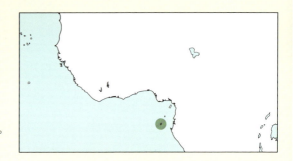

__外見__　小型から中型で、羽角はない。雌雄の体格差に関するデータはない。羽色は全体的に濃く、体部上面は濃い灰色から赤みのある茶色で、白と黒の斑紋が目立つ。風切羽と尾羽は赤茶色の地に、黒に近い茶色の横縞。顔盤は黄色がかった茶色で、黒茶色の目の間からくすんだ黄色のくちばしにかけて濃色の帯が入る。体部下面は金茶色で、矢柄の濃色の斑点が見られる。脚は長く、黄色がかった茶色の羽毛でほぼ覆われ、裸出した部分と趾は茶色がかった灰色。爪は黒っぽく、比較的力が強い。[幼鳥]ほかのメンフクロウ類の幼鳥に似ている。

__鳴き声__　詳細は不明だが、メンフクロウ（No.001）の鳴き声に似ていると考えられる。

__獲物と狩り__　記録に乏しいが、現時点で確認できている獲物は、小型の哺乳類と鳥類、昆虫、クモ、トカゲ、カエル。狩りの習性については不明。

__生息地__　低木林や、やや開けた森林に棲むが、岩場や人間の居住地でも見られる。

__現状と分布__　アフリカ大陸西岸のギニア湾に浮かぶサントメ島に固有の種。比較的よく見られる種ではあるが、生息地がひとつの小さな島に限定されていることから、人間による迫害や農薬散布などの影響を受けやすい。

__地理変異__　亜種のない単型種とされるが、分類は未確定。これまではメンフクロウ（No.001）の亜種とされてきたこともあり、独立した種と確定するためにはさらなる調査研究が必要だ。

__類似の種__　生息域が異なるケープベルデメンフクロウ（No.006）も色が濃い種であるが、本種に比べると全体的にやや淡く、体部下面は鈍い黄色から黄褐色。また、体は本種より若干大きい。サントメ島とはおよそ200km離れているアフリカ大陸本土に棲むメンフクロウ（No.001）の亜種 *T. a. affinis* も本種より大きく、顔盤は白っぽくて、体部上面が灰色がかっている。

◀São Tomé Barn Owlが力強い足と鉤爪（かぎつめ）で大きなネズミを捕まえた。体部上面は濃い灰色から赤みのある茶色で、顔盤の色がとても濃く、体部下面は金茶色。7月、サントメ島にて（写真：ファビオ・オルモス）

008 オーストラリアメンフクロウ [AUSTRALIAN BARN OWL]
Tyto delicatula

全長 30～39cm　体重 230～470g　翼長 247～300mm　翼開長 79～97cm

<u>別名</u>　Eastern Barn Owl

<u>外見</u>　小型から中型で、羽角はない。雌雄を比較すると、メスのほうが大きく、平均体重も25g重い。また、白っぽい体部下面に入る濃色の斑点も、メスのほうが概して多い。雌雄ともに頭部と体部上面は灰色、黄色みや赤茶が強い淡黄褐色、それに明るい金色が入り混じる。そのうち色がもっとも薄いのが頭部で、もっとも濃いのが翼だ。風切羽と尾羽は明るい黄茶色か淡い金色がかった黒の地に、濃い灰色の横縞がうっすらと入る。顔盤は丸型で、淡黄褐色と黒の羽毛ではっきりと縁取られ、やや小さめの黒い目が目立つ。くちばしは白っぽいか、淡い象牙色。細くて白い脚は、くるぶしにあたる部分までまばらに羽毛が生え、趾は淡い灰茶色で、爪は濃い灰茶色。[幼鳥] 巣立つころの羽衣は成鳥とほとんど変わらないが、胸の斑点はオスの成鳥よりも多い。[飛翔] 色がとても白く、長い翼と大きい頭、そして短い尾がよく目立つ。

<u>鳴き声</u>　文字にすると、「スク・エアー」か「スキー・エアー」といった鋭い叫び声を上げる。この鳴き声は音程が一定で、1～2秒続く。

<u>獲物と狩り</u>　小型の哺乳類、特に主食のハツカネズミを狩ることに関しては超一流だ。そのほかに大型のネズミ類や子ウサギ、コウモリ、カエル、トカゲ、小型の鳥類、昆虫も捕食する。獲物の多くは地上で捕らえるが、鳥類やコウモリは飛びながら空中で狩る。

<u>生息地</u>　広々とした郊外、農地、市街地、開けた疎林、荒野に棲む。そのほか、岩がごつごつした沖合いの島でも見られる。

<u>現状と分布</u>　オーストラリアでは広い範囲に分布し、よく

▼オーストラリアメンフクロウのメス。一般にオスよりもメスのほうが胸と脇腹の斑点が多い。9月、オーストラリアのクイーンズランド州にて（写真：ローアン・クラーク）

見られる種だが、本土の南に浮かぶタスマニア島では数が少ない。さらに、インドネシアやパプアニューギニア、フィリピンや南太平洋の島々にも生息するが、個体数は明らかでない。そのほか、基亜種の*delicatula*はニュージーランドに人為的に導入されたが、オーストラリア沖のロードハウ島に根付かせようという試みは成功しなかった。

<u>地理変異</u> 5亜種が確認されている。基亜種の*delicatula*はオーストラリア大陸と周辺の島、そしてインドネシアの小スンダ列島と太平洋南西部のソロモン諸島に生息する。パプアニューギニアと、そこからほど近いマナム島とカルカル島に棲む*T. d. meeki*は、体部上面が淡い黄土色を帯びたオレンジ。小スンダ列島のスンバ島には*T. d. sumbaensis*が生息し、こちらは体部上面が明るいシナモン系オレンジで、白っぽい尾には濃色の細い横縞が見られる。サンタクルーズ島やバンクス島、バヌアツに棲む*T. d. interposita*は、体部下面が褪せたようなオレンジ系黄土色。最後の*T. d. lulu*は地理的に孤立しているフィジー諸島の亜種で、遺伝的に基亜種とは異なっており、*sumbaensis*とはさらに遠い。

<u>類似の種</u> 生息域が異なるニューブリテンメンフクロウ (No.013) は本種より体が小さく、羽衣は金色がかった赤褐色で、背中と雨覆［訳注：風切羽の根本を覆う短い羽毛］には特

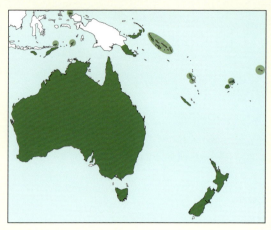

徴的なV字型の濃色の模様がある。本種とよく混同されるのは、部分的に生息域が重なるヒガシメンフクロウ (No. 015) と、オオメンフクロウ (No. 018) のうち色が淡い個体。両者の特徴については、102ページと107ページを参照のこと。生息域が重なるヒメススイロメンフクロウ (No. 023) とススイロメンフクロウ (No. 024) は羽衣の色が黒に近いため、簡単に見分けがつく。

◀オーストラリアメンフクロウのオス。顔盤と体部下面がかなり白く、斑点もほとんど見られない。7月、オーストラリアのビクトリア州にて（写真：ローアン・クラーク）

▼基亜種*delicatula*が飛んでいる。全体的に色が淡くて、長い翼と短い尾がよく目立つ。7月、オーストラリアのビクトリア州にて（写真：ローアン・クラーク）

Barn and Grass Owls：メンフクロウの仲間 93

▶オーストラリアメンフクロウの亜種 *sumbaensis*。基亜種と比べると、頭部と首まわりの灰色が淡い。ちなみに、生息域が部分的に重なるヒガシメンフクロウ（No.015）は、本種に比べて背中の色が濃く、脚が長い。10月、インドネシアのスンバ島にて（写真：ロン・ホフ）

009 BOANG BARN OWL
Tyto crassirostris

全長 33cm　翼長 285〜290mm

外見　小型から中型で、羽角はない。雌雄の体格差に関するデータはないが、どちらも力の強いくちばしと鉤爪をもつ。羽色は全体的に濃いが、特に体部上面が濃く、下面は煤けた白に茶色がかかり、濃色の斑点が入る。顔盤は白地に鈍い黄色がかかっており、黒茶色の目と黒みを帯びたクリーム色のくちばしが目立つ。脚の裸出した部分と趾は灰茶色で、爪は黒っぽい。[幼鳥] 不明。

鳴き声　記録なし。

獲物と狩り　記録なし。

生息地　低木や高木がまばらな開けた、あるいはやや開けた土地、農地、草原に棲む。

現状と分布　パプアニューギニアのビスマーク諸島に属するタンガ諸島のボアング島に固有の種。地理的に孤立しているため、生息数が急減する可能性も大きいが、どれほどの数が生息しているのかは明らかでない。

地理変異　亜種のない単型種とされるが、分類は未確定。これまではオーストラリアメンフクロウ（No.008）の亜種とされてきたこともあり、独立した種と確定するためには鳴き声や生態、生息環境、DNAなどに関して、さらなる調査研究が必要だ。

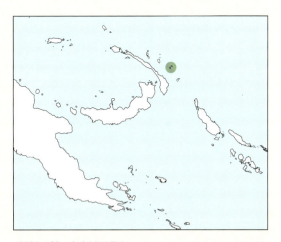

類似の種　生息域が異なるオーストラリアメンフクロウ（No.008）に似ているが、本種のほうが羽色は明らかに濃く、くちばしと鉤爪の力もずっと強い。やはり生息域が異なるオオメンフクロウ（No.018）は、本種より体がかなり大きく、羽色のバリエーションも豊かで、鉤爪の力はさらに強い。また、脚部は趾の付け根まで羽毛が生えている。

010 アンダマンメンフクロウ [ANDAMAN BARN OWL]
Tyto deroepstorffi

全長 33～36cm　翼長 250～264mm

別名　Andaman Masked Owl

外見　小型から中型で、羽角はない。雌雄の体格差に関するデータはない。体部上面は濃い茶色で、チョコレート色のまだら模様とオレンジ系の淡黄褐色の斑点が入る。顔盤はワインレッドに近い色で、オレンジがかった茶色の縁取りに囲まれる。目は黒に近い茶色で、くちばしはクリーム色。胸は金色がかった赤褐色の地に黒っぽい斑点が入り、腹部は白に近い。脚は白っぽい黄土色の羽毛で覆われ、趾は濃いピンクがかった灰色。爪は紫がかった灰色で、力が強い。[幼鳥] メンフクロウ（No. 001）の幼鳥に似ていると思われる。

鳴き声　やや高めの「スクリーーーィ！」という声を、さまざまな間隔で数回繰り返す。

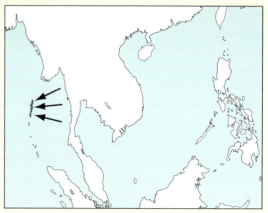

獲物と狩り　収集されたいくつかのペリットから、大小さまざまなネズミ類の骨が確認されている。狩りの習性に関する記録はない。

生息地　沿岸部や平原のほか、人里の近くでも見られ、洞穴をねぐらとする。

現状と分布　インド洋北東のベンガル湾東部に位置するアンダマン諸島の中でも、面積が20km²以上の島に固有の種。アンダマン諸島の南部の島では以前から姿を確認されていたが、近年では北部や中部の島でも目撃されている。ただし、個体群全体の状況については不明。

地理変異　亜種のない単型種とされるが、分類は未確定。本種が独立した種であり、アンダマン諸島に棲むメンフクロウ（No. 001）と同様の生態をもった別種であると確定するためには、DNAの証拠と生態に関するさらなる調査研究が必要だ。

類似の種　体型と大きさはメンフクロウ（No. 001）によく似ているが、本種のほうが羽色が鮮やかで、力強い脚をもつ。また、メンフクロウの亜種はいずれも灰色がかった羽衣に多少なりとも白と黒の斑点が入るところが本種とは異なる。

◀ 洞穴で休息するアンダマンメンフクロウ。写真は色の濃い個体で、赤褐色の顔に黒茶色の目と、栗色からオレンジ系茶色の縁取りがよく目立つ。3月、アンダマン諸島のインタビュー島にて（写真：マンチ・シリッシュ・S）

Barn and Grass Owls：メンフクロウの仲間　95

011　イスパニオラメンフクロウ　[ASHY-FACED OWL]
Tyto glaucops

全長 33～35cm　体重 260～535g　翼長 240～280mm

__外見__　小型から中型で、羽角はない。雌雄の体格を比べると、メスのほうが明らかに大きく、体重差は最大で200g。外見はメンフクロウ（No.001）に似ているが、本種は煤けた灰色の顔盤がオレンジがかった茶色で縁取られている。目は黒に近い茶色で、くちばしは青みのある白。体部上面は黄茶色の地に細い黒の縦縞が入り、下面は全体的に色が淡い中に矢柄の濃色の斑点が入る。やや長めの脚は黄色っぽい茶色の羽毛に覆われ、趾は灰茶色で、爪は黒っぽい茶色。
[__幼鳥__]　メンフクロウの幼鳥に似ている。
__鳴き声__　ガサガサした喘鳴［訳注：ゼーゼー、ヒューヒューという呼吸音］のような声が2～3秒続く。この鳴き声は、生息地が重なるアメリカメンフクロウ（No.002）の金切り声とは簡単に聞き分けられる。

__獲物と狩り__　主にハツカネズミやクマネズミなどの小型の哺乳類を捕食するが、小型の鳥類やカエル、爬虫類、昆虫なども食べる。狩りの習性については不明。
__生息地__　低地から標高2,000mを超える開けた土地や樹木がまばらな森林に棲むが、人里近くでも姿が見られる。
__現状と分布__　カリブ海に浮かぶ西インド諸島のイスパニオラ島とトルトゥガ島に固有の種。現状に関する調査は進んでいないが、人間の営みの影響を受け、数が激減している可能性もある。
__地理変異__　イスパニオラ島とトルトゥガ島の間で変異があるのかどうか不明確で、亜種のない単型種とされる。また、イスパニオラ島ではアメリカメンフクロウ（No.002）と隣り合うように生息するが、交雑の証拠がないことからも、本

▼イスパニオラメンフクロウのつがい。オスに比べ、メスのほうが明らかに大きく、色も若干濃いと言われているが、この写真では体格や羽色に雌雄差はほとんど見られない。11月、ドミニカ共和国にて（写真：マリオ・ダヴァロス・P）

種が独立した種であることが示唆される。

類似の種 本種のような灰色の顔をもつメンフクロウ類はほかにいない。白っぽい顔のアメリカメンフクロウ（No. 002）もイスパニオラ島に棲むが、こちらはもっと体が大きい。Curaçao Barn Owl（No. 003）は生息地が異なり、体も少し小さい。また羽色も本種とは異なり、上面が淡い黄茶色で下面は白。生息域がかなり離れているLesser Antilles Barn Owl（No. 004）の場合は羽衣(うい)の色がかなり濃く、体部下面が茶色っぽくて、背中から翼にかけては濃い灰色がかかっている。

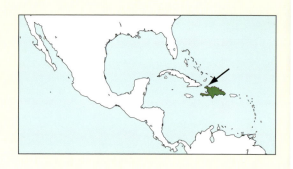

▼イスパニオラメンフクロウの体部上面は黄色っぽい茶色で、虫食い跡のような細かい黒の紋様と縦縞が入る。人の手首にあたる部分はオレンジ系茶色。体部下面は、メスは黄色がかった茶色で、オスは黄色みのある白だが、どちらにも小さな濃色の斑点が入る（ただし、オスのほうが斑点は若干小さい）。11月、ドミニカ共和国にて（写真：マリオ・ダヴァロス・P）

▶メンフクロウ属に珍しい灰色の顔と、それを縁取る濃色の羽毛、そして色の濃い目がイスパニオラメンフクロウの何よりの特徴だ。やや長めの脚は黄色みを帯びた白の羽毛に覆われ、灰茶色の趾にも剛毛羽が生えている。11月、ドミニカ共和国にて（写真：マリオ・ダヴァロス・P）

012 マダガスカルメンフクロウ [MADAGASCAR RED OWL]
Tyto soumagnei

全長 28〜30cm　体重 323〜435g（2例）　翼長 210〜230mm

別名　Madagascar Grass Owl

外見　小型から中型で、羽角はない。雌雄の体格差に関するデータない。羽色は全体的に赤みを帯びた黄土色から黄色みの強い黄土色で、体部上面には黒っぽい小さな斑点、翼と長い尾にはやや大きめの斑紋が入る。顔盤はうっすらと赤みがかった白色で、目は墨のような黒色。その目の下端と明るい灰色のくちばしの付け根の間はわずかに茶色い。体部下面は薄く茶色が混じる淡黄色の地に、黒っぽい斑点が散っている。煤けた灰色の趾には剛毛羽がほんのわずかに生えており、力強い爪は灰色がかった黒。[幼鳥]ヒナの綿羽は白いが、孵化から1カ月もすると特徴的な顔盤ができあがる。[飛翔]翼の横縞がよく目立つ。

鳴き声　メンフクロウ（No.001）のものよりも若干高く大きな声金切りを、尻下がりに1.5秒ほど続ける。

獲物と狩り　主にトガリネズミやハリネズミに似たテンレックなど、小型の哺乳類を捕食するが、そのほかにカエルなどの小型の脊椎動物や昆虫なども食べる。生息域の水田に設けられた柵は、本種の狩りにとって欠かせないものであると考えられている。

生息地　主として標高800〜1,200mの湿潤な多雨林や林縁、農園に棲むが、海抜0mの水田近くにもよく現れる。

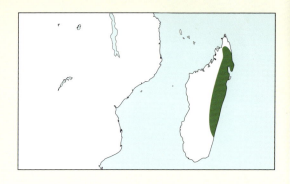

現状と分布　マダガスカル島の東部にのみ生息する。分布範囲が狭い地域に限られているため数が非常に少ないと思われ、絶滅危惧種に指定されている。本種の生息数や生態などについてはペレグリンファンド［訳注：米国アイダホ州に本拠を置く猛禽類保護団体］が詳細な調査を開始した。

地理変異　亜種のない単型種。

類似の種　混同されやすいのは生息域が重なるメンフクロウ（No.001）だが、マダガスカル島に棲むメンフクロウの亜種 *T. a. hypermetra* は本種よりずっと大きく、雨覆［訳注：風切羽の根本を覆う短い羽毛］の一部と体部下面の色が薄い。

◀マダガスカルメンフクロウは小さい体に対して長い尾をもつ。体部上面は黄色みの強い黄土色か、赤茶がかった黄土色。マダガスカルのボアナナにて（写真：ラッセル・ソーストロム）

▶樹洞のすぐ近くで撮影されたマダガスカルメンフクロウ。白地にうっすらと赤みが差した顔盤に、煤色の目が際立つ。鉤爪（かぎつめ）はかなり力強い。マダガスカルのマソアラにて（写真：ラッセル・ソーストロム）

013 ニューブリテンメンフクロウ [GOLDEN MASKED OWL]
Tyto aurantia

全長 27〜33cm　翼長 220〜230mm

別名　New Britain Masked Owl

外見　メンフクロウ属の中でもっとも小型の種のひとつで、体格や羽色には雌雄差があると考えられているが、裏付けとなるデータはない。ごく一般的な羽衣は金色がかった赤褐色で、体部上面は色が濃く、淡色の下面には黒に近い茶色のまだら模様がある。金色がかった黄褐色の風切羽と尾羽には黒茶色の横縞、背中と雨覆［訳注：風切羽の根本を覆う短い羽毛］には特徴的なV字型の模様が入る。顔盤は鈍い淡黄色で、虹彩は濃い茶色。体の大きさのわりに力強いくちばしは色が淡い。脚はかなり長く、趾は黄色がかった灰色から茶色がかった灰色。爪は茶色で、先端の色が濃い。［幼鳥］不明。

鳴き声　徐々に音程を上げながら「カ・カ」という声を、1秒に6回程度の頻度で繰り返す。この鳴き声がもとになり、現地では「カカウラ」と呼ばれる。

獲物と狩り　記録に乏しいが、小型のげっ歯類を食べることがわかっている。そのほかに、おそらく昆虫や小型の鳥類も捕食すると思われる。狩りの習性については不明。

生息地　低地から標高1,830mまでの原生林に棲む。

現状と分布　パプアニューギニアのニューブリテン島に固有の種。数が少ない希少種であることは間違いなく、森林伐採などの影響を受けているため、バードライフ・インタ

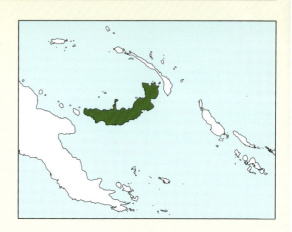

ーナショナルの分類では危急種に指定されいる。ただし、生態や生息環境については情報が少なく、さらなる調査研究が待たれる。

地理変異　亜種のない単型種。

類似の種　メンフクロウ属の中には本種と似た姿の種もあるが、金色がかった赤褐色の羽衣で、背中や雨覆にV字型の模様が入る種は、このニューブリテンメンフクロウ以外にいない。

▼メンフクロウ属の中でも小型のニューブリテンメンフクロウは、金色がかった赤褐色の羽衣をもち、背中と雨覆にV字型の模様が入る唯一の種。脚はかなり長いが、さほど力は強くない。写真の標本は大英自然史博物館（トリング館）に収蔵されているもの（写真：ナイジェル・レッドマン）

▼生きたニューブリテンメンフクロウの写真として知られるのはこの1枚のみ。5月、パプアニューギニアのニューブリテン島西部にて（写真：サイモン・クック）

Barn and Grass Owls：メンフクロウの仲間　**101**

014　スラメンフクロウ　[TALIABU MASKED OWL]
Tyto nigrobrunnea

全長 31cm　翼長 283mm（1例）

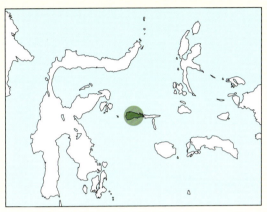

外見　小型から中型で、羽角はない。雌雄の体格差に関するデータはない。姿はほかのメンフクロウ類に似ており、濃い茶色の体部上面には白っぽい小さな斑点が散る。翼は茶色で、次列風切［訳注：風切羽のうち、人の肘から先に相当する部分から生えている羽毛。手首の先に相当する部分から生えているのが初列（しょれつ）風切］の先端が白っぽく、茶色い尾には濃色の横縞が3本入る。顔盤は淡い赤褐色だが、黒茶色の目に近くなるほど色が濃くなる。くちばしは黒っぽい灰色。体部下面は深い金茶色の地に濃色の斑点が入る。脚は赤茶色で、ふ蹠［訳注：趾（あしゆび）の付け根からかかとまで］の上3分の2あたりまで羽毛に覆われる。趾は灰色で、力強い爪は黒っぽい。[幼鳥] 不明。

鳴き声　ワシタカ類に似た甲高い声を、短い間隔で不規則に繰り返す。

獲物と狩り　記録なし。

生息地　唯一の標本が採集されたのは低地の原生林だが、近年は択伐が行われた低地の森林での目撃例がある。

現状と分布　インドネシアのスラウェシ島の東に位置するスラ諸島のタリアブ島に固有の種。60年以上も前に捕獲されたメスの1羽以外に確認された例はしばらくなかったが、1991年に2件目の目撃例が報告されたあと、2009年に初めてその姿が写真に収められ、タリアブ島に本種がまだ生息していたことが証明された。そうした経緯もあり、このフクロウについてはほぼ何もわかっていないが、生息地がごく狭い島の中に限定されていることから数が少ないのは間違いなく、絶滅危惧種に指定されている。

地理変異　亜種のない単型種。

類似の種　初列風切に白っぽい斑紋がなく、翼のほぼ全体が濃い茶色というメンフクロウ類は本種のみ。東南アジアに幅広く分布するアオバズク（No.228）は本種に比べてやや小さく、目が黄色で、体部下面に縦縞が入る。

▼スラメンフクロウは体部上面が濃い茶色で、白の細かな斑点が頭頂部から背中にかけて入っている。次列風切の先端も白いが、初列風切は全体的に濃色で模様がない。2009年にこの写真が撮影されるまでは、本種の目撃情報は2件しかなかった。10月、インドネシアのタリアブ島にて（写真：ブラム・ドゥミュレミースター）

015　ヒガシメンフクロウ　[EASTERN GRASS OWL]
Tyto longimembris

全長 32～40cm　体重 250～582g　翼長 273～360mm　翼開長 103～116cm

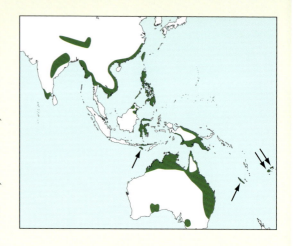

外見　中型で、羽角はない。雌雄を比べると、オスはメスより羽色が淡く、体重も最大で65g少なく細身。その体部上面は淡色で、顔盤と体部下面は白い。一方、メスの体部上面は灰色がかった黒、または茶色がかった濃い黄色で、やや明るいオレンジ色のまだら模様が多く、羽毛の1本1本の先端に小さな白い斑点がある。初列風切［訳注：風切羽のうち、人の手首の先に相当する部分から生えている羽毛］と尾には、黒に近い濃い灰色とオレンジの太い横縞。淡い赤茶色または黄茶色と白の顔盤は、オーストラリアに棲むほかのメンフクロウ類よりさらにハート型が際立っている。目は小さくて黒く、くちばしは象牙色。体部下面は淡い栗色の地に、黒と白の細かい斑点が入る。かなり長い脚はかかとのあたりまで深い赤茶色または白の羽毛で覆われ、裸出したふ蹠［訳注：趾（あしゆび）の付け根からかかとまで］と趾は淡いピンク色で、爪は黒に近い茶色。[幼鳥]ヒナの綿羽は白。第1回目の換羽を終えると暖かみのある金茶色の羽毛が生えそろう。巣立ちを迎えるころには、メスの成鳥とほとんど変わらない濃色の羽衣をまとう。[飛翔]翼と尾を下から見ると、横縞がはっきりとわかる。メンフクロウ（No.001）と比べると、本種のほうが翼と脚が長く、尾よりも後ろにまで脚が伸びている。

鳴き声　「スケアー！」という大きな声や、オーストラリアメンフクロウ（No.008）よりも大きなキーキー声を発する。

獲物と狩り　さまざまなげっ歯類を主食とするが、そのほかに鳥類や昆虫なども食べるようだ。狩りの手法は、空を飛びながら聴覚を働かせて獲物を探し、長い脚を活かして捕らえるのが定石。

生息地　熱帯地域で背の高い草が密に生える開けた土地を好むが、ケナガクマネズミなどが爆発的に増えたときなどには乾燥した草原に姿を見せることもある。

現状と分布　インドや東南アジアから東へフィジー、オーストラリアにまで分布する。現時点では局所的によく見られる種ではあるが、農薬散布の影響で生存が脅かされている。

◀フィリピン諸島に生息するヒガシメンフクロウの亜種*amauronota*は色が淡く、体がかなり大きい。生息地が重なるオーストラリアメンフクロウ（No.008）と比べると、翼は本種のほうが50mmほど長く、丸みがあって、翼開長は10cmほど短い。5月、フィリピン諸島のルソン島にて（写真：マイケル・アントン）

Barn and Grass Owls：メンフクロウの仲間

地理変異 確認されているのは5または6亜種。基亜種の*longimembris*はインドからオーストラリアにかけて生息する（ニューカレドニアとフィジーに棲む個体群は*T. l. oustaleti*という別亜種とされることもあるのだが、近年私の知るところでは、フィジーでの目撃例はない）。*T. l. pitchecops*は台湾南部に棲む色が濃い亜種で、体部上面はほぼ黒に近く、胸に黒い帯のような模様がある。中国で見られる*T. l. chinense*は、ほかの亜種に比べて体部上面の色がまだらで、下面はクリーム色。体部上面の色がやや淡い*T. l amauronota*はフィリピン諸島に生息するかなり大型の亜種で、体重が582gもある。最後の*T. l. papuensis*はニューギニアに棲み、基亜種に比べて顔盤に模様が少なく、体部上面も下面も色が淡い。

類似の種 ほかのメンフクロウ類に比べ、本種は翼と脚が長いため、空を飛んでいるときには尾より後ろにまで脚が伸びているのがはっきりと見える。姿がよく似ているのはミナミメンフクロウ（No. 016）。とはいえ生息域はかなり離れており、体部上面のまだらも少ない。一方、生息域で本種の暗色個体と間違われる可能性が高いのはオオメンフクロウ（No. 018）の暗色型の個体だ。ただし、こちらは本種よりさらにまだらが多く入り、目は濃い茶色。

▼ヒガシメンフクロウの基亜種は顔が白っぽく、体部下面は淡い栗色。体部上面は、左ページに写真を掲載した亜種の*amauronota*よりもやや色が濃く、明るいオレンジ色のまだらが多く入る。顔盤ははっきりとしたハート型で、縁取りもくっきりしている。8月、オーストラリアのクイーンズランド州ヨーク岬にて（写真：エドウィン・コレール）

▶ヒガシメンフクロウの基亜種が宙を舞う。長い脚が尾よりずっと後方にまで伸びているのがわかる。尾はかなり短く、濃色の横縞が3〜4本入る。8月、オーストラリアのビクトリア州にて（写真：ローアン・クラーク）

016 | ミナミメンフクロウ　[AFRICAN GRASS OWL]
Tyto capensis

全長 34〜42cm　体重 355〜520g　翼長 283〜345mm　翼開長 100〜108cm

<u>外見</u>　中型で、羽角はない。雌雄の体重差に関するデータはないが、オスのほうが翼と尾が長いようだ。雌雄ともに体部上面は一様にオリーブ系の褐色で、白っぽい小さな斑点が散る。風切羽の上面は茶色がかった淡い灰色の地に濃色の横縞が入り、その付け根は黄色っぽい。翼下面は白に近い淡色から淡い金茶色で、短い尾には濃色の横縞が4本見られる。乳白色の顔盤は黄色みの強い黄褐色の羽毛で細く縁取られ、濃色の斑点が密に入る。目は茶色がかった黒で、くちばしは白に近い色か、淡いピンク色。体部下面は白っぽい淡色から赤みのある淡い黄色で、濃い茶色の小さな斑点が入る。長い脚は白っぽい羽毛に覆われ、趾は黄色がかった灰色で、爪は黒に近い。[幼鳥] ヒナの綿羽は白。第1回目の換羽を終えると、鈍い黄色か淡い金茶色になる。ハート型の顔盤はほぼ茶色で、縁取りは白。目は黒く、くちばしはクリームがかった灰色。[飛翔] 長い翼と短い尾がよく目立ち、尾の中央の羽毛は単色に見える。

<u>鳴き声</u>　メンフクロウ（No.001）の鳴き声に似ているが、それほど甲高くはなく、細かく震える摩擦音のような声を1〜2秒ほど発する。また、狩りをするために飛んでいるときは、コオロギにも似た「トゥク・トゥク・トゥク……」というクリック音を出すこともある。研究によると、このクリック音は獲物を捕らえるためではなく、仲間とのコミュニケーションを図るために出していると考えられる。

<u>獲物と狩り</u>　主に体重が1.5〜100gのげっ歯類やトガリネズミを捕食するが、そのほかに小型の鳥類やコウモリ、昆虫なども食べる。狩りを行うときは地上近くを飛び回って獲物を探す。

<u>生息地</u>　標高3,200mまでの湿潤な草地や、樹木の少ないサバンナに棲む。

<u>現状と分布</u>　アフリカ大陸西岸のカメルーンから東はエチオピアまで、南は南アフリカ共和国（西部を除く）まで分布する。生息域では比較的よく見られる種だが、環境破壊が原因で総数は減少している。

<u>地理変異</u>　亜種のない単型種。以前はアジアとオーストララシア［訳注：オーストラリア大陸、ニュージーランド、ニューギニアと周辺の島々］に棲むヒガシメンフクロウ（No.015）と同種と考えられていた。

<u>類似の種</u>　同じく草地に棲み、生息域も大きく重なるアフリカコミミズク（No.268）と混同されることが多いが、アフリカコミミズクは全体的に茶色で頭が小さく、顔盤も白ではなく、鈍い黄色。メンフクロウ（No.001）とも生息域が重なるが、本種のほうがより大型で、色がかなり濃い。以前は

Barn and Grass Owls：メンフクロウの仲間　**105**

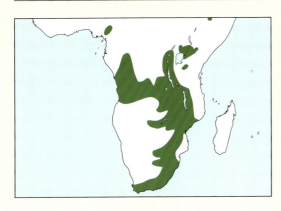

同種とされていたヒガシメンフクロウ（No.015）は生息域がまったく異なるが、メンフクロウ属の中で、体部上面が黒に近い色で、下面が淡色なのは、このヒガシメンフクロウとミナミメンフクロウの2種のみ。ただし、背中の斑点は本種が白なのに対し、ヒガシメンフクロウはオレンジ色。

▲飛翔中のミナミメンフクロウ。短い尾よりずっと後ろにまで脚が伸びているのが見える。南アフリカ共和国にて（写真：マルクス・リーヘ）

◀2羽の若いミナミメンフクロウ。ふわふわとした白い幼綿羽（ようめんう）が見られる（写真：ルシアン・コマン）

◀◀長い脚で歩くのが得意なミナミメンフクロウは地上でも生活する。体部上面は一様にオリーブ系の褐色で、小さな斑点が入る。8月、南アフリカ共和国にて（写真：エヤル・バルトフ）

017 コメンフクロウ [LESSER MASKED OWL]
Tyto sororcula

全長 29〜31cm　翼長 227〜251mm

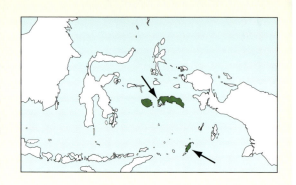

別名　Moluccan Masked Owl

外見　小型から中型で、羽角はない。雌雄の体重差に関するデータはないが、メスのほうが翼はかなり長い。羽色に雌雄差はほとんどなく、体部上面は灰茶色の地にオレンジのまだら模様と、黒で縁取られた白い斑点が入る。灰茶色から赤茶色の風切羽と尾羽には濃色の横縞。顔盤は淡い赤褐色で、目のまわりからくちばしの付け根にかけては茶色がかかる。その目は黒に近い茶色で、くちばしは黄色みが強いクリーム色。体部下面は白っぽい地に茶色の斑点がまばらに散る。脚部も白っぽい羽毛に覆われ、趾は黄色がかった灰色で、爪は黒茶色。[幼鳥] 不明。

鳴き声　鳴き方のパターンは2通り。ひとつは、2秒の間に鋭いキーキー声を3回繰り返すというもの。もうひとつは、少しゆっくりと高めの音を3〜4回繰り返すというもの。

獲物と狩り　記録なし。

生息地　原生林に棲み、石灰岩の洞窟を避難場所にしていると考えられるが、これまでに採集された標本はいずれも詳しい生息地が記録されていない。

現状と分布　インドネシアの小スンダ列島とモルッカ諸島に固有の種。情報はほとんどなく、標本が採集されたのはモルッカ諸島南端のタニンバル諸島と、モルッカ諸島中部にある島からそれぞれ2体、合計4体のみ。希少であるのは明らかで、絶滅が危惧されるが、近年タニンバルでその姿が写真に捉えられている。

地理変異　分類は未確定で、生態についても調査がなされていないが、4体の標本をもとに2亜種が記述されている。そのうち、タニンバル諸島のヤムデナ島とララット島で発見されたのが基亜種の*sororcula*で、もうひとつの亜種*T. s. cayelii*はモルッカ諸島中部のブル島と、おそらくセラム島で発見された。ただし、*cayelii*は基亜種より大きく、羽衣が黄褐色であることから別亜種である可能性も否定できない。

類似の種　生息域が地理的に離れているオオメンフクロウ（No.018）は本種よりかなり大きい。

▼より大型のオオメンフクロウ（No.018）と比較すると、コメンフクロウは体部上面の色が濃く、脚の力が強い。また、雨覆（あまおおい）[訳注：風切羽の根本を覆う羽毛。そのうち、次列（じれつ）風切（人の肘から先に相当する部分から生えている風切羽）を覆うのが大雨覆]の色も濃く、淡色の大雨覆、次列風切とのコントラストが際立っている。インドネシアのタニンバルにて（写真：ジェームズ・イートン）

Barn and Grass Owls：メンフクロウの仲間　107

018 オオメンフクロウ　[AUSTRALIAN MASKED OWL]
Tyto novaehollandiae

全長 33～47cm　体重 420～673g　翼長 290～358mm　翼開長 約90cm

<u>外見</u>　中型からやや大型で、羽角はない。雌雄の体重差に関するデータはないが、翼はメスのほうが長い。体格と羽色はバリエーション豊かで、オーストラリアのクイーンズランド州に棲むオスはメンフクロウ（No.001）とほとんど大きさが変わらないが、淡色の個体と暗色の個体がいる。そのほかの地域ではほとんどの場合、メンフクロウよりも大きくて色が濃く、頭頂部と体部上面には黒、灰色、白、鈍い黄色の細かい模様が入る。風切羽と尾には濃い茶色とオレンジがかった淡黄褐色の横縞。白い顔盤は黒茶色の羽毛で縁取られ、濃い茶色の目の周囲に栗色がかかる。くちばしは白っぽいか、淡い象牙色。体部下面は白地に淡黄褐色がうっすらとかかることがあり、黒い斑点がまばらに散る。脚部は趾の付け根まで白からオレンジ系淡黄褐色の羽毛で密に覆われ、黄色がかった灰色か、淡いピンクがかった灰色の趾にもわずかに羽毛が生える。力強い爪は濃い灰茶色で、先端が濃色。[<u>幼鳥</u>]ヒナの綿羽は白で、第1回目の換羽を終えるとクリーム色になる。若鳥は成鳥によく似ており、羽色の型は生涯を通して保たれる。

<u>鳴き声</u>　長くしゃがれた「クシュ・クシュ・シュ・シュ」、あるいは「クェア・シュ・シュ・シュ」という声を発する。

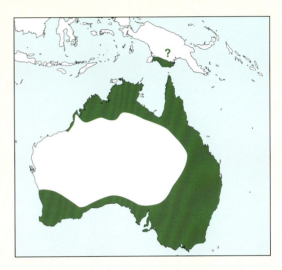

また、「クワッ」と荒々しい声を出すこともある。

<u>獲物と狩り</u>　小型の哺乳類（最大でウサギほどの大きさ）を主食とするが、小型の鳥類やトカゲなども捕食する。獲物は止まり木から、あるいは飛びながら空中で捕らえる。

<u>生息地</u>　疎林や大きな木のある孤立林に棲むが、農業地帯に残された雑木林や並木道などでも見られる。

<u>現状と分布</u>　オーストラリアとニューギニア島南部に分布する。ほとんど姿を見せず、鳴き声もあまり聞こえないため、現状については詳しいことがわかっていない。ただし、ニューギニア周辺の島々からは姿を消してしまったことが確認されており、このことからパプアニューギニアのビスマーク諸島ではかつて本種と近縁の種か、あるいは未知の亜種か、何かしらのメンフクロウ類が広い範囲に棲んでいたのではないかと考えられる。

<u>地理変異</u>　3亜種が確認されており、基亜種の*novaehollandiae*はオーストラリア南部に生息する。オーストラリア中北部のノーザンテリトリーに棲む*T. n. kimberli*は羽色にバリエーションが多いが、総じて体部上面は淡色で、下面は白。*T. n. calabyi*はニューギニア南部に棲む亜種で、暗色の背中には黄色っぽい斑紋と、黒で縁取られた白い斑点が、白みの強い体部下面には茶色の斑点がまばらに入る。本種の生態、行動、分類に関する情報は不十分だが、今後調査が進めば、

◀顔がほぼ白一色のオオメンフクロウ。本種はオーストラリアに棲むフクロウの中で、もっとも羽色にバリエーションが多い。一般にはオレンジに近い淡黄褐色の羽色なのだが、写真のように淡色型の個体は羽色が淡く、体部上面に白い斑点が入る。10月、オーストラリアのクイーンズランド州にて（写真：エイドリアン・ボイル）

▼亜種のkimberliは基亜種のnovaehollandiaeよりも色が淡い。10月、オーストラリアのクイーンズランド州にて（写真：エイドリアン・ボイル）

▼写真は特に色が濃い個体。体部は上面、下面ともにオレンジに近い淡黄褐色の羽色で、胸と腹部にはV字型の斑紋が入る。12月、オーストラリアのビクトリア州にて（写真：ローアン・クラーク）

特にニューギニアなど、もっと広い範囲に変色型も含め、多数の個体が生息することが明らかになるかもしれない。

類似の種 生息域がほぼ重複するオーストラリアメンフクロウ（No.008）は明らかに小さく、尾も短い。生息域が異なるタスマニアメンフクロウ（No.021）は姿が似ているが、本種より体がずっと大きく、色も濃い。また、通常は顔盤の色も濃く、体部下面の斑点模様がよりくっきりしている。生息域が部分的に重なるヒガシメンフクロウ（No.015）と、離れているミナミメンフクロウ（No.016）は、いずれも体部上面が黒っぽく、白の小さな斑点が入る。生息域が重なるヒメススイロメンフクロウ（No.023）とススイロメンフクロウ（No.024）は、全身が煤けた灰色で、細かい白の斑点が入る。

019　マヌスメンフクロウ　MANUS MASKED OWL
Tyto manusi

全長 33cm　翼長 275〜301mm

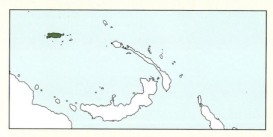

外見 小型から中型で、羽角(うかく)はない。雌雄の体重差は不明だが、メスのほうが若干大きいようだ。頭頂部と体部上面は濃い灰茶色に鮮やかな淡黄褐色が混じり、上背から翼の付け根にかけてはまだらになっている。翼には煤色と淡黄褐色の細い横縞。尾にも赤みを帯びた細い横縞が入るが、輪郭は不鮮明。丸みを帯びた顔盤(がんばん)は淡黄褐色で、濃い茶色の目に、薄いピンク色のくちばし。体部下面は鮮やかな淡黄褐色から茶色で、大きい黒の斑点が散る。下雨覆(したあまおおい)［訳注：風切羽(かざきりばね)の根本を覆う雨覆のうち、翼下面を覆う羽毛］にも白地に同様の黒い斑点。脚部は灰茶色で、趾(あしゆび)には剛毛羽がわずかに生え、爪は濃い灰茶色。［幼鳥］不明。

鳴き声 鈍く、ざらざらした声という報告がある。

獲物と狩り おそらく小型のげっ歯類を主食とし、そのほかに昆虫なども捕食すると思われる。

生息地 すべての記録が標高200〜250mの森林でのものだが、そうした生息地では大規模な伐採が進んでいる。また、ねぐらには洞穴を利用することが多い。

現状と分布 パプアニューギニア領ビスマルク諸島のマヌス島に固有の種。かつてペタイア（Petayia）とメントワリ（Mentwari）で採集された2体の標本でのみ知られるが、ド

ラブイ（Drabui）にも生息するようだ。本種はとても希少で、森林伐採により絶滅の危機に瀕しているが、バードライフ・インターナショナルの分類では危急種にとどまっている。また、ムッサウ島とニューアイルランド島で半化石化した骨が見つかっていることから、もっと広い範囲に本種またはごく近い種が以前は生息していたと考えられる。

地理変異 詳細は不明だが、オオメンフクロウ（No.018）の亜種として扱われることもある。

類似の種 マヌス島に生息するのは本種とアドミラルチーアオバズク（No.256）のみ。本種のほうが大きく、顔盤がはっきりしていること、そして目や体部下面の色が違うことから見分けは簡単だ。

020 セレベスメンフクロウ　[SULAWESI MASKED OWL]
Tyto rosenbergii

全長 41〜46cm　翼長 331〜360mm

別名　Celebes Masked Owl、Celebes Barn Owl

外見　中型からやや大型で、羽角はない。雌雄の体格差に関するデータはない。羽色はメスのほうが濃く、体部下面の斑点もメスのほうが多い。雌雄ともに体部上面は灰茶色で、白と黒の斑点がくっきりと入る。翼と尾は茶色がかった薄灰色の地に濃色の横縞。顔盤は白っぽく、濃い茶色の目を中心に濃色がグラデーションを描く。顔盤の縁は赤褐色で濃色の斑点が入り、くちばしは白に近いクリーム色。体部下面は明るい黄土色で、濃色の斑点がまばらに散る。脚部は趾の付け根あたりまで淡い黄土色の羽毛で覆われ、その趾には剛毛羽がまばらに生える。爪は黒に近く、かなり力が強い。[幼鳥] 不明。

鳴き声　かさついた耳障りな声で、若干震えながら「クリーーーーオクリーオ」あるいは「クリーーーホ」と、尻下がりに1秒ほどで発する。

獲物と狩り　収集されたペリットから、クマネズミやトガリネズミを捕食することがわかっている。

生息地　標高1,200mまでの雨林や森林に棲むが、人里に近い耕作地や草地でも姿が見られる。

現状と分布　インドネシアのスラウェシ島全域に分布する。森林破壊の影響はさほど受けていないと思われるが、詳しい生息数や生態についてはわかっておらず、さらなる調査研究が必要とされる。

地理変異　2亜種が確認されており、基亜種の*rosenbergii*はスラウェシ島とその北東に伸びるサンギヘ諸島に、もう

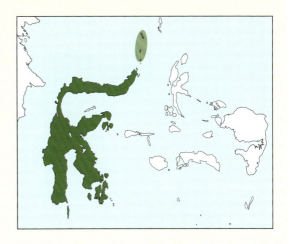

一方の*T. r. pelengensis*はスラウェシ島東のペレン島（バンガイ諸島）に生息する。*pelengensis*は基亜種よりかなり小型だが、情報源となっているのは正基準標本のみ。

類似の種　生息域が離れているオオメンフクロウ（No.018）は大きさは同等だが、本種のほうが次列風切［訳注：風切羽のうち、人の肘から先に相当する部分から生えている羽毛。手首の先に相当する部分から生えているのが初列（しょれつ）風切］の横縞が多く、顔盤の縁取りは赤茶色でくっきりしている。本種と同じくスラウェシ島に生息するミナハサメンフクロウ（No.022）はもっと小さく、くっきりとした顔盤も小さい。

▼大きさが同等のオオメンフクロウ（No.018）と比べると、セレベスメンフクロウのほうが全体的に色が濃く、顔盤の縁取りが際立っている。また、本種のほうが次列風切の横縞も多く、初列風切の先端には黒と白の斑点がある。4月、インドネシアのスラウェシ島北部にて（写真：マーセル・ホリオーク）

021 タスマニアメンフクロウ [TASMANIAN MASKED OWL]
Tyto castanops

全長 47〜55cm　体重 約600〜1,260g　翼長 310〜387mm　翼開長 最大129cm

<u>外見</u>　メンフクロウ属最大の種で、やや大型。羽角はない。雌雄を比べると、メスはオスより羽色が濃く、体も大きい。なかには体重がオスの2倍近くになり、翼もかなり長いメスもいる。メスの体部上面は濃い灰茶色で、白と黒の斑点が入る。風切羽と尾羽には灰茶色の地に濃色の横縞。顔盤は淡い栗色から茶色に近い淡黄褐色で、黒みの強い茶色の目の周囲は黒に近い。くちばしはクリームがかった白。体部下面は鈍い黄褐色で、大きな濃色の斑点が入る。一方のオスは顔盤の色も薄く、通常は茶色のかかった白。体部下面も白っぽくて、濃い茶色の小さな斑点が入る。雌雄ともにふ蹠 [訳注：趾（あしゆび）の付け根からかかとまで] は鈍い茶色がかった黄褐色の羽毛で覆われ、裸出した趾は灰茶色か黄色みのある灰色。爪は黒っぽい茶色で、メンフクロウ属の中でもっとも力が強い。[幼鳥] 第2回目の換羽までは白い幼綿羽に包まれる。その後、成鳥になるまでの羽色はかなり濃い。

<u>鳴き声</u>　オオメンフクロウ（No.018）の鳴き声に似ている。

<u>獲物と狩り</u>　オーストラリア大陸に棲む中型のワシミミズク類と同様、さまざまな種類の動物を食べるジェネラリストであり、獲物の範囲はわずか2gの無脊椎動物から2kgを超える哺乳類にまで及ぶ。

<u>生息地</u>　森林地帯や乾燥地の硬葉樹林を好むが、やや開けた低木林や樹木が伐採された土地にも生息する。

<u>現状と分布</u>　オーストラリア本土の南方に位置するタスマニア島と、その東海岸沖のマリア島に分布し、ごく一般的に見られる。そのほか、本土の東方に浮かぶロードハウ島にも人為的に導入された。ロードハウ島にはアメリカメンフクロウ（No.002）の亜種 *T. f. pratincola* もカリフォルニア

▼タスマニアメンフクロウのオスはメスより小さく、脚の力もずっと弱い。顔盤と体部下面の色もかなり薄く、濃色の斑点も少ない。写真のオスは翼を垂れ下げて、体を大きく見せている。オーストラリアのタスマニア島南部にて（写真：デイヴ・ワッツ）

からもち込まれており、両種間に交雑があるかどうかの調査が待たれる。

<u>地理変異</u>　亜種のない単型種。生息地を共にするオオメンフクロウ (No. 018) の亜種と考えられていた時期もあるが、オオメンフクロウよりも性的二型が大きいことなどから、別種とみなされるようになった。

<u>類似の種</u>　生息域が重なるオーストラリアメンフクロウ (No. 008) は本種よりも体が小さいが、色の薄い本種と混同されることもある。ただし、オーストラリアメンフクロウは顔盤が丸くて縁取りもはっきりしており、脚部の羽毛が密で、鉤爪が大きい。生息域が異なるオオメンフクロウ (No. 018) も外見がよく似ているものの、やはり本種より小型で、明らかに色が淡く、体部下面の模様も目立たない。

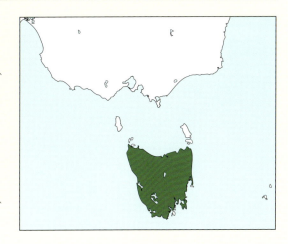

▼メンフクロウ属の中でもっとも強力な鉤爪をもつタスマニアメンフクロウ。写真のようにメスの顔盤は色が濃く、濃い茶色の目の下には黒茶色の斑点がある。オーストラリアのタスマニア島南部にて (写真：デイヴ・ワッツ)

▼タスマニアメンフクロウの幼鳥。羽色は第1回目の換羽を迎えるまでとても濃く、顔盤の色も赤みを帯びた濃い褐色をしている。オスは最低3年かけて、成鳥の白っぽい羽毛を手に入れる。5月、オーストラリアのタスマニア島にて (写真：デヴィッド・ホランズ)

022 ミナハサメンフクロウ [SULAWESI GOLDEN OWL]
Tyto inexspectata

全長 27～31cm　翼長 239～272mm

別名　Minahassa Masked Owl

外見　小型から中型で、羽角はない。雌雄の体格差に関するデータはない。体部上面は灰茶色で、オレンジがかった黄色から赤錆色の斑紋と、大きくて上端が黒い白の斑点が入る。翼と尾には茶色がかった黄色の地に、濃色の横縞が数本見られる。小さな顔盤は淡いクリーム色にほんのり赤みが差しており、黒に近い茶色の目の周囲から白に近いクリーム色のくちばしの付け根にかけて茶色がかっている。脚部は趾の付け根まで濃淡のない黄土色の羽毛で覆われ、その趾は赤みのある灰色。爪は黒に近い茶色で、かなり力が強い。[幼鳥] 不明。[飛翔] 翼が丸く、尾には無数の横縞が入るのがよくわかる。

鳴き声　荒々しく大きな声で「クリーーォク」と発する。本種と同じスラウェシ島に棲むセレベスメンフクロウ（No. 020）の鳴き声にも似ているが、本種のそれにはセレベスメンフクロウのような震えはない。

獲物と狩り　記録に乏しいが、主に小型の哺乳類を捕食していると思われる。

生息地　標高100～1,500mの熱帯雨林か荒廃林地に棲む。

現状と分布　情報源は採集された11体の標本のみで、インドネシアのスラウェシ島北部でわずかに目撃例があるのみ。

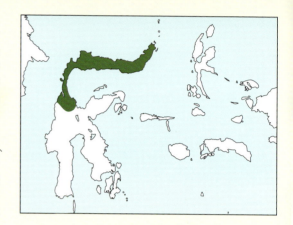

そのため生態や行動についてはほとんどわかっていないが、生息域で森林破壊が進んでいるため、本種は危急種に指定されている。

地理変異　亜種のない単型種。

類似の種　生息域が一部重なるセレベスメンフクロウ（No. 020）は、体も顔盤も本種よりかなり大きい。両者の間で交雑などの関係があるかどうかは不明。

◀◀ ミナハサメンフクロウの頭部はシナモン色。比較的小さい顔盤は赤みの差したクリーム色で、縁には濃色の斑点が入る。10月、インドネシアのスラウェシ島タンココにて（写真：ブラム・ドゥミュレミースター）

◀ ミナハサメンフクロウの爪は強力で、小型の哺乳類であれば簡単に捕まえることができる。9月、インドネシアのスラウェシ島タンココにて（写真：ロブ・ハッチンソン）

023 ヒメススイロメンフクロウ [LESSER SOOTY OWL]
Tyto multipunctata

全長 31〜38cm　体重 430〜540g　翼長 237〜266mm　翼開長 86cm

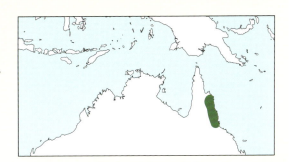

外見 小型から中型で、羽角はない。雌雄の体重を比べると、メスのほうが最大で100gほど重い。体部上面は煤けた灰色から濃い銀白色の地に、白っぽい斑点が密に入る。風切羽と短い尾は灰色で、濃色の横縞がくっきりと目立つ。顔盤は全体的に白っぽいが、目の周囲はわずかに黒みがかっている。その目はかなり大きく、青みのある黒色で、くちばしは淡い象牙色。体部下面は上面より色が薄くて黒みも淡く、銀白色の地に濃い灰色のV字型の模様が無数に入るが、その模様は特に胸のあたりで多くなる。脚部は趾の付け根まで灰色の羽毛に覆われ、その趾は灰色がかった茶色で、爪は濃色。[**幼鳥**] 孵化直後と第1回目の換羽を終えた綿羽は煤けた灰色。幼鳥は成鳥とよく似ているが、顔の外まわりは灰色。[**飛翔**] 下雨覆 [訳注：風切羽の根本を覆う雨覆のうち、翼下面を覆う羽毛] が淡色で、翼が丸みを帯びているのがよくわかる。また、尾が短いため、その後ろにまで脚が伸びているのも確認できる。

鳴き声 甲高い声を尻下がりに発する。この鳴き声は、ススイロメンフクロウ（No.024）のものより力強さに欠けるが、音は高い。

獲物と狩り 主に昆虫や小鳥などの小型の動物を捕食する。そうした獲物は地面に近い止まり木から飛びかかって捕まえる。ススイロメンフクロウ（No.024）よりも地上で狩りをすることが多い。

生息地 標高300mまでの雨林や湿度の高いユーカリノキの森に棲む。

現状と分布 オーストラリアのクイーンズランド州北東部から突き出したヨーク岬半島の南部に分布する。つがいの生息数はわずか2,000組ほどのみで、森林破壊が進んでいるため絶滅が危惧される。

地理変異 亜種のない単型種。ススイロメンフクロウ（No.024）の亜種とみなされることもあるが、大きさや羽色の違いから、現在では別種と考えられている。ただし、分類を確定するためにはさらなる調査研究が必要だ。

類似の種 生息域が異なるススイロメンフクロウ（No.024）とはさまざまな点でよく似ているが、本種のほうが色が淡く、体重も約半分と、一見してわかるほど小さい。

▶白い顔を取り囲む濃色の縁取りが印象的なヒメススイロメンフクロウ。本種とススイロメンフクロウ（No.024）を比較すると、本種のほうが明らかに小さく、全体的な羽色が薄くて、煤色の度合いも低い。4月、オーストラリアのクイーンズランド州北部にて（写真：コンラッド・ウォズ）

024 ススイロメンフクロウ [GREATER SOOTY OWL]
Tyto tenebricosa

全長 37～43cm　体重 500～1,160g　翼長 243～343mm　翼開長 103cm

外見　中型で、羽角はない。雌雄を比べると、メスのほうが大きく、体重は最大で350g重い（ただし、1組のつがいで逆転現象が見られた）。羽色に雌雄差はほとんどないが、全体的に色が淡い、あるいは縞があるなどの個体が見られることもある。もっとも一般的な羽衣は全体的に煤けた黒色をしており、わずかに茶色が混じる頭頂部から体部上面にかけてと胸には白の小さな斑点が際立つ。風切羽と尾羽は黒に近い。丸い顔盤は白に近い灰色から煤色で、濃色の大きな目の周囲がもっとも色が暗く、縁に近づくほど白っぽくなる。虹彩は黒に近い茶色で、くちばしは白みの強いクリーム色。体部下面は若干淡い色で、下腹部と腿には細かい横縞が不規則に入る。脚部は趾の付け根まで密に羽毛に覆われ、その趾は濃い灰色で、大きな爪は黒か濃い茶色。[**幼鳥**] ヒナの綿羽は白に近いか、やや灰色がかっている。若鳥は成鳥に似ているが、目の周囲の黒い範囲が広く、体部下面の斑点の色が濃い。[**飛翔**] 翼は色が均一に見え、その先端が丸みを帯びているのが目立つ。

鳴き声　もっともよく聞かれるのは、爆弾が落ちるときのように、高い音から尻下がりに長く続く声。この鳴き声は、ヒメスイロメンフクロウ（No.023）のものよりずっと力強いが、音は低い。

獲物と狩り　ポッサム、コウモリ、大型のネズミ類など、小型から中型の哺乳類を広く捕食する。そのほかに小型の鳥類や爬虫類を食べることもある。地上にいる獲物は森林の林冠から襲いかかって捕まえる。

生息地　標高3,660mまでの雨林、背の高いユーカリノキが目立つ湿潤な森林や林縁に棲む。

現状と分布　インドネシアのヤーペン島、インドネシアとパプアニューギニアが領有するニューギニア島、そしてオ

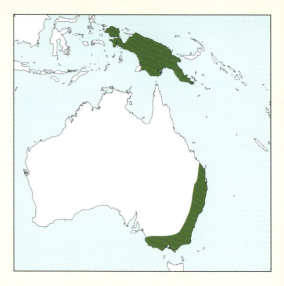

ーストラリア東部に分布するが、北東部のクイーンズランド州ではわずかな地域で見られるのみ。オーストラリア南東部では個体数が少ないようで絶滅が危惧されるが、ニューギニア島では広い範囲に生息する。

地理変異　確認されているのは2亜種。基亜種の*tenebricosa*はオーストラリアに、茶色っぽく、ずっと小型（500～750g）の*T. t. arfaki*はニューギニア島のほぼ全域に生息する。

類似の種　生息域が異なるヒメスイロメンフクロウ（No.023）は姿がよく似ているが、本種よりずっと小さく、色も淡い。ただし、ニューギニアに棲む本種の中には、ヒメスイロメンフクロウとよく似た羽色の個体がいる。いずれの種も、さらなる調査研究が待たれる。

◀ススイロメンフクロウの基亜種。全体的に煤けた黒色をしているが、これは火災が起こりやすい森林での生活に適応したものと思われる。体部下面は若干淡い色で、白みの強いクリーム色のくちばしがよく目立つ。7月、オーストラリアのビクトリア州にて（写真：ローアン・クラーク）

Barn and Grass Owls：メンフクロウの仲間 115

▲ススイロメンフクロウの基亜種はかなり大型だが、写真の個体は丸みがあって模様の少ない翼を垂れ下げ、尾の羽毛を広げることでさらに大きく見せようとしている。6月、オーストラリアのクイーンズランド州にて（写真：ローアン・クラーク）

▶亜種の*arfaki*はニューギニア島に棲む。オーストラリアに棲む基亜種に比べてかなり小さく、茶色みの強い個体が多い。体の大きさに対して脚部は大きく、ふ蹠［訳注：趾の付け根からかかとまで］を覆う羽毛には縞模様が目立つ。6月、パプアニューギニアのタリにて（写真：ニック・ボロウ）

025 コンゴニセメンフクロウ　[ITOMBWE OWL]
Tyto prigoginei

全長 23〜25cm　体重 195g（メス1例）　翼長 192mm（メス1例）　翼開長 63cm

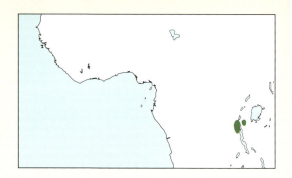

別名　Congo Bay Owl（*Phodilus prigoginei*）
外見　小型で、羽角はない。雌雄の体格差に関するデータはない。体部上面は全体的に深い赤茶色で、ほかのメンフクロウ類と同様にハート型をした顔盤は色が淡く、クリーム色に赤みが差している。黒みの強い目はやや小さく、黄色っぽい象牙色のくちばしは細い。体部下面は赤褐色の入ったクリーム色で、腹部には黒っぽい縦縞が入る。脚はかなり長く、趾の付け根まで黄白色の羽毛で覆われ、その趾は黄色がかった灰色。爪は灰茶色で、先端の色が濃い。[幼鳥] 不明。
鳴き声　詳しいことはわかっていないが、1990年にルワンダのニュングウェ森林でテープに録音された、悲しげに長く続く口笛のような声が本種のものと考えられている。
獲物と狩り　記録はないものの、脚が長いので主に地上で狩りを行うと推測される。
生息地　山林、高原の森林、あるいは草地や低木のやや多い高地の斜面に棲むが、紅茶農園やわずかに破壊が進んだ森林でも姿が見られることがある。
現状と分布　アフリカ中部のコンゴ民主共和国東部に広がるイトンブェ高原、およびルワンダ南西部のニュングウェ森林というごく限られた範囲に分布する。そのため絶滅危惧種に指定されているが、両国に隣接するブルンジ共和国にもおそらく生息している。
地理変異　亜種のない単型種。もともとは「Congo Bay Owl」と呼ばれ、ニセメンフクロウ属に分類されていたが、現在の英名は「Itombwe Owl」であり、形態上の特徴からメンフクロウ属とされる。ただし、分類を確定するためにはDNA調査が必要だ。
類似の種　サハラ砂漠以南に棲むメンフクロウ（No.001）の亜種 *T. a. affinis* とは生息域が重なっているが、本種より *T. a. affinis* のほうがかなり大きく、顔盤が白い。また、アジアに棲むニセメンフクロウの仲間は目がずっと大きく、くちばしも太い。さらに、顔盤の形も異なる。

◀&▲アジアに棲むニセメンフクロウの仲間と写真の本種は外見がやや似ているが、本種の形態上の特徴は明らかにメンフクロウ属のもので、顔盤もハート型。目も本種のほうがずっと小さく、足も小さい。また、くちばしも本種のほうが細い。5月、コンゴ民主共和国のイトンブェにて（写真：トーマス・M・ビュチンスキー）

Bay owls：ニセメンフクロウの仲間　117

026　ニセメンフクロウ　[ORIENTAL BAY OWL]
Phodilus badius

全長 22.5～29cm　体重 220～300g　翼長 172～237mm

外見　小型から中型で、羽角はないが、顔盤の動きによって羽角が立っているように見えることもある。雌雄の体格差に関するデータはない。体部上面は鮮やかな赤茶色で、黒と黄白色の斑点が入る。頭部はかなり幅広で、首もほぼ同じ太さ。翼は短く、丸みを帯びている。縦に細長い顔盤は白っぽいクリーム色で、黒に近い茶色の大きな目の間を、かなり濃い茶色のV字型の模様が走る。さらにまぶたのあたりが白っぽく、額がわずかに濃い色なので、くちばしの上に特徴的な三角形の模様ができている。そのくちばしはクリームがかった黄色、またはピンクっぽい象牙色。体部下面は淡い黄褐色に赤みが差し、黒い斑点がまばらに散る。

脚は長く、趾の付け根まで羽毛に覆われ、その趾は黄色がかった茶色。爪は色の濃い象牙色で、非常に力が強い。[幼鳥]ヒナの綿羽は白に近い。[飛翔]迷路のように絡まるツル性植物や密生する若木の間を、身をかわしながら高速で飛ぶ。

鳴き声　物憂げで大きな鋭い声を、2～8秒の間に4～7回繰り返す。

獲物と狩り　大小さまざまなネズミ類を主食とし、そのほかにコウモリや鳥類、トカゲ、カエル、昆虫なども捕食する。水辺を狩場にすることが多く、獲物は止まり木から襲いかかって捕まえる。

▼インドネシアのスマトラ島に棲むニセメンフクロウの基亜種は尾がないと言ってもよいほど短い。くちばしの上には特徴的な三角模様が見られ、体部下面は淡黄褐色。鉤爪（かぎつめ）は非常に力強い。6月、スマトラ島のカンパスにて（写真：イアン・メリル）

生息地 低地の密林と、標高2,300mまでの山林に棲むが、農地や水田の近くの木立で見られることもある。

現状と分布 ネパールからインド北東部を経てインドネシアのジャワ島までと、広い範囲に分布するが、その数はかなり少ない。バリ島では1911年の目撃情報以降、姿を消したと思われていたが、1990年に再発見された。一方、フィリピン諸島のサマール島では1927年以降、目撃情報はない。

地理変異 5亜種が確認されている。基亜種の*badius*はタイ南部からバリ島まで、*P. b. saturatus*はネパールとインド北東部から東はベトナムまで生息する。基亜種より小さい*P. b. parvus*は、インドネシアのビリトン島で採集され、博物館に収蔵されている標本8体以外に確認された例がない。*P. b. arixuthus*はインドネシアのナツナ諸島北部に棲むが、こちらも正基準標本が知られるのみ。さらにサマール島の*P. b. riverae*にいたっては、いまだ謎に包まれたままだ。というのも、1945年にマニラの科学局が爆撃された際に正基準標本が被害にあったからだ。体長など記録に残る数字から察するに、この標本は基亜種の可能性もあるし、別種の可能性もある。いずれにせよ、サマール島ではその姿が80年以上見られることはなく、すでに絶滅していると思われる。

類似の種 アジアに棲むメンフクロウ（No.001）は本種よりかなり大きく、光沢のある白い顔盤は丸みのあるハート型。体部下面は白もしくは鈍い黄色で、濃い茶色の斑点がまばらに散る。生息域が異なるスリランカメンフクロウ（No.027）は体部上面が濃い栗色で、白と黒の斑点が密に入り、風切羽と尾羽には細かい横縞がある。

◀ニセメンフクロウの亜種*saturatus*が目を閉じ、「偽物」の羽角を立てている。黄土色の肩羽（かたばね）と、ピンクがかった顔と体部下面が特徴的。9月、ミャンマーにて（写真：マーティアン・ラマーティンク）

▶こちらは基亜種*badius*の雌雄。色はスリランカメンフクロウ（No.027）より淡く、亜種の*parvus*や*saturatus*より濃い。5月、ボルネオ島北部（マレーシアのサバ州）にて（写真：ジェームズ・イートン）

Bay owls：ニセメンフクロウの仲間

027 | スリランカメンフクロウ [SRI LANKA BAY OWL]
Phodilus assimilis

全長 約29cm　翼長 197〜208mm

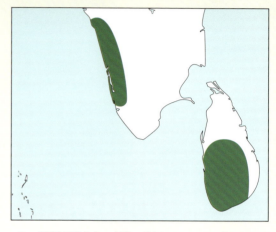

外見　小型から中型で、羽角はないが、顔盤の動きによって小さな羽角があるように見えることもある。雌雄の体格差に関するデータはない。体部上面は濃い栗色で細密な波線模様が入るほか、白と黒の斑点が密に散る。やはり濃い栗色の風切羽と尾羽にはくっきりとした横縞と、黒と黄色の斑点が入る。顔盤はハートに近い形で、色が濃い。黒に近い茶色の目は大きく、その目の間には濃灰色の斑紋が縦に伸び、黄色っぽいくちばしまで顔の前面をV字型に覆っている。体部下面は淡い黄褐色で、小さな白と黒の斑点が無数に入る。脚はやや短く、趾の付け根まで淡黄褐色の羽毛で覆われる。その趾は淡い灰茶色で、爪は灰色がかった白から淡い灰色。[幼鳥]不明。[飛翔]翼に黄土色のまだら模様がはっきりと見える。

鳴き声　人が飼い犬を呼ぶときに出すような「ヒュー・イー・ヨー」という大きな声を出す。前後の音と比べ、真ん中の音は高く、この3音節を3〜4回繰り返したあと、しばし沈黙する。ニセメンフクロウ（No.026）の鳴き声と比べると、ひとつひとつの音が2〜3倍長く続く。

獲物と狩り　記録に乏しいが、近年発見された4個のペリットからは、いずれも小型のげっ歯類の骨と毛が見つかっている。

生息地　小高い丘のもっとも高いところで、樹木が密生する常緑林または針広混合林に棲む。標高は2,200mまで。

地理変異　2亜種が確認されており、基亜種の*assimilis*はスリランカに、もう一方の*P. a. ripleyi*はインドの西ガーツ山脈に生息する。基亜種は*ripleyi*に比べると、顔盤の縁と目のまわりの色が濃い。また、初列風切[訳注：風切羽のうち、人の手首の先に相当する部分から生えている羽毛]の横縞がはっきりとして長く、背中と胸の模様は丸というより細長い。この2亜種は鳴き声にも違いがあり、*ripleyi*は4秒ほどの間に2回だけ繰り返して鳴く。ただし、これらふたつの亜種がそれぞれスリランカとインド南部に固有の独立した種であると断定するには、DNA調査が必要だ。

現状と分布　インド南部のケララ州と、インド半島南東に位置するスリランカに限定される。調査は進んでいないものの、特にインドでは以前に考えられていたほど希少ではないようだ。それでも生息地の環境破壊が進めば、絶滅へと向かう可能性は否めない。

類似の種　生息域が異なるメンフクロウ（No.001）は明らかに本種より大きい。サイズという面だけで言えば、ニセメンフクロウ（No.026）が本種に近いが、生息域が離れているうえに、鮮やかな赤褐色の背中に本種ほど斑点模様は入っていない。また、尾と翼の横縞は色が濃いが、あまり鮮明ではない。

◀大きなネズミを捕らえたスリランカメンフクロウ。頭部と背中はニセメンフクロウ（No.026）よりも色が濃く、斑点模様も多い。

▶インドの亜種*ripleyi*は基亜種と羽色は似ているが、*ripleyi*のほうが顔盤の縁取りが目立たず、両目の間の模様も色が薄い。また、初列風切の横縞も薄くて目立たず、背中と体部下面の模様は丸みを帯びている。さらに鳴き声も異なるので、両亜種は明確に識別できる。1月、インドのケララ州にて（写真：アンドラス・マズラ）

028 | ヨーロッパコノハズク　[COMMON SCOPS OWL]
Otus scops

全長 16〜21cm　体重 60〜135g　翼長 145〜168mm　翼開長 50〜64cm

別名　Eurasian Scops Owl

外見　超小型からごく小型で、羽角も小さく、頭部の羽毛がふんわりしているとほとんど見えなくなる。雌雄の体重を比較すると、メスのほうが15〜25g重い。羽衣は全体的に灰茶色で、頭頂部には筋状の縦縞、体部上面には黒っぽい縦縞が入る。肩羽は外側の羽弁が白くて中央の羽軸に黒い縦縞が入り、先端が黒い。色の濃い風切羽と尾羽には淡い色の横縞。翼は比較的長く、尾は短い。灰茶色の顔盤には細かい斑紋があり、縁取りは明確ではない。目は黄色で、くちばしは灰色。体部下面には不規則な細かい横縞、黒っぽい筋状の模様と横方向の波線模様、さらには濃色の縦方向の波線模様が密に入る。ふ蹠〔訳注：趾（あしゆび）の付け根からかかとまで〕は羽毛に覆われ、裸出した趾は灰色で、灰茶色の爪は先端が濃色。[**幼鳥**] ヒナの綿羽は白。第1回目の換羽を終えたヒナと、さらに換羽を重ねた幼鳥は親鳥と見た目が似ているが、全体的にふわふわしており、頭頂部や上背、胸の細密な波線模様がよく目立つ。[**飛翔**] 通常は直線的に、高速で飛ぶ。

鳴き声　低い声で「チウ」という2音節を、3秒ほどの間隔

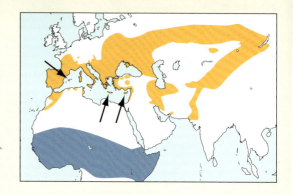

をあけながら時には数十分も繰り返す。

獲物と狩り　主に甲虫や蛾などの昆虫を捕食するが、クモやミミズ、ヤモリ、カエルなども食べる。また、ごくまれに小型の鳥類や哺乳類を捕食することもある。

生息地　樹木がまばらに生える開けた場所や小規模な林に棲むが、農地や庭園、人間の居住地でも姿が見られる。標高は2,500mまで。

◀ヨーロッパに生息する唯一のコノハズク属がヨーロッパコノハズクだ。写真は基亜種のオス。樹皮によく似た模様が特徴的だ。6月、スペインにて（写真：アンドレス・ミゲル・ドミンゲス）

▶ヨーロッパコノハズクのメス。赤みの濃い茶色の羽色型で、体部上面は一般的な個体よりも茶色が強い。6月、スペインにて（写真：アンドレス・ミゲル・ドミンゲス）

現状と分布 ヨーロッパでは東部、中部、西部、アフリカではサハラ砂漠以北、そして小アジアから中央アジアまでの範囲で繁殖する。越冬地は主にアフリカのサバンナだが、2010年の1月から3月にはアフリカ大陸東方のセーシェル諸島で7件の目撃例があった。生息数は地中海地方では多いが、中央ヨーロッパでは少なく、つがいの生息数はわずか680組と推定される。ただし、地球温暖化により北方での生息数が増加する可能性はある。実際、「通常」の分布範囲北限よりさらに500kmほど北にあたるフィンランドでは、2011年6月から7月にかけて1羽の鳴き声が聞かれ、同じ年の夏にはスウェーデンでもなわばりを守る行動をする4羽の姿が目撃された。つまり、地球温暖化に伴って分布範囲が北へと広がっているということだ。

地理変異 6亜種が確認されている。基亜種の*scops*はフランスからアフリカ大陸北部にかけてと、コーカサス山脈の南側からトルコ北部にかけてのトランスコーカサス(ザカフカス)地域に生息する。スペイン東岸のバレアス諸島に棲む*O. s. mallorcae*はやや小型。ギリシャ南部、地中海東部のクレタ島、エーゲ海南部のキクラデス諸島から小アジアにいたる地域に棲むのは若干赤みの強い*O. s. cycladum*。キプロスと小アジア南部には銀白色の*O. s. cyprius*が、トルクメニスタンからパキスタン西部には灰色が強い*O. s. turanicus*が分布する。最後の*O. s. pulchellus*はコーカサス山脈から東へ、シベリア中部のエニセイ川流域にかけて生息し、やはり灰色が強い。この*pulchellus*はパキスタン南部から近接するインドの一部地域にいたる地域で越冬する。

類似の種 ヨーロッパに生息するコノハズク属は本種のみ。中東からパキスタンで生息地が重なるサバクコノハズク(No.029)は色がやや淡く、腹部の縦縞がよく目立つ。ヨーロッパコノハズクが越冬のために過ごす地域にはインドオオコノハズク(No.045)の姿も見ることができるが、目は黄色でなく、濃い茶色。

▼陽の光の中で休むヨーロッパコノハズクの亜種cycladum。キプロスと小アジアの南西部に棲むcypriusよりも若干色が淡く、赤みが強い。4月、ギリシャのレスヴォス島にて（写真：レスリー・ヴァン・ルー）

▼ヨーロッパコノハズクの亜種の中でもっとも色が濃いcyprius。体部下面の縦縞は黒に近い。写真の個体は鉤爪（かぎつめ）でセミをつかんでいる。1月、キプロスにて（写真：タッソ・レヴェンティス）

▼ヨーロッパコノハズクの若鳥。頭頂部、上背、胸に細密な波線模様が目立つ。6月、イスラエルにて（写真：エヤル・バルトフ）

▼基亜種と大きさはさほど変わらないpulchellusだが、羽色はより灰色が強く、体部上面はより白っぽい。9月、アゼルバイジャンにて（写真：カイ・ゲイジャー）

029 サバクコノハズク [PALLID SCOPS OWL]
Otus brucei

全長 18〜22cm　体重 90〜130g　翼長 145〜170mm　翼開長 54〜64cm

別名　Striated Scops Owl

外見　ごく小型から小型で、羽角もとても小さく、頭部の羽毛がふんわりしているとほとんど見えなくなる。雌雄の体重を比べると、メスのほうが最低でも15gほど重い。羽色には2型があり、淡色型は淡黄色、暗色型は茶色がかった灰色で、いずれも体部上面には濃色の斑点と、細くて黒っぽい筋状の縦縞が入る。肩まわりには、輪郭がはっきりしないものの、全体的に白く、下端が黒っぽい羽毛の列がある。風切羽と尾羽には濃淡の横縞。色の淡い顔盤は濃色の縁取りで囲まれ、目は淡黄色で、くちばしは灰色がかった濃い象牙色。体部下面は淡い灰色か若干土色がかった淡黄色の地に濃色の筋状の縦縞が入るが、淡色型の場合はこの縦縞の色も淡くなる。ふ蹠 [訳注：趾（あしゆび）の付け根からかかとまで] は羽毛に覆われ、裸出した趾は灰茶色で、爪は黒に近い茶色。**[幼鳥]** 幼綿羽はふわふわとして白い。孵化後2週間ほどで第1回目の換羽を終えると成鳥に近い羽毛になり、羽角が見えるようになってくる。そして3週目になると顔盤ができ始め、体にも横方向の縞模様が見え始めるが、背中や胸、腹部にはまだ幼綿羽が残っている。

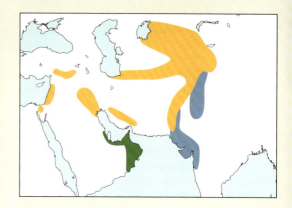

鳴き声　柔らかく静かな声で、「クック・クック・クック・クック」と1分間に最高67音、0.5〜1秒間隔で延々と繰り返す。この鳴き声はヒメモリバトによく似ている。

獲物と狩り　夜行性の昆虫を主食とするが、小型の鳥類や哺乳類、さらには爬虫類も食べる。そうした獲物は止まり木から襲いかかるか、飛びながら空中で捕まえる。

生息地　落葉樹林や河辺の土地に棲むが、低木が生える岩場や乾燥した渓谷、人里近くでも姿が見られる。標高は80〜1,800m。

現状と分布　トルコ南東部およびエジプト北東部からアラビア南東部にかけてと、カスピ海東方のアラル海からインド北西部にかけて分布する。現時点で絶滅の恐れはないが、農薬散布の影響を受けていることは確かだ。

地理変異　確認されているのは4亜種。基亜種の*brucei*はカザフスタン、タジキスタン北部、キルギスタンに生息する。やや黄色が混じる薄茶色の*O. b. obsoletus*はエジプト北東部およびトルコ南東部からアフガニスタン北部にかけてと、ウズベキスタンに分布する。濃い黄土色の*O.b. semenowi*はパキスタン北部からタジキスタン南部と中国西部に、ごく薄い茶色の*O. b. exiguus*はアラビア東部およびイラク中部からパキスタン西部に生息する。ただし、この分類が正当

▶写真のサバクコノハズクは、移動性の基亜種*brucei*に似ているが、見つかったのがドバイであることから亜種のひとつ、*exiguus*と考えられる。ヨーロッパコノハズク（No. 028）と同様、体部上面には樹皮のような模様があり、趾の付け根まで羽毛が生えているが、本種のほうが色は淡く、腹部の縦縞が目立つ。10月、ドバイにて（写真：アルト・ユヴォネン）

◀このサバクコノハズクもドバイで見つかったが、右ページのものより基亜種にさらに似ている。12月、ドバイにて（写真：ロブ・ハッチンソン）

なのかどうか、特に*obsoletus*については疑問が残るところだ。そのため、亜種のない単型種とされることもある。

類似の種 部分的に生息域が重なるヨーロッパコノハズク（No.028）は本種に比べて色が濃く、雨覆［訳注：風切羽の根本を覆う羽毛］と背中には樹皮に似た模様がある。北方に棲む本種の越冬地に生息するインドオオコノハズク（No.045）はやや大型で、目が薄茶色から濃い茶色。生息域が異なるコノハズク（No.046）はほぼ同等の大きさだが、背中と雨覆の縦縞は少ない。やはり本種とは異なる範囲に分布するヒガシオオコノハズク（No.047）は体がやや大きくて色も濃く、目の色は濃い茶色からオレンジ。

▲◀イスラエルで撮影されたこのサバクコノハズクは*exiguus*タイプの淡い色合いだが、大きさは*obsoletus*に近い。つまり、この地域での亜種の分類には再考の余地があるということだ。一般にサバクコノハズクの目は淡い黄色で、羽角は完全に立てたときにようやく認識できるほど小さい。2月、イスラエルのエイラトにて（写真：マーセル・ホリオーク）

▲基亜種によく似た*obsoletus*。薄茶色の*exiguus*よりも若干黄色みが強く、*semenowi*にもよく似ているが、縦縞は*obsoletus*のほうが細く、鮮やか。6月、トルコにて（写真：ダヴィッド・モンティチェッリ）

030 アラビアコノハズク [ARABIAN SCOPS OWL]
Otus pamelae

全長 約18cm　体重 62〜71g　翼長 134〜148mm

外見　ごく小型で、羽角も小さい。雌雄の体格差に関するデータはない。体部上面は淡い灰茶色で、濃色の斑点と縦縞がぼんやりと入る。肩のあたりには色の淡い筋があるが、目立つ帯模様はない。風切羽と尾羽には淡い灰茶色の地に淡色の横縞が入り、上雨覆［訳注：風切羽の根本を覆う雨覆のうち、翼上面を覆う羽毛］は淡黄褐色または赤褐色がかかっている。顔盤はかなり淡い色か煤けた白で、濃色の細い縁取りに囲まれる。目は金に近い黄色で、くちばしは灰色に近く、先端の色が濃い。体部下面は黄色みの強い薄茶色から茶色っぽい薄灰色の地に、濃色の模様がわずかに入る。薄茶色のふ蹠［訳注：趾（あしゆび）の付け根からかかとまで］は羽毛に覆われ、裸出した趾は灰茶色。爪は象牙色で、先端が濃色。［幼鳥］不明。

鳴き声　「クリーーーーー」と伸びのある高音を震わせながら、間隔をおいて繰り返す。

獲物と狩り　詳細な記録はないが、おそらく昆虫をはじめとする無脊椎動物を主食とし、時に小型の脊椎動物も捕食すると考えられる。

生息地　ヤシ類の木立がある半砂漠を好むが、植物がまばらな岩場や人里近くにも棲む。

現状と分布　サウジアラビアからオマーンまでの地域に固有の種。以前はサバクコノハズク（No.029）かアフリカコノ

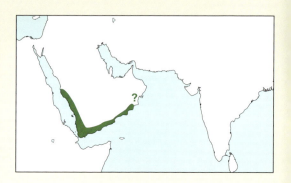

ハズク（No.031）の亜種とされていたため、本種の現状に関しては不明。

地理変異　亜種のない単型種とされるが、分類は未確定。新たに分類学的位置付けを確定し、同属内の種間関係を明確にするためのDNA調査が求められる。

類似の種　部分的に生息域が重なるサバクコノハズク（No.029）は本種よりもやや大きく、顔盤の色が濃い。生息域が離れているアフリカコノハズク（No.031）はさらに色が濃く、肩まわりの白い縞と胸の縦縞がはっきりしている。かなり小型のソコトラコノハズク（No.032）も生息域は異なるが、かなり近い種だと考えられる。

◀鳴き声を上げるアラビアコノハズクのオス。小型で、色の薄い体部下面には淡黄褐色がまばらにかかり、うっすらとした数本の縦縞と白いまだら模様が入る。3月、オマーンにて（写真：ハンヌ＆イェンス・エリクセン）

▲▶アフリカ大陸東端に位置するソマリランドは生息域より南に位置するが、この国のダーロで見つかった灰色のフクロウは、その鳴き声からアラビアコノハズクではないかと考えられる。あるいは、未記載の分類群という可能性もある。9月、ソマリランドにて（写真：ヴェルナー・ミュラー）

▶アラビアコノハズクのつがい。互いに羽づくろいをし合って絆を深めている。3月、オマーンにて（写真：ハンヌ＆イェンス・エリクセン）

Scops Owls：コノハズクの仲間

031 アフリカコノハズク [AFRICAN SCOPS OWL]
Otus senegalensis

全長 16〜19cm　体重 45〜100g　翼長 117〜144mm　翼開長 40〜45cm

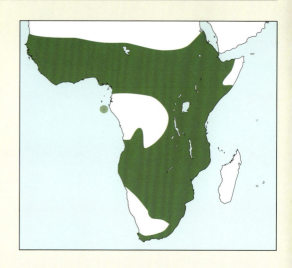

<u>外見</u>　ごく小型で、羽角は小さいながらもよく発達しており、立てると刃先のような形になる。雌雄の体重を比べると、メスのほうが平均で24ｇほど重い。羽色は個体差が大きいのだが、灰色型と褐色型があり、いずれも体部上面には細密な波線模様と濃色の縦縞、額と頭頂部には筋状の縦縞が入る。肩羽には白い部分があるため、肩を横切るように白い帯模様ができている。風切羽と尾羽には淡色と濃色が横縞をつくり、初列風切［訳注：風切羽のうち、人の手首の先に相当する部分から生えている羽毛］の羽軸外側の羽弁には白い大きな斑紋が見られる。雨覆［訳注：風切羽の根本を覆う短い羽毛］と上背の羽毛は縁が赤褐色。顔盤には細密な波線模様があり、その縁取りは色が濃い。目は黄色で、くちばしは黒みがかった象牙色。体部下面は全体的に色が淡く、濃色の縦縞とやはり細密な波線模様が入る。ふ蹠［訳注：趾（あしゆび）の付け根からかかとまで］は羽毛に覆われ、裸出した趾は黒っぽい灰茶色で、爪も黒に近い茶色。[幼鳥] ヒナの綿羽は白。第1回目の換羽を終えると成鳥に似てくるが、羽衣はまだふわふわしており、模様もはっきりしていない。

<u>鳴き声</u>　カエルのような低く震える声で「クルル」と鳴く。1音は0.5〜1秒ほどで、これを5〜8秒の間隔をあけて延々と繰り返す。

<u>獲物と狩り</u>　主に昆虫を捕食するが、そのほかにクモやサソリ、小型の脊椎動物なども食べる。通常は止まり木から獲物に飛びかかるが、飛行しながら空中で昆虫を捕らえることもある。

<u>生息地</u>　疎林や、樹木やトゲのある低木が点在するサバンナに棲むが、人里近くの公園などでも見られる。標高は通常2,000mまで。

<u>現状と分布</u>　サハラ砂漠以南のモーリタニア南部から東はエチオピアおよびエリトリアまで、南は南アフリカ共和国の喜望峰にまで分布する。ただし、内陸部の密林には棲まない。生息数は比較的多い。

<u>地理変異</u>　3亜種が確認されており、基亜種の*senegalensis*はサハラ砂漠以南の全域に、非常に色が淡い *O. s. nivosus* はケニア南東部に生息する。基亜種よりもかなり色が濃い *O. s. feae* が棲むアノボン島（旧称パガル島）は赤道ギニア領で、ガボン沖に位置する。この*feae*は種として位置付けられるかもしれないが、詳細な調査は進んでいない。また、*nivosus*はケニア東部を流れるタナ川下流とケニア南東部のラリ丘陵で3体の標本が見つかったのみ。

<u>類似の種</u>　アフリカ大陸の熱帯雨林帯より北の地域では、かなり翼が長い（「翼式」が異なる）ヨーロッパコノハズク（No. 028）が越冬する。この2種を区別する最善の手段は鳴き声だ。生息域が異なるサントメコノハズク（No. 036）は羽角が本種よりもさらに小さく、ふ蹠は上4分の3にのみ羽毛が生えている。また、通常は羽色にむらがほとんどない。

◀ アフリカコノハズクの基亜種は、モーリタニアから南アフリカ共和国にまで分布する。写真は灰色型の個体で、赤茶みが少ない。8月、ナミビアにて（写真：ポール・ノークス）

Scops Owls：コノハズクの仲間　131

◀アフリカコノハズクには褐色型と灰色型の個体がいるが、南アフリカ共和国では写真のような灰色型が主流だ。11月、南アフリカ共和国のクルーガーにて（写真：リック・ファン・デル・ヴィッド）

▼こちらは褐色型の個体で、体部下面は灰色が強い。南アフリカ共和国のクルーガーにて（写真：トム＆パム・ガードナー）

032 ソコトラコノハズク [SOCOTRA SCOPS OWL]
Otus socotranus

全長 15～16cm　体重 64～85g　翼長 124～135mm

<u>外見</u>　超小型で、羽角も小さく、ほとんど目立たない。雌雄の体重を比べると、メスのほうがわずかに重い。体部上面は薄茶色の混じる淡い灰色で、かすかに黄土色を帯びた部分もある。頭部から首の後ろ、背中にかけては縦縞がくっきりと入るほか、色の濃いまだら模様や細密な波線模様も見られる。肩羽には淡い黄土色がかった灰色の斑点が並んでいるため、翼を閉じると肩に縦縞が入っているように見える。さらに淡い灰色の風切羽と尾羽には濃色の横縞。淡い黄土色がかった灰色、または灰色がかった淡黄褐色の顔盤は、濃色の不鮮明な縁取りに囲まれる。目は黄色で、くちばしは黒みの強い象牙色。体部下面は淡い灰茶色の地に、筋状の縦縞と細密な波線模様が入り、ところどころに淡い黄土色がかかる。その縦縞は胸から下腹部にかけて濃色から淡色へと変化し、腹部では淡い灰色一色になる。ふ蹠［訳注：趾（あしゆび）の付け根からかかとまで］は羽毛に覆われ、裸出した趾は淡い灰茶色で、爪は灰色がかった象牙色。［幼鳥］不明。

<u>鳴き声</u>　「ク・ク・クィーア」と延々と繰り返す。
<u>獲物と狩り</u>　詳細な記録はないが、日没直後の薄明かりの中で蛾を捕食する姿が目撃されている。また、ある個体の胃の内容物からは複数のバッタ、1匹のムカデ、2匹のトカゲの残骸が見つかっている。
<u>生息地</u>　半砂漠、あるいは樹木が点在する岩場に棲む。
<u>現状と分布</u>　アフリカ大陸東端のソマリア沖に位置するソコトラ島（イエメン領）に固有の種。現状は不明。
<u>地理変異</u>　亜種のない単型種とされるが、分類は未確定。以前はサバクコノハズク（No.029）かアフリカコノハズク（No.031）の亜種と考えられていた。
<u>類似の種</u>　ソコトラ島に棲むコノハズク属は本種のみ。

▼クリームがかった灰色のこのソコトラコノハズクと比べると、サバクコノハズク（No.029）、アラビアコノハズク（No.030）、アフリカコノハズク（No.031）は、いずれも体がやや大きい。本種は体部上面に無数の斑点が散り、下面は薄茶色がかったごく淡い灰色。10月、イエメンのソコトラ島にて（写真：ウルフ・ストール）

▼ソコトラ島に棲む唯一のフクロウ、ソコトラコノハズク。2月、イエメンのソコトラ島にて（写真：リチャード・ポーター）

033 アカヒメコノハズク [CINNAMON SCOPS OWL]
Otus icterorhynchus

全長 18〜20cm　体重 61〜80g　翼長 117〜144mm

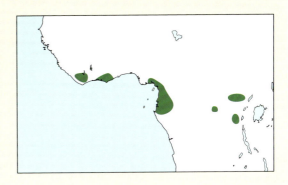

別名　Sandy Scops Owl

外見　ごく小型で、羽角には大小の斑点が入る。雌雄の体重差に関するデータはない。羽色は個体差が大きいものの、淡色型と暗色型がある。一般的に体部上面は淡い黄茶色で、淡黄褐色の斑点と黒で縁取られた白の斑点がある。肩羽は白いが、縁が黒いため、翼をたたむと肩に黒い帯模様ができる。初列風切[訳注：風切羽のうち、人の手首の先に相当する部分から生えている羽毛]の外側の羽弁には白い斑点が入り、内側はシナモン色。次列風切[訳注：風切羽のうち、人の肘から先に相当する部分から生えている羽毛]には濃い茶色の横縞、黄褐色の尾には赤褐色の横縞が入る。やはり黄褐色の顔盤には同心円状の線模様が見られ、白い眉斑がよく目立つ。目は淡い黄色で、くちばしはクリーム色に近い黄色。体部下面は淡色で白い斑点が入るが、腹部の斑点が大きく、もっともよく目立つ。下雨覆[訳注：風切羽の根本を覆う雨覆のうち、翼下面を覆う羽毛]はごく淡い黄褐色。ふ蹠[訳注：趾(あしゆび)の付け根からかかとまで]は淡黄褐色の羽毛で覆われ、裸出した趾はピンクがかったクリーム色。爪はくすんだ白で、先端が灰色。[**幼鳥**]ヒナの綿羽については記録がないが、第1回目の換羽を終えた幼鳥は成鳥によく似ている。ただし、背中には横縞があり、体部下面の模様はない。[**飛翔**]飛んでいるときには薄茶色の背中、翼、尾に対し、濃色の雨覆のコントラストが鮮やか。

鳴き声　物悲しげな声で「クィーア」と、1秒ほどの間隔をあけて繰り返す。

獲物と狩り　おそらく昆虫を捕食すると思われる。

生息地　標高1,000m未満の湿潤林を好むが、森林と低木林、草原がモザイク状に入り混じる土地にも棲む。

現状と分布　アフリカ大陸西部のリベリアからガボンにかけてと、中央部に位置するコンゴ民主共和国の東部および中部に飛び石状に分布する。近年の調査で、リベリアでは森林地帯全域に生息することが明らかになった。

地理変異　2亜種。基亜種の*icterorhynchus*はリベリア、コートジボワール、ガーナに、もう一方の*O. i. holerythrus*はカメルーン、ガボン、コンゴ民主共和国の東部と中部に生息する。後者は赤褐色が強く、胸の縦縞が少ない。

類似の種　冬季に限り、本種の生息地で見られるヨーロッパコノハズク（No.028）は同等の大きさだが、本種より灰色が強く、鳴き声も異なる。

▼アカヒメコノハズクはあまり知られていない。写真も少なく、知られるのはこの2枚のみ。羽角と白い眉斑がよく目立ち、体部下面には薄茶色の地に白く長い斑点が見られるが、その斑点は特に腹部に多く入る。3月、リベリアのトカデ山にて（写真：K-D・B・ダイクストラ）

034 ハイイロコノハズク [SOKOKE SCOPS OWL]
Otus ireneae

全長 16〜18cm　体重 45〜55g　翼長 112〜124mm

<u>外見</u>　ごく小型で、小さな羽角にはさまざまな斑点がある。雌雄の体格差に関するデータはない。羽色には灰色型、暗褐色型、赤褐色型に加え、その中間型もある。灰色型と暗褐色型では、頭頂部に黒い縦縞が入り、首の後ろから背中にかけては濃淡の斑点が散る。肩羽は羽軸外側の羽弁に白い斑点が入っているため、翼を閉じると肩に白い縦縞ができる。初列風切［訳注：風切羽のうち、人の手首の先に相当する部分から生えている羽毛］は外側の羽弁が白と濃い茶色で、内側はやや色が淡い。次列風切［訳注：風切羽のうち、人の肘から先に相当する部分から生えている羽毛］と尾羽もやや色が淡く、尾には濃色の横縞が見られる。顔盤は淡い灰茶色か、赤褐色と黄褐色で、同心円状の線模様がうっすらと入り、淡い黄色の目がよく目立つ。くちばしは緑がかった黄色で、蝋膜［訳注：上のくちばし付け根を覆う肉質の膜］はピンク系の灰色。体部下面は灰茶色の地に、上端が黒い白斑と濃色の細かい波線模様が入る。脚は鈍い灰色がかった黄色で、趾は淡い灰茶色。爪は濃い茶色で、先端が黒に近い。一方、赤褐色型は全体的に赤茶色を帯び、頭頂部には淡い色の短い縦縞、肩まわりには白い斑点が入る。［<u>幼鳥</u>］詳細は不明だが、成鳥に似ているとされる。

<u>鳴き声</u>　高い声で「グーク・グーク」と2秒に3音節ほどの速さで5〜9回続け、さらにこの一連を数秒間隔で繰り返す。

<u>獲物と狩り</u>　完全な食虫性で、主に甲虫を食べる。

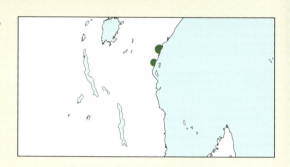

<u>生息地</u>　目撃情報のほとんどがケニアの標高50〜170m、あるいはウサンバラ（タンザニア）の標高200〜400mに位置するマメ科のキノメトラ属の林でのもので、それ以外の目撃例は同じくマメ科のブラキステギア属の林でのみ。

<u>現状と分布</u>　ケニアのアブラコ・ソコケ森林とタンザニア北東部の東ウサンバラ山脈にのみ分布する。調査の結果、ケニアに生息するつがいは800組にすぎないことがわかり、「Globally Endangered（世界的に絶滅の危機に瀕している種）」に指定された。

<u>地理変異</u>　亜種のない単型種。

<u>類似の種</u>　アフリカで越冬するヨーロッパコノハズク（No. 028）は本種より体重がかなり重い。また、くちばしの色も濃く、体部下面には黒に近い筋状の縦縞が入る。

◀ハイイロコノハズクはごく小型で、世界最小のフクロウであるサボテンフクロウ（No. 208）と比べても体重差はほんの数グラムだ。写真は暗褐色型の個体で、斑点の色は淡色型の個体が白なのに対して淡い黄褐色。5月、ケニアのサバキにて（写真：ロイ・デ・ハース）

▼侵入者の前で身を寄せ合う4羽のハイイロコノハズク。1月、ケニアのソコケにて（写真：タッソ・レヴェンティス）

035 | ペンバオオコノハズク [PEMBA SCOPS OWL]
Otus pembaensis

全長 17〜18cm　翼長 145〜157mm

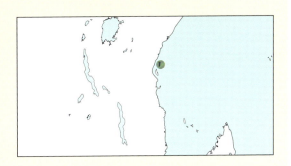

外見　ごく小型で、羽角も小さい。雌雄の体重差に関するデータはないが、オスのほうが翼が若干長い。羽色には淡色と赤褐色の2型があり、淡色型の個体は体部上面がまだらのない黄褐色で、頭頂部に濃色の縦縞が入る。首の後ろにも縦縞が入ることがあり、額、眉斑、上背にはくすんだ色の細かい横縞と細密な波線模様が見られる。肩羽の羽軸外側の羽弁は白みのある淡黄褐色だが、先端が濃色なので、肩にぼんやりとした濃色の横縞ができている。風切羽には濃淡の横縞、尾羽の外側の羽弁には濃色の横縞。顔盤は淡い黄褐色で、細くて黒い縁取りに囲まれる。目は黄色で、周囲が黒く縁取られ、くちばしは深い緑がかった黒。体部下面は赤茶色に淡いクリーム色がかかるところがあり、淡い赤褐色、灰色、白の細密な波線模様が入る。さらに胸や脇腹には、細い縦縞も数本見られる。ふ蹠［訳注：趾（あしゆび）の付け根からかかとまで］は羽毛に覆われ、裸出した趾は灰色。大きな爪は濃い灰茶色で、先端が黒に近い。一方、赤褐色型の個体は全体的にむらのない赤茶色で、脇腹に幅広の横縞がぼんやりと入る。［**幼鳥**］ヒナの綿羽については記録がないが、第1回目の換羽を終えた幼鳥は白っぽくて、黄色みのある茶色の横縞がうっすらと入る。頭頂部には縦縞がなく、代わりに白い横縞。尾にも縞がある。

鳴き声　よく響く「フ」という声を0.5〜1秒間隔で長く続け、さらにこの一連を不規則に繰り返す。

獲物と狩り　記録に乏しいが、主に昆虫を飛びながら空中で、あるいは止まり木から飛びかかって捕食する。

生息地　葉が密に茂った樹木が生えるやや開けた土地のほか、チョウジノキ（クローブ）の農園近くにも棲む。

現状と分布　タンザニア北部の沖に浮かぶペンバ島に固有の種。生息地が限定されるため激減が危惧される。

地理変異　亜種のない単型種。以前はマダガスカルコノハズク（No.042）の亜種と考えられていたが、現在は独立した種とされる。ただし、生態や生息環境についてのさらなる調査研究が求められる。

類似の種　ペンバ島に生息することがわかっている唯一のコノハズク属。生息域が異なるマダガスカルコノハズク（No.042）よりもやや小型で、羽衣の模様が少ない。インドネシアに棲むフロレスコノハズク（No.068）は本種と同様、体部上面に模様が少ないが、尾には横縞がくっきりと入る。

◀ペンバオオコノハズクはマダガスカルコノハズク（No.042）よりもやや小型で、羽衣の模様が少ない。体部上面はむらの少ない黄褐色か赤褐色で、下面はクリームがかった赤褐色の地に、数本の細い横縞と細密な波線模様が入る。5月、タンザニアのペンバ島にて（写真：アダム・ライリー）

036 サントメコノハズク [SÃO TOMÉ SCOPS OWL]

Otus hartlaubi

全長 17〜19cm　体重 約79g　翼長 123〜139mm

外見　ごく小型で、羽角もとても小さい。雌雄の体格を比べると、メスのほうが大きく、体重も重い。羽色には灰褐色と赤褐色の2型があり、灰褐色型では濃い茶色の体部上面にぼんやりとした赤褐色と濃色の模様が入る。頭頂部から背中にかけては黒っぽい筋状の縦縞があり、首の後ろには濃色で縁取られた白斑、肩羽には白い縦縞も見られる。茶色っぽい初列風切［訳注：風切羽のうち、人の手首の先に相当する部分から生えている羽毛］には黄茶色のまだら模様、茶色の次列風切［訳注：風切羽のうち、人の肘から先に相当する部分から生えている羽毛］には細密な波線模様、尾には淡黄褐色の細い横縞と淡い赤茶色の細密な波線模様が入る。顔盤は淡い茶色だが、深い黄色の目の周囲は茶色が濃く、赤みを帯びた茶色の縁取りに囲まれる。くちばしとその付け根の膜は黄色。体部下面は白みが強く、細い灰色と赤褐色の横縞と、黒に近い筋状の縦縞が入り、さらにその両側に茶色と赤褐色の細い横縞が並ぶ。ふ蹠［訳注：趾（あしゆび）の付け根からかかとまで］は上4分の3に羽毛が生え、裸出部と趾は黄色みの強い黄土色で、爪は茶色。一方、赤褐色型では濃い赤茶色の地に黒の模様が入る。［幼鳥］ヒナの綿羽については記録がないが、第1回目の換羽を終えた幼鳥は成鳥よりも色が淡く、全身に細かい横縞がある。

鳴き声　高音の震え声で「フ・フ・フ」と鳴くか、少しずつトーンを落としながら低く鋭い声で「コウィ」と12〜20秒間隔で繰り返す。この鳴き声は夕暮れ時や夜間だけでなく、日中も聞かれる。

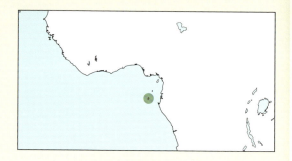

獲物と狩り　昆虫を主食とするが、小さなトカゲなども食べる。獲物は通常、密に茂る枝葉の中で捕まえるが、時に地上で狩りをすることもある。

生息地　湿潤な雲霧原生林に棲むが、低地の二次林や、チョウジノキ（クローブ）やマンゴーなどの農園の近くでも見られる。標高は1,300mまで。

現状と分布　アフリカ大陸西岸のギニア湾に浮かぶサントメ島に固有の種。希少かもしれず、生息地が限られているので絶滅が危惧されるが、調査は進んでいない。

地理変異　亜種のない単型種。

類似の種　サントメ島にはSão Tomé Barn Owl（No. 007）も棲むが、大きさも外見もかなり異なる。西南に200kmほど離れたアノボン島（旧称パガル島）に棲むアフリカコノハズク（No. 031）は本種と似ているが、ふ蹠は完全に羽毛に覆われ、鳴き声もまったく異なる。

Scops Owls：コノハズクの仲間 **137**

▲隣の島に棲むアフリカコノハズク（No.031）に比べて、サントメコノハズクは概して模様が少ない。また、アフリカコノハズクが海を渡る記録はない。7月、サントメ島にて（写真：タッソ・レヴェンティス）

▶体部下面は淡い色をしているが、茶色の細かい縞模様が入り、部分的に赤褐色がかかるところがある。7月、サントメ島にて（写真：タッソ・レヴェンティス）

◀サントメコノハズクの目は深い黄色。肩羽には大きな白い縦縞が見られる。1月、サントメ島にて（写真：アトル・イヴァール・オルセン）

037 セーシェルコノハズク [SEYCHELLES SCOPS OWL]
Otus insularis

全長 20cm　体重 130〜159g　翼長 163〜176mm

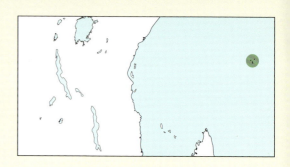

<u>外見</u>　ごく小型で、羽角もかなり小さい。雌雄の体重を比べると、メスのほうが20g以上重い。体部上面は黄色みの強い茶褐色で、濃淡のまだらがあり、鈍い黄茶色の頭頂部には白の斑点と黒の縦縞が入る。肩羽は白地に濃色の縁取りがあるので、肩に白い帯模様ができている。風切羽と尾羽には濃淡の横縞、黄茶色の上雨覆［訳注：風切羽の根本を覆う雨覆のうち、翼上面を覆う羽毛］には若干の細密な波線模様と濃色の筋状の縦縞が見られる。顔盤も明るい黄茶色で、濃色のまだらがあり、はっきりとした縁取りに囲まれる。目は黄色で、灰色がかった黄色のくちばしは先端が濃色。体部下面は全体的に淡い色で、やや幅広の黒っぽい縦縞と、白とやや濃い横縞がうっすらと入る。ふ蹠［訳注：趾（あしゆび）の付け根からかかとまで］に羽毛は生えておらず、趾は淡い灰色がかった黄色から緑がかった白、またはピンクがかった灰色で、比較的長い。爪は深い象牙色。［幼鳥］成鳥に似ているとされる。［飛翔］丸みを帯びた翼が目立ち、外側から7番目の初列風切［訳注：風切羽のうち、人の手首の先に相当する部分から生えている羽毛］がもっとも長いのがよく見える。

<u>鳴き声</u>　抑揚のないカエルに似た声を1秒に1音の速さでリズミカルに発するが、ノコギリを引くような音や、ノック音を出すこともある。こうした声は夜間に聞かれることが多い。また、オスはしばしば鳴き合い、その際には全身の羽毛を膨らませるので、メスより大きく見える。

<u>獲物と狩り</u>　記録に乏しいが、ヤモリや樹上性のカエル、甲虫、バッタなどを捕食する姿が目撃されている。

<u>生息地</u>　起伏のある森林や、樹木が多い高地の庭園などで見られる。標高は250〜600m。

<u>現状と分布</u>　かつてはインド洋に連なるセーシェル諸島のほぼ全島で見られたが、現在ではマヘ島で確認されているほかは、プラスリン島に数組のつがいが生息する可能性が示唆されるのみ。生態や生物学的知見などについてはほとんど得られていないが、生息数の減少を鑑み、バードライフ・インターナショナルは本種を近絶滅種としている。

<u>地理変異</u>　亜種のない単型種。

<u>類似の種</u>　セーシェル諸島で越冬することもあるヨーロッパコノハズク（№028）は、ふ蹠が完全に羽毛に覆われる。また、羽角は短いが、直立する。モルッカコノハズク（№073）は鳴き声が似ていることから以前は本種と類縁と考えられていたが、生息域が離れているうえに、やはり羽毛に覆われたふ蹠と発達した羽角をもつ。

◀セーシェルコノハズクの羽角はほとんど見えない。目は緑がかった黄色、くちばしは灰色がかった黄色で先端が濃色。体部上面よりも下面のほうが淡い色をしており、うっすらとした白い横縞と、幅広の黒い縦縞が入る。脚は比較的長く、ふ蹠と趾に羽毛は生えていない。爪は濃い象牙色。12月、セーシェル諸島のマヘ島にて（写真：トレヴァー・ハーデカー）

Scops Owls：コノハズクの仲間　139

038 マヨットコノハズク [MAYOTTE SCOPS OWL]
Otus mayottensis

全長 24cm　体重 約120g　翼長 166〜178mm

<u>外見</u>　小型で、羽角も小さい。雌雄の体重差に関するデータはないが、メスはオスよりも翼が若干長い。体部上面は灰茶色で、濃色の縦縞と細密な波線模様があり、首の後ろの襟羽には濃淡の斑点が目立つ。肩羽には白い部分が少ないため、肩まわりの帯模様は際立つほどではない。濃い灰茶色の風切羽には淡色の横縞、茶色みの強い灰色の尾羽にはうっすらとした淡色の横縞。灰茶色の顔盤を囲む縁取りは色が濃いが、輪郭は不鮮明。目は黄色で、くちばしは灰色がかった象牙色。白い喉には色の濃い縦縞と横縞がくっきりと見える。体部下面は茶色が強く、筋状の黒い縦縞と、濃色と白の波線模様がある。ふ蹠［訳注：趾（あしゆび）の付け根からかかとまで］はふさふさとした羽毛に覆われ、裸出した趾は淡い灰茶色で、爪は濃い灰茶色。［幼鳥］不明。

<u>鳴き声</u>　よく響く、はっきりとした「フープ・フープ」という声を間隔をあけて繰り返す。その際に「グルルル」といったような音が挟まることはない。マダガスカルコノハズク（No. 042）のものと比べると、より太く低い声がゆっくりと長く続く。

<u>獲物と狩り</u>　記録なし。

<u>生息地</u>　常緑樹林に棲む。

<u>現状と分布</u>　インド洋に浮かぶコモロ諸島のマヨット島に固有の種。詳細は不明だが、森林が破壊されていることから絶滅が危惧される。

<u>地理変異</u>　亜種のない単型種。以前はマダガスカルコノハズク（No. 042）の亜種と考えられていたが、現在では独立種とされる。ただし、分類を確定するためにはDNA調査が必要だ。

<u>類似の種</u>　マダガスカルコノハズク（No. 042）とトロトロカコノハズク（No. 043）は、いずれもやや離れたマダガスカル島に生息しているうえに、鳴き声も異なっている。また、本種より小型で、喉元の白色部分と首の後ろの斑点もない。

▼マヨットコノハズクは褐色型のトロトロカコノハズク（No. 043）とよく似ているが、本種のほうが体がやや大きく、尾は短い。9月、コモロ諸島のマヨット島にて（写真：ピート・モリス）

▼マヨットコノハズクは顔の色が濃く、喉から腹部にかけてくっきりとした白い部分がある。12月、コモロ諸島のマヨット島にて（写真：デュビ・シャピロ）

039 コモロコノハズク [GRANDE COMORE SCOPS OWL]

Otus pauliani

全長 18～20cm　体重 70g（オス1例）　翼長 138～144mm

別名　Karthala Scops Owl

外見　ごく小型で、羽角も小さくて目立たない。雌雄の体格差に関するデータはない。羽色は淡色と暗色の2型があり、淡色型の個体は体部上面が濃い灰茶色で、淡い色の斑点が散り、そこに細い横縞か濃色の細かい波線模様が入る。肩羽は鈍い黄色で、不鮮明ではあるが濃色の横縞が入る。雨覆［訳注：風切羽（かざきりばね）の根本を覆う短い羽毛］と下尾筒［訳注：尾の付け根下面を覆う羽毛］は白に近い色。顔盤

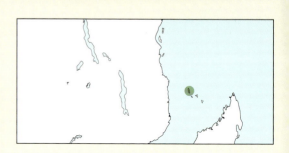

は灰茶色で、黄色の目を中心として濃色の線が放射状に広がる。くちばしと蝋膜［訳注：上のくちばし付け根を覆う肉質の膜］は灰茶色。なお、近年は目が茶色い個体の目撃例も報告されていることから、本種の目の色にはバリエーションがあることがわかったが、これは年齢によるものと考えられる。体部下面は黄土色に近い淡黄褐色の地に、濃色の筋状の縦縞が数本と、やはり濃色の細かい波線模様が密に入る。鉤爪の力はさほど強くなく、ふ蹠［訳注：趾（あしゆび）の付け根からかかとまで］は上方にのみ羽毛が生える。ふ蹠の裸出した部分と趾は黄色から淡い茶色がかった灰色で、爪は黒茶色。暗色型の個体もやはりまだら模様の少ない濃い茶色か薄茶色の地に、細かい淡黄褐色の斑点が入る。［幼鳥］不明。

鳴き声　「チュー」という長い声を数回繰り返したあと、1秒に2音ほどの「チョク・チョク・チョク・チョク」という声を長く繰り返す。この鳴き声は時に10分以上続くこともある。

獲物と狩り　記録はないが、鉤爪の力がさほど強くないことから、主に昆虫をはじめとする節足動物を捕食すると思われる。

生息地　標高460～1,900mの原生林、または荒廃林地に生息する。

現状と分布　インド洋に浮かぶグランドコモロ島のカルタラ山に固有の種。生息数はつがいが1,000組ほどと推定され、バードライフ・インターナショナルの分類では近絶滅種に指定されている。

地理変異　亜種のない単型種。

類似の種　コモロ諸島に棲むコノハズク属の中で、本種ほど細かい横縞と細密な波線模様をもつ種はほかにない。

◀コモロコノハズクは、トロトロカコノハズク（No. 043）やアンジュアンコノハズク（No. 040）の淡色型と姿がよく似ているが、本種のほうがやや小さく、体重も軽い。10月、コモロ諸島のグランドコモロ島にて（写真：ピート・モリス）

Scops Owls：コノハズクの仲間　141

040 アンジュアンコノハズク　[ANJOUAN SCOPS OWL]
Otus capnodes

全長22cm　体重119g（オス1例）　翼長153～173mm

<u>外見</u>　小型で、羽角も小さくてほとんど目立たない。雌雄の体格差に関するデータはない。羽色には淡色型、赤褐色型、暗色型があり、淡色型では体部上面が灰茶色で、淡黄褐色のまだらがある。肩羽は鈍い黄色の地に横縞が入り、風切羽と尾羽には濃淡の横縞が数本見られる。白に近いクリーム色の顔盤は濃色の羽毛で縁取られ、緑がかった黄色の目を中心として細い濃色の線が放射状に広がる。くちばしと蝋膜［訳注：上のくちばし付け根を覆う肉質の膜］は象牙色。体部下面は灰茶色の地に、細い横縞と濃色の筋状の縦縞が入る。ふ蹠［訳注：趾（あしゆび）の付け根からかかとまで］は上3分の2が羽毛に覆われ、裸出した部分と趾はやや緑がかっている。爪は黒に近い茶色。赤褐色型の個体も淡色型と似てはいるが、白い斑点が少なく、全体的に赤茶色が強い。一方、暗色型の個体は全体的に濃いチョコレート色から黄土色の混じる濃い茶色で、色むらが少なく、細かい淡黄褐色の斑点が入る。［幼鳥］不明。

<u>鳴き声</u>　「ピーウーイー」あるいは「ピーウー」という長い声を0.5～1秒間隔で3～5回繰り返したあと、10秒ほどあけてまたこの一連を繰り返す。チドリ科のダイゼンという鳥にも似たこの鳴き声は、日中にも聞かれるようだ。

<u>獲物と狩り</u>　主に昆虫を捕食すると思われる。

<u>生息地</u>　標高800m以上の山の斜面で、常緑樹からなる原生林に棲む。

<u>現状と分布</u>　インド洋に連なるコモロ諸島のアンジュアン島に固有の種。森林破壊の影響を受け、つがいの生息数はわずか100～200組と推定されることから、バードライフ・インターナショナルは本種を近絶滅種に指定している。

<u>地理変異</u>　亜種のない単型種。

<u>類似の種</u>　アンジュアン島に棲む唯一のコノハズク属。グランドコモロ島に棲むコモロコノハズク（No.039）は本種よりも色が淡く、体重も軽い。また、鉤爪の力も本種ほど強くはない。やはり生息域が異なるモハリコノハズク（No.041）は体格は同等だが、赤茶色が強い。

◀暗色型のアンジュアンコノハズク。7月、コモロ諸島のアンジュアン島にて（写真：チャールズ・マーシュ）

▼暗色型の中でもかなり濃い色の個体と、濃い赤褐色型の個体がつがいとなっている。この写真を見ると、中間色の個体ができるのも納得させられる。7月、コモロ諸島のアンジュアン島にて（写真：チャールズ・マーシュ）

041 モハリコノハズク [MOHÉLI SCOPS OWL]
Otus moheliensis

全長 22cm　体重 95〜119g　翼長 155〜164mm

<u>外見</u>　小型で、羽角も小さくて目立たない。雌雄の体重を比べると、メスのほうが20gほど重い。羽色には赤褐色と濃い赤色の2型があり、赤褐色型では赤茶色の体部上面に黒っぽい横縞と斑紋が不規則に入る。首の後ろには黒斑が密に入り、淡いシナモン色の肩羽には羽軸外側の羽弁に細い横縞が1〜2本見られる。風切羽は内側の羽弁がまだらのない茶色だが、外側には規則正しく横縞が、根本近くには淡黄褐色の斑点が入り、先端にかけて赤みを帯びてくる。尾羽は茶色の地に赤褐色の斑点か、不鮮明な横縞が入る。顔盤は光沢のある薄茶色で、細い縁取りは不明瞭。白っぽい喉には鈍い黄色がかかり、体部下面は黄色がかったシナモン色の地に黒っぽい筋状の縦縞が入る。腹部は茶色から鈍い黄色の地に細かい横縞。腿からふ蹠［訳注：趾（あしゆび）の付け根からかかとまで］にかけては羽毛が生え、まるでウロコのような茶色の斑点が見られる。ふ蹠の裸出した部分と趾は灰色で、爪は濃い象牙色。赤色型の個体も全体的に似ているが、羽色は赤みが強い。［<u>幼鳥</u>］不明。［<u>飛翔</u>］丸い翼が印象的で、初列風切［訳注：風切羽のうち、人の手首の先に相当する部分から生えている羽毛］の6番目と7番目が長いのがわかる。

<u>鳴き声</u>　メンフクロウ類のように強く息を吐きながら出す鋭く長い有気音と、短い有気音を不規則な間隔で繰り返す。
<u>獲物と狩り</u>　主に昆虫やクモを捕食すると思われる。
<u>生息地</u>　標高450〜700mの着生植物が密生する湿林に棲む。
<u>現状と分布</u>　インド洋に連なるコモロ諸島のモヘリ島に固有の種。つがいの生息数はわずか200組ほどと推定され、絶滅危惧種に指定されている。この希少な種の生態については、さらなる調査研究が求められる。
<u>地理変異</u>　亜種のない単型種。
<u>類似の種</u>　モヘリ島に棲む唯一のコノハズク属。生息域が近接するコモロコノハズク（No.039）は色が淡くて小さく、くちばしの力も弱い。

▼赤色型のモハリコノハズクはとても珍しく、撮影された写真も数枚にとどまる。肩のあたりに白い部分があり、初列風切には黄色い斑点が並んでいる。喉元も白い。コモロ諸島のモヘリ島にて（写真：ニック・ガードナー）

▼コモロコノハズク（No.039）やアンジュアンコノハズ（No.040）に比べて、赤褐色型のモハリコノハズクは目の色がとても淡い。10月、コモロ諸島のモヘリ島にて（写真：ピート・モリス）

Scops Owls：コノハズクの仲間　143

042　マダガスカルコノハズク　[MADAGASCAR SCOPS OWL]
Otus rutilus

全長 19～22cm　体重 85～120g　翼長 145～166mm　翼開長 53cm

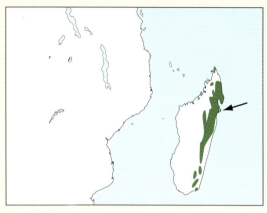

別名　Rainforest Scops Owl

外見　ごく小型から小型で、羽角も小さい。雌雄の体重を比べると、メスのほうが平均で18g重い。羽色は褐色、灰色、赤褐色の3型があり、褐色型では淡い茶色の体部上面と頭頂部に黄土色の斑紋と白い模様が入る。個体によってはそこに黒い筋状の縦縞が入り、ヘリンボーン模様になることもある。肩羽には黒で縁取られた白い部分があるため、翼を閉じると肩に縦縞ができる。灰茶色の初列風切［訳注：風切羽のうち、人の手首の先に相当する部分から生えているのが初列風切。肘から先の部分から生えているのが次列（じれつ）風切］、次列風切、尾羽には濃淡の横縞。顔盤は白みのある茶色で、濃色の羽毛で縁取られる。目は黄色で、くちばしと蝋膜［訳注：上のくちばし付け根を覆う肉質の膜］は灰茶色。体部下面は黄土色から淡い灰茶色で、鈍い赤茶色の細密な波線模様と黒に近い筋状の縦縞が上面と同じようなヘリンボーン模様をつくっている。ふ蹠［訳注：趾（あしゆび）の付け根からかかとまで］は前側のみ淡い灰茶色の羽毛に覆われ、裸出した趾も灰茶色で、爪は黒に近い茶色。灰色型の個体も全体的によく似ているが、羽色は灰色が強い。一方、赤褐色型の個体は羽色が錆のような赤茶色で、模様の色も濃い個体が多い。［幼鳥］不明。

鳴き声　「ウッ」というよく響く声を0.21秒間隔で5～9回繰り返し、さらにこの一連を数秒間隔で続ける。

獲物と狩り　主に昆虫を捕食するが、小型の脊椎動物も食べる。狩りはたいてい地上で行うが、飛んでいる蛾を空中で捕まえることもある。

生息地　低地から標高1,800m、時にはそれ以上の雨林や藪

◀褐色型のマダガスカルコノハズク。トロトロカコノハズク（№043）によく似ているが、本種のほうが尾が短く、鳴き声もまったく異なる。11月、マダガスカルのマソアラにて（写真：ピート・モリス）

に覆われた湿潤な土地に棲む。
現状と分布　マダガスカル東部と北部に固有の種。生息数は比較的多いが、現状の詳細については調査が待たれる。なお、近年マダガスカルの東約800kmのレユニオン島で目撃されているコノハズク類が、当初は何らかの事情で迷い込んだマダガスカルコノハズクではないかと思われていたが、鳴き声が異なることから、今ではレユニオン島固有のコノハズクであると考えられている。
地理変異　亜種のない単型種。かつてトロトロカコノハズク（No.043）やマヨットコノハズク（No.038）は本種の亜種と考えられていたが、現在は別種とされる。ただし、分類を確定させるためにはさらなる調査研究が必要だ。
類似の種　マヨットコノハズク（No.038）は生息する島が異なるうえに本種よりやや大型で、色も濃い。また、喉元には白の模様、首の後ろには濃淡の斑点が目立つ。同じマダガスカル島でも西部から南西部に棲むトロトロカコノハズク（No.043）は本種の灰色型の個体に色彩などは似ているものの、尾が長く、鳴き声がまったく異なる。

▶マダガスカルコノハズクには3種類の羽色がある。写真は赤褐色型の個体で、体部下面の濃色の模様が不鮮明。マダガスカル島にて（写真：キース・ヴァレンティン）

▼褐色型のマダガスカルコノハズク。この個体は標高の高い雨林で見つかった。本種はトロトロカコノハズク（No.043）よりも尾が短い。9月、マダガスカル島にて（写真：イアン・メリル）

▼▶こちらは灰色型の個体。9月、マダガスカル島ラのヌマファナにて（写真：ポール・ノークス）

043 トロトロカコノハズク [TOROTOROKA SCOPS OWL]
Otus madagascariensis

全長 20〜22cm　体重 85〜115g　翼長 152〜161mm

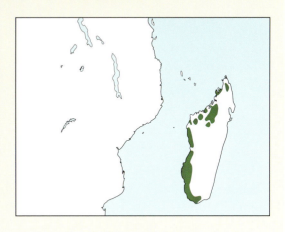

外見　小型で、羽角も比較的小さい。雌雄の体重を比べると、メスのほうが15gほど重い。羽色には灰色、褐色、赤褐色の3型があり、もっとも多いのが灰色型の個体。その体部上面は茶色がかった淡い灰色で、濃色の長い縦縞がくっきりと入る。肩羽には広い範囲に白い部分があるため、翼を閉じると肩にはっきりとした縦縞ができる。茶色がかった灰色の風切羽と、やや長めの尾には濃色で細く縁取られた白い横縞。顔盤はむらのない灰色で、中心から外に行くほど色は淡くなるが、縁取りは濃色ではっきりとしている。目は黄色で、まぶたの縁は薄いピンク色。その目の上には白い眉斑があるが、あまり鮮明ではない。くちばしは黒みが強い。体部下面は淡い灰色で、濃色の長くて細い筋状の縦縞と、細密な波線模様、そして白に近い横縞が入る。ふ蹠 [訳注：趾（あしゆび）の付け根からかかとまで] には密に羽毛が生え、裸出した趾は淡い灰色で、爪は濃い灰茶色。褐色型の個体も全体的に似ているが、羽色は茶色が強い。もっとも数が少ない赤褐色型は全体的に淡いオレンジ色を帯びた赤茶色で、体部上面には濃色の縦縞、下面には白い横縞と不鮮明な縦縞、そして細密な波線模様が入る。[幼鳥] ヒナの綿羽については記録がない。若鳥は上尾筒 [訳注：尾の付け根上面を覆う羽毛] に入る横縞が成鳥よりも濃く、くっきりとしている。また、尾羽の先端は成鳥のものより細く、尖っている。[飛翔] マダガスカルコノハズク (No.042) より尾は長いが、丸みを帯びた翼はよく似ている。

鳴き声　「グロック・グロック……グリョーク」という2〜3音節を3〜5回繰り返し、さらにこの一連を不規則な間隔で何度も続ける。

獲物と狩り　記録なし。

生息地　高原や乾燥した低地の森林に棲むが、荒廃林地や人里近くで見られることもある。

現状と分布　マダガスカル島の西部と南西部に固有の種。現状についてはわかっていない。

地理変異　亜種のない単型種。以前はマダガスカルコノハズク (No.042) の亜種とされていたが、鳴き声がまったく異なるため、現在では別種とされている。ただし、分類を確定させるためにはさらなる調査研究が必要だ。

類似の種　マダガスカル島東部の標高が高い湿潤な環境に生息するマダガスカルコノハズク (No.042) とは生態的に共通点があり、外見もよく似ているが、鳴き声が大きく異なる。また、マダガスカルコノハズクは尾が短く、ふ蹠は前側のみ羽毛で覆われる。その褐色型と赤褐色型の個体は体部上面の模様がはっきりしていて、現地では姿がよく見られる。

▼トロトロカコノハズクは羽角がかなり小さい。11月、マダガスカルのアンカラファンツィカにて（写真：デュビ・シャピロ）

146 Otus：コノハズク属

◀巣穴にたたずむ灰色型のトロトロカコノハズク。淡い灰茶色の地に細密な波線模様が入り、背景の樹皮に溶け込むような色合いになっている。9月、マダガスカル島にて（写真：イアン・メリル）

▶褐色型のトロトロカコノハズク。マダガスカルコノハズク（No.042）の褐色型と比べると、さほど濃い色ではなく、尾が長い。体部上面にははっきりとした縦縞があり、下面には白い横縞が入る。10月、マダガスカル島にて（写真：マイク・ダンゼンベイカー）

▼マダガスカルコノハズク（No.042）よりも本種の羽色に灰色型が多いのは、乾燥した森林に生息するから。3月、マダガスカル島にて（写真：マイク・ダンゼンベイカー）

044 タイワンコノハズク [MOUNTAIN SCOPS OWL]
Otus spilocephalus

全長 17〜21cm　体重 50〜112g　翼長 129〜152mm

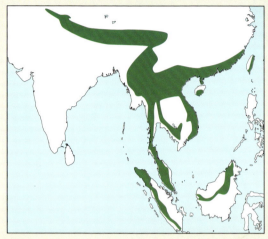

<u>外見</u>　ごく小型で、羽角も小さくて目立たない。雌雄の体格差に関するデータはないが、羽色には赤褐色型と灰色がかった淡黄褐色型のほかに、その中間型もある。体部上面は赤茶色かやや黄色がかった濃い茶色で、どちらの羽色にも細密な波線模様が入る。頭頂部には黒で縁取られた淡い赤褐色の斑点が多数入り、縞模様をつくるが、多くの場合、首から背中にかけてその幅が徐々に広くなり、輪郭がぼやけてくる。額から頭頂部の側面、そして羽角は淡色、あるいは鈍い黄色になることもある。肩羽は羽軸外側の羽弁が鮮やかな白で、先端が真っ黒なので、肩には美しい帯模様ができている。初列風切［訳注：風切羽のうち、人の手首の先に相当する部分から生えている羽毛］には赤茶色と濃い茶色の横縞、雨覆［訳注：風切羽の根本を覆う短い羽毛］には鈍い黄色と黒の大胆な模様が見られる。尾は赤茶色で、黒に近い横縞を遮るように栗色の斑点が入る。赤褐色から茶色の顔盤は白っぽいか、赤褐色から淡黄褐色の羽毛で囲まれ、その縁取りには不鮮明ながら黒や濃い茶色の横縞も入る。耳羽と頬にも同様の黒い横縞。目は黄色に金か緑がかかり、くちばしは淡い象牙色が一般的だが、ややクリーム色がかかった黄色の個体もいる。体部下面は白っぽい地に赤茶色の横縞が入り、小さな三角形の白黒の斑点が入る。趾は淡いピンクまたはピンク系の茶色で、その付け根か少し先にまで密に羽毛が生える。[幼鳥]成鳥よりも鈍い赤茶色で、羽衣はふわふわしており、頭部には黒に近い茶色の細い横縞、背中には少し太い縞が入るが、体部下面の横縞はかすかに見える程度。

<u>鳴き声</u>　よく鳴く鳥で、高く美しい「フィウ・フィウ」という声を出す。2音節の間は0.5〜1秒ほどで、これを6〜12秒の間隔をあけて繰り返す。

◀タイワンコノハズクは実に羽色のバリエーションが豊かだ。インドネシアのスマトラ島の山中に棲むこの亜種*vandewateri*は色が濃く、肩羽と襟羽の白さが際立つ。7月、スマトラ島にて（写真：ロブ・ハッチンソン）

▶台湾に棲むタイワンコノハズクの亜種*hambroecki*。インド北部に生息する基亜種に比べると、羽色はわずかに濃く、体部上面および下面の赤褐色が強い。ただし、この亜種に赤褐色型はいない。これほど明確な特徴をもつ亜種は独立種としてもよいのかもしれないが、本種の分類についてはさらなる調査が必要だ。9月、台湾にて（写真：ケヴィン・リン）

獲物と狩り 胃の内容物を調べた例は数件のみで、その中には甲虫や蛾をはじめとする昆虫が見られた。

生息地 標高600〜2,700mの間で、だいたいは1,200m以上の湿潤な森林を好むが、なかには3,000mを超える高地に棲む個体もいる。

現状と分布 パキスタン北部に広がるヒマラヤの山裾から東は台湾まで、南はマレー半島、ボルネオ島、スマトラ島にまで分布する。これらの生息域ではよく見られる種ではあるが、多くの地域で森林伐採の影響を受け、数を減らしている。

地理変異 別種としてもいい亜種もあるし、形態異常にすぎない亜種もあるが、現在のところ8亜種に分類されている。基亜種*spilocephalus*はネパール中部とインドのアッサム平原からミャンマーに、色の淡い*O. s. huttoni*はパキスタンからネパール中部に生息する。赤茶色が濃いのは中国南東部からラオスに棲む*O. s. latouchi*で、台湾の山間部に生息する*O. s. hambroecki*には赤褐色型がいない。濃色の*O. s. siamensis*が棲むのはタイ、ラオス、ベトナム中南部からマレー半島にかけて。*O. s. vulpes*はマレー半島南部の山地に生息する亜種で、羽色は濃い赤褐色。ボルネオ島に棲む*O. s. luciae*は全体的に色が濃く、模様も多い。最後の*O. s. vandewateri*はスマトラ島に棲み、非常に濃い茶色をしている。このように変異の多い本種の分類や生態については、より詳細な調査研究が求められる。

類似の種 本種の生息域には同じコノハズク属の仲間が多く棲んでいる。大きさが同等なのはコノハズク（No.046）だが、体部下面に筋状の縦縞と波線模様がはっきりと入り、本種より標高が低い地域の川辺を好む。ヒガシオオコノハズク（No.047）は本種よりかなり大型で、羽角も長く、目は濃い茶色からオレンジ。スンダコノハズク（No.050）も本種より体がやや大きく、羽角も長いが、体部下面に横縞はなく、一般的に目は濃い茶色。本種よりずっと大型のハナジロコノハズク（No.062）は額が白く、目が茶色で、やはり体部下面に横縞は見られない。アカチャコノハズク（No.063）は大きさがほぼ同等だが、体部下面には横縞ではなく斑点が入る。また、目は栗色から琥珀色で、尾と翼がやや短い。

045 インドオオコノハズク [INDIAN SCOPS OWL]
Otus bakkamoena

全長 20～22cm　体重 125～152g　翼長 143～185mm　翼開長 61～66cm

外見　小型だが、羽角は大きくて、外縁の色が濃いのでよく目立つ。雌雄の体格を比べると、メスのほうが明らかに大きく、体重も若干重い。羽色には灰褐色と赤みのある淡黄褐色の2型が存在し、いずれも首の後ろにはよく目立つ襟状紋が2本ある。一般的に体部上面はむらの少ない灰茶色の地に、濃淡の模様と黒く長い縦縞が入る。頭頂部はむらのない黒色で、上背に向かって色が薄くなる。肩羽は羽軸外側の羽弁がくすんだクリーム色または白っぽい淡黄褐色なので、肩にはっきりとした帯模様は見られない。風切羽と尾羽に入る濃淡の横縞も、さほど明瞭ではない。明るい灰褐色の顔盤を囲む縁取りは黒っぽく、額と眉斑は周囲に比べて色が薄い。目ははしばみ色か濃い茶色だが、まれに黄褐色の個体もいる。くちばしは緑がかった象牙色で、蝋膜［訳注：上のくちばし付け根を覆う肉質の膜］は黒っぽい緑色。体部下面は黄色みの強い黄土色で、腹部に向かって色が薄くなり、濃色の筋状の縦縞と波形の横縞が特に胸の上部と脇腹に多く入る。ふ蹠［訳注：趾（あしゆび）の付け根からかかとまで］は羽毛に覆われ、裸出した趾は茶色がかったピンクから緑黄色で、爪は淡い象牙色。［幼鳥］第1回目の換

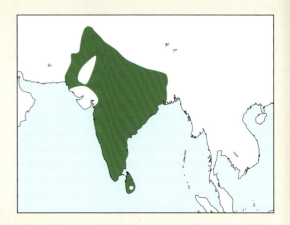

羽を終えた幼鳥の羽衣は淡い灰色または暖かみのある黄赤で、暗褐色のうっすらとした横縞が全体に入り、顔と顎には濃色の横縞が見られる。

鳴き声　ものを尋ねるような「ホワット？」あるいは「ウゥアット？」というカエルにも似た声を、小休止を挟みながら繰り返す。

獲物と狩り　甲虫やバッタなどの昆虫を主食とするが、そのほかにトカゲや小型のげっ歯類、鳥類も食べる。

生息地　標高2,400mまでの乾燥した森林や二次林に棲むが、人里近くの庭園や果樹園でも見られる。

現状と分布　パキスタン南部およびネパール中部から南はスリランカ、東はインドのベンガル地方西部にまで分布する。これらの生息域ではごく一般的にに見られるが、生態と生息環境についてはほとんどわかっていない。

地理変異　確認されているのは4亜種。基亜種の*bakkamoena*は南インドとスリランカに生息する。インド中部からベンガル地方南西部にかけて棲む留鳥の*O. b. marathae*は赤みが少なくて灰色が濃い。インド北西部に棲むのは*O. b. gangeticus*で、基亜種より色が薄い。最後の*O. b. deserticolor*はパキスタン南部からアラビア半島南東部に生息し、羽色が薄い砂色で、目は黄金色。

類似の種　部分的に生息域が重なるコノハズク（№046）は体がやや小さく、目が黄色。生息域が離れているヒガシオオコノハズク（№047）とオオコノハズク（№048）は大きさと羽色が本種とほぼ同じだが、声が大きく異なる。

◀淡黄褐色型のインドオオコノハズクの亜種*gangeticus*。羽角が目立ち、赤みの強い褐色の襟羽が特徴的。3月、インドのグジャラート州にて（写真：アルビット・デオムラリ）

Scops Owls：コノハズクの仲間 **151**

▲インドオオコノハズクの亜種 *gangeticus* のつがい。基亜種より大きく、色が薄い。1月、インドのラージャスターン州にて（写真：ハッリ・ターヴェッティ）

▶灰褐色型のインドオオコノハズクの基亜種。体部上面はほとんどむらがない灰茶色で、尾は短い。4月、インドのカルナータカ州にて（写真：ニランジャン・サント）

046 コノハズク [ORIENTAL SCOPS OWL]
Otus sunia

全長 17～21cm　体重 75～95g　翼長 119～158mm　翼開長 51～53cm

外見　ごく小型で、羽角は大きくてよく目立つ。雌雄の体重を比較すると、メスのほうが平均で6g重い。羽色には赤褐色、灰褐色、赤灰色の3型があり、赤褐色型では体部上面がむらのない赤褐色で、額と頭頂部には濃色の縦縞、肩羽には黒で縁取られた白っぽい淡黄褐色の斑点、翼と尾には濃淡の横縞が入る。首の後ろの襟羽は赤褐色でさほど目立たず、白黒の斑点が散る。淡い赤褐色の顔盤は濃色の細い縁取りに囲まれ、白い眉斑と黄色の目がよく目立つ。くちばしは黒に近い灰色で、その周囲は白っぽい。体部下面の羽色は胸の鈍い淡黄色から腹部の白色へと変化し、首と胸には濃色の縦方向の筋状の縞と横方向の細密な波線模様がヘリンボーン模様をつくる。脚部は褐色の趾の付け根まで羽毛に覆われ、爪は黒に近い茶色。灰褐色型と赤灰色型は体部上面に斑点と縦縞が多いが、体部下面の模様は赤褐色型とほぼ同じ。ただし、その羽色が灰褐色型では灰褐色、赤灰色型では赤灰色となる。[幼鳥]ヒナの綿羽は白に近い。第1回目の換羽を終えた幼鳥の羽毛はふわふわで、背中と体部下面にかすかな横縞が見られる。

鳴き声　しわがれた声で「クロイク、ク、コー」と発する。この鳴き声は数百メートル先まで聞こえる。

獲物と狩り　昆虫やクモを主食とするが、小型の脊椎動物も食べる。獲物は地上で狩ることが多いが、時に林冠で捕まえることもある。

生息地　やや開けているか、完全に開けた樹林帯、サバンナ、川沿いの木立に棲むが、都市部や公園でも見られる。ヒマラヤ山脈では標高2,300mまでの高地にも生息する。

現状と分布　スリランカやインド西部、パキスタン北部からシベリア極東域にかけてと、日本や台湾、マレー半島、インド洋に浮かぶアンダマン・ニコバル諸島を含む地域に広く分布する。

地理変異　確認されているのは7亜種。基亜種の*sunia*はパキスタンおよびネパールから、インド北東部のアッサム地方およびバングラデシュにかけて生息する。亜種の中でもっとも体が大きく、もっとも色が薄いのが*O. s. stictonotus*で、極東アジアから朝鮮半島に分布する。日本に棲む*O. s. japonicus*は赤褐色型が非常に多いが、灰色型は*stictonotus*によく似ている。*O. s. modestus*はアッサム地方からミャンマー、タイ北西部、インドシナ半島、アンダマン・ニコバル諸島にかけて分布し、独特な形状の翼をもつ。中国南部からマレー半島に生息するのは*O. s. malayanus*で、ふ蹠を覆う羽毛が少なく、

◀アンダマン島で撮影されたコノハズクの亜種*modestus*。褐色型の*rufipennis*によく似ているが、その独特な翼の形から、明らかに別亜種であることがわかる。1月、アンダマン島のチディヤタプにて（写真：ニランジャン・サント）

Scops Owls：コノハズクの仲間 153

▲中国で撮影された灰褐色型の亜種*stictonotus*。羽色は*japonicus*に似て薄いが、体はより大きく、体部下面の模様が粗くてくっきりしている。8月、北京にて（写真：クリスティアン・アルトゥソ）

◀こちらも中国で撮影された暗い灰褐色型の亜種*stictonotus*。警戒して体を細めると、特に羽角が長くなる。その羽毛の外側の羽弁は黒っぽく、内側が赤褐色。5月（写真：ロイ・デ・ハース）

▼中国南部からマレー半島に生息する亜種*malayanus*。写真のような明るい灰褐色型の個体は、暗褐色型と栗色型の中間型だと思われる。1月、カンボジアにて（写真：ジェームズ・イートン）

羽衣は赤みのある濃い栗色。インド西海岸のボンベイ（ムンバイ）から東海岸のチェンナイ（マドラス）にかけて生息する *O. s. rufipennis* は、全体的に黒みが強い。最後の *O. s. leggei* はスリランカに棲む亜種で、体がもっとも小さくて、羽色はもっとも濃いが、シナモン色から赤褐色型も存在する。ただし、この分類にはあいまいなところもある。というのも、タイに棲むコノハズクとスリランカに棲むコノハズクでは鳴き声が異なるからだ。また、ニコバル諸島に棲む亜種（たとえばナンコウリ島産の亜種など）の分類についてもさらなる調査が求められる。

<u>類似の種</u>　本種の生息域にはほかのコノハズク属も棲んでいる。大きさが同等なのはタイワンコノハズク（No.044）だが、体部下面に本種のような筋状の縦縞や細密な波線模様は見られない。インドオオコノハズク（No.045）は体がやや大きくて色も濃く、目は濃い茶色。ヒガシオオコノハズク（No.047）も体が大きく、目は濃い茶色からオレンジ色。

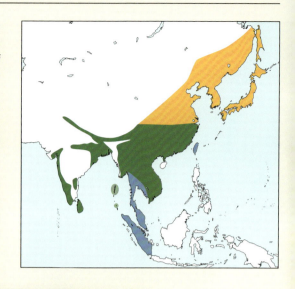

◀香港で撮影されたコノハズクの亜種 *malayanus* の暗褐色型。羽衣が濃い茶色の *rufipennis* によく似ている。11月（写真：ジョン＆ジェミ・ホームズ）

Scops Owls：コノハズクの仲間　155

◀ニコバル諸島のナンコウリ島産の亜種（nicobaricus）は、しばしばmodestusとひとくくりに扱われてきた。しかし、この赤褐色型の個体には、亜種として認めるに足る際立った特徴が見られ、体部下面に筋状の縦縞はなく、頭部にも濃色の縦縞は見られない。また、首まわりに淡色の襟羽もない。目の色はニコバルコノハズク（No. 051）ほど淡くなく、濃い象牙色のくちばしの周囲には白色のヒゲが目立つ（写真：S・P・ヴィジャヤクマール）

◀▼インドのボンベイ（ムンバイ）からチェンナイ（マドラス）にかけて生息する亜種rufipennis。褐色型の個体は北インドに棲む赤褐色のmodestusにとてもよく似ている。3月、インドのゴアにて（写真：アマノ・サマルパン）

▼日本に棲む亜種japonicusには赤褐色型の個体が多い（写真：田中豊成）

047 ヒガシオオコノハズク　[COLLARED SCOPS OWL]※

Otus lettia

※英名の「Collared Scops Owl」は、『日本鳥類目録』（改訂第7版、日本鳥学会発行）では「オオコノハズク」（No.048）を指す。

全長 23～25cm　体重 100～170g　翼長 158～188mm

外見　小型で、長い羽角には濃色の斑点が散る。雌雄の体格を比べると、メスのほうが大きく、体重も最大で30gほど重い。羽色には灰褐色型と赤褐色型が存在する。体部上面は、灰褐色型では灰色がかった淡黄褐色、赤褐色型では赤みの強い茶色から鈍い黄色で、どちらも全体的に明るい色をしていて、黒色と鈍い黄色の大小さまざまな斑点が入り、首の後ろには襟状紋が2本見られる。肩羽には淡黄褐色の部分があり、翼にぼんやりとした帯模様をつくる。顔盤は鈍い黄色で、濃色の同心円状の線模様がうっすらと見え、目は濃い茶色からオレンジ。緑がかった象牙色のくちばしは先端が明るく、下くちばしは灰色がかった黄色。体部下面は淡黄色で、小さな筋状の縦縞が入る。ふ蹠［訳注：趾（あしゆび）の付け根からかかとまで］は羽毛に覆われ、裸出した趾と爪は暗い灰色からピンクがかった灰色で、黄白色の肉趾［訳注：足の裏のふくらみ］がある。[**幼鳥**] ヒナの綿羽については記録がない。第1回目の換羽を終えた幼鳥は体部上面と下面に濃色の細い横縞が不規則に入る。

鳴き声　柔らかな声音で一声「ブーオ」と発する。これを12～20秒の間隔をあけて繰り返すが、時に15分以上続けることもある。

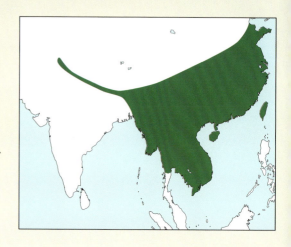

獲物と狩り　昆虫からトカゲ、ネズミ、小型の鳥類まで幅広く捕食する。

生息地　人里からあまり離れていない二次林や竹林など、さまざまなタイプの森林に棲むが、低地や平野部、市街地に姿を現すこともある。パキスタンでは標高1,200m、ヒマ

▼ヒガシオオコノハズクの亜種erythrocampeは体部下面の白みがかなり強い。1月、香港にて（写真：ミシェル＆ピーター・ウォン）

▼羽色が薄い台湾固有の亜種glabripesは、灰褐色型の基亜種によく似ている（写真：ペイ・ウェン・チャン）

ラヤ山脈では標高2,400mの高地でも姿が見られる。

現状と分布 ヒマラヤ山脈からインドのアッサム地方とベンガル地方東部と、タイから中国南部および台湾に分布する。これらの生息域ではごく一般的に見られるが、マレー半島で越冬するかどうかは確認されていない。

地理変異 確認されているのは5亜種。基亜種の*lettia*はヒマラヤ山脈東部とアッサム地方東部からミャンマーおよびタイに分布する。全体的に灰色が弱い*O. l. erythrocampe*は中国南部に、色が薄い*O. l. glabripes*は台湾に、色が濃い*O. l. umbratilis*は中国南部の海南島にのみ生息する。最後の*O. l. plumipes*はヒマラヤ山脈北西部に棲む亜種で、趾に羽毛が密に生えるところがオオコノハズク(No.048)に似ている。なお、中国に棲む*erythrocampe*は、DNA解析の結果から種として独立させるべきという意見も出てきている。

類似の種 ヨーロッパコノハズク(No.028)、インドオオコノハズク(No.045)、オオコノハズク(No.048)、スンダコノハズク(No.050)、Singapore Scops Owls(No.056)は外見は似ているが、生息域が異なるうえに、鳴き声も大きく異なる。

▼ヒガシオオコノハズクの基亜種。灰褐色型の個体で、くちばしは黒っぽい。2月、インドにて(写真:ヒュー・ハロップ)

048 オオコノハズク [JAPANESE SCOPS OWL]
Otus semitorques

※日本に分布するオオコノハズクは、『日本鳥類目録』(改訂第7版、日本鳥学会発行)では学名を「*Otus lempiji*」(No.050)、英名を「Collared Scops Owl」(No.047)と定めている。

全長 21〜26cm　体重 約130g　翼長 153〜196mm　翼開長 60〜66cm

外見　小型で、羽角は長い。雌雄の体格差に関するデータはない。体部上面は灰褐色の地に黒色と鈍い黄色の模様があり、首の後ろには灰色の襟状紋が2本見られる。肩羽は羽軸外側の羽弁に淡色の部分があるが、肩にはっきりした帯模様をつくるほどではない。風切羽と尾羽には濃淡の横縞。顔盤は明るい灰茶色で、ごく小さな濃色の斑点が散り、細い縁取りが目立つ。額は淡色で、白っぽい眉斑は羽角の先端近くまで伸びる。目は燃えるような赤色から深い褐色で、くちばしと蝋膜[訳注：上のくちばし付け根を覆う肉質の膜]は灰色がかった象牙色。体部下面は灰色を帯びた淡黄褐色の地に、濃色のヘリンボーン模様が入る。ふ蹠[訳注：趾(あしゆび)の付け根からかかとまで]と趾は羽毛に覆われ、爪は象牙色。[幼鳥]ヒナの綿羽は白に近い。第1回目の換羽を終えた幼鳥は灰色から鈍い黄色で、横縞が広範囲に入る。若鳥は成鳥よりも目の黄色みが強い。[飛翔]7番目の初列風切[訳注：風切羽のうち、人の手首の先に相当する部分から生えている羽毛]が一番長く、翼の先端が尖っている。

鳴き声　悲しげな深みのある「フーーク」という声を、しばしの間隔をあけて繰り返す。

獲物と狩り　主に大型の昆虫を捕食するが、そのほかにクモやカエル、小型の哺乳類や鳥類なども食べる。

生息地　標高900mまでの森林や、木立のある庭園に棲むが、農村部や都市郊外で見られることもある。特に冬季は標高の低い人里近くに来るケースが多い。

現状と分布　シベリア南東部からサハリン島、日本にかけて分布する。生息域ではごく一般的に見られる種ではあるが、現状に関してはさらなる調査が求められる。

地理変異　3亜種が確認されており、基亜種の*semitorques*はロシア、千島列島南部、北海道、九州に分布する。色の淡い*O. s. ussuriensis*はロシア南東部の沿海州(プリモルスキー地方)とサハリン島に生息し、朝鮮半島中部および南部と中国北部で越冬(おそらくは繁殖も)する。伊豆諸島と沖縄諸島に棲む*O. s. pryeri*は目が濃い黄色で、体部上面、下面ともに灰色みが薄い。右ページの写真は、大きく色の異なる2羽を示している。

類似の種　インドオオコノハズク(No.045)、ヒガシオオコノハズク(No.047)、スンダコノハズク(No.050)は体格と羽色は本種と似ているが、いずれも生息域が離れているうえに、目が茶色で、鳴き声も大きく異なる。沖縄諸島で生息域が重なるリュウキュウコノハズク(No.049)は若干小型で色が濃く、黄色い目をもつ。

◀巣穴から姿を見せるオオコノハズクの基亜種。伊豆諸島と沖縄諸島に生息する亜種*pryeri*よりも灰色が強い。3月、日本の本州にて(写真：私市一康)

Scops Owls：コノハズクの仲間 **159**

▲オオコノハズクの目は燃えるような赤みを帯びたオレンジ、または褐色。首の後ろには灰色の襟状紋がくっきりと入る。写真は沖縄で撮影された亜種のpryeriで、淡黄褐色の個体。9月、沖縄にて（写真：嵩原建二）

▶こちらも沖縄で撮影された亜種pryeri。趾に羽毛がなく、体部上面と下面が鉄錆色を帯びているところが基亜種と異なり、全体的な印象として灰色みが薄い。羽角を完全に直立させると、かなり大きく目立つ。5月、沖縄にて（写真：嵩原建二）

049 リュウキュウコノハズク [ELEGANT SCOPS OWL]
Otus elegans

全長 20cm　体重 100〜107g　翼長 165〜178mm

別名　Ryukyu Scops Owl

外見　ごく小型で、羽角は比較的長く、その羽毛は羽軸外側の羽弁が黒っぽく、内側は赤茶色。雌雄の体格差に関するデータはない。羽色には淡黄褐色から灰色型と赤褐色型の2型があり、前者の場合は体部上面が鈍い黄色から灰褐色で、そこに細密な波線模様と濃色の縦縞が入り、上背には白斑も散る。肩羽は鈍い黄色から白に近い色だが、下端が濃色なので、肩に白っぽい縞ができている。風切羽と尾羽には濃淡の横縞。頭頂部と額には濃色の縦縞が入り、明るい灰茶色の顔盤は濃色の細い縁取りで囲まれる。眉斑は白っぽく、目は黄色で、くちばしは暗い象牙色。体部下面は淡色で、腹部に向かうにつれて白さが増し、濃色の縦縞と横方向の細密な波線模様からなるヘリンボーン模様が見られる。ふ蹠［訳注：趾（あしゆび）の付け根からかかとまで］は羽毛に厚く覆われ、裸出した趾は灰褐色で、爪は黒に近い象牙色。その趾と爪は比較的大きい。一方、赤褐色型の個体は全体的に暗赤褐色で、模様がはっきりしている。[**幼鳥**] ヒナの綿羽は白に近い。第1回目の換羽を終えると、幼鳥の外見は成鳥に似てくる。[**飛翔**] 翼は丸みを帯び、7番目の初列風切［訳注：風切羽のうち、人の手首の先に相当する部分から生えている羽毛］が一番長いのがわかる。

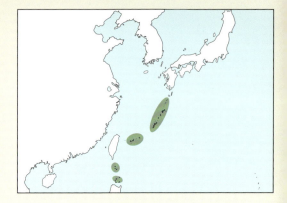

鳴き声　しわがれた声で咳き込むように「キュー・グルク」と1分間に15〜30回、一定の間隔で繰り返す。

獲物と狩り　主に甲虫やコオロギ、バッタなどの昆虫を捕食するが、クモや小型の脊椎動物も食べる。

生息地　本来は老いた木のある常緑樹の原生林だが、近年では伐採された森林や、人里近くにも適応している。また、台湾本島の南東沖に位置する小さな孤島、蘭嶼では、海沿いから島でもっとも高いところ（550m）にまで生息する。

現状と分布　沖縄諸島から南はフィリピンのルソン島の北に位置する小さな島々にまで分布する。沖縄諸島ではよく見られるが、蘭嶼での個体数はわずか150〜230羽。バタン島やカラヤン島、ルソン島の北沖の島々など、フィリピンにおける個体数については調査が進んでいない。

地理変異　確認されているのは3亜種。基亜種の *elegans* は沖縄諸島と大東諸島に生息する。台湾沖の蘭嶼に棲む *O. e. botelensis* は、基亜種より色がいくぶん薄く、翼が長い。黄土色の体で、翼の短い *O. e. calayensis* はバタン島とカラヤン島のほか、おそらくルソン島北沖の島々にも分布するが、この亜種については、羽色が独特なので本種に含めないとする見方もある。

類似の種　生息域がやや離れているコノハズク（No.046）は体がやや小さく、翼と羽角も短い。沖縄諸島で生息域が重なるオオコノハズク（No.048）は色がずっと薄く、目は濃いオレンジ系の赤色で、長い羽角と襟状紋をもつ。

◀ リュウキュウコノハズクの基亜種は体部下面が淡色で、台湾沖の蘭嶼に棲む亜種 *botelensis* と羽衣（うい）がとてもよく似ている。7月、沖縄にて（写真：私市一康）

▼リュウキュウコノハズクの基亜種。翼式はコノハズク（No. 046）と共通しているが、体の大きさと翼の長さは本種のほうが勝っている。8月、沖縄にて（写真：マイク・ダンゼンベイカー）

▼亜種のbotelensisは、基亜種の赤褐色型とも、淡黄褐色から灰色型とも似ているが、全体的に色が薄くて模様が細かく、縦縞は少ない。4月、台湾沖の蘭嶼にて（写真：ジェームズ・イートン）

▼亜種calayensisの特徴は黄土色の羽衣、ピンクの趾、基亜種よりも色が薄くて小さめな爪だ。翼は短いが、翼式は基亜種と同じで、7番目の初列風切がもっとも長い。4月、フィリピンのカラヤン島にて（写真：デスモンド・アレン）

050 スンダコノハズク [SUNDA SCOPS OWL]
Otus lempiji

※学名の「*Otus lempiji*」は、『日本鳥類目録』(改訂第7版、日本鳥学会発行)では「オオコノハズク」(No.048)を指す。

全長 19〜21cm　体重 90〜140g　翼長 136〜157mm

外見　ごく小型で、羽角がよく目立つ。その羽角は鈍い黄色で、羽毛の外側の羽弁には幅広く黒い部分がある。雌雄の体格差を示すデータはないが、体重の範囲が90〜140gと広いので、おそらくメスのほうが重いのではないかと思われる。羽色は灰褐色、淡い灰黄褐色、赤褐色の3型が知られるが、個体間の変異も大きく、これらの中間型が存在する可能性もある。一般的に体部上面は薄茶色で、黒と鈍い黄色の大小さまざまな斑紋や、黒い大きめの斑状紋が入る。頭頂部は黒に近く、首の後ろには若干の黄色が混じった薄茶色の襟羽が目立つ。風切羽は暗褐色の地に、薄茶色の細密な波線模様が入る。顔盤はやや深い赤または淡い黄色がかった薄茶色で、縁取りは黒っぽい。額と眉斑は白ないし鈍い黄色。目は濃い茶色で、まぶたはピンクがかった明るい茶色の個体が多いが、オレンジ系の目をもつ個体もいる。くちばしは白に近い黄色。体部下面は羽色型によって色が異なり、鈍い黄色か、若干灰色がかった淡黄褐色、あるいは赤褐色で、いずれもごく小さな黒い斑点が密に散り、矢柄またはV字型の黒い縦縞が入る。ふ蹠［訳注：趾（あしゆび）の付け根からかかとまで］は羽毛に覆われ、裸出した趾は白に近い象牙色から灰色がかったピンクで、爪はやや黒っぽいか茶色。［**幼鳥**］ヒナの綿羽は一般に明るい赤褐色だが、

マレー半島に棲む個体は白、ジャワ島の個体は暗い灰色または赤褐色の混じる灰色。第1回目の換羽を終えた幼鳥は、特に頭部にくっきりした横縞が見られ、ほかの部分にはうっすらとした模様が不規則に入る。［**飛翔**］丸みを帯びた翼と、背側の暗色の羽衣がよく見える。

鳴き声　語尾が上がる「ウーゥプ、ウーゥプ……」という美しい声を、10〜15秒間隔で延々と繰り返す。

獲物と狩り　糞虫など昆虫を主食とするが、小型の鳥類も捕食する。狩りは人里近くでも行われる。

生息地　ほかのコノハズク属に比べると、本種はさほど森林に依存せず、木立があれば郊外の農園でも都心部の庭園でも姿が見られる。標高はだいたい2,000mまでだが、なかには2,400mの高地に棲むものもいる。

現状と分布　マレー半島からバリ島、ボルネオ島にかけて分布する。生息域では都市部でも多く見られるが、現状に関してはわかっていない。

地理変異　確認されているのは4亜種。基亜種の*lempiji*はマレー半島からバリ島、ボルネオ島（インドネシア領）に生息する。スマトラ島東沖のパダン島に棲む*O. l. hypnodes*は色が濃く、特に赤褐色型の個体でその傾向が顕著に見られる。小型の*O. l. kangeana*はバリ島の北に位置するカンゲアン島に棲む亜種で、基亜種とほぼ同じ大きさの*O. l. lemurum*はボルネオ島北部（マレーシア領のサラワク州およびサバ州）にのみ生息する。

類似の種　生息域が重なるSingapore Scops Owl（No.056）は本種によく似ているが、顔盤の色が濃く、眉斑があまり目立たない。

◀ スンダコノハズクの亜種*lemurum*。9月、マレーシアのサラワク州にて（写真：チエン・C・リー）

051 ニコバルコノハズク　[NICOBAR SCOPS OWL]
Otus alius

全長 19～20cm　翼長 160～167mm

外見　ごく小型で、先端の丸い羽角は中サイズ。雌雄の体格差に関するデータはない。体部上面は暖かみのある茶色の地に黒っぽい横縞が密に入り、背中には幅の広い濃淡の横縞も見られる。頭頂部には細い濃淡の縦縞、首の後ろにも同様の縞があるが、襟のような斑紋はない。肩羽は羽軸外側の羽弁に黒で縁取られた大きな丸い白斑があるので、肩にくっきりとした帯模様ができている。風切羽と尾羽には濃淡の茶色の横縞。顔盤は淡色で、濃色の細密な波線模様があり、暗褐色の縁取りは細くて目立たない。眉斑も淡色だが、濃色の細かいまだらが入る。淡い黄色の目を囲む細い輪状紋はピンク色で、羽毛は生えていない。くちばしと蝋膜［訳注：上のくちばし付け根を覆う肉質の膜］は黄褐色で、くちばしの先端は濃色で鋭い。喉は淡黄褐色。その下の体部下面はシナモン系の茶色で、胸の上部には暗い灰色の横縞と筋状の縦縞が数本入り、胸の下部と脇腹および腹部には白、黄褐色、暗褐色からなる横縞と不鮮明な筋状の縦縞が見られる。ふ蹠［訳注：趾(あしゆび)の付け根からかかとまで］は後面と下部を除き、まばらに羽毛で覆われる。暗黄褐色の趾にも羽毛は生えておらず、比較的大きな爪は暗い象牙色。[幼鳥] 不明。

鳴き声　笛にも似た「ウィーユ、ウィーユ」という声を発する。1音は0.5秒以内で、これを4秒おきに繰り返す。

獲物と狩り　記録に乏しいが、クモ、甲虫、ヤモリを捕食する姿が2例、観察されている。

生息地　海岸近くの木立に棲む。

現状と分布　インド洋に浮かぶ大ニコバル島に固有の種だが、ニコバル諸島のほかの島にも生息すると考えられる。希少であることは間違いないが、調査研究はほとんど進んでおらず、1998年に大ニコバル島で2体の標本が採集されたのが初めての報告例で、その後は数件の目撃例があるのみ。

地理変異　亜種のない単型種。

類似の種　生息域が離れているムンタワイコノハズク（№ 052）は本種より小さく、羽色が濃い赤茶色でむらがなく、体部上面に濃色の細密な波線模様が見られる。東南アジアに棲むほかのコノハズク類は、ピアクコノハズク（№ 076）を除き、体部上面に濃色の筋状の縦縞がある。

▼ニコバルコノハズクの暖かみのある茶色の頭部には、濃色の縞がくっきりと入っている。体部下面はシナモン系の茶色で、3色の細かい模様が見られる。目はごく薄い黄色で、ニコバル諸島に棲むコノハズク（№ 046）ほど口ヒゲは発達していない。4月、ニコバル諸島のテレッサ島にて（写真：S・P・ヴィジャヤクマール）

052 ムンタワイコノハズク [SIMEULUE SCOPS OWL]
Otus umbra

全長 16〜18cm　体重 90〜100g　翼長 142〜145mm

外見　ごく小型で、羽角は短いものの、よく目立つ。雌雄の体格差に関するデータはない。体部上面は濃い赤茶色で、ぼんやりした濃色の細密な波線模様が入る。肩羽は羽軸外側の羽弁に黒で縁取られた鈍い黄色と白色の部分があるので、肩には白色の短い帯模様ができている。明るい赤茶色の翼とやや暗い色の尾には、濃色で縁取られた淡色の横縞が入る。顔盤は赤茶色で、縁取りははっきりしていない。目は黄色で、くちばしは黒に近い灰色。体部下面は上面より淡い色の地に、白い横縞と濃色の細い筋状の縦縞が見られる。脚部は灰色の趾の付け根付近まで羽毛に覆われ、象牙色の爪は先端が濃色。[幼鳥] 不明。
鳴き声　澄んだ声で「プーク、プーク、ププーク」と、短い間隔をおいて不規則に繰り返す。
獲物と狩り　記録なし。
生息地　海岸近くの林縁、荒廃林地、チョウジノキ（クローブ）の農園に棲む。
現状と分布　インドネシアのスマトラ島北西沖に浮かぶシムルエ島に固有の種。この島では比較的よく見られるようだが、生息範囲はごく狭い地域に限られている。
地理変異　亜種のない単型種。
類似の種　シムルエ島に棲む唯一のコノハズク属。生息域が本種より1,000km以上南の島に棲むエンガノコノハズク（No.053）と似ているが、本種のほうが体も羽角も小さく、首の後ろの襟状紋もない。

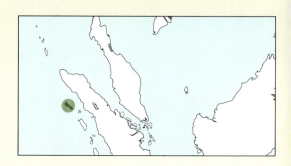

◀ムンタワイコノハズクは濃い赤茶色の体に、黒く縁取られた黄色の目をもつ。体部上面には濃色の細密な波線模様、下面には細い白と茶色の横縞が見られる。エンガノコノハズク（No.053）に見られるような、首の後ろの襟状紋はない。12月、インドネシアのシムルエ島にて（写真：ジェームズ・イートン）

053 エンガノコノハズク [ENGGANO SCOPS OWL]
Otus enganensis

全長 18〜20cm　翼長 160〜165mm

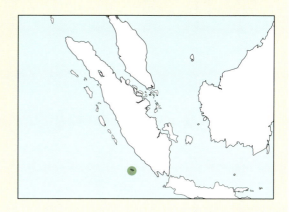

<u>外見</u>　ごく小型で、黄褐色の長い羽角はよく目立つ。その羽角には白地に濃色の筋状の縦縞が入り、黒く縁取られた羽毛がまばらに混じる。雌雄の体格差に関するデータはない。体部上面は濃い赤茶色から茶色みを帯びたオリーブ色で、頭頂部は色が濃く、背中には濃色のまだらが不規則に入る。首の後ろの襟状紋は不鮮明だが、肩羽の羽軸外側の羽弁には明るい赤茶色で仕切られた白い窓のような模様があるので、肩には淡色の帯模様ができている。風切羽は濃い赤褐色の地に、細くて黒い波線模様がぼんやりと入る。次列風切と大雨覆［訳注：風切羽うち、人の肘から先に相当する部分から生えているのが次列風切。その根本を覆うのが大雨覆］の地色は、背中とは対照的にかなり淡い。顔盤は淡い赤茶色で、白い羽軸の羽毛に囲まれ、額の羽毛には白地で先端だけが黒いものが混じる。目は黄色で、くちばしは青みのある象牙色。体部下面は明るい黄褐色から茶色がかったオリーブ色で、二重模様の斑点と横縞があるが、濃色の胸には黒い筋状の縦縞と数本の横縞、さらには細密な波線模様も見られる。腹部の羽毛は縁が濃い栗色で、脇腹と下腹部ではその色がさらに濃くなる。下尾筒［訳注：尾の付け根下面を覆う羽毛］は白く、そこに赤褐色の太い横縞が入る。ふ蹠［訳注：趾（あしゆび）の付け根からかかとまで］は赤茶色と白色がまだらになった羽毛に覆われ、裸出した趾は青みのある灰色で、爪は濃い象牙色。[幼鳥] 不明。

<u>鳴き声</u>　単発または連続で、イヌが吠えるような声で鳴く。

<u>獲物と狩り</u>　おそらく昆虫を主食とするものと思われる。

<u>生息地</u>　木立のある場所や森林に棲む。

<u>現状と分布</u>　インドネシアのスマトラ島南西沖に浮かぶエンガノ島に固有の種。この島ではごく一般的に見られるようだが、生態などの詳細はわかっていない。

<u>地理変異</u>　亜種のない単型種。

<u>類似の種</u>　生息域が異なるムンタワイコノハズク（No.052）は色彩は似ているが、やや小型で、首の後ろに襟状紋はなく、風切羽および大雨覆と背中とのコントラストもはっきりしていない。一方で、黄色の目を囲む黒の縁取りが目立つ。同じく生息域を異にするメンタワイオオコノハズク（No.054）は体の大きさは同等だが、やはり襟状紋は見られず、濃い茶色の斑紋やまだらがある。また、一般に目は茶色。

▶エンガノコノハズクの体部下面は一般にまだらのある茶色だが、そのバリエーションはシナモン系から茶色みを帯びたオリーブ色までとさまざまで、横縞と二重模様の斑点が入る。背中は濃色だが、大雨覆と次列風切は淡色で、コントラストが鮮やか。この点がムンタワイコノハズク（No.052）とは異なる。2月、インドネシアのエンガノ島にて（写真：フィリップ・ヴェルベレン）

054 メンタワイオオコノハズク [MENTAWAI SCOPS OWL]
Otus mentawi

全長 20cm　翼長 157〜166mm

外見　ごく小型で、濃い茶色がまだらになった羽角はあまり目立たない。雌雄の体格差に関するデータはない。羽色には赤褐色型と黒褐色の2型があり、赤褐色型では体部上面が赤茶色で、頭頂部と首まわりの色が濃い。首の後ろに襟状紋はないが、肩羽の羽軸外側の羽弁には白色と黒色の斑点があるため、肩にくっきりとした帯模様ができている。背中には濃色の筋状の縦縞、雨覆［訳注：風切羽（かざきりばね）の根本を覆う短い羽毛］には濃い茶色のまだらや斑点が入る。赤茶色の顔盤を縁取る羽毛は先端が黒く、淡黄褐色の眉斑には濃色のまだらが入る。目の色は一般に茶色だが、なかには黄色の個体もいる。くちばしは黄色みのある象牙色。体部下面は赤茶色か栗色で、白い眼状紋が縦縞の両側あるいは片側に並んでヘリンボーン模様をつくる。腹部と下尾筒［訳注：尾の付け根下面を覆う羽毛］は淡色。ふ蹠［訳

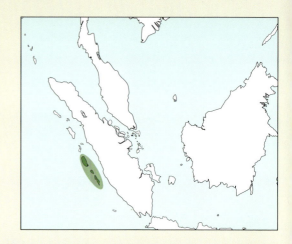

注：趾（あしゆび）の付け根からかかとまで]は羽毛に覆われ、その羽毛は趾の関節の先にまで及ぶことがある。裸出した趾は肌色で、濃い象牙色の爪はかなり力が強い。一方、黒褐色型の個体は赤みが少なく、黒が強い。[幼鳥] 不明。

<u>鳴き声</u>　コノハズクの仲間らしく「プー・プー……プー・プー……プー、プー、プー」と鳴く。それぞれの音は少しずつ音程が上がりながら3秒間隔で続くが、1音だけ「プー」と発したり、耳障りな鋭い声を出したりすることもある。こうした鳴き声は、しばしば一晩中聞かれる。

<u>獲物と狩り</u>　主に昆虫を捕食する。獲物は森林の開けた場所や農地で、あるいは視界が開けた低木林などにある止まり木から狙う。

<u>生息地</u>　低地の雨林を好むが、二次林や人里近くにも棲む。

<u>現状と分布</u>　インドネシアのスマトラ島西沖に浮かぶメンタワイ（ムンタワイ）諸島の4島に固有の種。生息域ではごく一般的に見られる種だが、ほとんど調査はなされておらず、詳細は不明。

<u>地理変異</u>　亜種のない単型種。分類は未確定で、スンダコノハズク（No.050）の亜種とみなされることもあるが、鳴き声が大きく異なることと、小さな島に隔離されるように棲んでいることから、本書ではひとつの種として扱う。

<u>類似の種</u>　メンタワイ諸島に生息する唯一のコノハズク属。生息域が離れているスンダコノハズク（No.050）は体がやや小さいうえに、鳴き声が大きく異なる。

▲メンタワイオオコノハズクの背中には筋状の縦縞、雨覆にはまだらや斑点が入る。1月、インドネシアのシベルト島にて（写真：フィリップ・ヴェルベレン）

▶翼と尾を広げて、体を大きく見せようとしているメンタワイオオコノハズク。このような警戒姿勢はアオバズク属にもよく見られるものだ。1月、インドネシアのシベルト島にて（写真：フィリップ・ヴェルベレン）

◀地上に立つメンタワイオオコノハズク。写真の個体は体部下面が赤茶色で、ヘリンボーン模様と淡色の斑点がある。喉はとても白く、首の後ろの横縞は赤褐色。趾に羽毛はない。1月、インドネシアのシベルト島にて（写真：フィリップ・ヴェルベレン）

055　ラジャーオオコノハズク　[RAJAH SCOPS OWL]
Otus brookii

全長 21〜25cm　翼長 162〜187mm

<u>外見</u>　小型で、羽角は長く、その羽毛は内側の羽弁が際立って白い。雌雄の体重差に関するデータはないが、メスのほうが若干大きいとされる。体部上面は深い褐色から赤茶色で、黒っぽい筋状の縦縞と濃い茶色の波打つ横縞、そして淡色の大小の斑点が入る。先端の黒い羽毛が混じる首の後ろには、白または白に近い淡色の襟状紋が2本あり、そのうち下にある襟状紋は幅が広く、はっきりと目立つ。頭頂部の両側にある幅広の白い帯は羽角まで伸び、目は淡い色で囲まれる。その目は金属的な黄色かオレンジ系の黄色、または濃いオレンジで、くちばしは淡い黄色。体部下面は明るい赤茶色で、濃い赤褐色と黒色の大小のまだらが入る。脚は力強く、ふ蹠［訳注：趾（あしゆび）の付け根からかかとまで］全体が羽毛に覆われる。裸出した趾は黄色みを帯びたピンク色または淡い灰色で、爪は濃色。[幼鳥] 第1回目の換羽を終えた幼鳥の体部上面は、赤茶色の地に濃い茶色の細い横縞が入る。白みの強い赤褐色の体部下面には濃色の小さなまだらが散り、そこに赤褐色と濃色の縦縞が入る。

<u>鳴き声</u>　弾けるような大声で「フワァ・ウーー」と2音続け

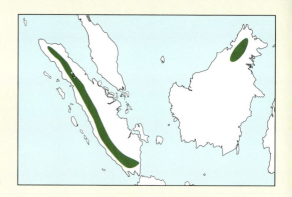

て発する。それぞれの音は約0.2秒で、間隔は0.7秒。この一連を7〜10秒おいて繰り返す。

<u>獲物と狩り</u>　ほとんどの個体の胃の内容物からは昆虫が見つかったが、ある個体ではカエルも含んでいた。

<u>生息地</u>　標高900〜2,500m（主に1,200〜2,400m）の雨林や雲霧林に棲む。

<u>現状と分布</u>　インドネシアのスマトラ島と、ボルネオ島北西部のサラワク州（マレーシア領）の山地に生息する。ボルネオ島では特徴的な基亜種の標本が1892〜93年の間に2体採集されるなど、古くからその存在が知られていた。さらに1986年にも同島北東部のサバ州にあるキナバル山で1体の標本が採集されたほか、98年には1体の死骸も見つかっている。幸いなことにボルネオ島には今も広大な山岳林が残っているが、スマトラ島では森林破壊がすさまじく、本種の生存が脅かされている。

<u>地理変異</u>　2亜種が確認されており、基亜種の*brookii*はボルネオ島北西部に、*O. b. solokensis*はスマトラ島の高地に生息する。*solokensis*の羽色は茶色みが強く、体部上面は黄色がかっている。ただし、これらについては別種とみなすべきと考える鳥類学者もいる。

<u>類似の種</u>　生息域が重なるスンダコノハズク（No.050）はやや小さく、一般に背中がむらのない薄茶色で、淡色の体部下面には黒い斑点と矢柄またはV字型の黒い縦縞が入る。同じく生息域が重なるタイワンコノハズク（No.044）とアカチャコノハズク（No.063）も本種より体が小さく、全体的に赤みが強くて小さな斑点が散る。

◀ラジャーオオコノハズクの亜種*solokensis*は基亜種よりも背中の茶色みが強い。また、首の後ろには3本の襟状紋が入り、体部下面には黒っぽく太い筋状の縦縞が見られる。顔は赤褐色で、目はオレンジ系の黄色。8月、スマトラ島のクリンチ山にて（写真：サンダー・ラガーフェルド）

Scops Owls：コノハズクの仲間　169

056　SINGAPORE SCOPS OWL
Otus cnephaeus

全長 約20cm　翼長 143〜157mm

外見　ごく小型で、黒っぽい羽角はやや短く、先端が丸い。雌雄の体格差に関するデータはない。体部上面は濃い土色の地に黒っぽい縦縞が入るが、個体によっては鈍い黄色と濃い茶色がまだらになって淡黄褐色を帯びることもある。首の後ろにはっきりと目立つ襟状紋はないが、肩羽は羽軸外側の羽弁に黄色みの強い淡褐色の大きな斑点があるため、肩には帯模様ができている。初列風切［訳注：風切羽のうち、人の手首の先に相当する部分から生えている羽毛］と雨覆［訳注：風切羽の根本を覆う短い羽毛］も土色で、初列風切の羽軸外側の羽弁には鈍い黄色の横縞、雨覆には黒っぽい縦縞が見られる。濃い茶色の尾には淡色の細い横縞。顔盤は灰茶色で、その両側には暗色のひだ状の羽毛が目立ち、蝋膜［訳注：上のくちばし付け根を覆う肉質の膜］に近づくほど色が薄くなる。その蝋膜は淡い灰茶色で、くちばしは象牙色。顔盤の縁取りは濃色だが、顔の両側を丸カッコのように囲むのみ。大きな目は濃い茶色で、灰色がかった肉質の縁取りがあり、まぶたは濃色。体部下面は茶色から鈍い黄色で、濃色の細密な波線模様が無数に走るほか、黒っぽい筋状の縦縞が数本入り、胸の両側には途切れがちな縦縞も見られる。ふ蹠［訳注：趾（あしゆび）の付け根からかかとまで］は淡黄褐色の羽毛で厚く覆われ、裸出した趾はピンク系の灰色で、爪は灰茶色。［幼鳥］第1回目の換羽を終えた幼鳥は体全体に横縞が入る。

鳴き声　よく響く声で「クゥーククッ」と、約14秒の間隔をあけて繰り返す。

獲物と狩り　記録に乏しいが、おそらく昆虫やクモ、ヤモリのほか、小型のネズミなども食べると思われる。

生息地　常緑樹林を好むが、二次林や植林地、さらには人里近くの木立や、公園や庭園などの都市近郊にも棲む。

現状と分布　マレーシアのクアラルンプールからシンガポールにいたるマレー半島南部に分布する。希少種ではないが、現状についてはほとんどわかっていない。

地理変異　亜種のない単種種。以前はスンダコノハズク（№050）の亜種とみなされていたが、現在では鳴き方が異なることから別種とされるようになった。ただし、分類を確定するには分子生物学的な知見が求められる。

類似の種　生息域が重なるタイワンコノハズク（№044）は体がやや小さく、目が黄色で、標高の高いところに棲む。スンダコノハズク（№050）も生息域が重なるが、顔盤は本種より淡色で、濃色の幅広い縁に囲まれ、羽角が目立つ。

▼Singapore Scops Owlの目は濃い茶色で、大きさが際立つ。3月、シンガポールにて（写真：ロブ・ハッチンソン）

057 ルソンオオコノハズク　[LUZON LOWLAND SCOPS OWL]
Otus megalotis

全長 23〜28㎝　体重 200〜310g　翼長 165〜210mm

<u>外見</u>　小型から中型で、羽角は長い。旧世界に棲むコノハズク属の中では大きな種で、オスよりメスのほうが大きく、体重も30gほど重い。羽色には赤褐色と灰色の2型があり、赤褐色型では明るい赤茶色から黄茶色の体部上面に暗い灰色の細密な波線模様とまだら模様が不規則に入る。この模様は羽角と雨覆［訳注：風切羽（かざきりばね）の根本を覆う短い羽毛］ではまばらで、体部下面ではほとんど目立たない。黒っぽい初列風切［訳注：風切羽のうち、人の手首の先に相当する部分から生えている羽毛］と尾羽には6〜7本の明るい黄褐色の横縞が見られるが、次列風切［訳注：風切羽のうち、人の肘から先に相当する部分から生えている羽毛］では横縞は不明瞭で、尾では黒っぽい小斑に紛れる。顔盤は白から鈍い黄色の幅の広い縁取りで囲まれ、目は暖色のオレンジ系茶色。蝋膜［訳注：上のくちばし付け根を覆う肉質の膜］は薄いピンク色で、くちばしは象牙色。体部下面は灰色の地に、濃色の筋状の縦縞と十字模様が入る。灰褐色の翼下面には赤みがかった黄色の帯模様。ふ蹠［訳注：趾（あしゆび）の付け根からかかとま

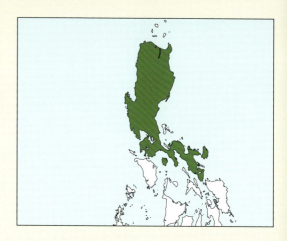

で］は羽毛に覆われ、裸出した趾は灰色。爪はピンクがかった象牙色で、先端が濃色。一方、灰色型の羽衣は全体的に灰茶色で、体部上面にはまだらと黒い横縞が多く入るほか、白っぽい部分と赤茶色の部分があり、首の後ろには淡黄褐色の細い襟状紋が見られる。また、頭頂部は黒っぽく、羽角まで伸びる眉斑は白に近い。［幼鳥］頭頂部と首は赤みを帯びた淡黄褐色の地に細い黒色の横縞が入り、赤褐色の顔盤には白い筋状の縦縞がうっすらと見える。体部下面も赤みを帯びた淡黄褐色だが、下腹部と腿部では白に近い淡黄褐色となり、細かな濃色の横縞が入る。ふ蹠は白っぽく、ぼんやりした暗色の横縞が見られる。

<u>鳴き声</u>　語尾を上げつつも全体的には下り調子の、スンダコノハズク（No.50）の鳴き声に似た3〜6音を発する。ただし、各音節は本種のほうが長い。

<u>獲物と狩り</u>　数体の胃の内容物を調べた限りでは、昆虫を食べることがわかっている。

<u>生息地</u>　樹木が密な熱帯雨林や二次林に棲む。標高は一般に300〜1,600mだが、なかにはそれ以上の高地（2,000mまで）に生息するものもいる。

<u>現状と分布</u>　フィリピンのルソン島、マリンドゥケ島、カタンドゥアネス島に固有の種。生息地ではごく一般的に見られる種だとされる。

<u>地理変異</u>　亜種のない単型種。

<u>類似の種</u>　ルソン島、マリンドゥケ島、カタンドゥアネス島には、大きさや羽色が本種と近いフクロウはいない。

◀ルソンオオコノハズクはコノハズク属としては大型で、羽色は赤褐色型と灰色型の2型が存在する。写真の個体は灰色型。12月、フィリピンのルソン島にて（写真アラン・バスクア）

Scops Owls：コノハズクの仲間 171

058 エベレットコノハズク [MINDANAO LOWLAND SCOPS OWL]
Otus everetti

全長 23～25cm　体重 120～180g　翼長 150～176mm

別名　Everett's Scops Owl
外見　小型で、羽角は非常に長い。雌雄の体重を比べると、メスのほうが25g以上重い。これまでのところ羽色は1つの型しか知られておらず、その体部上面は全体的に黒に近い茶色だが、頭頂部と首の後ろは背中よりもずっと黒に近く、両肩の間もかなり黒っぽい。首の後ろには淡色の襟状紋があり、目の後方部分から羽角にかけては暗色の縞が入る。濃い茶色の目は薄いピンク色の細い輪状紋で縁取られ、白っぽい眉斑は羽角の先端にまで伸びる。くちばしは黄色みを帯びた濃い灰色。体部下面は灰白色で、濃色の筋状の縦縞が入る。ふ蹠［訳注：趾（あしゆび）の付け根からかかとまで］は趾の付け根より少し上まで羽毛に覆われ、その趾は黄色で、爪は象牙色。［幼鳥］不明。
鳴き声　力強い声で「ウクァアー」と2秒おきに繰り返す。
獲物と狩り　調査はなされていないが、主に昆虫を捕食すると思われる。
生息地　熱帯雨林や二次林に棲む。
現状と分布　フィリピン諸島のサマール島、レイテ島、ディナガット島、ボホール島、バシラン島、ミンダナオ島に分布する。現状については詳細が不明だが、生息地の島々では熱帯雨林の伐採が進んでいることから深刻な影響が及んでいることは間違いない。
地理変異　亜種のない単型種。

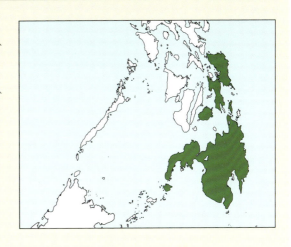

類似の種　生息域が重なるオニコノハズク (No. 060) は本種よりずっと大きく、淡い赤茶色の胸と腹部には濃い茶色の縦縞としずく型の模様がくっきりと目立つ。やはり生息域が重なるミンダナオコノハズク (No. 069) はずっと小型で、本種ほど羽角が目立たず、明るい黄色の目をもつ個体もいる。近接するスールー諸島に棲むアカチャコノハズク (No. 063) の亜種 *O. r. burbidgei* はかなり体が小さく、羽色は赤みの強い茶色。

◀エベレットコノハズクはルソンオオコノハズク (No. 057) よりもやや小さいが、羽角が目立つ。2月、フィリピンのミンダナオ島にて（写真：ロブ・ハッチンソン）

▲エベレットコノハズクの頭頂部は黒っぽく、くちばしは濃い灰色。2月、フィリピンのミンダナオ島にて（写真：ロブ・ハッチンソン）

059 ネグロコノハズク [VISAYAN LOWLAND SCOPS OWL]
Otus nigrorum

全長 約23cm　翼長 132～159mm

別名　Negros Scops Owl

外見　小型で、赤茶色の羽角が目立つ。雌雄の体格を比べると、翼はメスのほうが長く、ふ蹠 [訳注：趾（あしゆび）の付け根からかかとまで] はオスのほうが長いが、体重差については不明。雌雄ともに体部上面は鈍い茶色の地に、淡黄褐色と黒の細かいまだらが散る。頭部は赤みが強く、際立って印象的だが、肩羽には頭部のような明るい色は見られない。目は濃い茶色で、まぶたは薄いピンク色。体部下面の羽色は、ごく少数の標本で見る限り性差があるようで、オスの喉から胸、腹部にかけてはほぼ真っ白で、茶色の細密な波線模様と濃色の筋状の縦縞が数本入るのに対し、メスの喉と胸はわずかに赤茶色を帯び、波線模様と筋状の縦縞がオスよりも多く見られる。また、ふ蹠の羽毛にも雌雄で違いがあり、オスのものは真っ白で模様がないが、メスには白地に不規則な横縞が入っている。そのふ蹠の羽毛は雌雄ともに趾の付け根まで達し、裸出した趾は淡いピンク色で、爪は象牙色。[幼鳥] 体部上面は全体的に淡い黄褐色で、黒色の横縞が入り、顔盤にはうっすらと白い筋状の縦縞が見られる。喉は赤みのある淡黄褐色で、体部下面には白に近い淡黄褐色と濃色からなる横縞が入る。

鳴き声　すばやく「クィック、グィック」と鳴くが、締めくくりの声が「クィック・ウィット」となることもある。この鳴き声は、フィリピンの低地に棲むほかのコノハズク類（英名をLowland scops owlと呼ぶもの）とは大きく異なる。

獲物と狩り　調査は進んでいないが、主に昆虫を捕食すると思われる。雌雄間に形態の相違があるので、雌雄のニッチェ分割が示唆され、オスは地面にいる昆虫を、メスは飛んでいる昆虫を狙うものと考えられる。

生息地　樹木が密な熱帯雨林に棲む。

現状と分布　フィリピン諸島のネグロス島に固有の種。個体数はきわめて少なく、森林破壊に生存が脅かされている。

地理変異　亜種のない単型種。

類似の種　赤みの強い頭部は、ルソンオオコノハズク（No. 057）やエベレットコノハズク（No. 058）とまったく異なる色合い。ミンダナオコノハズク（No. 069）はやや小型で、羽角もごく小さい。

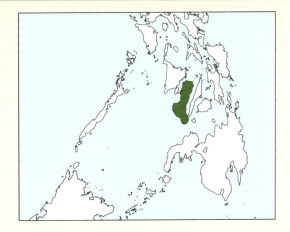

▶英名をLowland scops owlと呼ぶ、フィリピンに棲むコノハズク類の中で、ネグロコノハズクは体がもっとも小さい。写真の個体は頭部が鮮やかな錆茶色。6月、フィリピンのネグロス島にて（写真：アラン・パスクア）

060 オニコノハズク [GIANT SCOPS OWL]
Otus gurneyi

全長 30〜35cm　翼長 217〜274mm

別名　Lesser Eagle Owl

外見　小型から中型だが、コノハズク属では最大の種で、長い羽角には黒斑がある。雌雄の体格を比べると、メスのほうが翼が長く、体重も重いようだ。雌雄ともに体部上面は濃い赤茶色で、黒に近い濃色の筋状の縦縞が入る。肩羽は羽軸外側の羽弁が白から鈍い黄色で縁が黒いため、肩に淡色の帯模様ができている。風切羽と尾羽には濃淡の横縞、濃い茶色の雨覆［訳注：風切羽の根本を覆う短い羽毛］には鮮明な黒い縦縞。淡い赤茶色の顔盤を囲む縁取りには羽角と同じく黒い斑点があり、眉斑は半白から鈍い黄色へとグラデーションを描く。目は茶色で、くちばしは緑がかった黄色から灰白色。ごく淡い黄褐色の体部下面は腹部でほぼ白色になり、胸には大きなしずく型または卵形の黒い斑点が入る。ふ蹠［訳注：趾（あしゆび）の付け根からかかとまで］は羽毛に覆われ、裸出した趾は明るい灰茶色。象牙色の爪は先端が濃色で、かなり力強い。[幼鳥] 不明。[飛翔] 翼は丸みを帯び、6番目と7番目の初列風切［訳注：風切羽のうち、人の手首の先に相当する部分から生えている羽毛］がもっとも長いのが

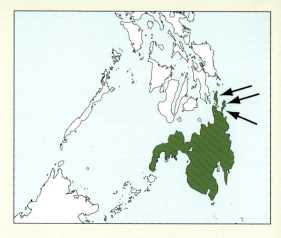

見て取れる。

鳴き声　唸るように「ウォーク、ウォーク」と5〜10回続け、さらにこの一連を10〜20秒間隔で繰り返す。

獲物と狩り　記録に乏しいが、主に小型の脊椎動物や昆虫を捕食すると思われる。

生息地　本来は標高1,200mまでの雨林や二次林に棲むが、近年では最高3,000mの高地での目撃例もある。そのほか、森林から離れた草原の小さな木立でも見られることがある。

現状と分布　フィリピン諸島南部のミンダナオ島、シアルガオ島、ディナガット島に固有の種。調査は十分でないが、生息密度が低く、森林破壊により危機に瀕しているとして、バードライフ・インターナショナルは本種を絶滅危惧種に指定している。

地理変異　亜種のない単型種。かつて本種はオニコノハズク属（*Mimizuku*）に分類されていたが、系統発生学の研究が進み、コノハズク属（*Otus*）に組み入れられることとなった。かつて、英名でPhilippine scops owlとされていた既出の3種、*O. megalotis*、*O. everetti*、*O. nigrorum*（No.057〜059）と共通の先祖から進化したと考えられている。

類似の種　本種はコノハズク属としては大型だが、ワシミミズク属と比べると小さい。

◀オニコノハズクの顔は模様がなく、濃い赤茶色。体部下面は淡黄褐色で、脇腹に暗色の縦縞がある。ややカーブした羽角をもつが、この写真では寝かせているため、よく見えない。2月、フィリピンのミンダナオ島にて（写真：ロブ・ハッチンソン）

▶オニコノハズクは美しくも大きなコノハズクだ。模様のない顔と体部下面は赤茶色。胸と脇腹には黒い筋状の縦縞が入る。2月、フィリピンのミンダナオ島にて（写真：ジェームズ・イートン）

Scops Owls：コノハズクの仲間

061 パラワンオオコノハズク [PALAWAN SCOPS OWL]
Otus fuliginosus

全長 19〜20cm　翼長 139〜147mm

<u>外見</u>　小型からごく小型で、羽角は小さいが、羽毛の内縁が白っぽいためよく目立つ。雌雄の体格差に関するデータはない。体部上面は全体的に深みのある茶色の地に、細密な波線模様と斑点が入る。頭頂部は濃い茶色で、首の後ろには淡色の襟状紋がはっきりと見える。肩羽は羽軸外側の羽弁に大きな白色の部分があるため、肩に白色の横縞ができている。濃色の初列風切［訳注：風切羽のうち、人の手首の先に相当する部分から生えている羽毛］も外側の羽弁に明るい横縞が入る。顔盤は茶色みの強い赤褐色で、濃色の小さな斑点が散る。その顔盤を囲む縁取りは目立たないが、白い眉斑と濃色の小さな斑点が入った額は顔盤とのコントラストがはっきりしている。目は淡いオレンジ系の茶色で、くち

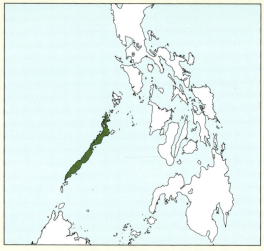

ばしと蝋膜［訳注：上のくちばし付け根を覆う肉質の膜］はやや茶色がかった象牙色。体部下面は赤茶色の地に、濃色の細密な波線模様と矢柄の黒い縦縞が入る。ふ蹠［訳注：趾（あしゆび）の付け根からかかとまで］は羽毛に覆われ、裸出した趾は黄色がかった灰色で、爪は濃い象牙色。［幼鳥］不明。

<u>鳴き声</u>　ノコギリを引くときのきしるような「クギー・クギー」という声を数秒おきに繰り返す。

<u>獲物と狩り</u>　記録に乏しいが、主に昆虫を捕食すると思われる。

<u>生息地</u>　低地の熱帯雨林や二次林を好むが、耕作地の木立にも棲む。

<u>現状と分布</u>　フィリピン諸島のパラワン島に固有の種。調査はほとんど進んでいないが、バードライフ・インターナショナルの分類では危急種となっている。

<u>地理変異</u>　亜種のない単型種。

<u>類似の種</u>　パラワン島に本種以外のコノハズク属は確認されていない。近接した島に棲むエベレットコノハズク（№058）は本種と似ているが、体が若干大きく、淡色の襟状紋は幅が狭い。また、喉は白に近い淡黄褐色。

◀パラワンオオコノハズクはエベレットコノハズク（№058）と似ているが、鳴き声が異なる。本種には首の後ろに幅広の襟状紋があり、肩羽はごく淡色で、淡色の大雨覆（おおあまおおい）［訳注：風切羽の根本を覆う雨覆のうち、次列風切（人の肘から先に相当する部分から生えている風切羽）を覆う羽毛］との対比が鮮やか。2月、パラワン島にて（写真：イアン・メリル）

Scops Owls：コノハズクの仲間　177

062　ハナジロコノハズク　[WHITE-FRONTED SCOPS OWL]
Otus sagittatus

全長 25〜28cm　体重 110〜140g　翼長 173〜192mm

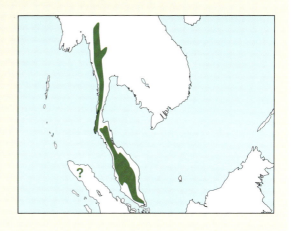

外見　小型から中型で、水平に伸びる白色の羽角はよく目立つ。雌雄の体格差に関するデータはない。体部上面は深みのある赤茶色から黄茶色で、背中の上部からなかばにかけて小さな三角形の斑点が散る。その斑点は鈍い黄色から白で、底辺は黒色。肩の内側に生える羽毛には大きな白斑があり、外側の羽毛は羽弁が黄白色から赤茶色で、羽軸に沿ってやや小さめの黒斑が3〜4個入る。先端が丸い翼には濃淡の茶色の横縞。長めの尾は、栗色から赤褐色の地に黒っぽい横縞が約10本入る。額は白く、淡い赤茶色の顔盤を縁取る羽毛は先端が黒。目は濃い茶色から黄みを帯びた茶色で、深い赤褐色から栗色の幅の広い輪状紋が周囲を囲む。目とくちばしの間には白くて先端だけが黒い剛毛羽が生え、くちばしは青白色で、蝋膜［訳注：上のくちばし付け根を覆う肉質の膜］は明るい青緑色。体部下面は明るい赤茶色の地に、丸みを帯びた筋状の黒斑が散る。喉と胸には茶色の細密な波線模様もあり、それぞれの羽毛の中心は淡色から白色で、腹部の中央には大きな斑点が見られる。ふ蹠［訳注：趾（あしゆび）の付け根からかかとまで］は赤茶色の羽毛に覆われ、裸出した趾は肌色に近いピンク色で、爪は青白色。

[幼鳥]　不明。

鳴き声　ビブラートのきいた響く声を、長い間隔をあけて繰り返す。

獲物と狩り　胃の内容物からは、蛾を中心とした昆虫のみ見つかっている。

生息地　標高700mまでの常緑樹林や低地の雨林に棲むが、荒廃した沼地林でも見られる。

現状と分布　ミャンマー南部のタニンタリー管区（旧称テナセリム）からタイおよびマレー半島に分布する。インドネシアのアチェ州（スマトラ島の北端）でも不確かな1件の目撃例があるが、これは迷鳥だと思われる。詳細は不明だが、生息地の森林破壊が進んでいることから希少であることは間違いなく、バードライフ・インターナショナルの分類では危急種に指定されている。

地理変異　亜種のない単型種。

類似の種　東南アジアに棲むコノハズク属の仲間に比べ、本種は体が大きくて尾が長く、白い額がよく目立つ。生息域が離れているジャワコノハズク（No.066）は、同じく白い眉斑をもつが、小型で、目はオレンジ系の黄色。

◀コノハズクの中では大型のハナジロコノハズク。体部上面は濃い茶色で、尾が長く、茶色の目に色を添えるまぶたはピンク。本種の特徴でもある額と眉斑は白色で、羽角も一部が白いが、首の後ろに襟状紋はない。脚部は趾の付け根まで羽毛に覆われる。5月、タイにて（写真：ジェームズ・イートン）

063 アカチャコノハズク [REDDISH SCOPS OWL]
Otus rufescens

全長 15〜18cm　体重 70〜83g　翼長 121〜137mm

<u>外見</u>　超小型からごく小型で、羽角がよく目立つ。雌雄の体格差に関するデータはない。羽色には淡色と暗色の2型があり、淡色の個体では体部上面が赤みを帯びた黄褐色で、黒で縁取られた明るい枯葉色の三角形から縦長の斑点が入る。上背と雨覆［訳注：風切羽の根本を覆う短い羽毛］には大きな斑点、背中から腰にかけては筋状の縦縞も見られる。黄土色の初列風切［訳注：風切羽のうち、人の手首の先に相当する部分から生えている羽毛］には明瞭な黒い横縞、茶色みの強い黄土色の次列風切［訳注：風切羽のうち、人の肘から先に相当する部分から生えている羽毛］には濃い茶色の横縞、赤茶色の尾には黒いまだらと不鮮明な淡色の横縞が入る。顔盤はシナモン系の淡黄褐色で、内に行くほど色が濃くなり、濃い茶色の羽毛で縁取られる。目は栗色から琥珀色で、まぶたはピンクから淡い赤茶色、くちばしは白に近い象牙色。体部下面は黄茶色から鈍い黄色で、体部上面と同様に斑点がまばらに散る。脚はかなり大きく、趾の付け根近くまで淡黄褐色の羽毛で覆われる。その趾は白に近い黄色で、爪は象牙色。一方、暗色の個体は全体的に体部上面と下面の黄色が濃い。［<u>幼鳥</u>］ヒナの綿羽は赤茶色で、頭頂部と上背は色が濃く、腰は淡い。第1回目の換羽を終えた幼鳥は成鳥に似ているが、斑点は少ない。

<u>鳴き声</u>　笛を吹くように「フーゥ」という一声を0.5秒ほどで発する。

<u>獲物と狩り</u>　胃の内容物からはバッタを中心とする昆虫が見つかっているが、カニも食べることがわかっている。

<u>生息地</u>　低地の雨林や常緑樹林を好むが、伐採された天然林や二次林にも棲む。標高は600〜1,000mのところに生息する個体が多いが、1,350mの高地での目撃例もある。

<u>現状と分布</u>　タイ南部およびマレー半島からインドネシアのスマトラ島、ジャワ島、ボルネオ島、およびこれらの近隣の小島、フィリピンのタブル島（スールー諸島）にまで分布する。希少な種で、詳細な調査研究が待たれる。

<u>地理変異</u>　3亜種が確認されている。基亜種の*rufescens*はスマトラ島、バンカ島、ジャワ島、ボルネオ島に生息する。タイ南部からマレー半島に分布する*O. r. malayensis*は、体部上面がやや赤みの強い茶色で、下面は赤みを帯びた黄土色。*O. r. burbidgei*はフィリピンのスールー諸島に棲む亜種で、額が煤けた灰色で耳羽も黒みが強いため、顔が黒っぽく見える。この亜種の基準になったのは、スールー諸島のタブル島で採集された1体の標本だが、1934年以降は目撃例がない。ただし、タブル島では調査が十分になされていないので、存在を見落としている可能性もある。

<u>類似の種</u>　部分的に生息域が重なるタイワンコノハズク（No.044）とスンダコノハズク（No.050）は、本種ほど斑点がはっきりしていない。

◀基亜種*rufescens*は体部下面がシナモン系の淡黄褐色で、黒い小さな斑点がある。目は鈍い琥珀色で、まぶたはピンク。くちばしと趾は白に近い。7月、スマトラ島のウェイカンバス国立公園にて（写真：サンダー・ラガーフェルド）

Scops Owls：コノハズクの仲間 **179**

▲タイおよびマレー半島に棲む亜種の*malayensis*は基亜種に似ているが、体部上面はやや赤みが強く、下面は黄色みを帯びている。11月、マレーシアのケダ州にて（写真：ジェームズ・イートン）

064 セレンディブコノハズク [SERENDIB SCOPS OWL]

Otus thilohoffmanni

全長 16〜17cm　翼長 128〜140mm

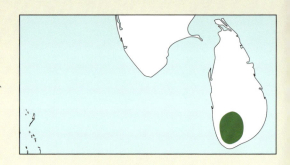

外見　ごく小型で、真の羽角はないが、警戒して体を細めると「偽」の羽角が確認できる。雌雄の体格差に関するデータはない。赤褐色の体部上面には全体に黒い斑点が散在し、その黒い斑点の周囲には淡色部分が見られるが、白い斑点はない。風切羽と尾羽は羽軸外側の羽弁が赤茶色で、内側はほぼ黒色なので、翼と尾には幅広で間隔が均等な赤褐色と黒の横縞ができている。頭部は一様に赤茶色で、茶色みの強い顔盤はさほどはっきりとしておらず、縁取りも明確でない。大きな目はオレンジ系の黄色で、こちらは黒い縁取りが印象的。眉斑は白く、やや長めのくちばしは黄色で、蝋膜[訳注：上のくちばし付け根を覆う肉質の膜]は肌色がかったピンク色。胸は淡い赤茶色で、三角形の黒斑が散るが、腹部は胸よりも色が薄く、斑点も見られない。脚は細く、ふ蹠[訳注：趾（あしゆび）の付け根からかかとまで]の半分ほどまで淡い赤茶色の羽毛に覆われる。ふ蹠の裸出した部分と趾は白っぽいピンク色で、爪は黄色みを帯びた象牙色。[幼鳥]成鳥に似ているが、発達しかけた顔盤に「偽」の羽角が成鳥より目立つ。

鳴き声　文字にすると「ウフウウォ」といったような震える声をわずか0.3秒ほどで発し、これを22〜35秒間隔で繰り返す。

獲物と狩り　記録に乏しいが、主に甲虫や蛾などの昆虫を捕食すると思われる。

生息地　標高30〜500mの低地の雨林に棲むが、下層植生が生い茂る二次林でも頻繁に見られる。

現状と分布　スリランカ南西部に固有の種。この地域では森林破壊が進んでおり、現在の生息数はわずか200〜250羽程度と推定される。

地理変異　亜種のない単型種。

類似の種　生息域が重なるインドオオコノハズク（No.045）とコノハズク（No.046）は、いずれもやや体が大きく、はっきりした羽角をもつ。

▼セレンディブコノハズクのオス。オレンジ系の黄色が鮮やかな大きな目をもつ。体部上面は赤褐色の地に、黒い斑点が散る。スリランカにて（写真：ウディタ・ヘッティジ）

▼セレンディブコノハズクの体部下面は淡い赤茶色で、上面と同様、黒い斑点がある。尾は短い。11月、スリランカにて（写真：ロブ・ハッチンソン）

065 アンダマンコノハズク [ANDAMAN SCOPS OWL]
Otus balli

全長 18〜19cm　翼長 133〜143mm

外見　ごく小型で、羽角も小さい。雌雄の体格差に関するデータはない。羽色には赤褐色と褐色の2型があり、前者は後者よりも模様が不鮮明。その赤褐色型の体部上面はやや赤みがかった茶色で、頭頂部に白に近い黄色からくすんだ黄色と黒の斑点が入り、首の後ろには同様の斑点と細密な波線模様がある。上背には黒で縁取られた白色からくすんだ黄色の斑点が散る。肩羽は羽軸外側の羽弁が白または淡黄褐色で、縁が濃色。風切羽と尾羽には濃淡の縞模様が入る。淡い茶色の顔盤には同心円状の線模様があり、濃色の縁取りは不鮮明。目は黄色で、くちばしは黄色みを帯びた象牙色。茶色地の体部下面には、濃色の細密な波線模様と小さめの白斑がある。その白斑の下縁はしばしば黒くて、矢印のような形をしている。ふ蹠[訳注：趾（あしゆび）の付け根からかかとまで]は上から3分の2が羽毛に覆われ、裸出した趾はくすんだ黄色。爪は象牙色で、先端が黒っぽい。[幼鳥]頭頂、胸、雨覆[訳注：風切羽の根本を覆う短い羽毛]に細かい縞模様が入る。[飛翔]赤みがかった雨覆および次列風切[訳注：風切羽のうち、人の肘から先に相当する部分から生えている羽毛]と、茶色の初列風切[訳注：風切羽のうち、人の手首の先に相当する部分から生えている羽毛]のコントラストが鮮やかに見える。

鳴き声　「ウップ」と、およそ5秒で4〜5回繰り返す。

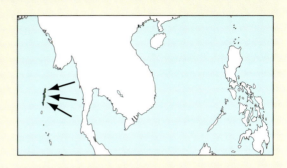

獲物と狩り　詳細な記録はないが、イモムシを食べることはわかっている。

生息地　森林、あるいはやや開けた場所に棲むが、人里近くの庭園で姿が見られることもある。

現状と分布　インド洋北東のベンガル湾に浮かぶアンダマン諸島に固有の種。調査はほとんどなされていないが、おそらく希少種だと思われる。

地理変異　亜種のない単型種。

類似の種　アンダマン諸島で越冬（もしかしたら繁殖も）するコノハズク(No.046)は、頭頂部と体部下面にくっきりとした縦縞があるが、白斑は見られない。また、鳴き声も本種とまったく異なる。

◀アンダマンコノハズクの赤褐色型は、褐色型よりも背中の細密な波線模様が少ない。また、体部下面の淡色の斑点も小さく、その斑点は白よりもくすんだ黄色に近い。12月、アンダマン諸島にて（写真：ジェームズ・イートン）

066 ジャワコノハズク [JAVAN SCOPS OWL]
Otus angelinae

全長 16〜18cm　体重 75〜91g　翼長 135〜149mm

外見　ごく小型で、羽角は比較的長い。その羽角の羽毛は羽軸内側の羽弁が白いためよく目立つが、外側は濃い茶色から黒で、そこに暗い赤茶色の横縞が数本と淡色の斑点が混じる。雌雄の体格差に関するデータはない。羽色は淡色型と暗色型が知られるが、本当の意味での多型ではない。頻繁に見られるのは暗色型の個体で、その体部上面は暗い赤茶色の地に淡い色の細密な波線模様と、色の濃さも大きさもさまざまな赤褐色の斑点が散る。頭頂部は濃い茶色から赤みのある茶色で、中央に濃色の羽毛が集まる。首の後ろには、白からくすんだ淡黄色で先端がはっきりと黒い羽毛が明瞭な襟状紋をつくる。肩羽は羽軸外側の羽弁が白く、先端と縁が黒いため、肩にはくっきりと白い帯模様ができている。濃い赤茶色の翼には約5本のやや幅広のくすんだ黄色の横縞、やはり濃い赤茶色の尾には不明瞭な横縞とまだら模様が入る。顔盤は一般にむらのない赤茶色だが、なかには明るい栗色の個体もいる。白い眉斑はよく目立ち、その白色部分は羽角にまで続く。目は黄金色からオレンジ系の黄色で、まぶたは赤茶色。くちばしは麦わらにも似た黄褐色から淡く灰色がかった黄色で、その周囲には白くて先端のみが黒い剛毛羽が生える。体部下面は淡い赤褐色または白に近い黄色からくすんだ黄色で、地色よりやや暗い赤茶色の細密な波線模様が入り、胸と腹部の両脇にははっきりとした黒のヘリンボーン模様も見られる。ふ蹠［訳注：趾（あしゆび）の付け根からかかとまで］は、比較的長い趾の関節付近まで完全に羽毛に覆われ、裸出した部分は肌色から薄いピンク色で、足の裏だけがやや濃色。爪は淡いピンクで、先端が茶色。［幼鳥］全体的に濃い赤茶色で、頭頂部に入る細い濃色の横縞が背中から腰にかけて太くなる。体部下面は濃い赤褐色で、うっすらとした横縞と幅の広い筋状の縦縞が数本ある。

鳴き声　オスは「フ・フ」と2回鳴く。最初の1音は約0.18秒だが、2音目は0.10秒ほどとさらに短く、若干ピッチが低い。メスの鳴き声は「プー・プ」と聞こえ、オスの声よりピッチが高くて音量も大きい。

獲物と狩り　甲虫やバッタ、カマキリなどの大型の昆虫を主食とする。獲物は木の枝から、あるいは地上で襲いかかり、爪で捕らえる。

生息地　標高900〜2,500m（主に1,500〜1,600m）の下層植生が生い茂る湿潤な原生林に棲む。

現状と分布　ジャワ島に固有の種。島の中央部では未確認ながら、おそらくジャワ島全域の山岳地帯に分布するものと思われる。ただし希少であると考えられ、バードライフ・インターナショナルの分類では危急種に指定されている。

地理変異　亜種のない単型種とされるが、ジャワ島東部の個体はおそらく西部の個体よりも大型で、翼長163mmの標本も知られる。ふたつの個体群は隔離されており、別亜種である可能性も否定できない。

類似の種　生息域が地理的に離れているタイワンコノハズク

▼ジャワコノハズクの暗色型の個体。その羽色はかなり濃い茶色だが、眉斑と首の後ろの襟状紋は白く明瞭。体部上面に散る斑点は、初列風切（しょれつかざきり）［訳注：人の手首の先に相当する部分から生えている風切羽］の内側の羽弁にだけ見られない。6月、ジャワ島のグヌングデにて（写真：ジェームズ・イートン）

ク（No.044）は本種よりわずかに大きいが、羽角は小さく、白黒の三角形が対をなす特徴的な斑点が胸と腹部に見られる。生息域を共にするスンダオオコノハズク（No.050）もや や大型で、まだら模様と細密な波線模様がはっきりとしており、淡い砂色または灰茶色の地に黒と濃い茶色の模様が強いコントラストをなす。

067 フロレスオオコノハズク　[WALLACE'S SCOPS OWL]
Otus silvicola

全長 23〜27cm　体重 212g（1例）　翼長 202〜231mm

外見　小型から中型で、羽角は比較的長い。その羽角に白い縁はなく、全体的に濃い茶色とくすんだ黄色のまだら模様。雌雄の体格差に関するデータはない。体部上面は赤茶色またはくすんだ黄褐色の地に、濃色の細密な波線模様と黒のヘリンボーン状の筋状の縦縞模様が重なって入る。首の後ろに襟状紋はないが、肩羽には白っぽい黄土色の模様、風切羽には濃い茶色とくすんだ黄色の縞模様が見られる。茶色の尾にはほとんど判別できないほど細くて淡い黄褐色の横縞。顔は比較的明るい色で、白っぽい眉斑がある。目はくすんだオレンジ系の黄色で、くちばしと蝋膜［訳注：上

のくちばし付け根を覆う肉質の膜］は灰色がかった象牙色。体部下面は白に近い色またはくすんだ黄色の地に、くっきりと縦に走る黒のヘリンボーン模様と、波打つ濃い茶色の横縞がまばらに入る。ふ蹠［訳注：趾（あしゆび）の付け根からかかとまで］は一般に趾の基節骨まで羽毛に覆われるが、なかには第2趾骨まで羽毛が生える個体もいる。その先の裸出した部分は淡い灰茶色で、爪は象牙色。[幼鳥] ふわふわした羽衣は成鳥よりも色が淡い赤茶色で、全身の模様は羽角も含め不鮮明。

鳴き声　低い声で「フゥオンフ」と9〜18回繰り返す。

獲物と狩り　主に昆虫を捕食すると思われる。

生息地　標高2,000mまでの熱帯林や二次林、竹やぶに棲むが、農場付近や都市近郊でも見られる。

現状と分布　インドネシアに属する小スンダ列島のスンバワ島とフローレス島に固有の種。これらの島ではごく一般的に見られるが、さらなる調査研究が必要とされる。

地理変異　亜種のない単型種。

類似の種　生息域が重なるフロレスコノハズク（No.068）は本種より小型で、羽角も小さく、黄褐色の体をもつ。やはり生息域を共にするモルッカコノハズク（No.073）も本種より体と羽角が小さく、目は明るい黄色で、くちばしと目の間は白に近い。生息域は異なるものの、小スンダ列島の近接した島に生息するWetar Scops Owl（No.074）もずっと小型で、硫黄色の目をもつ。

▼この地域に分布するコノハズク属の中では群を抜いて大きいフロレスオオコノハズク。灰色がかった象牙色のくちばしをもち、目の色は同所性のモルッカコノハズク（No.073）よりも暗い黄色。小スンダ列島のフローレス島にて（写真：ジェームズ・イートン）

068 フロレスコノハズク [FLORES SCOPS OWL]
Otus alfredi

全長 19〜21cm　翼長 137〜160mm

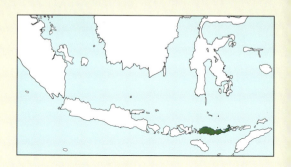

外見　ごく小型で、羽角も小さい。雌雄の体格差に関するデータはない。頭頂部は黄褐色の地に非常に細密な淡色の波線模様があるが、羽角と体部上面は全体的にキツネを思わせるむらのない黄褐色。肩羽は羽軸外側の羽弁が白く、縁が黒いので、肩にははっきりとした白い帯模様ができている。風切羽には白に近い淡黄褐色と黄色みの強い茶色の縞模様が見られ、尾羽にも不鮮明ながら同様の縞模様が入る。顔盤はシナモン色で、それを縁取る羽毛は長い耳羽に紛れている。黄色の目を囲む輪状紋は外周に小さな濃色の部分がある薄いピンク色で、くちばしと蝋膜［訳注：上のくちばし付け根を覆う肉質の膜］はオレンジ系の黄色。体部下面はくすんだ白の地に黄褐色の横縞と細密な波線模様が多数入るが、フロレスオオコノハズク（No.067）のような濃色のヘリンボーン模様は見られない。首の前部と胸の上部両側には黒い斑点も散る。ふ蹠［訳注：趾（あしゆび）の付け根からかかとまで］は上4分の3が羽毛に覆われ、裸出した部分と趾はくすんだ黄色で、爪は黄色っぽい象牙色。［幼鳥］ほぼ一様に淡い赤茶色で、縞模様は不鮮明だが、尾の縞模様は成鳥よりも明瞭。

鳴き声　短く鋭い声で、「ウー」と約2秒間隔で発する。ただし、なわばりを主張するときには毎秒8〜10音の速さで、弾むように「ウ・ウ・ウ・ウ」と5〜13音発する。さらにこの一連を1.5〜3秒間隔で繰り返すのだが、長いときには15分ほど続くこともある。この鳴き声は同じ生息地に棲むナンヨウオオクイナのものに非常によく似ているうえに、夜によく鳴くという共通点もある。

獲物と狩り　記録なし。

生息地　標高1,000m以上の湿潤な山林に棲む。

現状と分布　インドネシアに属する小スンダ列島のフロレス島西部にあるルテンとトドの山林に固有の種。かつては3体の古い標本のみが知られていたが、1995年に新たな個体が採集され、モルッカコノハズク（No.073）との形態的差異が裏付けられた。また、2005年には2羽の鳴き声と姿が確認されたことで、本種の鳴き声が判明した。さらに2010年にはつがいが目撃され、その写真も撮影されている。しかし、依然として本種に関する情報はきわめて乏しく、おそらく森林破壊の影響で絶滅の危機に瀕していると思われる。

地理変異　亜種のない単型種。

類似の種　生息域を共にするフロレスオオコノハズク（No.067）は明らかに大型で、くすんだ淡い灰茶色の体部下面に茶色の横縞と黒のヘリンボーン模様がある。同じく生息域が重なるモルッカコノハズク（No.073）も本種より大型で、体部下面の横縞と縦縞が多い。

◀ フロレスコノハズクはむらのない黄褐色の小さなフクロウで、羽角も小さい。濃色の背中には十字模様が見られ、肩羽は羽軸外側の羽弁が白くて縁取りが黒。腹部ははっきりと白い。7月、小スンダ列島のフローレス島にて（写真：ジェームズ・イートン）

069 ミンダナオコノハズク　[MINDANAO SCOPS OWL]
Otus mirus

全長 19〜20cm　体重 65g　翼長 127〜132mm

<u>外見</u>　ごく小型で、羽角も小さい。雌雄の体格差に関するデータはない。体部上面は灰茶色で、茶色と黒の斑点が入る。肩羽は羽軸外側の羽弁に広く白い部分があるため、肩にくっきりとした白い帯模様ができている。風切羽と尾羽には濃淡の横縞が入り、翼は短くて丸い。顔盤は淡い灰茶色で、黒い斑点が同心円を描き、その縁取りまで濃色の剛毛羽が達している。白い眉斑はよく目立ち、その白色部分は羽角の先端近くまで続く。目は通常は茶色だが、なかには黄色の個体も存在する。くちばしは暗い緑がかった灰色で、蝋膜［訳注：上のくちばし付け根を覆う肉質の膜］は緑がかった黄色から灰色。体部下面はくすんだ黄色から乳白色で、黒い斑点と、細い横縞と縦縞からなるヘリンボーン模様が見られる。ふ蹠［訳注：趾（あしゆび）の付け根からかかとまで］は上3分の2が羽毛に覆われ、裸出した部分と趾は淡い灰色からクリーム色で、爪は灰茶色。［幼鳥］不明。

<u>鳴き声</u>　寂しげな柔らかい声で「プリ・ピウー」と、10〜15秒間隔で長時間繰り返す。

<u>獲物と狩り</u>　記録に乏しいが、おそらく昆虫などの節足動物を捕食すると思われる。

<u>生息地</u>　標高650m以上の雨林に生息するが、特に1,500m以上の高地でよく見られる。

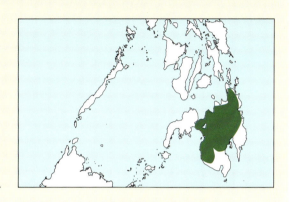

<u>現状と分布</u>　フィリピン諸島のミンダナオ島に固有の種。調査はほとんどなされていないが、森林破壊の影響により希少であることは間違いなく、バードライフ・インターナショナルの分類では危急種に指定されている。

<u>地理変異</u>　亜種のない単型種。

<u>類似の種</u>　生息域が離れているルソンコノハズク（No.070）は本種に似ているが、全体的に赤みが強く、羽角が長い。生息地が重なるエベレットコノハズク（No.058）は本種よりずっと大型で、やはり羽角が目立つ。

◀ミンダナオコノハズクは濃色の小さなフクロウで、羽角も小さく、顔のごわごわした剛毛羽が顔盤の縁取りを越えるほど多い。それ以外の点はタイワンコノハズク（No.044）やジャワコノハズク（No.066）に似るが、鳴き声は大きく異なる。本種は茶色の目が標準だが、写真のように黄色の個体もいる。2月、フィリピン諸島のミンダナオ島にて（写真：ダグ・ウェクスラー）

070 ルソンコノハズク [LUZON SCOPS OWL]
Otus longicornis

全長 19〜20cm　翼長 136〜152mm

<u>外見</u>　ごく小型だが、羽角は長い。雌雄の体重差に関するデータはないが、メスのほうがやや大きいようだ。雌雄ともに体部上面は明るい黄土色から淡黄褐色で、羽毛の先端付近に黒褐色の縦縞と不規則な横縞が見られる。首の後ろにははっきりとした白い襟状紋があるが、羽毛の先端は黒っぽい。翼には黒と錆色のまだら模様と斑点模様があり、三列風切［訳注：風切羽のうち、人の肘から肩に相当する部分に生えている羽毛］と尾羽には細い横縞がぼんやりと入る。額は淡色で、眉斑は白く、目はオレンジ系の黄色。細長く鋭いくちばしは黒ずんだ緑色で、先端が濃い茶色。蝋膜［訳注：上のくちばし付け根を覆う肉質の膜］はくすんだ肌色で、鼻孔の周囲は暗い黄緑色がかかる。腮（アゴ）と喉は白っぽく、そこに赤くて先端だけが黒い羽毛が混じる。対照的に胸は深い赤茶色で、くっきりとした黒いまだらとやや不鮮明な

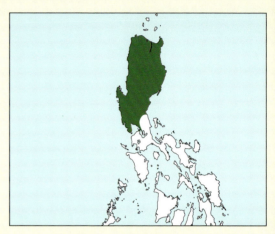

白いまだらが見られる。腹部と脇腹は白地に黒と錆色のまだら模様。ふ蹠［訳注：趾（あしゆび）の付け根からかかとまで］は細く、趾の関節の10〜11mm上まで羽毛に覆われる。ふ蹠の裸出した部分と趾は白っぽいピンク色で、灰色の爪は細くて長い。［幼鳥］ヒナの綿羽は淡い灰色。第1回目の換羽を終えた幼鳥は灰色の地に茶色の横縞が入り、頭部と体部上面は濃色になる。

<u>鳴き声</u>　寂しげだが間延びした「ウィーフゥ、ウィーフゥ、ウィーフゥ」という笛にも似た声を3〜5秒間隔で繰り返す。

<u>獲物と狩り</u>　主として昆虫を捕食すると思われる。

<u>生息地</u>　主に標高700〜1,500mの林冠が閉じた湿潤な森林に棲むが、2,200mの松林での目撃例もある。

<u>現状と分布</u>　フィリピン諸島北部のルソン島に固有の種。希少ではないものの、森林破壊の影響で数を減らしているため、バードライフ・インターナショナルの分類では危急種に指定されている。本種は不明な点も多く、特に生態に関する調査が求められる。

<u>地理変異</u>　亜種のない単型種。

<u>類似の種</u>　生息域が重なるルソンオオコノハズク（No.057）はずっと大型で、オレンジ系茶色の目をもち、首の後ろの襟状紋が背中と強いコントラストをなす。また、ふ蹠は趾の付け根まで完全に羽毛に覆われている。生息域が異なるミンドロコノハズク（No.071）は本種よりやや小型で羽角も短く、体部下面は淡黄褐色。

◀ごく小型のルソンコノハズクは長い羽角をもつが、この写真ではほぼ水平に倒しているため目立たない。体部上面は淡黄褐色で、赤茶色の胸には濃色のまだらがある。腹部は胸より色が淡く、黒と錆色のまだら模様が見られる。4月、ルソン島のダタ山にて（写真：ブラム・ドゥミュレミースター）

Scops Owls：コノハズクの仲間　187

071 ミンドロコノハズク　[MINDORO SCOPS OWL]
Otus mindorensis

全長 18〜19cm　翼長 133〜136mm

<u>外見</u>　ごく小型で、羽角は中程度の長さ。雌雄の体格差に関するデータはない。体部上面は褐色で、上背から腰にかけては黒の筋状の縦縞のほか、短い羽枝［訳注：羽軸から枝分かれするように伸びる細い軸］がつくる不規則な横縞も見られる。首の後ろの襟状紋は細く、くすんだ黄色をしているのでほとんど目立たない。赤茶色の頭頂部には黒い筋状の模様と斑点が入り、額と目の上はむらのない淡黄褐色または白色で、目は鮮やかな黄色。くちばしは地色が黄緑色で縁が濃い茶色、蝋膜［訳注：上のくちばし付け根を覆う肉質の膜］はくすんだ肌色。体部下面は黄褐色の地に白くて細い横縞が入る。ふ蹠［訳注：趾（あしゆび）の付け根からかかとまで］は上半分ほどが羽毛に覆われ、裸出した部分は白っぽい肌色をしている。趾は長く、爪は灰色。［幼鳥］不明。

<u>鳴き声</u>　「フーッ」という、1.5秒弱の鋭い声を繰り返す。その間隔はばらつきがあるが、少なくとも5秒はあける。

<u>獲物と狩り</u>　記録なし。

<u>生息地</u>　標高870m以上の山間部で、林冠の閉じた森林に棲む。

<u>現状と分布</u>　フィリピン諸島中央部のミンドロ島に固有の種。ごく一般的に見られる種ではあるが、森林破壊に生存が脅かされているため、バードライフ・インターナショ

ナルは危急種に指定している。

<u>地理変異</u>　亜種のない単型種。

<u>類似の種</u>　生息域が異なるミンダナオコノハズク（No.069）はほぼ同じ大きさだが、標準的な個体は目が茶色で、羽角が短い。やはり生息域が異なるルソンコノハズク（No.070）は、本種よりやや大型で羽角も長く、全体的に模様がはっきりしている。

▼ミンドロコノハズクの羽衣はルソンコノハズク（No.070）に似ているが、本種のほうがより小型で羽角も短い。また、体部下面はオレンジがかった淡黄褐色で、さまざまな形の模様があり、腹も白くない。写真の標本はフィリピン諸島のミンドロ島ドゥランガンで1月に採集され、大英自然史博物館（トリング館）に収蔵されているもの（写真：ナイジェル・レッドマン）

072 リンジャニコノハズク [RINJANI SCOPS OWL]
Otus jolandae

全長 約23cm　体重 約115g　翼長 148〜157mm

外見　小型で、羽角は比較的長い。雌雄の体格差に関するデータはない。体部上面は大部分が暖色系の茶色で、その地色は背中と腰から尾にかけて徐々に淡くなる。頭頂部の羽毛と羽角はオリーブ系の黄褐色の地に、濃い茶色の幅の広い横縞が入る。首の後ろは頭頂よりもやや明るい色で、肩羽には白い縞模様、初列風切［訳注：風切羽のうち、人の手首の先に相当する部分から生えている羽毛］には淡く白っぽい幅広の縞と、濃い茶色の細い横縞が見られる。目は黄金色で、くちばしは黒褐色。額、腮（アゴ）、喉は白っぽい地に茶色の横縞が不規則に入る。体部下面は錆色で、白と濃い茶色からなる筋状の縦縞と横縞が見られる。脚部は趾の付け根まで羽毛に覆われ、その趾は黄土色で、爪は濃色。脛の羽毛は鈍い白色で、茶色の斑点と横縞がぼんやりと入る。［幼鳥］不明。

鳴き声　静かな声ではあるが、はっきりと「ポック」または「プーク」と発する。インドネシアに棲むほかのコノハズク類とは異なるこの鳴き声にちなんで、現地では「ブルンポック（ポック鳥）」と呼ばれる。

獲物と狩り　記録なし。

生息地　林冠の閉じた森林に依存する種ではなく、島の森林に広く生息する。さらに、荒廃林地や交通量の少ない道路沿いでも見られる。標高はおそらく1,350mまで。

現状と分布　インドネシアのロンボク島に固有の種。この島ではごく一般的に見られる種で、1カ所で最大4羽が鳴き交わす例が報告されている。ただし、島内では広範にわたって森林が破壊されていることから、特に低地での現状に関する調査が待たれる。

地理変異　亜種のない単型種。

類似の種　ロンボク島に生息する唯一のコノハズク属。この島からわずか13.5kmのスンバワ島に棲んでいるモルッカコノハズク（No.073）の亜種*O. m. albiventris*は、本種の近縁種である可能性も考えられる。この2種を比較すると、本種は体部上面の模様が不鮮明で、下面に細くて短い茶色の筋状の縦縞と、濃い茶色と暖かみのある淡褐色からなる横縞が入るのに対し、*albiventris*は背中に斑点模様が多く、胸と腹部には白の横縞と大小さまざまな斑紋が見られるという違いがある。

◀ リンジャニコノハズクはモルッカコノハズク（No.073）に比べると全体的に茶色で、体部下面の白い横縞や斑紋が少ない。7月、小スンダ列島のロンボク島にて（写真：ロブ・ハッチンソン）

Scops Owls：コノハズクの仲間　189

073 モルッカコノハズク　[MOLUCCAN SCOPS OWL]
Otus magicus

全長 23〜25cm　体重 114〜165g　翼長 153〜192mm

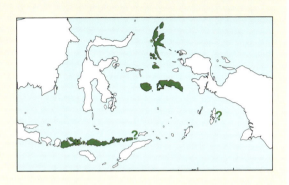

<u>外見</u>　小型で、羽角は短いが比較的目立つ。雌雄の体格差に関するデータはない。本種は体格と羽色にバリエーションが多く、羽色は少なくとも褐色、黄褐色、赤褐色、灰褐色、セピア色の5型が知られる。模様もぼんやりと薄いものからきわめて明瞭なものまでと幅広いが、一般的に体部上面には濃色のまだら模様がある。肩羽は羽軸外側の羽弁にくすんだ黄色から白の大きな模様があるため、肩にはうっすらと帯模様ができている。風切羽と尾羽には濃淡の横縞が入るが、尾羽の縞は不鮮明で、その代わりに細密な波線模様が見られる。赤茶色の色味が差す顔盤を囲む濃色の縁取りも明確でなく、目とくちばしの間の羽毛は白。その目は黄色で、強力なくちばしと蝋膜［訳注：上のくちばし付け根を覆う肉質の膜］は淡い灰色。体部下面には横方向の細密な波線模様と黒の筋状の縦縞が見られ、胸から腹部にかけて羽色は淡くなる。脚は力強く、ふ蹠［訳注：趾（あしゆび）の付け根からかかとまで］は趾の付け根の6〜9mm上まで羽毛に覆われる。爪は濃い象牙色。[幼鳥]成鳥に似ているが、綿羽はふわふわしていて、頭、頭頂、首に濃い茶色の細い横縞があり、大小の斑点は全体的に色が淡く不鮮明。

<u>鳴き声</u>　低くしわがれた声で、ワタリガラスのものにも似た「クワァーク」という声を数秒間隔で繰り返す。

<u>獲物と狩り</u>　記録に乏しいが、昆虫などの節足動物を主食とし、小型の脊椎動物も捕食すると思われる。

<u>生息地</u>　低地の森林や二次林、マングローブの茂る湿地に棲むが、人里に近い果樹園やココヤシ農園に出没することもある。また、一部の型の個体はひどく荒廃した森林でも見られる。標高は1,500mまで。

<u>現状と分布</u>　インドネシアの小スンダ列島とモルッカ諸島、そしておそらくはアルー諸島にも分布する。一部の島ではごく一般的に見られる種ではあるが、全体的な状況についてはわかっていない。

<u>地理変異</u>　モルッカ諸島に棲む個体は小スンダ列島のものよりもはるかに大型で、本種は現在までに6亜種が確認され

▼モルッカコノハズクの小型の亜種*albiventris*は背中が濃色で、体部下面は灰白色。7月、小スンダ列島のフローレス島にて（写真：ジェームズ・イートン）

▼モルッカコノハズクの基亜種。体部上面には濃色のまだら模様、風切羽と尾羽には濃淡の横縞が入る。9月、モルッカ諸島のセラム島にて（写真：ロブ・ハッチンソン）

Otus：コノハズク属

▼モルッカコノハズクの体格と羽色は多種多様だ。写真は亜種の *leucospilus*。10月、モルッカ諸島北部のハルマヘラ島にて（写真：フランツ・シュタインハウザー）

ている。基亜種の*magicus*は、モルッカ諸島南部のセラム島とアンボン島に生息する。体部上面が一様に淡黄褐色で、下面が白い*O. m. bouruensis*はモルッカ諸島南部のブル島に、顔が淡色で、体部上面の斑点が少ない*O. m. morotensis*はモルッカ諸島北部のモロタイ島とテルナテ島に分布する。モルッカ諸島北部のハルマヘラ島とバカン島に棲む*O. m. leucospilus*は*morotensis*によく似ているが、全体的に色が淡く、モルッカ諸島北部のオビ島原産の*O. m. obira*は体が小さい。最後の*O. m.albiventris*は小スンダ列島のスンバワ島、フローレス島、ロンブレン島に棲む亜種で、小さな体に対して羽角が非常に長く、腹が白い。そのほか、アルー諸島の個体群や、小スンダ列島のパンタル島で記録された個体も本種の新しい亜種である可能性があるが、現在のところその真偽は定かでない。そもそも本種の分類は、すべての型でまだ確定しているわけではない。一部の島に生息する個体群が別種である可能性も考えられるものの、音声の記録もDNA解析もいまだ十分とは言えないのだ。ちなみに、Wetar Scops Owl（No. 074）とSula Scops Owl（No. 075）も以前は本種の亜種とされていた。

類似の種　同じモルッカ諸島に生息するWetar Scops Owl（No. 074）は本種よ体が小さく、趾の付け根まで羽毛に覆われている。生息域が隣接するセレベスコノハズク（No. 077）も本種より小型で、くちばしと脚も華奢。同じく隣接した島に棲むSangihe Scops Owl（No. 081）もまた本種より小型で、羽角が短い。

074　WETAR SCOPS OWL
Otus tempestatis

全長 19〜20cm　翼長 150〜171mm

外見　ごく小型で、羽角はやや小さく、丸みがある。雌雄の体格差に関するデータはない。羽色には赤褐色と灰色の2型があり、数が多いのは前者。その赤褐色型の体部上面はキツネのような赤みのある黄褐色の地にはっきりとした筋状の縦縞と細密な波線模様があり、その模様はとりわけ頭頂部に多く見られる。目は硫黄色で、くちばしは黒から濃い象牙色だが、下側のくちばしは色が淡い。胸は淡いシナモン色で、明るいオレンジの細密な波線模様と濃色のしみのような筋状の縦縞があり、腹部には白地にシナモン色と黒のまだらが入る。脚部は趾の付け根まで羽毛に覆われ、その趾は灰色がかったピンク色で、爪は濃色。一方、灰色型は全体的に灰色または灰茶色で、そこに細かい模様や淡色の斑点、濃色の縦縞が入る。［幼鳥］不明。

鳴き声　低い声で「ガー・ガー・ガー」と、あまり間隔をあけずに複数回繰り返す。

獲物と狩り　記録なし。

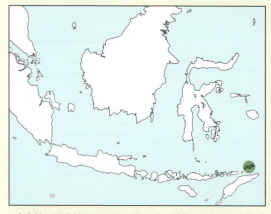

生息地　原生林や二次林に棲むが、樹木のある湿地や農園でも見られる。

現状と分布　インドネシアのモルッカ諸島南端に位置する

Scops Owls：コノハズクの仲間　191

ウェタル島に固有の種。本種の生態や現状については一切が不明で、分類上の位置付けも公式には不確定。

地理変異　亜種のない単型種。正基準標本は当初、セレベスコノハズク（No.077）の亜種と誤って記載され、のちに（厳密な調査なしに）改められた際にもモルッカコノハズク（No.073）とされた。その後ようやく音声やDNA調査、写真などをもとに本種が独立種であることが確認された。

類似の種　生息域が近接するモルッカコノハズク（No.073）は本種より大型で、体部下面の縦縞が明瞭。また、脚部は趾の付け根の上が6〜9mmほど裸出している。やはり生息域が隣接するセレベスコノハズク（No.077）は、体部上面に濃色のまだら模様がぼんやりと入り、頭頂部と額には縦縞がなく、まだら模様と細密な波線模様が多い。

◀Wetar Scops Owlはモルッカコノハズクの亜種 *O. m. albicentris* に比べ、体部下面の色にむらがない。写真は灰色型の個体で、下面の羽色がやや赤褐色がかっている。7月、モルッカ諸島のウェタル島にて（写真：フィリップ・ヴェルベレン）

▼こちらは赤褐色型の個体。鮮やかなオレンジ系黄褐色の羽衣をもち、黒の細い筋状の縦縞と細密な波線模様が体部上面に見られる。胸は淡いシナモン色で、しみのような筋状の縦縞模様が入る。7月、モルッカ諸島のウェタル島にて（写真：ジェームズ・イートン）

075 SULA SCOPS OWL
Otus sulaensis

全長 約20cm　翼長 161〜175mm

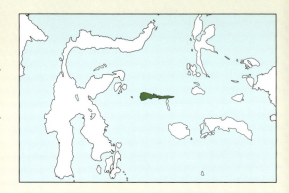

外見　ごく小型で、羽角はやや小さく、丸みがある。雌雄の体格差に関するデータはない。頭頂部にはきわめて密な縦縞と黒褐色のまだら模様が見られ、濃い茶色の地の体部上面にははっきりとした濃色の筋状の縦縞と白っぽい横縞、そして明るい赤茶色の斑点が入る。肩羽には白い斑点と不規則な濃色の模様。初列風切［訳注：風切羽のうち、人の手首の先に相当する部分から生えている羽毛］はセピア系の茶色で、羽軸外側の羽弁にのみ淡黄褐色の斑点がある。顔盤は淡い灰褐色で、同心円状の線模様がぼんやりと入る。その顔盤を囲む濃色の縁取りは羽角付近ではきわめて細いが、喉に近づくほど幅が広くなり、かつ鮮明になる。眉斑は白っぽく、目は黄色みの強いオレンジ色。くちばしは黒っぽい象牙色で、下側のくちばしと蠟膜［訳注：上のくちばし付け根を覆う肉質の膜］は黄土色。体部下面はやや淡色で、黒と白の横縞とはっきりとした濃色の筋状の縦縞が入る。ふ蹠［訳注：趾（あしゆび）の付け根からかかとまで］は上半分の前側だけが羽毛に覆われ、後ろ側を含めた裸出部はくすんだ黄色で、爪は暗い象牙色。［幼鳥］詳細な記録はないが、成鳥に似ているとされる。

鳴き声　1音が1秒強の中音域の共鳴音をすばやく連続して、最大で2分間繰り返す。

獲物と狩り　記録に乏しいが、主に昆虫をはじめとする無脊椎動物を捕食し、そのほかに小型の脊椎動物も食べることがわかっている。

生息地　低地林と二次林を好むが、湿地にも生息する。

現状と分布　インドネシアのスラウェシ島の東に位置するスラ諸島のタリアブ島およびマンゴレ島に固有の種。現状は不明だが、絶滅の危機にあると思われる。以前は2体の成鳥と1体の幼鳥の標本のみが知られていたが、本書では野生の姿を捉えた写真を掲載することができた。

地理変異　亜種のない単型種。かつてはセレベスコノハズク（No.077）の亜種とされ、その後モルッカコノハズク（No.073）の亜種とされた。本書では暫定的に独立種として扱うが、より正確を期すには音声とDNAの詳細な分析が必要だ。

類似の種　生息域を異にするモルッカコノハズク（No.073）は本種より大型で、羽角が目立ち、初列風切の羽軸内側の羽弁には横縞が見られる。セレベスコノハズク（No.077）も生息域が異なる種で、長い羽角と白い眉斑が目立ち、目は澄んだ黄色。

◀ Sula Scops Owlの体部上面は濃い茶色で、はっきりとした筋状の縦縞と赤茶色の斑点が入る。セレベスコノハズク（No.077）よりも大型で、羽角は短い。11月、インドネシアのタリアブ島にて（写真：ブラム・ドゥミュレミースター）

Scops Owls：コノハズクの仲間　193

076　ビアクコノハズク　BIAK SCOPS OWL
Otus beccarii

全長 23cm　翼長 170～172mm

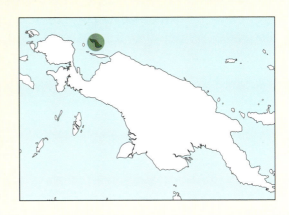

外見　小型で、やや長めの羽角には細かい横縞がある。雌雄の体格差に関するデータはない。羽色には暗色と赤褐色の2型があり、暗色型の場合は全身が茶色で、そこに白と黒の横縞が入る。さらに頭頂部には黒の細かな横縞、背中にはまだら模様、首の後ろには黒に近い濃色と白、または淡黄褐色の縞模様がつくる不鮮明な襟状紋が見られる。肩羽は羽軸外側の羽弁の大部分が白いが、縁が黒いため、肩を横切るように白い帯模様ができている。風切羽と尾羽には濃淡の横縞。顔盤は淡い茶色で、黒地の縁取りには白い斑点が散り、額には数本の細い縦縞が走る。目は黄色で、くちばしは黒く、蝋膜［訳注：上のくちばし付け根を覆う肉質の膜］はくちばしより淡い色。白い喉には黒の細密な波線模様があり、茶色の体部下面には黒とくすんだ黄色の横縞が密に入る。脚部はくすんだ黄色の趾の付け根付近まで羽毛に覆われ、爪は象牙色。一方、赤褐色型の個体は全体的に赤みが強く、体部上面には細密な波線模様、下面には白の横縞がある。[幼鳥] 不明。

鳴き声　低音で、しわがれたカラスのような声を繰り返す。

獲物と狩り　昆虫やクモを主食とするが、そのほかに小型の脊椎動物も食べる。

生息地　密林に棲むが、人里近くでも見られる。

現状と分布　ニューギニア島北西部のチェンデラワシ湾に浮かぶビアク島およびスピオリ島に固有の種。長年、本種は3体の標本しか知られていなかったが、最近になってビアク島南部に点在する森林で目撃されるようになった。島内では森林破壊が進んでおり、密林は点々と残るばかりだが、本種が生きながらえていることがわかったのは幸いだった。ビアク島は、本種の避難場所として残されていると考えられる。このビアク島とスピオリ島は「双子」とも呼ばれるほど環境が似ており、1982年にはスピオリ島でも標高0～300mの地域でビアクコノハズクを見かけるという地元住民たちからの報告があった。ただし、そもそも本当にスピオリ島に本種が分布していたのか、さらに今現在も生息しているのか、正確なところはわかっていない。いずれにしても希少であることは確かで、本種はバードライフ・インターナショナルの分類では絶滅危惧種に指定されている。

地理変異　亜種のない単型種。

類似の種　生息域が異なるモルッカコノハズク（No.073）は体部の上面、下面とも濃色の縦縞がはっきりしている。やはり生息域を異にするボルネオコノハズク（No.082）は本種より小型で、顔盤の縁取りがはっきりしており、体部下面に筋状の縦縞がある。

▶ビアクコノハズクは黄色の目をもち、くちばしが黒っぽく、体部下面には横縞が密に入る。肩羽は外側の羽弁の大部分が白く、風切羽と尾羽には黒と白、または赤褐色の縞模様が見られる。生態や生息環境についてはほとんどわかっていない。5月、インドネシアのビアク島にて（写真：ロブ・ハッチンソン）

077 セレベスコノハズク　[SULAWESI SCOPS OWL]
Otus manadensis

全長 19〜20cm　体重 83〜93g　翼長 140〜161mm（ミナハサ半島の個体は166〜190mm）

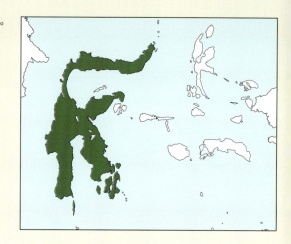

外見　ごく小型で、羽角は中程度の大きさだがよく目立つ。雌雄の体格差に関するデータはない。羽色には黄色みの強い灰色と赤褐色の2型があるが、後者はかなり珍しい。体部上面は暗い灰色か濃い赤褐色の地に、濃い茶色とセピア系の茶色の斑点、まだら模様、筋状の縦縞が不規則ながら密に入る。首の後ろには帯模様と濃色の筋状の縦縞、そしてそれに沿うように淡黄褐色の眼状紋が見られる。風切羽にはくすんだ黄色と濃い茶色の幅広の横縞が入るが、初列風切［訳注：風切羽のうち、人の手首の先に相当する部分から生えている羽毛］の羽軸内側の羽弁に入る横縞は不鮮明。茶色またはセピア色の顔盤（がんばん）は先端が黒い羽毛で縁取られ、白っぽい眉斑（びはん）が個体によっては黄色い目の上で途切れる。目先（めさき）［訳注：左右の目とくちばしの間の部分］と腮（アゴ）は白く、くちばしは黒に近い。胸は赤褐色で、その下の腹部は白地にくっきりとした縦縞と横縞がまばらに入る。ふ蹠（しょ）［訳注：趾（あしゆび）の付け根からかかとまで］は羽毛に覆われ、裸出した趾は黄色がかった灰色で、爪は象牙色。脚と爪の力はさほど強くはない。［幼鳥］頭頂部と首の後ろに濃い茶色の横縞が入るほかは、成鳥に似ている。

鳴き声　物悲しげな澄んだ声で、「クーウィッ」と上り調子に発する。この鳴き声は0.4秒ほどで、これを約6秒間隔で繰り返す。また、短くすばやい「キッ・コック・コック・コック、ウーック」という忍び笑いのような声を一定間隔で繰り返すこともある。なお、メスの声はオスのものよりやや高い。

獲物と狩り　調査は進んでいないが、おそらく昆虫などの節足動物を主食とし、時に小型の脊椎動物なども捕食すると思われる。

生息地　低地から標高2,500mまでの湿潤な森林や樹林帯、耕作地に棲む。

現状と分布　インドネシアのスラウェシ島に固有の種。森林破壊が進む地域ではあるものの、生息数は少なくない。

地理変異　亜種のない単型種とされるが、スラウェシ島北東部のミナハサ半島に棲む個体群は翼がきわめて長いことが知られる。また、同島中部沖のトギアン島にはいまだ種が同定されていないコノハズクがいるが、このフクロウと本種との関係は現在のところ不明。

類似の種　生息域が隣接するモルッカコノハズク（№073）は本種より大型で、くちばしと脚も頑強。同じく隣接して分布するSangihe Scops Owl（№081）は翼が短く、色がくすんでいるほか、頬の色が淡く、目先には濃色の斑がある。やはり隣接した島に棲むBanggai Scops Owl（№079）は本種より明らかに小さく、Kalidupa Scops Owl（№078）は本種よりやや大型で、目は黄土色からオレンジ系の黄色。

◀濃い赤褐色型のセレベスコノハズクは非常に珍しい。背中が特に濃い色で、肩羽の大きな白斑が目立つ。スラウェシ島のタンココにて（写真：ジェローム・ミケレッタ）

▶赤褐色型と比べ、灰色型は体部下面が淡い灰色。この2型の中間型は知られていない。7月、スラウェシ島のタンココにて（写真：ロブ・ハッチンソン）

078 | KALIDUPA SCOPS OWL
Otus kalidupae

全長 約22cm　翼長 168〜176mm

<u>外見</u>　小型で、羽角はやや小さい。雌雄の体格差に関するデータはない。体部上面はむらのない灰茶色で、細かい黒の筋状の縦縞が入る。肩羽は大きな白い部分と、羽軸外側の羽弁にくすんだ横縞があるため、肩まわりにはくっきりとした帯模様ができている。風切羽には濃淡の横縞。尾羽にも横縞があるが、こちらは不鮮明。顔盤は灰茶色で、濃色の羽毛に縁取られる。目はオレンジ系の黄色から黄土色で、くちばしは黒。体部下面は上面よりもやや淡色で、細かい濃色のヘリンボーン模様が見られる。脚部は趾の付け根まで灰白色の羽毛に覆われ、爪は灰色。[幼鳥] 1901年に1体の標本が採集されているのみで、詳細についてはわかっていない。

<u>鳴き声</u>　不明。

<u>獲物と狩り</u>　記録はないが、おそらく昆虫を主食とし、小型の脊椎動物も食べると思われる。

<u>生息地</u>　熱帯雨林に棲む。

<u>現状と分布</u>　インドネシアのスラウェシ島南東沖に位置するトゥカンベシ諸島のカリドゥパ島に固有の種。調査はほとんど進んでいないが、森林破壊により絶滅の危機に瀕し

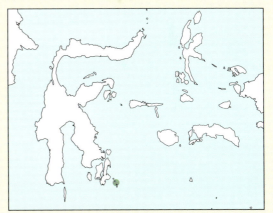

ているか、少なくとも激減していると考えられる。

<u>地理変異</u>　亜種のない単型種。以前はセレベスコノハズク（No.077）の亜種とされていたが、現在では独立種とされる。ただし、生態や鳴き声、遺伝子については詳細が不明。

<u>類似の種</u>　隣接した島に棲むセレベスコノハズク（No.077）はやや小型で、目は黄色。

079 | BANGGAI SCOPS OWL
Otus mendeni

全長 約18cm 翼長 142〜151mm

<u>外見</u> ごく小型で、羽角はさほど目立たない。雌雄の体格差に関する詳細なデータはないが、メスのほうが翼が長いことがわかっている。羽色は灰色型と赤色型の個体が採集されているが、いずれも頭頂部から濃い茶色がグラデーションを描きながら、上背で淡い茶色になる。その下の体部上面は暖かみのある茶色で、細かい斑点が入る。肩羽にははっきりとした白い斑点、翼と尾には黄色みの強い淡褐色の横縞。顔盤は黄色の強い茶色で、不鮮明ながら濃い茶色の羽毛に縁取られる。白い眉斑も不鮮明で、鮮やかな黄色の目の上にかすかに見える程度。くちばしは黒に近い茶色。体部下面に入る濃い茶色の縦縞はくっきりしているが、濃色の細密な波線模様は不鮮明。ふ蹠 [訳注: 趾(あしゆび)の付け根からかかとまで] は一部が裸出し、灰色がかった趾に、濃色の爪。[幼鳥] 不明。

<u>鳴き声</u> メロディアスな「ググール」という声を10〜15秒間隔で繰り返す。生息地が近接するセレベスコノハズク

▼Banggai Scops Owlはスラウェシ島に隣接した島に棲む近縁種よりも明らかに小さい。3月、インドネシアのペレン島にて(写真:フィリップ・ヴェルベレン)

Scops Owls：コノハズクの仲間　**197**

(No. 077) の「クーウィッ」という声は6秒という短い間隔で繰り返されるため、聞き分けることは容易だ。

<u>獲物と狩り</u>　記録なし。

<u>生息地</u>　湿潤な原生林を好むが、残存する良質の二次林にも棲む。

<u>現状と分布</u>　インドネシアのスラウェシ島中部沖に位置するペレン島とバンガイ島に固有の種。発表間近のある論文では、本種とSula Scops Owl（No. 075）、セレベスコノハズク（No. 077）との類縁関係および現状を調査した結果を踏まえ、本種を独立種として扱うべきと提案している。

<u>地理変異</u>　亜種のない単型種。

<u>類似の種</u>　生息域が近接するSula Scops Owl（No. 075）、Kalidupa Scops Owl（No. 078）は本種より明らかに大型で、翼も長い。同じく近接した島に棲むセレベスコノハズク（No. 077）も本種より大きく、体部下面にはっきりした黒い縦縞がある。一方、本種の縞模様はかなり不鮮明。

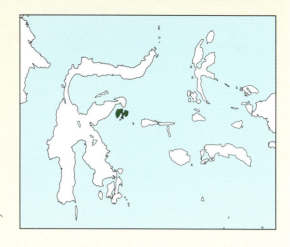

080　SIAU SCOPS OWL
Otus siaoensis

全長 約19cm　翼長 125mm

<u>外見</u>　ごく小型で、羽角は短く、尖っている。これまで採集された標本が1体のみなので、雌雄の体格差についてはわかっていない。体部上面には濃い茶色から黒の縦縞模様があるが、この模様は特に頭頂部に多く見られる。首の後ろと上背には淡黄褐色の地に若干の赤みが差し、首の後ろではさらに淡い黄褐色の襟状紋がくっきりと目立つ。短くて丸みを帯びた翼は濃い茶色で、肩にはぼんやりとした縦縞がある。初列風切［訳注：風切羽のうち、人の手首の先に相当する部分から生えている羽毛］の羽軸外側の羽弁には淡色の細い横縞。短い尾は淡黄褐色で、濃色の細い横縞が密に入り、尾羽の外側の羽弁には白い横縞もある。頭部は比較的大きく、顔盤の縁取りは濃色だが細く不鮮明。目は黄色で、くちばしは黄色がかった象牙色。体部下面は上面より色がやや淡いが、胸の上部には濃色の部分があり、腹部にははっきりとしたヘリンボーン模様が見られる。脚部は趾の付け根近くまで羽毛に覆われ、その趾は黄色みを帯びた灰色。爪は茶色がかった灰色で、先端が濃色。［<u>幼鳥</u>］不明。

<u>鳴き声</u>　不明。

<u>獲物と狩り</u>　記録はないが、おそらく昆虫を主食とする。

<u>生息地</u>　湿潤な森林に棲む。そのほか、農園や低木林にも生息している可能性がある。

<u>現状と分布</u>　インドネシアのスラウェシ島北沖に位置するサンギヘ諸島のシアウ島に固有の種。長年にわたって本種は博物館に収蔵されている1体の標本が知られるだけで、

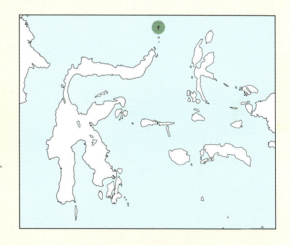

絶滅種とされてきたが、最近になってコノハズク属の鳴き声がシアウ島で記録され、まだ生存個体がいるのではないかという望みが出てきた。ただし、この島は森林破壊が著しく、現存する原生林は50ヘクタールにすぎず、そのすべてが島中央のタマタ山の標高800m以上にある。

<u>地理変異</u>　亜種のない単型種。

<u>類似の種</u>　生息域が近接するセレベスコノハズク（No. 077）およびSangihe Scops Owl（No. 081）はやや大型で、本種のように首の後ろにくっきりとした襟状紋は見られない。

081　SANGIHE SCOPS OWL
Otus collari

全長 19〜20cm　体重 76g（オス1例）　翼長 158〜166mm

<u>外見</u>　ごく小型で、羽角は中程度の大きさ。その羽角にはくすんだ黄色の斑点と黒の縦縞があり、先端は楕円形。雌雄の体格差に関するデータはない。体部上面はくすんだ茶色の地に、濃色の筋状の縦縞とくっきりとした細密な波線模様、そして黄色の斑点がある。肩羽は羽軸外側の羽弁が淡い黄褐色で、先端に三角形の黒い部分があるので、肩を横切るように濃淡の縞模様ができている。風切羽は濃い茶色とくすんだ黄色だが、三列風切［訳注：風切羽のうち、人の肘から肩に相当する部分に生えている羽毛］の縞模様は不鮮明。尾羽には不規則な淡黄褐色の細い横縞と、濃い茶色の幅の広い帯模様がある。顔盤は地色が明るく、その縁取りは羽毛の先端に濃淡があるため、かなりくっきりと見える。目は淡黄色で、まぶたは濃色で縁取られ、目先［訳注：左右の目とくちばしの間の部分］には濃色の斑がある。眉斑は白く、その白色部は象牙色のくちばしの上まで続く。体部下面は淡色で、細長い筋状の縦縞と横縞が見られる。ふ蹠［訳注：趾（あしゆび）の付け根からかかとまで］は羽毛に覆われ、裸出した趾は淡い灰褐色。爪は淡い茶色で、先端が濃色。その趾と爪の力はさほど強くない。［幼鳥］不明。
<u>鳴き声</u>　「ピーユーウィッ」という声を0.7秒ほどで発し、これを0.3〜11秒間隔で繰り返す。
<u>獲物と狩り</u>　主に昆虫を捕食すると思われる。

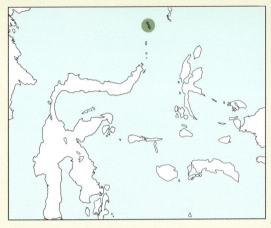

<u>生息地</u>　森林および樹木のある農地に棲む。標高は315mまで。
<u>現状と分布</u>　インドネシアのスラウェシ島北沖に浮かぶサンギヘ島に固有の種。この島ではごく一般的に見られる種だが、森林破壊の影響で数を減らしている。
<u>地理変異</u>　亜種のない単型種。
<u>類似の種</u>　隣接した島に棲むセレベスコノハズク（No.077）は姿がよく似ているが、本種より眉斑が長く、翼が短い。

◀Sangihe Scops Owlはセレベスコノハズク（No.077）によく似ているが、眉斑が短く、額とのコントラストが明瞭。尾はやや長く、体部上面の細密な波線模様はまばら。風切羽は濃い茶色と黄褐色で、三列風切の帯模様はぼんやりしている。11月、インドネシアのサンギヘ島にて（写真：フィリップ・ヴェルベレン）

Scops Owls：コノハズクの仲間　199

082　ボルネオコノハズク　[MANTANANI SCOPS OWL]
Otus mantananensis

全長 18〜20cm　体重 106〜110g　翼長 152〜180mm

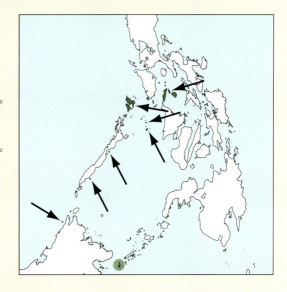

外見　ごく小型で、羽角が目立つ。雌雄の体格差に関するデータはない。羽色には灰褐色型と赤褐色型が存在し、南に行くほど灰褐色型の個体が多くなる。その灰褐色型の体部上面は、灰茶色の地に黒の斑点とまだら模様がある。肩羽は羽軸外側の羽弁の大部分が白いため、肩を横切るように白い縞模様ができている。風切羽と尾羽には濃淡の横縞。顔盤を囲む縁取りは濃色で、よく目立つ。目は黄色で、くちばしは灰褐色。体部下面は淡色の地に濃淡の筋状の縦縞が入るが、その地色は胸から腹部に向かってより淡くなる。脚部は趾の少し上まで羽毛に覆われ、その趾は淡い灰茶色で、爪は暗い象牙色。一方、赤褐色型は全体的に赤みの強い茶色をしている。[幼鳥] 不明。

鳴き声　「クウォーンク、クウォーンク」という、低く鼻にかかったうなり声を、だいたい5〜6秒間隔で繰り返す。

獲物と狩り　主に昆虫などの節足動物を捕食するが、小型の脊椎動物も食べる。狩りは林縁や開墾地で行う。

生息地　森林に棲むが、ココナツやモクマオウの栽培地で

▼基亜種のつがい。どちらの個体も体部上面は濃い茶色で、白黒のまだら模様と細かい斑点が入る。胸の上部には太い黒の縦縞があり、腹部は淡色。2月、フィリピンのラサ島にて（写真：イアン・メリル）

も見られる。

<u>現状と分布</u>　南シナ海のボルネオ島北西沖に浮かぶマンタナーニ島や、フィリピン諸島中西部および南西部のいくつかの島に分布する。これらの島々ではごく一般的に見られる種ではあるが、森林破壊の影響を受けているのは間違いない。ただし、調査研究はほとんど進んでおらず、分類や音声などについて不明な点も多い。

<u>地理変異</u>　4亜種が確認されている。基亜種の*mantananensis*はマンタナーニ島と、フィリピン諸島南西部のパラワン島沖に浮かぶラサ島およびウルスラ島に生息する。体部下面に密な模様がある*O. m. romblonis*はフィリピン諸島中西部のバントン島、ロンブロン島、タブラス島、シブヤン島、トレスレイエス島、セミラーラ島に、大型の体に黒の縦縞がくっきりと入る*O. m. cuyensis*はフィリピン諸島中西部のクヨ島およびカラミアン島に分布する。フィリピン諸島南西部のスールー諸島に属するシブツ島とツミンダオ島に棲む*O. m. sibutuensis*は、くすんだ茶色の地に不規則な模様がうっすらと入り、肩羽の淡色部分が小さい。いずれの亜種も北に行くほど赤色型が多くなる。

<u>類似の種</u>　フィリピンに生息するルソンオオコノハズク(No.057)、エベレットコノハズク(No.058)、ネグロコノハズク(No.059)、パラワンオオコノハズク(No.061)は、いずれも分布する島が異なるうえに、本種より色が濃くて長い羽角をもち、首の後ろの襟状紋がよく目立つ。

◀ボルネオコノハズクの赤褐色型のつがい。1羽は特に灰茶色と赤が強い。2月、フィリピンのラサ島にて(写真:イアン・メリル)

▶ボルネオコノハズクの基亜種。この個体は灰褐色型で、オレンジ系の黄色の目と比較的短い羽角をもつ。喉の白さと胸の上部に入る濃色の斑点が特徴的。1月、フィリピンのマンタナーニ島にて(写真:ジェームズ・イートン)

083 アメリカコノハズク [FLAMMULATED OWL]
Psiloscops flammeolus

全長 16～18cm　体重 45～63g　翼長 126～148mm

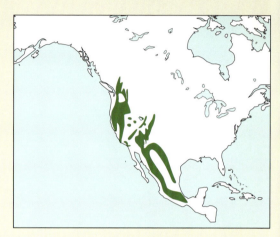

外見　ごく小型で、羽角は短いが、立たせると比較的目立つ。雌雄の体重差はごくわずかで、メスのほうが平均で3g重い。羽色には黄褐色がかった赤色と灰色の2型に加え、中間型も存在する。灰色型の個体は生息域の北部に多く、体部上面が隠蔽色となる灰茶色で、そこに細かい黒のまだら模様と筋状の縦縞が入る。肩まわりには、肩羽の大きな錆色の斑がオレンジから淡黄褐色の縞模様を、羽軸外側の羽弁の赤茶色の部分が鮮やかな帯模様をつくる。風切羽にはコントラストが美しい濃淡の横縞があるが、次列風切［訳注：風切羽のうち、人の肘から先に相当する部分から生えている羽毛］では縞模様が若干薄くなる。尾にも同様に、濃淡の横縞がおよそ4本ずつ入る。顔盤は地色が灰茶色、一部が淡い栗色から黒褐色で、大きな濃い茶色の目の上にぼんやりとした白の眉斑が見られる。くちばしと蝋膜［訳注：上のくちばし付け根を覆う肉質の膜］は灰茶色で、くちばしの力はさほど強くない。体部下面は灰茶色の地に濃淡のまだら模様、錆色の斑点、黒の筋状の縦縞が入る。脚部は趾の付け根までやはり灰茶色の羽毛で覆われ、爪は黒褐色。［**幼鳥**］ヒナの綿羽は白。第1回目の換羽を終えた幼鳥は成鳥に似てくるが、濃色の横縞が体部下面、頭頂部、首の後ろ、背中に見られ、顔盤は錆色がかる。

鳴き声　やや低めの声で、「フープ」と2～3秒の間隔をおいて繰り返す。

獲物と狩り　ほぼ節足動物のみを捕食し、なかでも蛾などの夜行性昆虫を主食とする。そうした獲物は主に林冠の上を飛びながらくちばしで捕まえる。

生息地　ポンデローサマツやベイマツの森、あるいはオークやアスペンなどの混交林に棲む。標高は400～3,000m。

現状と分布　北はカナダのブリティッシュコロンビア州から南はグアテマラ、エルサルバドルまで分布する。南方ではごく一般的に見られる種だが、北方では明らかに減少しており、その原因解明が急がれる。

地理変異　亜種のない単型種。

類似の種　生息域を共にするニシアメリカオオコノハズク(No.084)、離れて分布するヒガシアメリカオオコノハズク(No.085)は、いずれも本種より大型で、黄色の目をもち、肩羽には錆色の部分がない。

◀バッタを捕らえた灰色型のアメリカコノハズク。7月、米国コロラド州にて（写真：ポール・バニック）

▶アメリカコノハズクは小型のフクロウで、羽色には赤褐色型と灰色型のほか、その中間型の個体も見られるが、北部では灰色型の個体が多い。7月、米国コロラド州にて（写真：ポール・バニック）

084 ニシアメリカオオコノハズク [WESTERN SCREECH OWL]
Megascops kennicottii

全長 21〜24cm　体重 87〜250g　翼長 142〜190mm

<u>外見</u>　小型で、羽角は短いが、直立させるとよく目立つ。雌雄の体重を比べると、メスのほうが平均で30g以上重い。羽色には褐色型と灰色型があり、前者のほうが希少ではあるが、北に行くほどその割合は増える。一般的な灰色型は体部上面と頭頂部が茶系の灰色で、黒色の筋状の縦縞と細密な波線模様がある。肩羽は羽軸外側の羽弁が白くて縁が黒いので、肩には白い帯模様ができている。風切羽と尾羽には濃淡の横縞が入るが、尾羽の横縞はやや不鮮明。顔盤は淡い灰茶色の地に濃色の細密な波線模様と細かいまだら模様があり、はっきりとした濃色の縁取りには淡い斑点が混じる。眉斑はあまり目立たず、目は明るい黄色で、まぶたは濃い茶色。先端が象牙色のくちばしと蝋膜［訳注：上のくちばし付け根を覆う肉質の膜］は黒く、その付け根あたりには茶色の剛毛羽が生えている。体部下面は淡色で、黒の筋状の縦縞と不規則な横縞があり、胸の上部には太くて黒い筋状の破線も入る。脚部は灰茶色の趾の付け根まで羽毛に覆われ、爪は黒ずんだ象牙色。一方、褐色型は全体的に赤みが強い。［幼鳥］ヒナの綿羽は白。第1回目の換羽を終えた幼鳥は頭部と上背、体部下面に密な横縞が入る。

<u>鳴き声</u>　「ウルルル」という短い震え声の直後に、「ウールルルルルルル」と長く続ける。その後半部分は上り調子で始まり、最後は下降する。

<u>獲物と狩り</u>　冬季以外は昆虫などの節足動物を主食とし、そのほかに小型の哺乳類や鳥類、カエル、爬虫類も食べる。一方、冬季は主として小型の哺乳類と鳥類を捕食する。そうした獲物は止まり木から飛びかかって捕まえるか、追跡飛行して空中で捕らえる。

<u>生息地</u>　河畔林やマメ科の低木（メスキート）林、松林、オーク林のほか、やや開けた場所にも棲む。さらに、サボテンの自生する砂漠や、郊外の庭園や公園で見られることもある。標高は2,500mまで。

<u>現状と分布</u>　カナダ北部と米国アラスカ州から、南はメキ

◀淡い灰色型の亜種*aikeni*が地上で甲虫の幼虫を捕まえた。7月、米国アリゾナ州にて（写真：ジム&ディーヴァ・バーンズ）

シコ中部まで分布する。生息域では巣箱が設置されていることもあり、ごく一般的に見られる。また、ヒガシアメリカオオコノハズク(No.085)とは日常的な交雑は行われないものの、米国からメキシコにかけて流れるリオグランデ川流域など、両種の生息地が接し、なおかつ両種の生息密度が低い地域では交雑が起こることが知られる。

<u>地理変異</u> 8亜種が確認されている。基亜種の*kennicottii*は米国アラスカ州南部からオレゴン州沿岸部に分布するほか、カナダのバンクーバー島にも生息する。淡色で翼が長いM. k. *bendirei*は米国のワシントン州およびアイダホ州から南はカリフォルニア州南部、東はモンタナ州、ワイオミング州にいたる地域で繁殖する。もっとも淡い灰色のM. k. *aikeni*は米国南西部からメキシコのソノラ州北中部に、淡いピンクがかった灰色のM. k. *yumanensis*はコロラド砂漠からバハカリフォルニア、ソノラ州北西部に、そして比較的濃色のM. k. *cardonensis*はカリフォルニア州南部からバハカリフォルニアの太平洋沿岸にかけて生息する。バハカリフォルニアでは小型のM. k. *xanthusi*の姿も見られる。メキシコのソノラ州中央部からシナロア州では、やや小型で淡色のM. k. *vinaceus*が繁殖する。最後のM. k. *suttoni*はもっとも濃色の亜種で、テキサス州からリオグランデ川流域、メキシコ高原に分布する。以上の亜種の多くは少数の標本のみが情報源であり、分類を確実なものにするにはさらな

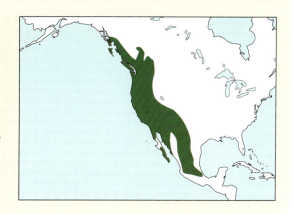

る調査研究が求められる。

<u>類似の種</u> 生息域を共にするアメリカコノハズク(No.83)は本種より小型で、濃い茶色の目をもち、羽衣には赤褐色の模様がある。生息域が一部重複するヒガシアメリカオオコノハズク(No.085)は鳴き声が異なるものの、灰褐色型と灰色型はくちばしの色が異なる以外、本種に酷似している。一方、赤色型は羽衣の違いから簡単に見分けることができる。かなり多くの地域で同所的に分布するヒゲコノハズク(No.088)は本種より小さく、体部下面の縦縞がまばらで、くちばしは緑がかり、脚は比較的小さい。

▼カリフォルニア州に棲む基亜種*kennicottii*は、体部上面が黒から淡黄褐色を帯びた暗褐色で、まばらだが明瞭な模様がある。くちばしは黒。3月、米国カリフォルニア州にて(写真：マイク・ダンゼンベイカー)

▼亜種*aikeni*のメスと、大きく育った若鳥。体部上面には淡い灰茶色の地に黒くて太い縦縞が入る。下面には幅広の縦縞と、不規則な横縞。くちばしは黒色ではなく、灰色。6月、米国アリゾナ州にて(写真：ジム&ディーヴァ・バーンズ)

▲巣穴のそばに姿を見せる基亜種*kennicottii*のつがい。3月、米国カリフォルニア州にて（写真：マイク・ダンゼンベイカー）

▼獲物のヘビをくわえて飛ぶニシアメリカオオコノハズク。米国アリゾナ州のグリーンバレーにて（写真：トム・ヴェゾ）

085 ヒガシアメリカオオコノハズク [EASTERN SCREECH OWL]
Megascops asio

全長 18〜23cm　体重 125〜250g　翼長 145〜175mm

外見　ごく小型から小型で、羽角が目立つ。雌雄の体重を比べると、メスのほうが平均で30gほど重い。羽色には灰褐色、灰色、赤色の3型とそれらの中間型が存在するが、灰褐色型と灰色型は生息域の北方で多く、赤色型は南方に多い。そのうち灰褐色型の個体は、体部上面に筋状の黒い縦縞と、濃色の細密な波線模様が見られる。肩羽は羽軸外側の羽弁が白っぽくて縁が黒いので、肩を横切るように白い帯模様ができている。風切羽には濃淡の横縞、灰茶色の尾羽には淡色の細い横縞が数本入る。顔盤は淡い灰茶色で、細かい濃色のまだら模様または細密な波線模様がある。顔盤の縁取りは黒褐色で、左右両側ともに下半分で幅広になる。眉斑は淡色で、目は明るい黄色。先端が黄色いくちばしと蝋膜［訳注：上のくちばし付け根を覆う肉質の膜］はオリーブ系の緑で、その付け根には灰茶色のヒゲのような羽毛が生えている。体部下面は白地で模様の色が濃いため、縦縞がくっきりとし、ほかにぼんやりとした横縞も見られる。ふ蹠［訳注：趾（あしゆび）の付け根からかかとまで］は羽毛に覆われ、裸出した趾は灰茶色。爪は黄色がかった象牙色で、先端が黒い。灰色型と赤色型はそれぞれ全体的に灰色、赤み

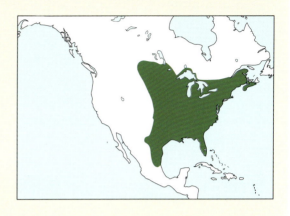

が強い。**[幼鳥]** ヒナの綿羽は白。第1回目の換羽を終えた幼鳥は成鳥に似てくるが、頭と上背、体部下面に入る濃淡の細い横縞は色が薄い。**[飛翔]** 翼の先端が尖り、背中の羽衣に模様がないのがよくわかる。

鳴き声　ヒキガエルのような震える声で「グールルルルル」と3〜5秒鳴いたかと思うと、急に終わり、数秒おいて

▶ヒガシアメリカオオコノハズクの亜種*hasbroucki*。体部下面には黒い縦縞と横縞が密に入り、肩が際立って白い。米国テキサス州ウヴァルデ郡にて（写真：ロルフ・ナスバウマー）

再び鳴くという一連を繰り返す。

<u>獲物と狩り</u>　主に地上または木の葉の間にいる昆虫などの節足動物を捕食する。そのほかに小型の脊椎動物も食べるが、特に北方に棲む個体や寒冷期にその傾向が強い。

<u>生息地</u>　落葉混交林や針葉樹林、開けた林に棲むが、郊外の庭園や公園でも見られる。標高は1,800mまで。

<u>現状と分布</u>　米国のモンタナ州東部および五大湖地方からメキシコ北東部にかけてと、カナダ南東部からフロリダ州にかけて分布する。米国とメキシコの国境付近ではニシアメリカオオコノハズク（No.084）と生息地が重なり、リオグランデ川流域では種間交雑が確認されている。また、アリゾナ州南部とメキシコの隣接地域ではヒゲコノハズク（No.088）との交雑例もあるが、ヒゲコノハズクは通常、標高1,600m以上の高地に生息する。

<u>地理変異</u>　6亜種が確認されている。基亜種の*asio*は米国のサウスカロライナ州、ジョージア州、ヴァージニア州、オクラホマ州東部に生息する。米国北西部の五大湖地方西部に棲む*M. a. maxwelliae*は淡い灰色で、オンタリオ州南部から米国北東部にかけて分布する*M. a. naevius*は体部下面、特に腹部の白さが目立つ。フロリダ州からルイジアナ州、アーカンソー州にかけて生息する*M. a. floridanus*は、大半が赤色型。*M. a. hasbroucki*はカンザス州中部からオクラホマ州、テキサス州に分布し、体部下面の両側に幅広の模様がある。最後の*M. a. mccalli*はリオグランデ川下流域からメキシコ北東部にかけて棲む亜種で、灰色型は体部上面に濃色のまだら模様が多く、赤色型は淡い色をしている。

<u>類似の種</u>　生息域が離れているアメリカコノハズク（No.083）は体が小さく、通常は本種より標高の高い場所に生息する。また、目は濃い茶色で、一般的に羽衣には灰茶色の地にさまざまなまだら模様が入る。生息域が一部重複するニシアメリカオオコノハズク（No.084）はよく似ているが、くちばしが黒く、体部下面の模様がまばら。同じく生息域が一部重複するヒゲコノハズク（No.088）は本種より小型で、下面の縦縞が多く、鉤爪はずっと小さい。

◀ヒガシアメリカオオコノハズクの亜種*floridanus*には灰色型と赤色型があり、特に赤色型の特徴が顕著な個体は基亜種の赤色型に似ている。12月、米国フロリダ州にて（写真：ポール・バニック）

▶ヒガシアメリカオオコノハズクの亜種*naevius*は体部下面、特に腹部が白く、濃色の縦縞と横縞が際立つ。カナダのオンタリオ州キャンベルヴィルにて（写真：スコット・リンステッド）

▼*maxwelliae*は、ヒガシアメリカオオコノハズクの中でもっとも淡色で模様が少ない亜種だ。写真は灰色型のオス。7月、カナダのマニトバ州にて（写真：クリスティアン・アルトゥソ）

086 クーパーコノハズク [PACIFIC SCREECH OWL]
Megascops cooperi

全長 23〜26cm　体重 145〜170g　翼長 163〜183mm

<u>外見</u>　小型で、羽角が目立つ。雌雄の体重を比べると、メスのほうが平均で約20g重い。体部上面は淡い灰茶色で濃色のまだら模様と縦縞が見られ、頭頂部には細い濃色の筋状の縦縞と横縞がまばらに入る。肩羽は羽軸外側の羽弁が白くて縁が黒いので、肩には白い帯模様ができている。さらに雨覆［訳注：風切羽（かざきりばね）の根本を覆う短い羽毛］に白い縁取りがあるため、翼を閉じるともう1本、淡色の帯模様ができる。初列風切［訳注：風切羽のうち、人の手首の先に相当する部分から生えているのが初列風切。肘から先の部分から生えているのが次列（じれつ）風切］には濃淡の横縞、次列風切と尾

にはやや不鮮明な横縞。顔盤は淡い灰色の地に濃色の細密な波線模様があり、幅の狭い黒の縁取りで囲まれる。目は黄色で、まぶたは茶色がかったピンク色。くちばしと蝋膜［訳注：上のくちばし付け根を覆う肉質の膜］は緑色を帯びる。体部下面は淡色で、細くて黒い筋状の縦縞と濃色の細密な波線模様が入る。ふ蹠［訳注：趾（あしゆび）の付け根からかかとまで］は羽毛に覆われ、裸出した趾は茶色がかった肌色で、爪は濃い象牙色。［幼鳥］不明。

<u>鳴き声</u>　しわがれた震え声で「ウ・プ・プ・プ・プ……」とすばやく鳴く。通常は約1.5秒の間に12音発するが、この一連は中盤で音量が大きく、ゆっくりになる。

<u>獲物と狩り</u>　記録はないが、節足動物を主食とし、そのほかに小型の脊椎動物も捕食すると思われる。

<u>生息地</u>　サボテンやヤシが立ち並ぶ乾燥地から半乾燥地に棲むが、マングローブの森でも見られる。標高は主に330mまでだが、最高1,000mの高地に姿を現すこともある。

<u>現状と分布</u>　メキシコのオアハカ州、チアパス州からコスタリカまでの太平洋岸に分布する。現状の詳細は不明。

<u>地理変異</u>　亜種のない単型種とされるが、分類は未確定で、遺伝子と生態の調査研究が求められる。また、Oaxaca Screech Owl（No.087）と種間交雑している可能性もある。

<u>類似の種</u>　生息域が一部重複するOaxaca Screech Owl（No.087）は本種より小型で、頭頂部に濃色の横縞と縦縞がある。もう少し広い範囲で生息域を共にするヒゲコノハズク（No.088）はさらに小型で、頭頂部に濃色の縦縞があり、鉤爪の力は本種ほど強くない。

◀同じ地域に棲むフクロウ類の中でもっとも大きいのが、黄褐色がかった灰色のクーパーコノハズクだ（赤色型の目撃報告はない）。体部上面にはまだら模様と縦縞が入り、腹部には縦縞と非常に細かい斑点、途切れがちな波線模様がある。目は黄色で、鉤爪はかなり力強い。3月、コスタリカにて（写真：マイク・ダンゼンベイカー）

▶コオロギなどの昆虫を主食とするクーパーコノハズクだが、かなり力強い鉤爪をもっている。そのため、脊椎動物も捕食すると思われる。コスタリカにて（写真：ファビオ・オルモス）

087　OAXACA SCREECH OWL
Megascops lambi

全長 20〜22cm　体重 115〜130g　翼長 148〜166mm

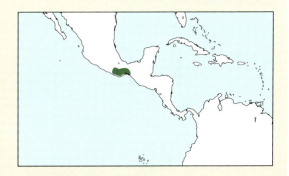

外見　小型で、羽角は短いながらもよく目立つ。雌雄の体重を比べると、メスのほうが平均で20gほど重い。体部上面は深い赤で、顔まわりから首の後ろにかけての白色部分との対比が際立つ。翼は、初列風切［訳注：風切羽のうち、人の手首の先に相当する部分から生えている羽毛］の外側の6本が短いため、やや丸みを帯びて見える。灰色の顔盤はくっきりとした濃色で縁取られ、目は黄色で、くちばしと蝋膜［訳注：上のくちばし付け根を覆う肉質の膜］はオリーブ系の緑から茶色。体部下面も上面と同じく赤みが強く、1本1本の羽毛にヘリンボーン模様と細密な波線模様が混在する。ふ蹠［訳注：趾（あしゆび）の付け根からかかとまで］は羽毛に覆われ、裸出した趾は淡い灰茶色。爪は暗い象牙色で、先端が黒。
［**幼鳥**］不明。
鳴き声　しわがれた声で「クロールルル」と鳴いたあと、弾むような声で「ゴッゴッゴッゴッゴッゴッ」と続ける。
獲物と狩り　記録はほとんどないが、食性と狩りの手法はほかのアメリカコノハズク類と似ていると考えられる。
生息地　サボテンやヤシの自生する乾燥した森林に棲むが、沿岸のマングローブ湿地でもしばしば見られる。標高は約1,000mまで。
現状と分布　メキシコ南東部のオアハカ州に固有の種。現状はよくわかっていないため、分布の重複する場所でクーパーコノハズク（№086）との交雑があるのかどうかも不明。
地理変異　亜種のない単型種とされるが、分類は未確定で、詳細な調査研究が求められる。
類似の種　生息域が異なるニシアメリカオオコノハズク（№084）は、くちばしが黒い。やはり生息域を異にするヒガシアメリカオオコノハズク（№085）は大きさも羽色もよく似ているが、鳴き声が異なる。生息域が一部重なるクーパーコノハズク（№086）は本種よりやや大きく、鉤爪が強力。また、鳴き声も異なるとされる。

088 ヒゲコノハズク [WHISKERED SCREECH OWL]
Megascops trichopsis

全長 17〜19cm　体重 70〜121g　翼長 132〜160mm

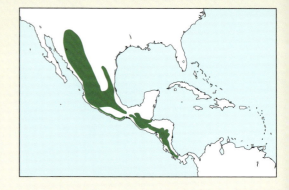

<u>外見</u>　ごく小型で、羽角も比較的小さく、完全に直立したとき以外は目立たない。雌雄の体重を比べると、メキシコ高原ではメスのほうが平均で約20g重いが、南方に行くとその差は10gに縮まる。羽色は灰色型と赤色型の2型に分けられてきたが、その地色も気候条件に応じて少しずつ変化してくる。たとえば乾燥地や標高の高い寒冷地では淡い灰色の割合が高いが、南下して湿度が上がるにつれて赤色型の個体が増加するといった具合だ。灰色型の個体は頭頂部と体部上面が灰色か茶色がかった灰色で、黒の筋状の縦縞が入る。肩羽は羽軸外側の羽弁が白くて縁が黒いので、肩を横切るように白い帯模様ができている。風切羽と尾羽には濃淡の横縞。淡い灰色の顔盤を囲む縁取りは黒くてよく目立ち、大きな黄色の目を中心として、同心円を描くように濃色の細い線が走る。くちばしと蝋膜 [訳注: 上のくちばし付け根を覆う肉質の膜] は濃い灰色。体部下面は淡色で比較的密に波線模様が入り、胸の上部を中心に幅広の黒い筋状の縦縞が見られる。ふ蹠 [訳注: 趾（あしゆび）の付け根からかかとまで] は羽毛に覆われ、裸出した趾は灰褐色。爪は灰色がかった象牙色で、さほど力は強くない。一方、赤色型の個体は模様がやや不鮮明で、全体的に赤褐色。[幼鳥] ほかのアメリカコノハズク類に似ているとされる。

<u>鳴き声</u>　「ブブブッブブ」と1秒間に5〜9音の速さで、合計4〜16音発する。キンメフクロウ（No.216）に似たこの鳴き声は3音目が強調され、後半はピッチが下がる。

▼ヒゲコノハズクの亜種 *aspersus* は灰色型のみ。淡い灰色の地に幅広の黒い筋状の縦縞が入り、腹部には中程度の太さの横縞がある。6月、米国アリゾナ州にて（写真: ジム&ディーヴァ・バーンズ）

▼亜種の *mesamericanus* は北方に棲む2亜種よりも赤色または赤褐色の個体の割合が高い。12月、グアテマラにて（写真: クヌート・アイゼルマン）

獲物と狩り 昆虫をはじめとする節足動物を主食とするが、ネズミを捕らえたという記録も1例のみだが報告されている。狩りは止まり木からはめったに行わず、通常は枝の間を飛びながら行う。

生息地 標高750〜2,500m（主に1,600m以上）のマツ林やオーク林、山地林に棲む。

現状と分布 米国のアリゾナ州南東部からニカラグア北中部にかけて分布する。生息域ではごく一般的に見られると言われるが、現状については調査が進んでいない。なお、アリゾナ州ではアメリカコノハズク（No.083）、ニシアメリカオオコノハズク（No.084）が同じ環境に生息するが、そのうちニシアメリカオオコノハズクとの交雑が知られる。

地理変異 3亜種が知られ、基亜種 *trichopsis* はメキシコ中部の高原に生息する。アリゾナ州南東部からメキシコ北部に分布する *M. t. aspersus* は、ほぼすべてが灰色型。一方、メキシコ南部からエルサルバドル、ニカラグア北中部に分布する *M. t. mesamericanus* には赤色型が多い。

類似の種 生息域が一部重複するアメリカコノハズク（No.083）はほぼ同じ大きさだが、赤みが強く、目は茶色。生息域が大きく重なるニシアメリカオオコノハズク（No.084）は本種より大型で、脚の力が強く、くちばしは黒。ヒゲオオコノハズク（No.089）も一部で生息域が重なるうえに、本種と同じ山地林に生息するが、体部下面に粗い波形の模様が入り、濃色の顔と緑のくちばし、そして鮮やかなピンク色の趾をもつ。

▼ヒゲコノハズクの亜種 *aspersus* のメス（左）とオス。アメリカコノハズク（No.083）の目が茶色なのに対し、本種は黄色の目をもつ。また、ヒゲオオコノハズク（No.089）は顔がもっと濃色で、体部下面には粗い波形の模様が見られる。7月、米国アリゾナ州にて（写真：ジム&ディーヴァ・バーンズ）

089 ヒゲオオコノハズク [BEARDED SCREECH OWL]
Megascops barbarus

全長 17〜18cm　体重 58〜79g　翼長 126〜145mm

__外見__　ごく小型で、羽角は短い。雌雄の体重を比べると、メスのほうが平均で9g重い。羽色には灰色と赤色の2型があり、灰色型は体部上面が灰茶色で、白やくすんだ黄色の斑点と濃色の模様が入る。頭頂部は暗い灰褐色の地に白と淡黄褐色の斑点が並んでいるため、丸い冠がのっているように見える。肩羽は羽軸外側の羽弁が白で縁が黒いので、肩を横切るように白い帯模様ができている。翼はやや長く、尾は短い。そのため、翼を広げると尾より後ろまで翼が伸びて見える。その翼と尾には同じような濃淡の横縞。顔盤は淡い灰茶色で、黄色い目を中心とした濃色の同心円状の線模様がある。顔盤を囲む縁取りは濃い茶色から黒褐色で、白っぽい眉斑には灰茶色の斑点が散り、くちばしと蝋膜［訳注：上のくちばし付け根を覆う肉質の膜］は緑色に近い。体部下面は淡い灰茶色からくすんだ白で、濃色の筋状の縦縞と、横へとまちまちに枝分かれする波形模様が入り、胸の上部には白くて丸い眼状紋もある。ふ蹠［訳注：趾（あしゆび）の付け根からかかとまで］は羽毛に覆われ、裸出した趾は鮮やかなピンク色で、爪は象牙色。一方、赤色型の個体は模様が不鮮明で、赤みがかった羽衣にぼんやりした模様が見られる。［幼鳥］第1回目の換羽を終えても幼鳥の頭頂部の両側と体部下面には幼綿羽が残っており、羽角もまだ見えない。また、眉斑は細くて不鮮明。

__鳴き声__　コオロギのような甲高い震え声で、「トゥリールルルルルルッ」と発する。その音量は次第に大きくなり、唐突に終わる。この一連は3〜5秒続き、数秒おいてまた繰り返される。

__獲物と狩り__　昆虫をはじめ、クモやサソリなどの節足動物を捕食する。その狩りの方法は、下層植生の中でうごめく獲物を待ち伏せるのが定石。

__生息地__　標高1,350m以上で、主として1,800〜2,500mの湿潤なマツとオークの混合林、オーク林、雲霧林に棲む。

__現状と分布__　メキシコのチアパス州からグアテマラ中部に分布する。情報量がきわめて少ない種ではあるが、森林破壊の影響で絶滅の危機にあるのは確かで、メキシコ国内のレッドリストでは絶滅危惧種に、バードライフ・インターナショナルでは近危急種に指定されている。

__地理変異__　亜種のない単型種。

__類似の種__　生息域が重なるヒゲコノハズク（№088）は体部下面の波形模様がなく、くちばしは灰色で、趾は灰茶色。また、翼を広げたときに、その先端が尾を超えるほどには長くない。

◀地上にたたずむ赤色型のヒゲオオコノハズク。模様は灰色型と同じだが不鮮明で、全体的に赤みがかっている。5月、グアテマラにて（写真：クヌート・アイゼルマン）

▲ヒゲオオコノハズクには亜種が存在する可能性も考えられ、メキシコ南部の個体は大きな黄色の目が特徴的で、グアテマラの個体よりもわずかに茶色が濃い傾向がある。メキシコのチアパス州にて（写真：クリスティアン・アルトゥソ）

▶ヒゲオオコノハズクの灰色型。本種はごく小型で、羽角も短い。顔は濃色で、くちばしの周囲に剛毛羽が密生し、印象的な斑点模様が入る。4月、グアテマラにて（写真：クヌート・アイゼルマン）

Screech Owls：Screech Owlの仲間　**215**

090 バルサスオオコノハズク [BALSAS SCREECH OWL]
Megascops seductus

全長 24〜27cm　体重 150〜174g　翼長 170〜185mm

<u>外見</u>　小型から中型で、羽角は短い。雌雄の体重を比べると、メスのほうが平均で15g重い。体部上面は灰茶色で、ワインレッドからピンクの色味を帯びた濃色の細密な波線模様と縦縞が入る。頭頂部も灰茶色で、黒褐色の筋状の縦縞、茶色の細密な波線模様、白い斑点が見られる。肩羽は羽軸外側の羽弁が白いため、肩を横切るように淡色の帯模様ができている。さらに雨覆[訳注：風切羽の根本を覆う短い羽毛]の先端も白いため、翼を閉じるともう1本、淡色の帯ができる。風切羽と尾羽には濃淡の横縞。灰茶色の顔盤は茶色の細密な波線模様とまだら模様が入り、濃い茶色の縁取りに囲まれる。茶色がかった白の眉斑は羽角の先端にまで達するが、羽角も眉斑もさほど目立たない。目は黄色みを帯びた茶色から金茶色で、くちばしと蝋膜[訳注：上のくちばし付け根を覆う肉質の膜]は灰色がかった緑色。体部下面は淡色の地に濃色で細い筋状の縦縞が入り、首と胸の上部には斑点が不規則に散る。ふ蹠[訳注：趾（あしゆび）の付け根からかかとまで]は羽毛に覆われ、裸出した趾は灰茶色で、爪は象牙色。[幼鳥] 不明。
<u>鳴き声</u>　大きな震え声で、「ブーク・ブーク・ボクボクボボボブルルルル」と徐々に速く発する。
<u>獲物と狩り</u>　記録に乏しいが、昆虫や小型の脊椎動物を捕食することがわかっている。
<u>生息地</u>　落葉樹林、マメ科の低木（メスキート）林、樹木が密生する二次林に棲むが、樹木やサボテン、有刺灌木がまばらに生える乾燥地でも見られる。標高は600〜1,500m。
<u>現状と分布</u>　メキシコはコリマ州の低地と、ミチョアカン州とゲレロ州西部のバルサス川流域に分布する。調査はほとんど進んでおらず、現状の詳細は不明。
<u>地理変異</u>　亜種のない単型種とされるが、鳴き声をもとにした分類が進められている。ただし、分類を確実なものにするにはDNA調査が求められる。
<u>類似の種</u>　生息域がわずかに重複するニシアメリカオオコノハズク（No. 084）は、本種よりやや小型で、目は鮮やかな黄色。生息域が異なるOaxaca Screech Owl（No. 087）とヒゲオオコノハズク（No. 089）は明らかに体が小さく、やはり目は黄色。

◀ バルサスオオコノハズクはクーパーコノハズク（No. 086）よりもわずかに大きく、灰茶色の体部上面には太い筋状の縦縞がはっきりと入る。下面には細い横縞が密に入り、胸には明瞭な黒斑も見られる。9月、メキシコのコリマ州にて（写真：クリスティアン・アルトゥソ）

Screech Owls：Screech Owlの仲間　217

091　パナマオオコノハズク　[BARE-SHANKED SCREECH OWL]
Megascops clarkii

全長 23〜25cm　体重 123〜190g　翼長 173〜190mm

外見　小型で、羽角も短い。雌雄の体格差に関するデータはない。体部上面は赤茶色の地に黒の斑点、まだら模様、細密な波線模様が入り、首の後ろはくすんだ黄色。肩羽は羽軸外側の羽弁が白で黒の縁取りがあるので、肩を横切るように白い帯模様ができている。風切羽にはシナモン系淡黄褐色の横縞、尾羽には濃淡の横縞が入る。黄褐色の顔盤を囲む縁取りは濃色だが明瞭でなく、目は淡い黄色。くちばしは緑がかった灰色または青灰色で、蝋膜[訳注：上のくちばし付け根を覆う肉質の膜]は象牙色。体部下面は薄茶色の地にくすんだ黄色と黄褐色の色味が混じり、胸の上部ではさらに白みも加わる。胸の下部から腹部にかけてはくすんだ赤茶色の横縞または細密な波線模様と、黒い筋状の縦縞が入る。腿は大部分がくすんだ黄色で、ふ蹠[訳注：趾（あしゆび）の付け根からかかとまで]は上3分の2が羽毛に覆われ、趾は黄色っぽいピンク色。爪は濃色で、先端の色はさらに濃い。[幼鳥]ヒナの綿羽は白。巣立ちを迎えるころの幼鳥は、シナモン系淡黄褐色の体部上面に白の斑点とぼんやりとした横縞、くすんだ黄色の下面に黄褐色の横縞が入る。それとわかるほどの羽角はまだない。

鳴き声　低い声で「ウーフ・ウーフ・ウーフ」と数秒間隔で繰り返す。

獲物と狩り　大型の昆虫やクモを主食とするが、小型の脊椎動物を鉤爪で捕らえることもある。

生息地　主に標高900〜2,350m、時には最高3,200mまでの鬱蒼とした山地林や雲霧林に棲む。

現状と分布　コスタリカからコロンビア北西端に分布する。この地域ではごく一般的に見られるとされるが、本種についての調査は進んでおらず、類縁関係や保全の必要性などについてはわかっていない。ただし、山地の密林で樹木が伐採されているため、数を減らしているのは明らかだ。

地理変異　亜種のない単型種。

類似の種　生息域が重なる*Megascops*属の仲間で、ふ蹠が完全に羽毛に覆われていないのは本種のみ。

▼パナマオオコノハズクの体部下面には、目玉に見える模様が入る。また、ふ蹠は3分の1ほど裸出している。8月、コスタリカのサンヘラルドデドータにて（写真：ジャック・エラール）

▼赤褐色の強い個体。体部上面には多数の黒の斑点とまだら模様、そして細密な波線模様が入る。4月、コスタリカにて（写真：マイク・ダンゼンベイカー）

092 スピックスコノハズク [TROPICAL SCREECH OWL]
Megascops choliba

全長 20〜25cm　体重 100〜160g　翼長 154〜182mm

<u>外見</u>　小型で、羽角も短い。雌雄の体格差に関するデータはないが、メスのほうが大きいという報告もいくつかある。羽色には灰色、赤色、褐色の3型に加え、それらの中間型も存在する。もっとも一般的なのは灰色型で、その体部上面は灰茶色の地に濃色のまだら模様と縦縞があり、頭頂部と背中には黒い筋状の縦縞も入る。肩羽は羽軸外側の羽弁が白または淡い黄土色で濃色の縁取りがあるため、肩を横切るように白または黄色の帯模様ができている。風切羽には濃淡の横縞、尾にはまだら模様と不鮮明な横縞。顔盤は淡い灰茶色で濃色のまだら模様があり、黒い縁取りで囲まれる。眉斑は白く、羽角にまで達する。目は淡黄色から黄金色で、まぶたは黒い。くちばしと蝋膜［訳注：上のくちばし付け根を覆う肉質の膜］は緑がかった淡い灰色。体部下面は灰白色で、細い筋状の縦縞から4〜5本の線が枝分かれして出て、濃色のヘリンボーン模様をつくる。ふ蹠［訳注：趾（あしゆび）の付け根からかかとまで］は羽毛に覆われ、裸出した趾は灰色で、爪は暗い象牙色。一方、赤色型は羽色がシナモ

ン系またはくすんだ淡黄褐色で模様が少なく、褐色型は全体的に茶色みが強い。［幼鳥］ヒナの綿羽は白。第1回目の換羽を終えた幼鳥の羽衣には、くっきりとした濃淡の横縞が見られる。［飛翔］丸い翼を広げると、模様が少ない体部上面が目立つ。

<u>鳴き声</u>　震える声で「グルルルク・クックッ」とすばやく鳴き、最後は強い音で終わる。

<u>獲物と狩り</u>　昆虫やクモを主食とするが、小型の脊椎動物も捕食する。狩りの手法は、道路際の電柱や電線から獲物めがけて飛びかかるというものがよく見られるが、空中で蛾を捕らえることもある。

<u>生息地</u>　密林を好まず、サバンナ型の開けた森林や雨林の中の開けた場所、竹林、農地、公園などに棲む。通常は標高1,500mより下で見られるが、温暖な地域ではそれより高い場所にも進出する。たとえばコロンビアでは最高3,000m、アルゼンチンでは2,700mまでの地域で確認されている。

<u>現状と分布</u>　コスタリカから南はアルゼンチン、ウルグアイまでと、トリニダードトバゴに分布する。これらの生息域ではごく一般的に見られる種ではあるが、食虫性であるため、大々的な農薬散布の影響を受けている。さらに道路際で狩りをすることが多いため、交通事故死する個体も少なくない。

<u>地理変異</u>　9亜種が確認されている。基亜種の*choliba*はブラジルのマトグロッソ州南部とサンパウロ州からパラグア

◀スピックスコノハズクの亜種*crucigerus*。写真の個体は短い羽角を寝かせているため、まったく見えない。10月、ペルーのロレート県ナポ川にて（写真：マイケル&パトリシア・フォグデン）

イ東部にかけて生息する。翼の長いM. c. luctisomusはコスタリカからコロンビア北西部に、基亜種より淡い色のM. c. margaritaeはコロンビア北部からマルガリータ島を含むベネズエラ北部に、体部の羽毛に毛羽立った黄色の斑点があるM. c. crucigerusはベネズエラおよびコロンビア東部からペルー東部、ブラジル北東部、スリナム、ガイアナ、そしてトリニダードトバゴにかけて分布する。ベネズエラ南部のドゥイダ山からネブリナ山にかけて生息するM. c. duidaeは色が非常に濃いが、首の後ろには淡色の襟状紋がある。ブラジル中東部から南部に分布するのは小型で淡色のM. c. decussatus。ブラジル南東部およびウルグアイからアルゼンチン北東部にかけては、体部に黄色がかった赤褐色の綿羽があり、下面の筋状の縦縞が目立つM. c. uruguaiensisが、ボリビアには、明るい赤褐色で縦縞や横縞が少ないM. c. surutusが生息する。最後のM. c. wetmoreiはパラグアイのチャコ地方からアルゼンチンのブエノスアイレスに棲む亜種で、全体的に色が濃く、体部下面はくすんだ淡黄褐色。ただし、これらの亜種の分類を確実なものにするにはさらなる調査研究が必要だ。たとえば色がとても濃いduidaeは、ベネズエラのドゥイダ山とネブリナ山に固有の独立した種である可能性もあるからだ。

類似の種　生息域が一部重複するホイオオコノハズク（No. 096）は首の後ろに白の襟羽があり、体部下面の模様はまばらで、スペードが連なったような縦縞が見られる。もう少し広い範囲で生息域が重なるズグロオオコノハズク（No. 104）は本種よりやや大きくて羽角が長く、頭頂部はほぼむらのない濃色。また、首の後ろには白い襟羽があり、下面のヘリンボーン模様はさほど多くない。同じく生息域が重複するミミナガオオコノハズク（No. 105）も本種より大きく、羽角がよく目立つ。

▼基亜種cholibaの赤色型。8月、ブラジルのサンパウロ州にて（写真：マルクス・ラーゲルクヴィスト）

◀ 基亜種*choliba*の灰色型。8月、ブラジルのサンパウロ州にて（写真：マルクス・ラーゲルクヴィスト）

▼ スピックスコノハズクの亜種*wetmorei*。パラグアイのグランチャコにて（写真：トーマス・ヴィンケ）

▼◀ 亜種の*surutus*は羽色がやや赤みを帯び、濃色の縞模様が少ない。7月、ブラジルのマトグロッソ州パンタナールにて（写真：マルクス・ラーゲルクヴィスト）

▼亜種の*luctisomus*には淡色型と褐色型がある。写真は褐色型のつがい。目ははっきりとは写っていないが、ほかの亜種と同じく黄色。6月、コスタリカにて（写真：ダニエル・マルティネス・A）

▼ブラジルに分布する亜種*decussatus*には灰色型と赤色型があり、写真の個体は羽角を立てた灰色型。10月、ブラジルのバイーア州にて（写真：アーサー・グロセット）

▼赤褐色型の亜種*decussatus*。隣にもう1羽が眠っている。9月、ブラジルのリオデジャネイロ州にて（写真：スコット・オルムステッド）

▼亜種の*crucigerus*は基亜種よりも、体部上面も下面も赤みが強い。腹部に毛羽立った黄褐色の斑点があり、胸には横縞が密に入る。8月、ペルーのティンガナにて（写真：クリスティアン・アルトゥソ）

093 ペルーオオコノハズク [MARIA KOEPCKE'S SCREECH OWL]
Megascops koepckeae

全長 24cm　体重 110〜148g　翼長 169〜185mm

別名　Koepcke's Screech Owl

外見　小型で、羽角も小さいがよく目立つ。雌雄の体格差に関するデータはない。単型であるが、羽色はバリエーションが豊かで、生息域の北部ではチョコレート系茶色、南部では灰色系茶色の個体が多く見られる。一般に体部上面は濃い灰茶色で、そこに入る幅広の筋状の縦縞は輪郭が不鮮明だが、枝のように濃色の線が突き出ているのが見て取れる。体部上面には、ほかに黄土色から白の斑点も入る。頭頂部には黒褐色の地に淡褐色の小さな斑点が散るが、その斑点は額付近では黄土色がかった白色になる。羽角には濃色の筋状の縦縞。肩羽は羽軸外側の羽弁が白くて黒の縁取りがあるので、肩には白い帯模様ができている。風切羽にはぼんやりとした濃淡の横縞が入り、初列風切［訳注：風切羽のうち、人の手首の先に相当する部分から生えている羽毛］の先端はむらのない濃色。尾は濃い茶色で、淡黄色の細い横縞と小さな斑点がある。顔盤は灰白色で、中心に近づくほど色が濃くなり、濃色のまだら模様または斑点が入る。顔盤の縁取りは黒に近い濃色。眉斑は不鮮明ではあるが、白地に濃色のまだらが入る。目は黄色で、濃色のまぶたは黒く縁取られる。くちばしと蝋膜［訳注：上のくちばし付け根を覆う肉質の膜］は青系か緑系の象牙色。体部下面は灰白色で、幅の広い黒褐色の筋状の縦縞から数本の線が枝分かれして

出ており、胸の上部と首の側面は淡い黄褐色がかかる。ふ蹠［訳注：趾（あしゆび）の付け根からかかとまで］は褐色の斑点が入る淡黄褐色の羽毛に覆われ、裸出した趾は灰褐色で、爪は暗い象牙色。［幼鳥］巣内雛は淡い灰色の綿羽に覆われ、くちばしは青灰色。

鳴き声　甲高い大きな声で、「コ・コ・コ・コ・コ・カ、カ、カー」と発する。この鳴き声は徐々にスピードを落としながらいったんピッチが上がったのち、下り調子になるが、最後の3音は力強い。なお、亜種*hockingi*の鳴き声はややスピードが速く、高音の傾向にあるが、独立種とするほどの違いはない。いずれにせよ、本種の鳴き声は非常に特徴的で、同じ*Megascops*属の他種とは似ても似つかない。

獲物と狩り　複数の胃の内容物からは昆虫を食べた痕跡が見つかっている。

生息地　アンデス山麓の標高2,500〜4,500mの乾燥林およびポリプリス（乾燥地に生える高木で、熱帯アンデスの高地に固有）の森林に棲む。ただし、亜種*hockingi*はこれより標高の低い1,400〜2,000mの地域に生息するほか、灌木が茂る3,400mの高地でも見られる。

現状と分布　ペルー北西部から南西部に分布する。ごく一般的に見られる種であり、ペルー中央部の雨陰（山地の風下側で、雨量が少ない）にある森林ではかなり荒廃が進んでいるものの、中南部のアプリマク県には依然として成熟した乾燥林が広範囲に見られ、亜種*hockingi*が数多く生息する。現在のところ、本種に保全上の特筆すべき懸念はない。

地理変異　2亜種が確認されており、基亜種の*koepckeae*はペルー北西部から中央部に、*M. k. hockingi*はペルー中央部から南西部にかけて生息する。後者は全体的に灰色みが強く、体部下面は模様がまばらではあるが、胸と喉には横縞

◀ペルーオオコノハズクの基亜種は亜種の*hockingi*よりも豊かな色合いの濃色で、羽衣（うい）には黄色みの強い土色とシナモン色の斑紋がある。10月、ペルーのアマソナス県にて（写真：ロジャー・アールマン）

が密に入る。この亜種は2012年に記載されたが、それまでは独立種とすべきという見解もあった。

類似の種　生息域が隣接するシロエリオオコノハズク（No. 094）はやや小型で、体部下面の模様が本種より細かく、黒い頭頂部に沿うように生える飾り羽と、黄色い目を囲む白い眉斑が特徴的。生息域が少し離れるTumbes Screech Owl（No. 095）は本種よりずっと小さく、主に乾燥した低地に生息する。生息域が一部重なるノドジロオオコノハズク（No. 112）は本種より濃色で大きく、羽角がない。また、目はオレンジで、喉が白い。

▲ペルーオオコノハズクの亜種*hockingi*のつがい。雌雄に羽色や大きさの違いはない。9月、ペルーのアバンカイにて（写真：クリスティアン・アルトゥソ）

▲亜種の*hockingi*は北方に分布する基亜種よりも淡色で、その地色は茶色がかっていない灰色。9月、ペルーのアバンカイにて（写真：クリスティアン・アルトゥソ）

▼ペルーオオコノハズクの基亜種は、やや小型のシロエリオオコノハズク（No. 094）に似ているが、体部上面は灰色で、不鮮明ながら幅広の縦縞がある。8月、ペルーのチャチャポヤスにて（写真：クリスティアン・アルトゥソ）

094 シロエリオオコノハズク [PERUVIAN SCREECH OWL]
Megascops roboratus

全長 20〜22cm　体重 144〜162g　翼長 165〜175mm

外見　小型で、羽角も短い。雌雄の体格を比べると、メスのほうがやや大きく、体重も重いとされる。羽色には灰褐色と赤色の2型があり、灰褐色型の個体は体部上面の地色がやや暗い灰茶色で、黒い筋状の縦縞と濃色の横方向の細密な波線模様がある。肩斑は白く、そこから黒褐色の頭頂に沿うように首の後ろまで白い飾り羽が続く。肩羽は羽軸外側の羽弁が白くて黒の縁取りがあるので、肩を横切るように白い帯模様ができている。風切羽には濃淡の横縞、尾羽にはまだら模様が見られる。顔盤は淡い灰茶色で、濃色の斑点と細密な波線模様が入り、縁取りは黒に近い茶色。

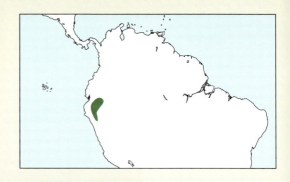

◀シロエリオオコノハズクの赤色型は、上背が濃色で、翼の一部だけが茶色い。肩羽は羽軸外側の羽弁が白くて黒の縁取りがあり、風切羽には濃淡の横縞が入る。6月、ペルーのトゥンベス県にて（写真：ポール・ノークス）

▶巣穴にいる灰褐色型のシロエリオオコノハズク。その胸の縦縞は茶色ではなく黒。7月、ペルーのケブラダにて（写真：ジョナサン・ニューマン）

目は黄金色から淡い黄色で、まぶたはピンクがかったオリーブ色、くちばしと蝋膜[訳注：上のくちばし付け根を覆う肉質の膜]は灰色がかったオリーブ色。体部下面は淡い灰茶色の地に、比較的細い筋状の縦縞と細密な波線模様、そして不規則な横縞が入る。胸の上部側面の羽毛の一部にも黒の筋状の縦縞があるが、この縞は幅が広く、羽毛の先端に向かうようなスペード型をしている。ふ蹠[訳注：趾(あしゆび)の付け根からかかとまで]は羽毛に覆われ、裸出した趾は茶色で、爪は暗い象牙色。一方、赤色型の個体は全体が淡い赤褐色で、模様は黒ではなく濃い茶色。[幼鳥]ヒナの綿羽は白。第1回目の換羽を終えた幼鳥は、体部下面に密な横縞、頭頂部にぼんやりした模様が入る。目は淡いオリーブ系の黄色。

鳴き声 やや震える声で、長く、均一な間隔で鳴く。この一連は静かに始まるが、徐々にボリュームが大きくなる。

獲物と狩り 記録はほとんどないが、昆虫を主食とするのは間違いない。

生息地 乾燥した落葉樹林、マメ科の低木（メスキート）林、灌木とサボテンの自生する乾燥した林地に棲む。標高は主に500～1,200mだが、時には1,800mの高地でもその姿が見られる。

現状と分布 エクアドル南部からペルー北部に分布する。樹洞で繁殖する本種は、森林伐採の影響で数を減らし、地域によっては希少になっている。生態や鳴き声についてはさらなる調査研究が求められる。

地理変異 亜種のない単型種。

類似の種 生息域が隣接するペルーオオコノハズク（№093）は、本種よりはるかに高い標高の場所に生息するうえに、体が大きく、頭頂を囲む白の飾り羽はない。また、体部下面の模様はまばらだが、筋状の縦縞は幅が広い。同じく生息域が隣接するTumbes Screech Owl（№095）は、本種より標高の低い場所に生息し、体がやや小さく、尾も短い。

095 TUMBES SCREECH OWL
Megascops pacificus

全長20cm 体重70～90g 翼長139～150mm

別名　Coastal Screech Owl

外見　ごく小型で、羽角は短く、先端が尖る。雌雄の体格差に関するデータはない。羽色には灰褐色と赤色の2型があり、灰褐色型の個体は灰茶色の体部上面に黒または濃い茶色の縦縞と矢柄の模様がある。眉斑は白く、そこから頭頂部を経て首の後ろまで白く目立つ飾り羽が続く。肩羽は羽軸外側の羽弁に濃色で縁取られた大きな白斑があるため、肩を横切るように白い帯模様ができている。翼と尾にも灰茶色で細い淡色の縞があり、尾羽の羽軸は濃色。やはり灰茶色の顔盤は濃色の縁取りに囲まれ、目は黄色で、くちばしは緑の強いオリーブ系の灰色。体部下面は淡い茶色だが、胸は腹部より色が濃く、そこに濃色の細密な波線模様と筋状の縦縞、さらには不規則な横縞が入る。ふ蹠［訳注：趾（あしゆび）の付け根からかかとまで］は羽毛に覆われ、裸出した趾はオリーブ系の灰色。爪は暗い象牙色で、力は比較的弱い。この灰褐色型よりも数が多い赤色型の個体は全体的に赤褐色で、濃色の模様はやや不鮮明。［**幼鳥**］ヒナの綿羽は白。第1回目の換羽を終えた幼鳥の羽衣にはぼんやりとした横

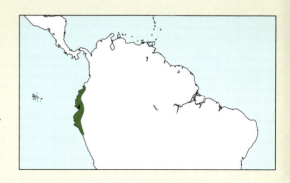

縞が密に入る。

鳴き声　すばやく喉を鳴らすような震え声が、やや下がり調子で1.5～2秒続く。

獲物と狩り　記録に乏しいが、おそらく昆虫などの節足動物を主食とするものと思われる。

生息地　乾燥した熱帯の灌木地や落葉樹林に棲むが、人間の居住地内外でも見られる。標高は主に500m以下だが、時には1,200mまでの場所にも姿を見せる。

現状と分布　エクアドル南西部とペルー北西部に分布する。生息域ではさほど希少な種ではないが、調査は進んでおらず、現状の詳細は不明。

地理変異　亜種のない単型種。本種は長くシロエリオオコノハズク（№094）の亜種とされてきたが、現在は形態と鳴き声をもとに別種とされる。ただし、この分類は時期尚早ではないかとする向きもあり、正確を期すためにも遺伝子と生物学的研究が求められる。

類似の種　生息域が少し離れるペルーオオコノハズク（№093）は本種より大型で、標高2,000m以上の場所に生息する。また、体部下面の模様がまばらで、濃色の頭頂部に白い飾り羽はない。生息域が隣接するシロエリオオコノハズク（№094）も本種より大きく、標高の少し高い場所（500m以上）に棲む。また、尾が比較的長く、ほっそりと見える。ノドジロオオコノハズク（№112）ももっと標高の高い場所（1,300m以上）を好み、その外見は喉の白い斑紋が特徴的で、羽角はない。生息域が重なるペルースズメフクロウ（№195）は本種よりやや小さく、羽角もないが、尾は長い。

◀Tumbes Screech Owlの初列雨覆（しょれつあまおおい）［訳注：風切羽の根本を覆う雨覆のうち、初列風切（人の手首の先に相当する部分から生えている風切羽）を覆う羽毛］はむらのない濃色。胸の縦縞はシロエリオオコノハズク（№094）に似ているが、横縞の間隔が広く、体部下面の羽色もむらが少ない。8月、ペルーのランバイエケ県にて（写真：クリスティアン・アルトゥソ）

Screech Owls：Screech Owlの仲間 **227**

▲Tumbes Screech Owlの灰褐色型の個体は、シロエリオオコノハズク（No.094）の灰褐色型に似ているが、本種のほうが小型で淡色。また、大きな目は黄色から黄金色で、羽角は小さい。4月、エクアドルのホルペにて（写真：イアン・メリル）

▶エクアドル南部からペルー北部に広がる低地の西部では、灰褐色型よりも赤色型のほうが優勢。ペルーのランバイエケ県にて（写真：ドゥシャン・M・ブリンクファイゼン）

096 ホイオオコノハズク [MONTANE FOREST SCREECH OWL]
Megascops hoyi

全長 23～24cm　体重 110～145g　翼長 165～177mm

別名　Hoy's Screech Owl, Yungas Screech Owl

外見　小型で、羽角も短い。雌雄の体重を比べると、メスのほうが平均で20g重い。羽色には灰色、褐色、赤色の3型があり、このうち褐色型がもっとも多い。その褐色型の頭頂部と体部上面は灰茶色で、濃色の筋状の縦縞と細密な波線模様が入る。首の両側には濃色の斑紋があり、首の後ろから羽角の後ろにかけては細くて白い縞模様が続く。肩羽は羽軸外側の羽弁が白くて濃色の縁取りがあるため、肩まわりには白い帯模様ができている。風切羽（かざきりばね）には濃淡の横縞、尾羽には横縞と波線模様が密に入る。灰茶色の顔盤には細かい濃色の波線模様があり、その顔盤を挟むように縁取りの左右の部分がよく発達している。淡色の眉斑（びはん）は多くの場合、目の上方に切れ込みがあるため、淡色の線が途切れているように見える。目は明るい黄色で、くちばしは緑がかった黄色。体部上面に比べてやや色が淡い下面は濃色の筋状の縦縞に覆われ、それぞれの縦縞からはさらに2～3本の線が水平方向に枝分かれして出ている。胸の上部の左右に

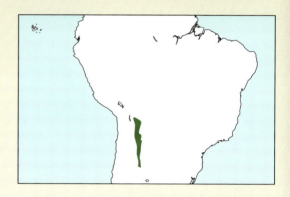

入る、くっきりと濃い筋状の縦縞の先端はスペード型。ふ蹠（しょ）［訳注：趾（あしゆび）の付け根からかかとまで］は羽毛に覆われ、裸出した趾は黄色がかった灰色で、爪は暗い象牙色。灰色型と赤色型の模様もこれと似ているが、赤色型の羽色は錆色。［幼鳥］巣立雛は成鳥に似ているが、その羽衣はふわふわしていて、羽角は見えない。［飛翔］首まわりに入る特徴的な淡色の帯模様が確認できる。

鳴き声　1秒間に11音ほどの弾むような震え声を5～20秒続け、数秒おいてこの一連をまた繰り返す。

獲物と狩り　昆虫やクモを主食とするが、小型のげっ歯類を食べることもある。獲物は、地上または大木の上層にいるところを鉤爪（かぎつめ）を使って捕らえる。

生息地　主にティランジア属（パイナップル科）などの着生植物が豊富な落葉樹林に棲む。標高は1,000～2,600m、場所によっては最高2,800mまで。

現状と分布　ボリビア中南部からアルゼンチン北部にかけて分布する。生息域ではごく一般的に見られる種だが、森林破壊や家畜の過放牧に生存を脅かされている。

地理変異　亜種のない単型種。

類似の種　生息域が一部重複するスピックスコノハズク（№092）は、本種より標高の低い場所に多く棲み、小型で羽角が短く、鉤爪の力もさほど強くない。また、くちばしから羽角にかけて一続きの淡色の帯があり、体部下面の縦縞は本種より多い。同じく一部で生息域を共にするRio Napo Screech Owl（№111）は、大きさはほぼ同じだが、体部下面には横縞と細密な波線模様、そして非常に細い筋状の縦縞が入り、目は茶色または黄色。

◀ホイオオコノハズクはRio Napo Screech Owl（№111）よりも標高の高い地域に生息する。1月、アルゼンチンのサルタにて（写真：ニール・ボウマン）

Screech Owls：Screech Owlの仲間　229

097　アンデスオオコノハズク　[RUFESCENT SCREECH OWL]
Megascops ingens

全長 25～28cm　体重 134～223g　翼長 184～212mm

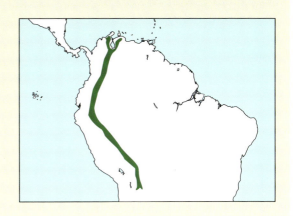

<u>外見</u>　小型から中型で、羽角は小さい。雌雄の体重を比べると、メスのほうが平均で28g重い。体部上面の羽色は暗いオリーブ系黄褐色、赤褐色、灰褐色のいずれかで、そこに小さな白の斑点と細い濃色の波線模様が入り、頭頂部には濃色の波形模様が見られる。肩羽は縁がくすんだ黄色から白色なので、肩を横切るようにぼんやりした淡色の帯模様ができている。風切羽には黄褐色と煤色の縞模様、尾羽にはシナモン色と濃い茶色の縞模様。顔盤は淡黄褐色から赤褐色で、蜂蜜を思わせる黄褐色の目を中心として同心円状に濃色の細い線が入り、くすんだ黄色の不鮮明な縁取りに囲まれる。くちばしと蝋膜［訳注：上のくちばし付け根を覆う肉質の膜］はオリーブ系の黄色。体部下面は淡色で、数本の細い筋状の縦縞と、濃色とくすんだ黄色から白が混じる細密な波線模様が入る。ふ蹠［訳注：趾（あしゆび）の付け根からかかとまで］は羽毛が密に生え、裸出した趾は黄色がかった灰色。爪は淡い象牙色で、比較的力が強い。[幼鳥]ヒナの綿羽は白に近い淡黄褐色。第1回目の換羽を終えると、煤色のまだら模様になる。

<u>鳴き声</u>　「ウル」という声を、徐々に音量を上げながら長く続ける。この鳴き声は10秒間に50音も発することがある。

<u>獲物と狩り</u>　大型の昆虫やクモを主食とするが、小型の脊椎動物を捕食することもある。狩りはもっぱら樹木の中層や樹冠で行う。

<u>生息地</u>　山の斜面の湿潤な森林に棲む。標高は主に1,200～2,250m。

<u>現状と分布</u>　ベネズエラからボリビア北部に分布するが、その生息地はアンデス山脈の東側斜面に限られる。希少な種とされるが、正確な個体数を把握できていない可能性もある。とはいえ、湿潤な森林に棲むフクロウ類の例に漏れず、本種も大規模伐採の影響を受けているのは間違いない。

<u>地理変異</u>　2亜種が確認されている。基亜種の*ingens*はエクアドル東部からボリビア北部に、やや小型で淡色の*M. i. venezuelanus*はベネズエラからコロンビア東部に生息する。ベネズエラのマラカイより北の沿岸部の山地に第3の亜種が存在する可能性があるが、現時点では未確認。さらに、近年発見されたSanta Marta Screech Owl（No.098）との関係性についての調査も待たれる。

<u>類似の種</u>　アンデス山脈の西側の斜面にのみ生息するコロンビアオオコノハズク（No.099）は本種とほぼ同じ大きさだが、薄いピンク色のまぶたと黒褐色の目がより目立つ。生息域が一部重複するシナモンオオコノハズク（No.100）はやや小型で、胸と腹部の細密な波線模様が少ない。

◀写真のアンデスオオコノハズクは体部上面が濃い茶色で、下面は赤みと黄色みが強く、細密な波線模様がある。赤褐色の顔盤と羽角は、いずれもあまり目立たない。目は褐色で、まぶたは縁が薄いピンク色。9月、ペルーにて（写真：グレン・バートリー）

098 SANTA MARTA SCREECH OWL
Megascops 'gilesi'

全長 約30cm

外見 小型から中型で、羽角も短いが、よく目立つ。羽色には、少なくとも赤褐色と灰褐色の2型が存在する。一般的に頭部は濃い茶色だが、額は白みが強いので、濃色の眉斑が際立つ。翼には赤みがかった黄色の横縞、短い尾にも同様の横縞が6本ほど入る。大きな目は黄色で、その周囲に淡色の部分があるため、顔盤がよく目立つ。くちばしは淡い象牙色。体部下面はごく淡い色だが、胸の下部には茶色の縦縞と、ぼんやりとしたヘリンボーン模様も見られる。脚は黄色みを帯び、爪は濃色。[幼鳥] 不明。

鳴き声 弾むように「ウウウウ……ウウ」と、約2.6～3秒というごく短い間に26回ほど発し、4～5秒おいてこの一連をまた繰り返す。鳴き始めは静かだが、1秒を過ぎたあたりから大きくなり、後半はまた小さくなる。この鳴き声はホイオオコノハズク (No.096) のものにも似ているが、本種のほうがスピードが速く、音数もかなり多い。

獲物と狩り 記録はないが、大型の甲虫が含まれるようだ。

生息地 標高1,800m～2,150mの山地林に棲む。

現状と分布 本種は2007年2月にコロンビア北部のシエラネバダ・デ・サンタマルタ山地にあるエルドラド鳥類保護区で発見され、その後も保護区内で少なくとも4～5組のつがいが目撃されている。個体群の現状は不明だが、プロアベス基金 (Fundación ProAves) が同保護区内でこの新種に関する総合的な緊急調査を実施中であり、繁殖を促すために40個の巣箱を設置している。

地理変異 亜種のない単型種と思われる。

類似の種 生息域を共にするスピックスコノハズク (No.092) はおそらく本種よりやや小型で、鳴き声がまったく異なるうえに、そのほとんどが本種より標高の低い地域に生息する。また、チャバラオオコノハズク (No.102) がコロンビア北東部からベネズエラ北西部に連なるペリハ山脈の標高2,100mまでの地域に生息するなら、本種と分布がほぼ重なるとも考えられる。そうだとすると、その山岳地帯の個体群が、この新種の代わりになっている可能性もある。

◀◀大きな黄色い目をもつ灰褐色型のSanta Marta Screech Owl。短い尾より先まで翼が伸びている点に留意。10月、コロンビアのサンロレンソにて（写真：クリスティアン・アルトゥソ）

◀こちらは赤褐色型。枝にしがみついていると、羽毛の生えていない趾がよく見える。2月、コロンビアのサンタマルタにて（写真：ジョン・ホーンバックル）

Screech Owls：Screech Owlの仲間　231

099　コロンビアオオコノハズク　[COLOMBIAN SCREECH OWL]
Megascops colombianus

全長 26～28cm　体重 150～210g　翼長 175～189mm

<u>外見</u>　小型から中型で、羽角は中程度の長さ。雌雄の体重を比べると、メスのほうが平均で50g重い。羽色にはシナモン系赤色と灰褐色の2型があり、灰褐色型の体部上面は灰褐色の地に、煤色の細かなまだら模様と波線模様が入る。頭頂部には煤色の筋状の縦縞と濃色のまだら模様があり、後頭部には淡黄色の横縞が1本と、濃色の斑紋が入る。肩羽は羽軸外側の羽弁が全体的にくすんだ黄色から茶色なので、肩にはっきりとした帯模様はできていない。翼と尾は濃い茶色で、風切羽には淡色の横縞が入り、初列雨覆［訳注：風切羽の根本を覆う雨覆のうち、初列風切（人の手首の先に相当する部分から生えている風切羽）を覆う雨覆］はほとんどむらのない濃い茶色。灰茶色の顔盤を囲む縁取りは濃色だが、ほとんど確認できない。濃い茶色の目と青緑色のくちばし付け根の間には、下向きにカーブした茶色の剛毛羽が目立つ。体部下面はむらのない灰褐色の地に、細かい煤色のまだら模様と波線模様、そして細い黒の筋状の縦縞と茶色の横縞が入る。長い脚は比較的力が強く、ふ蹠［訳注：趾（あしゆび）の付け根からかかとまで］の上部だけがまばらに羽毛に覆われる。ふ蹠の裸出した部分と趾はくすんだ白っぽいピンクで、爪は白に近い象牙色。一方、赤色型は模様が灰褐色型ほどはっきりしておらず、全体的に黄色みから赤みの強い茶色。［幼鳥］ヒナの綿羽はくすんだ黄色から白。第1回目の換羽を終えた幼鳥は成鳥に似てくるが、羽毛はまだふわふわしており、頭や上背、体部下面に細かな横縞がある。

<u>鳴き声</u>　フルートのような美しく弾む声を、18秒以上連続して発する。

<u>獲物と狩り</u>　大型の昆虫などの節足動物を主食とするが、小型の脊椎動物を捕食することもある。

<u>生息地</u>　着生植物や下層植生が生い茂る雲霧林に棲む。標高は1,300～2,300m。

<u>現状と分布</u>　コロンビアからエクアドル北部に分布するが、その生息地はアンデス山脈西側斜面の標高1,300～2,100mに限定される。かなり希少な種であり、森林破壊の影響を大きく受けていると考えられる。

<u>地理変異</u>　亜種のない単型種。独立した種であるという考えが一般的ではあるが、分類を確定するためにはさらなる調査研究が必要だ。

<u>類似の種</u>　アンデス山脈の東側斜面にのみ生息するアンデスオオコノハズク（No.097）は同等の大きさだが、脚が短く、趾の付け根まで羽毛が密に生える。やはり生息域が異なるシナモンオオコノハズク（No.100）は羽衣の色がかなり似ているが、本種よりやや小型で、鉤爪の力が弱く、趾の上5mmあたりまで羽毛に覆われる。

◀コロンビアオオコノハズクには灰褐色型と赤色型がある。両者ともに模様はほぼ同じだが、赤色型は全体的に赤みが強い。大きさはアンデスオオコノハズク（No.097）と同等だが、体部下面に白色の部分はない。1月、エクアドルのピチンチャにて（写真：ロジャー・アールマン）

100 シナモンオオコノハズク [CINNAMON SCREECH OWL]
Megascops petersoni

全長 21cm　体重 88〜119g　翼長 153〜162mm

外見　小型で、羽角は短めから中程度の長さ。その羽角に入るまだら模様は先端に近づくほど黒が強く、密になる。雌雄の体重を比べると、平均でわずか1gだがメスのほうが重い。体部上面は黄褐色で、2本の波形の横縞が交互に並んでつくる濃淡の細密な波線模様が見られるが、濃色の部分は上背では途切れ途切れになってまだら模様となり、その背の羽毛の下にはくすんだ黄色の綿羽が生えている。淡いシナモン色の肩羽には全体的に煤色のぼんやりとした模様が見られる程度で、風切羽には淡い黄褐色と暗い黄褐色の横縞、尾には茶色と黒の横縞（両色8本ずつ）が入る。雨覆［訳注：風切羽の根本を覆う短い羽毛］は背中と同色。頭頂部は背中よりやや濃い色で、深い黄褐色の顔盤は外周に近づくほど徐々に茶みが濃くなり、細密な波線模様または縞模様（羽毛自体に4〜5本の縞）が入る。顔盤の縁取りは濃色だが、はっきりとしていない。眉斑の色は淡く、目は濃い茶色で、くちばしと蝋膜［訳注：上のくちばし付け根を覆う肉質の膜］は淡い青灰色。体部下面は暖かみのある黄褐色からくすんだ黄色で、喉と胸には細かいまだら模様と濃色の波形の横縞または細密な波線模様が見られるが、腹部はほぼむらのないシナモン色。ふ蹠［訳注：趾（あしゆび）の付け根からかかとまで］は黄色っぽいピンクの趾の上5mm弱の位置まで羽毛に覆われ、爪は淡い象牙色。[幼鳥] 不明。

鳴き声　1秒間に5〜7音の「ウ・ウ・ウ……」という声を、均一な間隔ですばやく繰り返す。この鳴き声は上がり調子で始まったあと、徐々に下がり、唐突に途切れる。

獲物と狩り　記録なし。

生息地　着生植物やコケの生い茂る湿潤な雲霧林に棲む。標高は1,700〜2,500m。

現状と分布　エクアドル南部からペルー北部にかけて広がる、アンデス山脈東側山麓の森林地帯に分布する。そのほかコロンビアでも、アンデス山脈東側に生息している可能性が高い。現状については不明だが、生息地の森林が破壊されていることから数を減らしていると思われる。

地理変異　亜種のない単型種とされるが、分類は未確定。以前はアンデスオオコノハズク（No. 097）、あるいはコロンビアオオコノハズク（No. 099）の亜種とされてきたが、本種はアンデスコノハズク（No. 101）と近縁の可能性もある。こうしたことからも、分類を確実なものにするための詳細な調査研究とDNA解析が求められる。

類似の種　生息域が一部重複するアンデスオオコノハズク（No. 097）は本種より大型で、灰色が強く、肩まわりには淡色の帯模様がぼんやりと入る。やはり生息域が異なるコロンビアオオコノハズク（No. 099）も本種より大型で、趾が裸出し、胸と腹部に細密な波線模様が多く見られる。

◀ シナモンオオコノハズクはコロンビアオオコノハズク（No. 099）よりも小さく、羽色は暖かみのある黄褐色で、胸と腹部の細密な波線模様が少ない。くちばしは青灰色。10月、ペルーのアマソナス県にて（写真：ドゥシャン・M・ブリンクファイゼン）

▲オスのシナモンオオコノハズク。濃い茶色の目が特徴的。8月、ペルーのカハマルカ県にて（写真：クリスティアン・アルトゥソ）

▶シナモンオオコノハズクの羽角は短いか中程度の長さで、頭部は背よりやや色が濃い。肩羽に明瞭な帯模様はない。8月、ペルーのカハマルカ県にて（写真：クリスティアン・アルトゥソ）

101 アンデスコノハズク [CLOUD-FOREST SCREECH OWL]
Megascops marshalli

全長 20〜23cm 体重 107〜115g 翼長 152〜164mm

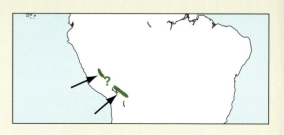

外見 小型で、羽角は非常に短い。雌雄の体重を比べると、メスのほうが平均で10g近く重い。体部上面は深い栗色で、黒っぽい不規則な横縞とまだら模様がある。頭頂部には赤茶色と黒の横縞があるが、中央は黒に近く、後頭部には先端だけが赤褐色と煤色で白地の横縞が目立つ。背中の中央部分の羽毛は深みのある赤茶色の地に、波形の黒い横縞が4本入る。肩羽は羽軸外側の羽弁が白またはくすんだ黄色で、先端付近が黒いので、肩まわりにははっきりとした白い破線ができている。風切羽には煤色と黄褐色の横縞、尾には赤茶色と黒の横縞が合計8本入る。赤茶色の顔盤は黒く太い縁取りで囲まれ、眉斑と目先［訳注：左右の目とくちばしの間の部分］の羽毛は白く、先端だけが赤っぽい。目は濃い茶色で、まぶたは灰色がかった黄土色。くちばしと蝋膜［訳注：上のくちばし付け根を覆う肉質の膜］は灰色がかった黄色に緑の色味が混じり、くちばしの周囲は濃色。喉と胸の上部は赤褐色で、濃色の横縞と比較的太い煤色の筋状の縦縞が入る。対する胸の下部は赤褐色から白で、数本の横縞と煤色の筋状の縦縞が入り、その上に目玉のように見えるしみのような黒い斑点が不規則に点在する。さらに腹へと下ると、羽毛の地色は白になる。ふ蹠［訳注：趾（あしゆび）の付け根からかかとまで］は羽毛に覆われ、裸出した灰色がかった肌色で、爪は淡い象牙色。[幼鳥] ヒナの綿羽は不明。第1回目の換羽を終えた幼鳥は成鳥に似ているが、尾の横縞は成鳥が8本なのに対し10本入る。

鳴き声 抑揚のない声で「イール」と、2〜3秒の間隔をおいて繰り返す。

獲物と狩り 主に昆虫などの節足動物を食べると思われる。

生息地 コケや着生植物が生い茂る雲霧林に棲む。標高は1,900〜2,600m。

現状と分布 ペルー中東部からボリビア北部のアンデス山脈に分布する。生息域ではごく一般的に見られる種ではあるが、現状に関する調査は進んでいない。

地理変異 亜種のない単型種。

類似の種 生息域が隣接するアンデスオオコノハズク（No. 097）は本種より体が大きく、標高の少し低い地域に棲む。シナモンオオコノハズク（No. 100）は生息域が異なるものの、大きさが同等で、本種と近縁の可能性がある。ただし、こちらの種は肩に白い帯模様はなく、黄褐色の体部下面に目立つ模様もない。生息域が一部重複するボリビアスズメフクロウ（No. 194）はずっと小型で、羽角がない。

▶アンデスコノハズクの目は濃い茶色で、胸には眼状紋が点在する。ボリビアのユンガス地方にて（写真：ロス・マクラウド）

▼アンデスコノハズクの顔盤は赤茶色で、黒の太い縁取りがある。写真の個体を含むボリビアの個体群は最近発見された。2月、ボリビアのラパスにて（写真：セバスチャン・K・ハーツォグ）

102 チャバラオオコノハズク [NORTHERN TAWNY-BELLIED SCREECH OWL]

Megascops watsonii

全長 19〜23cm　体重 114〜155g　翼長 164〜184mm

外見　ごく小型から小型で、羽角は比較的長い。雌雄の体格差に関するデータはない。体部上面は暗い灰茶色で、細密な波線模様と大小および濃淡まちまちの斑点があり、煤けたような印象を与える。肩羽の羽軸外側の羽弁には白い帯模様は見られないが、翼と尾には濃淡の横縞が入る。顔盤は灰茶色で、縁取りは濃色だが目立たない。目は琥珀色から茶色がかったオレンジで、くちばしと蝋膜［訳注：上のくちばし付け根を覆う肉質の膜］は緑がかった灰色。体部下面は黄褐色から淡い錆色の地に、濃淡の細密な波線模様と細い筋状の縦縞および横縞が入る。さらに暗い土色の胸の上部には、淡色の斑点と細密な波線模様も見られる。ふ蹠［訳注：趾（あしゆび）の付け根からかかとまで］は羽毛に覆われ、裸出した趾は明るい黄土色。爪は象牙色で、さほど力は強くない。［幼鳥］不明。

鳴き声　「ウ」という単音を規則的にすばやく、最長で20秒繰り返す。

獲物と狩り　記録なし。

生息地　標高900mまでの雨林に棲むが、原生林の林縁よりも奥深くを好む。本種はコロンビア北東部からベネズエラ北西部の国境地帯に連なるペリハ山脈、あるいはオリノコ川の北東の地域で、最高2,100mまでの高地にも生息すると述べる研究者もいるが、通常は標高の低い地域に棲んでいるため、これらの高地での記録はSanta Marta Screech Owl (№ 098) の誤認ではないかと考えられる。

現状と分布　コロンビア東部からベネズエラ西部および南部、スリナム、エクアドル北東部、ペルー北東部、そしてブラジルのアマゾン川流域北部に分布する。現状については調査が進んでいない。本種は近縁種でもあるSouthern Tawny-Bellied Screech Owl (№ 103) と生息地が一部重なっている。こうした地域では2種のちょうど中間のような鳴き声が聞かれることから、種間交雑の可能性も考えられなくはないが、実際に交雑が進んでいる移行地帯は知られておらず、2種が独立種であることに疑いの余地はない。

地理変異　亜種のない単型種。

類似の種　生息域が重なるスピックスコノハズク (№ 092) は目が黄色で、胸と腹部に見られるヘリンボーン模様が特徴的。一部で生息域が重複するSanta Marta Screech Owl (№ 098) は目が明るい黄色で、本種より標高の高い場所に棲む。生息域がほんのわずかに重なるシナモンオオコノハズク (№ 100) も標高の高い雲霧林に生息する種で、羽色は全体的に暖かみのあるシナモン色。生息域が一部重なっているSouthern Tawny-Bellied Screech Owl (№ 103) はよく似ているが、やや大型で、頭頂部の色が濃く、体部上面は赤褐色が強い。また、体部下面に入る筋状の縦縞は幅広で、暗赤褐色の腹部には細密な波線模様が密に入る。

▶アマゾン川流域北部に生息するチャバラオオコノハズク。主に流域南部に棲むSouthern Tawny-Bellied Screech Owl (№ 103) によく似ているが、本種のほうが胸に見られる筋状の縦縞が細い。また、目は深いオレンジから琥珀色で、錆色の腹部には細密な波線模様が入る。趾は裸出するが、ふ蹠には羽毛が密に生える。8月、エクアドルのヤスニにて（写真：ニック・アタナス）

103 SOUTHERN TAWNY-BELLIED SCREECH OWL
Megascops usta

全長 23〜24cm　体重 115〜180g　翼長 164〜187mm

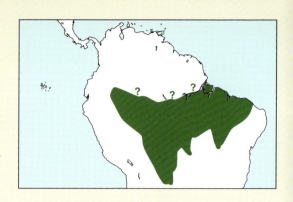

<u>外見</u>　小型で、中程度の長さの羽角は黒くて目立つ。雌雄の体格差に関するデータはない。羽色には暗色型、赤褐色型、淡色型があり、個体差も大きい。一般的に体部上面は暗くくすんだ土色と赤褐色で、細かい斑点と淡色の斑紋があり、煤けた印象を与える。茶色の肩羽は羽軸外側の羽弁に淡色の斑紋、風切羽と尾羽には濃淡の横縞が入る。顔盤は褐色で、黒い縁取りがよく目立つ。目の色は、年齢を重ねると茶色から濃い黄色へと変わる個体もいる。くちばしと蝋膜［訳注：上のくちばし付け根を覆う肉質の膜］は黄褐色で、緑の色味が混じる。体部下面は黄土色から黄褐色だが、下腹部に近づくほど淡色になり、そこに濃淡の細裂な波線模様と筋状の黒い縦縞、そして横縞が入る。ふ蹠［訳注：趾（あしゆび）の付け根からかかとまで］は羽毛に覆われ、裸出した趾は灰色がかった黄色から茶色で、爪は濃い象牙色。こうした模様は3型ともほとんど共通で、暗色型は全体的に濃い灰茶色で、赤褐色型は濃い赤茶色、淡色型は淡い茶色という特徴がある。［<u>幼鳥</u>］第1回目の換羽を終えた幼鳥は、頭から上背にかけてと体部下面に縞模様が入る。［<u>飛翔</u>］初列風切［訳注：風切羽のうち、人の手首の先に相当する部分から生えている羽毛］の6番目がもっとも長く、翼が丸みを帯びているのが見える。

<u>鳴き声</u>　1秒に2、3音の速さで「ブブブ……」と、最長で20秒ほど声を響かせる。この鳴き声は静かに始まって、徐々に大きくなり、最後はまた静かになって終わる。

<u>獲物と狩り</u>　記録に乏しいが、昆虫などの節足動物を主食とし、小型の脊椎動物も食べることがわかっている。

<u>生息地</u>　低地の原生熱帯雨林に棲む。森林の中心部を好むが、林縁や開墾地で見られることもある。

<u>現状と分布</u>　コロンビア、エクアドル、ペルー、ブラジルのアマゾン川流域から、ブラジル中西部のマトグロッソ州およびボリビア北部の低地の森林に分布する。調査はほとんど進んでいないものの、とりたてて希少な種ではない。前項でも触れたが、チャバラオオコノハズク（No.102）とはエクアドル南東部やペルー、ブラジルのアマゾン川流域で生息域が一部重なっている可能性がある。そうした地域では両種の中間のような鳴き声が聞かれることから、種間交雑の可能性も考えられなくはないが、実際に交雑個体群は発見されておらず、また遺伝的証拠も本種がチャバラオオコノハズクの南方亜種ではなく、独立種であると示している。

<u>地理変異</u>　亜種のない単型種。

<u>類似の種</u>　生息域を共にするスピックスコノハズク（No.092）は目が黄色で、羽角が短く、主に森林の開けた場所に生息する。生息域が異なるシナモンオオコノハズク（No.100）は雲霧林を好み、全体的に暖かいシナモン色。一部で生息域が重なるチャバラオオコノハズク（No.102）はよく似ているが、やや小型で、体部下面には濃色の筋状の縦縞と横縞、そしてやや細い波線模様がある。生息域が隣接するRio Napo Screech Owl（No.111）は目が黄色で、羽角が短く、体部下面には細密な波線模様が多数入る。

Screech Owls：Screech Owlの仲間 **237**

▼◀ Southern Tawny-Bellied Screech Owlは羽色の個体差が大きい。この個体は、目が茶色ではなく黄色。8月、ペルーのマドレデディオス県にて（写真：マティアス・ディーリング）

▶ 典型的なSouthern Tawny-Bellied Screech Owlは茶色の目をもつ。写真の個体と同じ暗色型は、同属でより北に分布するチャバラオオコノハズク（No.102）とよく似ているが、本種のほうが体部下面に入る筋状の縦縞が細い。エクアドルのアマゾン川流域、ナポ川にて（写真：グレン・バートリー）

▼ 写真の個体は顔盤の色がかなり濃く、目は黄色い。9月、ペルーのクスコ県にて（写真：クリスティアン・アルトゥソ）

104 ズグロオオコノハズク [BLACK-CAPPED SCREECH OWL]
Megascops atricapilla

全長 22〜23cm　体重 115〜160g　翼長 170〜184mm

別名　Variable Screech Owl

外見　小型で、羽角は比較的目立つ。雌雄の体重を比べると、メスのほうが最大で25g重い。羽色には暗色、赤色、灰色の3型があり、もっとも数が多いのは暗色型。その体部上面は濃い土色で、淡い茶色または淡黄褐色のまだら模様と細密な波線模様がある。頭頂部はほぼむらのない濃い茶色または黒で、首の後ろには白から淡い黄土色の細い横縞が見られる。風切羽には濃淡の縞模様、尾羽にもやはり濃淡のまだら模様とぼんやりした横縞が入る。顔盤はくすんだ茶色で、濃色の細密な波線模様があり、濃い茶色または黒の縁取りに囲まれる。淡色の眉斑には褐色の細密な波線模様も入り、目は暗色から栗色が多いが、淡い黄色や琥珀色の個体もいる。くちばしと蝋膜[訳注：上のくちばし付け根を覆う肉質の膜]は緑がかった黄色。体部下面は暖かみのある淡い茶色で、濃色の細密な波線模様と、やはり色の濃い筋状の縦縞が入るが、その縦縞は特に胸の上部側面で太くなる傾向が強い。さらに筋状の縦縞の中央部分からは、やや

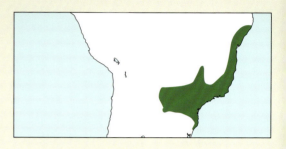

カーブした濃色の線が枝分かれして2〜3本伸びている。胸の下部と腹部の羽毛は地色が白。ふ蹠[訳注：趾（あしゆび）の付け根からかかとまで]は羽毛に覆われ、裸出した趾は茶色がかった灰色から肌色がかった淡褐色で、爪は濃い象牙色。一方、赤色型は全体的に赤褐色で、頭頂部から体部上面の色が特に濃く、灰色型は全体的に灰色で、濃色の模様がよく目立つ。[幼鳥] 不明。

鳴き声　喉を鳴らすような震え声を8〜14秒、最長で20秒繰り返す。この一連は静かに始まって、徐々に大きくなり、唐突に終わる。

獲物と狩り　昆虫やクモを主食とするが、まれに小型の脊椎動物を捕食することもある。その狩りは止まり木から飛びかかるのが定石で、しばしば下層植生を止まり木とする。

生息地　下層植生の生い茂る雨林（原生林または二次林）に棲むが、道路付近や林縁、人里近くに姿を現すこともある。温暖な土地では標高600mまで生息するが、アルゼンチンの気温が低い地域では標高250mまで。

現状と分布　ブラジルの北東部からウルグアイとの国境付近までと、パラグアイ東部からアルゼンチン北部まで分布する。現状の詳細についてはさらなる調査研究が必要だが、安定した個体群を維持するには広大な雨林を必要とする本種は、加速する森林破壊に生存が脅かされているのは間違いない。

地理変異　亜種のない単型種。

類似の種　生息域が重なるスピックスコノハズク（No. 092）は本種よりやや小型で、黄色い目と短い羽角をもつ。やはり生息域が重複するミミナガオオコノハズク（No. 105）は本種より大型で、鉤爪の力が強く、体部下面の模様が少ない。

◀ズグロオオコノハズクの赤色型。小さいながらも目立つ羽角をもち、肌色がかった褐色の趾には羽毛が生えてない。11月、ブラジル南東部にて（写真：リー・ディンガン）

105 ミミナガオオコノハズク [SANTA CATARINA SCREECH OWL]
Megascops sanctaecatarinae

全長 25～27cm　体重 155～211g　翼長 182～210mm

別名　Long-tufted Screech Owl

外見　小型から中型で、羽角はふさふさしているものの、さほど長くはない。雌雄の体重を比べると、メスのほうが平均で20g重い。羽色には褐色、灰色、赤色の3型があり、もっとも数が多いのは褐色型。その体部上面はやや黄土色がかった茶色で、背中の上部から中央にかけて比較的太い濃色の筋状の縦縞が走る。そのひとつひとつの模様は先端が太く、左右に2～3個ずつの三角形に分岐する。肩羽は羽軸外側の羽弁が白くて濃色の縁取りがあるため、肩まわりに白い帯模様ができている。風切羽と尾羽には濃淡の横縞。黄褐色の顔盤にはほとんど模様がなく、濃色の縁取りがよく目立つ。目は淡い黄色からオレンジ系の黄色だが、なかには茶色の目をもつ個体もいる（特に褐色型に多い）。くちばしと蝋膜［訳注：上のくちばし付け根を覆う肉質の膜］は緑がかった灰色。体部下面の模様は顔盤と同様に少なく、はっきりした細密な波線模様もない。ふ蹠［訳注：趾（あしゆび）の付け根からかかとまで］は趾の付け根のすぐ上まで羽毛に覆われ、その趾は淡い灰褐色で、爪は濃い象牙色。一方、灰色型は全体的に灰色がかり、赤色型はくすんだ赤茶色で、濃色の模様が不鮮明。［幼鳥］不明。

鳴き声　しわがれた震え声をすばやく、およそ6～8秒続けたのち、数秒おいてまた繰り返す。この一連はかすかなうなり声で始まり、徐々に音量が増してピッチも高くなり、唐突に終わる。ハラグロオオコノハズク（No.109）の鳴き声にも似ているが、本種のほうが音量が大きく、低音で、ゆっくりしている。

獲物と狩り　バッタなどの大型昆虫を主食とし、そのほかにクモや小型の脊椎動物も捕食する。獲物は通常、止まり木から急降下して捕まえる。

生息地　開けた場所のある湿林やナンヨウスギ属の混交林に棲むが、樹木の残る放牧地や農地、さらには人里近くでも見られる。標高は300～1,000m。

現状と分布　ブラジル南東部、ウルグアイ、アルゼンチン北東部に分布する。生息域ではごく一般的に見られる種ではあるが、牛の過放牧や森林伐採、野焼きなどの影響を受けている。

地理変異　亜種のない単型種。

類似の種　生息域を共にするスピックスコノハズク（No.092）は本種よりずっと小型で、羽角が短く、鉤爪の力もさほど強くない。また、体部下面には特徴的な濃色のヘリンボーン模様が入る。やはり生息域が重複するズグロオオコノハズク（No.104）も本種より小型で、鉤爪の力が強くない。その体部下面には細密な波線模様があり、頭頂部はほぼむらのない黒。同じく生息域が重なるセグロキンメフクロウ（No.219）は大きくて丸い頭をもつが、羽角はなく、体部下面はむらのない黄土色か黄褐色。

▶ミミナガオオコノハズクはズグロオオコノハズク（No.104）に似ているが、目は黄色から茶色で、鉤爪の力が強い。また、灰褐色型はズグロオオコノハズクの灰色型よりもずっと色が淡い。8月、ブラジル南東部にて（写真：ダリオ・リンス）

106 ムシクイコノハズク [VERMICULATED SCREECH OWL]
Megascops vermiculatus

全長 20～23cm　体重 102～149g　翼長 150～170mm

<u>外見</u>　小型で、短い羽角には濃淡のまだら模様と細密な波線模様がある。雌雄の体格差に関するデータは少ないものの、何例かの測定結果からオスのほうがメスよりも翼が長いと思われる。羽色には赤色型と灰褐色型があり、灰褐色型の個体は体部上面が暖かみのある茶色を帯びる。頭頂部には黒の筋状の縦縞と濃色のまだら模様、またはうっすらとした横縞があり、首の後ろにも色が淡くてぼんやりした襟状紋が見られる。背中の上部から中央にかけてはぼんやりとした細密な波線模様と、白または淡い黄色の斑点、そして色の濃い筋状の縦縞と横縞が入る。肩羽は羽軸外側の羽弁が白色で濃色の斑点またはまだら模様があるため、肩を横切るように1本の帯模様ができている。風切羽と尾羽には濃淡の縞模様があり、翼の先端は尾の先より長く伸びている。顔盤は赤から茶色で、濃色の細密な波線模様があり、縁取りと淡色の眉斑はいずれも目立たない。目は明るい黄色で、瞳孔周辺はオレンジがかる。くちばしと蝋膜 [訳注：上のくちばし付け根を覆う肉質の膜] は灰色がかったオリーブ色に緑色も帯びる。体部下面は淡い灰茶色で、細い筋状の縦縞と横縞、そして細密な波線模様が入る。ふ蹠 [訳注：趾（あしゆび）の付け根からかかとまで] は上4分の3が羽毛に覆われ、裸出した部分と趾はピンクがかった茶色で、爪は淡い象牙色。一方、赤色型の個体は全体的に赤茶色で、濃色の模様は目立たない。[幼鳥] 不明。

<u>鳴き声</u>　震える「ウ」音を、1秒間に最大17回という速さで5～8秒続ける。この一連の鳴き声はハラグロオオコノハズク（No. 109）のものほど長くない。

<u>獲物と狩り</u>　記録なし。

<u>生息地</u>　湿度が高く、着生植物が豊富な熱帯林に棲む。主に低地を好むが、最高で標高1,200mの地点でも見られる。

<u>現状と分布</u>　コスタリカおよびパナマからコロンビア北西部とベネズエラ北部に分布する。現状については詳細が不明だが、熱帯雨林の伐採により数を減らしている可能性も否定できない。

<u>地理変異</u>　少なくとも2亜種が確認されている。基亜種の*vermiculatus*はニカラグアからパナマに分布するが、隣接するコロンビア北西部にも生息している可能性がある。色が淡く、ふ蹠が完全に羽毛に覆われるM. v. *pallidus*はベネズエラ北部のプエルトカベジョからパリア半島に分布するが、こちらもコロンビア北部のペリハ山脈に生息している

◀ムシクイコノハズクの灰褐色型。頭部の赤褐色が強いが、体部下面の色は淡く、爪の色は濃い。次ページ（下の写真）の赤色型の爪が淡色であるのと対照的。コスタリカのラセルバ自然保護区にて（写真：マイケル&パトリシア・フォグデン）

可能性もある。なお、ハラグロオオコノハズク（No. 109）は本種と同一種とされることがあるが、鳴き声の異なる2種が交雑しているという証拠は確認されていない。さらに本種はChocó Screech Owl（No. 107）と同一種のシノニム（異名）とみなされることもあったが、パナマとエクアドルで行われた最近の研究から、これは誤りであると思われる。
類似の種 生息域が異なるTumbes Screech Owl（No. 095）はより乾燥した環境を好み、頭頂部が濃色で、長い翼の先端は尾よりはるか後ろにまで伸びる。同じく生息域が異なるハラグロオオコノハズク（No. 109）は羽衣が非常によく似ているが、細密な波線模様は本種ほど多くなく、まばらに縦縞が入る。さらに、白い眉斑と濃色の縁取りがはっきりとしており、くちばしは緑がかっている。

▶ムシクイコノハズクの灰褐色型。濃い赤褐色の顔盤を取り囲む縁取りは不鮮明。体部下面の細密な波線模様はハラグロオオコノハズク（No. 109）よりも密で、目は黄色。3月、コスタリカにて（写真：ダン・ロックショウ）

▼こちらは赤色型。羽色はとても鮮やかで、目は明るい黄色。眉斑は目立たないが、肩羽の羽軸外側の羽弁に大きな白い部分がある。灰褐色型に比べ、濃色の模様はすべて不鮮明。3月、コスタリカにて（写真：デヴィッド・W・ネルソン）

107 CHOCÓ SCREECH OWL
Megascops centralis

全長 20～23cm　体重 102～149g　翼長 152～162mm

外見　小型で、羽角も短い。雌雄の体格差に関するデータはない。羽色には灰褐色型と赤褐色型があり、いずれも全体的にかなり濃い色味をしている。灰褐色型の体部上面はきわめて濃い茶色で、初列風切［訳注：風切羽のうち、人の手首の先に相当する部分から生えている羽毛］には黄褐色の縞模様、雨覆［訳注：風切羽の根本を覆う短い羽毛］にはくっきりとした白い斑紋が入る。尾は比較的短い。顔盤はあまり発達しておらず、縁取りもはっきりと確認できるほどではない。白い眉斑もほとんど見えないが、緑がかった黄色のくちばしはよく目立つ。目は緑がかった黄色からレモン色で、黒の

▼Chocó Screech Owlの灰褐色型。8月、エクアドルのティナランディアにて（写真：ピア・ウーベリ）

輪状紋に囲まれる。体部下面は灰白色で、濃色の細密な波線模様がある。一方の赤褐色型は肩羽の白斑と初列風切の白い縞模様がさらに明瞭で、体部下面には白地に赤褐色の細密な波線模様が入るが、胸の上部はむらのない赤褐色。顔盤の縁取りはやはり鮮明でなく、裸出した趾は非常に淡い黄色で、爪は象牙色。[幼鳥] 不明。

<u>鳴き声</u>　1秒程度のむらのない震え声を、11〜15秒間隔で繰り返す。この鳴き声はハラグロオオコノハズク（No.109）のものよりも短く、スピード感がある。ムシクイコノハズク（No.106）も本種に比べると、長く抑揚のない鳴き声だと言えるが、M. guatemalae 種群［訳注：種群とは、同一種内で性的隔離の見られるグループ］の鳴き声の差異については包括的な分析が必要とされる。

<u>獲物と狩り</u>　記録なし。

<u>生息地</u>　湿潤な低地林に棲む。標高は1,000mまで。

<u>現状と分布</u>　パナマ中部からコロンビア西部およびエクアドル北西部に分布する。ただし、パナマ西部の太平洋岸には生息しない。また、コスタリカ東部ではムシクイコノハズク（No.106）と同所的に生息している可能性も指摘されているが、現時点では未確認。

<u>地理変異</u>　亜種のない単型種とされるが、本種の分類については議論の余地がある。Chocó Screech Owlはもともとハラグロオオコノハズク（No.109）の亜種とされており、一部の専門家は現在もこの説を支持しているからだ。また、ムシクイコノハズク（No.106）の亜種とする研究者もいるが、パナマとエクアドルで行われた最近の研究では、生息域と鳴き声に明確な違いが確認されたことから、独立種であると考えるのが妥当であろう。

<u>類似の種</u>　本種は、ムシクイコノハズク（No.106）とハラグロオオコノハズク（No.109）の中間的特徴をもつ。測定値はすべてムシクイコノハズクに近いが、模様はハラグロオオコノハズクにより似ていて、縦縞、横縞、斑紋が粗く、細密な波線模様が少ない。そのハラグロオオコノハズクの尾は本種よりも約10mm長く、フクロウ類の中でも長い部類に入る。また、本種はムシクイコノハズクの亜種である M. v. pallidus よりも色が淡い。なお、pallidus の分類上の位置付けはいまだ不明確ではあるが、本書ではムシクイコノハズクの亜種とした。

▼Chocó Screech Owlの赤褐色型は赤みがきわめて強く、肩羽の白斑が大きい。名前が示す通り、その生息域の大半を占めるのは南米北西部のチョコ地方。3月、エクアドルのピチンチャ県ミリペにて（写真：スコット・オルムステッド）

108 RORAIMA SCREECH OWL
Megascops roraimae

全長 20〜23cm　体重 105g　翼長 150〜168mm

<u>別名</u>　Foothill Screech Owl
<u>外見</u>　小型で、濃色の羽角は短く、先端が尖る。雌雄の体格差に関するデータはない。体部上面は濃い赤褐色で、濃色の筋状の縦縞が入る。その縦縞の両側には淡い黄色から白の楕円形の斑点があり、この斑点の真ん中には濃色の点が入るものも多い。後頭部に淡色の縞模様は見られないが、肩羽は羽軸外側の羽弁がくすんだ黄色から白で濃色の縁取りがあるため、肩を横切るように淡色の帯が1本できている。風切羽と尾羽には濃淡の横縞。顔盤は赤茶色で、濃色のまだら模様が入り、やはり濃い色の小さな縁取りに囲まれる。肩斑は淡色で、目は鮮やかな黄色。くちばしと蝋膜［訳注：上のくちばし付け根を覆う肉質の膜］はくすんだオリーブ色。体部下面は淡い黄土色で、胸の上部両側には色が濃くて太い筋状の縦縞が、それ以外の部分には細い筋状の縦縞が入る。その筋状の縦縞からは両側に濃い茶色と赤褐色の横縞が枝分かれしており、全体として下面の模様は粗い印象を与える。ふ蹠［訳注：趾（あしゆび）の付け根からかかとま

で］は羽毛に覆われ、裸出した趾はピンクがかった淡褐色。爪は象牙色で、先端が濃色。［幼鳥］不明。
<u>鳴き声</u>　比較的高音の震え声で、「ウ」音を5〜8秒の間に50回ほど繰り返す。
<u>獲物と狩り</u>　記録なし。
<u>生息地</u>　主に300〜900mという比較的標高の低い雨林に棲むが、最高1,800mの山地林でも目撃されている。
<u>現状と分布</u>　ベネズエラ南部、ガイアナ、ブラジル北部の山地に分布するが、ベネズエラ北部の沿岸地域では山脈群にも生息する。現状についての知見はほとんどない。
<u>地理変異</u>　亜種のない単型種。本種とムシクイコノハズク（No. 106）の亜種 *M. v. pallidus* は、コロンビアのサンタマルタ山脈とベネズエラ北部で生息域が完全に重なる。そのため、この地域に棲む両者は同種とされることがあり、さらに両種とも、これまではハラグロオオコノハズク（No. 109）の亜種とみなされてきた。こうしたことから、中南米に生息する *Megascops* 属に関しては徹底した調査研究に基づく分類の見直しが求められる。
<u>類似の種</u>　生息域を同じくするスピックスコノハズク（No. 092）は体部下面に入るヘリンボーン模様が特徴的で、顔盤の縁取りもよく目立つ。やはり生息域が重なるチャバラオオコノハズク（No. 102）は本種より低地の原生林に主に生息し、目は琥珀色から褐色がかったオレンジ色。

◀Roraima Screech Owl はハラグロオオコノハズク（No. 109）よりも羽色が濃く、全体的に模様が少ない。ベネズエラのヘンリ・ピティエ国立公園にて（写真：デヴィッド・アスカニオ）

109 ハラグロオオコノハズク [GUATEMALAN SCREECH OWL]
Megascops guatemalae

全長 20～23cm　体重 91～150g　翼長 152～177mm

<u>外見</u>　小型で、濃色の羽角は短く、先端が尖る。雌雄の体格差に関するデータはない。羽色には灰色と赤色の2型があり、灰色型は体部上面がかなり濃い灰茶色で、黒い筋状の縦縞と横縞、さらには斑点と細密な波線模様がある。頭頂部の羽毛の上端ははっきりとした幅広の黒い模様があるため、頭頂にはうっすらと横縞が見られる。首の後ろは淡色で線模様は見られないが、肩羽の羽軸外側の羽弁は白くて黒の縁取りがあるので、肩を横切るように白い帯模様ができている。風切羽と尾羽には濃色の横縞。顔盤を囲む褐色の縁取りはぼやけているが、黄色い目は比較的目立つ。くちばしと蝋膜［訳注：上のくちばし付け根を覆う肉質の膜］は緑。体部下面は淡色で、黒の筋状の縦縞と横縞が入り、胸の上部には茶色の細密な波線模様もあるが、下部には縞模様がまったくないか、あってもほんのわずか。ふ蹠［訳注：趾（あしゆび）の付け根からかかとまで］は羽毛に覆われ、裸出した趾はくすんだ肌色で長く、爪は象牙色。一方の赤色型は全体的に赤みがかり、模様は不鮮明。［幼鳥］ヒナの綿羽は白。第1回目の換羽を終えた幼鳥は成鳥に似てくるが、頭から上背にかけてと、体部下面に不鮮明な縞模様がある。

<u>鳴き声</u>　震える「ウ」音を1秒に約14回の速さで最長20秒続け、この一連を数秒間隔で繰り返す。

<u>獲物と狩り</u>　主に昆虫や大型の節足動物を捕食するが、小型の脊椎動物を食べることもある。その狩りは止まり木から飛びかかるのが定石だが、飛びながら空中で昆虫を捕えることもある。

<u>生息地</u>　湿潤な森林、半乾燥の常緑樹林、半落葉樹林に棲む。標高は1,500mまで。

<u>現状と分布</u>　メキシコからコスタリカ北部にかけて分布する。この地域では今のところ一般的に見られる種ではあるが、森林破壊の影響を受けている。

<u>地理変異</u>　4亜種が確認されている。基亜種の*guatemalae*はメキシコのベラクルス州南部からグアテマラ、ホンジュラスに生息する。メキシコ西部のソノラ州からシナロア州に分布する*M. g. hastatus*は背中に槍のような形をした模様と、東洋の仏塔（パゴダ）のような形の模様（黒の縦縞を黒い斑点の列が数カ所で横切る）があり、羽色は黄褐色。4亜種の中でもっとも小型で色がもっとも濃い*M. g. cassini*はメキシコ東部のタマウリパス州からベラクルス州に、体部上面が淡色で下面に細密な波線模様が多い*M. g. dacrysistactus*はニカラグア北部からコスタリカ北部にかけて生息する。

<u>類似の種</u>　生息域が重なるヒゲコノハズク（No.088）は本種よりやや小型で、縦縞模様が少ない。一部で生息域が重複するヒゲオオコノハズク（No.089）もやや小型で、尾もかなり短く、胸に眼状紋が入る。生息域が異なるムシクイコノハズク（No.106）も尾が短く、頭頂部にはまだら模様と筋状の縦縞が見られ、体部下面には細密な波線模様が多く入る。

◀灰色型の基亜種。目はきわめて淡い黄色で、羽角は直立していないとほとんど見えない。顔盤を囲む褐色の縁取りは不鮮明。メキシコのラバハダにて（写真：スタン・タキエラ）

110 プエルトリコオオコノハズク [PUERTO RICAN SCREECH OWL]
Megascops nudipes

全長 20〜23cm　体重 103〜154g　翼長 154〜171mm

外見　小型で、羽角はない。雌雄の体格差に関するデータはない。羽色には茶色がかった灰色と赤褐色の2型が知られ、灰色型は体部上面が灰茶色で、かすかな横縞と斑点、そして濃色の縦縞と淡色の小斑がある。頭頂部から上背にかけては濃色の模様が縦に並び、肩羽は羽軸外側の羽弁に白い部分があるため、肩を横切るように淡色の帯模様ができている。風切羽と尾羽には濃淡の横縞が入り、その尾の縞は濃色のものが白のものよりもずっと太い。赤茶色の顔盤には濃色の細密な波線模様が同心円を描き、縁取りは不鮮明だが、首の前部には白い首輪のような模様がはっきりと見える。白の眉斑もよく目立ち、目は黄色で、くちばしと蝋膜［訳注：上のくちばし付け根を覆う肉質の膜］は緑がかった灰色。体部下面は淡色で、腹部に近い部分ほど白みが強くなる。その体部下面の1本1本の羽毛には濃色の筋状の縦縞と横縞があり、胸の上部には褐色の細密な波線模様が多数見られるが、胸の下部では模様は少なく、腹部ではほぼ白一色になる。ふ蹠［訳注：趾（あしゆび）の付け根からかかとまで］は最上部のみ羽毛に覆われ、裸出した部分と趾は灰色がかった黄色。爪は濃い象牙色から淡い象牙色で、先端が黒い。一方の赤色型は全体的に淡い赤茶色または赤みがかった黄褐色。［幼鳥］ヒナの綿羽は白。第1回目の換羽を終えた幼鳥は成鳥に似ているが、全体的に模様が不鮮明。ただし、頭頂部から上背にかけてと体部下面には濃淡の横縞が見られる。

鳴き声　ヒキガエルにも似た、低くしわがれた震え声で「ルルルルルルル」と3〜5秒続ける。

獲物と狩り　主に昆虫などの節足動物を捕食するが、小型の脊椎動物を食べることもある。

生息地　低木林や密林の中の洞窟に棲むが、人里近くでも見られる。標高は900mまで。

現状と分布　カリブ海に浮かぶプエルトリコ島および近隣のクレブラ島、ビエケス島、ヴァージン諸島に固有の種。プエルトリコ島ではごく一般的に見られるが、ビエケス島からは姿を消してしまった。また、ヴァージン諸島でも近年の調査では本種の生存が確認できず、この地域では1600年代以降、森林の90%が失われてしまったことからも、やはり絶滅している可能性が高い。

地理変異　2亜種が確認されており、基亜種の*nudipes*はプエルトリコ島および近隣の島々に生息する。一方の*M. n. newtoni*はヴァージン諸島（セントトーマス島、セントジョン島、セントクロイ島）に分布するが、前述のように近年の調査では生息が確認できなかった。この*newtoni*は体部下面の細密な波線模様と縦縞がまばらなのだが、こうした違いは単なる多型の変異にすぎないとする考えもある。しかしいずれにしても、もし*newtoni*がすでに絶滅しているのであれば検証は難しいだろう。

類似の種　カリブ海に分布するコノハズク類は、本種を除いてすべて羽角をもつ。プエルトリコ島に生息するフクロウ類は本種とコミミズク（No.266）のみだが、コミミズクは本種よりはるかに大型で、小さな羽角と黄色の目をもつ。また、生息域が近接するユピナガフクロウ（No.114）は尾が比較的長く、ふ蹠には羽毛がまったく生えていない。

◀基亜種の赤色型。羽衣（うい）は淡い赤褐色で、背中はむらのない赤。4月、プエルトリコ島にて（写真：ルーカス・リモンタ）

111 RIO NAPO SCREECH OWL
Megascops napensis

全長 20～23cm　体重 109～129g　翼長 156～175mm

<u>外見</u>　小型で、羽角も短いが、比較的目立つ。雌雄の体格差に関するデータはない。羽色には暗色と淡色の2型があり、暗色型の個体は体部上面が濃いシナモン系の茶色で、黒の小斑、縦縞、細密な波線模様がある。頭頂部にも同様の模様が密に入るが、後頭部に淡色の線模様は見られない。肩羽は羽軸外側の羽弁が白くて黒の縁取りがあるため、肩を横切るようにはっきりとした白の帯模様ができている。風切羽と尾羽には濃淡の縞模様が入り、翼は先端が尾に届くほどには長くない。顔盤は茶色から黄褐色で、濃色の細密な波線模様があり、縁取りは不鮮明。眉斑はほぼ白でよく目立ち、目は黄色のものが多いが、なかには茶色の個体もいる。くちばしと蝋膜［訳注：上のくちばし付け根を覆う肉質

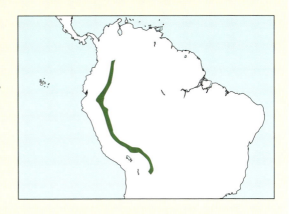

▼Rio Napo Screech Owlの暗色型。羽角は短いが、はっきりと確認できる。体部上面はかなり濃いシナモン系の茶色。1月、エクアドルのアンデス山脈東部にて（写真：ジョン・ホーンバックル）

の膜] は淡く青みがかった鉛色。体部下面は淡黄褐色で、細い濃色の筋状の縦縞に加えて横縞が入ることもあり、濃色の胸の上部には細密な波線模様も見られる。ふ蹠 [訳注：趾（あしゆび）の付け根からかかとまで] は羽毛に覆われ、裸出した趾は淡い灰色から薄ピンク色。爪は象牙色で、先端が黒。一方、淡色型の個体は全体的により淡いシナモン系黄褐色。
[幼鳥] ヒナの綿羽は白。第1回目の換羽を終えた幼鳥は成鳥に似ているが、頭から上背にかけてと体部下面に不鮮明な縞模様がある。
鳴き声 生息域が異なるハラグロオオコノハズク（No. 109）の鳴き声とよく似ている。ただし、本種の鳴き声の1フレーズは7〜10秒しか続かない。
獲物と狩り 記録に乏しいが、主に昆虫などの節足動物を捕食し、特にイナゴなどのバッタ類を好むとされる。
生息地 標高250〜1,500mの樹木が密生する熱帯雨林を好むが、エクアドルでは標高500〜1,400mの場所に棲む。

現状と分布 コロンビア東部からペルー、ボリビア北部にかけて分布する。特に希少な種というわけではないが、現状や生態などに関する調査研究は進んでいない。
地理変異 3亜種が確認されている。基亜種のnapensisはコロンビア東部からエクアドル東部に、淡色のM. n. helleriはペルーに、胸の上部に細密な波線模様がほとんどないM. n. bolivianusはボリビア北部に生息する。
類似の種 本種より標高の低い原生密林に生息するチャバラオオコノハズク（No. 102）とSouthern Tawny-Bellied Screech Owl（No. 103）は、いずれも色がずっと濃く、羽角が長い。生息域が異なるムシクイコノハズク（No. 106）は趾が比較的長く、翼も尾の先端を超えるほど長いが、眉斑は淡色で本種ほど目立たない。本種よりアンデス山脈の標高の高い地域に棲むノドジロオオコノハズク（No. 112）はやや大型で、羽角はもたないが、その名の通り白い喉がよく目立つ。

▼Rio Napo Screech Owlの暗色型。体部下面の細密な波線模様が腹部に近づくほど薄くなる。5月、エクアドルのナポにて（写真：ロジャー・アールマン）

Screech Owls：Screech Owlの仲間　249

112 ノドジロオオコノハズク　[WHITE-THROATED SCREECH OWL]
Megascops albogularis

全長 20～27cm　体重 130～185g　翼長 190～213mm

外見　小型から中型で、羽角はないが、頭はふわふわした羽毛に覆われる。雌雄の体重差に関する明確なデータはないが、メスのほうが重いとされる。体部上面は濃い灰褐色で、黒のまだら模様と、赤茶色からくすんだ黄色および白の細かな斑点があるが、肩を横切る淡色の帯模様は見られない。翼と比較的長い尾には濃淡の横縞がある。顔盤は濃色で、はっきりとした縁取りはなく、白の眉斑もさほど目立たない。目はオレンジ系の黄色からくすんだオレンジで、緑がかった黄色または灰色のくちばしの両側から喉にかけては大きな楕円形の白い斑紋が広がる。体部下面は黄褐色だが、胸の上部では暗く、腹部に近づくと淡くくすんだ黄色になり、その上に煤色の筋状の縦縞と横縞が入る。ふ蹠［訳注：趾(あしゆび)の付け根からかかとまで］は羽毛に覆われ、裸出した趾は黄色がかった灰色から茶色がかった肌色。爪は淡い象牙色で、先端が濃色。［幼鳥］ヒナの綿羽はくすんだ白。第1回目の換羽を終えた幼鳥は淡く黄色がかった灰色で、目を囲む輪状紋がはっきりとしており、くちばしの上に長い剛毛羽が見られる。また、頭頂部から上背にかけてと体部下面には均一な煤色の縞模様がある。巣立雛は成鳥とほぼ同じ姿になるが、模様は不鮮明。

鳴き声　「ホー」という柔らかい声を1秒に4～5音の速さで徐々に音程を下げながら繰り返し、この一連をさらに5～10秒間隔で続ける。

獲物と狩り　調査は進んでいないが、昆虫などの節足動物を主食とし、小型の脊椎動物も捕食すると思われる。

生息地　着生植物の豊富な雨林や雲霧林を好むが、矮樹（気候条件などのため、成長の止まった樹木）が多い高地の森林や竹林にも棲む。標高は1,300～3,600mだが、特に2,000～3,000mの地域に多く見られる。

現状と分布　コロンビア北部およびベネズエラ北西部から、南はボリビアのコチャバンバ県まで分布する。その間に位置するエクアドルおよびペルーのアンデス山脈東西両側の斜面ではごく一般的に見られる種であるため、ほかの地域でも見落とされている可能性がある。

地理変異　4亜種が確認されている。基亜種の*albogularis*はコロンビアのアンデス山脈からエクアドルにかけて生息し、額と眉斑が白い*M. a. meridensis*はベネズエラのメリダ州の

アンデス山脈に、濃色の*M. a. remotus*はペルーのアンデス山脈からボリビアにかけて棲む。最後の*M. a. macabrum*はコロンビアのアンデス山脈西側斜面からペルー西部に生息する亜種で、体部下面の模様が細かい。

類似の種　アンデス山脈の標高の高い地域に生息し、喉に白い斑紋が目立つコノハズク属は本種のみ。

▶ノドジロオオコノハズクは小型から中型で、羽角のない丸い大きな頭が特徴的。写真は亜種の*remotus*で、4亜種の中でもっとも羽色が濃い。体部上面はほぼ黒で、胸には濃色の帯があり、その下はクリーム色がかった黄褐色。目は黄色またはオレンジ。6月、ペルーのアマゾナス県にて（写真：ポール・ノークス）

▲ノドジロオオコノハズクの亜種*macabrum*。エクアドルのピチンチャ県、ヤナコチャ自然保護区にて（写真：レヴ・フリッド）

◀こちらはノドジロオオコノハズクの基亜種。8月、コロンビアのカルダス県、リオブランコ自然保護区にて（写真：レイフ・ガブリエルセン）

113 カキイロコノハズク PALAU OWL
Pyrroglaux podarginus

全長 22cm　翼長 155〜163mm

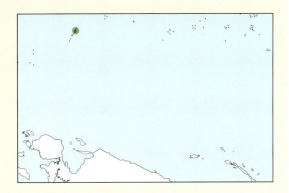

別名　Palau Scops Owl
外見　小型で、羽角はない。雌雄の体重差に関する明確なデータはないが、メスのほうが重いとされる。羽色には濃色の赤褐色型と淡い赤褐色型の2型があるが、雌雄でも色味が異なり、メスはオスよりも体部上面の茶色みが強い。その体部上面は一般に赤褐色で、細密な黒の波線模様があり、首の羽毛の一部には茶色と白の細い横縞も入る。赤みがかった砂色の翼には淡い赤褐色からくすんだ黄色の横縞、赤褐色の尾には不鮮明な濃い茶色の横縞。顔盤は淡い黄色で、同心円を描くように濃い赤褐色の細い線が見られる。白い額と眉斑には赤みがかった黄褐色が混じり、そこに黒褐色の細い横縞が入る。目は茶色またはオレンジ系の黄色で、くちばしは白くくすむ。そのくちばしの付け根あたりに生える羽毛は軸が長くて黒い。喉は白から赤褐色で、淡い赤褐色の胸には白と黒の横縞が入り、腹まで下ると赤褐色はさらに淡くなる。ふ蹠［訳注：趾（あしゆび）の付け根からかかとまで］と趾はくすんだクリーム色で、爪は黒色。[**幼鳥**] ヒナの綿羽は淡い赤茶色で、胸と背中は濃色、腹部は単色。若鳥は成鳥に似ているが、体部上面は茶色がより濃く、下面は横縞が密。また、額から頭頂部を経て背中にかけては黄土色と黒の縞模様が入り、肩羽には白い筋状の縦縞が見られる。
鳴き声　澄んだ声で「クウック、クウック」と1秒間隔で繰り返す。この鳴き声は、同じく夜の間に鳴くこともあるホリイヒメアオバトのものにも似ている。
獲物と狩り　昆虫やムカデなどの節足動物やミミズを主食とする。
生息地　雨林とマングローブ林に棲むが、低地の人里近くでも見られる。
現状と分布　太平洋に浮かぶミクロネシアのパラオ諸島に固有の種。ごく一般的に見られる種ではあるが、多くの島々で絶滅の危機にある。
地理変異　亜種のない単型種。
類似の種　パラオ諸島に分布するフクロウは本種とコミミズク（No. 266）だけだが、コミミズクはずっと大型で、外見もまったく異なる。

▶カキイロコノハズクは小型で、羽角もない。羽色は赤褐色。2月、パラオにて（写真：マンディ・エトピソン）

114 ユビナガフクロウ [CUBAN BARE-LEGGED OWL]
Gymnoglaux lawrencii

全長 20～23cm　体重 80g（1例）　翼長 137～154mm

別名　Bare-legged Owl、Cuban Screech Owl

外見　小型で、丸い頭に羽角はない。雌雄の体格差に関するデータはない。体部上面は茶色で、頭頂部と首の後ろには黒い斑点がある。肩羽は羽軸外側の羽弁に小さな白い部分があるので、うっすらとだが白い帯が1本、肩を横切るようにできている。初列風切［訳注：風切羽のうち、人の手首の先に相当する部分から生えている羽毛］も外側の羽弁に白い斑点があるが、内側はむらのない茶色で、次列風切［訳注：風切羽のうち、人の肘から先に相当する部分から生えている羽毛］には細い白帯がある。雨覆［訳注：風切羽の根本を覆う短い羽毛］と背中は羽毛の先端が白く、中央が濃色。尾羽は10枚しかなく、その外側の羽弁にはやはり細い白帯がある。顔盤は白からくすんだ黄色で、白の眉斑が目立つ。目は茶色で、くちばしと蝋膜［訳注：上のくちばし付け根を覆う肉質の膜］は灰色がかった黄色。首の前部と喉は色あせた黄褐色で、体部下面はクリームがかった白の地にくすんだ黄色が混じり、細かい黒斑としずくが連なったような特徴的な縦縞が見られる。長いふ蹠［訳注：趾（あしゆび）の付け根からかかとまで］と趾は黄褐色で、羽毛は生えておらず、象牙色の爪は先端が濃色。［幼鳥］ヒナの綿羽は白。第1回目の換羽を終えた幼鳥は成鳥に似ているが、体部上面の斑点が少ない。［飛翔］短くて丸みを帯びた翼と、長い尾と脚がよく目立つ。

鳴き声　「ク・ク・ク・クエンクック」という柔らかい声を徐々に速度と音程を上げながら繰り返す。

獲物と狩り　主に昆虫などの節足動物を食べるが、カエル

やヘビ、ごくまれに小型の鳥類も捕食する。そうした獲物は止まり木から飛びかかって捕らえる。

生息地　低木林や密林に棲むが、洞窟やクレバスが点在するやや開けた石灰岩地、さらには農園でも見られる。

現状と分布　キューバと、その西部南沖にあるフベントゥド島（旧称ピノス島）に分布する。この地域ではごく一般的に見られると言われている。

地理変異　亜種のない単型種とされるが、分類は未確定。コキンメフクロウ属に近い可能性もあり、本種のフクロウ科における位置付けを確実なものするにはDNA解析などの調査研究が必要だ。

類似の種　一部で生息域が重なるアナホリフクロウ（No. 210）は、キューバでは数カ所で繁殖するのみ。本種と比べるとより大型で、体部下面に横縞があり、目は黄色で、脚は羽毛または剛毛羽に覆われる。

◀巣穴から顔を覗かせるユビナガフクロウ。丸い頭と茶色の目、そして眉斑と顔の白さが特徴的。3月、キューバのサパタ湿地にて（写真：オリヴァー・スマート）

Cuban Bare-legged Owl：ユビナガフクロウ **253**

◀ユビナガフクロウは小型で羽角がなく、目と喉は茶色。体部下面にしずくが連なったような縦縞がある。12月、キューバのベレンにて（写真：クリスティアン・アルトゥソ）

▼◀巣のある切り株で休息するユビナガフクロウ。11月、キューバのベルメハスにて（写真：アダム・ライリー）

▼体部上面には斑点、尾には縞模様がある。その尾は長いが、尾羽は10枚しかない。ふ蹠と趾は長く、裸出している。2月、キューバのサパタ湿地にて（写真：アーサー・グロセット）

115 アフリカオオコノハズク [NORTHERN WHITE-FACED OWL]
Ptilopsis leucotis

全長 24～25cm　体重 平均204g（16例）　翼長 170～209mm　翼開長 50cm

外見　小型だが、羽角は長く、個体によってはその先端が黒い。雌雄の体重を比べると、メスのほうが平均で約30g重い。羽色には淡色と暗色の2型があり、淡色型は体部上面がかなり淡い灰茶色で、うっすらとした細密な波線模様と、濃色の筋状の縦縞が多数入る。肩羽は羽軸外側の羽弁が白くて濃色の縁取りがあるが、肩まわりの帯模様はさほど目立たない。風切羽と尾羽には濃淡の灰茶色の横縞。顔盤は白く、それを囲む縁取りは黒くて太い。目は深みのある琥珀色からオレンジで、くちばしは黄みがかった象牙色。体部下面は淡色で、濃色の筋状の縦縞と細密な波線模様がある。脚部はくすんだ褐色の趾の上半分まで羽毛に覆われ、爪は黒。一方の暗色型は、羽色がずっと濃くて黄土色を帯びており、顔盤は茶色がかった白。頭頂部は黒く、羽角の中心も黒い。[幼鳥] ヒナの綿羽は白。第1回目の換羽を終えた幼鳥は灰白色だが、頭頂部から背中の羽毛の先端が灰茶色になっているのが目立つ。顔盤の縁取りは濃い灰茶色で、目は黄色。[飛翔] 初列風切［訳注：風切羽のうち、人の手首の先に相当する部分から生えている羽毛］の8番目がもっとも

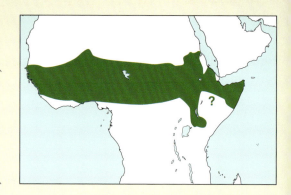

長く、翼が丸みを帯びているのがわかる。

鳴き声　柔らかい声で「ポ・プロー」と発するが、最初の音はかなり短く、0.6秒の間をおいてそれより長い音が続く。この一連をさらに4～8秒間隔で数回繰り返す。

獲物と狩り　無脊椎動物および小型の脊椎動物を主食とする。その狩りは、止まり木から急降下して地上で捕まえるのが定石。ちなみに、コノハズク属の中でもっとも多く脊椎動物を食べるのが本種だ。

生息地　極端な乾燥地帯や湿度の高い密林は好まず、開けた乾燥林や樹木が点在するサバンナに棲む。そのほか、人里近くや郊外の公園、街なかで姿が見られることもある。標高は1,700mまで。

現状と分布　アフリカ大陸のサハラ砂漠以南に分布する。すなわち大陸西岸のセネガル、ガンビアから大陸を横断して東岸のエチオピアおよびソマリアまで、南はウガンダ北部からケニア北部および中央部まで。ほとんどの生息域でごく一般的に見られる種だが、ソマリアは例外で希少。

地理変異　亜種のない単型種。

類似の種　ケニアとウガンダでのみ生息域が重複するミナミアフリカオオコノハズク（No.116）は外見がよく似ているが、本種より全体的に灰色が強く、体部上面は濃色。また、鉤爪の力が強く、目はオレンジ系からルビー系の赤。両種を区別する手段としてもっとも有効なのは鳴き声だ。

◀体を細長くさせているアフリカオオコノハズク。羽角を立たせているため、羽毛の先端があちこちを向いている。10月、ケニアのバリンゴにて（写真：エヤル・バルトフ）

▶アフリカオオコノハズクの顔盤は白く、その縁取りは太くて黒い。全体的に縞模様が目立ち、目は琥珀色からオレンジ。7月、ナイジェリア西部にて（写真：タッソ・レヴェンティス）

White-Faced Owls：アフリカオオコノハズクの仲間　255

116 ミナミアフリカオオコノハズク [SOUTHERN WHITE-FACED OWL]
Ptilopsis granti

全長 22〜24cm　体重 185〜275g　翼長 191〜206mm

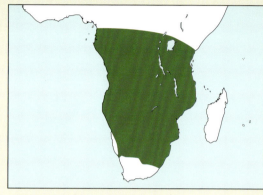

外見　小型だが、羽角は長い。雌雄の体重を比べると、メスのほうが平均で30g以上重い。羽色は個体差が大きいが、一般に体部上面は濃い灰色で、黒い筋状の縦縞がよく目立ち、頭頂部および羽角から上背にかけては多数の細密な波線模様も入る。肩羽は羽軸外側の羽弁が白くて黒い縁取りがあるため、肩を横切るように白い帯模様ができている。風切羽と尾羽には濃淡の横縞、翼上面の雨覆［訳注：風切羽の根本を覆う短い羽毛］には黒の縦縞と細かいまだら模様が見られる。純白に近い顔盤は、黒くて太い縁取りに囲まれているため、より白さが際立つ。目はオレンジ系からルビー系の赤色で、くちばしはクリームがかった象牙色。体部下面は淡い灰色の地に、黒くて細い筋状の縦縞と濃色の細密な波線模様が入る。脚部は趾の上半分まで羽毛に覆われ、ふ蹠［訳注：趾の付け根からかかとまで］は淡い灰色で、趾の裸出部はくすんだ灰茶色。爪は黒みがかった象牙色。［幼鳥］ヒナの綿羽は白。第1回目の換羽を終えた幼鳥は成鳥に似ているが、模様が不鮮明で、目は黄色がかった灰色。巣立雛は目が黄色くなるが、羽角はまだ短くて、模様も成鳥ほどはっきりしていない。

鳴き声　高速で、つまずくように弾む震え声に、間延びし

White-Faced Owls：アフリカオオコノハズクの仲間　257

た声が続く。文字にすれば「フゥゥゥフ・ホー」といったところか。この一連は最後の1音で若干高くなり、その後数秒おいて再び繰り返される。本種は実によく鳴く鳥のようで、筆者もモザンビークのナンプラで保護された個体と数ヵ月を過ごした際に、これまで世話をしてきたどのフクロウ類よりも活発に鳴き声を上げることを確認している。

獲物と狩り　大型の昆虫やクモ、サソリのほか、小型の鳥類や爬虫類、さらには小型の哺乳類も捕食する。

生息地　開けた乾燥林や、樹木とトゲをもつ灌木が点在するサバンナに棲むが、人里近くにも姿を現すことがある。

現状と分布　アフリカ大陸中央部から南部に分布する。すなわち大陸西岸はカメルーンからナミビアまで、東はやや内陸のウガンダ南部から東岸のケニア南部まで、南はアフリカ南部のレソト王国以北まで。生息域ではごく一般的に見られる種。

地理変異　亜種のない単型種。

類似の種　ケニアとウガンダで生息域が重複するアフリカオオコノハズク（No. 115）は、淡い灰茶色に黄土色を帯び、鉤爪の力がさほど強くない。また、体部下面の細密な波線模様は本種よりはっきりしている。

▶羽角を直立させ、目を見開いて最大限の警戒姿勢をとるミナミアフリカオオコノハズク。ナミビアにて（写真：アダム・ライリー）

◀◀ミナミアフリカオオコノハズクは、北方に棲むアフリカオオコノハズク（No. 115）よりも濃色で灰色みが強いが、羽色の個体差が大きく、両種ともに淡色型と暗色型がある。鳴き声が両種を識別できる唯一の方法であることも珍しくない。ナミビアにて（写真：アダム・ライリー）

◀ミナミアフリカオオコノハズクの若鳥。成鳥に似ているが、目がオレンジがかった黄色で、短い羽角は若干ふわふわしていて、羽衣の模様はやや不鮮明。11月、ナミビアにて（写真：ウィル・ルール）

117 シロフクロウ [SNOWY OWL]
Nyctea scandiaca※

※本種の学名は、『日本鳥類目録』(改訂第7版、日本鳥学会発行)では「*Bubo scandiaca*」と定めている。

全長 53～70cm　体重 710～2,950g　翼長 384～462mm　翼開長 142～166mm

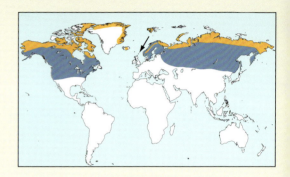

外見　やや大型からごく大型で、羽角はきわめて小さく、通常は見えない。体格と羽色には雌雄差があり、体重はメスのほうが300～400g重い。羽色はオスの成鳥がほぼ全身白いのに対し、メスは体部上面に煤色の斑点と横縞、下面に茶色の斑点と横縞が見られる。さらに、メスの風切羽と尾羽にはうっすらと茶色の横縞が入るが、オスは小翼羽[訳注：人の親指に相当する羽毛]と初列風切および次列風切[訳注：風切羽のうち、人の手首の先に相当する部分から生えているのが初列風切。肘から先の部分から生えているのが次列風切]の何本かの先端に煤色の斑点がごくわずかに入るのみ。雌雄ともに、ごく小さな羽角には煤色の斑点が点在し、白い顔盤に縁取りはないが、黒い縁で囲まれた鮮やかな黄色の目がよく目立つ。くちばしは黒く、その根本には密に羽毛が生える。脚部は趾の先端まで白い羽毛に厚く覆われ、爪は黒。**[幼鳥]**　ヒナの綿羽は灰白色。第1回目の換羽を終えると濃い灰茶色になるが、白い羽衣に濃色の縞模様が入ることで、全体的に少しずつ色が濃くなっていく。巣立雛には不規則なまだら模様が入り、頭は大部分が濃色で、顔と眉斑の白さが際立つ。**[飛翔]**　オールで舟を漕ぐように羽ばたいたかと思うと、翼を伸ばして滑空する。

鳴き声　よく反響する「グー」という低い大きな声を2～6回繰り返す。また、警戒しているときには大きく耳障りな声で「クレ・クレ・クレ・クレ」と叫ぶ。

獲物と狩り　レミングだけでなく、小型の哺乳類や鳥類を主食とし、そのほかにカエルや魚、大型の昆虫なども捕食

◀オスのシロフクロウは年齢を重ねるほど白くなる。このオスはまだ若く、おそらく5歳ほど。米国ミシガン州にて(写真：スティーヴ・ゲトル)

▶メスのシロフクロウには斑点と縞模様があるが、顔は白い。米国ミシガン州にて(写真：スティーヴ・ゲトル)

する。狩りの手法は、丘や岩の上など比較的低い場所から飛び立ち、獲物めがけて滑降するのが定石。

生息地 苔や地衣類、岩の多い北極圏のツンドラに棲む。その多くは海岸から標高300mまでの場所に生息するが、ノルウェーでは最高1,000mの地点でも見られる。

現状と分布 北極圏周辺に広く分布し、ハタネズミの増減と比例するように本種の生息数も年によって大きく増減する。英国で本種が最後に繁殖したのは1975年。このときにはシェットランドで1組のつがいが繁殖し、話題になった。フィンランドでは1974年に30〜35組の繁殖つがいが生息していたが、以降は2011年になるまで10カ所以上の営巣が確認されることはなかった。その2011年、ノルウェーでは30組以上の繁殖つがいが確認された。ただし、本種の北極圏周辺の移動についてはさらなる研究が求められる。というのも、本種はきわめて放浪性が高いため、全世界の総個体数は従来の想定よりもはるかに少ない可能性があるからだ。ちなみに、ユーラシア大陸では個体数が激増した年でもかなり北方にとどまるのに対し、米国では例外的にカリフォルニア州中部および南部、テキサス州中部、さらにはジョージア州まで南下して越冬することがある。

地理変異 亜種のない単型種。分布範囲の非常に広い種で、ユーラシア大陸でも北米大陸でも姿が見られるが、体格の測定値は小さな相違しかなく、亜種を分けるには不足である。シロフクロウ属（*Nyctea*）は一時期、DNA-DNAハイブリダイゼーション（DNA-DNA分子交雑法）によってワシミミズク属（*Bubo*）に含まれていた。しかし、ウオミミズク属（*Ketupa*）とシロフクロウ属に近縁関係があるとするこのデータは疑問視されるものであり、またシロフクロウ属とワシミミズク属では骨の特徴が異なるため、現在では近縁の別属として区別されている。

類似の種 全北区［訳注：動物地理区において、ユーラシア大陸、北米大陸、サハラ砂漠以北のアフリカ大陸を含む地域］で全身が白いフクロウは本種のみ。体格が同等のアメリカワシミミズク（No.118）は背中が濃色で、羽角がよく目立つが、カナダに棲む亜種*B. v. subacticus*は非常に色が淡く、白色部分が多いため、薄暗がりの中ではメスのシロフクロウと混同されうる。ただしよく見ると、やはり濃色の斑点のある羽角がよく目立つ。また、オレンジ系赤色の大きな目と羽角が印象的なワシミミズク（No.120）にも体が白っぽい亜種*B. b. sibiricus*がいるが、こちらは本種よりずっと大型で、体部上面の色が濃い。これらの種はすべて異なる地域で繁殖するが、本種が南に渡る時期だけは生息地が重複する。

Snowy Owl：シロフクロウ **261**

▲オスのシロフクロウが、メスとヒナの待つ巣に獲物をもち帰る。7月、米国アラスカ州ノーススロープ郡にて（写真：ポール・バニック）

▶飛行中のメスのシロフクロウ。密な斑点と縞模様がはっきりと見える。カナダのケベック州にて（写真：ロブ・マッケイ）

◀孵化から2年目のオスのシロフクロウが飛び立ったところ。全体が羽毛に覆われた立派な脚が体の下に伸びている。3月、フィンランドにて（写真：エスコ・ラヤラ）

118 アメリカワシミミズク [GREAT HORNED OWL]
Bubo virginianus

全長 45〜64cm　体重 900〜2,503g　翼長 297〜390mm　翼開長 91〜152cm

<u>外見</u>　中型から大型で、羽角がよく目立つ。雌雄の体重を比べると、メスのほうが平均で700g重い。羽色に雌雄差はないが、個体ごとの変異は大きい。一般には体部上面が暖かみのある茶色からくすんだ黄色で、灰茶色と黒と白のまだら模様および細密な波線模様があり、頭頂部には濃淡の細い横縞が入る。肩羽の羽軸外側の羽弁は大部分が白いが、肩まわりには不規則な濃色の横縞と、不鮮明な白っぽい斑点の列が見られる。風切羽と尾羽には濃淡の横縞。顔盤は錆色から黄褐色で、レモン色の目の周囲の色が淡く、まぶたは縁が黒いので、険しい表情に見える。灰色のくちばしの両側には、白っぽい眉斑と黒みを帯びた首羽が目立つ。体部下面は茶色からくすんだ黄色で、腹部に近づくほど淡色になり、胸の上部には黒のまだら模様と横縞、それより下の部分には濃淡の横縞がまばらに入る。また、鳴き声を上げると、喉の白さをはっきりと見て取ることができる。脚は大きく、灰褐色の趾の先端まで密に羽毛に覆われ、爪は濃い象牙色。[<u>幼鳥</u>] ヒナの綿羽は白。第1回目の換羽を終えた幼鳥は淡い茶色からくすんだ黄色で、背中の上部から中央にかけてふわふわした羽毛が生え、体部下面には濃色の横縞が入る。羽角はまだ目立たない。

<u>鳴き声</u>　低い声で「フ・フ、フーー、ホッ・ホッ」と数秒間隔で続けるが、その一部のみを繰り返す場合もある。

<u>獲物と狩り</u>　ウサギの大きさまでの哺乳類を主食とするが、鳥類や爬虫類、カエル、クモ、大型昆虫なども捕食する。その狩りは、部分的または完全に開けた場所にある止まり木から獲物に飛びかかるか、地上近くを滑空しながら獲物めがけて襲いかかる。

<u>生息地</u>　密な雲霧林や原生雨林は好まず、湿地や開けた森林、岩が多い灌木林に棲むほか、人里近くにも姿を現す。その多くは低地から山間部にかけて生息するが、アンデス山脈では標高4,500mまでの高地でも見られる。

<u>現状と分布</u>　米国アラスカ州およびカナダ南東部から南はウルグアイまでと、南北アメリカ大陸に広く分布する。ごく一般的に見られる地域もあるが、一部の地域では環境破壊や交通事故、電線での感電、さらには迫害など、人間の営みが原因で数を減らしている。それでも、世界的に見た生息数はマゼランワシミミズク（№ 119）と合わせて530万羽と推測される。

<u>地理変異</u>　体格と羽色には個体差があり、体格は北東から南西へ行くにつれて小さくなり、羽色は温暖な地域ほど濃くなる傾向がある。分類についてはさらなる調査研究が必要とされるが、現時点では11亜種が記載されている。基亜

◀アメリカワシミミズクの亜種*subarcticus*のつがい。大きいのがメス（右）で、顔が白いが、これは雌雄差ではなく個体差。11月、カナダのマニトバ州にて（写真：クリスティアン・アルトゥソ）

種のvirginianusはカナダのオンタリオ州南部から東へケベック州までと、米国のミネソタ州東部から東へカナダのノバスコシア州およびプリンスエドワード島まで、そして南はカンザス州からオクラホマ州、テキサス州東部を経てフロリダ州まで分布する。羽色が濃い灰茶色で、体部下面に横縞が顕著なB. v. saturatusは米国アラスカ州南東の沿岸部からカリフォルニア州北部に生息する。カナダの樹木限界域から南へアルバータ州北部、マニトバ州中部、オンタリオ州北部、米国のワイオミング州、ノースダコタ州に分布するB. v. subarcticusは色がかなり淡く、白に近い淡黄褐色で、体部下面に不規則な横縞が入る。かなり濃色で黄褐色を帯び、縞模様が少ないB. v. pacificusは米国南西部、すなわちカリフォルニア州南部沿岸、オレゴン州南部、ネバダ州西部および中部、メキシコのバハカリフォルニア州北西部に生息する。B. v. pallescensも米国南西部のカリフォルニア州中部および南東部からカンザス州西部、アリゾナ州南部、ニューメキシコ州、メキシコ北部にかけての砂漠に棲み、小さな体は赤みの少ない淡色で、体部上面と下面の横縞がさほど目立たない。カナダ北東部から五大湖地域に生息するB. v. heterocnemisは濃い灰褐色で、体部下面に横縞が多い。メキシコのバハカリフォルニア州南部の北緯30度以南にのみ棲むB. v. elachistusは北米でもっとも小型の亜種だ。メキシコからコスタリカ、パナマ西部に分布するB. v. mayensisは基亜種より小型だが、羽衣はよく似ている。B. v. nigrescensはもっとも濃色の亜種で、コロンビアとエクアドルに生息し、細い横縞と波線模様をもつB. v. desertiはブラジル東部のバイーア州にのみ棲む。最後のB. v. nacurutuはベネズエラ南西部からアルゼンチンに生息する亜種で、基亜種と比較すると、オスで300g、メスで600g軽い。なお、本種は飼育下ではワシミミズク (No. 120) やカラフトフクロウ (No. 169) とも交雑するが、シロフクロウ (No. 117) との交雑例は報告されていない。

<u>類似の種</u>　シロフクロウ (No. 117) は大きさが同等ではあるが、模様の多いメスのシロフクロウと混同する可能性があるのは亜北極地帯に生息する亜種のみ。そのほかの地域に棲む本種はずっと濃色で、どの亜種も羽角がよく目立つ。生息域がほとんど重複しないマゼランワシミミズク (No. 119) は本種より小型で、体の色が淡くてくちばしが小さく、鉤爪の力もさほど強くない。また、体部下面の濃淡の横縞はより細かく、鳴き声もまったく異なる。北米大陸の北部では、生息域を共にするカラフトフクロウ (No. 169) と本種の鳴き声が混同されることもあるが、カラフトフクロウは大きくて丸い頭に羽角がなく、小さな目は黄色で、灰色の羽衣には濃色の模様が入るという違いがある。

▼アメリカワシミミズクの亜種の中で、nigrescensはもっとも色が濃い。5月、エクアドルのナポにて（写真：ロジャー・アールマン）

▼亜種のnacurutuは、やや小型のマゼランワシミミズク (No. 119) とよく似ているが、腹の縞模様の間隔が広い。11月、アルゼンチンのコリエンテスにて（写真：ジェームズ・ローウェン）

▲北米大陸北西部に棲むアメリカワシミミズクの亜種 *saturatus* は、濃色の横縞と斑点が目立つことから「Dusky Horned Owl（煤色のアメリカワシミミズク）」とも呼ばれる。1月、米国ワシントン州にて（写真：ジム&ディーヴァ・バーンズ）

▲▶亜種の *pallescens* は基亜種より小型で、淡い色の羽衣は赤みが弱い。米国ニューメキシコ州にて

▶大きく成長したアメリカワシミミズクの若鳥が、まだ母親に餌をねだっている。9月、カナダのマニトバ州にて（写真：クリスティアン・アルトゥソ）

▶▶アメリカワシミミズクの基亜種は羽角が非常に目立つ。米国ミシガン州ハウエルにて（写真：スティーヴ・ゲトル）

119 マゼランワシミミズク [MAGELLANIC HORNED OWL]
Bubo magellanicus

全長 45cm　体重 830g（オス1例）　翼長 318〜368mm

別名　Magellan Horned Owl、Lesser Horned Owl

外見　中型で、濃い茶色または黒の羽角は細く、先が尖っている。雌雄を比較すると、メスのほうがわずかに翼が長いが、羽衣の模様は似ている。体重差に関してはデータがない。羽色には淡色と暗色の2型があり、どちらも体部上面は灰茶色の地に黒の筋状の縦縞、まだら模様、茶色の斑点、濃色の横縞が入り、風切羽と尾羽には黒と灰茶色の縞模様がある。肩羽の羽軸外側の羽弁は白いが、あまり目立たない。黒の縁取りに囲まれた顔盤は淡い灰茶色から灰白色で、比較的小さな青灰色のくちばしに近いほど色は淡くなる。目は鮮やかな黄色で、まぶたは細い黒の線で縁取られ、眉斑は頭頂部よりも淡色だが目立たない。腮（アゴ）と白い喉は細い濃色の線で、喉と胸は列をなす濃色の斑点で区切られる。体部下面の羽色は淡色型では白、暗色型では淡い灰茶色で、そこに濃い茶色の細い横縞が入る。脚部は趾の先端までくすんだ白の羽毛で覆われ、爪は濃い象牙色。その趾と爪はさほど力が強くない。[幼鳥] 前項のアメリカワ

シミミズク（No.118）に似る。

鳴き声　低い声で2回鳴くが、1音目は軽く、2音目が強い。その後、静かに喉を鳴らすような音が続く。本種は、この鳴き声をもとにした「トゥクケレ」という別名で呼ばれることもある。

獲物と狩り　ノウサギの大きさまでの哺乳類を主食とするが、鳥類や爬虫類も捕食する。

生息地　岩場を好み、山地に多く棲む。アンデス山脈では標高2,500〜4,500mの樹木限界域より高いところで見られることもあるが、海抜0m地点や人里近くにも生息する。

現状と分布　ペルー中部のアンデス山脈から南米最南端のホーン岬にかけて分布する。この地域ではごく一般的に見られる種で、チリではウサギ類の人為的導入によって個体数が増加している。

地理変異　亜種のない単型種。本種とアメリカワシミミズク（No.118）のDNA配列の差異は1.6%で、独立した別種とする根拠となっている。この2種は大きさと羽色も異なる。

類似の種　生息域がほとんど重複しないアメリカワシミミズク（No.118）は本種より濃色かつ大型で、爪とくちばしの力が強い。また、体部下面に入る濃色の横縞の間隔はより幅広で、鳴き声もまったく異なる。このほかの南米のフクロウ類はすべて本種よりずっと小型。

Eagle Owls：ワシミミズクの仲間 **267**

▲マゼランワシミミズクの羽角は、アメリカワシミミズク（No.118）のものより小さく尖っている。11月、アルゼンチンのサンタクルスにて（写真：ジェームズ・ローウェン）

▶マゼランワシミミズクは人里近くにも生息する。ペルーにて（写真：ファビオ・オルモス）

◀マゼランワシミミズクはアメリカワシミミズク（No.118）の亜種 *B. v. nacurutu* よりも小型で、くちばしと爪も比較的小さい。また体部下面の横縞が密で、黄色の目と小さめの羽角をもつ。12月、チリのティエラ・デル・フエゴにて（写真：アーサー・グロセット）

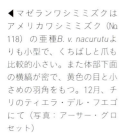

120 ワシミミズク [EURASIAN EAGLE OWL]
Bubo bubo

全長 58〜75cm　体重 1,500〜4,600g　翼長 405〜515mm　翼開長 150〜188cm

<u>外見</u>　世界最大のフクロウで、羽角が目立つ。雌雄の体重を比べると、メスのほうが平均で1kg重い。体部上面はくすんだ黄色から茶色の地に黒の縦縞と横縞が入り、黄褐色の風切羽と尾羽には黒または濃い茶色の縞模様が見られる。顔盤はくすんだ黄色を帯びた灰茶色で、その縁取りは細く、わずかに色が濃い程度なのであまり目立たない。黄金色から鮮やかなオレンジ系赤色の目は非常に大きく、その上で白い眉斑が際立つ。くちばしは黒で、周囲が白い羽毛に覆われる。体部下面は黄色みの強いオレンジ系の茶色で、鳴き声を上げると白い喉がよく目立つ。胸の上部には黒の縦縞、その下の部分には濃色の筋状の縦縞と細い横縞が入る。ふ蹠［訳注：趾（あしゆび）の付け根からかかとまで］は力強い趾まで羽毛に密に覆われ、やはり強力な爪は長く、黒褐色で先端が黒。［<u>幼鳥</u>］ヒナの綿羽は白。第1回目の換羽を終えた幼鳥は淡い黄褐色で、ぼんやりとした濃色の横縞が頭部、背中の上部から中央、そして体部下面に多数入り、羽角の位置にはふわふわした羽毛が生える。若鳥の目は白っぽい黄色系オレンジ。［<u>飛翔</u>］翼上面の雨覆［訳注：風切羽の根本を覆う短い羽毛］の色が濃く、初列雨覆と大雨覆［訳注：人の手首の先に相当する部分から生えている初列風切を覆うのが初列雨覆、肘から先に相当する部分から生えている次列風切を覆うのが大雨覆］は羽毛の先端の色が濃いのがわかる。飛ぶ際にほとんど音がしないのは、羽ばたきが柔らかく、その合間に滑

空するため。高く舞い上がることもある。

<u>鳴き声</u>　よく響く低い声で「ウー・フ」または「ブー・ホ」と1音目を強く、2音目は軽く発し、さらにこの一連を8〜10秒間隔で繰り返す。

<u>獲物と狩り</u>　小型から中型の哺乳類と鳥類のほか、爬虫類やカエルなども捕食する。通常は止まり木から獲物に飛びかかるが、探索飛行をすることもある。

<u>生息地</u>　岩壁のある開けた森林を好むが、都市部にも棲む。標高はヨーロッパでは2,000mまでだが、中央アジアとヒマラヤ山脈では4,500mまでの高地でも見られる。

<u>現状と分布</u>　西はスカンジナビアからポルトガルまで、東

◀巣で待つヒナにウサギをもち帰る亜種*hispanus*のメス。3月、スペイン南部にて（写真：ヴィンセンツォ・ペンテリアーニ）

▶恐るべき捕食者、ワシミミズクのオス。こちらも亜種の*hispanus*で、基亜種よりやや小さい。3月、スペイン南部にて（写真：ヴィンセンツォ・ペンテリアーニ）

は中央アジアからシベリアを経て日本まで分布する。そのうちヨーロッパの個体群は、人間による迫害や環境破壊が続いたため危機的状況に陥ったが、多くの国々で再導入が成功しており、現在ヨーロッパ（ロシアを除く）には1万2,000組のつがいが生息すると推定される。しかしフィンランドでは、15年以上にわたり個体数の減少が続いており、1982～2010年までの減少率は年2.2%。農村部のゴミ処理場の閉鎖がその要因とされる。さらに同国では、不幸なことにハンターの権益を保護するという名目で、依然として犠牲になるワシミミズクがいる。たとえば2011年には、足輪をつけたワシミミズクのヒナが最低でも10羽、複数の集落で撃ち殺された。一方、英国ではフィンランドと同じようにワシミミズクが狩猟の対象となるのを避けるため、数少ない営巣地の場所は秘匿されている。

<u>地理変異</u>　全体的な羽色、模様の濃さ、体格の違いから、少なくとも13亜種が確認されている。基亜種の*bubo*はスカンジナビア、ピレネー山脈から、東はロシア北西部を経てモスクワまで生息する。基亜種より小型で、羽色が淡く、灰色が強い*B. b. hispanus*はイベリア半島に、同じく淡色で、黄色みが弱い*B. b. ruthenus*はモスクワからウラル山脈およびヴォルガ川にかけて分布する。クリミア半島から小アジア、イランに分布する*B. b. interpositus*は色が濃く、錆色がかる。シベリア西部からアルタイ山脈に棲むのは*B. b. sibiricus*で、非常に大型で白っぽい。オビ川、バイカル湖、アルタイ山脈に囲まれたシベリア中部からモンゴル北部に生息する*B. b. yenisseensis*は濃い灰色で、黄色みが強い。シベリア北東部の*B. b. jakutensis*は、その*yenisseensis*よりもさらに濃い色で、茶色みが強い。シベリア南東部から中国北部、千島列島に分布する*B. b. ussuriensis*は体部上面が*jakutensis*よりも濃色で、下面は黄土色が強い。韓国と中国に生息する*B. b. kiautschensis*は小型で濃色。ヴォルガ川からアラル海、モンゴル西部に棲む*B. b. turcomanus*は逆に淡色で、黄色っぽい。トルクメニスタンとイランに生息する*B. b. omissus*は、砂漠に棲む種に多い淡い黄土色。イランからパキスタンにかけて分布する*B. b. nikolskii*は*omissus*よりも小型で、体部上面は淡色。最後の*B. b. hemachalana*はキルギスからバルチスタン［訳注：イラン南東部からパキスタン南西部にまたがる地域］、ヒマラヤ山脈に分布する亜種で、全体的に淡褐色。ただし、本種の分類にはさらなる調査研究が必要とされる。というのも、*interpositus*はキタアフリカワシミミズク（No.121）と、*turcomanus*はベンガルワシミミズク（No.122）と交雑し、いずれも交雑個体に繁殖能力があることがわかっているからだ。また、複数のDNAの分析結果から、*interpositus*を独立種とする説も有力視されている。

<u>類似の種</u>　繁殖期以外は生息域を共にするシロフクロウ（No.117）は全体的に白く、通常は羽角が見えない。生息域が隣接するキタアフリカワシミミズク（No.121）は本種よりずっと小型で、色が薄く、羽角には濃色の斑点、胸の上部には黒い斑点が散る。比較的大型のウオミミズク類（No.135～141）は羽角がないか、乱れた羽角をもち、ふ蹠全体、あるいは少なくとも趾は裸出している。生息域が重なるカラフトフクロウ（No.169）は同じくらいの大きさに見えるが、体重は軽い。また、大きくて丸い頭に羽角はなく、小さな目は黄色で、羽衣は灰色の地に濃色の模様が入る。

Eagle Owls：ワシミミズクの仲間 271

▲淡い黄土色のワシミミズクの亜種*omissus*の成鳥。イランにて（写真：アリ・サドル）

▲▶こちらは亜種*interpositus*の成鳥。9月、ロシア領コーカサス地方にて

▶空を舞う亜種の*yenisseensis*。翼の上面の色がやや濃く、初列雨覆の先端が濃色だが、翼の下面はごく淡色の*sibiricus*と同様に白い。6月、モンゴルにて（写真：マティアス・ビュッツェ）

◀孵化後70日の亜種*hispanus*のオス。3月、スペイン南部にて（写真：ヴィンセンツォ・ペンテリアーニ）

121 キタアフリカワシミミズク [PHARAOH EAGLE OWL]
Bubo ascalaphus

全長 45〜50cm　体重 1,900〜2,300g　翼長 324〜430mm　翼開長 100〜120cm

別名　Desert Eagle Owl、ファラオワシミミズク

外見　中型からやや大型で、羽角は比較的短い。その羽角は淡い黄褐色の地に濃色の斑点が散り、縁は砂色で、先が尖っている。雌雄の体重を比べると、メスのほうが平均で400g重い。体部上面は黄褐色から赤褐色で濃淡の模様が入り、全体としてまだらの印象を与える。風切羽と尾羽にも濃淡の縞模様。丸い顔盤はむらの少ない黄褐色で、細かい黒の斑点が縁取りをつくっている。目は黄色から深いオレンジで、くちばしは黒。喉は白く、体部下面は淡い黄褐色から砂色で、胸の上部には濃色のしずくが連なったような縦縞と横縞がある。腹部には濃色の細かい模様があるが、横縞はワシミミズク（No.120）のものほど明瞭ではない。ふ蹠［訳注：趾（あしゆび）の付け根からかかとまで］と趾は淡い黄褐色の羽毛に覆われ、その趾の先端は煤けた茶色で、爪は黒褐色。［幼鳥］ヒナの綿羽は白く、額と翼と腰がくすんだ黄色を帯びる。第1回目の換羽を終えた幼鳥はまだ全体的にふわふわとしており、体部上面に横縞が入るが、胸の上部に横縞は少なく、羽角も未発達。

鳴き声　短く「フー」と下がり調子に発するが、音程はワシミミズク（No.120）やトラフズク（No.262）よりも高い。

獲物と狩り　哺乳類や鳥類、爬虫類のほか、サソリや大型昆虫も捕食する。獲物は通常、止まり木から飛びかかって捕まえる。

生息地　砂漠や半砂漠で、岩がごつごつした斜面に棲むが、乾燥サバンナでも見られる。

現状と分布　アフリカ大陸の北部および北西部、すなわちチュニジアから南はガンビア、マリまで、東はスーダン、エリトリアまでの地域と、シリアからイラク西部、南はオマーンまでの中東に分布する。地域によっては人間による迫害を受けて絶滅の危機にあるが、種全体の現状についてはわかっていない。

地理変異　亜種のない単型種とされるが、サハラ砂漠とアラビア半島の個体群は淡色で、*desertorum*という亜種に分類されることがある。そのため、この個体群についてはさらなる調査研究が求められる。また、本種はワシミミズク（No.120）の亜種*B. b. interpositus*と交雑することが知られ、その交雑個体群が中東に存在する。さらに飼育下では、ベンガルワシミミズク（No.122）とも交雑する。

類似の種　生息域が隣接するワシミミズク（No.120）は本種よりずっと大型で、色が濃く、濃色の羽毛がよく目立つ。アフリカに棲むウオクイフクロウ類（No.139〜141）は同等の大きさだが、羽角はない。生息域が一部重なるトラフズク（No.262）は本種よりずっと小型で細く、体部下面の縞模様がはっきりしている。

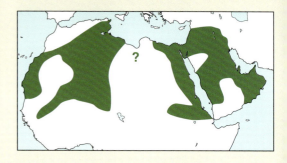

◀キタアフリカワシミミズクの羽色はバリエーションが多い。写真は淡色の成鳥。5月、アラブ首長国連邦のスウィハンにて（写真：ハンヌ＆イェンス・エリクセン）

▶▲こちらは羽色が黄色がかったオレンジ型の典型的な個体。羽角は比較的短く、背中の模様はワシミミズク（No.120）よりも黒い。尾は比較的細く、やや幅が狭い。2月、エジプトにて（写真：ダニエル・オッキアート）

▶周囲の岩に溶け込むように姿を隠す幼鳥。2月、エジプトにて（写真：ダニエル・オッキアート）

Eagle Owls：ワシミミズクの仲間 273

122 ベンガルワシミミズク [ROCK EAGLE OWL]
Bubo bengalensis

全長 50〜56cm　体重 1,100g（オス1例）　翼長 358〜433mm

<u>別名</u>　Indian Eagle Owl、ミナミワシミミズク
<u>外見</u>　やや大型で、茶色の羽角は長い。雌雄の体格を比べると、メスのほうが翼と尾が長い。体部上面は黄褐色の地に、黒褐色のまだら模様と縦縞が入る。頭頂部は濃色で、黄褐色の額には小さな黒の斑点が散る。風切羽と尾羽は黄褐色からくすんだ黄色で、黒褐色の縞模様が入り、先端が尖っている。模様のない黄褐色の顔盤を囲む縁取りはくっきりとしてよく目立ち、白の眉斑は目の中央の上あたりまで続く。その目は深い黄色からオレンジ系の赤色で、くちばしは緑がかった象牙色からやや青みのある濃い灰色。体部下面は赤みがかった黄色だが、中心部に近づくほど淡く、白っぽくなる。胸の上部には小さな濃色の縦縞、下部には細い筋状の縦縞と薄い横縞が入り、腹部にはぼんやりとした縞模様が見られる。ふ蹠［訳注：趾（あしゆび）の付け根から

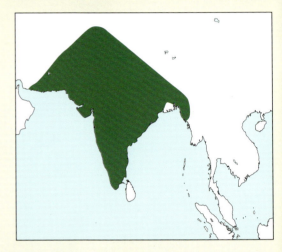

▼狩りの腕前を披露するベンガルワシミミズク。力強い脚で獲物につかみかかろうとしている。3月、インドのカルナータカ州にて（写真：ニランジャン・サント）

かかとまで]と趾は赤みがかった黄色の羽毛で覆われるが、第4趾(外趾)の関節から先は緑がかった濃い青灰色で裸出している。爪は薄い黒。[幼鳥]ヒナの綿羽は白地にくすんだ黄色を帯びる。第1回目の換羽を終えた幼鳥は、赤みがかった黄色から茶色の細い横縞が頭から上背にかけてと体部下面に見られ、羽角は未発達。[飛翔]初列風切[訳注:風切羽のうち、人の手首の先に相当する部分から生えている羽毛]の8番目がもっとも長く、先端が尖っているのが見える。

鳴き声 低い声で「ブ・フーオ」と2音節目を長く強調して鳴き、この一連を数秒間隔で繰り返す。

獲物と狩り ネズミを中心に、鳥類や爬虫類、カエル、カニ、大型の昆虫なども捕まえる。止まり木から、または低空を飛行しながら獲物を探し、飛びかかるのが狩りの定石。

生息地 岩の多い半砂漠に棲むが、人里に近い森林や果樹園でも見られる。その多くは低地に生息するが、標高2,400mまでの山地にも姿を見せる。

現状と分布 ヒマラヤ山脈西部からミャンマー西部、南はパキスタンとインドまで分布するが、スリランカでは確認されていない。生息に適した地域では一般的に見られるが、現状の詳細についてはわかっていない。

地理変異 亜種のない単型種とされるが、正確な分類についてはさらなる調査研究が必要だ。本種は飼育下で、インドとパキスタンの国境をまたぐカシミール地方で生息域が重複するワシミミズク(No.120)の亜種 *B. b. turcomanus* と交雑し、その間に生まれた交雑個体には繁殖能力も認められた。また、キタアフリカワシミミズク(No.121)との交雑も飼育下では確認されている。

類似の種 生息域が異なるワシミミズク(No.120)は本種より大型で、初列風切の7番目と8番目が同じ長さのため、翼は丸みを帯びて見える。また、体部下面の縦縞がより顕著で、趾は完全に羽毛に覆われる。生息域を共にするミナミシマフクロウ(No.136)は目が黄色で、趾に羽毛はない。

▼ベンガルワシミミズクの目はオレンジ系で、胸に縦縞が入る。3月、インドのカルナータカ州にて(写真:ニランジャン・サント)

▼ベンガルワシミミズクはやや大型で、羽角がよく目立つ。11月、インドのハリヤーナー州にて(写真:アマノ・サマルパン)

123 イワワシミミズク（ケープワシミミズク） [CAPE EAGLE OWL]
Bubo capensis

全長 46～58cm　体重 905～1,800g　翼長 330～428mm　翼開長 120～125cm

<u>外見</u>　やや大型から大型で、羽角はよく目立つ。雌雄の体重を比べると、メスのほうが平均で350g重い。体部上面は濃い茶色で、白や黒、赤みを帯びた黄色、茶色っぽい黄色のまだら模様と斑点がある。風切羽と尾羽には濃淡の横縞が入る。肩羽の羽軸外側の羽弁には大きな白い斑紋と濃色の斑点、さらに雨覆［訳注：風切羽の根本を覆う短い羽毛］にも

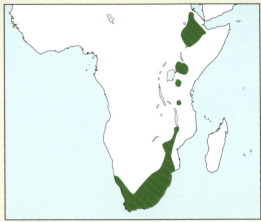

大きな白斑があるため、翼を閉じると白い帯模様が1本できる。淡い黄褐色の顔盤は黒また濃い茶色の縁取りに囲まれ、目はオレンジ系の黄色からオレンジで、くちばしはくすんだ象牙色。体部下面は淡い赤みを帯びた黄色から褐色で、喉は白く、胸の上部には密な黒のまだら模様、腹部には黒の斑点とまばらな横縞が入る。ふ蹠［訳注：趾（あしゆび）の付け根からかかとまで］と趾は密に羽毛に覆われ、その趾の外側は茶色。羽毛の生えていない足裏は黄色く、爪は濃色で先端が黒。［幼鳥］ヒナの綿羽は白。第1回目の換羽を終えた幼鳥は茶色っぽい白で、濃色の横縞が頭から背中までと体部下面に見られる。幼鳥の目は黄色。

<u>鳴き声</u>　力強い2音節の「ホ、ホーー」または3音節の「ホ、ホーー、ホ」という声を数秒間隔で繰り返す。また、時には「ホーーー」と1音だけ長く伸ばして鳴くこともある。

<u>獲物と狩り</u>　トガリネズミからノウサギまでの哺乳類、あらゆる大きさの鳥類、さらには爬虫類やカエル、サソリ、カニ、大型の昆虫などを幅広く食べる。そうした獲物は、よく目立つ止まり木から飛びかかって捕まえる。

<u>生息地</u>　岩壁や峡谷のある山地や丘陵地に棲むが、ドバトを狙って市街地に飛来することもある。アフリカ大陸東部では標高1,600～4,200mの地域で見られることが多いが、大陸南部ではそれよりはるかに標高の低い場所に姿を見せることが多く、時には海抜0m付近の樹木が点在する乾燥した草原にも出没する。

◀イワワシミミズクの基亜種は亜種の中でもっとも小さいが、長い羽角をもつ。胸は濃色のまだら模様で、ほかの亜種と比べて赤みが弱く、淡黄褐色を帯びる。南アフリカ共和国の西ケープ州にて（写真：ジョン・イヴソン）

Eagle Owls：ワシミミズクの仲間　277

<u>現状と分布</u>　アフリカ大陸東部および南部に広く分布する。すなわちエリトリア、エチオピアからケニア、タンザニア、マラウイ、モザンビーク、ジンバブエを経て、南アフリカ共和国とナミビアまで。ただし分布にはむらがあり、地域によってごく多いところと、まったく生息していないところがある。

<u>地理変異</u>　確認されているのは3亜種。基亜種の*capensis*は南アフリカ共和国とナミビア南部に、茶色みが強く、体部下面の模様がやや多い*B. c. dilloni*はエチオピアとエリトリアに、3亜種の中でもっとも大きく、羽色の黄褐色がもっとも濃い*B. c. mackinder*はケニアからモザンビーク、ジンバブエにかけて生息する。*mackinder*は独立種としてマッキンダーワシミミズクと呼ばれることもあるが、最近のDNA解析によると基亜種とほとんど違いが見られないことがわかった。したがって、亜種として区別する必要もないのかもしれない。一方、*dilloni*のDNA配列は基亜種と明確な違いがあり、ワシミミズク属の亜種間の標準的な違いを示す。

<u>類似の種</u>　生息域が重なるアフリカワシミミズク（No.125）は目が黄色く、本種よりずっと小型で、体部下面に斑点と横縞があるが、胸の上部側面に密なまだら模様は見られない。生息域が一部で重複するアビシニアンワシミミズク（No.126）も本種より小型で、灰色みが強く、体部下面には細い横縞と波線模様がある。また、目は濃い茶色で、まぶたの縁は赤っぽい肌色。やはり一部で生息域が重なるクロワシミミズク（No.129）はずっと大型で、淡い灰褐色の地に細密な波線模様、濃い色の目、ピンクのまぶたをもち、羽角はふわふわしている。

▼亜種*mackinder*のオス。3亜種の中でもっとも大きく、羽色の黄褐色ももっとも濃い。10月、ケニアのニエリにて（写真：リック・ファン・デル・ヴィド）

▼こちらは*dilloni*。基亜種より大型で、茶色みが強い。体部上面も下面も模様は不鮮明だが、腹部の横縞ははっきりしている。1月、エチオピアにて（写真：ロブ・ハッチンソン）

124 アクンワシミミズク [AKUN EAGLE OWL]
Bubo leucostictus

全長 40〜46cm　体重 486〜607g　翼長 292〜338mm

別名　Sooty Eagle Owl

外見　中型で、羽角はよく目立つ。雌雄の体格を比べると、メスのほうがわずかに大きく、平均で50g重い。体部上面は茶色から赤褐色の地に、煤色の細密な波線模様と波形の横縞が入る。頭頂部は濃い茶色で、白の細かい斑点が羽角の付け根を中心に散らばる。その羽角の外縁は煤色。肩羽は軸より外側に大きな白い斑紋があるため、肩を横切るようにぼんやりした白の帯模様ができている。風切羽と尾羽には濃淡の横縞が入るが、尾の先端は白い。細い黒の縁取りで囲まれた顔盤は淡い赤茶色で、細い濃色の線が同心円を描く。目は淡い黄色から緑がかった黄色で、くちばしと蝋膜［訳注：上のくちばし付け根を覆う肉質の膜］は黄色みを帯びた緑。喉は白く、胸の上部は淡い茶色で、濃色の横縞と細密な波線模様が入る。胸の下部から腹部にかけては白く、胸の下部にはまだらな横縞と、白と黒褐色の大きめの斑点、腹部には小さな煤色の斑点が見られる。脚は比較的小さくて力もさほど強くなく、ふ蹠［訳注：趾（あしゆび）の付け根からかかとまで］全体が濃色の羽毛で覆われる。裸出した趾は淡い黄色で、爪は黒。[**幼鳥**] ヒナの綿羽は白。第1回目の換羽を終えた幼鳥もほぼ白で、間隔の広い赤茶色の横縞が見られるが、この白い羽毛は1歳まで残る。[**飛翔**] 全体的に濃色だが、首の後ろに淡色の部分が見える。時には道路や開けた山道に沿って低く飛ぶ。

鳴き声　低音のニワトリのような「トク、トク、トク・オク・オク・オク、オク」という声を徐々に速く発する。ただし、あまり頻繁には鳴かない。

獲物と狩り　記録に乏しいが、主に昆虫を捕食すると思われ、実際に夕暮れ時に飛んでいるゴキブリを空中で捕らえるところが観察されている。そのほか、葉陰や地面にいる獲物も捕らえるようだ。捕獲した獲物はまず足で抱え込み、その後くちばしで引き裂いて食べる。

生息地　低地の雨林に棲むが、高木のある農地でも姿が見られる。

現状と分布　アフリカ大陸西部のシエラレオネ、ギニア、リベリアから南はアンゴラ、東はウガンダまで分布する。これらの生息域でごく一般的に見られるのはリベリアのみと報告されているが、本種の生息環境や生態に関してはほとんどわかっていない。

地理変異　亜種のない単型種。

類似の種　一部で生息域が重複するアビシニアンワシミミズク（№126）は、濃い茶色の目が赤みの強い肌色で縁取られ、体部下面には細密な波線模様がある。また、その趾は完全に裸出しておらず、一部が羽毛に覆われる。同じく一部で生息域が重複するクロワシミミズク（№129）とヨコジマワシミミズク（№130）は本種よりずっと大型で、やはり目は濃い茶色。生息域を共にするコヨコジマワシミミズク（№127）も目が濃い茶色で、体部下面に横縞がまばらに入り、本種より短い羽角はボサボサと乱れて見える。

◀アクンワシミミズクの模様の密度と赤褐色の色味には個体差があるが、いずれもくちばしは黄色みを帯び、頭と羽角は濃い茶色で、顔盤には細い線模様がある。5月、ガーナにて（写真：アーサー・グロセット）

▶アクンワシミミズクは非常に色が濃く、淡い黄色の目をもつ。裸出した趾も同様に淡い黄色。体部下面は淡い茶色から白だが、不規則な濃色のまだら模様や横縞が入り、とりわけ胸の上部で顕著。一方、生息域が重なるコヨコジマワシミミズク（№127）は目が濃い茶色で、趾は羽毛に覆われる。ナイジェリアのエド州にて（写真：タッソ・レヴェンティス）

Eagle Owls：ワシミミズクの仲間 279

125 アフリカワシミミズク　[SPOTTED EAGLE OWL]
Bubo africanus

全長 40〜45cm　体重 487〜850g　翼長 323〜360mm　翼開長 100〜113cm

<u>外見</u>　中型で、羽角が目立つ。雌雄を比較すると、オスのほうが羽色が淡く、体重は平均100g軽い。一般に体部上面は煤けた茶色で、白またはくすんだ黄色の斑点が目立つため、英語では「Spotted Eagle Owl（斑点模様のワシミミズク）」と呼ばれる。肩羽は羽軸外側の羽弁に大きな白い部分があるが、肩まわりに目につくほどの帯模様はできていない。風切羽と尾羽には濃淡の横縞。顔盤は白から淡い黄土色で、細い濃色の横縞が入り、黒の縁取りに囲まれる。目は鮮やかな黄色で、まぶたは縁が黒く、くちばしも黒。体部下面は白地に細い濃色の横縞が入り、白い腮（アゴ）の下から胸の上部には濃い灰茶色の斑紋がいくつか見られる。腹部はくすんだ黄色を帯びるが、ほとんどむらがない。ふ蹠［訳注：趾（あしゆび）の付け根からかかとまで］は羽毛に覆われ、濃い象牙色の趾も先端近くまで羽毛が生える。爪は濃い茶色から黒。[幼鳥] ヒナの綿羽は白。第1回目の換羽を終えた幼鳥は白と茶色の細い縞模様が見られるが、目は灰

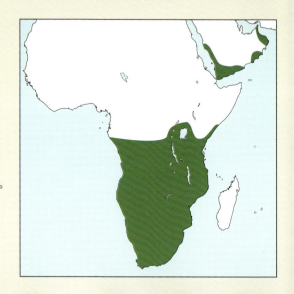

色がかった黄色で、巣立ちを迎えるころに黄色に変わる。

[飛翔] 英名の通り、まだら（spotted）に見える。

鳴き声　オスは柔らかい声で「ホー・ホー」と鳴くが、2音目が若干低い。これに対してメスは3音の「ホー・フーホー」という声で応えるのだが、オスの鳴き声の直後に続けることも多く、そうした場合にはデュエットというより1羽の鳴き声のようにも聞こえる。

獲物と狩り　獲物の半分以上は無脊椎動物（節足動物と昆虫）で、残りは小型の哺乳類や鳥類、爬虫類、カエルなど。

生息地　密な雨林は好まず、開けた、あるいはやや開けた森林に棲む。そのほか、市街地の広大な庭園で繁殖することもある。

現状と分布　アフリカ大陸中西部のガボンから東はケニアまで、南は南アフリカ共和国のケープ地方までの広域と、アラビア半島南部に局所的に分布する。本種の生息地では迷信に基づく殺害が盛んに行われており、筆者も自宅のあるアフリカ南東部のマラウイ共和国でこうしたフクロウたちを保護し、郊外に放すという経験をしている。

地理変異　確認されているのは3亜種。基亜種の*africanus*はウガンダからケープ地方にかけて生息する。ずっと小型で淡色の*B. a. tanae*はケニア南東部と同国最長の河川であるタナ川の流域に、より黄褐色が強い*B. a. milesi*はサウジアラビア南部からオマーンに分布する。このうち*milesii*は鳴き声も基亜種と異なるとされているが、情報が少なく、分類学的、生態学的にさらなる調査研究が必要だ。

類似の種　生息域が重なるイワワシミミズク（No.123）は本種よりずっと大型で、目はオレンジ系の黄色。体部下面の模様は少ないが、胸の上部側面に黒の斑紋がある。一部で生息域が重複するアクンワシミミズク（No.124）はほぼ同等の大きさだが、黄色の趾に羽毛は生えていない。分布範囲の境界域が重なるアビシニアンワシミミズク（No.126）は目が濃い茶色で、体部上面にも下面にも細密な波線模様が入る。ほかにもアフリカに棲むワシミミズク類はいるが、いずれも目は濃い茶色だ。

▶アフリカワシミミズクの目は黄色からオレンジで、まぶたの縁は黒。ナミビアのエトーシャ国立公園にて（写真：マイケル＆パトリシア・フォグデン）

◀アフリカワシミミズクの羽角はよく目立つ。アフリカでは分布範囲のほぼ全域で基亜種が見られる（写真：リック・ファン・デル・ヴィッド）

◀◀本種はイワワシミミズク（No.123）よりも明らかに小型で、模様のコントラストがさほど強くないが、体部下面には細かい横縞が入る。4月、タンザニアにて（写真：アダム・スコット・ケネディ）

126 アビシニアンワシミミズク [GREYISH EAGLE OWL]
Bubo cinerascens

全長 43cm　体重 約500g　翼長 284〜338mm

別名　Vermiculated Eagle Owl

外見　中型で、羽角は比較的長いが、あまり直立しない。雌雄の体重差に関するデータはないものの、メスのほうが若干重いようだ。羽色はまれに褐色型の個体も見られるが、ほとんどが灰褐色型で、その体部上面は煤けた茶色の地に濃色の細密な波線模様と濃淡の斑点が入る。風切羽と尾羽には濃淡の横縞。顔盤も淡い灰茶色で、濃色の細密な波線模様と同心円状の線模様が入り、黒の縁取りと白の眉斑が目立つ。目は濃い茶色で、まぶたの縁は赤っぽい肌色。くちばしは灰色がかった鉛色で先端の色が淡く、蝋膜［訳注：上のくちばし付け根を覆う肉質の膜］は茶色がかった灰色。やはり淡い灰茶色の体部下面には、濃い茶色の細密な波線模様が多数入る。ふ蹠［訳注：趾（あしゆび）の付け根からかかとまで］は完全に羽毛に覆われるが、灰茶色の趾は一部にのみ羽毛が生える。［幼鳥］ヒナの綿羽は白。第1回目の換羽を終えた幼鳥は白と茶色の縞模様が見られるが、目は成鳥と同じく濃い茶色。

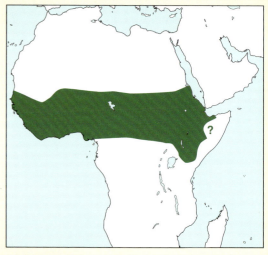

鳴き声　1音節目を強調した「クオ・ウーフ」という2音節の鳴き声を、数秒間隔で繰り返す。

獲物と狩り　大型の昆虫から鳥類や哺乳類まで幅広く捕食するが、詳細はわかっていない。狩りの手法は、飛んでいる昆虫やコウモリを空中で捕らえることが知られる。

生息地　密林を好まず、開けた、あるいはやや開けたサバンナに棲むが、公園や庭園でも見られる。

現状と分布　アフリカ大陸西部のセネガルから大陸東部のエチオピア、ケニアの北部および中部まで分布する。西アフリカではごく一般的に見られる種だが、東アフリカの分布状況については不明。いずれにしても多くの個体が人に殺害されており、交通事故死や電線による感電死も多い。

地理変異　亜種のない単型種。以前はアフリカワシミミズク（№125）と同一種とされていた。

類似の種　一部で生息域が重複するアクンワシミミズク（№124）は本種より色が濃く、目は黄色で、趾は完全に裸出している。生息域が接するアフリカワシミミズク（№125）も黄色の目をもち、羽角はより直立して長く、体部下面の横縞が少ない。西アフリカで生息域が重なるコヨコジマワシミミズク（№127）は、本種と同じ濃い茶色の目をもつが、羽角はボサボサとし、羽色は全体的に赤茶色からくすんだ黄色で、体部下面の横縞がまばら。アフリカに棲むこのほかのワシミミズク類は本種よりかなり大きい。

◀アビシニアンワシミミズクは体部上面が灰茶色で、濃色の細密な波線模様が数多く入る。ナイジェリアにて（写真：タッソ・レヴェンティス）

▲体部上面と同様、下面にも細密な波線模様が多く入る。1月、エチオピアのランガノにて（写真：ディック・フォースマン）

▶アビシニアンワシミミズクには灰褐色型のほかに、まれに褐色型も存在する。写真の個体は腹部がかなり白く、淡色の胸に明瞭な模様が見られない。カメルーンにて（写真：デヴィッド・シャクルフォード）

127 コヨコジマワシミミズク [FRASER'S EAGLE OWL]
Bubo poensis

全長 39〜44cm　体重 575〜815g　翼長 276〜333mm

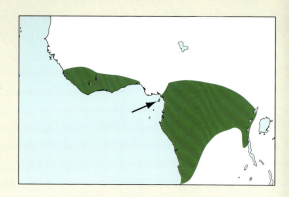

<u>外見</u>　中型で、羽角はボサボサと乱れて見える。雌雄を比較すると、メスのほうが平均で200g重いが、外見にほとんど差はない。体部上面は赤茶色と黄褐色の地に、煤けた茶色の横縞が入る。風切羽と尾羽には淡い褐色からくすんだ黄色と濃い茶色の比較的細い縞模様。顔盤は淡い赤茶色で、くっきりとした煤色の縁取りに囲まれる。淡色の眉斑はさほど目立たず、目は濃い茶色で、裸出したまぶたは縁が淡い青。くちばしと蝋膜［訳注：上のくちばし付け根を覆う肉質の膜］は灰青色。体部下面の羽毛は地色が淡い赤茶色で、腹から下尾筒［訳注：尾の付け根下面を覆う羽毛］へと下るにつれて白みが強くなる。ここに入る濃色の波形模様は赤褐色で縁取られ、胸の上部では羽毛の先端が煤色なので、濃色の斑紋ができている。また、鳴き声を上げると白い腮（アゴ）がよく目立つ。羽毛に覆われたふ蹠［訳注：趾（あしゆび）の付け根からかかとまで］はうっすらとした横縞が密に入り、裸出した趾は青灰色で、爪は黒っぽい象牙色。［幼鳥］ヒナの綿羽は白。第1回目の換羽を終えた幼鳥は淡い赤茶色からくすんだ黄色で、全身に濃い茶色の細い横縞が入る。目の上には眉斑のような黒い模様があり、羽角は未発達だが、翼と尾は成鳥のものと似ている。

<u>鳴き声</u>　間延びした鳴き声で、文字にすると「トゥウォウ・ウート」といったところ。これを3〜4秒間隔で繰り返したあと、さらに「プッ、プッ、プッ、プッ」と小型エンジンの音にも似た声を15〜20秒ほど続ける。

<u>獲物と狩り</u>　小型のげっ歯類やコウモリ、鳥類、カエル、爬虫類のほか、大型昆虫をはじめとする節足動物も食べる。

<u>生息地</u>　低地の密な雨林に棲むが、二次林や農園でも見られる。標高は1,000mまで。

<u>現状と分布</u>　アフリカ大陸西岸のリベリアから東はウガンダ南西部、南はアンゴラ北西部まで分布する。本種に関する調査はほとんど進んでいないが、森林破壊や人間による迫害の影響で数を減らしているのは間違いない。

<u>地理変異</u>　亜種のない単型種。

<u>類似の種</u>　生息域を共にするアクンワシミミズク（№ 124）は本種より羽色が濃く、目と趾は淡い黄色。西アフリカで生息域が重なるアビシニアンワシミミズク（№ 126）は本種と同じく濃い茶色の目をもつが、羽色はずっと色が淡く、体部下面の模様が密。生息域が異なるウサンバラワシミミズク（№ 128）はくすんだオレンジ系の目をもち、体部下面は色が濃くて、縞模様がまばら。アフリカに棲むこのほかのワシミミズク類は本種より明らかに大きい。

◀コヨコジマワシミミズクは大きな茶色の目をもつ。これに対し、生息域が重なるアクンワシミミズク（№ 124）の目は黄色。12月、ガーナにて（写真：イアン・メリル）

128 ウサンバラワシミミズク [USAMBARA EAGLE OWL]
Bubo vosseleri

全長 45～48cm　体重 770～1,052g　翼長 331～365mm

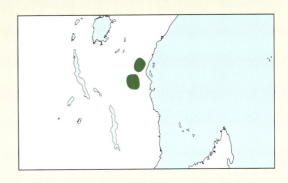

外見　中型からやや大型で、茶色の短い羽角はボサボサとした印象を与える。雌雄の体重を比べると、メスのほうが平均で150g重い。体部上面は濃いオレンジ系の茶色で、頭頂部から首にかけてと、翼と尾には黒褐色の縞模様が見られる。顔盤はオレンジがかった赤褐色で、黒褐色の縁取りがよく目立つ。眉斑はさほどくっきりしておらず、目はくすんだ黄色系のオレンジからオレンジ系の茶色。くちばしは淡い青色で、付け根の周辺が濃色の長い剛毛羽に覆われる。胸の上部は茶色みの強い淡い黄土色の地に、濃い茶色のまだら模様が密に入るが、下部に行くほど地色は茶色みよりオレンジが強くなり、まだら模様も白からくすんだ黄色になる。さらにその胸には、不規則な濃色の横縞もわずかに入る。白っぽい淡黄褐色の腹部には細い筋状の縦縞と濃色の縞模様。脚部は黄色みのあるくすんだ灰色の趾の付け根まで羽毛に覆われ、爪は濃い象牙色。[幼鳥]ヒナの綿羽は白。第1回目の換羽を終えた幼鳥は白からくすんだ黄色で、背中と体部下面には細い茶色の縞模様、風切羽と尾羽には淡いオレンジ系の茶色の地に濃色の縞模様が入る。顔は淡色で、黒褐色の縁取りと黒の剛毛羽が際立っている。羽角は褐色の斑点がまばらに散るものの、見てわかるほどには発達していない。

鳴き声　低く小さな声で「ポ・ア・ポ・ア・ポ・ア・ポ」と5～7秒続け、これを30～60秒おいてまた繰り返す。

獲物と狩り　大型の節足動物から小型の哺乳類、鳥類、爬虫類、カエルまで、さまざまな獲物を捕食する。

生息地　主に標高900～1,500mの山地林に棲むが、標高200mの農園に近い林縁でもしばしば目撃されている。

現状と分布　アフリカ大陸東部のタンザニア北東部に位置するウサンバラ高原とウルグル山地に固有の種。この地域では森林破壊が深刻であるため、本種は危急種に指定されている。

地理変異　亜種のない単型種。本種はかつてコヨコジマワシミミズク（No.127）の亜種とされていたが、大きさと羽色に加え、生息域も異なることから独立種とするのが妥当と考えられる。ただし、分類を確実なものにするには分子生物学的な分析や、鳴き声に関するさらなる調査が求められる。

類似の種　生息域が異なるアクンワシミミズク（No.124）は緑がかった黄色の目と長い羽角をもつ。やはり生息域が異なるコヨコジマワシミミズク（No.127）は本種よりやや小型で色が淡く、胸の黒褐色のまだら模様も多くない。一方、アフリカワシミミズク（No.125）とは生息域を共にするが、こちらは目が黄色で、尖った羽角が目立つ。同じく生息域が重なるクロワシミミズク（No.129）と、生息域が異なるヨコジマワシミミズク（No.130）は本種よりずっと大型。

▶ ウサンバラワシミミズクはコヨコジマワシミミズク（No.127）よりもやや大型で、胸に濃色のまだら模様が多い。くちばしは淡い青色で、顔盤を囲む黒の縁取りはよく発達している。

129 クロワシミミズク [MILKY EAGLE OWL]
Bubo lacteus

全長 60〜65cm　体重 1,588〜3,115g　翼長 420〜490mm　翼開長 140〜164cm

別名　Verreaux's Eagle Owl、Giant Eagle Owl

外見　アフリカ大陸最大の種で、大型からごく大型。しかもメスは、しばしばオスよりも1kg以上重くなる。羽角は短く、ボサボサとした印象を与える。淡い灰茶色の体部上面は、英名「Milky Eagle Owl」の通り乳白色を帯びる。上背には白色の細密な波線模様があり、肩には白い斑点がつくる帯模様が見られる。風切羽と尾羽には濃淡の縞模様。顔盤はほぼ白で、黒く太い縁取りに囲まれる。目は濃い茶色で、まぶたはピンク色。そのまぶたの上側は羽毛がない代わりに、黄土色の「まつげ」が生えている。くちばしはクリームがかった象牙色で、周囲が黒の剛毛羽で覆われる。体部下面は淡い灰茶色で、濃淡の細密な波線模様があるが、胸の上部から脇腹にかけてはその地色が淡くなる。ふ蹠[訳注：趾（あしゆび）の付け根からかかとまで]と、灰色がかった象牙色の趾の一部は羽毛に覆われ、爪は濃い茶色で先端が黒。[幼鳥]ヒナの綿羽はクリームがかった白。第1回目の換羽を終えた幼鳥の羽衣には淡い灰色の地に細密な波線模様と濃色の横縞があるが、顔盤を囲む縁取りも羽角も成鳥ほど目立たない。

鳴き声　「グウォック・グウォック」という鼻にかかったような低い唸り声を、数秒間隔で1〜5回繰り返す。その鳴き

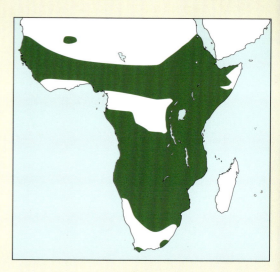

声は5km先まで届くとされるが、真偽のほどは定かでない。実際、筆者はアフリカ南東部のマラウイ共和国の自宅で本種のオスの個体を1年以上飼育したが、それほど遠くまで届く大きな声という印象は受けなかった。

獲物と狩り　中型の哺乳類と大型の鳥類を主食とするが、爬虫類やカエル、魚、節足動物も食べる。狩りの手法は止まり木から獲物めがけて飛びかかるのが定石ではあるが、魚を求めて浅瀬に入ったり、飛んでいる昆虫を追跡飛行したりすることもある。

生息地　密な雨林は好まず、樹木の点在するサバンナや河畔林に棲む。

現状と分布　サハラ砂漠以南のアフリカ、すなわちアフリカ大陸西岸のモーリタニア南部から東はエチオピアまで、南は南アフリカ共和国のケープ地方まで分布するが、生息地はかなり飛び石的。人間による迫害が原因で、地域によっては絶滅が危惧される。

地理変異　亜種のない単型種。

類似の種　生息域がほとんど重ならないヨコジマワシミミズク（No.130）は本種より若干小さいが、羽色はずっと濃く、体部下面の横縞はまばら。アフリカに棲むこのほかのワシミミズク類は本種よりかなり小さい。

◀クロワシミミズクは体部上面が灰茶色で、白の斑点が肩を横切る帯模様をつくる。ケニアの沿岸部にて（写真：タッソ・レヴェンティス）

▶クロワシミミズクの成鳥は、その大きさとピンクのまぶたで容易に識別できる。ケニアにて（写真：トゥイ・デロイ）

130 ヨコジマワシミミズク [SHELLEY'S EAGLE OWL]
Bubo shelleyi

全長 53〜61cm　体重 1,257g（オス1例）　翼長 420〜492mm

<u>外見</u>　やや大型から大型で、大きな煤色の羽角をもつ。雌雄の体重差は不明だが、メスのほうが重いと思われる。羽色には淡色と暗色の2型があるが、概して体部上面は煤色から濃い茶色で、くすんだ黄色から白の横縞がある。風切羽と尾羽には濃淡の縞模様。顔盤はほぼ白色から淡い黄褐色で、同心円状の細い線模様があり、黒褐色の縁取りに囲まれる。目は濃い茶色で、クリームがかった象牙色のくちばしは付け根付近が青みを帯び、周囲に茶色の剛毛羽が生える。体部下面は黄色がかった灰色の地に、濃い茶色の縞模様が多く見られる。ふ蹠［訳注：趾（あしゆび）の付け根からかかとまで］はくすんだ白の羽毛に覆われ、趾も淡いクリーム色の先端近くまで羽毛が生える。爪は淡い灰色で、先端が濃色。[<u>幼鳥</u>] ヒナの綿羽については不明。第1回目の換

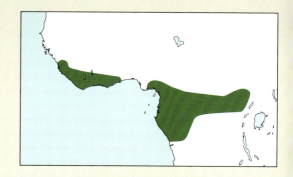

羽を終えた幼鳥は黄色みのある灰色で、全身に褐色の横縞が入る。目は濃い青で、翼と尾は成鳥に似ている。

<u>鳴き声</u>　大音量だが、悲しげな「クーーーウ」という声を数秒間隔で繰り返す。

<u>獲物と狩り</u>　記録に乏しいが、大型のムササビを捕食したという目撃例が報告されている。食性だけでなく、狩猟行動についても調査研究が待たれる。

<u>生息地</u>　低地の河川に近い原生林に棲む。

<u>現状と分布</u>　アフリカ大陸西岸のギニアおよびシエラレオネから、東は大陸中央のコンゴ民主共和国およびウガンダまで分布する。さらに最近になって、ナイジェリア南東部でも生息が確認された。ただし、本種はわずか20体ほどの標本が知られるのみで、明らかに希少なうえに環境破壊も進んでいることから、バードライフ・インターナショナルは近危急種に指定している。

<u>地理変異</u>　亜種のない単型種。

<u>類似の種</u>　生息域がほとんど重ならないクロワシミミズク（No.129）は本種より若干大きく、羽色もまったく異なり、体部の上面、下面ともにかなり淡色。アフリカ大陸の同じ地域に棲むほかのフクロウ類は本種よりかなり小さい。

◀きわめて希少なヨコジマワシミミズク。西アフリカに棲む大型のワシミミズク類で唯一、体部下面に多くの横縞が入る。本種より暖かみのある黄褐色で、かなり小さいコヨコジマワシミミズク（No.127）も下面に横縞が入るが、本種ほど密ではない。写真の標本はリベリアのニンバ山で11月に採集され、大英自然史博物館（トリング分館）に収蔵されているもの（写真：ナイジェル・レッドマン）

Eagle Owls：ワシミミズクの仲間 **289**

131 ネパールワシミミズク [FOREST EAGLE OWL]
Bubo nipalensis

全長 51～63cm　体重 1,300～1,500g　翼長 370～470mm

別名　Spot-bellied Eagle Owl

外見　やや大型から大型で、非常に長い羽角はほぼ水平方向に傾いている。雌雄の体重差に関するデータはない。体部上面は濃い茶色の地に、黒の横縞がある。黒褐色の初列風切［訳注：風切羽のうち、人の手首の先に相当する部分から生えている羽毛］には淡い灰茶色の縞模様、次列風切［訳注：風切羽のうち、人の肘から先に相当する部分から生えている羽毛］にはくすんだ黄色から茶色の太い縞模様、灰色の尾には黒褐色の縞模様が入る。顔盤は淡色で縁取りがなく、眉斑は白。目は濃い茶色で、くちばしは蜜蝋色か淡い黄色。体部下面は赤っぽい黄色から黄白色の地に、黒のV字が連なる横縞が目立つが、腹部にはV字ではなく幅の広い斑点が入る。そのほか、胸の上部には淡い金茶色の帯模様と濃色の山形紋も見られる。脚部は鈍い黄色がかった灰色の趾の付け根まで羽毛に覆われ、爪は象牙色で先端が濃色。［**幼鳥**］孵化直後のヒナは頭とくちばしの大きさが際立っており、体もかなり大きい。第1回目の換羽を終えた幼鳥の羽色は淡い黄色、またはくすんだ黄白色で、体部上面には濃い茶色の横縞があるが、白い下面の縞模様は目立たない。翼は成鳥に

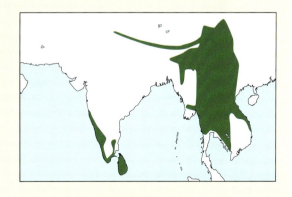

似るが、目は青みを帯びた黒。

鳴き声　低く太い声で「ホー、ホー」と2秒ほど続ける。

獲物と狩り　比較的大型の鳥類や哺乳類を主食とするが、ヘビやトカゲも食べる。大型の鳥を狩るときは、夜間にねぐらで眠っているところを急襲する。

生息地　低地から山地までの密な原生林に棲む。標高は、インド南西部では2,100mまで、ヒマラヤ山脈では3,000mまで。かつては水辺に生息すると断定されていたが、実際に水辺で見つかるとは限らない。

現状と分布　ヒマラヤ山脈から東はベトナム中部までと、インド南西部からスリランカまでのふたつの地域に分布する。さらに近年では、その中間に位置するインド中部のマディヤプラデシュ州でも目撃例があることから、この地域にも本種が生息しているのではないかと推察される。しかしいずれにしても本種の生息数は多くなく、環境破壊や迫害の影響を大きく受けている。また、インドでは黒魔術に使うため、本種を捕らえる密猟者が後を絶たない。

地理変異　2亜種が確認されている。基亜種の*nipalensis*はヒマラヤ山脈からベトナムに、より小型の*B. n. blighi*は主にスリランカに生息する。ただし本種はマレーワシミミズク（№132）によく似ているので、分類を確実なものにするためにはさらなる調査研究が求められる。

類似の種　生息域が異なるマレーワシミミズク（№132）は本種とよく似ているが、ずっと小型。生息域が一部重複するウスグロワシミミズク（№133）もやや小さく、鮮やかな黄色の目をもつ。

◀ ネパールワシミミズクの亜種*blighi*は基亜種より明らかに淡色で小型。6月、スリランカにて（写真：ギハン・デ・シルヴァ・ウィジェイラトネ）

132 マレーワシミミズク [BARRED EAGLE OWL]
Bubo sumatranus

全長 40〜46cm　体重 620g（1例）　翼長 323〜417mm

別名　Malay Eagle Owl

外見　中型で、かなり長い羽角は水平方向に傾いている。雌雄の体格差に関するデータはないものの、オスよりメスのほうが大きく、かつ重く見える。頭頂部と体部上面は黒褐色の地に、細密な波線模様とまだら模様、そして淡色のジグザグの横縞が入る。尾は濃い茶色で、黄褐色がかった白い横縞が6本ほど入り、先端は白い。顔盤と目先［訳注：左右の目とくちばしの間の部分］はくすんだ灰白色で、顔盤にはっきりとした縁取りはなく、白い眉斑もあまり目立たな

い。目は濃いハシバミ色で、まぶたの縁は黄色から淡い灰色。くちばしと蝋膜［訳注：上のくちばし付け根を覆う肉質の膜］は淡い黄色。体部下面はくすんだ黄色から白の地に、矢柄の濃い茶色の模様が不規則に入るが、胸の上部には土色の太い横縞もかなり密に入るため、濃色の帯模様があるように見える。ふ蹠［訳注：趾（あしゆび）の付け根からかかとまで］は羽毛に覆われ、ほぼ裸出した趾は黄色みを帯びた灰色で、爪は濃い象牙色。［幼鳥］ヒナの綿羽は白。第1回目の換羽を終えた幼鳥には茶色の帯模様がある。翼と尾は成鳥に似ているが、短くて丸い羽角は白地に細い茶色の縞模様があり、目は暗い青。

鳴き声　低く大きな声で、「フーァ・フー」と2秒間隔で繰り返す。

獲物と狩り　小型の哺乳類や鳥類のほか、ヘビや魚、大型の昆虫なども捕食する。

生息地　池や小川のある常緑樹の原生林および二次林に棲むが、大きな樹木のある庭園にも姿を見せる。標高はおおむね1,600mまで。

現状と分布　ミャンマー南部とタイから南はジャワ島、バリ島まで。希少種ではないが、詳しい調査は進んでいない。

地理変異　3亜種が確認されている。基亜種の*sumatranus*は生息域の西方に棲む亜種で、ミャンマー南部から南へスマトラ島、バンカ島までの地域で見られる。基亜種よりかな

◀マレーワシミミズクの基亜種。ワシミミズク類としては中程度の大きさで、長い羽角は外向きに突出する。5月、マレーシアにて（写真：HY・チェン）

り大きなB. s. strepitansはジャワ島とバリ島に生息する。B. s. tenuifasciatusは両者の中間的な亜種で、ボルネオ島に分布する。ただし、本種はネパールワシミミズク（№131）にきわめてよく似ているので、生息域は異なるものの、分類を確実なものにするためのさらなる調査研究が求められる。

類似の種　生息域が異なるネパールワシミミズク（№131）は本種とよく似ているが、かなり体が大きく、体部下面の斑点も多い。オオフクロウ（№151）とBartels's Wood Owl（№154）は生息域が一部で重複し、姿もやや似るが、両種とも羽角はもたない。

▲ボルネオ島に生息する亜種のtenuifasciatusは、基亜種のsumatranusと大きさはあまり変わらないが、色がより濃く、胸の帯模様に重なる横縞と腹部にある横縞がより細かく、脇腹には切れ目のない横縞が密に入る。9月、ボルネオ島（マレーシア領）のサラワク州にて（写真：ローアン・クラーク）

▶巣穴にいるstrepitansのメス。この亜種は基亜種より大型で、黄褐色を帯びた胸に太い横縞がまばらに入る。11月、ジャワ島にて（写真：ウィリー・エカリヨノ）

133 ウスグロワシミミズク [DUSKY EAGLE OWL]
Bubo coromandus

全長 48〜53cm　翼長 380〜435mm

<u>外見</u>　やや大型で、羽角はよく目立つ。その羽角は直立させると間隔がかなり狭くなる。雌雄の体格差に関するデータはないが、メスのほうが大型で重いと言われている。頭頂部と体部上面は灰茶色で、黒の筋状の縦縞と、濃い茶色と白の細密な波線模様がある。肩羽は羽軸外側の羽弁が白くて茶色の細密な波線模様があるので、肩まわりに白の帯模様ができている。初列風切と次列風切［訳注：風切羽のうち、人の手首の先に相当する部分から生えているのが初列風切。肘から先の部分から生えているのが次列風切］には濃淡の灰茶色の縞模様。尾は淡い灰茶色で、濃色の太い縞模様が4〜5本入り、先端は白い。顔盤は白っぽい地に濃色の筋状の縦縞が入り、縁取りは細いが濃色なのでよく目立つ。目は鮮やかな黄色で、くちばしは青みがかった象牙色だが、先端だけが黄色みを帯びる。蝋膜［訳注：上のくちばし付け根を覆う肉質の膜］は青灰色。体部下面は非常に明るく、黄色みの強い灰色の地に濃色の筋状の縦縞と褐色の横縞がくっきりと入る。脚部は青灰色の趾の付け根の上またはやや下まで羽毛に覆われ、爪は黒褐色。[<u>幼鳥</u>] ヒナの短い綿羽は白。巣立雛は羽色が赤茶色になるが、やや長めの綿羽の先端が見えるので、粉をかぶったような印象を与える。

<u>鳴き声</u>　低く、しわがれた声で「クロ、クロ、クロ・クロック・ロコココッ」と3秒ほど続ける。この鳴き声は日中にも夜間にも聞かれ、よく反響する。

<u>獲物と狩り</u>　小型の哺乳類や鳥類のほか、爬虫類やカエル、魚、大型昆虫なども捕食する。明るい日中にも狩りをする姿が見られる。

<u>生息地</u>　砂漠や乾燥地は好まず、池や小川のある低地林に棲む。また、農園や道路脇など人里近くで姿が見られることもある。標高は250mまで。

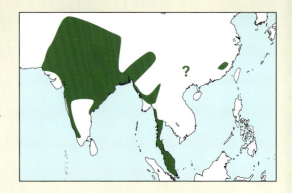

<u>現状と分布</u>　インド亜大陸では少なくないが、ネパールとバングラデシュでは珍しく、ミャンマー西部と中国南部ではさらに希少。

<u>地理変異</u>　2亜種が確認されている。基亜種の*coromandus*はパキスタン東部、インドからバングラデシュにかけて、かなり色の濃い*B. c. klossi*はミャンマー西部からマレーシアにかけてと中国南東部に分布する。近年、マレーシアでは複数の巣が発見されているが、中国での目撃例は少なく、生息数が少ないか、見落としがあるものと考えられる。

<u>類似の種</u>　生息域を共にするベンガルワシミミズク（No.122）は全体的に黄褐色で、目はオレンジ色。生息域が一部重複するネパールワシミミズク（No.131）は本種よりやや大きく、体部下面に濃色の斑点が目立つ。また、ウオミミズク類（No.135〜141）はかかとから先、あるいは少なくとも趾に羽毛は生えていない。

◀ウスグロワシミミズクの亜種*klossi*。羽色は基亜種よりずっと濃く、翼や肩羽に明瞭な白い模様は見られない。2月、マレーシアのケダ州にて（チョイ・ワイ・ムン）

▶こちらは基亜種*coromandus*のオス。本種は大型のワシミミズクで、体部下面はかなり白みが強く、濃色の長い縦縞と褐色の細い横縞が入る。写真の個体は羽角を直立させているため、狭い間隔で2本の尖塔がそびえ立っているように見える。2月、インドのバラトプルにて（写真：デヴィッド・ベーレンズ）

134 フィリピンワシミミズク [PHILIPPINE EAGLE OWL]
Bubo philippensis

全長 40〜43cm　翼長 341〜360mm

<u>外見</u>　中型で、ボサボサした印象の羽角は水平方向に傾いている。雌雄の体重差に関するデータはない。頭頂部と体部上面は茶色っぽい黄色から赤茶色の地に黒の縦縞が入り、頭頂は斑点柄に、上面は特徴的なストライプ柄に見える。風切羽は背中よりもやや淡色で濃色の縞模様があり、くすんだ赤茶色の尾には濃い茶色の横縞が入る。顔盤は黄褐色で、濃色の縁取りは非常に細い。大きな黄色の目にははっきりした黒の縁取りがあり、瞬膜[訳注：水平方向に開閉して眼球を保護する第三のまぶた]とくちばしは淡い青。腮（アゴ）は淡い赤褐色で、喉は白。体部下面はくすんだ黄色から白の地に濃い茶色の筋状の縦縞が入るが、下腹部に近いほど模様はまばらになる。がっしりしたふ蹠[訳注：趾（あしゆび）

の付け根からかかとまで]は羽毛に覆われ、裸出した趾は淡い灰茶色で、爪は青みがかった灰茶色。[幼鳥]不明。
<u>鳴き声</u>　低く太い声で「ホー・ホー・ホー・ホー」と鳴き、この一連を約4秒間隔で繰り返す。
<u>獲物と狩り</u>　記録はないが、力強い脚をもつため、昆虫だけでなく、小型の哺乳類や鳥類も捕食すると考えられる。
<u>生息地</u>　主に低地の森林だが、しばしば水辺にも棲む。そのほか人里近くのココナツ農園で見られることもある。
<u>現状と分布</u>　フィリピン諸島に固有の種。生息域では広範にわたって森林が破壊されていることと人間による迫害が原因で数を減らしているため、危急種に指定されている。最近の観察記録は主にルソン島とミンダナオ島でのものだが、本種に関する調査はほとんど進んでいない。
<u>地理変異</u>　2亜種が確認されている。基亜種の*philippensis*はルソン島、セブ島、カタンドゥアネス島にのみ生息し、これより濃色で、若干大きいと思われる*B. p. mindanensis*はサマール島、レイテ島、ボホール島、ミンダナオ島に分布する。
<u>類似の種</u>　フィリピン諸島で本種と混同される可能性があるのはオニコノハズク（No.060）だけだが、こちらは目が茶色で、羽色はずっと赤茶色が強く、胸と脇腹にはしずくが連なったような太い縦縞の模様がある。

Eagle Owls：ワシミミズクの仲間　295

▲フィリピンワシミミズクは非常にがっしりした脚と大きな爪をもつ（写真：マイケル・R・アントン）

▲▶フィリピンワシミミズクの亜成鳥。体部上面にはっきりとした黒の縦縞があり、頭には幼綿羽（ようめんう）が残っている（写真：マイケル・R・アントン）

▶フィリピンワシミミズクの羽角はとても短く、外向きに突出する（写真：マイケル・R・アントン）

◀フィリピンワシミミズクの基亜種。比較的小型で、羽角も短く、黄色の目と、淡い青灰色の大きなくちばしをもつ。体部下面は淡い赤褐色で、濃い茶色の縦縞がある。1月、ルソン島にて（写真：ブラム・ドゥミュレミースター）

135 シマフクロウ [BLAKISTON'S FISH OWL]
Bubo blakistoni※

※本種の学名は、『日本鳥類目録』(改訂第7版、日本鳥学会発行)では「*Ketupa blakistoni*」と定めている。

全長 60～72cm　体重 3,400～4,500g　翼長 498～560mm　翼開長 178～190cm

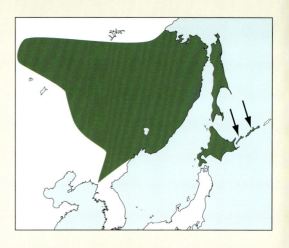

<u>外見</u>　世界で2番目に大きなフクロウで、ボサボサした羽角はほぼ水平方向に傾いている。雌雄の体重を比べると、メスのほうが平均で1kg以上重い。体部上面は茶色で、黒褐色の筋状の縦縞があり、羽毛の先端はくすんだ黄色。深みのある茶色の翼には多数のくすんだ黄色の横縞、尾にはクリーム色の縞模様が7～8本入る。黄褐色の顔盤にも黒の細い筋状の縦縞があるが、はっきりとした縁取りは見られない。目はごく淡いレモン色で、くちばしは灰色を帯びる。体部下面は淡い黄褐色で、やはり黒褐色の筋状の縦縞と、淡い褐色の細い波形模様がある。ただし、下尾筒[訳注：尾の付け根下面を覆う羽毛]に近づくと地色はクリーム色に変化し、その柄も少なくなって、代わりに濃色の模様が入る。ふ蹠[訳注：趾(あしゆび)の付け根からかかとまで]はクリーム色の羽毛に覆われ、裸出した趾は鉛色から灰色で、爪は濃い象牙色。[幼鳥]ヒナの綿羽は白で、くちばしと趾は青みがかる。孵化から10～12日経つと、淡い黄褐色の目を囲むように、ほぼ黒の顔盤が発達し始める。第1回目の換羽を終えた幼鳥は灰色を帯びた焦げ茶色で、不鮮明な斑点が特に頭部に多く入る。[飛翔]羽ばたき音は50～100m離れていても聞こえるが、飛翔自体はゆったりとしていて、羽ばたきは浅く、ときどき合間に滑空を交える。

<u>鳴き声</u>　低い声で「ブー・ブ・ヴー」または「クー・グーー」と3秒ほどで発し、この一連をさらに8～10秒間隔で繰り返す。こうした鳴き声は非常に力強く、1.5km離れたところにも届く。

<u>獲物と狩り</u>　魚を好み、水中に入って時には大きな獲物も捕まえる。そのほか、甲殻類やカエル、さらにはノウサギまでの大きさの哺乳類も捕食する。

<u>生息地</u>　ほんのわずかでも凍らないところがある川の近くの湿潤なタイガ(北方林)、低木林、密な針葉樹林に生息するが、極北においては海岸の岩場に棲むこともある。ただし、低地に限定される。

<u>現状と分布</u>　ロシア東部のシベリア南東部から南は北朝鮮、東は北海道まで分布する。総個体数は5,000羽に満たないと推定され、すべての生息域において希少なため、絶滅危惧種に指定されている。

<u>地理変異</u>　確認されているのは2亜種。基亜種の*blakistoni*はサハリン、千島列島、北海道に生息し、これより大型で淡色の*B. b. doerriesi*はシベリア南東部から北朝鮮との国境地帯にかけて分布する。

<u>類似の種</u>　わずかに生息域が重なるワシミミズク(No.120)は同等の大きさだが、全体的に本種より色が濃く、胸の縦縞が太い。また、羽角は直立して、あまり乱れておらず、目はオレンジ系の茶色。同じく一部で生息域が重複するフクロウ(No.168)は本種よりかなり体が小さく、色も淡い。その目は濃い茶色で、羽角はない。生息域がほとんど異なるカラフトフクロウ(No.169)はやや小型で、羽色はきわめて淡く、羽角のない丸い頭と同心円状の線模様が密な顔盤、そして比較的小さな目をもつ。

◀すべてのフクロウの中で、ワシミミズク(No.120)に次いで大きいのがシマフクロウだ。ロシアの極東、ウスリーランドにて

Eagle Owls：ワシミミズクの仲間　297

▲日本産の基亜種。亜種のdoerriesiより小型で、羽衣はよりくすんだ色。目は黄色く、くちばしと蝋膜（ろうまく）[訳注：上のくちばし付け根を覆う肉質の膜]、および趾は青みを帯びる。6月、北海道にて（写真：戸塚学）

▼シマフクロウは魚を捕らえるため、水に入ることもある。1月、北海道にて（写真：スチュアート・エルソム）

136 ミナミシマフクロウ [BROWN FISH OWL]
Bubo zeylonensis

全長 48～58cm　体重 1,105～1,308g　翼長 355～434mm　翼開長 125～140cm

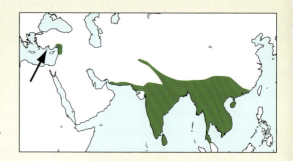

<u>外見</u>　やや大型から大型で、ボサボサとした羽角は水平に突出している。雌雄の体重を比べると、メスのほうが平均で200g重い。頭頂部と体部上面は栗色の地に、黒くて太い筋状の縦縞と茶色の横縞が入る。肩羽には白のまだら模様があり、その羽軸外側の羽弁は大部分が白い。風切羽と尾羽は濃い茶色で、縞模様と細密な波線模様が見られる。三列風切［訳注：風切羽のうち、人の肘から肩に相当する部分に生えている羽毛］と雨覆［訳注：風切羽の根本を覆う短い羽毛］には、肩羽と同様、白のまだら模様。顔盤は黄褐色の地に黒の筋状の縦縞があるが、縁取りは不鮮明。目は黄金色で、くちばしは淡く緑がかった灰色。喉と首の前部は白さが際立ち、濃色の筋状の縦縞が入る。体部下面は赤みを帯びた淡い黄色で、黒くて太い筋状の縦縞と、赤茶色で細い波形模様がある。ふ蹠［訳注：趾（あしゆび）の付け根からかかとまで］と趾はくすんだ黄色から灰色がかった黄色で、羽毛は生えておらず、爪は茶色っぽい象牙色。［幼鳥］ヒナの綿羽は白。第1回目の換羽を終えた幼鳥は体部上面の赤茶色が強く、茶色の筋状の縦縞が細い。体部下面は淡くくすんでいて、喉の白いまだらはまだ不鮮明だが、非常に細い筋状の縦縞がある。2年目を迎えた若鳥も依然として成鳥よりくすんだ淡い色をしている。［飛翔］丸みを帯びた翼と長い尾が特徴的。

<u>鳴き声</u>　よく響く低い声で「ブーム・ブーム」、あるいはやや細い声で「トゥ・フー・フ」と鳴く。この一連は1.5～2秒ほどの長さで、数秒おいてまた繰り返される。

<u>獲物と狩り</u>　魚やカニ、カエルを主食とするが、大型の昆虫や鳥類、爬虫類、げっ歯類も食べる。水中にいる獲物は、水面を見下ろし、近づくのを待って捕まえる。

<u>生息地</u>　小川や湖に近い低地林に棲むが、農園や水田など人里近くで見られることもある。標高は1,500mまで。

<u>現状と分布</u>　トルコ南西部から東は中国南東部、マレー半島まで分布する。なかでもスリランカ、次いでインドでよく見られる種だが、イスラエルでは1975年以降、その姿が確認されておらず、絶滅したと考えられる。ヒンドゥー教では、フクロウは富の女神ラクシュミーの化身とされ、これを讃える祭りも毎年行われているにもかかわらず、インドと東南アジアでは毎年、本種を含め1,000羽以上のフクロウが不幸を遠ざけ、魔力を得るためと称して、ディーワーリー［訳注：インドにおけるヒンドゥー教の新年祝賀。10月後半から11月前半に行われる］の祝祭中に黒魔術師に殺害されていると考えられる。

<u>地理変異</u>　4亜種が確認されている。基亜種の*zeylonensis*はスリランカにのみ生息し、これより大型で淡い色のB. z. *leschenaultii*はインド、ミャンマー、タイに分布する。非常に淡い色のB. z. *semenowi*はトルコ南西部からパキスタンに、濃色のB. z. *orientalis*はミャンマー北東部、中国の南東部および海南省、台湾、マレー半島に生息する。

<u>類似の種</u>　一部で生息域が重なるマレーウオミミズク（№137）はやや小型で、顔盤に本種のような筋状の縦縞は見られず、体部下面の横縞もない。同じく生息域が一部で重複するウオミミズク（№138）はほぼ同じ大きさだが、顔盤が淡色で、やはり体部下面の横縞はない。

Eagle Owls：ワシミミズクの仲間　299

▲ミナミシマフクロウは黄金色の目をもち、頭部は"眉"の上が平坦になっている。写真の個体はとりわけ色が濃い。5月、インドのコルカタにて（写真：アビシェク・ダス）

▲亜種の*leschenaultii*は基亜種よりも大型で羽色が淡く、体部下面は淡い朽葉色から白の地に、細い茶色の波形模様と太い黒の縦縞が入る。2月、インドのバンダウガルにて（写真：サイモン・ウーリー）

▶トルコのミナミシマフクロウ。中東では長らく絶滅したと考えられていたが、2009年、トルコのアンタルヤ県でごく少数の個体が確認された。トルコの個体群は一般にイランおよびパキスタン北西部のところどころに分布する亜種*semenowi*とされるが、羽色が非常に淡いうえに、DNAを解析した結果から絶滅した別の亜種、あるいは独立種である可能性も考えられる。トルコのアンタルヤ県にて（写真：ソネル・ベキル）

◀スリランカに棲む基亜種の*zeylonensis*。ほかの亜種より小型で、羽色が濃く、羽角は短い。羽毛の生えていない趾は、ざらざらしたウロコに覆われる。11月、スリランカのヤーラにて（写真：ロルフ・クンツ）

137 マレーウオミミズク [MALAY FISH OWL]
Bubo ketupu

全長 40〜48cm　体重 1,028〜2,100g　翼長 295〜390mm

別名　Buffy Fish Owl

外見　中型からやや大型で、ボサボサした羽角は水平方向に突出している。雌雄の体格を比較すると、メスのほうが大きくて重い。羽色も雌雄間で濃淡の違いがあるようだが、総じて体部上面は深い茶色で、背中を中心に淡色の斑紋が入る。濃い茶色の初列風切と次列風切 [訳注：風切羽のうち、人の手首の先に相当する部分から生えているのが初列風切。肘から先の部分から生えているのが次列風切] には赤み、または白みが強い黄色の帯模様があり、雨覆 [訳注：風切羽の根本を覆う羽毛] には大きな斑点が入る。尾羽は濃い茶色の地に、くすんだ黄色から白の縞模様が3〜4本入り、先端は白い。顔盤は額の白さが際立っているが、縁取りは不鮮明。目は黄色で、まぶたの縁は黒く、くちばしは灰色がかった黒色。体部下面は赤から赤茶色が混じる黄色で、脇腹と腿を除いて、濃い茶色の細い筋状の縦縞が入る。やや長めのふ蹠 [訳注：趾（あしゆび）の付け根からかかとまで] と趾は黄色っぽい灰色で、羽毛は生えておらず、爪は濃い象牙色。[幼鳥] ヒナの綿羽は白。第1回目の換羽を終えた幼鳥は体部上面が成鳥よりも淡い茶色がかった黄色で、黒褐色の細い縦縞があり、白い斑点がまったくないか、わずかに入る。尾には5〜6本のくすんだ黄色から白のやや不鮮明な細い縞模様がある。

鳴き声　大音量で騒々しい「クトゥック、クトゥック、ク

トゥック」、またはメロディアスな「トゥ・ウィー、トゥ・ウィー」、さらには上り調子の「ポフ、ポフ、ポフ」という3種類の鳴き声が記録されている。

獲物と狩り　魚を主食とするが、ネズミやコウモリ、鳥類、甲殻類、爬虫類、カエル、昆虫なども食べる。その狩りは、止まり木から水面や水中を泳ぐ魚をめがけて急降下するのが常套手段だが、浅瀬に入って歩きながら獲物を捕ることもある。

生息地　マングローブなどの水辺の森林に棲むが、水田など人里近くに姿を現すこともある。主に低地に生息するが、スマトラ島では標高1,600mの地点でも見られる。

現状と分布　ミャンマー南部から東はバリ島、ボルネオ島まで分布する。養魚場の周辺では捕殺されることがあるが、ごく一般的に見られる種。

地理変異　4亜種が確認されている。基亜種のketupuはマレー半島からバリ島、ボルネオ島にかけて、羽色の淡いB. k. aagaardiはミャンマー南部からタイにかけて生息する。ボルネオ島北部にのみ棲むB. k. pageliは赤みが強く、スマトラ島沖のニアス島原産のB. k. minorは亜種の中でもっとも小さい。

類似の種　生息域が一部で重複するミナミシマフクロウ（No.136）はやや大型で、体部下面に縦横の縞模様がある。わずかに生息域が重複するウオミミズク（No.138）も本種より大きく、体部下面はずっと濃い赤茶色で、尾の横縞がより細く、顔は白っぽい。

Eagle Owls：ワシミミズクの仲間　**301**

▲マレーウオミミズクは黄色の目と灰色がかった黒色のくちばしをもつ。写真はボルネオ島北部に棲む亜種の*pageli*で、下の写真の個体よりも赤褐色が淡い。8月、ボルネオ島（マレーシア領のサバ州）にて（写真：クリスティアン・アルトゥソ）

▲▶地上にいるマレーウオミミズクの幼鳥。羽色はかなり淡い黄色をしている。10月、シンガポールにて（写真：HY・チェン）

▶亜種の*pageli*は基亜種よりもずっと赤みが強い。5月、ボルネオ島（マレーシア領）のキナバタンガンにて（写真：アダム・ライリー）

◀マレーウオミミズクの基亜種は体部上面が濃い褐色で、下面は赤みがかった淡黄褐色。8月、マレーシアのペナン島にて（写真：チョイ・ワイ・ムン）

138 ウオミミズク [TAWNY FISH OWL]
Bubo flavipes

全長 48〜58cm 翼長 410〜477mm

外見 やや大型から大型で、ボサボサした羽角は水平方向に突出している。雌雄の体格差に関するデータはないが、メスのほうが大きいとされる。頭頂部と体部上面はオレンジ系の赤褐色から黄褐色で、羽毛の中央部には幅広く濃い赤茶色の部分があり、それと同じ色の斑点が羽毛を縁取る。肩羽はくすんだ黄色で、肩まわりには淡色の帯が1本走っている。風切羽と尾羽には濃い茶色と淡黄褐色のはっきりとした横縞。淡色の顔盤は縁取りが不鮮明だが、額と眉斑、そして目先［訳注：左右の目とくちばしの間の部分］の白さが際立つ。目は黄色で、くちばしと蝋膜［訳注：上のくちばし付け根を覆う肉質の膜］は青みを帯びた濃色。体部下面は深いオレンジから赤茶色だが、喉には白い斑紋が目立ち、その下に入る濃い茶色の筋状の縦縞は胸のあたりで幅が広くなる。脚部は上半分が羽毛に覆われ、裸出した残りの半分と趾はくすんだ緑がかった黄色で、爪は灰色を帯びた象牙色。［幼鳥］体部上面にくっきりとした斑点と、太さがまちまちな

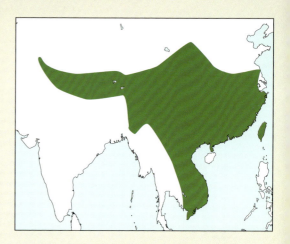

縦縞が見られる。幼綿羽が残る下面には淡い色の細い縦縞が入り、腮（アゴ）は白い。脚部は趾の付け根より2.5cm上まで綿羽に覆われる。［飛翔］翼と尾に縞模様がはっきりと見える。

鳴き声 低く、大きな声で「ウー・フー」と発する。1音は0.5秒ほどの長さで、この一連を数秒間隔で繰り返す。

獲物と狩り 魚やカニ、カエル、大型の昆虫を主食とするが、キジ類などの大型の鳥類も捕食する。

生息地 熱帯または亜熱帯の小川に近い原生林に棲む。標高は主に1,500mまでだが、インドでは最高2,450mの地点でも見られる。

現状と分布 インド北部から東は中国南東部および台湾まで、南はラオスを経てベトナムまで分布する。生息域では希少な種というわけではないが、捕獲と生息環境の破壊に生存が脅かされている可能性もある。

地理変異 亜種のない単型種。

類似の種 一部で生息域が重複するミナミシマフクロウ（No.136）はほぼ同じ大きさだが、本種より茶色が濃く、脚部は完全に裸出している。わずかに生息域が重複するマレーウオミミズク（No.137）は本種より小さく、典型的な個体はオレンジ系赤褐色の色味が弱く、やはり脚部に羽毛が生えていない。これらの2種は鳴き声も異なるが、本種の鳴き声についてはさらなる調査研究が必要とされる。

◀ ウオミミズクの羽角は水平方向に突出し、ボサボサした印象を与える。2月、インドのウッタラカンド州にて（写真：ビル・バストン）

Eagle Owls：ワシミミズクの仲間 **303**

▲ウオミミズクはミナミシマフクロウ（No.136）やマレーウオミミズク（No.137）に似ているが、どちらの種よりも体格ががっしりとしており、肩羽に淡色の帯がくっきりと入る。また、喉には白い斑紋があり、脚部の半分が羽毛に覆われる。1月、インドのラージャスターン州にて（写真：ハッリ・ターヴェッティ）

▶ウオミミズクは黄色の目と濃い青色がかったくちばしをもつ。1月、インドのウッタラカンド州にて（写真：ハッリ・ターヴェッティ）

139 ウオクイフクロウ [PEL'S FISHING OWL]
Bubo peli

全長 51〜63cm　体重 2,055〜2,325g　翼長 407〜447mm　翼開長 150〜153cm

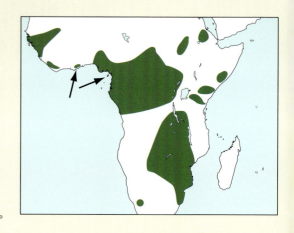

<u>外見</u>　やや大型から大型で、羽角はない。ただし、頭頂部の羽毛が長くて、ふわっとしているため、乱れた冠羽があるように見える。雌雄を比較すると、オスよりメスのほうが体が大きく、羽色も個体差が大きいものの、メスのほうが淡く見えることが多い。一般に体部上面は生姜のような黄色みのある赤褐色で、煤色の横縞と斑点があり、肩羽には白みのある淡黄褐色が混じる。風切羽と尾羽には濃淡の茶色がつくる縞模様が見られ、初列風切［訳注：風切羽のうち、人の手首の先に相当する部分から生えている羽毛］には広い間隔を開けて縞模様が入る。赤茶色の顔盤はあまり明瞭ではなく、縁取りも目立たない。大きな目はほとんど漆黒とも言える濃い茶色が"深淵"を思わせる。くちばしと蝋膜［訳注：上のくちばし付け根を覆う肉質の膜］は濃淡さまざまな灰色。体部下面は淡い赤茶色からくすんだ黄色で、そこに入る煤色の矢印模様は先端が丸い斑点になっている。淡色の喉は鳴き声を上げるときに膨らむため、よく目立つ。ふ蹠［訳注：趾（あしゆび）の付け根からかかとまで］と趾は麦わらのような淡黄褐色で、羽毛は生えておらず、湾曲した長い爪は灰色がかった象牙色で先端が濃色。足の裏を覆うウロコは鋭いトゲ状に発達しており、爪も内縁が鋭い。［幼鳥］ヒナの綿羽は白。第1回目の換羽を終えた幼鳥は、頭頂部から首の後ろにかけてと体部下面が黄色みを帯び、特徴的な模様は見られない。頭と上背、そして翼と尾は成鳥に似るが、色は淡く、赤茶の色味が弱い。最初のころの淡い羽衣も、生後10カ月を超えるころには成鳥と変わらない色合いになる。［飛翔］羽角をもたず、顔まわりの飾り羽もないため、

◀ウオクイフクロウは大型で、羽色や模様は変化に富む。典型的な羽衣は赤褐色で、胸の下部と腹部には暗色の矢印模様がある。一方で、胸の上部は色が濃く、模様はあまり見られない。目は濃い茶色で、くちばしの色は灰色。8月、ボツワナのカヴァンゴにて（写真：エリック・ヴァンデルヴェルフ）

▶湾曲した長く鋭い爪で食べかけの魚をがっしりとつかむウオクイフクロウ。ボツワナにて（写真：アダム・ライリー）

長い翼をもつ大きな体と対照的に、頭がかなり小さく見える。また、風切羽に消音機能を備えていないため、羽ばたき音がよく聞こえる。

鳴き声 オスの鳴き声は「フームムム・フッ」と低く反響するホルンのような音で、最大3km先まで届く。この声は月夜、特に夜明け前にもっとも頻繁に聞かれる。

獲物と狩り ほぼ完全な魚食性で、最大2kgまで、だいたいは100〜250gの魚を捕食する。そのほかにカエルやカニ、イガイなども食べる。狩りの詳細は不明だが、水上1〜2mのところに張り出した木の枝から目を凝らし、水面に波紋が立ったと見るや滑空して強力な鉤爪で魚を捕らえ、また止まり木に戻るものと思われる。ただし、脇腹の羽毛が長くて吸水しやすいためか、全身が水に浸かることはほとんどないようだ。ちなみに、羽ばたき音が騒々しいのは、水中で生活する獲物を捕らえる際に、その音がさほど問題にはならないからだろう。

生息地 川辺を好み、老木が林立する大きな川の中州や湿地、湖畔に棲む。さらに、海抜0mの入江にあるマングローブ林でもしばしば目撃されるほか、最高で標高1,700mの原生林にも姿を現す。

現状と分布 サハラ砂漠以南のアフリカ30カ国に分布する。世界規模で見ると絶滅危惧種ではないが、ほとんどの分布域で生息密度が低く、かつ分散している。そうした中でも比較的多く生息するのがアフリカ中部のコンゴ盆地で、その南方のボツワナでも150万ヘクタールのオカヴァンゴ湿地におよそ100組のつがいが暮らしており、さらに南方の南アフリカ共和国でも推定で500組弱のつがいがいるとされる。ただし、本種が生息するためには巣穴に適した樹洞のある大木と、その200m以内に魚の豊富な浅瀬が必須であることから、環境破壊に伴い個体数の増加に歯止めがかかっていると考えられる。

地理変異 亜種のない単型種。

類似の種 一部で生息域が重複するアカウオクイフクロウ（No.140）は本種よりずっと小型で、目は茶色みのある黄金色。また、羽色は鮮やかな赤茶色で、体部下面の筋状の縦縞は本種のように先端が丸い斑点にならない。もう少し広い範囲で生息域が重なるタテジマウオクイフクロウ（No.141）も本種よりずっと小さく、目は濃い茶色で、くちばしと蝋膜は黄色がかった象牙色。その体部上面には細密な波線模様が入り、白い下面には濃色の縦縞が多く見られる。

▼写真のウオクイフクロウは頭部の赤褐色が非常に淡く、胸の上部に濃色の斑点がある。中央アフリカ共和国にて（写真：デヴィッド・シャクルフォード）

▼鳴き声を上げるウオクイフクロウ。ほかのワシミミズク類と異なり、このオスは喉元だけでなく、頭部全体の羽毛を逆立てている。これは、別のオスからなわばりを守るための行動だ。1月、南アフリカのクワズール・ナタル州にて（写真：ニック・ボールドウィン）

140 アカウオクイフクロウ [RUFOUS FISHING OWL]
Bubo ussheri

全長 46〜51cm　体重 743〜834g　翼長 330〜345mm

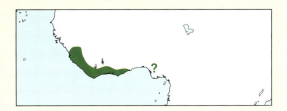

外見　やや大型で、羽角はない。雌雄の体重を比べると、メスのほうが平均で90g重い。体部上面は一様に茶色みのある黄色から赤茶色で、風切羽と尾羽には濃淡の縞模様、肩には白い帯模様が1本入る。淡いシナモン色の顔盤は不明瞭で、赤褐色の縁取りも目立たない。額には不鮮明な白斑が見られ、目は茶色みのある黄金色から濃い茶色で、くちばしは黒に近い灰色。体部下面は淡い黄褐色だが、胸の上部は腹部よりもやや濃色で、煤色から赤茶色の細い筋状の縦縞が入る。ふ蹠[訳注：趾（あしゆび）の付け根からかかとまで]と趾は淡い黄色で、羽毛は生えておらず、爪は淡い象牙色。[幼鳥] ヒナの綿羽は白。第1回目の換羽を終えた幼鳥は頭部にしっかりと赤みがかかり、胸から腹の上部にかけて赤茶色の縦縞が入る。翼は成鳥に似るが、幼鳥の羽色は成鳥よりも淡い。

鳴き声　物悲しげに「フーー」と1分間隔で繰り返す。

獲物と狩り　記録に乏しいが、魚を主食とし、水面に張り出した枝から急降下して捕まえることがわかっている。

生息地　大きな川や湖沿いの原生林に棲むが、海岸のマングローブ湿地や農園でも見られる。

現状と分布　シエラレオネ、ギニアから東はガーナまでの西アフリカに固有の種。そのほか、ガーナより東方に位置するナイジェリアでの目撃例も報告されているが、検証は進んでいない。いずれにしても環境破壊と人間による迫害の影響が大きく、バードライフ・インターナショナルの分類では危急種に指定されている。

地理変異　亜種のない単型種。

類似の種　生息域が重なるウオクイフクロウ（No.139）は本種よりずっと大きく、体部上面に横縞と斑点が入る。一部で生息域が重複するタテジマウオクイフクロウ（No.141）はほぼ同等の大きさだが、体部上面に細密な波線模様、下面に多くの縦縞が見られ、くちばしは黄色がかった象牙色。

▼ウオクイフクロウ類の中でもっとも模様が少なく、もっとも情報も乏しいのがアカウオクイフクロウだ。シエラレオネにて（写真：エイプリル・コンウェイ）

141 タテジマウオクイフクロウ [VERMICULATED FISHING OWL]
Bubo bouvieri

全長 46～51cm　体重 637g（メス1例）　翼長 302～330mm

<u>外見</u>　やや大型で、羽角はない。雌雄の体重差に関しては、データがメスの1例しかないため不明。羽色は個体差が大きいが、一般的に体部上面は黄褐色で細密な波線模様があり、頭頂部は濃い茶色の地に縦縞が入る。肩羽は羽軸外側の羽弁に大きな白斑があるため、肩には淡色の縞模様ができている。風切羽と尾羽には濃淡の縞模様が入り、くすんだ白の下面には濃い茶色の縦縞が顕著。ただし、下雨覆と下尾筒［訳注：下雨覆は翼の付け根下面を覆う羽毛。下尾筒は尾の付け根下面を覆う羽毛］、そして腿はほぼ白色の無地。淡い赤茶色の顔盤は不鮮明で、濃色の縁取りも目立たない。目は

濃い茶色で、くちばしと蝋膜［訳注：上のくちばし付け根を覆う肉質の膜］は黄色がかった象牙色。ふ蹠［訳注：趾（あしゆび）の付け根からかかとまで］と趾は黄鉛色で、羽毛は生えておらず、爪は黒に近い。［幼鳥］ヒナの綿羽は白。第1回目の換羽を終えると、部分的にシナモン色を帯びることもある。

<u>鳴き声</u>　低く、しわがれた「クルーク」という第一声のあと、短く単調に「クル・クル・クル・クル・クル」と5～8回続けて鳴き、最後に再び「クルーク」と1～2回発する。

<u>獲物と狩り</u>　魚やカニ、カエルのほか、小型の鳥類や哺乳類も捕食する。その狩りは、水面から1～2m上に張り出した枝から獲物に飛びかかるのが定石。

<u>生息地</u>　川や湖の両岸に帯状に続く森林（拠水林）に棲むが、必ずしも水辺や魚を必要とするわけではない。

<u>現状と分布</u>　リベリア、トーゴ、ナイジェリア南部、そしてアンゴラ北西部より北のアフリカ中部全体に分布する。かつて考えられていたほど希少ではないものの、さらなる調査が求められる。

<u>地理変異</u>　亜種のない単型種。

<u>類似の種</u>　生息域を共にするウオクイフクロウ（No.139）は本種より大きく、体部上面には横縞と斑点、下面には丸い斑点からなる筋状の縦縞がある。また、くちばしは先端が黒。一部のみ生息域が重複するアカウオクイフクロウ（No.140）はほぼ同じ大きさだが、体部上面は模様の少ない赤茶色または茶色みの強い黄色で、下面の縦縞は不鮮明。そしてくちばしは黒に近い灰色。

▶タテジマウオクイフクロウは頭がシナモン系の茶色で、背中には濃い茶色の細密な波線模様、風切羽と尾羽には濃淡の縞模様が入る（写真：タッソ・レヴェンティス）

▶アカウオクイフクロウ（No.140）とほぼ同じ大きさのタテジマウオクイフクロウだが、体部下面の濃い茶色の縦縞がより顕著で、くちばしと蝋膜は黄色がかった象牙色、脚は黄鉛色（写真：タッソ・レヴェンティス）

142 メガネフクロウ [SPECTACLED OWL]
Pulsatrix perspicillata

全長 43〜52cm　体重 590〜982g　翼長 305〜360mm

<u>外見</u>　中型からやや大型で、羽角はない。雌雄の体重を比べると、メスのほうが平均で約200g重い。体部上面はむらのない濃い茶色または黒褐色で、風切羽と尾羽には淡い灰茶色の横縞が入る。顔盤は濃い茶色で、白い線模様が眉斑から目先［訳注：左右の目とくちばしの間の部分］を通って頬にまで続いているため、淡いオレンジ系の黄色の目を取り囲むメガネのように見える。くちばしと蝋膜［訳注：上のくちばし付け根を覆う肉質の膜］は黄色っぽい象牙色で、くちばしの先端は緑色を帯びる。腮（アゴ）は黒く、喉には白い襟状紋が目立ち、胸には濃い茶色で幅広の帯模様がある。その下はむらのない淡い黄色またはくすんだ黄色。ふ蹠［訳注：趾（あしゆび）の付け根からかかとまで］と趾はクリーム色からくすんだ黄色の羽毛でほぼ覆われ、わずかに裸出した部分は白または淡い灰色で、爪は濃色。［<u>幼鳥</u>］ヒナの綿羽は白。第1回目の換羽を終えた幼鳥は大部分が白くふわふわとしていて、灰褐色の横縞が雨覆［訳注：風切羽の根本を覆う短い羽毛］に見られる。ハートに近い形の顔は黒く、体の白さとの対比が際立つ。翼と尾は茶色で、淡色の縞模様がある。完全に成鳥の羽衣になるには最長で5年を要するが、繁殖活動はそれ以前にも可能だ。

<u>鳴き声</u>　乾いた声で「プン・プン・プン……」と徐々に速度を上げながら6音続け、この一連を不規則な間隔で数回繰り返す。1974〜76年に筆者がコロンビアで聞いた本種のこの鳴き声は、アカゲラが木をつつく音に似ていた。ブラジルで本種が「Knocking Owl（ノックするフクロウ）」と呼ばれているのも興味深い。

<u>獲物と狩り</u>　小型の哺乳類と鳥類を主食とするが、カニや昆虫、クモも捕食する。獲物は通常、止まり木から飛びかかって捕らえる。

<u>生息地</u>　成熟した熱帯林や亜熱帯林を好むが、二次林や農園、果樹園の付近にも棲む。主に低地、時に標高1,700mまでの地点で見られる。

<u>現状と分布</u>　メキシコ南部からアルゼンチン北部にかけて分布する。ごく一般的に見られる種だが、近年は森林破壊の影響を受けている。

<u>地理変異</u>　5亜種が確認されている。基亜種の*perspicillata*はコロンビア北部、ベネズエラ、ギアナ地方から南はペルー東部、ブラジルまで分布する。メキシコ南部からコスタリカ、パナマ西部に生息する*P. p. saturata*は全体的に色が

暗く、頭部から背中にかけてはむらのない煤けた黒で、体部下面に細い横縞がある。トリニダードトバゴに棲むP. p. trinitatisは体部上面と胸の襟状紋の色が淡く、胸と腹部はさらに淡い黄褐色。この亜種は絶滅したと考えられていたが、近年になって再発見され、鳴き声が録音された。コスタリカ東部からエクアドルに分布するP. p. chapmaniと、ボリビアからアルゼンチン北部に生息するP. p. bolivianaは、ともに模様が少ない。

<u>類似の種</u>　わずかに生息域が重複するShort-browed Owl (№143)は本種よりやや大きく、目が黄褐色から暖かみのある茶色で、短い眉斑は淡いクリームがかった淡黄褐色。

その顔の下半分と胸の間には淡いクリーム色またはくすんだ黄色の細い帯模様があり、胸に入る茶色の帯模様は中央でぼんやりと途切れる。また、趾は付け根あたりがまばらに羽毛に覆われるのみ。やはり生息域が一部のみ重なるキマユメガネフクロウ(№144)は本種よりやや小さく、目が栗色で、眉斑と腹部は黄土色に近い黄褐色。体格がほぼ同等のアカオビメガネフクロウ(№145)も生息域がわずかに重なるばかりで、アンデス山脈北部の標高700～1,600mの密林に生息する。この種は濃色の目と白の眉斑をもち、白い体部下面には赤茶色から濃い茶色の横縞があり、胸に入る幅広の茶色い帯模様は真ん中あたりで途切れる。

▶メガネフクロウの濃色の亜種*chapmani*。黒い顔にある三日月型の白い模様が特徴的。胸には濃い茶色の太い帯模様があるが、深みのある淡黄褐色の腹に横縞はない。1月、パナマのガンボアにて（写真：イェライ・セミナリオ）

◀亜種の*chapnani*は頭頂部と、首の後ろから背中にかけてが煤けた黒で、眉斑、目先、顔盤の縁、縞のある首の側面が白い。目は淡いオレンジがかった黄色で、ふ蹠と趾はほぼ羽毛に覆われる。8月、コスタリカのリモンにて（写真：ダニエル・マルティネス・A）

Pulsatrix：メガネフクロウ属

◀メガネフクロウの若鳥。まだ頭に白い幼綿羽（ようめんう）が残っている。成鳥の羽衣になるまでには最長で5年を要するため、この個体は3〜4歳だと思われる。11月、パナマにて（写真：マイク・ダンゼンベイカー）

143 SHORT-BROWED OWL
Pulsatrix pulsatrix

全長 51〜53cm　体重 1,075〜1,250g　翼長 363〜384mm

外見　やや大型で、羽角はない。雌雄の体重を比べると、メスのほうが約175g重い。頭部と体部上面はむらのないセピア色からオリーブ系の茶色で、風切羽と尾羽には濃淡の横縞が入る。顔盤は暖かみのある黄土色で、淡色の縁取りは不鮮明。クリームがかった淡黄褐色の短い眉斑は目のすぐ後ろまで伸びる。その目は黄褐色から暖かみのある茶色で、くちばしと蝋膜［訳注：上のくちばし付け根を覆う肉質の膜］は淡い緑色。顔の下半分と胸の間にはクリーム色からくすんだ黄色の細い帯模様が境界線のように入っている。体部下面は茶色がかった黄色からくすんだ黄色で、胸に入る茶色の帯模様は中央でぼんやりと途切れる。脚は羽毛に覆われるが、くすんだ白の趾は付け根あたりにまばらに生えるのみ。爪は灰色がかった象牙色。［幼鳥］不明。

鳴き声　キツツキのノック音に似たよく響く声を発する。リズムはゆったりしており、加速はしない。

獲物と狩り　記録に乏しいが、おそらく小型の哺乳類や鳥類を捕食すると思われる。

生息地　やや開けた原生林または二次林に棲むが、人間の居住地や道路の近くでも見られる。

現状と分布　ブラジル東部のバイーア州から南はアルゼンチン北東部を経て、ウルグアイ国境付近まで分布する。希少な種で、捕殺や環境破壊の影響を受けている。

地理変異　亜種のない単型種。メガネフクロウ（No.142）の亜種とみなされることも多く、分類を確実なものにするには分子生物学的および生態学的な調査研究が必要とされる。

類似の種　わずかに生息域が重なるメガネフクロウ（No.142）は本種よりやや小型で、淡いオレンジがかった黄色の目を囲むように白い"メガネ"がある。また、頭頂部と首の後ろは黒みが強く、胸の帯模様は途切れない。一部で生息域が重複するキマユメガネフクロウ（No.144）はずっと小さく、淡黄褐色の長い眉斑と栗色の目をもつ。

Spectacled Owls：メガネフクロウの仲間 313

144 キマユメガネフクロウ [TAWNY-BROWED OWL]
Pulsatrix koeniswaldiana

全長44cm　体重481g（メス1例）　翼長300〜320mm

<u>外見</u>　中型で、羽角はない。雌雄の体格差を示すデータはないが、メスのほうがやや大きいと思われる。頭頂部と体部上面はむらのない濃い茶色で、茶色の翼には白い横縞がある。同じく茶色の尾には白の細い縞が4〜5本あるほか、先端部にも白い帯模様が入る。顔盤は濃い茶色で、眉斑から目先 [訳注：左右の目とくちばしの間の部分] にメガネのような黄褐色の模様がある。目は栗色で、くちばしと蝋膜 [訳注：上のくちばし付け根を覆う肉質の膜] は黄色っぽい象牙色。腮（アゴ）には白くて大きな斑紋がくっきりと入り、胸には途切れがちな茶色の帯模様が見られる。その下は黄色みを帯びた茶色。黄褐色の脚は趾の付け根まで羽毛に覆われ、その趾は灰白色で、爪は黄色っぽい灰色。[幼鳥] メガネフクロウ（No.142）の幼鳥に比べると、顔の茶色みが強く、目の色も濃い。

<u>鳴き声</u>　しわがれた「ブルルル、クー、クー、ブルルル」という声は中盤の2音節が強調され、最後の「ブルルル」がやや弱い。また、1音の震えた鳴き声を発することもある。

<u>獲物と狩り</u>　記録なし。

<u>生息地</u>　成熟した熱帯林または亜熱帯林に棲むが、荒廃林地や林縁でも見られる。標高は1,500mまで。

<u>現状と分布</u>　ブラジル東部からパラグアイ東部、アルゼンチン北東部にかけて分布する。希少な種で、手つかずの山

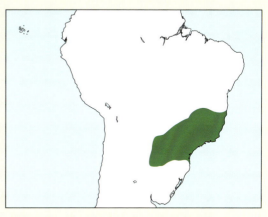

地林に依存するため、地域によっては絶滅の危機に瀕しているが、保護活動を行うための知見は今のところ得られていない。

<u>地理変異</u>　亜種のない単型種。

<u>類似の種</u>　一部で生息域が重複するメガネフクロウ（No.142）とShort-browed Owl（No.143）は、いずれも本種より大きい。生息域が異なるアカオビメガネフクロウ（No.145）も本種よりやや大きく、黄色から白の体部下面にはっきりと赤茶色の横縞が入り、眉斑は白。

◀キマユメガネフクロウはメガネフクロウ類の中でもっとも小さく、茶色の目の上に黄褐色から朽葉色の眉斑が目立つ。腹部はシナモン系黄色で、途切れがちな胸の帯模様は茶色。5月、ブラジル南東部にて（写真：リー・ディンガン）

145 アカオビメガネフクロウ [BAND-BELLIED OWL]
Pulsatrix melanota

全長 44〜48cm　体重 420〜500g　翼長 275〜325mm

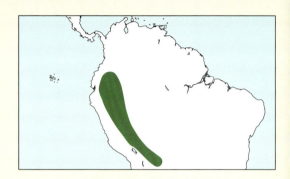

外見　中型からやや大型で、雌雄の体重差に関しては性別不明のデータが2例あるだけなので不明だが、メスのほうがやや大きいとされる。頭頂部と体部上面は濃い茶色で、淡色のまだら模様があり、翼には白の細い帯模様、先端が白い尾には白の細い横縞が6本ほど入る。顔盤は濃い茶色で、赤茶色から黒に近い茶色の目のまわりには、眉斑から目先[訳注：左右の目とくちばしの間の部分]に続くメガネのような白線が見られる。くちばしは淡い黄色で、蝋膜[訳注：上のくちばし付け根を覆う肉質の膜]は灰色。喉には黒で縁取られた白い斑紋があり、その下に白い襟状紋が入る。体部下面はくすんだ黄色から白で、赤茶色から濃い茶色のはっきりとした横縞があるが、胸の上部には真ん中あたりで途切れる幅広の茶色い帯模様も入り、その上に白っぽい斑紋と黄色っぽい斑紋が重なる。脚部は趾の先端付近まで白からくすんだ黄色の羽毛に覆われ、わずかに裸出した部分は淡い灰褐色。爪は象牙色で、先端が黒。[幼鳥]不明。

鳴き声　力強く喉を鳴らすような声は、キマユメガネフクロウ（№ 144）の鳴き声よりも短く、3音節目が強調される。また、低くくぐもった2音節の声も記録されている。

獲物と狩り　記録なし。

生息地　主として標高700〜1,600mの湿潤な密林に棲むが、開けた森や標高の低いところでも見られる。

現状と分布　コロンビアから南はボリビアまでの地域に飛び石状に分布する。もっとも多いのはアンデス山脈の東側。本種は森林破壊によって絶滅の危機に瀕している可能性があるが、情報が乏しく、早急な調査が待たれる。

地理変異　亜種のない単型種。

類似の種　生息域がわずかに重なるメガネフクロウ（№ 142）は目が淡いオレンジがかった黄色で、腹部に錆色の横縞は見られない。それ以外のメガネフクロウ属の仲間はみな、生息域が異なる。

▼アカオビメガネフクロウは比較的大きく、眉斑から目先にメガネのような白線が入る。喉は白く、体部下面には茶色の横縞がある。10月、エクアドルのスーマコにて（写真：ヤノシュ・オラー）

▼アカオビメガネフクロウの若鳥。黒い顔と濃い茶色の目が、白い綿羽（めんう）に覆われた頭部と好対照をなす。11月、ペルーのマヌにて（写真：サンティアゴ・ダビド・R）

Wood Owls：フクロウの仲間　315

146　モリフクロウ　[TAWNY OWL]
Strix aluco

全長 36〜46cm　体重 325〜800g　翼長 248〜323mm　翼開長 94〜105cm

別名　Eurasian Tawny Owl

外見　中型で、丸い頭部に羽角はない。雌雄の体重を比べると、メスのほうが平均で100g重い。羽色には褐色型、灰色型、赤色型に加えて、それらの中間型も存在する。褐色型の個体は体部上面が全体的に茶色で、羽毛自体に煤色の縦縞と数本の横縞が入り、頭頂前部の羽毛は地色が濃い。肩羽は羽軸外側の羽弁が白いので、肩を横切るように白い帯模様が1本できている。風切羽には濃い茶色と淡い茶色の縞模様。尾は上面が茶色で濃色のまだら模様があり、外側の羽毛には不鮮明な縞模様が見られる。顔盤は淡い茶色で、煤色の線模様が同心円を描き、濃い茶色の細い縁取りで囲まれる。眉斑はおおむね白っぽく、目は黒に近い茶色で、青灰色のまぶたは縁が淡い肌色。くちばしは黄色みを帯びた象牙色で、付け根の周囲に剛毛羽が生える。体部下面は淡い黄土色から茶色がかった白の地に、濃い茶色の縦縞と色の薄い横縞が入る。ふ蹠[訳注：趾（あしゆび）の付け根からかかとまで]と趾の半分ほどは羽毛に覆われ、趾の裸出した部分は灰色で、爪は象牙色。灰色型と赤色型の個体は、それぞれ地色が灰色または赤茶色。[幼鳥]ヒナの綿羽は白。第1回目の換羽を終えた幼鳥は淡い茶色み、または灰色みを帯びた白地に、茶色や灰色、赤の不規則な横縞が密に入る。目はピンクの縁取りがあり、瞳孔に透明感はなく、まぶたと趾は淡い肌色。[飛翔]日中に見られることはほとんどないが、幅広の短い翼と、やはり短い尾のおかげで森の中を自在に飛び回ることができる。

鳴き声　長く「ホーーー」と鳴いたあと、2〜6秒おいて、抑

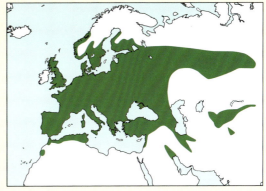

えた「フッ」、そして「フフフフー」という震え声が続く。加えて、けたたましく「ケ・ウィク」と鳴くこともある。この耳に馴染みのある鳴き声は、ホラー映画やアクション映画では夜のシーンに効果音として利用されることが多い。そのため、旧世界に棲む種にもかかわらず、世界中に生息すると誤解している人も少なくない。

獲物と狩り　小型の哺乳類や鳥類をはじめ、爬虫類、カエル、魚、昆虫など多種多様な獲物を捕食する。通常は止まり木から獲物に襲いかかるが、鳥類や昆虫は飛んでいるところを捕らえることもある。

生息地　混交林や落葉樹林に棲むが、河川沿いや開墾地などの開けた場所、公園などにも姿を現す。標高は主に2,800mまでだが、パキスタンおよびインド北西部では最高3,800mの地点でも見られる。

▶飛翔中のモリフクロウの基亜種。手首にあたる手根部に入る濃色の斑紋がよく見える。2月、イタリアのトスカーナ州にて（写真：ダニエル・オッキアート）

現状と分布 英国を中心に、南はアフリカ北部、北はフィンランド中部、東はパキスタン北部とキルギスまでの広範囲に分布する。そのほか、近年はアイルランドにも定着したとの情報もある。本種は英国とヨーロッパ中部では多いものの、キルギスでは絶滅が危惧される。その生息数は、ヨーロッパ中部ではつがいが19万8,000組と推定され、フィンランドには約1,500組のつがいが存在する。本種とフクロウ（Ural Owl）（No. 168）は交雑が可能で、飼育下での交雑個体は母系と父系のそれぞれの形質を受け継いだ個体と、中間的形質を示す個体が見られた。さらに、そのうちの1羽は母系の種、父系の種のいずれとも交雑が可能であることを示した。ただし、野生での種間交雑は知られておらず、フィンランドではフクロウは年1.6%のペースで、モリフクロウも1982〜2008年に年0.8%のペースで増加している。このことから、両種の競合関係は、北米で近縁の2種（ニシアメリカフクロウ［No. 164］とアメリカフクロウ［No. 166］）が見せる関係とは大きく異なっていると言える。

地理変異 8亜種が確認されている。基亜種のalucoはスカンジナビア半島から地中海、黒海、ロシア西部にかけて生息する。アフリカ北西部からシリア東部に棲むS. a. mauretanicaはやや大きく、翼開長は基亜種より20%以上長い。英国およびヨーロッパ西部からイベリア半島にかけて分布するS. a. sylvaticaは灰褐色型の個体が多く、基亜種よりも模様がはっきりしている。ロシア中央部のウラル山脈の西側からエルティシ川流域に生息するS. a. siberiaeは基亜種よりやや大きく、淡い羽色に白色部分も多い。イランからイラク北東部に棲むS. a. sanctinicolaiは砂漠地帯に生息する淡色型で、小アジアおよびパレスチナからイラン北部、コーカサス地方に分布するS. a. wilkonskiiにはコーヒー色の羽色型が存在する。そして、トルキスタンのS. a. haermsiとインド北西部からパキスタンに棲むS. a. biddulphiは灰色型が多数を占める。

類似の種 やや小さいウスイロモリフクロウ（No. 147）はわずかに生息域が重なるが、目が茶色みのあるオレンジか鮮やかな黄色で、羽色は全体的に砂色。姿形がよく似たインドモリフクロウ（No. 150）、オオフクロウ（No. 151）、ヒマラヤフクロウ（No. 153）、Mountain Wood Owl（No. 155）などのモリフクロウ類、およびニシアメリカフクロウ（No. 164）はいずれも生息域が異なる。近縁種であるフクロウ（No. 168）は一部で生息域が重複するが、本種よりずっと大きく、尾には長く顕著な縞模様がある。また、目は濃い茶色で小さく、体部下面には煤色の縦縞が顕著で、横縞はない。

▼赤褐色型の亜種sylvatica。3月、英国デヴォン州にて（写真：クリス・タウンデン）

▲亜種の*sylvatica*は基亜種よりも模様が明瞭。写真の個体が捕らえたのはハイイロリス。このリスは、英国に棲むモリフクロウの餌の1%を占める。9月、英国のベッドフォードシャーにて（写真：リー・ディンガン）
▲▶こちらは灰褐色型の*sylvatica*。12月、スペインのカディスにて（写真：アンドレス・ミゲル・ドミンゲス）
▶基亜種*aluco*の赤色型。4月、オランダのユトレヒトにて（写真：レスリー・ヴァン・ルー）
▼亜種の*mauritanica*は体部上面が中濃度の灰色で、濃い灰色の横縞と細密な波線模様がある。顔盤には細かい灰色の横縞が入り、はっきりした縁取りに囲まれる。2月、モロッコのアトラス山脈にて（写真：アウグスト・ファウスティーノ）
▼▶モリフクロウの幼鳥。6月、英国サマセット州にて（写真：ゲイリー・ソバーン）

147 ウスイロモリフクロウ [HUME'S OWL]
Strix butleri

全長 30〜34cm　体重 162〜225g　翼長 243〜256mm　翼開長 95〜98cm

<u>別名</u>　Hume's Tawny Owl

<u>外見</u>　小型から中型で、丸い頭部に羽角はない。雌雄の体格を比べると、メスのほうがやや大きい。体部上面は灰色がかった黄土色か砂色で、頭頂部と首の後ろには茶色と黒の斑点があり、しばしば淡色の線模様も見られる。背中の上部から中ほどにかけては、くすんだ縦縞と細密な波線模様。肩羽の羽軸外側の羽弁は白く、濃色の筋状の縦縞が入るため、肩を横切るように白い帯模様ができている。翼と尾の縞模様は明瞭で、初列風切［訳注：風切羽のうち、人の手首の先に相当する部分から生えているのが初列風切。肘から先の部分から生えているのが次列（じれつ）風切］には白っぽい茶色とくすんだ茶色の縞模様、次列風切と尾羽には明暗の異なる茶色の縞模様が入る。雨覆［訳注：風切羽の根本を覆う短い羽毛］には白と黄色の斑点。明るく黄色がかった灰色の顔盤はほぼ円形で、細い濃色の縁取りに囲まれる。目は茶色みのあるオレンジまたは鮮やかな黄色で、まぶたの縁は黒。くちばしは青灰色で、蝋膜［訳注：上のくちばし付け根を覆う

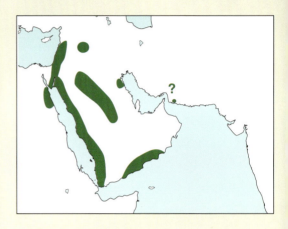

▼ウスイロモリフクロウはオレンジまたは黄色の目をしたフクロウで、体部下面は淡黄褐色に近い白の地に薄い模様が入り、趾の付け根まで羽毛に覆われる。くちばしは灰色がかった青。12月、イスラエルの死海近くにて（写真：アミール・ベン・ドヴ）

肉質の膜]は淡い黄土色。体部下面はクリーム系の白から淡い黄土色だが、胸の下部から腹部にかけて白くなる。胸と脇腹にはオレンジがかった淡黄褐色の横縞と斑点、そして濃色の筋状の縦縞が入る。ふ蹠［訳注：趾（あしゆび）の付け根からかかとまで］はクリーム色の羽毛に覆われ、裸出した趾は黄色っぽい灰色で、爪は象牙色。[幼鳥] ヒナの綿羽は白。第1回目の換羽を終えた幼鳥は、羽色がきわめて淡いモリフクロウ（No.146）に似ているが、目は黄色で、鉤爪はさほど力が強くない。

鳴き声 澄んだ声で「フー、ウー、フー・ウ、フー・ウ」とリズミカルに数秒間隔で繰り返す。モリフクロウ（No.146）の鳴き声よりも高音で、震える響きはない。

獲物と狩り 小型の哺乳類や鳥類を主食とするが、爬虫類や昆虫なども捕食する。通常は止まり木から獲物に飛びかかるが、鳥類や昆虫などは空中で狩ることもある。

生息地 水場のある半砂漠や岩がごつごつした峡谷、オアシスに見られるヤシの木立に棲むが、人里近くでも見られる。森林や樹木への依存度がもっとも低い種のひとつ。

現状と分布 シリア、イスラエルから南は紅海の両岸にかけて分布するほか、アラビア半島とイラン南部に分散して生息している。

地理変異 亜種のない単型種。DNAの解析により、モリフクロウ（No.146）と本種ウスイロモリフクロウ、およびアフリカヒナフクロウ（No.148）には9〜12%の差異が認められ、いずれも独立種であることが示されている。

類似の種 わずかに生息域が重なるモリフクロウ（No.146）は本種よりやや大きく、目は黒に近い茶色で、羽色がかなり暗い。また、モリフクロウは趾の半分ほどが羽毛に覆われ、よく直立姿勢で枝にとまっているが、本種の趾は完全に裸出しており、姿勢も傾いていることが多い。生息域がまったく異なるアフリカヒナフクロウ（No.148）はほぼ同等の大きさだが、体と顔はかなり茶色く、目は濃い茶色。

▼ウスイロモリフクロウの体部上面は茶色と灰色が混じり合う。ほぼ円形の顔盤は淡色で、頭の側面は淡い茶色。モリフクロウ（No.146）のほうが色が濃く、直立姿勢で枝にとまっていることが多い。12月、イスラエルの死海近くにて（写真：アミール・ベン・ドヴ）

148 アフリカヒナフクロウ [AFRICAN WOOD OWL]
Strix woodfordii

全長 30〜35cm　体重 240〜350g　翼長 222〜273mm　翼開長 79〜80cm

外見　小型から中型で、丸い頭部に羽角はない。雌雄の体重を比べると、メスのほうが平均で50g重い。頭と首は濃い茶色で白い斑点があり、上背から上尾筒［訳注：尾の付け根上面を覆う羽毛］にはくすんだ赤褐色の地に細い白の横縞と筋状の縦縞、そして黄褐色の細密な波線模様が入る。肩羽は羽軸外側の羽弁が白いので、肩を横切るように淡色の帯模様ができている。風切羽と尾羽には濃淡の縞模様。淡い黄褐色の顔盤には濃色の線模様が同心円を描き、目は濃い茶色で、煤色の輪状紋とピンクのまぶたに囲まれる。くちばしと蝋膜［訳注：上のくちばし付け根を覆う肉質の膜］は黄色。体部下面はくすんだ錆色で、白に近い淡色と茶色の横縞が密に入る。脚部は趾の付け根まで羽毛に覆われ、くすんだ黄色の地に淡褐色の横縞が入る。その趾は黄色っぽい象牙色で、爪は灰茶色。［幼鳥］ヒナの綿羽は白く、肌はピンク色。第1回目の換羽を終えた幼鳥は淡い赤茶色で、体部上面の羽毛は先端が白く、下面には白と茶色の横縞が入る。

鳴き声　大きな声で「ホー・フ、フ・ウ・ウ、フー・オック」とリズミカルに鳴く。この一連は前半が特に声が大きく、後半は不規則なリズムで、数秒おいて繰り返される。

獲物と狩り　コオロギやセミ、蛾、甲虫など、大型の昆虫を主食とするが、カエルや爬虫類、さらには小型の鳥類や哺乳類も捕食する。そうした獲物は、植物にとまっているところを飛びながらさらうことも多い。

生息地　原生林や密林にも棲むが、都市部の公園や農園などでも見られる。標高は3,700mまで。

現状と分布　サハラ砂漠南縁に広がるサヘル地域より南に分布する。すなわち、アフリカ大陸西岸のセネガル南西部カザマンス地方から東はエチオピアまで、南は南アフリカ共和国のケープ地方まで。本種はアフリカ33カ国に生息し、

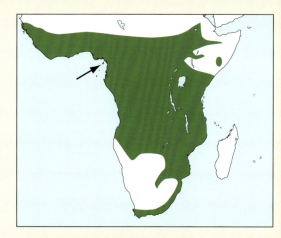

その多くでよく見られる種だが、地域によっては森林破壊の影響を受け、数を減らしていると思われる。

地理変異　4亜種が確認されている。基亜種の*woodfordii*はアンゴラ南部から東はアフリカ大陸南東岸、南はケープ地方まで生息する。茶色みが強い*S. w. umbrina*はエチオピアとスーダン南東部に、黒に近い羽色の*S. w. nigricantior*はソマリア南部からザンジバル、コンゴ民主共和国東部に分布する。セネガルからコンゴ民主共和国西部、そしてギニア湾に浮かぶビオコ島に棲む*S. w. nuchalis*は鮮やかな赤褐色で、胸には亜種の中でもっとも太い白の横縞が見られる。

類似の種　生息域が離れているモリフクロウ（No.146）は本種より体が大きく、同じく生息域が異なるウスイロモリフクロウ（No.147）は目が茶色みのあるオレンジまたは黄色で、羽衣は砂色。生息域が一部重複するタテガミズク（No.170）は目が黄色で、ふさふさした長い羽角をもつ。

Wood Owls：フクロウの仲間

▲アフリカヒナフクロウの亜種 *nuchalis* は、胸の横縞がかなり太い（写真：タッソ・レヴェンティス）

▶アフリカヒナフクロウの基亜種。かなり丸い頭に、濃い茶色の目と黄色いくちばしをもつ。12月、ボツワナのシャカウェにて（写真：ラルフ・マーティン）

◀亜種 *nigricantior* のメスと2羽の幼鳥が大木の上で眠っている。幼鳥の翼と尾は成鳥に似るが、体部下面にはまだ幼綿羽（ようめんう）が残っている。2月、タンザニアにて（写真：マーティン・グッディ）

149 マレーモリフクロウ [SPOTTED WOOD OWL]
Strix seloputo

全長 44〜48cm　体重 1,011g（オス1例）　翼長 297〜376mm

外見　中型からやや大型で、羽角はない。雌雄の体重差はデータがオスの1例しかないため不明。体部上面は全体的にコーヒーを思わせる茶色で、黒い縁取りのある白の横縞と斑点が散在するが、首の後ろに襟状紋は見られない。肩羽の羽軸外側の羽弁は白またはくすんだ黄色で、濃色の横縞と黒の縁取りがある。顔盤はオレンジがかった淡黄褐色で、目は濃い茶色。くちばしと蝋膜［訳注：上のくちばし付け根を覆う肉質の膜］は緑がかった黒。喉には白い斑紋が目立ち、体部下面はくすんだ黄色の地に黒の横縞とやや太めの白の横縞が入る。脚部はほぼ羽毛に覆われ、わずかに裸出した趾は濃いオリーブ色で、爪は象牙色。[幼鳥] ヒナの綿羽は白。第1回目の換羽を終えた幼鳥の体部上面は大部分が白と濃い茶色の縞模様。亜成鳥は上雨覆［訳注：風切羽の根本を覆う雨覆のうち、翼上面を覆う羽毛］の先端に幅の広い白帯があり、肩羽に入る白斑も大きい。

鳴き声　弾むような震え声で「フフフ」と鳴いたあと、低い声で「ホー」と長く続ける。

獲物と狩り　主に大小のネズミや小型の鳥類、大型の昆虫を捕食する。

生息地　マングローブ湿地や沿岸林に棲むが、時に農園や開墾林、都市部の公園や人里近くでも見られる。

現状と分布　ミャンマー南部からフィリピン南西部、インドネシアにかけて分布する。その分布域は分散し、生息密度も低いが、これは羽色がカモフラージュとなって周囲に溶け込み、見落とされているせいもあるかもしれない。

地理変異　3亜種が確認されている。基亜種の*seloputo*はミャンマー南部からジャワ島に生息する。ジャワ島北部沖のバウェアン島に棲むS. s. *baweana*は基亜種より小型で羽色が淡く、体部下面に細い横縞が多数ある。フィリピン南西部のカラミアン島とパラワン島に生息するS. s. *wiepkeni*は、体部下面が黄みのある赤茶色。

類似の種　一部で生息域が重複するオオフクロウ（№151）は本種より小型で、体部下面の羽色が黄色っぽく、間隔の狭い黄褐色の縞模様が入る。また、濃い茶色の額から頭頂、首の後ろにかけては斑点がなく、胸は濃い赤褐色で、尾にははっきりとした8本の横縞が入る。生息域が異なるNias Wood Owl（№152）も本種より小さく、全体的に深い赤茶色で、首の後ろに赤褐色の襟状紋が目立つ。同じく小型のBartels's Wood Owl（№154）はジャワ島で分布が重複するが、体部上面が濃いセピア色で、下面には赤褐色の縞模様が密に入り、首の後ろにくっきりとした黄土色の襟状紋が見られる。

◀マレーモリフクロウの基亜種。黄色みの強い顔盤と、喉にはっきり見える白い斑紋が特徴的。5月、マレーシアのペナンにて（写真：チョイ・ワイ・ムン）

Wood Owls：フクロウの仲間

▶オレンジがかった淡黄褐色の顔盤をもつ典型的なマレーモリフクロウの基亜種。肩羽は羽軸外側の羽弁が白く、濃色の横縞と黒の縁取りがある。写真の個体は体部下面に黄色い部分がほとんどなく、爪は漆黒。シンガポールにて（写真：オン・キーム・シァン）

▼喉の白い斑紋を見せる基亜種。4月、シンガポールにて（写真：HY・チェン）

▼▶巣立雛は羽色が非常に淡い。顔と翼は成鳥に似るが、体部上面は大部分が白と濃い茶色の縞模様。4月、シンガポールにて（写真：HY・チェン）

150 インドモリフクロウ [MOTTLED WOOD OWL]
Strix ocellata

全長 41〜48cm 翼長 320〜372mm

<u>外見</u>　中型からやや大型で、羽角はない。雌雄の体重差に関するデータはないが、メスのほうが大きいと思われる。雌雄ともに体部上面には赤褐色、黒、白、淡黄褐色のまだら模様と細密な波線模様があり、首の後ろには白と黒の地にコーヒーのような茶色が混ざって黒い斑点ができている。風切羽と尾羽には濃淡の縞模様。顔盤は白っぽい地に、黒褐色の細い線模様が同心円状に広がる。目は濃い茶色で、まぶたはくすんだピンクからサンゴのようなピンクがかった赤、くちばしは象牙色がかった黒。体部下面はゴールド系からオレンジ系の淡黄褐色が混じる白色に、黒の細い横縞が入る。栗色と黒が混じる喉には白の斑絞。ふ蹠［訳注：趾（あしゆび）の付け根からかかとまで］と趾は赤みがかった淡黄褐色の羽毛に覆われ、足裏は黄色で、爪は黒っぽい。［<u>幼鳥</u>］第1回目の換羽を終えた幼鳥は成鳥より頭頂部が白く、首の後ろから上背にかけてと雨覆［訳注：風切羽の根本を覆う短い羽毛］に黒の細い横縞がある。［<u>飛翔</u>］驚くと、日中でも長距離を苦もなく飛び、再び葉の生い茂る林冠に身を隠す。

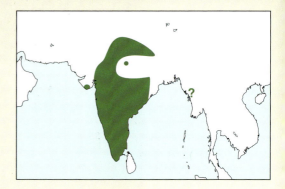

<u>鳴き声</u>　繁殖期には、文字にすると「チュファワルルルル」といったような大きな震え声を響かせる。それ以外の時期には「ホー」という単音を発し、時に金切り声も上げる。

<u>獲物と狩り</u>　主に大小のネズミをはじめとするげっ歯類、トカゲ、カニ、鳥類を捕食するが、サソリや大型昆虫を食べることもある。

<u>生息地</u>　開けた森や樹木の点在する平原に棲むが、人間の居住地や農園の付近で見られることもある。

<u>現状と分布</u>　インド亜大陸に分布する。すなわち、パキスタン北部と東部を西端とし、南はインド南部、東はミャンマー西部まで。生息域ではごく一般的に見られる種だが、調査は進んでおらず、不明な点も多い。

<u>地理変異</u>　確認されているのは3亜種。基亜種の*ocellata*はインド中部と南部、バングラデシュに生息する。これよりやや大きくて、体部上面が灰色の*S. o. grandis*はインド北西部に位置するグジャラート州南部のカーティヤーワール半島に、やはり基亜種よりわずかに大きく、体部上面が淡色の*S. o. grisescens*はインド北部とパキスタンのヒマラヤ山脈南部から南はラージャスターン州、東はビハール州とミャンマー南部まで分布する。

<u>類似の種</u>　生息域が異なるマレーモリフクロウ（No.149）は、むらのないオレンジ系淡黄褐色の顔盤に、同心円を描く濃色の線模様はない。一部で生息域が重複するオオフクロウ（No.151）は体部下面が赤みの強い淡黄褐色で、赤茶色の顔が黒で縁取られ、目はくっきりとした輪状紋に囲まれる。

◀亜種の*grisescens*と基亜種の中間的な特徴を示す個体。この2亜種はインドのグジャラート州南部で生息域が接する。6月（写真：アルピット・デオムラリ）

Wood Owls：フクロウの仲間　**325**

▲インドモリフクロウの亜種 *grandis* は、羽色が基亜種より淡い。11月、インドのグジャラート州にて（写真：アラン・パスクア）

▲▶こちらもインドのグジャラート州で撮影された亜種の *grandis*。基亜種より大型で、灰色の体部上面に黒の斑点は少ない。3月（写真：アルピット・デオムラリ）

▶インドモリフクロウの基亜種は細身のフクロウで、丸い頭をもつ。顔盤には同心円状の黒い線模様があり、その縁取りには白、黒、濃い茶色が混ざる。12月、インドのグジャラート州にて（写真：イアン・メリル）

151 オオフクロウ [BROWN WOOD OWL]
Strix leptogrammica

全長 34〜45cm　体重 500〜1,100g　翼長 286〜400mm

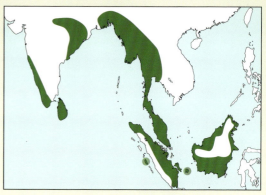

外見　中型で、羽角はない。雌雄の体格を比べると、メスのほうが明らかに大きく、200g以上重い。頭部は赤みを帯びた濃い黒褐色で、首の後ろにはシナモン系の淡黄褐色または赤茶色の襟状紋が目立ち、栗色の背中には濃い茶色から黒の縞模様が密に入る。初列風切［訳注：風切羽のうち、人の手首の先に相当する部分から生えている羽毛］には濃い赤茶色と濃い茶色の縞模様、次列風切［訳注：風切羽のうち、人の肘から先に相当する部分から生えている羽毛］と雨覆［訳注：風切羽の根本を覆う短い羽毛］には朽葉色と濃い黄褐色の縞模様。尾にも同様の縞模様が8本入り、その羽毛の先端は白。顔盤は赤茶色または朽葉色で、黒の縁取りは細いがよく目立つ。濃い茶色の目の周囲にはくっきりとした黒の輪状紋があり、眉斑は白っぽい淡黄褐色または淡いオレンジ系黄褐色。くちばしは緑がかった象牙色で、蝋膜［訳注：上のくちばし付け

根を覆う肉質の膜］は青灰色。首の前部は茶色だが、喉には細くて白い帯模様が見られる。その下の胸の上部には赤褐色または栗色の帯があり、胸の下部から腹部にかけては赤みのある淡黄褐色の地に黒褐色または濃い茶色の細い横縞が入る。脚部はほぼ羽毛に覆われ、裸出した趾の先端から2番目の関節までは淡い青灰色で、爪はくすんだ鉛色。［**幼鳥**］ヒナの綿羽は赤みがかった淡黄褐色で、徐々に縞模様の羽衣に抜け替わる。第1回目の換羽を終えた幼鳥は、淡黄褐色の顔盤が濃い茶色または黒の細い線で縁取られ、目の周囲の黒い輪状紋もはっきりしてくる。頭頂部、上背、体部下面は非常に淡い赤褐色または黄土色に近い淡黄褐色で、あずき色のかすかな縞模様がある。赤みがかった淡黄褐色の翼には濃色の帯模様。尾には黄色みの強い赤茶色の縞模様があり、先端が白い。

鳴き声　「ホー」と一声発したあとに、1秒にも満たない震え声で「フー、フーーウ・ウウウー」と続け、さらにこの一連を数秒間隔で繰り返す。

獲物と狩り　大小さまざまなネズミ類やトガリネズミを主食とするが、鳥類や魚、爬虫類も食べる。

生息地　沿岸から高低差の少ない丘陵地に広がる熱帯の密林に棲む。標高はおおむね500mまで。

現状と分布　インドから東はミャンマー西部およびタイ西部、南はスマトラ島およびボルネオ島まで分布する。希少な種とされるが、見落とされている可能性もある。

地理変異　5亜種が確認されている。基亜種の*leptogrammica*はボルネオ島中央部と南部にのみ生息する。これより大きい*S. l. vaga*はボルネオ島北部に、羽色が濃い*S. l. maingayi*はミャンマー、タイからマレー半島に分布する。インド南部と中央部、スリランカに生息する*S. l. indranee*は基亜種よりかなり大きく、スマトラ島、メンタワイ島、ブリトゥン島に棲む*S. l. myrtha*は*indranee*よりずっと小型。

類似の種 生息域が異なるNias Wood Owl（№.152）は本種より小さく、羽色が全体的に赤褐色を帯びている。また、首の後ろの襟状紋と顔盤は深い赤茶色で、その顔盤には不鮮明ながら黒い縁取りがある。同じく分布が重ならないと思われるBartels's Wood Owl（№.154）は、胸の上部に目立つ赤褐色の帯模様がなく、顔はより黄褐色の色味が強い。また、首の後ろの襟状紋は黄土色で、尾には密な縞模様があり、趾は完全に羽毛に覆われる。本種より大型のMountain Wood Owl（№.155）もやはり生息域が異なる種で、胸に濃色の帯模様はなく、茶色部分の赤みが弱い。

▶ボルネオ島北部に棲むオオフクロウの亜種vagaは基亜種よりも大きく、羽色はくすんだ灰茶色で、赤みが弱い。11月、ボルネオ島にて（写真：ジェームズ・イートン）

◀基亜種よりも濃く深みのある羽色をしている亜種のmaingayi。顔盤は濃い赤褐色で、くちばしは青みがかっている。襟状紋はほぼ黒。11月、マレーシアのパハン州にて（写真：チョイ・ワイ・ムン）

◀オオフクロウの亜種*indranee*。写真のつがいは体格差が明確でないが、一般的にメスのほうが大きい。この亜種は基亜種よりも羽色の変異に富むが、胸の帯模様はさほどはっきりしていない。4月、インドのカルナータカ州にて（写真：ニランジャン・サント）

152　NIAS WOOD OWL
Strix niasensis

全長 約35cm　翼長 273〜286mm

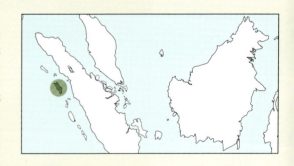

外見　中型で、羽角はない。雌雄の体重差に関するデータはない。頭部は大部分が赤みのある暖かい栗色で、首の後ろには太い赤褐色の襟状紋がある。背中は濃い赤褐色の地に、黒の縞模様が入る。肩羽は羽軸外側の羽弁が淡い黄褐色なので、肩を横切るように淡色の帯模様が1本できている。初列風切［訳注：風切羽のうち、人の手首の先に相当する部分から生えている羽毛］には黒と栗色の縞模様、次列風切［訳注：風切羽のうち、人の肘から先に相当する部分から生えている羽毛］には朽葉色の地に濃い茶色の縞模様が入る。赤みを帯びた淡黄褐色の尾には、無数の濃い赤茶色の縞模様。濃い赤褐色の顔盤と濃い茶色の目はいずれも黒で縁取られ、くちばしは青みがかった象牙色で、蝋膜［訳注：上のくちばし付け根を覆う肉質の膜］は青灰色。喉の白い部分と、赤褐色の胸を区切るのは細い濃色の線。胸の中ほどから下は淡い赤茶色で、羽毛の先端が濃い茶色なので、非常に細い縞模様が密にできている。ふ蹠［訳注：趾（あしゆび）の付け根からかかとまで］と趾の一部は羽毛に覆われ、淡い赤茶色の地に濃色の縞模様が見られる。趾の裸出した部分は青灰色で、爪はくすんだ灰色。［幼鳥］オオフクロウ（No. 151）の幼鳥よりも赤茶色が強い。

鳴き声　2音節の「ホー・ホー」という声を発する。

獲物と狩り　記録なし。

生息地　低地の熱帯林に棲む。

現状と分布　インドネシアのスマトラ島沖に浮かぶニアス島に固有の種。現状の詳細については不明。

地理変異　亜種のない単型種。かつてはオオフクロウ（No. 151）の亜種とされていたが、分類をより確実なものにするためにはDNA調査が必要だ。

類似の種　ほかのモリフクロウ類はすべて本種より大きく、ニアス島には生息しない。ニアス島に棲むマレーウオミミズク（No. 137）の亜種*B. k. minor*も本種よりずっと大型で、外向きの羽角がよく目立つ。

153 ヒマラヤフクロウ [HIMALAYAN WOOD OWL]
Strix nivicola

全長 35〜40cm　体重 375〜392g　翼長 280〜320mm

別名　Chinese Tawny Owl

外見　中型で、丸い頭部に羽角はない。雌雄の体格を比べると、メスのほうがわずかに大きい。羽色には灰色と赤褐色の2型があり、灰色型は体部上面が灰褐色で、濃淡のまだら模様、細密な波線模様がある。翼と尾には濃い茶色の太い縞模様が入り、翼には肩羽の羽軸外側の羽弁と大雨覆［訳注：風切羽の根本を覆う雨覆のうち、次列（じれつ）風切（人の肘から先に相当する部分から生えている風切羽）を覆う羽毛］の先端が白いためにくっきりとした淡色の帯模様も2本できている。顔盤は灰茶色または茶色っぽい黄色で、白の眉斑がよく目立つ。黒褐色の目の間には白のX字型の模様が見られ、まぶたはピンク色で、くちばしは黄色っぽい灰色。腮（アゴ）は濃い灰茶色で、喉は白く、体部下面は淡い灰茶色または淡い黄褐色の地に黒の縦縞と横縞が密に入る。ふ蹠［訳注：趾（あしゆび）の付け根からかかとまで］と趾は羽毛に覆われ、爪は濃い象牙色で先端が黒。一方の赤褐色型は、体部上面が赤茶色で、淡色と灰白色のまだら模様があり、体部下面は黄色みのある赤茶色。［幼鳥］第1回目の換羽を終えた幼鳥は灰茶色で、むらのない多数の横縞があるが、白色の頭頂部には縞模様が少ない。

鳴き声　澄んだ声で「ホー」と2〜3回、短い間隔ですばやく繰り返す。

獲物と狩り　小型の哺乳類や鳥類、大型の昆虫を捕食する。

生息地　標高1,000〜2,650mのオーク林や針葉樹林に棲む。

現状と分布　ヒマラヤ山脈から中国東部を経て台湾まで分布する。この地域ではごく一般的に見られる種と言われているが、調査は進んでおらず、不明な点も多い。

地理変異　3亜種が確認されている。基亜種の*nivicola*はネパールから中国南東部、およびミャンマー北西部に生息する。これより羽色が淡い*S. n. ma*は中国北東部と朝鮮半島に、逆に羽色が濃い*S. n. yamadae*は台湾に分布する。いずれも以前はモリフクロウ（No.146）の亜種とされていたが、鳴き声が異なることと、生息域が地理的に離れていることを根拠に現在では独立種とみなされている。また、羽色もモリフクロウとの差異が大きい。

類似の種　生息域が異なるモリフクロウ（No.146）は体部上

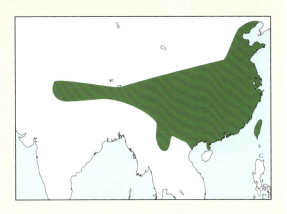

面にはっきりとした濃色の縦縞が入り、下面の模様も本種より密だが、尾の縞模様は少なく、翼を横切る淡色の帯模様は1本しか視認できない。Mountain Wood Owl（No.155）は生息域が重なるが、本種よりずっと大きく、体部下面にはくすんだ白地に茶色の縞模様が密に入り、濃色の筋はない。

▶ヒマラヤフクロウの灰色型。本種はモリフクロウ（No.146）に似ているが、体部上面はまだら模様で縦縞は見られない。翼には淡色の帯模様が2本あり、翼の付け根に近い部分の風切羽には太い縞模様、胸の上部には白斑が見られる。6月、中国四川省の峨眉山（がびさん）にて（写真：ジェームズ・イートン）

◀ヒマラヤフクロウの赤褐色型。顔は濃い茶色で、脇腹が赤褐色を帯びる。顔盤を囲むはっきりとした黒い縁取り、黄色いくちばし、肩羽にくっきりと入る白帯が特徴的。5月、中国湖南省にて（写真：ジョナタン・マルティネス）

154 BARTELS'S WOOD OWL
Strix bartelsi

全長 39～43cm　体重 500～700g　翼長 335～376mm

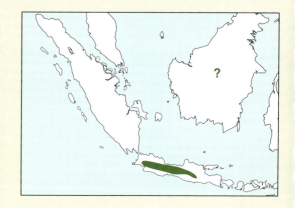

<u>外見</u>　中型で、羽角はない。雌雄の体格差に関するデータはないが、メスのほうが大きいようだ。頭頂部と体部上面はセピア色で、首の後ろには黄色みの強い淡黄褐色か黄土色の襟状紋がぼんやりと入る。初列風切と次列風切［訳注：風切羽のうち、人の手首の先に相当する部分から生えているのが初列風切。肘から先の部分から生えているのが次列風切］は赤みがかった淡黄褐色と濃い茶色の縞模様で、羽毛の縁と先端はくすんだ黄色。肩羽は風切羽よりも色が淡く、尾の上面は淡い赤褐色の地に濃い茶色の横縞が多数入る。顔盤は黄褐色で、黄白色の眉斑が際立つ。濃い茶色の目は黒の輪状紋で囲まれ、くちばしは青みがかった鉛色。腮（アゴ）と喉は白に近い淡黄褐色で、体部下面は赤茶色の地に濃い赤褐色の細い横縞が多く入る。脚部はほぼ羽毛に覆われ、裸出した趾の先端付近は鉛色で、爪は黒っぽい灰色。［幼鳥］赤茶色の幼綿羽に暗い赤褐色の細い横縞があるとされる。

<u>鳴き声</u>　数百メートル先まで聞こえる大きな声で、「ホー」と長い間をおいて繰り返す。

<u>獲物と狩り</u>　主にオオコウモリ類までの大きさの小型哺乳類を捕食するが、昆虫も食べる。

<u>生息地</u>　標高700～2,000mの原生林や林縁に棲む。

<u>現状と分布</u>　確実に分布することがわかっているのはジャワ島西部のみ。ただし、博物館に収蔵されている標本のラベルによると（必ずしも正確とは言えないが）、スマトラ島やボルネオ島北部にも生息している可能性がある。いずれにしても本種は希少で、インドネシアでは森林伐採が進んでいるため、深刻な危機にある。

<u>地理変異</u>　本種は従来、オオフクロウ（No.151）の亜種とされてきたが、鳴き声の特徴から独立種と再分類された。ただし、ボルネオ島の低地に棲むオオフクロウも単音節で「ホー」と大きな声を出すことがわかり、本当に独立種としてよいのか疑義が生じている。しかし、ボルネオ島のキナバル山での音声記録と目撃記録はほぼ確実に本種が独立種であることを示しているため、この島のフクロウの分類についてはDNA調査が必要だ。

<u>類似の種</u>　ジャワ島で生息域が重複するマレーモリフクロウ（No.149）はやや大きいが、目の周囲の黒い輪状紋と首の後ろの襟状紋がない。

Wood Owls：フクロウの仲間　331

155 MOUNTAIN WOOD OWL
Strix newarensis

全長 46〜55cm　体重 970g（オス1例）　翼長 377〜442mm

外見　やや大型で、羽角はない。雌雄の体重差はデータがオスの1例しかないため不明だが、メスのほうが大きいようだ。頭頂部と体部上面は濃いセピア色で、肩羽と翼、そして尾には淡色か白の縞模様があるが、雨覆［訳注：風切羽の根本を覆う短い羽毛］はむらのない茶色。非常に淡い黄土色の顔盤は小さく、黒褐色の縁取りに囲まれる。眉斑は白で、濃い茶色の目との対比が際立つ。オフホワイトの体部下面には濃い茶色の縞模様が密に入るが、胸の上部にははっきりとした濃色の縞模様は見られない。ふ蹠［訳注：趾（あしゆび）の付け根からかかとまで］と趾は羽毛に覆われ、爪はくすんだ灰色。［幼鳥］右下の写真を参照のこと。

鳴き声　わずかに震える声で、「トゥ・ホー」と2音節目を強調して発する。この声はカワラバトのものとも似ている。

獲物と狩り　小型の哺乳類や、キジ類までの大きさの鳥類を主食とするが、小型のオオトカゲ科など爬虫類も食べる。

生息地　標高1,000〜2,500m、地域によっては4,000mまでの開けた狩場のある原生林に棲む。

現状と分布　パキスタンからネパールを経て東は中国、台湾まで、南はインドシナ半島まで分布する。観察が難しい種で、調査はほとんど進んでいないが、森林破壊に生存が脅かされていると思われる。

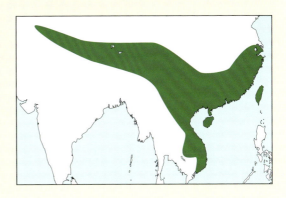

地理変異　4亜種が確認されている。基亜種の*newarensis*はパキスタンからインド北東部のシッキム州にかけて生息する。羽色の濃い*S. n. laotiana*はラオス南部からベトナム中部に、やや小さい*S. n. ticehursti*はミャンマー北部から中国南東部に、そしてやや大きい*S. n. caligata*は中国の海南島と台湾に分布する。

類似の種　生息域が重なるヒマラヤフクロウ（No.153）は本種よりずっと小さく、体部下面にはっきりとした縦縞が密に入る。

▼亜種の*laotiana*は基亜種よりも体部上面の色が濃く、下面は淡黄褐色の色味が強い。この色合いはオオフクロウ（No.151）の亜種*S. l. vaga*に似るが、本種のほうが体は大きい。1月、カンボジアにて（写真：ジェームズ・イートン）

▼Mountain Wood Owlの若鳥はかなり白っぽい。6月、香港にて（写真：マーティン・ヘイル）

156 ナンベイヒナフクロウ [MOTTLED OWL]
Strix virgata

全長 30〜38cm　体重 235〜307g　翼長 230〜274mm

外見　小型から中型で、丸い頭部に羽角はない。雌雄の体重を比べると、メスのほうが50g以上重い。羽色には淡色と暗色の2型があり、淡色型は頭頂部、首の後ろ、体部上面が赤みを帯びた濃い茶色で、白から淡い黄褐色の斑点とまばらな横縞があり、白っぽい斑点が帯模様となって肩を横切る。風切羽には非常に太い濃色の縞と、やや細い淡色の縞模様。茶色の顔盤は白または淡黄褐色の縁取りに囲まれ、眉斑とヒゲは白。目は濃い茶色で、くちばしは黄色。体部下面は白から鈍い黄色で、濃い茶色の縦縞が入る。ふ蹠[訳注：趾（あしゆび）の付け根からかかとまで]は羽毛に覆われ、裸出した趾は黄みのある灰色から茶色がかった灰色で、爪は淡い象牙色。一方の暗色型は体部上面がほぼ黒褐色で、下面は黄土色に近い淡黄褐色。[幼鳥]ヒナの綿羽は白っぽい。第1回目の換羽を終えた幼鳥の羽衣はくすんだ黄色で、体部上面にはぼんやりとした横縞がある。顔盤は白みを帯び、くちばしは淡いピンク色。

鳴き声　よく響く澄んだ声で「グウォ」というカエルのような音を4〜5回発したあと、「グウォ・グウォ・グウォ・グウォホ」と数秒間隔で繰り返す。

獲物と狩り　主に小型の哺乳類と鳥類を捕食するが、ヘビやカエルも食べる。

生息地　原生林や二次林に棲む。その多くは標高800mまでの低地の湿林で見られるが、乾燥林や有棘林のほか、2,500mの高地に姿を現すこともある。

現状と分布　パナマ東部からアルゼンチン北東部にかけて

分布する。ごく一般的に見られる種だが、環境破壊により数を減らしている可能性もあり、詳細な調査が待たれる。

地理変異　4亜種が確認されている。基亜種の*virgata*はパナマ東部、コロンビア、エクアドル、ベネズエラ、トリニダードトバゴに、体部下面に横縞がある*S. v. macconnelli*はガイアナに生息する。やや大きくて赤褐色の色味が強い*S. v. superciliaris*はブラジル北部から北東部にかけてと、ペルーのアマゾン流域からアルゼンチン北西部にかけて分布する。最後の*S. v. borelliana*はブラジル南東部、パラグアイ東部からアルゼンチン北東部に棲む亜種で、翼の色が濃い。

◀◀ナンベイヒナフクロウの亜種*borelliana*の暗色型は、基亜種の暗色型に似る。3月、ブラジルのミナスジェライス州にて（写真：ルイス・ガブリエル・マッツォーニ）

◀こちらは基亜種の淡色型。胸には細い縦縞が見られる。Mexican Wood Owl（No.158）は本種と大きさがほぼ同等だが、体部下面の縦縞がより粗い。6月、コロンビアのアリエリートにて（写真：フランク・ランバート）

Wood Owls：フクロウの仲間　333

157　アカアシモリフクロウ　[RUFOUS-LEGGED OWL]
Strix rufipes

全長 33～38cm　体重 約350g　翼長 250～275mm

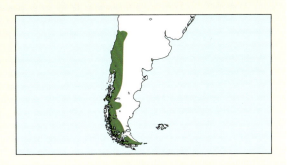

外見　小型から中型で、丸い頭部に羽角はない。雌雄の体格差に関するデータはないが、メスのほうが翼が長く、体重も重いようだ。羽色には淡色型と暗色型が存在するが、やはり性差があり、メスのほうが色味が淡い。一般に体部上面はセピア色で、頭頂部から首の後ろにかけては白の細い横縞、肩羽には白と淡い黄褐色の不鮮明な斑点、翼と尾にはくすんだ黄色と煤色の縞模様が入る。顔盤は淡い黄土色からオレンジがかった茶色で、やや濃い色の線が同心円を描く。眉斑はごく淡い黄褐色で、目は濃い茶色。くちばしは黄白色で、蝋膜［訳注：上のくちばし付け根を覆う肉質の膜］は淡黄色。体部下面は鮮やかなシナモン系淡黄褐色の地に、白と黒の横縞が密に入る。ふ蹠［訳注：趾（あしゆび）の付け根からかかとまで］と趾は赤褐色の羽毛に覆われ、爪は茶色。一方、暗色型は全体的に色味が濃く、横縞は境界が不鮮明。
[幼鳥]　ヒナの綿羽は白。第1回目の換羽を終えた幼鳥は暖かみのある淡黄褐色で、煤色のぼんやりした縞模様が入り、頭には白の斑点も見られる。顔盤は黄褐色。
鳴き声　しわがれ声で「ココ・クウォクウォウクウォウクウォウクウォウ・クウォックウォッ」とすばやく鳴く。
獲物と狩り　主に小型の哺乳類や鳥類を捕食するが、爬虫類やカエル、昆虫なども食べる。
生息地　湿潤な森林のある山麓に棲む。標高は通常2,000mまでだが、もっと高い地点に生息する個体もいるようだ。
現状と分布　チリ中南部から南米大陸最南端のティエラ・デル・フエゴにかけてと、チリ沖のチロエ島に分布する。そのほか、渡り途中の個体が南米大陸の東側に浮かぶフォークランド諸島に姿を見せることもある。
地理変異　亜種のない単型種。
類似の種　生息域が異なるチャコフクロウ（No.159）は本種より羽色がずっと淡く、オフホワイトの顔盤に目立つ眉斑はないが、濃色の同心円状の線模様が本種より際立つ。

▼喉を膨らませて鳴く淡色型のオス。体部上面はセピア色で、白とオレンジがかった淡黄褐色の横縞と斑点が入り、シナモン系淡黄褐色の体部下面には白と黒の横縞が密に入る。12月、アルゼンチンのティエラ・デル・フエゴにて（写真：ジェームズ・ローウェン）

▼こちらも淡色型のアカアシモリフクロウ。体部下面の横縞が密で、顔盤は淡い黄土色。周囲の風景に溶け込み、見つけるのが難しい種だ。チリのラカンパーナ国立公園にて（写真：ロブ・ハッチンソン）

158 MEXICAN WOOD OWL
Strix squamulata

全長 29〜33cm　体重 177〜356g　翼長 221〜265mm

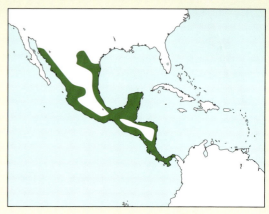

<u>外見</u>　小型から中型で、丸い頭部に羽角はない。雌雄の体重を比べると、メスのほうが平均で80g重い。体部上面は灰茶色で、濃淡のまだら模様と細密な波線模様があるが、頭部と首の後ろは濃色の地に白い斑点が多く入る。肩羽は羽軸外側の羽弁に広く白い部分があるため、肩を横切るようにくっきりとした帯模様ができている。灰茶色の風切羽と尾羽に入る濃淡の縞模様は、それぞれ黒で縁取られる。暗い灰茶色の顔盤は白っぽい縁取りに囲まれ、黒褐色の目の周囲から細く白い筋状の縞が伸びている。まぶたは灰色がかった明るい肌色で、眉斑は黄色。くちばしは黄緑色で、付け根周辺にはくすんだ白から淡い灰色のヒゲが見られる。喉は白っぽく、胸には上部と下部を分ける境界線のように細い褐色の襟状紋が入る。胸の下部から腹部にかけては白から淡黄褐色で、濃い茶色の筋状の縦縞があるが、腹部に入る縞模様はごくわずか。ふ蹠［訳注：趾（あしゆび）の付け根からかかとまで］は羽毛に覆われ、裸出した趾は淡い灰色で、黄色の爪は先端が黒。[幼鳥]第1回目の換羽を終えた幼鳥は淡黄褐色から淡いシナモン色で、体部上面には煤色の縞模様があり、白っぽい顔盤に薄ピンク色のくちばしをもつ。

メガネフクロウ属の幼鳥と同様、完全に成鳥の羽毛になるまでにはいくつかの段階がある。

<u>鳴き声</u>　「クウォウ・クウォウ・クウォウ・グウォッ」というカエルのような鳴き声を、約13秒間隔で繰り返す。

<u>獲物と狩り</u>　主に小型の哺乳類や鳥類を捕食するが、爬虫類やカエル、大型の昆虫なども食べる。獲物は開けた場所で探し、コウモリや昆虫は飛びながら捕らえる。

<u>生息地</u>　標高2,200mまでの湿潤な原生林や二次林に棲むが、川岸に帯状に続く森林（拠水林）や農園でも見られる。

<u>現状と分布</u>　メキシコから南はパナマ西部まで分布する。この地域ではごく一般的に見られる種だが、森林破壊の影響を受けている可能性もある。

<u>地理変異</u>　3亜種が確認されている。基亜種の*squamulata*はメキシコ西部に、*S. s. tamaulipensis*はメキシコ北東部に、*S. s. centralis*はメキシコ東部および南部からパナマ西部に

かけて生息する。このうちもっとも大柄なのは*centralis*。ナンベイヒナフクロウ（No.156）の亜種とされていた本種が独立種とされるようになったのは最近のことだが、これはDNA解析に基づいているわけではないため、分類を確実なものにするにはさらなる調査研究が必要とされる。

類似の種　生息域が異なるナンベイヒナフクロウ（No.156）は外見がよく似ているものの、全体的に羽色が濃く、肩に入る淡色の帯模様は本種のものほど目立たない。また、風切羽と尾羽に入る淡色の縞はかなり細くて、逆に濃色の縞は非常に太い。生息域が重複するシロクロヒナフクロウ（No.162）は体部下面に特徴的な白黒の縞模様が入り、趾は黄色。そして黒い頭と上背の間には境界線のように淡色の襟状紋が入り、そこに横縞が重なる。一部で生息域が重なるニシアメリカフクロウ（No.164）、チャイロアメリカフクロウ（No.165）、アメリカフクロウ（No.166）は、いずれも本種よりかなり大きい。

▶Mexican Wood Owlの亜種*centralis*は基亜種よりも色が濃いが、体部上面はナンベイヒナフクロウ（No.156）の淡色型よりもさらに淡い。肩羽の羽軸外側の羽弁に入る白い部分はかなり大きく、肩を横切るようにくっきりとした1本の帯模様をつくっている。12月、グアテマラにて（写真：クヌート・アイゼルマン）

◀◀Mexican Wood Owlは同所性のニシアメリカフクロウ（No.164）、チャイロアメリカフクロウ（No.165）、アメリカフクロウ（No.166）よりもずっと小型で、南方に棲む近縁種、ナンベイヒナフクロウ（No.156）よりも淡色。写真は亜種の*centralis*。3月、グアテマラにて（写真：クヌート・アイゼルマン）

◀亜種*centralis*のメスが巣穴から顔を覗かせている。非常に大きな濃い茶色の目と緑がかった黄色のくちばしが特徴的。4月、コスタリカにて（写真：ダニエル・マルティネス・A）

159 チャコフクロウ [CHACO OWL]
Strix chacoensis

全長 35〜38cm　体重 360〜500g　翼長 251〜291mm

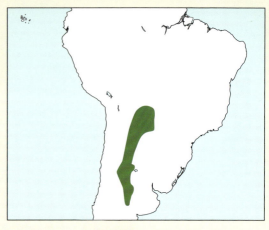

<u>外見</u>　中型で、羽角はない。雌雄の体重を比べると、メスのほうが約70g重い。体上面は濃い灰茶色で、頭頂部と首の後ろに濃淡の細い縞模様、風切羽に濃い灰茶色とオレンジがかった淡黄褐色の縞模様、雨覆［訳注：風切羽の根本を覆う短い羽毛］に白とオレンジがかった淡黄褐色の粗いまだら模様が入る。濃い灰茶色の尾には細くて淡い黄褐色の縞が数本見られる。淡い灰白色の顔盤には、細くて色がかなり濃い同心円状の線模様があり、ぼんやりとした濃色の縁取りで囲まれる。目は黒褐色で、象牙色のくちばしは先端が黄色い。喉は白く、首の前部から胸の上部にかけては濃い灰茶色と灰白色の細い縞模様が入る。胸の下部から腹部にかけては非常に淡いオレンジがかった黄色の地に、くっきりとした縞模様がまばらに入る。ふ蹠［訳注：趾（あしゆび）の付け根からかかとまで］は羽毛に覆われ、趾は上部のみ羽毛が生える。趾の裸出した部分は灰茶色で、爪は赤みがかった象牙色。［<u>幼鳥</u>］ヒナの綿羽は白。第1回目の換羽を終えた幼鳥の羽衣は淡い灰茶色に淡黄褐色を帯び、とてもふわふわとしている。顔盤は淡い灰色。

<u>鳴き声</u>　カエルのような低い声で「クル、クル、クル」と静かに鳴いたあと、「クロー、クロー」ときわめて大きな声を出す。この鳴き声はブラジルモリフクロウ（No.160）のものに似ているが、アカアシモリフクロウ（No.157）のものとは明らかに異なる。

<u>獲物と狩り</u>　小型の哺乳類や鳥類などの脊椎動物を主食とするが、昆虫をはじめとする節足動物も食べる。その狩りは、止まり木から獲物に飛びかかるのが定石。

<u>生息地</u>　標高1,300mまでの丘陵地や山麓にある、開けた乾燥地や有棘灌木林に棲む。

<u>現状と分布</u>　ボリビア南部から、南はアルゼンチンのコルドバ州とブエノスアイレスまで分布する。これらの地域ではごく一般的に見られる種だが、調査は進んでいない。

<u>地理変異</u>　亜種のない単型種。かつて本種はアカアシモリフクロウ（No.157）の亜種とされていたが、ブラジルモリフクロウ（No.160）のほうがより近縁である可能性もある。

<u>類似の種</u>　生息域が異なるアカアシモリフクロウ（No.157）は尾が短く、脚は赤褐色の羽毛に覆われる。わずかに生息域が重複すると思われるブラジルモリフクロウ（No.160）は体部上面が赤褐色で、黄色に近い趾は裸出する。

◀チャコフクロウの顔はオフホワイトの地に濃色の線が同心円を描き、脚部は白い趾の上部まで羽毛に覆われる。ちなみに、本種がかつて同種とされたアカアシモリフクロウ（No.157）は顔が黄土色で、趾は先端まで羽毛に覆われる。10月、パラグアイのチャコ地方中部にて（写真：ポール・スミス）

160 ブラジルモリフクロウ [RUSTY-BARRED OWL]
Strix hylophila

全長 35～36cm　体重 285～395g　翼長 280mm（1例）

<u>外見</u>　中型で、丸い頭部に羽角はない。雌雄の体重を比べると、メスのほうが50g以上重い。体部上面は茶色で、オレンジ色の横縞が入る。肩羽は羽軸外側の羽弁に淡黄褐色と白の部分があるため、肩を横切るように淡色の帯模様ができている。風切羽は黄土色か錆色の地に茶色の横縞、尾は茶色の地に淡い黄褐色の横縞が入る。丸い顔盤は錆色で、焦げ茶色の線模様が同心円を描き、茶色の縁取りはさほど目立たない。目は濃い茶色で、眉斑とヒゲは灰色。くちばしと蝋膜［訳注：上のくちばし付け根を覆う肉質の膜］は黄色っぽい象牙色。喉と体部下面は白っぽく、胸の上部と脇腹には茶色の横縞がまばらに入る。尾の付け根下面は淡黄褐色から白の地に濃色の横縞。ふ蹠［訳注：趾（あしゆび）の付け根からかかとまで］は羽毛に覆われ、裸出した趾は黄色みを帯びた象牙色で、爪もそれに近い象牙色。[幼鳥] ヒナの綿羽は白。第1回目の換羽を終えた幼鳥はまだ顔に線模様がなく、全体的に淡黄褐色。

<u>鳴き声</u>　「グルグルー・グルグルーグルグル」という低いうなり声はチャコフクロウ（No.159）のものに似ているが、両者の鳴き声の違いを明確にするにはさらなる調査が必要だ。

<u>獲物と狩り</u>　獲物は多様で、小型の哺乳類や鳥類、爬虫類、昆虫に加え、おそらく両生類も捕食すると思われる。

<u>生息地</u>　低地から標高2,000mまでの下層植生が密生する原生林や二次林に棲むが、人里近くでも見られる。

<u>現状と分布</u>　ブラジル南東部のリオデジャネイロ州から南はリオグランデドスル州までと、パラグアイの東部と南部、およびアルゼンチンの北東部に分布する。希少な種ではないが、森林破壊の影響により生息数の減少が危惧される。

<u>地理変異</u>　亜種のない単型種。

<u>類似の種</u>　生息域を共にするキマユメガネフクロウ（No.144）は栗色の目をもち、胸に入る茶色の帯模様は途切れがちで、体部下面の模様ははっきりしていない。一部で生息域が重複するナンベイヒナフクロウ（No.156）は体部下面に茶色の縦縞がある。チャコフクロウ（No.159）もパラグアイとアルゼンチンの国境付近のチャコ地方に生息する可能性があるが、体部上面が灰褐色で、趾の下部は裸出している。広い範囲で生息域が重なるクロオビヒナフクロウ（No.163）は目が茶色で全体的に黒く、細い白の横縞が入る。

▶本種はアカアシモリフクロウ（No.157）に似ているが、本種の体部下面には濃色の横縞が不規則に入り、腹部はほぼ白。また、チャコフクロウ（No.159）と比べると、本種のほうが体部下面の茶色みが強く、顔盤の色も濃い。9月、ブラジルのミナスジェライス州にて（写真：ギリェルメ・ガジョ＝オルティス）

161 アカオビヒナフクロウ　[RUFOUS-BANDED OWL]
Strix albitarsis

全長 30〜35cm　翼長 274mm（1例）

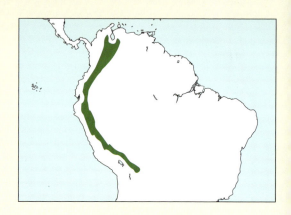

外見　小型から中型で、丸い頭部に羽角はない。雌雄の体格差に関するデータはない。体部上面は茶色の地に、赤みのある淡黄褐色の横縞と斑点が多数入る。風切羽と尾羽には黒褐色と淡黄褐色の横縞。黄褐色の顔盤はくすんだ色の縁取りに囲まれ、淡い黄褐色の線が同心円を描く。目はオレンジで、その周囲は黒っぽく、眉斑と両目の間は淡い黄褐色がかかった白。くちばしと蝋膜［訳注：上のくちばし付け根を覆う肉質の膜］は黄色に近い象牙色。体部下面は全体的に白く、羽毛の羽軸に濃色の縦縞と先端付近に1本の横縞があるため、格子柄または眼状紋ができている。ただし、胸の上部はくすんだ黄白色から淡い黄土色の地に、濃い茶色の斑点と横縞が帯模様となって横切り、胸の下部と腹部には銀白色の四角形に近い斑点も入る。オフホワイトのふ蹠［訳注：趾（あしゆび）の付け根からかかとまで］は羽毛に覆われ、裸出した趾はくすんだ白からクリームがかった白で、爪は淡い象牙色。［幼鳥］ヒナの綿羽は白。第1回目の換羽を終えた幼鳥は全体的にくすんだ黄色で、斑点や横縞は少ない。頭部の色は淡く、顔盤は濃い茶色で、目は褐色。体部下面の羽毛には眼状紋が散在する。

鳴き声　低く抑えたしわがれ声で「グゥオ」と4〜5回鳴いたのち、0.7秒の間隔をあけて、甲高い声で「グゥォーー」と続ける。この一連は全部で約2秒。ちなみに筆者は1974年にコロンビアで本種の鳴き声を聞いたが、生息地が一部重なるシロクロヒナフクロウ（№162）やクロオビヒナフクロウ（№163）の声とは異なる印象をもった。

獲物と狩り　記録なし。

生息地　標高1,700〜3,700mの下層植生が密生する雲霧林および山地林に棲むが、ベネズエラでは森林の間で樹木がまばらな開けた場所でも見られる。

現状と分布　ベネズエラ、コロンビアからアンデス山脈に沿って南はボリビア中部および東部にまで飛び石状に分布する。情報に乏しいが、森林破壊の影響を受け、希少な種であると考えられる。

地理変異　亜種のない単型種。

類似の種　生息域が一部重複するアカオビメガネフクロウ（№145）、ナンベイヒナフクロウ（№156）、シロクロヒナフクロウ（№162）はすべて濃い茶色の目をもつ。また、アカオビメガネフクロウとシロクロヒナフクロウは本種より大きく、ナンベイヒナフクロウは体部下面に縦縞はあるが横縞はない。生息域がわずかに重なるクロオビヒナフクロウ（№163）は主に低地林に生息し、黒っぽい全身に白の細い横縞があり、やはり濃い茶色の目をもつ。

◀アカオビヒナフクロウは尾がやや短く、全体的に引き締まった印象を与える。生息域が一部重なるアカオビメガネフクロウ（№145）、ナンベイヒナフクロウ（№156）、シロクロヒナフクロウ（№162）は目が濃い茶色だが、本種の目は濃いオレンジ。11月、エクアドルのナポにて（写真：ロジャー・アールマン）

Wood Owls：フクロウの仲間   339

162 シロクロヒナフクロウ [BLACK-AND-WHITE OWL]
Strix nigrolineata

全長 35～40cm　体重 404～535g　翼長 255～293mm

<u>外見</u>　中型で、丸い頭部に羽角はない。雌雄の体重を比べると、メスのほうが約80g重い。頭頂部から首の後ろにかけては黒褐色で、首の後ろには煤色と白の横縞がくっきりとした襟状紋をつくる。首から下の体部上面はむらのない濃い茶色から黒で、初列風切［訳注：風切羽のうち、人の手首の先に相当する部分から生えている羽毛］には細くて白っぽい縞が2本入る。黒褐色の尾にも同様の縞が4～5本あり、先端は白い帯になる。顔盤は色が濃く、縁取りと眉斑には白と黒の細かい斑点が密に入り、目は濃い赤茶色から黒褐色。くちばしは淡いオレンジがかった黄色で、蝋膜［訳注：上のくちばし付け根を覆う肉質の膜］は黄色。喉には胸当てのような黒い斑紋があり、体部下面は白地に黒い横縞が無数に入る。ふ蹠［訳注：趾（あしゆび）の付け根からかかとまで］は羽毛に覆われ、煤色と白の縞模様が入る。裸出した趾はくすんだ黄色からオレンジがかった黄色で、爪は黄色っぽい象牙色。［幼鳥］ヒナの綿羽は白。第1回目の換羽を終えた幼鳥は全体的にくすんだ白で、体部上面には黒褐色の細い横縞、下面にはクリームがかった白地に煤色の横縞が入る。目は青みのある濃い茶色。

<u>鳴き声</u>　低くしわがれた声で「ウォボボボボ」とテンポよく鳴いたのち、短い間をおいて大きな声で「ウォウ」と発し、最後に短く静かに「ホー」と鳴く。導入部分が省略され、「ホ・ホーー」という2音のみになることもあるが、どちらの場合も数秒間隔でこの一連を繰り返す。

<u>獲物と狩り</u>　昆虫を主食とするが、小型の哺乳類や鳥類、樹上性のカエルなども食べる。通常は止まり木から獲物に飛びかかるが、飛びながら空中で捕らえることもある。

<u>生息地</u>　川岸に帯状に続く森林（拠水林）や雨林のほか、湿地や浸水林、マングローブ林にも生息し、時に人里からそう遠くないところでも見られる。標高は2,400mまで。

<u>現状と分布</u>　メキシコ中央部から南はペルー北西部までの12カ国に分布し、生息域ではごく一般的に見られる。本種はクロオビヒナフクロウ（No.163）とコロンビアで分布が重複しており、交雑個体と考えられる個体も見つかっているため、この2種は非常に近い類縁種か同種である可能性が高い。実際、エクアドルで観察された「謎のフクロウ」も、当初はこの2種の交雑個体と考えられていた（次項参照）。

<u>地理変異</u>　亜種のない単型種。

<u>類似の種</u>　生息域が明らかに離れているブラジルモリフクロウ（No.160）も目は濃い茶色だが、全体的に錆色で、体部下面に茶色の横縞がある。一部で生息域が重複するアカオビヒナフクロウ（No.161）はオレンジ色の目をもち、胸の下部から腹部にかけて格子柄または眼状紋が見られる。やはり一部で生息域が重なるクロオビヒナフクロウ（No.163）は体部上面が黒褐色で、下面にはっきりとした白の横縞が入り、裸出した趾は鮮やかな黄土色。

▶シロクロヒナフクロウは頭頂部と体部上面が黒っぽく、尾に細い白線が4～5本入る。くちばしと趾はオレンジがかった黄色。12月、ベリーズにて（写真：クリスティアン・アルトゥソ）

163 クロオビヒナフクロウ [BLACK-BANDED OWL]
Strix huhula

全長 31～35cm　体重 397g（1例）　翼長 243～280mm

<u>外見</u>　小型から中型で、丸い頭部に羽角はない。雌雄の体格差に関するデータはない。羽色は個体差がきわめて大きく、黒い横縞に比べて白い横縞が非常に細いこともあれば、白と黒の横縞が同じくらいの太さのこともある。総じて頭部と体部上面は焦げ茶色から黒で、額から背中の下部にかけては細く波打った白い線模様が密に入るが、肩まわりに淡色の帯模様は見られない。風切羽と尾羽は茶色がかった黒で、初列風切［訳注：風切羽のうち、人の手首の先に相当する部分から生えている羽毛］は色がきわめて暗く、翼には数本の淡色の横縞、尾には白の細い横縞が4～5本入るほか、先端に白帯がある。黒っぽい顔盤には同心円状の白い線模様が密に入り、縁取りと眉斑には白と黒の細かい斑点がある。目は茶色から濃い茶色で、まぶたは縁がピンク色を帯びた肌色。くちばしは黄色で、周囲には黒の剛毛羽が生える。腮（アゴ）には黒い斑紋があり、体部下面には黒と白の縞が入るが、白い縞は下に行くほどはっきりと太くなる。ふ蹠［訳注：趾（あしゆび）の付け根からかかとまで］は白黒のまだら模様の羽毛に覆われ、裸出した趾は鮮やかな黄土色で、爪は淡い象牙色。［<u>幼鳥</u>］ヒナの綿羽は白。第1回目の換羽を終えた幼鳥は淡い茶色で、白の横縞が密に入る。翼と尾は成鳥に似ており、濃色の目はつやつやと青みがかって見える。

<u>鳴き声</u>　低くしわがれた声で「ウォボボ」と3～4回繰り返したのち、0.6秒の間をおいて、大きく「フーオ」と鳴くという一連を繰り返すが、普段はほとんど鳴かないようだ。時にシロクロヒナフクロウ（No.162）とよく似た鳴き方をするのだが、実際にこの2種は互いに鳴き交わすこともあり、

コロンビアで種間交雑が起こっているのも理解できる。

<u>獲物と狩り</u>　記録に乏しいが、昆虫を主食とし、ほかに哺乳類などの小型の脊椎動物も捕食すると考えられる。

<u>生息地</u>　雨林に棲むが、森林地帯にある農園でも見られる。本種はアンデス山脈の東側の低地や山麓で標高500m以下の場所に生息するとされてきたが、近年アンデス山脈西側のエクアドルの亜熱帯地域バエサ（ナポ）では、それよりさらに1,000m以上も標高の高い地域で目撃されている。

<u>現状と分布</u>　コロンビアのアンデス山脈東側からアルゼンチン北部、ブラジル南東部にかけて分布する。森林破壊の影響を受けて数を減らしていると思われるが、見落とされている可能性もある。いずれにしても、さらなる調査研究が待たれる。

<u>地理変異</u>　2亜種が確認されている。基亜種の*huhula*はコロンビア東部からアルゼンチン北部に生息する。一方のS. *h. albomarginata*はパラグアイ東部、アルゼンチン北東部からブラジル東部に分布する亜種で、黒みが強く、白の横縞がはっきりとしている。エクアドル北部のバエサで目撃された「謎のフクロウ」は現在、本種クロオビヒナフクロウとされているが、鳴き声はシロクロヒナフクロウ（No.162）に近く低音であるため、新種ではないにしても新たな亜種に相当する可能性が高い。現時点では血液サンプルが十分ではなく、DNA解析でも結論は出ていないため、分類を確実なものにするにはさらなる調査研究が必要だが、一部ではすでに新種として*Strix sanisidroensis*と呼ばれている。

<u>類似の種</u>　生息域が重なるナンベイヒナフクロウ（No.156）は体部上面が濃い茶色で、下面には縦縞が入る。同じく生息域が重複するブラジルモリフクロウ（No.160）は全体的に錆色で、体部下面に入る茶色の横縞はまばら。

Wood Owls：フクロウの仲間　341

▶エクアドルのサンイシドロは、本種が棲むほかのどの生息地よりも標高が1,000mも高い。そのため、この地域で目撃されたフクロウはこれまで「サンイシドロの謎のフクロウ」として知られていた。このクロオビヒナフクロウは、顔が全面真っ黒ではないところがシロクロヒナフクロウ（No.162）とは異なっている。10月（写真：ドゥシャン・M・ブリンクファイゼン）

▼クロオビヒナフクロウの基亜種。本種はシロクロヒナフクロウ（No.162）よりやや小さく、顔は黒一色ではない。また、尾の先には太い白帯がある（写真：マイク・ダンゼンベイカー）

◀サンイシドロのクロオビヒナフクロウは基亜種と同様に尾の先が白いが、生息域および羽色と鳴き声の細かな差異から見て、新しい亜種の可能性もある。11月（写真：マイク・ダンゼンベイカー）

164 ニシアメリカフクロウ [SPOTTED OWL]
Strix occidentalis

全長 41～48cm　体重 520～760g　翼長 301～328mm

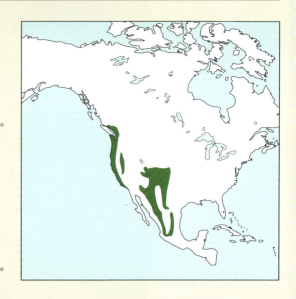

<u>外見</u>　中型からやや大型で、丸い頭部に羽角はない。雌雄の体重を比べると、メスのほうが平均で80g重い。体部上面は濃い茶色の地に多数の横縞と矢柄の白斑があり、わずかに赤みを帯びた濃い茶色の頭頂部にも同様の白い斑点が見られる。肩羽にはやや大きめの白い部分があり、その外縁には暗色の縞模様が見える。風切羽には濃淡の縞模様があるが、そのうち淡色の縞の中には細密な波線模様も入る。濃い褐色の尾には多数の白っぽい横縞があり、先端は淡色の帯になる。淡い黄褐色から茶色の顔盤には同心円を描く濃色の線模様があり、縁取りはあまり目立たない。目は黒褐色で、くちばしは淡い灰茶色、蝋膜［訳注：上のくちばし付け根を覆う肉質の膜］は黄色っぽい象牙色。喉は白く、胸の上部には濃い茶色と白の横縞模様、胸の下部から腹部にかけては濃い茶色と白の斑紋がはっきりと入る。ふ蹠［訳注：趾（あしゆび）の付け根からかかとまで］から趾にかけては密に羽毛に覆われ、淡い灰褐色の趾の先端には剛毛羽が生える。足裏は黄色で、爪はくすんだ象牙色。［幼鳥］ヒナの綿羽は

白。第1回目の換羽を終えた幼鳥は全身がくすんだ白黄色で、ぼんやりとした横縞が見られる。

<u>鳴き声</u>　独特のリズムで、「フーッ、フ・フ・ホーー」と力強く発する。近くに棲む別個体の鳴き声を真似て、自分の鳴き声を微調整できるとされる。

<u>獲物と狩り</u>　小型の哺乳類や鳥類、トカゲ、カエル、昆虫など、捕まえられる獲物は何でも食べる。その狩りは地上にいる獲物に飛びかかることが多いが、鳥類や昆虫はしばしば飛んでいるところを捕らえる。

<u>生息地</u>　日の光が射し込まない成熟した針葉樹林および混交林に棲む。水辺の近くを好み、標高は2,700mまで。

<u>現状と分布</u>　カナダ南西部のブリティッシュコロンビア州から米国カリフォルニア州までと、米国アリゾナ州からメキシコ中部まで分布する。これらの地域では広範にわたって老齢林が伐採されたため、本種は深刻な打撃を受けている。ただし、問題は好適な生息環境の減少だけではない。人為的な環境改変に適応力のあるたくましい近縁種のアメリカ

◀ニシアメリカフクロウの基亜種。本種はアメリカフクロウ（No. 166）よりやや小型で、全体的に色が濃く、大きな頭には白い斑点がある。2月、米国カリフォルニア州にて（写真：マイク・ダンゼンベイカー）

▶亜種の*lucida*。基亜種よりも羽色が淡く、黄色みの強い淡黄褐色の地に大きな白紋が多数入る。5月、米国アリゾナ州にて（写真：エリック・ヴァンデルヴェルフ）

フクロウ（No.166）が森林伐採を有利に活かし、分布域を西へ拡大して本種を捕食したり、本種と交雑したりしているのだ。交雑は本種の存続にとって重大なリスクであるが、個体数の多いアメリカフクロウとの交雑は増加し続けている。

<u>地理変異</u>　3亜種が確認されている。基亜種のoccidentalisは米国ネバダ州からカリフォルニア州中部と南部に、羽色の茶色みがより強いS. o. caurinaはカナダのブリティッシュコロンビア州からカリフォルニア州北部に、そして羽色が淡く多数の白い斑点があるS. o. lucidaは米国アリゾナ州からメキシコ中央部に生息する。最後のlucidaは独立種とすべきという声もあり、Mountain Spotted OwlまたはMexican Spotted Owlとも呼ばれるが、分類を確実なものにするにはさらなる調査研究が必要だ。

<u>類似の種</u>　生息域が異なるチャイロアメリカフクロウ（No.165）は大きさがほぼ同等だが、顔が淡色で、体部下面に赤茶色の太い縦縞が入る。生息域が一部重複するアメリカフクロウ（No.166）はやや大型で、羽色が淡く、胸の上部には本種よりはっきりした横縞、胸の下部から腹部にかけては縦縞が入る。本種とアメリカフクロウの交雑個体（'Sparred Owl'）は、首の後ろと後頭部の模様がアメリカフクロウに似るが、胸の模様は本種に似る。また、頭に長方形の横縞が入るところや顔の色は2種の中間的な特徴をもつ。一方、尾の横縞は本種に似るが、間隔がより広い。

▲ヒナとともに巣穴にいるニシアメリカフクロウのメス。5月、米国カリフォルニア州にて（写真：ポール・バニック）

◀亜種のcaurinaは基亜種よりも濃い色をした濃色型しか存在しない。7月、米国ワシントン州にて（写真：ポール・バニック）

165 チャイロアメリカフクロウ [FULVOUS OWL]
Strix fulvescens

全長 41～44cm　体重 約600g　翼長 300～333mm

外見　中型で、丸い頭部に羽角はない。雌雄の体重を比べると、メスのほうが約100g重い。頭頂部と体部上面は濃い赤褐色で、白とくすんだ黄色の斑点と、黄土色の短い波形模様がある。風切羽には濃淡の縞模様、尾にはそれより濃淡のはっきりした横縞が3～5本ずつ入る。淡い黄土色の顔盤は濃い茶色の縁取りで囲まれ、黒褐色の目の周囲は色が濃い。眉斑は白っぽく、くちばしと蝋膜[訳注：上のくちばし付け根を覆う肉質の膜]は黄色。体部下面は朽葉色で、側頭部と首から胸の上部には茶色の横縞、胸の下部から腹部には赤茶色の太い縦縞が入る。脚部は趾の付け根近くまで赤みを帯びた黄色の羽毛に覆われ、裸出した趾は黄色で、くすんだ象牙色の爪は先端が濃色。[幼鳥]ヒナの綿羽は白。第1回目の換羽を終えた幼鳥はシナモン色で、黄色みのある淡いオレンジと白の横縞が見られる。

鳴き声　大音量で「ホー」、または吠えるように「フー・ウフ・ウーッ・ウーッ」と鳴くが、音節の数や間隔は不規則。

獲物と狩り　小型の哺乳類や鳥類のほか、爬虫類や両生類、昆虫などを止まり木から飛びかかって捕まえる。

生息地　山地のマツ林あるいはマツとオークが生える湿潤な常緑樹林に棲む。標高は1,200～3,100m。

現状と分布　メキシコ南部のチアパス州からホンジュラスにかけて分布する。現状に関する調査は進んでいないが、森林伐採の影響を受けている可能性がある。

地理変異　亜種のない単型種。本種は最近までアメリカフクロウ (No.166) の亜種とされていたが、鳴き声はむしろニシアメリカフクロウ (No.164) に似ており、これら2種と上種[訳注：動物地理学の立場から設けた単位で、種の上に位置する]を形成する可能性がある。ただしこの推論を裏付けるには遺伝的・生物学的特徴に関する比較研究が必要だ。

類似の種　生息域が重なるシロクロヒナフクロウ (No.162) は顔盤が濃色で、頭が黒い。生息域が異なるニシアメリカフクロウ (No.164) は、体部下面に縦縞模様がない代わりに斑点が入る。生息域がわずかに重なるアメリカフクロウ (No.166) は本種より大きく、羽色が淡い灰茶色で、趾の先端近くまで羽毛が生える。また、メキシコに棲むアメリカフクロウの亜種 *S. v. sartorii* は本種の分布北限からわずか100kmの地域に生息するが、本種のほうが約20％小さい。

◀◀チャイロアメリカフクロウは体部上面が濃い赤褐色で、白とくすんだ黄色の斑点がある。尾には太い濃淡の縞がそれぞれ3～5本入る。顔盤は淡色で、黒褐色の目の周囲は色が濃い。3月、グアテマラにて（写真：クヌート・アイゼルマン）

◀本種と比較すると、アメリカフクロウ (No.166) はより北方に分布する個体が多く、明らかに大きいが、姿はよく似ている。ただし、顔は白に近い淡色で、趾には先端付近まで羽毛が密に生える。3月、グアテマラにて（写真：クヌート・アイゼルマン）

166 アメリカフクロウ [BARRED OWL]
Strix varia

全長 48〜55cm　体重 468〜1,051g　翼長 312〜380mm　翼開長 107〜111cm

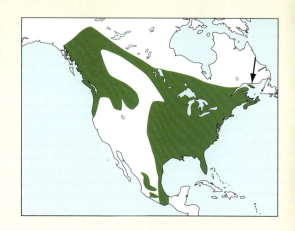

外見　やや大型で、丸い頭部に羽角はない。雌雄の体重を比べると、メスのほうが最大で200g重い。体部上面は茶色から灰茶色で、頭頂部と背中には波形の白い横縞、側頭部と首の後ろには濃淡の横縞が入る。風切羽には白に近い淡黄褐色と茶色の横縞、雨覆［訳注：風切羽の根本を覆う短い羽毛］には白い斑点、尾には4〜5本の白っぽい横縞。淡い灰茶色の顔盤には同心円状の濃い線模様が入るが、縁取りは不明瞭。くちばしは黄色で、蝋膜［訳注：上のくちばし付け根を覆う肉質の膜］は淡い灰色。体部下面は淡い灰茶色からくすんだ白で、首の前部と胸の上部には濃淡の細い横縞が密に入り、胸の下部から腹部にかけては赤褐色から濃い茶色の太い縦縞模様がある。脚部はほぼ羽毛に覆われ、裸出した趾の先端付近は黄色っぽい灰色。爪は濃い象牙色で、先端が黒い。［幼鳥］ヒナの綿羽は白。第1回目の換羽を終えた幼鳥の羽衣はふわふわとしていて、体部の上面、下面ともに茶色みを帯びた白地が横縞がぼんやりと入る。皮膚は薄いピンク色で、蝋膜は淡い青緑色。

鳴き声　リズミカルな「ウォフ・ブホー、ウォフ・ブホー」という鳴き声（これを「you cook today, I cook tomorrow［今日は君が、明日は私が料理する］」と人の言葉に置き換えた聞きなしが有名）を、数秒間隔で繰り返す。

獲物と狩り　小型の哺乳類を主食とするが、鳥類やカエル、トカゲ、魚、昆虫、さらにはカタツムリなども捕食する。本種は浅い水中に歩いて入り、魚を捕ることもできる。

生息地　標高2,500mまでの混交林や老齢の針葉樹林を好むが、湿地や伐採された老齢林など開けた林にも棲む。地域によっては、老木のある広い公園でも見られる。

現状と分布　メキシコ南部を南限として北米大陸に広く分布する。たとえ森林が伐採されても、大きな巣箱の助けがあれば適応して数を増やすことができるため、本種は北米東部から西部へと分布を拡大してきた。その結果、より小型のニシアメリカフクロウ（№ 164）を追いつめている。さらに、地域によっては両種の間で交雑の機会が増しており、純粋なニシアメリカフクロウの遺伝子が脅かされている。

地理変異　4亜種が確認されている。基亜種の*varia*は米国アラスカ州南東部、カナダ南西部からカリフォルニア州北部、テキサス州北部、ノースカロライナ州にかけて生息する。基亜種よりも羽色が淡く、やや小さい*S. v. georgica*はノースカロライナ州以南の米国南東部からジョージア州、フロリダ州に、羽色が淡いシナモン色の*S. v. helveola*はテキサス州と、その南西に位置するメキシコの低地に分布する。*S. v. sartorii*はメキシコ中部と南部の山岳地帯に棲む亜種で、4亜種の中でもっとも羽色が濃い。

類似の種　生息域が一部で重複するニシアメリカフクロウ（№ 164）は本種より小さく、体部下面には縦縞がない代わりに斑点が目立ち、上面の色は本種より濃い。生息域がわずかに重なるチャイロアメリカフクロウ（№ 165）も本種より小さく、羽色は赤褐色で、色の淡い顔盤に同心円状の線模様は見られない。

▲アメリカフクロウの基亜種は全体的に灰茶色で、体部上面には白い横縞が目立つ。趾は先端付近まで羽毛に覆われ、裸出した部分は黄色っぽい灰色。1月、カナダのオンタリオ州にて（写真：クリス・ファン・レイスウェイク）

▲▶亜種のgeorgicaは基亜種より体が小さくて、色が淡い。12月、フロリダ州にて（写真：デボラ・アレン）

▶ハタネズミに襲いかかるアメリカフクロウ。1月、カナダにて（写真：クリス・ファン・レイスウェイク）

◀写真のつがいは雌雄の体格差がほとんどないが、オス（左）の顔はメスよりもやや色が濃いようだ。12月、フロリダ州にて（写真：ジム＆ディーヴァ・バーンズ）

167 シセンフクロウ ［SICHUAN WOOD OWL］
Strix davidi

全長 58〜59cm　翼長 371〜372mm

別名　Pere David's Owl

外見　大型で、羽角はない。雌雄の体重差に関するデータはないが、メスのほうがかなり大きいようだ。頭頂部と体部上面は茶色で、淡色または白の縦縞と斑点が特に首の後ろと上背に多く見られる。肩羽の羽軸外側の羽弁には白地に細かい濃色の横縞、濃い茶色の初列風切と次列風切［訳注：風切羽のうち、人の手首の先に相当する部分から生えているのが初列風切。肘から先の部分から生えているのが次列風切］には白の横縞。尾はやや長めで、濃淡の横縞が入り、先端が白い。顔盤は淡い黄褐色の地に同心円状の濃色の線模様があり、濃淡の斑点が縁取りをつくる。小さめの目は濃い茶色で、まぶたはピンク色で縁取られる。額は白に近く、くちばしは黄色。体部下面は灰白色で、はっきりとした濃色の縦縞と、うっすらとした横縞があり、胸の上部は淡褐色を帯びる。脚部は淡い灰茶色の羽毛に完全に覆われ、爪は淡い象牙色で、足裏は黄色。［幼鳥］ヒナの綿羽は白。第1回目の換羽を終えた幼鳥は全身がくすんだ白で、頭から上背にかけてと体部下面に灰茶色の横縞がある。

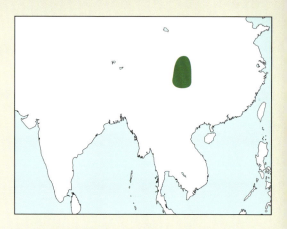

鳴き声　フクロウ (№168) のものにも似た、「ホー、ブブブブ」という低い声を出す。また、徐々に音程を上げながら長く震える一声を発するという報告もある。

獲物と狩り　記録に乏しいが、主にナキウサギ類をはじめとする哺乳類を捕食すると思われる。

生息地　針葉樹と落葉樹の混交林や針葉樹の老齢林に棲む。標高はおおむね2,900〜3,300mだが、時に5,000mの地点でも見られる。

現状と分布　中国中央部に固有の種で、具体的には四川省西部から青海省南東部、甘粛省南部に分布する。個体数は減少していると思われ、バードライフ・インターナショナルの分類では危急種に指定されている。

地理変異　亜種のない単型種。かつては生息域が孤立しているフクロウ (№168) の亜種と考えられていたが、両種は地理的にかなり離れている（ゴビ砂漠を縦断しない限り両種が遭遇することはない）ことから、現在は独立種とされる。ただし、分類を確実なものにし、生息状況を正確に把握するには、生物学的研究とDNA調査が必要とされる。

類似の種　生息域が重なるヒマラヤフクロウ (№153) は通常、本種より標高の低い地域に棲み、ずっと小型で、体部下面には黒の横縞と縦縞が密に入る。生息域が一部重複するMountain Wood Owl (№155) は本種と同程度の標高にも生息し、大きさも似ているが、体部下面に縦縞は見られない。生息域が異なるフクロウ (№168) は概して羽色がずっと淡く、中央尾羽に太い横縞が入る。

◀シセンフクロウの肩羽の羽軸外側の羽弁には濃色の横縞があり、翼は濃い灰茶色で、淡色の斑点と横縞が入る。6月、四川省にて（写真：ジェームズ・イートン）

▲大きな翼を広げ、空を飛ぶシセンフクロウ。5月、四川省にて（写真：ピート・モリス）

▶フクロウ（No.168）の近縁とされるシセンフクロウだが、顔盤に見られる同心円状の線模様はむしろカラフトフクロウ（No.169）やアメリカフクロウ（No.166）に似ており、目もやはりアメリカフクロウと同様、濃い茶色。6月、四川省にて（写真：ジェームズ・イートン）

168 フクロウ [URAL OWL]
Strix uralensis

全長 50〜62cm　体重 451〜1,307g　翼長 267〜400mm　翼開長 115〜135cm

外見　やや大型から大型で、丸い頭部に羽角はない。雌雄の体重を比べると、メスのほうが最大で300gほど重い。羽色には淡色型と暗色型があり、淡色型の個体は頭頂部と体部上面が淡い灰茶色で、濃淡のまだらや斑点、縦縞が見られる。肩羽には大きな白色部分があるため、肩を横切るように帯模様ができている。風切羽には濃淡のくっきりした横縞、くさび型の長い尾には濃い茶色の地に灰白色の横縞が5〜7本入る。円形の顔盤はむらのない白茶色から黄土色がかった淡い灰色で、黒っぽい小斑と淡い真珠光沢の斑点がはっきりとした縁取りをつくる。濃い茶色の目は比較的小さく、まぶたの縁はピンクから赤色を帯び、くちばしは黄色みを帯びた象牙色。喉はほぼ白色で、体部下面はごく薄い灰茶色からくすんだ白の地に茶色の縦縞が密に入る。脚部は淡い灰茶色の羽毛に完全に覆われ、爪は黄茶色で先端が黒っぽい。[幼鳥]ヒナの綿羽はさほど白くなく、くちばしと爪が大きい。顔盤は孵化後4週でかなり発達する。
[飛翔]ノスリに似るが、羽ばたきは本種のほうがずっと深い。飛翔時には、灰白色から白茶色の地に濃い茶色の横縞が入る翼と、はっきりした茶色の縦縞が入る体部下面がよく見える。

鳴き声　低い声で「ウォーフ」と一声鳴いたのち、3〜4秒おいて「ウォフ・フウォーフ」と続き、さらにこの一連を10〜15秒間隔で繰り返す。

獲物と狩り　獲物の60〜90％をハタネズミ類が占め、そのほかにさまざまな哺乳類や鳥類、爬虫類、さらには大型の昆虫なども食べる。

生息地　密生はしていない成熟した針葉樹林または落葉混交林に棲むが、沼沢地や開けた土地の近くでも見られる。管理された森林施業によく適応する種で、特に伐採して開

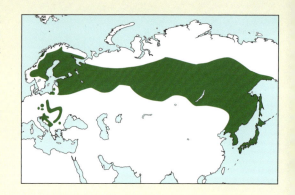

けた場所の近くに巣箱を置くとよく利用する。フィンランドでは冬の間にすべての樹木が倒れた森林の跡地に巣箱を置いたところ、そこで繁殖する例も見られた。

現状と分布　ノルウェーから南へバルカン半島までと、バルト三国から東へロシアを横断するようにシベリア、サハリン島を経て日本まで分布する。各地で大型の巣箱を設置して以来、個体数は増えており、たとえばフィンランドでは1982〜2008年の間に本種の営巣数は年間1.6％のペースで増加した。そのフィンランドには現在約3,000組、中央ヨーロッパには約2,700組のつがいがいると推測される。なお、本種とモリフクロウ（No. 146）は飼育下では交雑が生じ、その間に生まれた交雑個体に繁殖能力を妨げるような遺伝的障壁は確認されなかった。また、交雑個体には父系と母系のそれぞれの特色をもつものと、両者の中間の特色をもつものがおり、鳴き声も両親の種より大きな変異が見られた。つまり、もともとの親たちのレパートリーに新たな「発明」を加えているのだ。この両種については研究が進んで

◀日本で撮影されたフクロウ。飛翔すると、かなり尾が長く、翼は大きく丸みを帯びているのがわかる。5月（写真：私市一康）

いるが、野生における種間交雑についてはいまだ知られていない。

<u>地理変異</u>　確認されているのは8亜種。基亜種のuralensisはウラル山脈南部から東へシベリアを含むロシア東部まで生息する。基亜種より黒っぽいS. u. lituarataはラップランド地方（スウェーデン）から南へアルプス地方東部までと、東へヴォルガ川まで分布する。さらに黒みが強く、体も大きいS. u. macrouraはカルパチア山脈北西部からバルカン半島西部に、体部上面が黒っぽく、下面の縦縞がくっきりしているS. u. yenisseensisはシベリア中部の高原に、茶色みを帯びるS. u. nikolskiiはバイカル湖東のザバイカルからサハリン島にかけての地域から南へ中国東北地方および朝鮮半島まで生息する。日本で見られるのはS. u. fuscescens（キュウシュウフクロウ）、S. u. hondoensis（フクロウ）、S. u. japonica（エゾフクロウ）の3亜種。このうち体が一番小さく、赤茶色をしたfuscescensは本州西部および南部から九州に、錆茶色のhondoensisは本州北部と中部に、色が薄いjaponicaは北海道にそれぞれ生息する。S. u. lituarataに関しては基亜種から派生した中間型とされる。

<u>類似の種</u>　生息域が一部重複するモリフクロウ（No.146）はずっと小さいが、頭は大きく、顔盤に同心円状の線模様が見られる。また、体部下面の縦縞は本種よりやや不明瞭で、尾も短い。生息域が異なるシセンフクロウ（No.167）も顔盤に同心円状の線模様があり、羽色は全体的に黒っぽくて、中央尾羽には不規則な模様が入る。生息域が重なるカラフトフクロウ（No.169）は本種よりもずっと大型で、大きな丸い頭部に小さな黄色い目があり、やはり顔盤に同心円状の線模様がはっきりと見て取れる。

▼カルパチア山脈からバルカン半島西部に生息する亜種のmacrouraは、基亜種よりも体が大きい。写真のように、本種には通常見られない黒色型の個体は、顔も含めて全体が濃い茶色。5月、ポーランドのクラクフにて（写真：クリス・ファン・レイスウェイク）

▼亜種macrouraの黒色型の個体。こうした黒色型が真の多型種であるのか、突然変異個体なのかは定かでない。この個体には通常の個体と同じく、風切羽と尾に明瞭な帯模様が見られる。8月、ポーランドのクラクフにて（写真：クリス・ファン・レイスウェイク）

▲亜種のjaponica（エゾフクロウ）は、同じフクロウの亜種nikolskiiによく似ているが、体はずっと小さい。また、淡色部分は亜種のlituratoよりも白っぽい。北海道にて（写真：ヤン・フェルメール）

◀▲亜種lituratoの顔は灰白色で模様がないが、淡い黄褐色の風切羽と尾には幅の広い茶色の帯模様が見られる。4月、フィンランドにて（写真：ハッリ・ターヴェッティ）

◀巣箱から顔を出している若いフクロウ。もう飛び立つ準備はできている。5月、フィンランドにて（写真：ヒュー・ハロップ）

169 カラフトフクロウ [GREAT GREY OWL]
Strix nebulosa

全長 57〜70cm　体重 568〜1,900g　翼長 387〜483mm　翼開長 130〜160cm

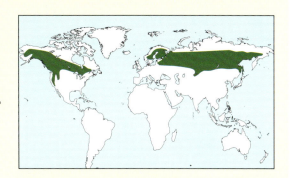

外見　大型からごく大型で、頭囲は51cmにも達する。その頭部は丸く、羽角はない。雌雄の体重を比べると、メスのほうが平均で300g以上重い。頭頂部と体部上面は茶色みを帯びた濃い灰色で、不明瞭な黒っぽい縦縞に加え、濃色の密な斑紋と波線模様がある。風切羽には濃淡の横縞、くさび型の比較的長い尾には灰色と煤色の横縞とまだらが入る。白っぽく丸い顔盤には6重以上の茶色の同心円が見られ、暗色で細い縁取りは首の前部中央で白く目立つ斑紋と接している。黄色の目は頭部の大きさに対して小さめで、黒いまぶたに縁取られ、目と目の間には勾玉を背合わせにしたような白い斑紋が目立つ。眉斑も白で、くちばしは象牙色から黄色。そのくちばしの周囲には黒いヒゲが生え、そのまわりをさらに白いヒゲが取り囲む。体部下面は淡い灰色で、黒っぽい細密な波線模様とまだら、そして不規則な縦縞が入る。さらに腹部に近づくと、そこに黒っぽい横縞も加わる。ふ蹠 ［訳注：趾（あしゆび）の付け根からかかとまで］と趾は羽毛に厚く覆われ、灰色の地に煤色の斑紋が見られる。黒っぽい爪はさほど力が強くなく、わずかに湾曲している。
[幼鳥]　ヒナの綿羽は白に近く、肌はピンク色。第1回目の換羽を終えた幼鳥は淡い灰色で、黒っぽい横縞と白っぽいまだらが体部の上面と下面に入る。顔は煤色で、目は黄色みのある淡い灰色、くちばしは灰黄色。**[飛翔]**　ゆったりふわりと羽ばたき、木々の間を軽々と飛び抜ける。大きな頭と長い尾により、飛んでいる姿はほかのどんな鳥とも見間違えることはない。

鳴き声　低い声で「ホゥ」と、6〜8秒の間に12回ほど同じ間隔、同じ長さで発し、さらに33秒ほどの間をおいてこの一連を繰り返す。

獲物と狩り　ハタネズミ類を専門に捕らえる個体が多いが、米国カリフォルニア州の個体はハタネズミよりもかなり大きいホリネズミを主食としている。そのほかには小型の哺乳類、たとえばトガリネズミやレミングなどを捕食することもあるが、鳥やカエル、無脊椎動物を狙うことはほとんどない。本種はほどほどに開けた場所で狩りすることが多く、獲物の動く音だけでその場所を特定し、氷結した雪の下に隠れた獲物でもしっかりと足で捕まえることができる。実際、体重80kgの人が乗ることのできるほど固く凍った雪面でも、氷を砕き、45cmの深さまで潜り込んで獲物を捕らえることがわかっている。

▶北米に棲むカラフトフクロウの基亜種はユーラシア大陸に生息する亜種*lapponica*よりも黒っぽく、体部上面の灰色の縦縞が不明瞭。白い眉斑と喉の黒っぽい帯模様も*lapponica*ほど目立たない。6月、カナダのアルバータ州にて（写真：アン・エリオット）

生息地　低地から標高3,200mまでの伐採地や、沼沢地近くのトウヒやマツの森林、あるいは混交林に棲む。冬の間には、農家の近くや平坦な野原にもしばしば姿を現す。

現状と分布　地球をぐるっと一周するように、北米およびユーラシア大陸の森林地帯に広く生息するフクロウ類は少ないが、本種はその1種で、ヨーロッパではノルウェー北部から南はポーランドまで、北米ではアラスカから南はカリフォルニア州北部およびミネソタ州北東部まで分布する。本種はかつて考えられていたほど希少な種ではないようだが、移動性であるがゆえに調査は困難を極める。それでもヨーロッパ（ウラル山脈より西のロシアを含む）には、4,400組ほどのつがいがいると推計されている。かたや北米では、2004年から翌年にかけての冬期にミネソタ州だけで1万羽以上の個体が確認された。したがって個体数は、北米のほうがヨーロッパよりはるかに多いことになる。

地理変異　3亜種が記載されている。基亜種の*nebulosa*はアラスカ中部から東へカナダ南部までと、米国のアイダホ州、モンタナ州西部、ワイオミング州、ミネソタ州北東部に生息する。この基亜種は全体的に茶色が濃く、顔は灰色で、体部下面に縦縞が密に入るほか、白い模様が点在する。*S. n. yosemitensis*はカリフォルニア州東部のシエラネバダ山脈に棲む亜種で、近年、DNA解析の結果から基亜種とは異なる亜種とされた。ユーラシア大陸北部から東へキルギス、中国東北地方を経てサハリン島にまで分布する*S. n. lapponica*は、顔の灰色が淡く、体部下面には縦縞が目立ち、横縞はほとんど見られない。

類似の種　カナダと米国北部で生息域が重なるアメリカフクロウ（No. 166）は本種より小型で、顔盤の同心円模様も本種ほど目立たない。また、目は黒茶色で、灰茶色の背中には白っぽい横縞が入る。フクロウ（No. 168）も本種より小さく、ユーラシア大陸で生息域が重なるが、濃い茶色の目、体部下面の明瞭な縦縞、淡色の顔盤が本種と異なる。

▶ユーラシア大陸に生息する亜種*lapponica*の羽色は、基亜種よりもずっと明るい。2月、フィンランドにて（写真：ハッリ・ターヴェッティ）

◀体を細く直立させ、警戒姿勢をとるカラフトフクロウ。4月、フィンランドにて（写真：ハッリ・ターヴェッティ）

▼巣立ったばかりのカラフトフクロウの幼鳥。まだ飛ぶことはできない。6月、スウェーデンにて（写真：ステファン・ハーゲ）

▲カラフトフクロウの飛翔する姿は「割れた切り株」のようだ。3月、スウェーデンのスカノーにて(写真:ハッリ・ターヴェッティ)

▶抱卵期とヒナが小さい時期は、巣で待つメスにオスが餌を運ぶ。6月、フィンランドにて(写真:ヤリ・ペルトメキ)

170 タテガミズク [MANED OWL]
Jubula lettii

全長 34〜40cm　体重 183g（オス1例）　翼長 241〜285mm

外見　中型で、羽角はふさふさとして長い。この羽角と首の後ろに生える長い羽毛は、まるでたてがみのように見える。雌雄の体格差に関するデータはない。赤茶色の頭頂部に生える羽毛には白い縞があり、これがウロコのような模様をつくっている。体部上面は赤茶色から栗色で、濃淡の模様があり、背中には数本の横縞も見られる。肩羽は淡い黄褐色だが、羽軸外側の羽弁は白くて濃色の縁があるため、肩には明るい色の帯模様ができている。風切羽には4本ほどの黒っぽい横縞、濃い赤茶色の雨覆[訳注：風切羽の根本を覆う短い羽毛]には黒っぽい波線模様と筋状の模様、尾には赤茶色と濃色からなる横縞が入る。赤みがかった淡黄褐色の顔盤には黒茶色の細密な波線模様が散り、黒茶色の縁取りが際立っている。額と眉斑は白く、目は濃い黄色からオレンジがかった黄色。くちばしは象牙色から黄色で、蝋膜[訳注：上のくちばし付け根を覆う肉質の膜]は黄緑色。喉は白で、体部下面は赤茶色だが、腹部に向かって淡黄褐色になるまで徐々に色が淡くなる。胸の上部には白色の細密な波線模様と濃い筋状の模様が目立ち、さらに胸の上部と下部を覆う羽毛には縦長の白斑も見られる。跗蹠[訳注：趾（あしゆび）の付け根からかかとまで]はぼんやりと黄色みを帯びた羽毛で覆われ、裸出した黄色の趾は上面のところどころに灰色の部分が混じる。爪は茶色みを帯びた象牙色で、先端が黒っぽい。[幼鳥] ヒナの綿羽については不明。第1回目の換羽を終えた幼鳥は赤褐色で、体部下面にうっすらと横縞が見られる。"たてがみ"はまだ発達していないが、翼と尾は成鳥とほとんど変わらない。

鳴き声　柔らかく甘い声で「フー」と発したのち、10秒ほどの間をおいてわずかに高いピッチでまた「フー」と続けるという2音を何回か繰り返すとされるが、実は、このような鳴き方をするのは同じアフリカ西部に棲むアカウオクイフクロウ（No. 140）かもしれず、本種の実際の鳴き方については正確な記録がない。

獲物と狩り　大型の昆虫を主食とするが、小型の脊椎動物も食べる。ただし、具体的な食性や狩りの方法に関しての調査は進んでいない。

生息地　低地の森林や、水辺に沿って帯状に続く森林（氾水林）に棲む。森林以外の場所で確認されたことはない。

現状と分布　アフリカ大陸中西部のカメルーンの南部からコンゴ川を経て、大陸中央に位置するコンゴ民主共和国の北中部、南中部、東中部にかけての地域に生息するほか、大陸西岸のリベリアから東へガーナまでの地域にも飛び石状に分布する。現状の詳細は不明だが、アフリカ中西部で進んでいる森林破壊の影響を受けているのは間違いない。

地理変異　亜種のない単型種。

類似の種　本種以外に"たてがみ"のあるフクロウ類はアフリカ大陸では見つかっていない。

◀タテガミズクは生態がほとんど知られていないが、姿はカンムリズク（No. 171）に似ており、どちらも白い眉斑が水平方向に突き出た羽角まで長く伸びる。ただし、これは収斂（しゅうれん）進化の結果であり、両種は近縁ではない。6月、ガボンにて（写真：カレン・ハーグリーヴ）

171 カンムリズク [CRESTED OWL]
Lophostrix cristata

全長 38〜43cm　体重 425〜620g　翼長 280〜325mm

外見　中型で、羽角は大きくて白い。雌雄の体重を比べると、メスはオスよりも100gほど重くなることがある。羽色は褐色、赤褐色、灰色の3型に分けられるが、そのひとつは亜種としても認められている。褐色型は体部上面が模様のないチョコレート色で、初列風切［訳注：風切羽のうち、人の手首の先に相当する部分から生えている羽毛］の羽軸外側の羽弁と雨覆［訳注：風切羽の根本を覆う短い羽毛］に白っぽい斑点が見られる。翼には濃淡の横縞、ほとんどむらのない暗い茶色の尾には濃色の細かいまだらが入る。顔盤もむらのない濃い茶色で、頭頂部もほぼ同色。羽角の白色部分は内側に向かって伸び、白い眉斑とつながる。目は暗いオレンジがかった茶色で、くちばしは黄色みを帯びた濃い象牙色。喉は鈍い黄色で、首と胸の上部は濃いチョコレート色。胸の下部から腹部にかけては淡い茶色の地に、ごく薄い茶色の細密な波線模様が多数入る。ふ蹠［訳注：趾（あしゆび）の付け根からかかとまで］は羽毛に覆われ、裸出した趾は淡い灰茶色で、爪は濃い象牙色。一方、赤褐色型は全体的に明るい赤褐色で、胸の上部に暗い茶色の襟状紋がある。灰色型は

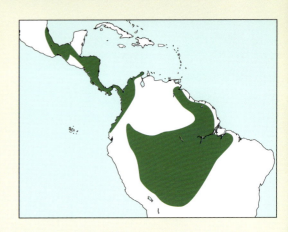

全体的に淡い灰茶色で、顔盤が黒っぽく、目は黄色かオレンジ色。［幼鳥］ヒナの綿羽については不明。第1回目の換羽を終えた幼鳥は頭部と体が白っぽく、顔盤は色が濃い。羽角は短いが、翼と尾は成鳥とほぼ同じ。［飛翔］初列風切の7番目が一番長く、翼の先端が丸みを帯びて見える。

鳴き声　カエルのような「ク・ク・ククク・クルルルルラォ」という声を数秒おきに繰り返す。また、亜種のL. c. stricklandiは、短く「グルルル」または「クァルルル」と不規則な間隔で鳴く。

獲物と狩り　大型の昆虫のほか、脊椎動物も食べるが、餌動物の詳細な種類や狩りの手法については記録がない。

生息地　低地の雨林などの原生林を好むが、標高1,950mまでの二次林にも棲む。

現状と分布　メキシコ南部からボリビア、アマゾン川流域のブラジルにかけて分布するが、コロンビアからベネズエラにかけての広い範囲には生息しない。生息域ではごく一般的に見られるようだが、調査はほとんど進んでおらず、現状の詳細についてはわかっていない。

地理変異　3亜種が確認されている。基亜種の*cristata*は南米のアンデス山脈東側からベネズエラ東部までと、スリナムから南へボリビア北部まで生息する。パナマ東部からベネズエラ北西部に棲む*L. c. wedeli*は黄色の目が特徴。メキシコ南部からコロンビア西部に生息する*L. c. stricklandi*も黄色い目をもち、羽色は灰茶色で、声もほかの亜種とわずかに異なる。そのため、この*stricklandi*は別種とすべきかもしれないが、分類を確実なものにするにはDNAや鳴き声の調査など、さらなる研究が求められる。

類似の種　体部下面に縞模様がなく、長く白い羽角と眉斑をもつフクロウは、中南米には本種以外にいない。

Crested Owl：カンムリズク **359**

▲カンムリズクの基亜種は、亜種のstricklandiより色がかなり薄い。8月、エクアドルにて（写真：ハノス・オラ）

▲▶写真のカンムリズクはメキシコ産。前ページのコスタリカ産の個体と比べると赤みが強い。1月、メキシコのチアパス州にて（写真：クリスティアン・アルトゥソ）

▶亜種stricklandiの背中は濃色だが、肩羽は淡色。個体によっては初列風切に2～3本の横縞がある。1月、メキシコのチアパス州にて（写真：クリスティアン・アルトゥソ）

◀カンムリズクの中でもっとも北に生息するstricklandiは、黄褐色から栗色の顔が濃色の羽毛で縁取られ、目は黄色からオレンジがかった茶色。体部下面には密に横縞が入るが、腹部と下尾筒（かびとう）[訳注：尾の付け根下面を覆う羽毛]の縞は幅が広い。3月、コスタリカにて（写真：ロビン・チッテンデン）

172 オナガフクロウ [NORTHERN HAWK OWL]
Surnia ulula

全長 36～41cm　体重 215～450g　翼長 218～258mm　翼開長 72～81cm

<u>外見</u>　中型で、羽角はない。雌雄の体重を比べると、メスのほうが平均で50～60gほど重い。体部上面は黒に近い灰色から濃い灰茶色で、頭頂部には白っぽい斑点が密に入り、後頭部にはぼんやりとした眼状紋が見られる。背中には白色の小さな斑点が散り、肩羽はほぼ全体が白いので、肩には幅広の帯模様ができている。濃い灰茶色の風切羽にも白斑が帯模様をつくり、長い凸型の尾は濃い灰茶色の地に細くて白い横縞が無数に入る。顔盤は白に近く、幅広の黒い縁取りに囲まれる。目は黄色で、まぶたの縁が黒く、眉斑は白。くちばしは緑がかった黄色で、蝋膜［訳注：上のくちばし付け根を覆う肉質の膜］は淡い灰茶色。腮（アゴ）は黒っぽく、下端が白で縁取られる。体部下面も顔盤と同様に白っぽく、灰茶色の横縞が入る。ふ蹠［訳注：趾（あしゆび）の付け根からかかとまで］と趾は羽毛に覆われ、足裏はくすんだ黄色で、暗い茶色の爪は先端が黒い。[<u>幼鳥</u>]ヒナの綿羽は白に近い。第1回目の換羽を終えた幼鳥の背は成鳥とほぼ同じだが、頭頂部は淡い灰色で、体部下面は濃色系のまだら模様になっている。顔盤は全体的に黒っぽいが、下半分は白みを帯びる。巣立ちを迎えるころになると、顔盤は白みを増し、体部下面の横縞が色濃くなる。幼鳥の目は黄金色。[<u>飛翔</u>]タカのように先端の尖った翼と長い尾がよく目立ち、直線的に高速で飛ぶ。また、チョウゲンボウのようにホバリングをすることも知られている。

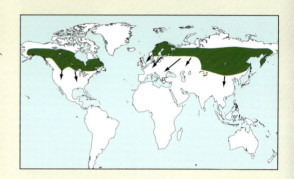

<u>鳴き声</u>　笛を吹くような震え声で、「ウルルルルルルルルル」と1秒に12～14音のペースでリズミカルに10秒ほど続け、この一連を数秒間隔でまた繰り返す。

<u>獲物と狩り</u>　獲物の93～98%がハタネズミ類で、そのほかにはトガリネズミや鳥類、カエル、魚、大型の昆虫などを捕食する。

<u>生息地</u>　樹木がさほど密生しない針葉樹林や混交林に棲むが、伐採により開けた場所や沼べり、さらには人里近くで見られることもある。

<u>現状と分布</u>　ユーラシア大陸と北米大陸の亜寒帯（冷温帯）に広く分布するが、ハタネズミ類が異常発生した年を除いて個体数は減少している。また、生息域が北上しているが、

◀日中に活動するオナガフクロウの基亜種。6月、夏季を迎え白夜になったラップランド（フィンランド）にて（写真：ダニエル・オッキアート）

▶亜種のcaparochは基亜種よりも色が濃い。米国ミシガン州にて（写真：スティーヴ・ゲトル）

Northern Hawk Owl：オナガフクロウ **361**

これには気候の変動が何らかの影響を与えていると思われる。近年の推計によれば、ヨーロッパ（ウラル山脈西のロシアを含む）に生息するつがいは約2万3,600組とされ、そのうちフィンランド全土のつがいは年によって2,000〜6,000組と変動するが、2011年にフィンランド北部（ラップランド地方）で繁殖したつがいはおよそ5,000組だった。なお、本種は毎年ではないが、ヨーロッパ中部および南西部、東は千島列島、米国は北部からオレゴン州、ネブラスカ州、ニュージャージー州にいたる地域で越冬することがある。

地理変異 3亜種に分類されている。基亜種の*ulula*はスカンジナビア半島から東はシベリアを経てカムチャツカおよびサハリン島まで、南は新疆ウイグル自治区のタルバガタイ地区まで生息する。中央アジアの天山山脈、中国北部、そしておそらくはモンゴル北部まで分布する*S. u. tianschanica*は、基亜種に比べて羽衣の濃色部分がさらに黒っぽく、逆に淡色部分はかなり明るい。*S. u. caparoch*は米国アラスカ州からカナダ南部を経てアメリカ極北部に棲む亜種で、ほかの2亜種よりも色が濃い。

類似の種 ユーラシア大陸でも北米でも生息域を同じくするキンメフクロウ（№216）は本種よりずっと小型で、尾も短い。また、体部下面には幅広の横縞がない代わりに、縦縞とまだら模様が入る。北米での生息域が重なるアメリカキンメフクロウ（№217）はさらに小さくて尾も短く、体部下面の縦縞は散漫で、顔盤の縁取りはごく細い。

▼雪原でヨーロッパヤチネズミをうまく仕留めたオナガフクロウ。3月、フィンランドにて（写真：ハッリ・ターヴェッティ）

Northern Hawk Owl：オナガフクロウ **363**

▲切り株に営巣したオナガフクロウ。オスが巣に帰るまで幼鳥を守るのがメス（左）の役割だ。カナダにて（写真：ジョン・グローヴズ）

▶オナガフクロウの幼鳥。焼けた切り株につくられた巣にたたずむ。6月、米国モンタナ州にて（写真：ポール・バニック）

▶▶空を飛ぶオナガフクロウは、フクロウというよりタカのようだ。5月、フィンランドにて（写真：ハッリ・ターヴェッティ）

173 スズメフクロウ [EURASIAN PYGMY OWL]
Glaucidium passerinum

全長 15〜19cm　体重 47〜100g　翼長 92〜112mm　翼開長 32〜39cm

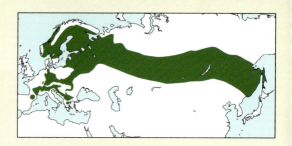

外見　超小型からごく小型で、羽角はない。雌雄の体重を比べると、メスのほうが平均で10〜15g重いが、産卵間近になるとその差はおよそ40gに開く。頭頂部と体部上面は暗い茶色または灰茶色で、頭頂部にはクリーム色の小さな斑点が散り、後頭部にはふたつの大きな黒い斑点を白で囲んだ眼状紋が見られる。上背の羽毛には下端近くに白色の小さな斑点、風切羽には濃淡の横縞、茶色の尾羽には細くて白い横縞が5本ほど入る。淡い灰茶色の顔盤は横長で、ごく小さな黒い斑点がつくる同心円状の線模様が数本見られるが、はっきりとした縁取りはない。黄色の目はやや小さく、まぶたの縁は黒。くちばしは黄色みの強い象牙色で、蝋膜[訳注：上のくちばし付け根を覆う肉質の膜]は灰色。体部下面は全体的にオフホワイトで、喉の白みが強く、胸から脇腹にかけては茶色のまだら模様、喉から腹部にかけては茶色の縦縞がある。ふ蹠[訳注：趾(あしゆび)の付け根からかかとまで]は白茶色の羽毛で覆われ、裸出した趾は黄色。爪は濃い象牙色で、先端が黒っぽい。[幼鳥]ヒナの綿羽は白。第1回目の換羽を終えた幼鳥はほかのフクロウの幼鳥ほどふわふわとしておらず、成鳥に似ている。顔盤は濃色で、眉斑と頬(アゴ)に入る白色が目立つ。また、暗い茶色の頭頂部に模様や斑点は見られない。[飛翔]翼が丸みを帯びて見える。羽音はうるさく、波打つような軌跡を描いて飛ぶ。

鳴き声　単調で長い「デュー」という声はまるでフルートのよう。これを2秒ほどの間をおいて、時には数分続ける。この声はウソ（スズメ目アトリ科）のものにも似ている。

獲物と狩り　獲物の50％以上をハタネズミ類、小型ネズミ、トガリネズミが、40％程度を小型の鳥類が占める。それ以外にはトカゲや魚、大型の昆虫などを捕食する。その狩りは、止まり木から地上にいるネズミなどに飛びかかるか、木々の茂みから飛び立った小鳥などに襲いかかる。

生息地　高地の針葉樹林を好むが、低地や混交林にも棲む。アルプス山脈では標高2,150mまでの地点で姿が見られる。

現状と分布　ヨーロッパ中部および北部から東へシベリアを経て中国東北地方および北部、サハリン島まで分布する。ヨーロッパでは、フィンランド北部から南へスペインのピレネー山脈を経てギリシャまで生息する。フィンランドではごく一般的に見られる種で、ドイツですら生息域は西へ拡大しつつある。そのフィンランドでのつがいの生息数は1万組、ヨーロッパ中部では1万2,000組と推定される。

地理変異　2亜種が記載されている。基亜種の*passerinum*はヨーロッパ中部および北部から東へシベリアのエニセイ川まで、*G. p. orientale*はシベリア東部、中国東北地方、サハリン島、中国北部に生息する。後者は体部上面が淡色で、明るい白地に斑点が際立ち、胸と脇腹に入る茶色の模様がくっきりしている。

類似の種　生息域が離れているヒメフクロウ（No.176）は大きさはほぼ同じだが、喉と首の前部、そして腹部に白斑がある。また、体部上面には白に近い黄褐色の横縞が入り、体部下面も濃い茶色の横縞が目立つ。

◀巣立ちしたばかりの5羽の幼鳥。6月、フィンランドにて（写真：マッティ・スオパイェルヴィ）

▶スズメフクロウの巣穴。8羽のヒナで満員御礼だ。5月、フィンランドのクオルタネにて（写真：エスコ・ラヤラ）

▶▶巣穴から顔を出す本種のメス。2月、オランダにて（写真：レスリー・ヴァン・ルー）

Pygmy Owls：スズメフクロウの仲間　**365**

▶スズメフクロウの頭部は平たく見える。顔盤は不完全で、白い眉斑が目立つ。3月、フィンランドにて（写真：ハッリ・ターヴェッティ）

▼スズメフクロウの基亜種*passerinum*は、ほぼ全身が暗い茶色で、白っぽい淡黄褐色の斑点が散る。9月、フィンランドにて（写真：ハン・ボウミースター）

▼スズメフクロウの肩羽には明瞭な白斑はない。風切羽は暗い茶色で、淡い黄色みを帯びた白色の細い横縞が入る。5月、ポーランドにて（写真：メンノ・ファン・ダン）

174 アフリカスズメフクロウ [PEARL-SPOTTED OWL]
Glaucidium perlatum

全長 17～20cm　体重 61～147g　翼長 100～118mm　翼開長 38～40cm

別名　Pearl-spotted Owlet

外見　ごく小型で、丸い頭部に羽角はない。雌雄の体重を比べると、メスのほうが平均で40gも重い。頭頂部と体部上面は濃いシナモン色で、額と頭頂には細かい白斑が入る。個体によっては背中の色が薄く、ほぼ砂色で、その上部に黒っぽい縁取りのある白斑が散り、これが真珠のように見える。後頭部は白の地に黒の眼状紋が目立つ。肩羽は羽軸外側の羽弁が白くて縁が黒いので、肩を横切るように白い帯模様ができている。風切羽には濃淡の横縞が入り、茶色の尾羽には黒で縁取られた白斑が6列に並ぶ。淡い灰茶色の顔盤は、縁取りも同心円状の線模様も不明瞭。眉斑は白でよく目立ち、目は黄色。くちばしは黄色みのある象牙色で、蝋膜 [訳注：上のくちばし付け根を覆う肉質の膜] は茶色。喉は白く、オフホワイトの体部下面には黒褐色の縦縞が入る。ふ蹠 [訳注：趾（あしゆび）の付け根からかかとまで] は茶色の斑点のある灰色がかった白の羽毛で覆われ、黄褐色の趾には剛毛羽がまばらに生える。爪は象牙色で先端が黒みを帯び、かなり大きくて力強い。[**幼鳥**] ヒナの綿羽は純白で、肌は薄ピンク色。第1回目の換羽を終えた幼鳥は成鳥とよく似ているが、目は濃い黄色で、頭頂部と上背に微小な白斑はなく、体部下面の縦縞もはっきりとしていない。若鳥の舌と口角 [訳注：上下のくちばしをつなぐ肉質の部分] は薄ピンク色。

鳴き声　フルートのような澄んだ声で「フュー・フュー・フュー」とボリュームとピッチを徐々に上げながら発し、最後に長く大きな声で締めくくる。鳴くのは主に暗くなっ

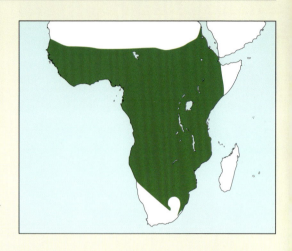

てからで、オスはしばしばメスとデュエットする。

獲物と狩り　節足動物を主食とするが、爬虫類や鳥類、小型の哺乳類のほか、時にカタツムリも食べる。

生息地　丈の短い草か、樹木やトゲのある灌木が点在するサバンナを好むが、モパネ [訳注：テレペンチン油を採取できる木] の林や川沿いの森林にも棲む。

現状と分布　サハラ砂漠以南のアフリカ大陸、すなわち大陸西岸のモーリタニアから東へエチオピアまで、南は南アフリカ共和国の北ケープ州まで分布するが、砂漠と雨林には棲まない。ごく一般的に見られる留鳥で、アフリカの35カ国で繁殖する。

地理変異　2亜種が確認されている。基亜種の*perlatum*はモーリタニア南部から東へスーダンまで、南はコンゴ民主共和国まで生息する。*G. p. licua*は大陸東部のエチオピア、ウガンダから南西部のアンゴラ、ナミビアを経て、南は南アフリカ共和国まで分布し、灰色が強く、斑点が多い。

類似の種　生息域が一部で重なるムネアカスズメフクロウ (No. 175) は後頭部にはっきりとした眼状紋がなく、肩羽の白斑も見られない。また、体部上面は濃色で、胸と両脇は赤茶色。やはり生息域が一部で重複するヨコジマスズメフクロウ (No. 204) は、体部上面に真珠のような斑点も眼状紋もなく、額と頭頂部、そして胸の上部に横縞が入る。生息域がわずかに重なるEtchecopar's Owlet (No. 203)、クリスズメフクロウ (No. 206)、ザイールスズメフクロウ (No. 205) も眼状紋は見られない。

◀アフリカスズメフクロウの基亜種。1月、ガンビアにて（写真：ニック・ボロウ）

▶アフリカスズメフクロウの亜種*licua*は顔と体部下面が白いので、色の薄いコキンメフクロウ属と間違われることがある。11月、ナミビアにて（写真：アダム・スコット・ケネディ）

▼亜種の*licua*は基亜種より灰色が強く、頭部は明るいシナモン色で、白い腹部には濃色の細かい波線模様が入る。11月、ナミビアにて（写真：ウィル・ルール）

▲基亜種*perlatum*のつがい。亜種の*licua*より色が明るく、模様がはっきりしており、体部上面には白斑、下面には濃色の縦縞が入る。12月、シエラレオネにて（写真：ジョン・ホーンバックル）

▶南方に棲む亜種*licua*。写真の個体は顔の色が濃いが、年を経るごとに薄くなるようだ。8月、南アフリカ共和国にて（写真：ナイル・ペリンス）

175 ムネアカスズメフクロウ [RED-CHESTED PYGMY OWL]
Glaucidium tephronotum

全長 17～18cm　体重 80～103g　翼長 99～127mm

別名　Red-chested Owlet

外見　ごく小型で、丸い頭部に羽角はない。雌雄の体重を比べると、メスのほうがオスより重いが、その差は基亜種で平均1g、亜種*G. t. elgonense*で平均10gほど。頭頂部は灰茶色で模様はないが、側頭部にはごく小さな白いまだらが散る。首の後ろには幅広の白い帯模様があり、その中に不鮮明ながら黒い斑紋が入るため、何となく目玉模様に見える。背中から腰にかけては煤けた濃い赤茶色。肩羽は羽軸外側の羽弁に白色の部分がなく、初列風切［訳注：風切羽のうち、人の手首の先に相当する部分から生えているのが初列風切。肘から先の部分から生えているのが次列（じれつ）風切］も模様のない黒褐色だが、次列風切にはぼんやりとした横縞、暗い茶色の中央尾羽には大きな白い丸模様が3つ入る。顔盤は淡い灰色で、縁取りは不明瞭だが、黄色の目が目立つ。くちばしは緑がかった黄色で、蝋膜［訳注：上のくちばし付け根を覆う肉質の膜］は淡い黄白色。喉は白く、体部下面は赤みがかった明るい黄褐色だが、胸の両側から脇腹にかけては赤みが徐々に弱くなる。ふ蹠［訳注：趾（あしゆび）の付け根からかかとまで］は体部下面と同様の色合いの羽毛に覆われ、黄色の趾には剛毛羽がまばらに生える。爪も黄色で、先端だ

けが黒い。［幼鳥］不明。

鳴き声　笛を吹くときのようなこもった声で、「フュィ・フュィ・フュィ・フュィ・フュィ・フュィ・フュィ」と0.5～0.7秒間隔で最高20回続け、さらにこの一連を数秒の間をおいて繰り返す。

獲物と狩り　昆虫を主食とするが、小型の哺乳類や鳥類も捕食する。

生息地　雨林やモザイク状の低木林、林縁、伐採地などに棲む。標高は2,150mまで。

現状と分布　アフリカ大陸西岸のシエラレオネ周辺と、中西部のカメルーンから東へコンゴ共和国、コンゴ民主共和国を経てウガンダ、ルワンダ、ケニア西部まで分布する。森林破壊の影響で個体数はかなり少ないと思われるが、現状の詳細はわかっておらず、早急な調査が待たれる。

地理変異　4亜種が確認されている。基亜種*tephronotum*はシエラレオネ、リベリア、コートジボワール、ガーナに生息する。カメルーンからガボンに棲む*G. t. pycrafti*は体部下面の赤みが基亜種ほど強くなく、コンゴ民主共和国とルワンダからウガンダ南西部に分布する*G. t. medje*は体部上面の赤茶色が薄く、灰色がかっている。*G. t. elgonense*はウガンダ東部からケニア西部に生息する亜種で、*pycrafti*よりも体部上面の茶色みが濃い。この*elgonense*は体が大きく、明確な性的二型が認められる。ただし、本種の分類は未確定であるため、さらなる調査研究が必要とされる。

類似の種　一部で生息域が重なるアフリカスズメフクロウ（No.174）は頭頂部に白い小斑、肩に白い帯模様、体部下面に濃色の縦縞が入る。また、比較的長い尾には黒い縁のある白斑が並んでいる。生息域が異なるヨコジマスズメフクロウ（No.204）は後頭部に眼状紋は見られず、頭頂部と胸の上部に横縞が入る。

Pygmy Owls：スズメフクロウの仲間 **369**

▲ムネアカスズメフクロウの亜種*medje*は基亜種ほど体部上面の赤茶色が強くなく、むしろ灰色がかっている。3月、ルワンダのニュングェにて（写真：ロン・ホフ）

▶こちらも亜種の*medje*で、基亜種よりも体が大きい。3月、ルワンダのニュングェにて（写真：ロン・ホフ）

◀ムネアカスズメフクロウの基亜種。頭部は青灰色で、喉は白く、体部下面は亜種の*pycrafti*と*elgonense*よりも赤茶色が濃い。5月、ガーナのアンカサにて（写真：ニック・ボロウ）

176 ヒメフクロウ　[COLLARED PYGMY OWL]
Glaucidium brodiei

全長 15～17cm　体重 52～63g　翼長 80～101mm

別名　Collared Owlet

外見　超小型からごく小型で、丸い頭部に羽角はない。雌雄の体重を比べると、メスのほうが10g以上重い。羽色は個体間で変異が大きいが、概して頭頂部から後頭部および首の両側にかけては、鈍い灰茶色か赤茶色の地に途切れ途切れの横縞と、くすんだ淡黄褐色またはあずき色の斑点が不規則に入る。さらに後頭部には、淡色の襟状紋に黒い斑点が重なってできた眼状紋も見られる。体部上面は茶色または灰茶色で、白に近い黄褐色の横縞がある。肩羽は羽軸外側の羽弁が白いので、肩を横切るように白い帯模様ができている。初列風切［訳注：風切羽のうち、人の手首の先に相当する部分から生えている羽毛］は黒褐色の地に白と淡黄褐色の横縞、尾には濃い赤茶色から灰茶色の地に白または赤みのある淡黄褐色の横縞が密に入る。顔盤は淡い茶色で、白い眉斑は境界がはっきりとせず、目は淡いレモン色から黄金色。くちばしは緑がかった黄色で、蝋膜［訳注：上のくちばし付け根を覆う肉質の膜］は青がかっている。体部下面は白から白に近いくすんだ黄褐色、または赤褐色を帯びた白で、胸の両側と脇腹には濃い茶色の太い横縞が目立つ。さらに脇腹の下部には、しずく型の斑点もまばらに散る。ふ蹠［訳注：趾（あしゆび）の付け根からかかとまで］と趾は緑がかった黄色かオリーブ系の緑の羽毛で覆われ、足裏は色が薄く、黄色みが強い。爪は濃い象牙色。［幼鳥］成鳥と同じく、背中は横縞に覆われるが、頭部の縞は成鳥より多い。［飛翔］通常は、すばやく羽ばたいて飛んだかと思うと滑空する。

鳴き声　「ウィップ・ウィウィ・ウィップ」という3音節からなる一連を、数秒の間隔をおいて繰り返す。鳴くときは首を回していろいろな方向を向くので、まるで腹話術をしているかのように見える。

獲物と狩り　小型の鳥類を主食とするが、昆虫やトカゲ、小型の哺乳類も捕食する。

生息地　伐採地や開けた林地がある山地林に棲む。標高はおおむね700～2,750mの範囲だが、3,200mの高地で見られることもある。

現状と分布　パキスタン北部のヒマラヤ山脈から東は中国および台湾まで、南はマレー半島を経てスマトラ島とボルネオ島まで分布する。希少な種というわけではないが、生息環境や生態に関してはさらなる調査研究が求められる。

地理変異　4亜種が確認されている。基亜種の*brodiei*はヒマラヤ山脈から東へ中国南西部および海南島まで、南へマレー半島およびベトナム北部まで分布する。台湾に棲む*G. b. pardalotum*はオリーブ系の茶色の頭部に黄土色の斑点があり、襟状紋は淡黄褐色で幅が広い。*G. p. sylvaticum*は

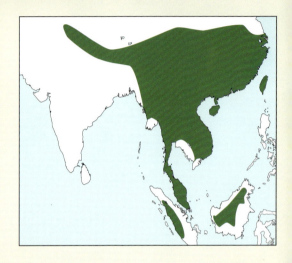

スマトラ島に、*G. p. borneense*はボルネオ島に棲むが、いずれも詳しいことはわかっていない。

類似の種　生息域が重なるオオスズメフクロウ（No. 201）は本種より大きく、後頭部に眼状紋は見られない。また、生息域を共にするコノハズク属には羽角がある。

▼スマトラ島に棲む亜種の*sylvaticum*は胸の中心部と腹部の白さが際立ち、胸の上部には赤褐色の帯模様が入る。7月、インドネシアのスマトラ島にて（写真：ジョン・ホーンバックル）

Pygmy Owls：スズメフクロウの仲間 **371**

▼前向きと後ろ向きのヒメフクロウの基亜種。目はレモン色で、頭頂部には無数の白斑が入る。背中にははっきりとした横縞が見られ、淡黄褐色と赤褐色からなる鮮明な眼状紋が後頭部の「顔」を形成している。3月、インドのアタランチャルにて（写真：スバルギヤ・ダス）

▼亜種のpardalotumは体部上面と下面が茶色で、白い腹部にはしずく型の斑点が縦に連なる。台湾にて（写真：ペイ・ウェン・チャン）

▼基亜種の幼鳥。成鳥と同じく、ふ蹠と趾は羽毛に覆われる。5月、中国にて（写真：オーレリアン・オードヴァール）

177 カリフォルニアスズメフクロウ [NORTHERN PYGMY OWL]
Glaucidium californicum

全長 17〜19cm　体重 62〜73g　翼長 87〜105mm

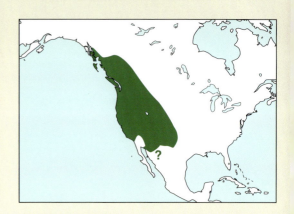

外見　ごく小型で、丸い頭部に羽角はない。雌雄の体格を比べると、メスのほうが翼が長く、体重も10gほど多い。羽色には灰色、赤色、褐色の3型のほかに中間の変色型も知られる。そのうちもっとも一般的な褐色型は、体部上面が茶色で、頭頂部には小さな白斑が密に入る。後頭部には白で縁取られた黒色の大きな眼状紋があるが、肩羽の羽軸外側の羽弁の白色部分はあまり目立たない。風切羽には濃淡の横縞、尾羽には羽軸に向かって両側から白い横縞がおよそ6本ずつ入る。やや扁平な顔盤は淡い灰茶色で、同心円状の線模様が数本入るが、縁取りは不明瞭。眉斑は白く、目は鮮やかな黄色で、くちばしは黄色がかった象牙色。緑がかった黄色の蝋膜 [訳注：上のくちばし付け根を覆う肉質の膜] は鼻孔を囲んで盛り上がっているため、円錐形の留め金のようにも見える。喉と首の前部は白く、体部下面も白に近い地に濃い茶色の縦縞が目立つが、胸の両側と脇腹の上部は茶色の地に小さい白斑がある。ふ蹠 [訳注：趾（あしゆび）の付け根からかかとまで] はオフホワイトの羽毛で覆われ、黄灰色の趾には剛毛羽がまばらに生える。爪は灰色がかった象牙色で、先端が黒っぽい。[**幼鳥**] ヒナの綿羽は白に近い。第1回目の換羽を終えた幼鳥の頭頂部にまだらはなく、スズメフクロウ属以外のフクロウほど羽衣はふわふわしていない。[**飛翔**] ロッキーズスズメフクロウ (No.179) に比べ

ると、広げた翼が丸く見える。

鳴き声　「トゥ」という声を2秒程度の等間隔で繰り返し、最長で20秒間鳴き続ける。

獲物と狩り　昆虫やカエル、爬虫類を主食とするが、時に小型の哺乳類や鳥類など、自分の2倍はあろうかという大きな獲物を狩ることもある。

生息地　低地から標高3,000mを超える高地で、大木のある混交林および針葉樹林に棲む。

現状と分布　米国アラスカ州南部から南へカナダ西部を経て、メキシコ北部まで生息する。希少な種というわけではないが、森林伐採の影響が懸念される。

地理変異　3亜種が確認されている。基亜種の*californicum*はアラスカ州南西部から南へカリフォルニア州まで生息する。バンクーバー島にのみ棲む*G. c. swarthi*は、羽色の茶色がかなり濃い。*G. c. pinicola*は米国アイダホ州とモンタナ州から南へメキシコ北部まで分布する亜種で、基亜種よりも斑点が多く、灰色型と赤色型が存在する。本種はかつて、ロッキーズスズメフクロウ (No.179) の亜種として扱われていたが、DNA解析の結果から別種とされた。ただし、分類を確実なものにするには生物学的・生態学的側面からの詳細な調査研究が求められる。

類似の種　生息域が一部重なるロッキーズスズメフクロウ (No.179) は本種よりやや小型で、尾が短く、翼の先端が尖っている。また、体部下面の縞模様が少なく、喉から胸の上部にかけての白色部分が広い。

◀カリフォルニアスズメフクロウの尾羽には、縁から羽軸に向かって白い横縞がおよそ6本ずつ入る。1月、カナダのバンクーバーにて（写真：マイク・ダンゼンベイカー）

Pygmy Owls：スズメフクロウの仲間 **373**

▲交尾中のカリフォルニアスズメフクロウ。6月、米国ワシントン州にて（写真：ポール・バニック）

▲▶警戒姿勢をとり、体を細長くさせているカリフォルニアスズメフクロウ。頭部の羽毛が横向きに立ち、羽角のようになっている。スズメフクロウ類には、このような"偽"の羽角をもつものも多い。1月、カナダにて（写真：マイク・ダンゼンベイカー）

▼▶巣立ったばかりのカリフォルニアスズメフクロウ。6月、米国コロラド州にて（写真：ポール・バニック）

▼カリフォルニアスズメフクロウのメスが巣穴から顔を覗かせている。6月、米国コロラド州にて（写真：ポール・バニック）

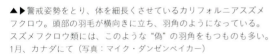

178 ケープスズメフクロウ [BAJA PYGMY OWL]
Glaucidium hoskinsii

全長 15〜17cm　体重 50〜65g　翼長 86〜89mm

別名　Cape Pygmy Owl

外見　超小型で、丸い頭部に羽角はない。雌雄の体格差を示すデータはないが、オスよりメスのほうが重いとされる。羽色にも若干性差があり、メスのほうが全体的に赤みが強いが、どちらも総じて体部上面は赤みがかった砂色。頭頂部には白色の小さな斑点が散り、後頭部には白色か淡黄褐色で縁取られた黒または濃い茶色の眼状紋が見られる。背中には淡色の斑点が不規則に入り、肩羽にはぼやけた黄色の斑点、風切羽には濃淡の横縞、茶色い尾羽には羽軸に向かって両側から白い横縞が6本ずつ入る。顔盤はあまり発達しておらず、眉斑は白っぽい。目は黄色で、まぶたの縁は黒。くちばしは緑がかった黄色で、緑がかった灰色の蝋膜［訳注：上のくちばし付け根を覆う肉質の膜］は鼻孔を囲んで盛り上がっているため、円錐形の留め金のように見える。喉と首の前部には、灰茶色の斑紋と縞で囲まれた白色の部

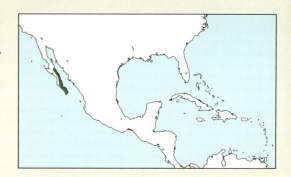

分がある。体部下面は全体的にオフホワイトで、胸の上部の両側から脇腹にかけては灰茶色のまだらがあり、それ以外の部分には濃色の縦縞が密に入る。ふ蹠［訳注：趾（あしゆび）の付け根からかかとまで］は黄色みのある灰色の羽毛で覆われ、趾には剛毛羽が生える。爪は象牙色で、先端が黒っぽい。［幼鳥］不明。

鳴き声　比較的高いピッチで「クィゥ、クィゥ、クィゥ」と、それぞれ約1秒間隔で繰り返す。

獲物と狩り　爬虫類や、昆虫などの節足動物を主食とし、そのほかに小型の哺乳類や鳥類も食べる。

生息地　主として標高1,500〜2,100mの松林や松とオークの混交林で過ごし、500mほどの低地の落葉樹林で越冬することが多い。

現状と分布　メキシコ西部のバハカリフォルニア半島に位置するシエラビクトリア山およびシエラデラヒガンタ山脈に固有の種。生息域が限られているうえに環境破壊が進んでいるため、絶滅が危惧される。

地理変異　亜種のない単型種。かつてはロッキーズスズメフクロウ（No. 179）の亜種と考えられていたが、現在は独立種とされる。ただし、分類を確定するにはさらなる調査研究が必要だ。

類似の種　バハカリフォルニア半島南部に棲むスズメフクロウ属は本種のみ。生息域が重なるサボテンフクロウ（No. 208）は本種よりさらに小型で、尾が短く、後頭部の眼状紋も、体部下面の縦縞もない。

◀ケープスズメフクロウはカリフォルニアスズメフクロウ（No. 177）と模様がよく似ているが、本種のほうが小さく、尾も短い。また、茶色い尾羽は中央の軸に向かって外側、内側ともに6本の白い横縞が入る。3月、メキシコのバハカリフォルニアにて（写真：ピート・モリス）

Pygmy Owls：スズメフクロウの仲間　**375**

179　ロッキーズスズメフクロウ　[MOUNTAIN PYGMY OWL]
Glaucidium gnoma

全長　15〜17cm　体重 48〜73g　翼長 82〜98mm

外見　超小型で、丸い頭部に羽角はない。雌雄の体重を比べると、メスのほうが平均で15g重い。体部上面は灰茶色から暗い茶色で、頭頂部には灰色または黄色みを帯びた白の小斑が散る。後頭部には黒か濃い茶色の大きな斑点がふたつあり、それぞれ上端が白に近い淡黄褐色で、下端が淡いシナモン色で縁取られ、眼状紋を形づくる。背中には白に近い色か鈍い黄色の斑点が入り、肩羽の羽軸外側の羽弁には白色かシナモン色のまだらが不規則に散る。風切羽には濃淡の横縞、茶色から赤褐色の尾羽には細くて白っぽい5〜6本の横縞。顔盤は明るい茶色で濃淡の斑点が入り、眉斑は細くて白い。目は黄色で、くちばしは黄色がかった象牙色。黄色みのある灰色の蝋膜［訳注：上のくちばし付け根を覆う肉質の膜］は鼻孔の周囲が盛り上がっている。体部下面はオフホワイトか白に近い淡黄褐色で、胸の上部の両側から脇腹にかけては赤茶色と白のまだら、そのほかの部分には黒っぽい縦縞が入る。ふ蹠［訳注：趾（あしゆび）の付け根からかかとまで］は羽毛に覆われ、灰黄色の趾には剛毛羽が生える。爪は茶に近い象牙色で、先端が黒っぽい。［幼鳥］ヒナの綿羽は白に近い。第1回目の換羽を終えた幼鳥の頭頂部は斑点のない灰色で、蝋膜は成鳥に比べて灰色が濃い。
［飛翔］翼の先端が尖っていて、尾が短いのがよくわかる。
鳴き声　弾むような声で、「ギュギュ・ギュギュ」と2音続けて、または「ギュ・ギュ」と1音ずつ発し、この一連を長く繰り返す。

獲物と狩り　昆虫を主食とするが、小型の哺乳類や鳥類、爬虫類も捕食する。
生息地　標高1,500m〜3,500mの湿潤な松林や松とオークの常緑混交林に棲む。
現状と分布　米国アリゾナ州南部から南はメキシコ中部にいたる高地に分布する。希少な種というわけではないようだが、森林破壊の影響は否めない。
地理変異　亜種のない単型種。かつてはほかの3種が本種に含まれていたが、現在はそれぞれカリフォルニアスズメフクロウ（No.177）、ケープスズメフクロウ（No.178）、グアテマラスズメフクロウ（No.183）という独立種とされる。ただし、分類を確定するにはさらなる調査研究が必要だ。
類似の種　生息域が一部重なるカリフォルニアスズメフクロウ（No.177）は、やや大きくて尾も長く、翼の先端が丸い。

▼後ろ向きと前向きのロッキーズスズメフクロウ。後頭部には眼状紋、翼には白斑があり、背中はほぼ均質な灰茶色。尾羽には5本以上の白っぽい細い横縞が目立つ。8月、米国アリゾナ州にて（写真：ジム＆ディーヴァ・バーンズ）

180 | RIDGWAY'S PYGMY OWL
Glaucidium ridgwayi

全長 17〜19cm　体重 46〜102g　翼長 81〜113mm

外見　ごく小型で、丸い頭部に羽角はない。雌雄の体格を比べると、メスのほうが大きく、体重も20gほど重い。羽色には灰褐色型や赤色型、その中間型など、実にさまざまな型がある。そのうち灰褐色型の個体は、額と頭頂部に淡い黄色から白っぽい縦縞が密に入り、後頭部には淡い黄褐色で縁取られた黒い眼状紋がはっきりと見て取れる。その頭頂部に比してわずかに濃色の上背には白に近い黄褐色の斑点が不規則に散り、肩羽は羽軸外側の羽弁の大部分が白いので、肩まわりには白い帯模様ができている。風切羽は濃い灰茶色だが、羽軸の両側の羽弁には白っぽい淡黄褐色の斑点があり、これが途切れがちな横縞をつくる。雨覆［訳注：風切羽の根本を覆う短い羽毛］には濃淡の横縞、暗い茶色の尾には赤褐色か黄土色、または黄白色の横縞が6〜8本入る。顔盤は明るい茶色で白っぽい斑点が散り、眉斑は白。

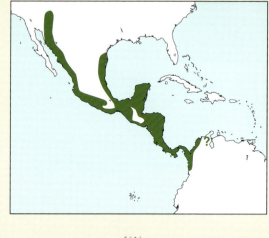

目は黄色で、くちばしと蝋膜［訳注：上のくちばし付け根を覆う肉質の膜］は緑がかった黄色。喉はオフホワイトで、胸の上部の両側は灰茶色の地に淡い黄色の縦縞と斑点が入る。体部下面のそれ以外の部分は白色で、茶色か灰茶色のくっきりとした縦縞が入る。ふ蹠［訳注：趾（あしゆび）の付け根からかかとまで］は羽毛に覆われ、黄色っぽい趾には剛毛羽が生える。爪が煤けた象牙色で、先端が黒っぽい。赤色型も模様はほぼ同様だが、羽色は全体的に赤褐色からオレンジ系の茶色で、尾には赤茶色の横縞が見られる。［幼鳥］ヒナの綿羽は白に近い。第1回目の換羽を終えた幼鳥にはまだはっきりとした模様は見られないが、額には淡色の細い筋状の模様が入る。

鳴き声　こもった声で「ポイプ・ポイプ・ポイプ・ポイプ」と長く続ける。アカスズメフクロウ（№191）の鳴き方にも若干似ているが、本種のほうがややゆったりと鳴く。

獲物と狩り　獲物の約60％が昆虫、20％強が爬虫類、10％が鳥類で、残りは種々の小型の哺乳類。そうした獲物は止まり木から飛びかかるか、密生した葉や茂みにすっと飛び込んで捕らえる。時に自分の体重の2倍を超える大きな獲物を捕食することもある。

生息地　開けた森林地帯や、ベンケイチュウ（巨大なハシラサボテン）やトゲのある低木が生えるやや開けた場所を好む。主として低地に棲むが、標高1,500m超の高地で見られることもある。

◀ Ridgway's Pygmy Owlはアカスズメフクロウ（№191）の亜種とみなされることが多いが、鳴き声とDNA配列が異なる。2月、米国テキサス州にて（写真：ジム＆ディーヴァ・バーンズ）

Pygmy Owls：スズメフクロウの仲間

現状と分布 米国アリゾナ州南部およびテキサス州から南はコロンビア北西部まで生息する。ごく一般的に見られる種だが、米国南部では森林破壊により数が激減している。

地理変異 2亜種が確認されており、基亜種の*ridgwayi*は米国テキサス州およびメキシコから南へコロンビア北西部まで生息する。一方の*G. r. cactorum*は米国アリゾナ州南部からメキシコ西部にかけて棲み、基亜種より灰色が強い。本種は長らくアカスズメフクロウ（No.191）の亜種として扱われてきたが、DNA配列と鳴き声に違いが見られたため、近年になって別種とされた。しかしながら、アカスズメフクロウという種は、関連のあるさまざまな異所種や疑似種を含めた「上種」[訳注：動物地理学の立場から設けた単位で、種の上に位置する]として捉えられてきたこともあり、この「上種」からRidgway's Pygmy Owlを「種」として完全に独立させるためには、さらなる調査研究が必要だ。

類似の種 同じ地域に棲むほかのスズメフクロウ属はすべて、頭頂部に縞模様ではなく斑紋があり、尾の横縞が少ない。生息域が重なるサボテンフクロウ（No.208）は本種よりさらに小さく、尾も短い。また眼状紋はなく、体部下面に多数の細密な波線模様が見られる。

▶Ridgway's Pygmy Owlの後頭部にある眼状紋。2月、米国テキサス州にて（写真：ジム&ディーヴァ・バーンズ）
▼赤色型の個体。肩羽に丸い斑点、雨覆にも大小さまざまな斑点があり、尾には赤茶色の横縞が7〜8本見られる。6月、グアテマラにて（写真：クヌート・アイゼルマン）
▼▶巣穴から顔を覗かせるRidgway's Pygmy Owlのメス。本種はこのような小さな樹洞を巣に使う。4月、米国テキサス州にて（写真：ジム&ディーヴァ・バーンズ）

181 ウンムリンスズメフクロウ [CLOUD-FOREST PYGMY OWL]
Glaucidium nubicola

全長 16cm　体重 73〜80g　翼長 90〜96mm

外見　超小型で、丸い頭部に羽角はない。雌雄の体格を比べると、メスのほうがオスより翼がわずかに長いが、体重に差はない。体部上面は暖かみのある濃い茶色で、後頭部には白で縁取られた大きな黒の眼状紋がある。背中はわずかにあずき色を帯び、斑点模様がほとんどないが、肩羽にはわずかに赤みがかった大きな白斑がはっきりと見て取れる。初列風切と次列風切［訳注：風切羽のうち、人の手首の先に相当する部分から生えているのが初列風切。肘から先の部分から生えているのが次列風切］には白から鈍い黄色と濃色の横縞、上雨覆［訳注：風切羽の根本を覆う雨覆のうち、翼上面を覆う羽毛］には肩羽と同様の白斑が入る。濃いセピア色の比較的短い尾には不規則な形の白斑が並び、途切れがちな5本の線模様をつくっている。顔盤は茶色で、白っぽい同心円状の線模様が数本見られるが、縁取りはなく、白い眉斑が目立つ。やや大きめの目は黄色で、黒いまぶたに縁取られる。くちばしは緑がかった黄色で、淡い黄緑色の蝋膜［訳注：上のくちばし付け根を覆う肉質の膜］はやや膨らんでいる。腮（アゴ）と喉の左右両側、胸の中央は白く、胸の両側は赤茶色の地にごく小さな白斑がいくつか入る。腹部の中央と下尾筒［訳注：尾の付け根下面を覆う羽毛］は黄褐色がかった白で、脇腹は赤褐色の地に暗い茶色の縦縞が入る。ふ蹠［訳注：趾（あしゆび）の付け根からかかとまで］は羽毛に覆われ、黄色っぽい

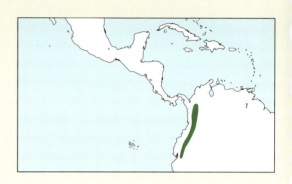

趾にはわずかに剛毛羽が生える。爪は濃い象牙色で、先端が黒っぽい。［幼鳥］不明。

鳴き声　柔らかい声で「ディユーディユー・ディユーディユー」と鳴く。それぞれの音節の長さや間隔はロッキーズスズメフクロウ（No.179）やコスタリカスズメフクロウ（No.182）よりも長い。

獲物と狩り　昆虫などの無脊椎動物を主食とし、そのほかに小型の脊椎動物やトカゲ、カエルなども食べる。

生息地　主にアンデス山脈の標高1,400〜2,000mの急斜面に広がる湿潤な雲霧林に棲むが、エクアドルでは若い二次林や下層植生が密な林縁でも見られる。

現状と分布　コロンビアからエクアドル西部まで、そしておそらくはペルー北部にも分布する。希少な種ではないが、アンデス山脈西側では森林破壊の影響を受けている。特にエクアドルでは、生息に適した場所の面積が5,000km²以下に減っており、生息地も10カ所に満たないので、最低でも危急種に指定すべきとの声が上がっている。

地理変異　亜種のない単型種。鳴き声やDNA解析の結果から、本種の上種［訳注：動物地理学の立場から設けた単位で、種の上に位置する］はロッキーズスズメフクロウ（No.179）であろうと推測されるが、分類を確実なものにするには近縁種全体の調査研究が求められる。

類似の種　生息域が異なるコスタリカスズメフクロウ（No.182）は、後頭部に下端が黄褐色の眼状紋が見られ、腹部と胸上部はさほど白くない。アンデススズメフクロウ（No.193）は生息域が重なるが、本種より標高の高いところに棲み、長い尾と、先端の尖った翼をもつ。また、上背にはかすかな横縞か斑点が入る。

◀ウンムリンスズメフクロウはロッキーズスズメフクロウ（No.179）に似ているが、本種のほうが尾が短く、背中に斑点模様が少ない。また、スズメフクロウ属としては大きめの黄色い目をもつ。11月、エクアドルにて（写真：ウィニー・プーン）

Pygmy Owls：スズメフクロウの仲間 379

182 コスタリカスズメフクロウ [COSTA RICAN PYGMY OWL]
Glaucidium costaricanum

全長 約15cm　体重 53〜99g　翼長 90〜99mm

外見　超小型で、羽角はない。雌雄の体重を比べると、メスのほうが35gほど重い。羽色には褐色型と赤褐色型があり、褐色型は体部上面が土色から茶色で、丸い白斑と淡色の小さな斑点が不規則に入る。頭部は背中よりも若干色が薄く、後頭部にはふたつの大きな黒い斑点があり、その上端が白、下端が鈍い黄色で縁取られて眼状紋となる。肩羽は縁にぼんやりとシナモン系の淡黄褐色がかかり、初列風切と次列風切［訳注：風切羽のうち、人の手首の先に相当する部分から生えているのが初列風切。肘から先の部分から生えているのが次列風切］にはくすんだ白色か淡い黄褐色の細い横縞が入る。暗い茶色から黒に近い尾には小さな白斑が並び、5〜7本の横縞をつくる。顔盤は濃淡の茶色のまだらで、縁取りは不明瞭だが、目は鮮やかな黄色。くちばしは黄色みを帯びた象牙色で、くすんだ黄色の蝋膜［訳注：上のくちばし付け根を覆う肉質の膜］は鼻孔の周囲が盛り上がっている。胸の上部には白斑があり、腹部の白色部分へとつながる。脇腹の下部には数本の縦縞。ふ蹠［訳注：趾（あしゆび）の付け根からかかとまで］は羽毛に覆われ、灰黄色の趾にはまばらに剛毛羽が生える。爪は濃い象牙色で、先端が黒っぽい。一方、赤褐色型は体部上面が赤茶色か栗色で、下面が白に近い淡黄褐色。褐色型で白斑が入っている部分は鈍い黄色か黄褐色の縦縞となっていて、茶色みか赤みを帯びた明るい黄褐色の尾には淡色の横縞が入る。［幼鳥］不明。

鳴き声　2音ずつ「デュデュ・デュデュ・デュデュ」と、時に3音ずつ「デュデュデュ」と長めの間隔をあけながら繰り返す。2音ずつの鳴き方はロッキーズスズメフクロウ（No. 179）のものに似ているが、アンデススズメフクロウ（No. 193）の鳴き方とはまったく異なる。

獲物と狩り　昆虫などの節足動物を主食とするが、トカゲや小型の哺乳類、鳥類も捕食する。茂った葉の中の止まり木から飛び出し、すばやく獲物を狩るのが常套手段。

生息地　標高900mから森林限界までの雲霧林や、伐採地のある山林に生息する。

現状と分布　コスタリカ中部からパナマ西部まで、そしておそらくはパナマ東部にも分布する。コスタリカではごく一般的に見られる種だが、パナマではやや少ない。

地理変異　亜種のない単型種。かつてはアンデススズメフクロウ（No. 193）の亜種と考えられていたが、現在ではロッキーズスズメフクロウ（No. 179）の近縁とされている。

類似の種　生息域が重なるRidgway's Pygmy Owl（No. 180）は本種よりやや大きく、尾も長い。同じく生息域が一部重複するコスズメフクロウ（No. 187）も本種より若干小さく、頭部は灰色がかった茶色をしている。

◀◀赤褐色型のコスタリカスズメフクロウが大きなツグミを捕らえたところ。4月、コスタリカにて（写真：マイク・ダンゼンベイカー）

◀こちらは褐色型のコスタリカスズメフクロウ。土色が混じる体部上面に比べ、茶色の頭部は色がやや薄い。胸の両側は茶色で、体部下面の中央に向かってまだら模様が並ぶ。濃い象牙色の爪は先端が黒い。4月、コスタリカのグアナカステ州にて（写真：ダニエル・マルティネス・A）

183 グアテマラスズメフクロウ [GUATEMALAN PYGMY OWL]
Glaucidium cobanense

全長 16〜18cm　翼長 82〜98mm

<u>外見</u>　ごく小型で、羽角はない。雌雄の体格差を示すデータない。羽色には褐色型と赤色型があるが、数が多いのは後者。その赤色型は、額と頭頂部から側頭部、首の後ろにかけてが鮮やかな赤褐色か栗色で、やや淡い色の斑点があり、後頭部には鈍い黄色から白で囲まれた黒っぽい大きな眼状紋と淡黄褐色の襟状紋も見られる。赤茶色の背中にはぼんやりした濃淡の模様。肩羽の端はやや明るい赤褐色で、鮮やかな赤茶色の翼には濃色で縁取られた淡色の細い横縞、赤褐色の尾には淡い黄色の斑点が連なってつくる横縞が5〜8本入る。顔盤は赤みのある黄色で、黄色い目の周囲に濃色の線模様が放射状に入るが、明瞭な縁取りはない。眉斑と両目の間、腮（アゴ）は白っぽく、くちばしは黄色で、蝋膜［訳注：上のくちばし付け根を覆う肉質の膜］は黒みを帯びた淡い黄色。喉には若干の黄色みを帯びた赤褐色の細い帯模様があり、首元から腹部にかけての中央部は白い。胸の両側から脇腹にかけてはシナモン系淡黄褐色か赤褐色で、幅広だが不鮮明な赤茶色の縦縞が入る。ふ蹠［訳注：趾（あしゆび）の付け根からかかとまで］は羽毛に覆われ、鈍い黄色の趾にはまばらに剛毛羽が生える。足裏は黄色で、濃い象牙色の爪は先端が黒っぽい。褐色型も模様はほぼ同じだが、全体的に茶色から暗い茶色で、淡色の模様はさらに白に近い。
[幼鳥]　ヒナの綿羽は白に近い。第1回目の換羽を終えた幼鳥は成鳥に似ているが、模様は不鮮明でまとまりがない。灰色の頭頂部に模様はなく、額にはまだらが入る。
<u>鳴き声</u>　2音節目を強調した「ピュピュッ・ピュピュッ・ピュピュッ……」という声を長く繰り返す。この鳴き声はロッキーズスズメフクロウ（No.179）ともコスタリカスズメフクロウ（No.182）とも異なる。
<u>獲物と狩り</u>　昆虫や小型のげっ歯類、鳥類を捕食する。
<u>生息地</u>　標高の高い山林に棲む。
<u>現状と分布</u>　メキシコ南部のチアパスからグアテマラ、ホンジュラスにかけて分布する。現状の詳細についてはわかっていない。
<u>地理変異</u>　亜種のない単型種。かつてはロッキーズスズメフクロウ（No.179）の亜種と考えられていたが、鳴き声が異なることから別種とされた。ただし、分類を確定するにはDNA解析などの調査研究が必要だ。
<u>類似の種</u>　生息域がわずかに異なるロッキーズスズメフクロウ（No.179）は本種より色が濃く、茶色の地の胸の両脇には赤茶色と白のまだらがある。生息域が重なるRidgway's Pygmy Owl（No.180）は頭頂部と額に淡い色の筋状の縦縞が密に入る。生息域がやや離れているコスタリカスズメフクロウ（No.182）は胸の両脇から脇腹にかけてが茶色で、白に近い淡黄褐色のまだらが入り、胸の中央から腹部にかけての広い範囲が白い。

◀典型的な赤色型のグアテマラスズメフクロウ。1月、グアテマラにて（写真：クヌート・アイゼルマン）

Pygmy Owls：スズメフクロウの仲間　**381**

▲グアテマラスズメフクロウの尾には淡黄褐色からシナモン色の横縞が入る。5月、グアテマラにて（写真：クヌート・アイゼルマン）

▲▶体部上面は鮮やかな赤褐色から栗色で、頭部にぼんやりした淡色の斑点がある。5月、グアテマラにて（写真：クヌート・アイゼルマン）

▶胸の両側から脇腹にかけてはやや不明瞭な赤茶色の縦縞が入る。5月、グアテマラにて（写真：クヌート・アイゼルマン）

184 キューバスズメフクロウ [CUBAN PYGMY OWL]
Glaucidium siju

全長 17cm　体重 55〜92g　翼長 87〜110mm

<u>外見</u>　ごく小型で、丸い頭部に羽角はない。雌雄の体重を比べると、メスのほうが平均で20g以上重い。羽色には灰褐色型と赤褐色型があり、前者は体部上面が灰茶色で、白と淡黄褐色の斑点が不規則に散るが、頭頂部は白の斑点のみ。後頭部にはくっきりとした黒い斑点がふたつあり、それぞれ上端が白、下端が黄土色系の淡黄褐色で縁取られて眼状紋となる。上背にはぼんやりと横縞が入るが、肩羽に明瞭な縞模様は見られない。風切羽には濃淡の横縞、茶色みのある灰色の尾には黒で縁取られた白色の横縞が5、6本入る。顔盤は淡い灰茶色で、濃色の小さな斑点がうっすらと散る。眉斑は細くて白く、目は黄色で、まぶたの縁は黒。くちばしは黄色みを帯びた象牙色で、黄色がかった灰色の

蠟膜［訳注：上のくちばし付け根を覆う肉質の膜］はわずかに膨らんでいる。体部下面はオフホワイトで、喉から胸の下部にかけての中央部に模様はほとんどないが、胸の上部の両側には茶色みの強い黄土色の横縞が密に入り、そのほかの部分には茶色の斑点と縦縞が見られる。ふ蹠［訳注：趾（あしゆび）の付け根からかかとまで］は羽毛に覆われ、黄色の趾には剛毛羽が生える。爪は濃い象牙色で、先端が黒っぽい。赤褐色型も模様はほぼ同じだが、全体的に赤茶色。［幼鳥］ヒナの綿羽は白。第1回目の換羽を終えた幼鳥は、頭頂部の斑点がない以外は成鳥と似ている。

<u>鳴き声</u>　短い間隔で笛を吹くように「ジュ」という声を繰り返すか、「ジュ、ジュ、ジュ……」と初めはソフトに、次第に速さと音程を上げながら約4秒の等間隔で続ける。

<u>獲物と狩り</u>　主として昆虫と小型の爬虫類を捕食するが、小型の哺乳類や鳥類も食べる。獲物は通常、止まり木から飛びかかって捕まえる。

<u>生息地</u>　開けた林地や林縁、農園に棲むが、大木のある大きな公園などでも見られる。標高は1,500mまで。

<u>現状と分布</u>　キューバと、その西に浮かぶフベントゥド島（旧称ピノス島）に固有の種。ごく一般的に見られる種だが、現状に関する調査は進んでいない。

<u>地理変異</u>　2亜種が確認されており、基亜種の*siju*はキューバ島に、*G. s. vittatum*はフベントゥド島に生息する。一方の*vittatum*は基亜種よりもずっと大きくて重く、体部上面の横縞が明瞭。両者はごく近い地域に生息するものの、姿形が大きく異なるため、分類を確実なものにするにはさらなる調査研究が求められる。

<u>類似の種</u>　キューバおよびフベントゥド島に棲むスズメフクロウ属は本種のみ。生息域が重なるユビナガフクロウ（No.114）は本種より全長が長いが、体重はそれほど変わらない。また、長いふ蹠に羽毛はまったく生えておらず、多くは目が茶色で、白い眉斑が目立つ。

Pygmy Owls：スズメフクロウの仲間 **383**

▲巣穴から顔を出すキューバスズメフクロウのメス。3月、キューバのサパタにて（写真：オリヴァー・スマート）

▲▶キューバスズメフクロウは後頭部にくっきりとした眼状紋が見られる。2月、キューバのサパタにて（写真：アーサー・グロセット）

▶目は黄色で、脇腹には茶色か、赤みのある茶色の横縞が入る。3月、キューバのサパタにて（写真：オリヴァー・スマート）

◀体部下面はオフホワイトで、喉から下腹部にかけての中央部に模様はほとんどない。11月、キューバのサパタにて（写真：アダム・ライリー）

185 メキシコスズメフクロウ [TAMAULIPAS PYGMY OWL]

Glaucidium sanchezi

全長 13〜16cm　体重 52〜56g　翼長 86〜94mm

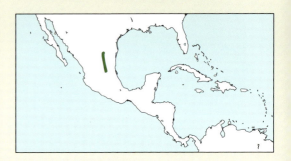

<u>外見</u>　超小型で、羽角はない。雌雄を比較すると、体重差は5gもないが、メスのほうが翼がやや長い。羽色にも違いがあり、オスの成鳥は頭頂部から首の後ろ、体部上面にかけてが深いオリーブ系の茶色で、頭頂部は灰色みがメスより強い個体も多い。それに対しメスの成鳥は、その部分が赤褐色になっている。雌雄ともに前頭部から側頭部、そして首の後ろには淡いシナモン色から白に近い小さな斑点が広がり、後頭部にははっきりとした眼状紋も見られる。肩羽の羽軸外側の羽弁はぼんやりとした淡色で、風切羽には濃淡の横縞、上雨覆［訳注：風切羽の根本を覆う雨覆のうち、翼上面を覆う羽毛］には淡色の斑点が入る。比較的長い茶色の尾には途切れがちな5〜6本の白い横縞。顔盤は茶色で、白から淡い黄色の小さな斑点が散る。短く白い眉斑は顔盤の縁に沿うように伸び、目は黄色。くちばしは黄色みのある象牙色で、蝋膜［訳注：上のくちばし付け根を覆う肉質の膜］は黄色みのある灰色。体部下面は白地に赤茶色の縦縞とまだらがあり、胸の上部の両側には淡黄褐色の斑点も見られる。ふ蹠［訳注：趾(あしゆび)の付け根からかかとまで］は羽毛に覆われ、灰黄色の趾には剛毛羽が生える。爪は象牙色で、先端が黒っぽい。[幼鳥] ヒナの綿羽は白。第1回目の換羽を終えた幼鳥は灰色が強く、頭頂部に斑点はない。尾の横縞は淡いシナモン色で、蝋膜も成鳥より灰色が濃い。

<u>鳴き声</u>　こもった声で笛を吹くように「ヒュウ・ヒュウ・ヒュウ」と2〜3回、一定の間隔で繰り返し、さらにこの一連を数秒おいて続ける。スズメフクロウ属の仲間の鳴き声と異なるのは、1音節がやや長いことと、一連の音節数が少ないこと、そして間隔が長いこと。

<u>獲物と狩り</u>　記録なし。

<u>生息地</u>　標高900〜2,100mの亜熱帯の常緑樹、または半常緑樹からなる雲霧林および山林に棲む。

<u>現状と分布</u>　メキシコ北東部の山地に固有の種。現状はよくわかっていないが、タマウリパス州やサンルイスポトシ州、イダルゴ州最北部ではしばしば目撃情報がある。

<u>地理変異</u>　亜種のない単型種。本種とコリマスズメフクロウ(No.186)、コスズメフクロウ(No.187)、Sick's Pygmy Owl (No.188)、Pernambuco Pygmy Owl (No.189) はかつて、ブラジルコスズメフクロウ（*Glaucidium minutissimum*）の亜種とされていた。これらが同種とされていたのは、系統が異なるにもかかわらず外見に共通点があったからで、遺伝的に近縁だからというわけではなかった。ただし、それぞれ独立した種と確定するためには、生態学的・分類学的・生物学的側面についてさらに掘り下げた調査研究が必要だ。

<u>類似の種</u>　生息域が重なるロッキーズスズメフクロウ(No.179)は本種よりわずかに大きく、背中に白っぽい斑点があり、尾は短め。生息域が異なるRidgway's Pygmy Owl (No.180) も本種よりやや大きく、頭頂部に縦縞がある。コリマスズメフクロウ(No.186) も生息域が離れており、体の大きさはほぼ同じだが、羽色が本種より薄い。

◀メキシコスズメフクロウは超小型で、前頭部に細い斑点がある。頭頂から首の後ろ、体部上面にかけての羽色には雌雄で違いがあり、オスはオリーブ系茶色で、メスは赤褐色。写真はオスで、体部上面の赤みがメスより弱い。3月、メキシコのタマウリパス州にて（写真：ドミニク・ミッチェル）

Pygmy Owls：スズメフクロウの仲間　**385**

186 コリマスズメフクロウ [COLIMA PYGMY OWL]
Glaucidium palmarum

全長 13〜15cm　体重 43〜50g　翼長 81〜88mm

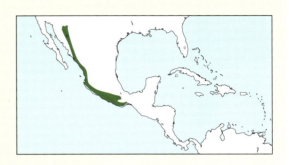

外見　超小型で、丸い頭部に羽角はない。雌雄の体重を比べると、メスのほうが5gほど重い。体部上面は灰色がかった黄褐色で、頭頂部から背中に近づくにつれて徐々に灰色が強くなる。前頭部から後頭部には白か鈍い黄色の斑点が散り、後頭部から首の後ろにはシナモン色の帯模様と眼状紋が見られる。風切羽には濃淡の横縞があり、灰茶色の尾には白に近い淡黄褐色の横縞が6〜7本入るが、そのうち尾の付け根あたりの2〜3本は上尾筒と呼ばれる羽毛に隠れるので、実際は3〜4本しか見えない。顔盤は明るい黄土色で、不鮮明ながら同心円を描く線模様がある。眉斑は白くて短く、目は黄色で、くちばしと蝋膜［訳注：上のくちばし付け根を覆う肉質の膜］は黄色みのある象牙色。体部下面はオフホワイトで、胸の上部の両側から下腹部にかけてシナモンがかった茶色の縦縞が入る。ふ蹠［訳注：趾（あしゆび）の付け根からかかとまで］は羽毛に覆われ、淡い黄色の趾には剛毛羽が生える。爪は象牙色で、先端が黒っぽい。［幼鳥］ヒナの綿羽は白に近い。第1回目の換羽を終えた幼鳥の頭頂部は灰色で、斑点がなく、体部上面は茶色。前頭部にはや

▶コリマスズメフクロウは全体的に灰色がかった黄褐色で、やや色の淡い頭部には小さな白斑が散り、風切羽には濃淡の横縞が入る。3月、メキシコのドゥランゴハイウェイにて（写真：ピート・モリス）

や色の薄い斑点が入り、後頭部には眼状紋があるが、シナモン色の帯はない。

鳴き声 こもった声で口笛を吹くように「フュウ・フュウ・フュウ」と、1秒に3音のペースで鳴く。さらにこの一連を、少しずつ音の数を増やしながら最高で24音繰り返す。

獲物と狩り 小型の鳥類や脊椎動物、爬虫類を主食とするが、大型昆虫などの無脊椎動物も捕食する。

生息地 乾燥地帯か亜湿潤の熱帯地域にあるオーク林、松とオークの混交林、ヤシ林、トゲのある落葉樹林、沼沢地付近の森林などに棲む。標高は1,500mまで。

現状と分布 メキシコ西部の太平洋岸に分布する。この地域ではごく一般的に見られる種。

地理変異 亜種のない単型種。本種とメキシコスズメフクロウ（No.185）、コスズメフクロウ（No.187）、Sick's Pygmy Owl（No.188）、Pernambuco Pygmy Owl（No.189）はかつて、ブラジルコスズメフクロウ（*Glaucidium minutissimum*）の亜種とされていたが、鳴き声が違うことから現在では別種とされている。

類似の種 生息域が一部で重なるロッキーズスズメフクロウ（No.179）は本種よりわずかに大きく、背中に白っぽい斑点があり、尾に見える淡色の横縞が多い。Ridgway's Pygmy Owl（No.180）も生息域が重複するが、やはり本種よりやや大きく、頭頂部に縦縞がある。

▶コリマスズメフクロウの尾には3〜4本の横縞が見られる。趾は淡い黄色で、剛毛羽が生える。3月、メキシコにて（写真：ゲイリー・ソバーン）

▼コリマスズメフクロウの目は黄色で、眉斑は白くて短い。10月、メキシコのドゥランゴハイウェイにて（写真：ピート・モリス）

187 コスズメフクロウ [CENTRAL AMERICAN PYGMY OWL]
Glaucidium griseiceps

全長 14～16cm　体重 50～57g　翼長 85～90mm

外見　超小型で、羽角はない。雌雄の体重を比べると、メスのほうが5gほど重い。頭頂部から首の後ろにかけては茶色みのある灰色で、後頭部にはっきりとした眼状紋が見られる。前頭部には白色の小さな斑点が散り、個体によってはこの斑点が後頭部にまで広がるが、濃い茶色の背中に模様はない。灰茶色の初列風切［訳注：風切羽のうち、人の手首の先に相当する部分から生えているのが初列風切。肘から先の部分から生えているのが次列（じれつ）風切］には明るい色の斑点、赤褐色の次列風切には淡い黄褐色の横縞が入る。茶色の尾には4～5本の白い破線が横に走るが、そのうち尾の付け根あたりの2本は上尾筒と呼ばれる羽毛に隠れるので、実際に見えるのは2～3本のみ。顔盤は明るい灰茶色で、小さな白斑と同心円状の線模様が入る。短く白っぽい眉斑は顔盤上部の縁に沿うように伸び、目は黄色で、くちばしと蝋膜［訳注：上のくちばし付け根を覆う肉質の膜］は黄緑がかった象牙色。体部下面はオフホワイトで、喉から胸の中央にかけては白斑、胸の上部の両側は赤茶色のまだら、脇腹から下腹部にかけては赤褐色の縦縞が入る。ふ蹠［訳注：趾（あしゆび）の付け根からかかとまで］は羽毛に覆われ、裸出した趾は淡い黄色。爪は象牙色で、先端が濃色。[幼鳥] ヒナの綿羽は白に近い。第1回目の換羽を終えた幼鳥の頭頂部はほとんどまだらのない灰色で、体部上面は濃い茶色。尾に入る横縞は白に近い色か淡いシナモン色。[飛翔] 濃淡のはっきりした次列風切が目を引く。

鳴き声　笛のようなよく響く声で「ピュウ・ピュウ・ピュウ」と、1秒に3音のペースで最高18音続け、さらにこの一連を長短さまざまな間隔で繰り返す。

獲物と狩り　記録に乏しいが、昆虫やクモを主食とし、小型の哺乳類や鳥類も捕食すると思われる。

生息地　湿潤な熱帯常緑樹林や低木林に棲むが、農園や、やや開けた場所でも見られる。その多くは低地から丘陵地を好むが、グアテマラでは標高1,300mの場所にも生息する。

現状と分布　メキシコ南東部からエクアドルに分布する。希少な種ではないが、個体数を推定できる情報はない。

地理変異　亜種のない単型種。

類似の種　生息域が重なるRidgway's Pygmy Owl（№180）は、体がやや大きくて尾も長く、頭頂部には縦縞が入る。生息域が異なるメキシコスズメフクロウ（№185）とコリマスズメフクロウ（№186）は尾の横縞の色が薄い。

◀◀ 以前はコスズメフクロウに異なった羽色型はないとされていたが、写真のように明らかに赤褐色型の個体も確認されている。4月、コスタリカにて（写真：アレックス・ヴァルガス）

◀ コスズメフクロウは全体的に、ハーディスズメフクロウ（№190）やアネッタイスズメフクロウ（№192）よりも赤みが強い。前頭部には小さな白い斑点が散るが、この斑点はしばしば後頭部にまで広がる。尾には2～3本の白っぽい破線が見られる。4月、コスタリカにて（写真：アレックス・ヴァルガス）

188 SICK'S PYGMY OWL
Glaucidium sicki

全長 14〜15cm　体重 約50g　翼長 85〜91mm

外見　超小型で、羽角はない。雌雄の体格差に関するデータはない。頭頂部と体部上面はくすんだシナモン色から暖かみのある茶色で、頭頂部に散る小さな白斑と、後頭部の眼状紋がよく目立つが、背中に模様は見られない。濃い茶色の風切羽は羽軸外側の羽弁に白斑があるので、翼を開くと淡色の横縞ができる。尾も濃い茶色で、大きな白斑が並んで3〜4本の破線をつくる。灰茶色の顔盤には赤茶色の同心円状の線模様がうっすらと入り、眉斑は白。目は黄色で、くちばしと蝋膜［訳注：上のくちばし付け根を覆う肉質の膜］は黄色っぽい象牙色。喉には丸みを帯びた白色部分があり、その上端は赤褐色で縁取られる。体部下面はオフホワイトで、首から腹部にかけては濃い赤褐色のまだらが集まって大きな斑紋をつくり、ここに淡色の小さな斑点が重なる。脇腹にはやや黄色みのある赤褐色の縦縞。ふ蹠［訳注：趾（あしゆび）の付け根からかかとまで］は羽毛に覆われ、黄色の趾には剛毛羽が生える。爪は象牙色で、先端が黒っぽい。［幼鳥］ヒナの綿羽は白に近い。第1回目の換羽を終えた幼鳥の頭頂部は赤褐色で斑点はなく、額に淡色の小さな斑点が散る。
［飛翔］濃い赤褐色の羽衣と眼状紋が際立つ。
鳴き声　よく響く「ヒュウ」という一声を0.25秒で発したあと、0.35秒おいてまた「ヒュウ」と鳴く。この声が聞かれるのは主に夜明け前で、日没以降はあまり鳴かない。
獲物と狩り　記録に乏しいが、主食は昆虫で、おそらく小型の脊椎動物も捕食すると思われる。
生息地　低地から標高1,100mまでの常緑樹からなる原生雨林や林縁に棲む。
現状と分布　ブラジル東部から南へパラグアイ東部、ペルー東部まで分布するのは確かだが、南限はアルゼンチン北東部あたりと思われる。珍しい種ではないものの、現状に関する調査はほとんど進んでいない。
地理変異　亜種のない単型種。本種とメキシコスズメフクロウ（No.185）、コリマスズメフクロウ（No.186）、コスズメフクロウ（No.187）、Pernambuco Pygmy Owl（No.189）はかつて、ブラジルコスズメフクロウ（*Glaucidium minutissimum*）の亜種とされていたが、現在はそれぞれ独立種として新たに命名されている。しかし、本種とPernambuco Pygmy Owlをめぐる命名には不確実な要素が多く、今後さらに研究が進めば変更される可能性もある。
類似の種　生息域が重なるアカスズメフクロウ（No.191）はやや大きく、頭頂部には斑点ではなく筋状の縦縞がある。

◀◀Sick's Pygmy Owlは全体的にシナモン色から茶色で、尾は比較的短く、3〜4本の白い破線が入る。4月、ブラジルのサンパウロにて（写真：アーサー・グロセット）

◀Sick's Pygmy Owlの頭頂部の茶色は、ハーディスズメフクロウ（No.190）やコスズメフクロウ（No.187）よりも暖かみが感じられる。そこに入る小さな斑点には、Pernambuco Pygmy Owl（No.189）のような黒っぽい縁はない。1月、ブラジルのサンパウロにて（写真：ギリェルメ・ガジョ=オルティス）

189 PERNAMBUCO PYGMY OWL
Glaucidium minutissimum

全長 14〜15cm　体重 51g（オス1例）　翼長 87〜90mm

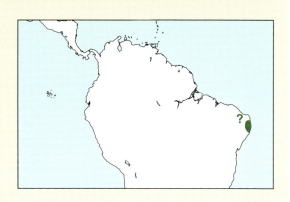

<u>外見</u>　超小型で、羽角はない。雌雄の体格差に関するデータはない。頭頂部は焦げ茶色で、セピア色か黒で縁取られた小さな白斑が密に入る。後頭部に眼状紋はないが、羽毛が白いため、白っぽい襟状紋が見られる。その下端には鈍い黄褐色か赤茶色の細い縁取りがあり、この縁取りから下に行くにつれて徐々に色が濃くなり、上背で無地の黒に近い茶色になる。肩羽は羽軸外側の羽弁に淡色の小さな斑点があるので、肩まわりには淡い帯模様ができている。初列風切と次列風切［訳注：風切羽のうち、人の手首の先に相当する部分から生えているのが初列風切。肘から先の部分から生えているのが次列風切］は背中よりさらに濃い茶色で、その外側の羽弁には明るいシナモン色で形が不揃いな点が、内側には鈍い黄白色の大きな点が並ぶ。尾は暗い茶色から黒褐色の地に白い斑点が並び、よく目立つ横縞を5本つくる。白っぽい顔盤には赤褐色の線が同心円を描き、眉斑もやはり白っぽい。目は黄色で、くちばしは緑がかった黄色。体部下面は、喉から腹部にかけての中央部が白く、焦げ茶色の胸上部の両側にはうっすらとした小さな白斑がわずかに見られ、胸下部の両側から脇腹にかけては鈍い黄褐色の縦縞が目立つ。下毛筒［訳注：尾の付け根下面を覆う羽毛］は白。ふ蹠［訳注：趾（あしゆび）の付け根からかかとまで］を覆う羽毛には鈍い黄褐色かあずき色の縞が入り、趾はオレンジがかった黄色で剛毛羽が生える。爪は濃い象牙色。［幼鳥］不明。

<u>鳴き声</u>　甲高い声で「グォイ・グォイ・グォイ・グォイ・グォイ・グォイ」という6音節を1.4秒で発し、さらにこの一連を4.5〜15秒間隔で繰り返す。

<u>獲物と狩り</u>　記録に乏しいが、主に昆虫を食べ、小型の脊椎動物も捕食すると思われる。

<u>生息地</u>　海抜0〜150mまでの高木からなる原生雨林に生息する。

<u>現状と分布</u>　ブラジル北東部に位置するペルナンブーコ州に固有の種。本種は保護区域の森林に生息する個体群が知られるのみで、バードライフ・インターナショナルでの分類では近絶滅種に指定されている。

<u>地理変異</u>　亜種のない単型種。かつては、本種とメキシコスズメフクロウ（No.185）、コリマスズメフクロウ（No.186）、コスズメフクロウ（No.187）、Sick's Pygmy Owl（No.188）はブラジルコスズメフクロウ（*Glaucidium minutissimum*）の亜種とされていたが、現在は鳴き声が違うことからそれぞれ独立種とされている。実は、別種に分類したことに伴って新しく命名されたために、消滅した学名がある。*Glaucidium minutissimum*という学名はもともとブラジルコスズメフクロウ（Least Pygmy Owl）に付与されていたもので、Pernambuco Pygmy Owlを別種とした当初は新規に*Glaucidium mooreorum*と命名されたのだが、その後変更されて、本種の学名が*Glaucidium minutissimum*になったのだ。

そもそも本種の正基準標本が発見された地域については、今も若干の混乱が残っており、ブラジルの鳥類学者は当初、ペルナンブーコ州周辺に生息する個体群を*Glaucidium mooreorum*、ブラジル南東部に棲む個体群（すなわち、Sick's Pygmy Owl）を*Glaucidium minutissimum*とするよう推奨していた。このように、命名法をめぐっては多くの不確定要素が残っているが、本書では2008年にクラウス・ケーニヒらが公式に発表した論文に準拠した。

<u>類似の種</u>　生息域が離れているSick's Pygmy Owl（No.188）は本種より濃い色で、はっきりとした眼状紋をもつ。同じく生息域が異なるハーディスズメフクロウ（No.190）は頭部の灰色が濃く、やはり眼状紋が目立つ。

190 ハーディスズメフクロウ [AMAZONIAN PYGMY OWL]
Glaucidium hardyi

全長 14～15cm　体重 52～63g　翼長 89～96mm

<u>外見</u>　超小型で、羽角はない。雌雄の体格差に関するデータはない。羽色には褐色型と赤褐色型の個体が存在するが、圧倒的に多いのは前者。その褐色型は、頭頂部が灰茶色で、体部上面は淡い赤茶色か土色。頭頂部にはオフホワイトのごく小さな斑点が密に散るほか、やや大きめのウロコ模様も入る。後頭部に見られるふたつの大きな黒い斑点は淡色に囲まれて眼状紋となり、その下には黄土色の細い帯模様が走る。風切羽は濃い土色で、羽軸外側の羽弁に白い斑点が連なり、それが途切れがちな横縞をつくる。雨覆［訳注：風切羽の根本を覆う短い羽毛］にもごく少数の白い斑点。さらに暗い茶色の尾にも風切羽と同様、大きな白い斑点からなる横縞が5本入るが、そのうち尾の付け根あたりの2本は上尾筒と呼ばれる羽毛に隠れるので、実際に見えるのは3本のみ。顔盤は淡い灰茶色で茶色の小さな斑点が散り、眉斑は白くて短い。比較的小さい目は黄色で、くちばしは黄色みを帯びた象牙色。体部下面はオフホワイトで、喉から胸の中央部にかけては模様のない部分が広がるが、胸の上部の両側には赤褐色のまだらが密に入り、白い斑点がまばらに散る。脇腹と体部下面の残りの部分には赤茶色のはっきりした縦縞が入る。ふ蹠［訳注：趾（あしゆび）の付け根からかかとまで］は羽毛に覆われ、黄金色の趾には剛毛羽が生える。爪は象牙色で、先端が黒っぽく、小さめ。一方の赤褐色型は、頭頂部にかなり不鮮明な鈍い黄色の筋状の模様が入り、肩羽の外側の羽弁に白に近い淡黄褐色の部分が広がる。雨覆には黄白色の斑点、暗い茶色の尾には鈍い赤みのある黄色の横縞が約7本入る。胸の上部の両側はほとんど模様のない赤茶色で、白色の腹部には濃い赤褐色の縦縞がよく目立つ。［幼鳥］成鳥に似ているが、頭頂部に小さな斑点はなく、腹部の縞もやや不鮮明。［飛翔］灰色の頭部と赤茶色の上背との対比が際立つ。

<u>鳴き声</u>　豊かな旋律で弾むように、かつフルートのような震える声で「バイバイバイバイバイバイ」と、1秒当たりおよそ10～13音の速さで2.5～3秒続け、さらにこの一連を長短さまざまな間隔をおいて繰り返す。この大きく甲高い震え声は、Pernambuco Pygmy Owl（№189）やSick's Pygmy Owl（№188）が奏でるような柔らかい震え声とは異なり、日中に聞かれることも多い。

<u>獲物と狩り</u>　記録に乏しいが、昆虫を主食とし、爬虫類や木に棲む哺乳類、鳥類も捕食すると思われる。

<u>生息地</u>　低地から標高850mまでの原生雨林で、着生生物が豊かな林冠、山麓に棲む。

<u>現状と分布</u>　ベネズエラ、ガイアナ、ブラジル北部から南

◂食べかけの鳥を巣で待つ幼鳥へともち帰ったハーディスズメフクロウ。9月、フランス領ギアナにて（写真：タンギー・ドヴィル）

ヘエクアドル東部およびボリビア北東部のいわゆるアマゾン地方まで分布する。ただし、超小型の体で雨林の林冠に棲むため観察は困難を極め、正確な現状と分布範囲はわかっていない。

<u>地理変異</u>　亜種のない単型種。鳴き声とDNA解析の結果から、ブラジルコスズメフクロウ（*G. minutissimum*）の種群[訳注：同一種内で性的隔離の見られるグループ]よりも、アンデススズメフクロウ（№193）やボリビアスズメフクロウ（№194）と近縁であることが示されている。

<u>類似の種</u>　生息域が重なるアカスズメフクロウ（№191）は本種より体がやや大きく、尾も長い。その尾は濃い茶色で、白に近い淡黄褐色か淡い赤茶色の横縞が6～7本入る。また、頭頂部には主として筋状の模様が見られる。

▲鮮やかな黄色の目と、模様のない喉の白色部分が特徴的なハーディスズメフクロウ。9月、フランス領ギアナにて（写真：タンギー・ドヴィル）

▲▶背中の羽づくろいをするハーディスズメフクロウ。後頭部の眼状紋がよく見える。9月、フランス領ギアナにて（写真：タンギー・ドヴィル）

▶こちらは休息中の本種。大きなナベブタアリが爪の間に残ったごちそうのおこぼれにあずかっている。9月、フランス領ギアナにて（写真：タンギー・ドヴィル）

191 アカスズメフクロウ [FERRUGINOUS PYGMY OWL]
Glaucidium brasilianum

全長 17～20cm　体重 46～107g　翼長 92～106mm　翼開長 38cm

外見　ごく小型で、羽角はない。雌雄の体重を比べると、メスのほうが15～30g重い。羽色には灰色型、褐色型、赤色型に加え、その中間型もあるが、基亜種*brasilianum*では褐色型がもっとも一般的で、体部上面は暗い茶色をしている。その頭頂部には淡黄褐色の細い筋状の縦縞があり、個体によっては頭部の両側と後部に白い斑点も散る。後頭部には上端が白色、下端が淡い黄土色の眼状紋があり、肩羽は外縁が黄色いため、肩には細い帯模様ができている。風切羽には濃淡の破線が横方向に走り、濃い茶色の尾にも白っぽい破線が6～7本入る。雨覆［訳注：風切羽の根本を覆う短い羽毛］には白か、ごく淡い黄褐色の斑点。体部上面のそれ以外の部分には模様がほとんどないが、淡い黄色から白の小さな斑点が不規則に散る程度。顔盤は明るい黄土色で、濃色の小さな斑点が散り、眉斑は白っぽい。目は黄色で、くちばしと蝋膜［訳注：上のくちばし付け根を覆う肉質の膜］は緑がかった黄色。体部下面はオフホワイトで、胸の上部の両側には茶色の斑紋が密に入るほか、淡色の小さな斑点がまばらに散る。胸の下部から腹部にかけては茶色の縦縞。ふ蹠［訳注：趾（あしゆび）の付け根からかかとまで］は茶色と鈍い黄色の羽毛で覆われ、淡い黄色の趾には剛毛羽が生える。足裏はオレンジがかった黄色で、濃い象牙色の爪は先端が黒っぽく、力強い。この褐色型に次いで数が多い赤色型は体部上面が錆茶色で、大小さまざまな淡黄褐色の斑点があるが、個体によっては頭頂部に淡い黄褐色の筋状の模様と黄色の小さな斑点が入る以外は、体部上面にほとんど模様が見られないこともある。尾は模様のない赤茶色か、錆茶色の地に濃い茶色の細い横縞が見られる。体部下面は鈍い黄色で、濃いあずき色の縦縞がくっきりと入る。もっとも数が少ない灰色型は、羽衣の模様は褐色型とほぼ同じだが、全体的に灰色で、模様の色は白に近い。［幼鳥］ヒナの綿羽は白に近い。第1回目の換羽を終えた幼鳥は成鳥に似ているが、模様はやや不明瞭。

鳴き声　ベルを鳴らすような声で、「ホィプ」あるいは「ポィプ」と1秒に3音の速さで10～60回繰り返し、さらにこの一連を数秒おいて続ける。通常、鳴くときは尾がピクピクと動く。この鳴き声は昼夜を問わず聞かれるが、その音が小鳥を刺激してモビングの対象となることもある。

獲物と狩り　昆虫や、鳥類をはじめとする小型の脊椎動物を主食とするが、自分よりも体の大きい獲物を狩ることもできる。獲物は止まり木から狙うことが多いが、葉の茂みに隠れる鳥や昆虫を探し、飛びかかることもある。

生息地　湿潤な低地の一次林や二次林、林縁、有刺低木の茂る伐採地、牧草地に棲むが、公園や庭など人里近くでも見られる。一般には低地から標高1,500mのところを好むが、ベネズエラでは2,250mまで生息する。

現状と分布　ベネズエラ、コロンビアから南はウルグアイ、アルゼンチン中部まで、南米に広く分布する。ごく一般的に見られる種だが、現状や生態などの詳細は不明。

地理変異　7亜種が確認されている。基亜種の*brasilianum*はブラジル北東部から南へウルグアイ北部まで生息する。基亜種よりやや小さい*G. b. medianum*はコロンビア北部およびベネズエラ北部から東へスリナム北部およびフランス領ギアナの首都カイエンヌまで、これによく似た*G. b. phaloenoides*はベネズエラ北部に浮かぶマルガリータ島お

▼アカスズメフクロウの亜種*phaloenoides*はベネズエラに棲む*medianum*によく似ており、大きな目と趾が黄色い。4月、カリブ海に浮かぶトリニダード島にて（写真：ロビン・チッテンデン）

よびトリニダード島に分布する。ベネズエラ南部のドゥイダ山に棲むG. b. duidaeは羽色がかなり濃く、ベネズエラ南東部のアウヤンテプイに生息するG. b. olivaceumは灰色がかった緑褐色。鳴き声がよく響くG. b. ucayalaeはベネズエラ南部、コロンビアのアマゾン地域およびブラジルから西はエクアドル東部、南はペルー東部およびボリビアまで分布する。最後のG. b. straneckiはウルグアイ南部からアルゼンチン中部および東部に棲む亜種で、7亜種の中で最大。なお、ucayalaeはほかの亜種とは明らかに異なる特徴があり、medianurn、phaloenoides、duidaeも本当に亜種なのか疑問が残る。したがって分類を確実なものにするには、アカスズメフクロウの種群［訳注：同一種内で性的隔離の見られるグループ］に関するさらなる調査研究が求められる。

<u>類似の種</u>　部分的に生息域が重なるSick's Pygmy Owl（No. 188）、Pernambuco Pygmy Owl（No. 189）、ハーディスズメフクロウ（No. 190）、アネッタイスズメフクロウ（No. 192）はいずれも本種より体がやや小さくて尾も短く、頭頂部には縦縞でなく斑点がある。Chaco Pygmy Owl（No. 197）も部分的に分布が重複するが、その生息地は乾燥地で、やはり本種よりもやや小さく、頭頂部には斑点が見られるのみ。また、体部下面にはわずかに縞があるが、背中にはほとんど斑点がなく、肩羽にも白い部分が見られない個体が多い。

▲亜種*ucayalae*の腹部は基亜種と同様、白い部分が目立つ。ただし、頭部の白い縞は少ない。エクアドルにて（写真：マーレイ・クーパー）

▲▶基亜種の褐色型。一般的に羽色は暗い茶色で、頭部と肩羽、翼、胸にわずかばかりの斑点が散る。9月、アルゼンチンのミシオネス州にて（写真：マーティアン・ラマーティンク）

▶こちらは基亜種の赤色型。9月、ブラジルのブサダザレアスにて（写真：ロナルド・メッセメーカー）

394 *Glaucidium*：スズメフクロウ属

◀アカスズメフクロウのほとんどの亜種は、胸から腹部にかけてが真っ白だが、濃色の亜種*duidae*の腹部には白い部分が少ない。写真は基亜種。3月、ブラジルにて（写真：クレベール・デ・ブルゴス）

192 アネッタイスズメフクロウ　[SUBTROPICAL PYGMY OWL]
Glaucidium parkeri

全長 約14cm　体重 59〜64g　翼長 90〜97mm

外見　超小型で、羽角はない。雌雄の体格差に関するデータはない。体部上面は暗い茶色で、頭頂部と側頭部はやや灰色がかり、黒い縁取りの白斑が密に散る。後頭部の眼状紋はよく目立つが、その下の白い襟状紋は隠れがち。上背は濃い茶色に緑色が混じり、外側ほど色が濃くなる。肩羽と上雨覆［訳注：風切羽の根本を覆う雨覆のうち、翼上面を覆う羽毛］の外側の羽弁には、下端が黒で縁取られた白斑がある。翼と尾には不定形の白い斑点が連なり、途切れがちな横縞をつくる。顔盤は淡い灰茶色の地に白と茶色の小さな斑点が散り、目は黄色で、くちばしは緑がかった黄色。体部下面はおおむね白で、喉から胸の中央部にかけては大きな白斑、首から胸上部の両側にかけては赤褐色の地に白色の小さな斑点、脇腹と下腹部には緑がかった明るい栗色の縦縞が入る。ふ蹠［訳注：趾（あしゆび）の付け根からかかとまで］は羽毛に覆われ、黄色の趾には剛毛羽が生える。爪は濃い象牙色。［幼鳥］不明。

鳴き声　いくぶん高めの声で「フィウ・フィウ・フィウ・フィウ」という4音節を、およそ2秒間で発し、さらにこの一連を数秒間隔で繰り返す。この鳴き声は新世界に棲むスズメフクロウ類の中でもきわめて特徴的。

獲物と狩り　おそらく昆虫を主食とするものと思われる。

生息地　主に標高1,450〜1,975mの湿潤で着生生物が豊富な山林、または雲霧林に棲む。

現状と分布　コロンビア南東部からペルーを経てボリビア北部にいたるアンデス山脈東側の山腹に分布する。現状と分布範囲の詳細は不明だが、環境破壊が進めば絶滅の危機に瀕することもありうる。

地理変異　亜種のない単型種。本種が独立した種として認められたのは1995年と比較的最近のことで、中南米大陸に棲むほかのスズメフクロウ類との関係性についてはさらなる調査研究が待たれる。

類似の種　部分的に生息域が重なるアカスズメフクロウ（No.191）は本種より大きく、尾も長くて、多くは頭頂部に細い筋状の模様が入る。やはり生息域が一部重複するアンデススズメフクロウ（No.193）は、たいていはさらに標高の高い場所に棲み、体部下面は縞模様ではなく、まだらになっている。また、翼は本種より長くて先端が尖り、上背には淡色の小さな斑点が散る。

193 アンデススズメフクロウ [ANDEAN PYGMY OWL]
Glaucidium jardinii

全長 15〜16cm　体重 56〜75g　翼長 95〜101mm

外見　超小型で、羽角はない。雌雄の体重を比べると、メスのほうが平均で10g以上重い。羽色は赤色型と褐色型のほかに、その中間型の個体も確認されている。褐色型は頭頂部と体部上面が暖かみのある濃い土色で、頭頂部には白色か鈍い黄色の小さな斑点が散り、さらに個体によってはしずく型の斑点やごく細い筋状の縦縞が入ることもある。後頭部には眼状紋があり、首の後ろには上背よりもわずかに淡い色の襟状紋が見られる。背中は頭頂部よりやや赤みが強く、淡色の斑点が不規則に入る。風切羽には白っぽい淡黄褐色の斑点があり、これが濃淡の横縞をつくる。黒に近い尾羽は両側の羽弁に白い斑点が入っているため、5〜6本の横縞ができているが、羽軸の中央には達していない。顔盤は淡い灰茶色で、同心円を描く濃色の線模様があり、白っぽい眉斑が目立つ。目は黄色で、くちばしと蝋膜［訳注：上のくちばし付け根を覆う肉質の膜］は黄色みを帯びた象牙色。体部下面は、喉から首の前部、胸の上部にかけて大きな白斑があり、その斑の間には茶色の細い横縞が入る。腹部の中央部も白色で模様はないが、濃い茶色の胸上部の両側には濃淡のまだら模様、脇腹には煤色のまだらとぼんやりした縦縞が見られる。ふ蹠［訳注：趾（あしゆび）の付け根からかかとまで］は茶色と白の羽毛に覆われ、黄色の趾には剛毛羽が生える。爪は濃い象牙色で、先端が黒。一方の赤色型は、赤褐色か淡黄褐色にオレンジ色がかかっている。［**幼鳥**］ヒナの綿羽は白に近い。第1回目の換羽を終えた幼鳥は成鳥に似ているが、頭頂部に斑点はなく、体部下面の模様も不鮮明。［**飛翔**］翼の先端が尖っているのがよく見える。

鳴き声　「プエェートゥトゥトゥ・プエェートゥトゥトゥ」という詰まるような震え声を0.35秒の間隔で4〜5回続けたあと、1秒に4音の速さで弾むように「テュ・テュ・テュ・テュ」と5〜10音つなげて鳴く。さらにこの一連を、ほんの数秒おいて繰り返す。

獲物と狩り　小型の鳥類や昆虫などの節足動物を主食とするが、小型の哺乳類などの脊椎動物も捕食する。そうした獲物を止まり木から飛びかかって捕まえることが多い。

生息地　やや開けた雲霧林や山林、湿潤な森林地帯に棲む。標高は一般に900〜4,000mだが、コロンビアでは2,100〜2,800mの場所に限定される。

現状と分布　ベネズエラからコロンビアのアンデス山脈、エクアドルを経て南はペルー北中部まで分布する。これら

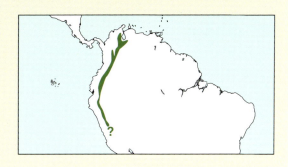

の生息域ではごく一般的に見られる種だが、大規模な森林伐採の影響が懸念される。

地理変異　亜種のない単型種。本種とコスタリカスズメフクロウ（No.182）はかつて同種と考えられていたが、鳴き声が大きく異なるので、現在は別種として扱われている。ただし、中南米の森林地帯に棲むスズメフクロウ類の分類をより確実なものにするには、鳴き声や生態などについてのさらなる調査研究が求められる。

類似の種　生息域が一部で重なるアネッタイスズメフクロウ（No.192）は本種より体がやや小さく、翼も短い。

▶アンデススズメフクロウの褐色型。エクアドルにて（写真：タッソ・レヴェンティス）

194　ボリビアスズメフクロウ　[YUNGAS PYGMY OWL]
Glaucidium bolivianum

全長 約16cm　体重 53〜70g　翼長 94〜103mm

<u>外見</u>　超小型で、羽角はない。雌雄の体重を比べると、メスのほうが平均で10gほど重い。羽色は灰色型、褐色型、赤色型が知られ、そのうちもっとも多いのが褐色型。一方、灰色型は生息域がボリビアのユンガス地方南部に限定され、体部上面が煤けた灰茶色で、淡色の斑点が多数入る。その頭頂部には白くて丸い斑点が密に入るほか、淡い黄土色の大きなウロコ模様も見られる。後頭部には上端が白で下端が淡い黄土色の眼状紋、首の後ろには幅の狭い黄褐色の襟状紋、背中には白色か淡黄褐色の斑点が散り、その一部は筋状の模様になる。<ruby>肩<rt>かたばね</rt></ruby>羽は羽軸外側の羽弁にぼんやりとした白色の部分があり、<ruby>風切<rt>かざきりばね</rt></ruby>羽にはごく淡い黄褐色の小さな点模様が並んでつくる濃淡の横縞が見られる。黒い尾羽には長円形の白い斑点が中央から縁へと連なっているため、白の破線が5〜6本できている。ほぼ平らな顔盤はあまり発達しておらず、淡い灰茶色の地に濃色の小さな斑点が散る。<ruby>眉<rt>びはん</rt></ruby>斑は白く、目は黄金色で、くちばしは緑がかった黄色。白い喉と胸の間には細くて黒い帯模様があり、胸の中央部から腹部にかけての大部分は白色で模様がない。体部下面の残りの部分の羽色はオフホワイトで、胸上部の両側にはくすんだ灰茶色のまだら、脇腹から下腹部にかけては濃色の縦縞が入る。ふ<ruby>蹠<rt>しょ</rt></ruby>［訳注：<ruby>趾<rt>あしゆび</rt></ruby>の付け根からかかとまで］は煤色と白のまだらの羽毛で覆われ、煤けた黄色の趾には剛毛羽が生える。爪は濃い象牙色で、先端が黒。褐色型の模様も灰色型とほぼ同じだが、全体的に暖かみのある暗い茶色をしていて、黒っぽい尾には白い横縞が5本入る。赤色型は全体的にオレンジがかった茶色で、やはり体部上面に淡色の模様がある。［幼鳥］ヒナの詳細は不明だが、第1回目の<ruby>換<rt>かんう</rt></ruby>羽を終えた幼鳥は、頭頂部が体部上面よりやや灰色が濃く、斑点はまだ見られない。また、体部下面の縦縞も不鮮明。［飛翔］アンデススズメフクロウ（No.193）と比べると、翼は丸みを帯び、尾が長い。

<u>鳴き声</u>　美しく震える笛のような声で「ウィッフルルル」と2〜3回鳴いたあと、弾むような声で「フィゥップ・フィゥップ・フィゥップ」と続ける。後半はかなりゆっくりで、1秒に1〜2音のペース。鳴くのは日が落ちてから。

<u>獲物と狩り</u>　主に昆虫などの節足動物や小型の鳥類を捕食する。その狩場は林冠や、林冠下の葉の茂みがほとんど。

<u>生息地</u>　湿潤で着生植物が豊富な山林や雲霧林に棲む。標高は一般に900〜3,000mだが、森林限界が3,000mを超える場合は、そうした地点でも見られる。

<u>現状と分布</u>　ペルー北部からボリビアを経てアルゼンチン北部の、主としてアンデス山脈東側の山腹に分布する。本種はほかのスズメフクロウ類に比べて日中に活動することが少ないため、調査はほとんど進んでいない。したがって現状は不明だが、アルゼンチンでは生息地の森林破壊により絶滅が危惧される。

<u>地理変異</u>　亜種のない単型種。本種が独立した種とされたのは比較的最近の1991年のことで、アネッタイスズメフクロウ（No.192）、アンデススズメフクロウ（No.193）、ペルースズメフクロウ（No.195）との比較研究に関心が集まっている。

<u>類似の種</u>　部分的に生息域が重なるアネッタイスズメフクロウ（No.192）は本種よりやや小型で、尾もかなり短い。その上背に模様はなく、白色の体部下面には栗色の縦縞が入る。やはり生息域がわずかに重複するアンデススズメフクロウ（No.193）は翼の先端が尖り、尾が短く、頭頂部には本種のものより小さな斑点がまばらで、逆に体部下面のまだらや横縞は多い。また、灰色型は知られていない。

◀ 飛び立とうとしているボリビアスズメフクロウ。3月、ペルーはクスコのマヌー国立公園にて（写真：マティアス・デーリング）

Pygmy Owls：スズメフクロウの仲間　**397**

▶ボリビアスズメフクロウは大きさも外見もアンデススズメフクロウ（No.193）とよく似ている。尾には5本の破線があり、脇腹は横縞より縦縞が多い。写真の個体は、喉の白い羽毛を膨らませているところ。8月、アルゼンチンのサルタにて（写真：ジェームズ・ローウェン）

▼ボリビアスズメフクロウの眼状紋。8月、アルゼンチンのサルタにて（写真：ジェームズ・ローウェン）

▼▶ボリビアスズメフクロウの赤色型。3月、ペルーはクスコのマヌー国立公園にて（写真：マティアス・デーリング）

195 ペルースズメフクロウ [PERUVIAN PYGMY OWL]
Glaucidium peruanum

全長 15〜17cm　体重 58〜65g　翼長 98〜104mm

別名　Pacific Pygmy Owl

外見　超小型で、羽角はない。雌雄の体重差を比較すると、メスのほうが平均で5gほど重い。羽色は灰色型、褐色型、赤色型など多くの型がある。そのうち灰色型の個体は体部上面が濃い灰茶色で、前頭部には細くて短い淡色の筋状の模様、額から首の後ろと側頭部には大小さまざまな白い斑点が密に入る。後頭部には眼状紋があり、その上方には白色の帯が、下方には細い黄土色の襟状紋が広がる。背中には不規則な形の斑点、肩羽の羽軸外側の羽弁には広く白い部分が見られる。風切羽は濃い灰茶色で、中央から縁へと白か鈍い黄色の斑点が並び、これが途切れがちな濃淡の横縞をつくる。暗い灰茶色の尾羽には白い模様があるため、尾には6〜7本の白っぽい破線ができているが、そのうち尾の付け根あたりの数本は上尾筒と呼ばれる羽毛に隠れるため、見えるのは4〜5本のみ。顔盤はあまり発達しておらず、眉斑は白で、かなり大きな目は黄色。くちばしと蝋膜[訳注：上のくちばし付け根を覆う肉質の膜]は緑がかった黄色。喉には大きな白斑が広がり、体部下面は白に近い色で、胸の上部の両側には暗い灰茶色の斑紋が多く、その上に白色の小さな斑点がまばらに散る。体部下面の残りの部分には暗い灰茶色のはっきりとした縦縞が見られる。ふ蹠[訳注：趾（あしゆび）の付け根からかかとまで]を覆う羽毛は灰茶色でオフホワイトのまだらが入り、黄色の趾には剛毛羽が生え

る。爪は濃い象牙色で、先端が黒。褐色型の模様も灰色型とほぼ同じだが、全体的に濃い土色で、頭頂部に入る淡色の小さな斑点は灰色型のものよりさらに細かい。赤色型は、錆茶色の体部上面に鈍い黄色か白色の小さな斑点が散り、頭頂部に淡黄褐色の筋状の模様がある個体が多い。尾は赤茶色の地に、7本前後の淡いあずき色かオレンジがかった淡黄褐色の横縞が入る。体部下面はオフホワイトか淡い黄色で、オレンジがかった茶色の模様があるが、灰色型や褐色型のものほど鮮明ではない。[**幼鳥**]ヒナの綿羽は白に近い。第1回目の換羽を終えた幼鳥は成鳥に似ているが、頭頂部に模様はない。

鳴き声　1秒に6〜7音という速いペースで「トィトィトィ

トィトィトィトィ」と弾むように鳴く。さらにこの一連を、短い間をおいて繰り返すことが多い。

獲物と狩り　主に昆虫などの節足動物を捕食するが、小鳥も重要な獲物で、時に小型の脊椎動物を狩ることもある。

生息地　水辺の雑木林やマメ科の低木（メスキート）林、やや乾燥した林地、サボテンや有刺低木の生える低木林などに棲むが、樹木が生えていれば都会の公園や農場にも姿を現す。標高は主として2,400mまでだが、地域によっては3,000mの地点でも見られる。

現状と分布　エクアドル西部からペルーを経てチリ北部のアンデス山脈西側の斜面にのみ生息する。これらの生息域ではさほど珍しい種ではないと思われる。

地理変異　亜種のない単型種。1991年まで本種はアカスズメフクロウ（No.191）と同種とみなされていたが、DNA解析の結果、別種であることが示された。ただし、本種の生態についてはほとんどわかっておらず、もしかしたらペルー南部のアプリマク県に生息する特徴的なスズメフクロウ類は新種か、本種の亜種である可能性もある。このように生息域の標高により別亜種とすべきと考えられているものもいるものの、現時点でそうした発表はない。ちなみに低地に棲む個体は、頭頂部に小さな斑点がまばらに散り、しずくが伸びたような筋状の模様が多数、くっきりと目立つ。

類似の種　アカスズメフクロウ（No.191）はアンデス山脈の東側斜面に棲み、眼状紋の下に本種のような襟状紋は見られない。同じくアンデス山脈の東側斜面に棲むボリビアスズメフクロウ（No.194）は翼の先端が丸みを帯び、背中に入る淡色の斑点はより小さく、その多くは三角形で、体部下面の縦縞も本種ほどはっきりしていない。

▲このペルースズメフクロウはエクアドル産で、尾に表れた横縞はペルー産の個体とは大きく異なる。もしかしたら別亜種かもしれない。7月、エクアドルのマチャリリャにて（写真：カレン・ハーグリーヴ）

▲▶ペルースズメフクロウは目も脚も鮮やかな黄色。6月、ペルーのリモンにて（写真：ポール・ノークス）

▶赤色型のつがい。8月、ペルーのランバイエケ県にて（写真：クリスティアン・アルトゥソ）

◀ペルースズメフクロウの典型的な褐色型の個体。10月、ペルーのリマにて（写真：デュビ・シャピロ）

196 ミナミスズメフクロウ [AUSTRAL PYGMY OWL]
Glaucidium nana

全長 17～21cm　体重 55～100g　翼長 95～108mm

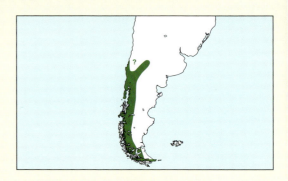

外見　ごく小型で、羽角はない。雌雄の体重を比べると、メスのほうが最大20g重い。羽色は赤色型と灰褐色型に加え、その中間型も知られる。灰褐色型は体部上面が暗い灰茶色で、大きさも形もさまざまな白斑が散る。後頭部にははっきりとした眼状紋があり、その上下は白い帯模様で囲まれる。肩羽は羽軸外側の羽弁が広範にわたって白く、風切羽は白色か淡黄褐色の斑点が並んでいるため、途切れがちな横縞ができている。尾羽には縁から羽軸まで濃淡の縞が入り、これが尾に8～10本の赤茶色の細い横縞をつくる。顔盤は淡い灰茶色で、濃色の小さな斑点と縞が入り、眉斑と目先 [訳注：左右の目とくちばしの間の部分] は白に近い。目は黄色く、くちばしと蝋膜 [訳注：上のくちばし付け根を覆う肉質の膜] は緑がかった黄色。体部下面はオフホワイトで、胸の上部の両側に暗い灰茶色の斑紋があり、その上に白色の小さな斑点が散る。喉の白い斑紋はやや小さいが、細い縦の帯となって腹部中央へと伸び、さらに胸の両側から大腿にかけても細い白色部分が広がる。また、そのふたつの白色部分の間には、細くて短い筋状の模様と濃淡のまだらも密に入る。ふ蹠 [訳注：趾（あしゆび）の付け根からかかとまで] を覆う羽毛は白地に灰茶色のまだらが入り、黄色の趾には剛毛羽が生える。爪は濃い象牙色で、先端が黒。一方の赤色型は、赤褐色の地に灰茶色とほぼ同様の模様が入る。[**幼鳥**] ヒナの綿羽は白に近い。第1回目の換羽を終えた幼鳥の目は濃い黄色だが、オレンジがかる個体も多い。頭頂部にまだらはなく、全体的に成鳥ほど模様が鮮明でない。[**飛翔**] 尾に密な横縞がよく見える。

鳴き声　やや耳障りだが弾むような声で、「キュ・キュ・キュ・キュ・キュ……」と徐々に音程を上げながら1秒に3.5～5音の速さで20～30音ほど続け、さらにこの一連を数秒おいて繰り返す。

獲物と狩り　獲物の50％が昆虫、32％が小型の哺乳類、14％が鳥類で、そのほかにはトンボやサソリ、クモ、トカゲをはじめとする爬虫類などを捕食する。

生息地　有刺低木や木立のある開けた林地を好むが、地域によっては人里近くの公園や農地でも姿が見られる。標高は低地から2,000mまで。

現状と分布　チリから南米大陸最南端のティエラ・デル・フエゴ諸島に分布し、チリ北部とアルゼンチン北部、中部および東部で越冬すると報告されている。これらの生息域ではさほど珍しい種ではないようだ。

地理変異　亜種のない単型種。アカスズメフクロウ（No.191）とは同種とみなされることも多かったが、DNA解析の結果は別種であることを示している。ただし、本種の生息環境や生態についてはさらなる調査が求められる。

類似の種　アカスズメフクロウ（No.191）のうち、もっとも南に棲む亜種 *G. b. stranecki* は本種と体の大きさがほぼ同じだが、生息域が異なるうえに、目がかなり大きく、尾の横縞が少ない。また、体部下面に入る縦縞は本種よりはっきりしている。やはり生息域が離れているペルースズメフクロウ（No.195）も尾の横縞が少なく、赤色型では尾に淡色の太い横縞が見られる。

◀ミナミスズメフクロウの成鳥。頭頂部の白い縞が明瞭で、アカスズメフクロウ（No.191）に比べると目が小さい。10月、アルゼンチンのティエラ・デル・フエゴにて（写真：ピート・モリス）

▶こちらは灰褐色型。まだ成鳥になっていないが、尾には成鳥と同様、横縞が密に入っている。12月、アルゼンチンのロスグラシアレス国立公園にて（写真：ステファン・ホーンワルド）

197 CHACO PYGMY OWL
Glaucidium tucumanum

全長 16〜18cm　体重 52〜60g　翼長 90〜100mm

別名　Tucuman Pygmy Owl

外見　ごく小型で、羽角はない。雌雄の体重を比べると、メスのほうが5g弱重い。羽色は灰色型、褐色型、赤色型があり、もっとも数が多い灰色型は体部上面が暗い灰色で、わずかにオリーブ色か青みを帯びている。その頭部に密に入る小さな白斑は、額から頭頂部にかけては筋状の斑点、側頭部から後頭部にかけては丸い斑紋となる。後頭部には白色の羽毛に縁取られた眼状紋も見られるが、その下に襟状紋はなく、背中の模様もない。風切羽には白い破線、大雨覆〔訳注：風切羽の根本を覆う雨覆のうち、次列（じれつ）風切（人の肘から先に相当する部分から生えている風切羽）を覆う羽毛〕には不規則な形の白斑、かなり濃い灰茶色の尾には白い破線が5〜6本入る。顔盤は煤色で、白色か淡黄褐色の小さな斑点が散り、眉斑は白い。目は淡い黄色から鮮やかな黄色で、くちばしと蝋膜〔訳注：上のくちばし付け根を覆う肉質の膜〕は緑がかった黄色。体部下面は大部分がオフホワイトだが、胸の上部の両側は濃い灰茶色で白い斑点が見られる。下腹部も時に紫色を帯びることがあり、やや散漫に暗い灰茶色の縞が入る。ふ蹠〔訳注：趾（あしゆび）の付け根からかかとまで〕は羽毛に覆われ、裸出した趾は黄緑色。足裏は黄色で、爪は黒っぽい。褐色型の模様も灰色型と似ているが、全体的に土色が強く、赤色型は赤みのある砂色から明るい赤茶色で、肩羽の縁は色が淡い。〔幼鳥〕ヒナの綿羽は白に近い。第1回目の換羽を終えた幼鳥は成鳥とよく似ているが、頭頂部に模様はなく、目は黄色みのある灰色。

鳴き声　弾むような声で「トィク・トィク・トィク・トィク」と、1秒に2音の速さで徐々に音程を上げながら10〜30音ほど続け、さらにこの一連を数秒間隔で繰り返す。

獲物と狩り　特に乾季には小型の鳥類を主食とするが、そのほかに小型の哺乳類、トカゲなどの爬虫類、昆虫なども食べる。通常は止まり木から獲物を狙うが、葉の茂みに隠れる小鳥に襲いかかることもある。

生息地　山間の森林は好まず、主として大きなハシラサボテン類や有棘低木が生えるようなやや開けた乾燥地の森林に棲むが、庭園や公園など人里近くで見られることもある。標高は500〜1,800m。

現状と分布　ブラジル中西部からボリビアおよびパラグアイを経てアルゼンチン北部にまで広がるサバンナ地帯（グランチャコ）に分布する。生息域ではごく一般的に見られる種だが、調査はほとんど進んでいない。

地理変異　2亜種が確認されており、基亜種の*tucumanum*はパラグアイのチャコからアルゼンチン北部に生息する。一方の*G. t. pallens*はボリビアのチャコからブラジル南西部に分布し、褐色型と赤色型が存在する。アカスズメフクロウ（No.191）の亜種*G. b. stranecki*と本種は交雑するが、これまでのところ交雑個体は生殖能力をもたず、また鳴き声とDNA配列、そして生態にも違いがあることから、本種を独立した種とするのが妥当と思われる。

類似の種　生息域が一部で重なるアカスズメフクロウ（No.191）は本種よりやや大きく、頭頂部には斑点ではなく縞が入る。生息域が異なるボリビアスズメフクロウ（No.194）は姿がよく似ているが、頭頂部の斑点は円形またはしずく型で、首の後ろに黄土色の襟状紋がある。

◀Chaco Pygmy Owlはごく小型で、羽色には灰色、褐色、赤色の3型がある。そのうちもっとも数が多いのは灰色型だが、写真は褐色型。頭頂部には筋状の斑点が密に入り、茶色の尾には白い破線が5〜6本見られる。体部下面の縦縞は茶色。11月、アルゼンチンのサルタにて（写真：G・アーミステッド）

198 モリスズメフクロウ [JUNGLE OWLET]
Taenioglaux radiata

全長 約20cm 体重 88〜114g 翼長 120〜136mm

外見 ごく小型で、丸い頭部に羽角はない。雌雄の体格差に関するデータはない。羽色には灰褐色型と灰色型があり、数の多い灰褐色型は体部上面が濃い灰茶色で、淡い黄土色か赤茶色の細い横縞が密に入る。背中から上尾筒［訳注：尾の付け根上面を覆う羽毛］にかけてはほぼ真っ白な横縞が密に入る個体もいるが、眼状紋が見られることはない。顔盤は不鮮明だが、口ヒゲのような白い羽毛が目立つ。眉斑は白くて短く、目は鮮やかなレモン色。くちばしは黄緑色か黄色がかった灰色で、蝋膜［訳注：上のくちばし付け根を覆う肉質の膜］は青みを帯びる。体部下面は白で、顋（アゴ）と胸の上部は模様がないため白色部分が際立つ。胸の下部はいくぶん赤褐色を帯び、そこから腹部や脇腹にかけて灰茶色の横縞が伸びる。くすんだ黄緑色の趾は羽毛と剛羽毛に覆われ、足裏は黄色で、爪は濃い象牙色から茶色。一方の灰色型は、特に背中の下部から尾にかけて灰色が強い。［幼鳥］第1回目の換羽を終えた幼鳥は成鳥に似ているが、綿羽はふわふわで、尾の横縞は茶色が濃く、体部下面の横縞はやや不鮮明。

鳴き声 大きく、抑揚のない震え声で「プラォルル・プラォルル・プラォルル」と1秒に1.5〜2.5音の速さで3〜10音続け、さらにこの一連を数秒間隔で繰り返す。

獲物と狩り バッタやセミなどの大型昆虫を主食とするが、軟体動物やトカゲ、小型の鳥類や哺乳類も捕食する。

生息地 湿潤な落葉樹林や、竹が生える二次密林に棲む。ネパールでは標高2,000mまで。

現状と分布 インドおよび東の周辺国に分布する。すなわち、インド北西部のヒマーチャル・プラデーシュ州からヒマラヤ山脈のふもとの丘陵地帯を経て東へブータン、バングラデシュ、インド北東部、ミャンマーまでと、南へスリランカまで。これらの生息域ではさほど珍しい種ではなく、ミャンマーではごく一般的に見られる。

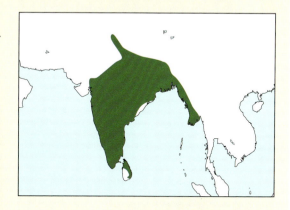

▶灰褐色型のモリスズメフクロウ。写真は亜種 *malabarica* のオスで、鳴く前に白い喉を膨らませている。1月、インド西海岸のゴアにて（写真：ヒラ・プンジャビ）

地理変異 2亜種が記録されており、基亜種のradiataは分布範囲のほぼ全域に生息する。一方のT. r. malabaricaはインド西部に位置するゴア州北部から南はケララまでのマラバル海岸に分布し、基亜種よりもわずかに色が濃く、赤みが強い。このmalabaricaは鳴き声も異なるようで、独立種として扱うべきとの声もあるが、分類を確定するためにはさらなる調査研究が求められる。

類似の種 生息域がほとんど重ならないヒメフクロウ（No. 176）は本種より小さく、眼状紋と幅の狭い襟状紋が見られる。わずかに生息域が重複するオオスズメフクロウ（No. 201）は本種より大きく、腹部に幅広の横縞だけでなく濃色の縦縞も入る。

▲◀モリスズメフクロウの褐色型の亜種malabaricaは基亜種より若干色が濃く、赤みが強い。2月、インドのケララにて（写真：アマノ・サマルバン）

▲亜種malabaricaの後ろ姿。短い尾と、赤褐色の翼と首が見える。1月、インドのケララにて（写真：ジョン＆ジェミ・ホームズ）

◀灰色の強い基亜種の後ろ姿。体部上面の細かい横縞と鮮やかなレモン色の目が印象的。11月、インドのケララにて（写真：アマノ・サマルバン）

▶こちらは灰褐色型の基亜種。1月、ネパールにて（写真：ニール・ボウマン）

199 クリセスズメフクロウ [CHESTNUT-BACKED OWLET]
Taenioglaux castanonota

全長 17〜19cm　体重 約100g　翼長 122〜137mm

外見　ごく小型で、羽角はない。雌雄の体格を比べると、メスのほうがオスより体が大きく、体重も重い。雌雄ともに頭部と背中とでは色味がまったく異なり、頭部は暗い茶色の地に赤みがかった黄土色の細い横縞が入るのに対し、背中は明るい栗色の地に黒っぽい横縞が入る。後頭部に眼状紋はないが、風切羽と尾羽には黄土色か白に近い色と濃い赤褐色か栗色からなる縞模様が見られる。顔盤はあまり発達しておらず、目は鮮やかな黄色で、くちばしは黄色に緑がかかることもある。蝋膜［訳注：上のくちばし付け根を覆う肉質の膜］はくすんだ緑色。胸の上部には暗い茶色と黄土色の横縞、胸の下部から腹部にかけてと脇腹は白地に黒っぽい筋状の縦縞が入る。ふ蹠［訳注：趾（あしゆび）の付け根からかかとまで］は羽毛に覆われ、黄色がかったオリーブ色の趾には剛毛羽がまばらに生える。爪は濃い象牙色。［幼鳥］第1回目の換羽を終えた幼鳥は成鳥に似ているが、綿羽はふわふわとしており、縦横の縞模様がぼんやりしている。

鳴き声　ビブラートの効いたよく響く声で「クルルロー・クルルロー・クルルロー」と1秒に約2.5音の速さで4〜9回続け、さらにこの一連を数秒間隔で繰り返す。こうした鳴き声は昼間も聞かれる。

獲物と狩り　昆虫を主食とするが、小型の哺乳類や鳥類、爬虫類なども捕食する。

生息地　低地から標高1,950mまでの湿潤な密林に棲む。ま

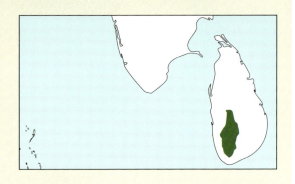

た、スリランカの首都コロンボの近郊などではゴム農園の境界や樹木が密な公園などでも見られる。

現状と分布　スリランカに固有の種。以前はよく見られたが、森林破壊の影響で数を減らしている。

地理変異　亜種のない単型種。これまで本種はモリスズメフクロウ（No.198）の亜種とされてきたが、近年では独立種とするよう提唱されている。とはいえ、その生態、生息環境、鳴き声についての研究はあまり進んでおらず、分類を確実なものにするにはさらなる調査研究が求められる。

類似の種　生息域が隣接するモリスズメフクロウ（No.198）は大きさも姿形もよく似ているが、背中に赤茶色と白の横縞がくっきりと入り、体部下面に黒っぽい縦縞はない。

◀クリセスズメフクロウはモリスズメフクロウ（No.198）によく似ているが、名前が示す通り、背中が鮮やかな栗色をしている。また、翼は赤みが強く、濃色の横縞が数本入る。2月、スリランカのキトゥルガラにて（写真：ゲイリー・ソバーン）

◀◀胸の上部には暗い茶色と黄土色の横縞があり、胸の下部と脇腹には黒っぽい筋状の縦縞が入る。スリランカのキトゥルガラにて（写真：ゲイリー・ソバーン）

200 ジャワスズメフクロウ [JAVAN OWLET]
Taenioglaux castanoptera

全長 23〜25cm　翼長 144〜150mm

外見　小型で、丸い頭部に羽角はない。雌雄の体格差に関するデータはない。体部上面は赤みの強い栗色で、肩羽は羽軸外側の羽弁が白いので、肩には白い帯模様ができている。栗色の風切羽には淡い黄土色の破線、暗い茶色の尾には黒で縁取られたやや細い黄土色の横縞が7本入る。目は黄色で、緑がかった黄色のくちばしは先端に近いほど黄色みが強く、蝋膜[訳注：上のくちばし付け根を覆う肉質の膜]はオリーブ色。頭部、喉、首の両側には暗い茶色と淡黄褐色からなる横縞があり、頬の白い羽毛は先端が茶色で、腮（アゴ）は白に近い。体部下面は白地に赤みが強い鮮やかな栗色の縦縞が入るが、胸の両側の羽毛は赤茶色で縁が白く、脇腹の羽毛は内側の羽弁が白色で、外側は栗色。ふ蹠[訳注：趾（あしゆび）の付け根からかかとまで]は羽毛に覆われ、黄色みを帯びたオリーブ色の趾には剛毛羽がまばらに生える。足裏は黄緑色または黄色で、濃い象牙色の爪は先端が黒い。

[幼鳥]　ヒナの綿羽は白に近い。巣立雛は成鳥のような羽衣になるが、色合いは鈍い。

鳴き声　まるで笑い声のような、細かく震える大きな声を規則正しく繰り返す。この鳴き声が聞かれるのは明け方と夕暮れ時のみ。

獲物と狩り　昆虫を主食とするが、クモやサソリ、ムカデなどの多足類、トカゲ、小型の哺乳類や鳥類も食べる。また、まれに小さなヘビも捕食する。

生息地　樹木が密生する低地の原生雨林や竹やぶに棲む。

標高は2,000mまでだが、もっとも多く見られるのは500〜900m。

現状と分布　インドネシアのジャワ島とバリ島に固有の種。希少ではあるが、適した生息地では比較的よく見られる。ただし、生息環境や生態に関しては不明な点も多く、さらなる調査が待たれる。

地理変異　亜種のない単型種。

類似の種　ジャワ島とバリ島に生息するこの大きさのフクロウ類は本種のみ。生息域を共にするジャワコノハズク（No.066）は体部下面に赤褐色の細密な波線模様と黒のヘリンボーン模様が入り、立たせるとよく見える羽角をもつ。

◀ジャワスズメフクロウの体部上面は赤みの強い栗色で、胸の両側に茶色と黄土色の横縞、胸の中央部と腹部に白色の縦縞、脇腹に栗色の縦縞が入る。5月、ジャワ島のカリタにて（写真：ジェームズ・イートン）

201 オオスズメフクロウ [ASIAN BARRED OWLET]
Taenioglaux cuculoides

全長 22〜25cm　体重 150〜240g　翼長 131〜168mm

外見　小型で、丸い頭部に羽角および眼状紋はない。雌雄の体重を比べると、メスのほうが35g以上重い。頭頂部、側頭部、首の後ろ、体部上面、風切羽は、いずれもかすかにあずき色を帯びた鈍い茶色かオリーブ系の茶色で、鈍い黄褐色または赤褐色がかった白色の細かい横縞が密に入る。黒に近い暗色の尾には6本の白っぽい横縞。顔盤はあまり発達しておらず、長く伸びる白色の眉斑と、白いヒゲのような縦縞がぼんやりと入る。目はレモン色で、くちばしは黄緑色、蝋膜[訳注：上のくちばし付け根を覆う肉質の膜]は緑がかった象牙色。喉には白い斑紋が目立ち、胸には暗い茶色と鈍い黄褐色を帯びた白色の横縞、腹の上部には淡い茶色と白色の横縞が入るが、下腹部に近づくほど横縞より縦縞が多くなる。ふ蹠[訳注：趾（あしゆび）の付け根からかかとまで]は羽毛に覆われ、灰色がかった深緑色の趾には剛毛羽がまばらに生える。足裏は明るい黄色で、爪は茶色に近い象牙色。[幼鳥]ヒナの綿羽は白。第1回目の換羽を終えた幼鳥は全体的に赤みが強く、翼と尾に横縞があるが、上背には模様がないか、うっすらとした横縞が入る程度。頭部と首の後ろには淡黄褐色の小さな斑点が散る。

鳴き声　柔らかい声で「クィゥーク、クィゥーク、クィゥーク、クィゥーク」と発する。この一連は初めは1秒に1音程度だが、徐々に速さを増して1秒に4音になり、5〜20秒続く。また、美しい震え声で「キィキィキィキィキィ」と鳴くこともある。

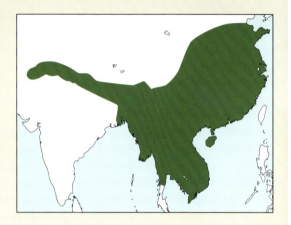

獲物と狩り　甲虫やセミなどの昆虫を主食とするが、トカゲや小型の哺乳類、鳥類も捕食する。その狩りでは、飛んでいる鳥をタカのように追跡して捕らえることもある。

生息地　標高の高い松林か、低地の常緑密林に棲むが、庭園や公園など人里近くにも姿を現す。また、パキスタン北部のヒマラヤ山脈では標高2,700mの高地でも見られる。

現状と分布　ヒマラヤ山脈西部から東はバングラデシュ東部、ミャンマーを経て中国東部と南東部、海南島まで、南は東南アジア（マレー半島、タイ半島南部は除く）まで分布する。これらの生息域ではごく一般的に見られる種。

地理変異　5亜種が確認されている。基亜種の*cuculoides*はパキスタン北東部からカシミール地方を経てネパール東部とインド北東部のシッキム州西部まで、これより赤褐色が濃い*T. c. rufescens*はシッキム州東部およびブータンからバングラデシュを経てラオス北部とベトナム北部まで生息する。ミャンマー南部のタニンダーリ地方域（旧称テナセリム）からタイ、ラオス南部、カンボジア、ベトナム南部に棲む*T. c. bruegeli*は明らかに体が小さく、体部上面は暗い茶色。*T. c. whitelyi*は中国の四川省、雲南省および中国南東部に分布し、翼が長い。最後の*T. c. persimilis*は海南島に棲む亜種で、*rufescens*よりもさらに赤褐色が濃い。本種は従来の生物学的種概念に基づいて独立種とされているが、モリスズメフクロウ（No.198）も含む種群[訳注：同一種内で性的隔離の見られるグループ]について分類を確実なものにするには、生息環境や生態などさらなる調査が必要だ。

類似の種　生息域を共にするヒメフクロウ（No.176）はずっと小さく、頭頂部に斑点、後頭部に眼状紋がある。生息域がわずかに重なるモリスズメフクロウ（No.198）は若干小さく、腹部には縦縞ではなく横縞が入る。

Owlets：スズメフクロウの仲間 **409**

▲オオスズメフクロウの亜種*whitelyi*は5亜種の中でもっとも大きく、基亜種に似て羽色が濃い。4月、香港にて（写真：マーティン・ヘイル）

▲▶基亜種*cuculoides*の生息地は部分的にモリスズメフクロウ（No.198）と重なる。モリスズメフクロウは本種より若干小さく、体部下面には横縞が入る。1月、インド北部にて（写真：ハッリ・ターヴェッティ）

▶もっとも小型の亜種*bruegeli*の体部上面は茶色がかなり濃く、腹部は白色で、肩羽（かたばね）には大きな白斑がある。1月、タイのケーンクラチャンにて（写真：ニール・ボウマン）

◀亜種*rufescens*は基亜種よりも赤みが強い。2月、インドのアルナーチャル・プラデーシュ州にて（写真：ニール・ボウマン）

202 セアカスズメフクロウ [SJÖSTEDT'S OWLET]

Taenioglaux sjostedti

全長 25～28cm　体重 約140g　翼長 152～168mm

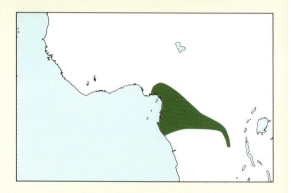

外見 小型から中型で、羽角はない。雌雄を比べると、メスのほうが若干大きく、体重も重いとされる。額から頭頂部、首の後ろにかけてはくすんだ茶色の地に細くて白い横縞が密に入り、濃い栗色の上背には一部、明るい縁色の羽毛が混じる。肩羽の羽軸外側の羽弁には淡いシナモン色か白色の細い横縞、茶色か黒の風切羽には白色の細い横縞。翼上面の大雨覆［訳注：風切羽の根本を覆う雨覆のうち、次列風切（人の肘から先に相当する部分から生えている風切羽）を覆う羽毛］は暗い茶色で、わずかに栗色がかかり、先端は白色。尾は黒褐色の地に、ごく細い白色の横縞が入る。濃い茶色の顔盤は不明瞭で、細い白線が入り、肩斑もやはり白くて細い。目は黄色で、くちばしと蝋膜［訳注：上のくちばし付け根を覆う肉質の膜］は淡い黄色。白い喉には模様がなく、胸にはシナモン系淡黄褐色の地に暗い茶色の細い横縞が入るが、腹部ではその横縞はほとんど見られなくなる。下雨覆と下尾筒［訳注：下雨覆は翼の付け根下面を覆う羽毛。下尾筒は尾の付け根下面を覆う羽毛］は黄色みを帯びた明るい赤褐色。ふ蹠［訳注：趾（あしゆび）の付け根からかかとまで］はシナモン系赤褐色の羽毛で覆われ、明るい黄色の趾には剛毛羽がまばらに生える。爪は象牙色で、先端が濃色。［幼鳥］ヒナの綿羽については不明。第1回目の換羽を終えた幼鳥は成鳥に似ているが、全体的に色が薄く、胸の上部と脇腹の横縞は成鳥より色が濃く、肩羽の縁は淡黄褐色。

鳴き声 オスは「クィル・クィル・クル・クル」という声を2秒間に2～4音発し、さらに1～2秒おいてこの一連を繰り返す。この鳴き声が聞かれるのは主に明け方と夕暮れ時だが、日中に鳴くこともある。

獲物と狩り バッタやフンコロガシなどの昆虫を主食とするが、カニやクモ、小型のげっ歯類、爬虫類、鳥類なども捕食する。通常は低い止まり木から獲物に飛びかかるが、小鳥の巣をヒナごと略奪することもある。

生息地 主として低地の湿潤な原生林に棲むが、カメルーン山などでは標高の高い地域でも見られる。

現状と分布 アフリカ大陸の中西部から中部に分布する。すなわち、ナイジェリアからカメルーン、赤道ギアナ、ガボン、コンゴ、コンゴ民主共和国まで。ガボンでは個体数が多いようだが、原生林の奥に棲む本種にとって森林伐採は間違いなく脅威となっている。ただし、現状に関する調査はほとんど進んでいない。

地理変異 亜種のない単型種。

類似の種 生息域が異なるヨコジマスズメフクロウ（№204）は本種より体が小さく、体部下面は白っぽい。また、喉と胸の上部にのみ濃色の横縞が入り、下腹部には濃色の斑点が目立つ。同じく生息域が離れているクリイロスズメフクロウ（№206）は頭頂部に斑点があり、背中は赤みがかった栗色でほとんど模様がなく、白色の胸の下部から腹部にかけては茶色の斑点、尾には鈍い黄色の横縞が密に入る。

◀セアカスズメフクロウはスズメフクロウ類の中では大型で、頭部と首、顔にくすんだ茶色と白色の横縞が入る。体部下面はシナモン色で、胸には茶色の細い横縞が数本入るが、腹部に横縞はほとんど見られない。生息域が重なるムネアカスズメフクロウ（№175）は本種よりずっと小さく、頭頂部の模様はないが、後頭部に眼状紋がある。3月、カメルーンにて（写真：ニック・ボロウ）

Owlets：スズメフクロウの仲間　411

203 ETCHÉCOPAR'S OWLET
Taenioglaux etchecopari

全長 20〜21cm　体重 83〜119g　翼長 123〜132mm

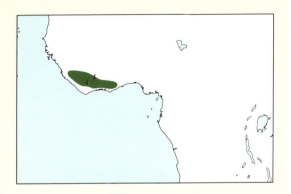

外見　小型で、羽角はない。雌雄の体重を比べると、メスのほうが10g以上重い。体部上面は比較的濃い茶色で、額には淡黄褐色の斑点と若干の横縞、頭頂部と首の後ろにはごく細い淡色の横縞が入る。後頭部の眼状紋と首の後ろの襟状紋はないが、背中には不鮮明ながら栗色の横縞が多数見られる。肩羽は羽軸外側の羽弁に小さな白色部分があるため、肩を横切るようにくっきりとした帯模様ができている。初列風切と次列風切［訳注：風切羽のうち、人の手首の先に相当する部分から生えているのが初列風切。肘から先の部分から生えているのが次列風切］は濃淡の茶色の横縞がうっすらと見え、大雨覆［訳注：風切羽の根本を覆う雨覆のうち、次列風切を覆う羽毛］のもっとも内側の羽毛は縁がぼんやりと白いが、隠れているためほとんど見えない。暗い茶色の尾羽には茶色みを帯びた黄色の細い横縞。褐色の顔盤は不明瞭で、淡色の線が同心円を描く。目は黄色で、くちばしと蝋膜［訳注：上のくちばし付け根を覆う肉質の膜］は緑がかった黄色。首の前部と胸の上部は茶色の地に淡い黄土色の横縞が走り、体部下面の残りの部分は白色で、特に胸の両側と脇腹にほぼ三角形の暗い茶色の斑点が多く入る。ふ蹠［訳注：趾（あしゆび）の付け根からかかとまで］はオフホワイトの羽毛で覆われ、裸出した趾は緑がかった黄色。爪は象牙色で、先端が濃色。

［幼鳥］　不明。

鳴き声　「カゥ、カゥ、カゥ」とゆっくり発する。この鳴き声はヨコジマスズメフクロウ（No.204）のものに似ているが、本種のほうが1フレーズの音が少なく、6音以下。

獲物と狩り　記録に乏しいが、大型の昆虫と小型の脊椎動物を主食とし、通常は止まり木から獲物に飛びかかると思われる。

生息地　高木のある原生林または古い二次林を好むが、木を大量に切り出した森にも棲む。

現状と分布　アフリカ西部のリベリアとコートジボワール、そしておそらくはガーナにも分布する。現状の詳細は不明だが、コートジボワールではさほど希少ではないようだ。

地理変異　亜種のない単型種。

類似の種　生息域がほぼ重なるムネアカスズメフクロウ（No.175）は、灰茶色の頭部と赤褐色の胸の両側に模様がなく、首の後ろに襟状紋がある。生息域が離れているクリイロスズメフクロウ（No.206）は、鮮やかな栗色の背中にほとんど模様は見られず、赤茶色の頭頂部に斑点、首の後ろに襟状紋がある。

▶Etchécopar's Owletはリベリアからガーナまで生息する。12月、ガーナにて（写真：イアン・メリル）

204 ヨコジマスズメフクロウ [AFRICAN BARRED OWLET]
Taenioglaux capense

全長 20〜22cm　体重 81〜139g　翼長 131〜150mm　翼開長 40〜45cm

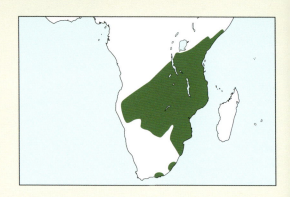

<u>外見</u>　小型で、羽角はない。雌雄の体重を比べると、メスのほうが平均で10g以上重い。頭部は灰茶色から濃い土色で、後頭部に眼状紋はないが、首の後ろには白色の細い横縞が密に入る。背中は濃い黄褐色の地に淡黄褐色の細い横縞が入り、黄褐色の肩羽は羽軸外側の羽弁に先端が黒っぽい大きな白斑があるため、肩を横切るように白い帯模様ができている。風切羽には黄色みを帯びた茶色と赤茶色の横縞、灰茶色の尾には淡黄褐色の横縞。淡い茶色の顔盤には同心円状の白い線模様があり、白っぽい眉斑はさほど目立たない。目は黄色で、くちばしは黄緑がかった灰色。喉と胸の上部は灰茶色の地に淡い黄褐色の横縞が密に入り、体部下面の残りの部分は鈍い黄色がかったオフホワイトで、羽毛の多くは先端に暗い茶色の大きな斑点がある。下雨覆［訳注：風切羽の根本を覆う雨覆のうち、翼下面を覆う羽毛］は白に近い淡黄褐色で、茶色の斑点が入る。ふ蹠［訳注：趾（あしゆび）の付け根からかかとまで］は赤褐色の混じる白色の羽毛で覆われ、茶色がかった黄色か黄色がかったオリーブ色の趾には剛毛羽が生える。象牙色の爪は先端が濃色で、比較

◀亜種の*ngamiense*は基亜種より小型で色が薄い。ボツワナのチョベにて（写真：マーティン・B・ウィザーズ）

▶アフリカ東部に生息する亜種*scheffleri*は、ほかの亜種と形態が大きく異なるため、別種とみなされることがある。4月、タンザニアのミクミにて（写真：アダム・スコット・ケネディ）

▶▶亜種*schefferi*と*ngamiense*の中間型と思われる個体。肩の白斑と、胸上部および脇腹の黄色い横縞が目立つ。11月、タンザニアにて（写真：ニック・ボロウ）

▶▼ヨコジマスズメフクロウの基亜種は希少で、生息域がほかの亜種とは離れている。亜種*ngamiense*より体が大きくて色が濃く、頭部には横縞ではなく小さな斑点が入る。翼の横縞はやや不鮮明で、尾の横縞は細い。11月、南アフリカ共和国の東ケープ州にて（写真：ジョン・カーリオン）

的小さい。[幼鳥] ヒナの綿羽は白。第1回目の換羽を終えた幼鳥は成鳥に似ているが、全体的に茶色が濃く、背中も体部下面も模様が少ない。若鳥の舌と口角［訳注：上下のくちばしをつなぐ肉質の部分］は黒っぽい。[飛翔] 音を立てて羽ばたき、低空を飛行する。

鳴き声 細く高い声で、「カゥ・カゥ・カゥ……」と1秒に1音のペースでピッチを上げ下げしながら10音ほど続け、さらにこの一連を15〜20秒間隔で繰り返す。基亜種*capense*の鳴き声はややゆっくりで、澄んでいる。

獲物と狩り 小型の哺乳類や鳥類、爬虫類、カエル、さらにはイモムシなどの昆虫やサソリなどの節足動物を捕食する。獲物は通常、止まり木から飛びかかって捕まえる。

生息地 アカシア類が群生する川辺の林や巨木のある開けた林地、林縁、二次林に棲むが、基亜種の*capense*は特に海辺の低木林を好む。標高は通常1,200mまで。

現状と分布 アフリカ大陸東岸のソマリア南部から、西は中央アフリカの森林地帯を経てアンゴラおよびナミビアまで、南はモザンビーク南東部を経て南アフリカ共和国の東ケープ州まで、さらにはタンザニア中部沖のマフィア島にも分布する。現状の詳細は不明だが、おそらく森林破壊の影響を受けていると思われる。

地理変異 3亜種に分類され、基亜種の*capense*は南アフリカ共和国の東ケープ州に生息する。これより体が小さく、色が薄い*T. c. ngamiense*はアフリカ大陸南東部のタンザニア中部（マフィア島を含む）からコンゴ民主共和国南東部を経て大陸西岸のアンゴラ南部およびミビアまでと、南はモザンビーク南部および南アフリカ共和国北東部（ムプマランガ州）に分布する。*T. c. scheffleri*はソマリア南端部からケニア中部と東部を経てタンザニア北東部に棲む亜種で、やはり体が小さく、体部上面はほぼ横縞のない暗い茶色で、下面もクリーム色の胸の上部に錆茶色の横縞が入る以外、模様はほとんど見られない。また、白い顔盤にはうっすらとした灰色の横縞と斑点が散り、白い眉斑がくっきりと入る。この*scheffleri*と*ngamiense*は明らかな特徴があるとされるが、そもそも基亜種の詳細についても不明なので、分類を確定させるためにはさらなる調査研究が必要だ。

類似の種 生息域が重なるアフリカスズメフクロウ（No. 174）は本種より小さく、体部下面に縦縞、頭頂部と背中に斑点がある。生息域が離れているセアカスズメフクロウ（No. 202）は逆に本種より大型で尾も長く、爪も大きい。また、上背は栗色で、シナモン系淡黄褐色の胸と黒褐色の尾には細い横縞が入る。生息域を共にするコノハズク類は翼が長くて小さな羽角があり、体部下面の羽衣は身を隠すのに適した色と模様。

▶ヨコジマスズメフクロウの亜種*ngamiense*のつがい。メスのほうが若干大きくて胸に斑点が多い。5月、南アフリカ共和国のムプマランガ州にて（写真：ナイル・ベリンス）

205 ザイールスズメフクロウ [ALBERTINE OWLET]
Taenioglaux albertina

全長 21cm　体重 73g（メス1例）　翼長 126～138mm

<u>外見</u>　小型で、羽角はない。雌雄の体重差は、データがメスの1例しかないため不明。雌雄ともに体部上面は全体的にえび茶色で、額から頭頂部、首の後ろにかけてはクリーム色の大小の斑点が散る。後頭部に眼状紋はないが、首の後ろではいくつかの斑点が横方向に長く伸びて帯状あるいはウロコ状となり、上背に行くと斑点がさらに伸びて横縞となる。体部上面の残りの部分は模様のないえび茶色だが、肩羽の羽軸外側の羽弁には黄白色の斑点があるため、肩を横切るように帯模様ができている。風切羽には濃淡の茶色がつくる縞模様とクリーム色の斑点が入るが、初列風切［訳注：風切羽のうち、人の手首の先に相当する部分から生えている羽毛］は外側から3枚が模様のない茶色。尾は濃い茶色で、白か黄色の細い横縞が7本入る。顔盤は茶色の地に淡色の小さな斑点が散り、眉斑は細くて白い。目は黄色で、くちばしと蝋膜［訳注：上のくちばし付け根を覆う肉質の膜］も黄色っぽい。腮（アゴ）は白、喉は茶色、胸上部は茶色の地に黄白色の横縞で、それぞれ対比が際立っている。体部下面の残りの部分は白色で、特に脇腹にえび茶色の大きめの斑点が多く入る。ふ蹠［訳注：趾（あしゆび）の付け根からかかとまで］は羽毛に覆われ、黄色に近い趾には剛毛羽が生える。爪は象牙色で、先端が濃色。［幼鳥］不明。
<u>鳴き声</u>　短く口笛を吹くように「フィー・フィー」と鳴いたのち、「クルル・クルル・クルル」と長く続ける。
<u>獲物と狩り</u>　昆虫を食べるとの報告がある。
<u>生息地</u>　標高1,000〜1,700mの湿潤で、下層植生が豊富な山林に棲む。
<u>現状と分布</u>　アフリカ大陸中部のコンゴ民主共和国北東部からルワンダ北部にかけて走るアルバータイン地溝帯地域に固有の種。ただし、情報源は今のところ5本の標本のみで、さらなる調査が必要だが、バードライフ・インターナショナルは本種をすでに危急種に指定している。
<u>地理変異</u>　亜種のない単型種。近縁種の有無は不明。
<u>類似の種</u>　生息域が重なるアフリカスズメフクロウ（No. 174）は、後頭部に眼状紋、体部下面に縦縞がある。ムネアカスズメフクロウ（No. 175）も生息域が重なるが、濃い灰色の頭頂部に斑点はない。また、濃い茶色の背中にも模様は見られないが、尾には大きな白斑がある。やはり生息域を共にするクリイロスズメフクロウ（No. 206）は、背中の下部から尾の付け根にかけてが模様のない栗色で、茶色の尾には黄色の横縞が入る。生息域が異なるヨコジマスズメフクロウ（No. 204）は本種より体が若干大きく、首の後ろに白色の細い横縞、尾に茶色と淡黄褐色の横縞が密に入る。

206 クリイロスズメフクロウ [CHESTNUT OWLET]

Taenioglaux castanea

全長 20～21cm　体重 約100g　翼長 128～139mm

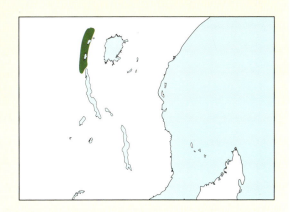

外見　小型で、羽角はない。雌雄の体格を比べると、メスのほうが大きく、体重も重いとされる。深い赤茶の頭頂部と上背には白斑が散り、体部上面の残りの部分は模様のない栗色。肩羽は羽軸外側の羽弁が白に近く、風切羽には茶色と黄色の横縞、茶色の尾には鈍い黄色の横縞が入る。顔盤は茶色っぽい地に淡色の横縞と小さな斑点があり、眉斑は白に近い。目は黄色で、くちばしは緑がかった黄色。胸の上部は茶色と淡黄褐色の横縞が密で、体部下面の残りの部分はほぼ白の地に茶色の斑点が大量に散る。ふ蹠 [訳注：趾（あしゆび）の付け根からかかとまで] は羽毛に覆われ、鈍い黄色から黄緑色の趾には剛毛羽が生える。爪は象牙色で、先端が濃色。[幼鳥]　不明。

鳴き声　物憂げな声で「キュルル・キュルル・キュルル・キュルル……」と初めはややゆっくり、そのあとは徐々に加速しながら繰り返す。

獲物と狩り　小型の哺乳類や鳥類などの脊椎動物を主食とするが、昆虫などの節足動物も捕食する。獲物は通常、止まり木から飛びかかって捕まえる。

生息地　湿潤な低地の雨林や原生林を好むが、標高1,700mの地点でも見られる。

現状と分布　アフリカ大陸中部のコンゴ民主共和国北東部およびウガンダ南西部に固有の種。現状の詳細は不明。

地理変異　亜種のない単型種。かつてはヨコジマスズメフクロウ（No.204）の亜種とされていたが、現在は独立種と考えられている。ちなみに、生体音響学や遺伝子学の研究によりアフリカに棲むスズメフクロウ類は*Taenioglaux*属とされ、生息域が十分に離れているものは別種として扱われてきたが、そのすべてをヨコジマスズメフクロウの亜種とすべきだという声もある。いずれにしても、分類を確実なものにするにはさらなる調査研究が必要だ。

類似の種　生息域が重なるムネアカスズメフクロウ（No.175）は灰茶色の頭部と体部上面に模様がなく、尾に大きな白斑がある。生息域がわずかに重なるヨコジマスズメフクロウ（No.204）は頭頂部に白色の横縞、背中に淡黄褐色の横縞が入る。ザイールスズメフクロウ（No.205）も生息域が重なるが、こちらは額から頭頂部にクリーム色の斑点が散り、首の後ろから上背には黄白色の横縞が見られる。また、背中の下部から尾の付け根にかけては模様のないえび茶色で、茶色の尾には白か黄色の細い横縞が7本入る。

◀ クリイロスズメフクロウはヨコジマスズメフクロウ（No.204）の亜種*T. c. scheffleri*によく似ているが、*scheffleri*より背中が鮮やかな栗色で、頭部には横縞ではなく斑点が散る。尾はザイールスズメフクロウ（No.205）よりずっと長い。写真の標本は9月にウガンダ西部のブワンバで採集され、大英自然史博物館（トリング館）に収蔵されているもの（写真：ナイジェル・レッドマン）

207 カオカザリヒメフクロウ [LONG-WHISKERED OWL]
Xenoglaux loweryi

全長 13～14cm　体重 46～51g　翼長 100～105mm

別名　Long-whiskered Owlet

外見　超小型で、羽角はない。雌雄の体格差に関するデータはない。体部上面はほぼ一様に暖かみのある茶色で、暗い茶色から黒色の細密な波線模様が密に入る。後頭部に眼状紋はないが、首の後ろのやや下側には大きな白斑が並んで襟状紋をつくっている。肩羽は羽軸外側の羽弁の末端近くに白斑が目立つ。初列風切［訳注：風切羽のうち、人の手首の先に相当する部分から生えている羽毛］はほとんど黒に近い灰色だが、外側の羽弁の先端には明るい小さな斑点、付け根付近の内側の羽弁には不定形の白斑が見られる。尾は鈍い茶色で、濃淡のまだら模様。茶色の顔盤は不明瞭だが、くちばしのまわりの長いヒゲと、顔の両側から飛び出すさらに長い扇のような飾り羽が際立つ。眉斑は細くて白く、目はオレンジ系の茶色で、まぶたは黒褐色。緑がかった灰色のくちばしは先端が黄色で、蝋膜［訳注：上のくちばし付け根を覆う肉質の膜］はピンクがかった灰色。体部下面の羽色は体部上面と同じだが、白色の細密な波線模様が特に下腹部に近いほど密に入る。裸出したふ蹠［訳注：趾（あしゆび）の付け根からかかとまで］と趾はピンクがっかた肌色で、象牙色

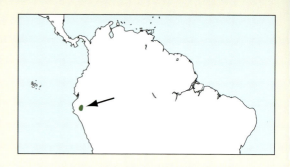

の爪は先端が濃色。［幼鳥］不明。

鳴き声　短く単調だが、深みのある「グルゥ」という声を約3秒間隔で繰り返す。鳴き方は雌雄で若干異なり、オスのほうが声が大きい。

獲物と狩り　記録に乏しいが、おそらく昆虫を主食とするものを思われる。

生息地　標高1,800～2,400mの下層植生がよく茂る湿潤な雲霧林に棲む。

現状と分布　ペルー中部のアマゾン川流域に位置するウカヤリ県エスペランサ近郊と、ペルー北部のアンデス地帯に位置するサンマルティン県アブラパトリシアというふたつの地域に固有の種。発見されたのは1976年だが、その後20年ほど目撃情報はなかった。しかし2002年に再発見されたのち、特に2010年以降は数多くの写真やビデオにその姿が収められ、一晩で5個体が見つかったことからも、このフクロウの未来には希望がもてる。ただしバードライフ・インターナショナルの分類では、本種は絶滅危惧種に指定されている。

地理変異　亜種のない単型種。スズメフクロウ属とは近縁ではないと思われる。

類似の種　ナガヒゲコノハズク属唯一の種。小さな生息域を共有するスズメフクロウ類は、いずれも本種より体が大きくて尾も長く、後頭部に明瞭な眼状紋と、体部下面に縦縞がある。

◀カオカザリヒメフクロウは湿潤な雲霧林に棲む。くちばしのまわりのヒゲと顔の両側から飛び出す細く長い飾り羽が特徴的。10月、ペルーのアブラパトリシアにて（写真：ロジャー・アールマン）

▶カオカザリヒメフクロウは世界で2番目に小さいフクロウで、暖かみのある茶色の羽衣（うい）全体に細密な波線模様があり、ふ蹠と趾はピンクがかった肌色。目はオレンジ系の茶色で、白い眉斑がよく目立ち、灰色のくちばしは先端が明るい黄色。11月、ペルーのアブラパトリシアにて（写真：デュビ・シャピロ）

208 サボテンフクロウ [ELF OWL]
Micrathene whitneyi

全長 12～14cm　体重 36～48g　翼長 99～115mm

外見　超小型で、羽角はない。体重を基準にすると、世界最小のフクロウであることは間違いなく、オスはメスよりもさらに4～5gほど軽い。羽色は灰色から茶色までさまざまだが、多型種として区別できるほどの差異はない。一般に体部上面は灰茶色で、濃淡の細密な波線模様が多数入り、額には明るい黄色の斑点、首の後ろには白くて細い襟状紋がある。後頭部に眼状紋はないが、肩羽は羽軸外側の羽弁にくっきりとした白斑があるので、肩を横切るように白い帯模様ができている。風切羽には白色と黄土色の横縞、雨覆［訳注：風切羽の根本を覆う短い羽毛］にははっきりとした白斑、10枚の尾羽からなる尾には細い淡色の横縞が3～4本入る。茶色の顔盤には細密な波線模様が散り、眉斑は白くて細い。目は黄色で、まぶたの縁は黒く、灰色がかった象牙色のくちばしは先端が黄色。体部下面は白に近い地に灰茶色とシナモン色の細密な波線模様が多数入るが、遠目には灰茶色一色に見える。剛毛羽の生えたふ蹠［訳注：趾（あしゆび）の付け根からかかとまで］と趾も灰茶色で、爪は濃い象牙色。[幼鳥]　ヒナの綿羽は白に近い。第1回目の換羽を終えた幼鳥は成鳥に似ているが、額と頭頂部は灰色で、斑点は見られない。また、体部上面に入る明るい斑点は不明瞭で、下面は灰色と白色のまだらがある。

鳴き声　短く、スピード感のある声は甲高く、文字にすれば「グウェウィウィウィウィルク」といったところ。これを徐々に速度を上げながら最高で20音続け、さらにこの

◀羽色の茶色みが強いサボテンフクロウ。体部上面が部分的に濃い茶色で、鮮やかな黄色の目が際立つ。5月、米国アリゾナ州にて（写真：ポール・バニック）

▶飛翔するサボテンフクロウ。風切羽の白斑が浮き立ち、尾に淡い黄褐色の斑点が見える。米国アリゾナ州にて（写真：スコット・リンステッド）

一連を数秒間隔で繰り返す。

獲物と狩り 捕食するのはほぼ昆虫とクモなどの節足動物に限られるが、まれに小さなヘビやげっ歯類を捕まえることもある。通常は止まり木から獲物に飛びかかるが、時には飛んでいる獲物をタカのようにさらったり、照明やたき火に集まる昆虫を捕らえたり、獲物の上でホバリングをしてから襲いかかることもある。

生息地 巨大なハシラサボテン類が立ち並ぶ開けた半砂漠を好むが、やや開けた低木林や沼沢地にも生息する。標高は2,000mまで。

現状と分布 米国南西部から南はバハカリフォルニア州とソコロ島を含むメキシコ中部まで分布し、メキシコ西部と中部で越冬する。希少種ではないものの、カリフォルニア州南東部においてはほぼ絶滅している。また、農薬散布の影響で個体数の減少が懸念される。

地理変異 4亜種に分類される。基亜種の*whitneyi*は米国南西部からメキシコ北部にかけて生息し、メキシコ中部で越冬する。*M. w. idonea*は米国テキサス州南部からメキシコ中部に分布し、基亜種よりも体部上面の灰色が強い。*M. w. sanfordi*はメキシコの西部とバハカリフォルニア州南部に棲み、*idonea*よりも体部下面の色が濃い。最後の*M. w. graysoni*はメキシコ西部沖のソコロ島に棲む亜種で、体部上面がオリーブ系茶色で、尾にはシナモンがかった淡黄褐色の幅広の横縞がある。ただし、この*graysoni*は絶滅が疑われている。いずれにしても本種の調査は十分でなく、分類を確実なものにするためにもさらなる調査研究が求められる。

類似の種 本種と同じ生息域にはアメリカオオコノハズク類も生息するが、いずれも体が大きく、羽角がある。また、尾の長いスズメフクロウ類は後頭部にはっきりとした眼状紋があり、ふ蹠は羽毛に覆われ、体部下面に縦縞がある。

▲灰色がかった羽色のサボテンフクロウ。顔盤や体部下面にはほとんど茶色の部分がない（写真：S＆D＆K・マスロウスキ）

▶横から見たサボテンフクロウ。体部上面は濃い灰茶色で、目は黄色。5月、米国アリゾナ州にて（写真：ポール・バニック）

209 | モリコキンメフクロウ [FOREST SPOTTED OWL]
Heteroglaux blewitti

全長 20～23cm　体重 241g（オス1例）　翼長 145～154mm

別名　Forest Owlet

外見　小型で、羽角はない。雌雄の体格差に関するデータはない。体部上面は茶色がかった灰色で、頭頂部には白色のごく小さな斑点が散る。頭部と背中にもわずかに斑点が入るが、なかには斑点のない個体もいる。後頭部の眼状紋と、首の後ろの襟状紋は不鮮明。肩羽には2～3の白斑、初列風切［訳注：風切羽のうち、人の手首の先に相当する部分から生えている羽毛］には白色と黒茶色の横縞、雨覆［訳注：風切羽の根本を覆う短い羽毛］には肩羽と同様の斑点が見られる。暗い茶色の尾には白色の横縞が入り、もっとも先端に近い縞は幅が5mm以上ある。顔盤はほぼ白色で目立たないが、淡い茶色から暗い茶色の細い横縞が入る。白くて細い眉斑は直線的で、目は黄色く、まぶたの縁は黒。くちばしは黄色で、蝋膜［訳注：上のくちばし付け根を覆う肉質の膜］は黒みがかった黄色。体部下面は白色で、白い腮（アゴ）と喉にくっき

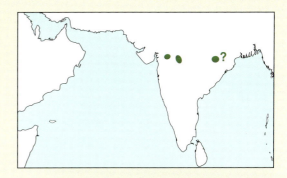

りと入る濃色の帯模様は普段は見えない。胸の上部にはむらのない灰茶色の横縞が入るが、この縞は中央で途切れることもある。胸の下部の両側と脇腹には幅広で暗い茶色の横縞。ふ蹠［訳注：趾（あしゆび）の付け根からかかとまで］は真っ白な羽毛に覆われ、長い趾の上面はくすんだ黄色で、白い綿羽が生える。爪は黒色で頑丈。[**幼鳥**] 不明。[**飛翔**] 敏捷で力強く、波打たずに直線的に飛ぶ姿は、生息域を共にするインドコキンメフクロウ（№ 215）よりも体が大きく、翼が短くて、尾が長く見える。

鳴き声　美しいが、不満げにも聞こえる「コウゥー」という声を0.14～0.4秒で発し、これを4～15秒間隔で繰り返す。この鳴き声は日中にも聞かれる。

獲物と狩り　詳細な記録はないが、頭骨と脚の大きさを考えると、インドコキンメフクロウ（№ 215）より大型の動物を狩ると考えられる。おそらくトカゲや小型の哺乳類、および大型の昆虫などの無脊椎動物を主に捕食するのだろう。

生息地　湿潤な丘陵地に広がる水辺の密林や開けた落葉樹林、さらにはマンゴー農園などに棲む。標高は500mまで。

現状と分布　インド亜大陸北中部に固有の種。長らく絶滅したと考えられていたが、1997年11月にインドのカンデシュ西部とカクナールの森林地帯で再発見された。さらに2000年にはその中間の地域で25件の目撃例が報告され、本種が現存していることが判明したが、非常に希少な種であることに変わりはなく、バードライフ・インターナショナルの分類では近絶滅種に指定されている。また、マハラシュトラのメルガット・トラ保護区の森林では本種とインドコキンメフクロウ（№ 215）が共存しており、生殖能力のある交雑個体が見つかっている。

◀警戒姿勢をとるモリコキンメフクロウ。翼の位置が低くなっているので、白い腮と喉にある茶色の帯模様がよく見える。3月、インドのマハラシュトラにて（写真：ジェイエシュ・ジョシ）

地理変異 亜種のない単型種。生態や分類に関する研究は十分ではないが、尾を振り上げる動作から、コキンメフクロウ属よりスズメフクロウ属に近いと推測される。ただし、インドコキンメフクロウ（No.215）との交雑が可能であることが証明されている。

類似の種 生息域が異なるコキンメフクロウ（No.211）は胸の下部に縦縞がある。同じく生息域が離れているNorthern Little Owl（No.214）は後頭部にはっきりした眼状紋、体部下面に大きな斑点が入り、脚を覆う白色の羽毛が厚い。生息域が重なるインドコキンメフクロウ（No.215）は本種より体が小さいが、翼は長く、頭部、特に頭頂部に斑点が多く、胸下部の中央と腹部にも横縞と斑点が多数入る。また、背中にはさまざまな形の斑点が散り、耳の後ろが白く、眉斑は湾曲している。

▼モリコキンメフクロウの胸にははっきりとした濃色の帯模様が入り、黄色のくちばしの下に襟のような白色部分が目立つ。3月、インドのマハラシュトラにて（写真：ジェイエシュ・ジョシ）

Forest spotted Owl：モリコキンメフクロウ **423**

▲空を飛ぶモリコキンメフクロウ。翼が丸みを帯び、尾はとても短い。それでもインドコキンメフクロウ（No.215）より尾は長く、逆に翼は短い。12月、インドのマハラシュトラにて（写真：ジェイエシュ・ジョシ）

▲▶モリコキンメフクロウの幼鳥。顔盤は未発達で、腹部に赤みの強い茶色の横縞が目立つ。3月、インドのマハラシュトラにて（写真：ジェイエシュ・ジョシ）

▶脚と翼を伸ばすモリコキンメフクロウ。羽毛で覆われたふ蹠はインドコキンメフクロウ（No.215）のものよりがっしりしている。12月、インドのマハラシュトラにて（写真：イアン・メリル）

424　Athene：コキンメフクロウ属

210　アナホリフクロウ　[BURROWING OWL]
Athene cunicularia

全長 19〜25cm　体重 120〜250g　翼長 142〜200mm

外見　ごく小型から小型で、羽角はない。雌雄の体重を比べると、メスのほうが30gほど重い。体部上面は茶色で、額と頭頂部には白色の縦縞と斑点があるが、後頭部に眼状紋は見られない。背中から下は白色から淡い黄土色の小さな斑点と、比較的大きな円形の斑点が不規則に散る。風切羽には濃淡の横縞、茶色の尾には淡色の横縞が3〜4本入る。顔盤は淡い茶色で、白色の眉斑が目立つ。目は鮮やかな黄色で、くちばしは灰色がかったオリーブ色、蝋膜［訳注：上のくちばし付け根を覆う肉質の膜］は灰茶色。喉にははっきりとした白色の帯が横切り、体部下面は白色から鈍い黄色の地にくすんだ茶色の横縞が密に入る。特徴的な長いふ蹠［訳注：趾（あしゆび）の付け根からかかとまで］に生える羽毛はまばらで、オリーブがかった灰色の趾には剛毛羽が生える。爪は濃い象牙色で、先端が黒。[幼鳥]ヒナの綿羽は明るい灰茶色から白。第1回目の換羽を終えた幼鳥は成鳥に似ているが、頭頂部に斑点はなく、体部下面の模様も散漫。顔盤は白く、目の周囲は濃色。

鳴き声　よく響く声で、物悲しげに「ク・ク、ウー」と数

◀地上で生活をするアナホリフクロウだが、木にとまっていることもある。写真は亜種のgrallaria。体部上面は赤みがかった濃色で、肩羽（かたばね）に小さな斑点が散る。下面は色が濃く、胸の上部にある濃色の帯にはくっきりとした斑点が重なる。胸の下部から腹部にかけては淡黄褐色で、くすんだ色の横縞が入る。9月、ブラジルのイチラピナにて（写真：ホセ・カルロス・モタ＝ジュニア）

Little Owls：コキンメフクロウの仲間　425

秒間隔で繰り返す。

<u>獲物と狩り</u>　昆虫やクモなどの節足動物、小型哺乳類、両生類、爬虫類を主食とするが、時に小鳥も捕食する。獲物は門柱や杭から飛びかかるか、地面を歩いたり跳ねたりして捕らえることが多いが、昆虫を空中で襲うこともある。

<u>生息地</u>　田園地帯やサバンナ、砂漠、草原、牧草地、農地などの開けた土地に棲むが、空港やゴルフ場、街なかの大きい庭園でも見られる。標高は4,500mまで。

<u>現状と分布</u>　北米大陸西部から南米大陸最南端のティエラ・デル・フエゴまで分布する。多くの地域でよく見られるが、農薬散布と草原の農地への改変に脅かされている。

<u>地理変異</u>　羽色の濃淡、斑紋の多少によって統計学的に分類されており、現存するのは以下の15亜種。まず、基亜種の *cunicularia* はブラジル南部から南へティエラ・デル・フエゴまでとチリ北部に生息する。*A. c. grallaria* はブラジル内陸部の乾燥地帯から南部のパラナ州にかけて棲み、体部上面は比較的濃色で、下面は淡黄褐色の地に錆茶色の横縞が入る。*A. c. hypugaea* はカナダのブリティッシュコロンビア州から東はマニトバ州中部、南はメキシコとパナマ西部まで広く分布する亜種で、胸に幅広の帯が走り、腹部は白色。米国東部、特にフロリダとバハマ島に多く生息する *A. c. floridana* は胸の帯模様が細く、体部下面は白に近い。この *loridana* よりも小型で濃色の *A. c. troglodytes* はカリブ海に浮かぶベアタ島、ゴナーブ島、イスパニオラ島に棲む。*A. c. rostrata* はメキシコ西海岸沖のクラリオン島に棲むが、詳細不明。マルガリータ島を含むベネズエラ北部と中部に生息する *A. c. brachyptera* は翼がとても短く、コロンビア西部に棲む *A. c. tolimae* は濃色で体が小さい。コロンビア東部には、色がかなり薄い *A. c. carrikeri* が生息する。ブラジル北西部のサバンナからガイアナ、スリナム、フランス領ギアナにかけては *A. c. minor* が棲むが、詳細はわかっていない。エクアドル西部のアンデス山脈には *A. c. pichinchae* が生息し、その体部上面は濃い灰茶色で、下面の横縞は濃色。エクアドル南西部からペルー北西部の沿岸地域に分布する *A. c. punensis* は小型で色が薄く、体部下面の横縞も多くない。ペルーからチリ最北部にかけての太平洋岸には、小型で砂色の *A. c. nanodes* が、ペルーから南へボリビア西部およびアルゼンチン北西部にいたるアンデス山脈には、体部上面が淡黄褐色の *A. c. juninensis* が生息する。最後の *A. c. boliviana* はボリビアからアルゼンチン北部にかけての乾燥した地域に生息し、アルゼンチンのトゥクマンで基亜種に移行する。そのほか、小アンティル諸島にも *A. c. amaura*（ニービス島およびアンティグア島）と *A. c. guadeloupensis*（グアドループ［バステール島とグランドテール島からなる］およびマリーガラント島）の2亜種がいたが、絶滅が確認されている。これらの亜種のうち、北米に棲む亜種はカリブ海や熱帯域の亜種より大型とされるが、*floridana* と *hypugaea* の体のサイズは統計的にほとんど差が見られなかった。なお、本種とコキンメフクロウ（No. 211）は飼育下では交雑するが、その交雑個体に生殖能力はない。このことが、最近まで別個にアナホリフクロウを独自の属（*Speotyto*）に残す理由になっていたのだろう。しかしながら現在では、DNA解析の結果から本種はコキンメフクロウ属（*Athene*）に包含すべきとの見解が示されている。

<u>類似の種</u>　生息域を共にするアメリカオオコノハズク類にはいずれも小さな羽角がある。また、尾の長いスズメフクロウ類は体が小さく、後頭部にはっきりとした眼状紋が見られる。部分的に生息域が重なるユビナガフクロウ（No. 114）も本種より小さく、そのふ蹠と趾は裸出している。

▶亜種の *nanodes* は小型で、背中に大きな白斑がある。その羽色は砂色と呼ばれるが、さほど淡色ではない。8月、ペルーのランバイエケ県にて（写真：クリスティアン・アルトゥソ）

▼亜種の *punensis* は *nanodes* より色が薄い。3月、エクアドルのマナビ県にて（写真：ロジャー・アールマン）

▲アナホリフクロウの亜種 *hypugaea* は胸に幅広の暗い茶色の帯模様があるが、腹部はほとんど白色。米国モンタナ州にて（写真：ドナルド・M・ジョーンズ）

▲▶亜種 *boliviana* の体部上面は暖かみのある茶色で、黄色がかった腹部には茶色の横縞が入る。10月、アルゼンチンのフォルモサ州にて（写真：ジェームズ・ローウェン）

▶亜種 *floridana* のつがい。メスはオスよりも体が大きく、脚全体が羽毛で覆われている。上の *hypugaea* と比べると、*floridana* のほうが濃い茶色で、胸に入る帯模様が狭く、斑点はまばら。腹部はくすんだ白色。10月、米国フロリダ州にて（写真：レスリー・ヴァン・ルー）

211 | コキンメフクロウ [LITTLE OWL]
Athene noctua

全長 21～23cm　体重 105～260g　翼長 146～181mm　翼開長 53～59cm

外見　小型で、平たい頭部に羽角はない。雌雄の体格を比べると、メスのほうが大きく、体重差はヨーロッパの個体で平均20～30g、アジアでは最大50g。羽色は赤褐色型と灰色型の2型が存在するが、一般に体部上面は濃い茶色で、額と頭頂部に白っぽい縞と斑点があり、後頭部には眼状紋がぼんやりと見られる。体部上面の残りの部分には無数の白斑が散り、風切羽には白色と暗い茶色の横縞、濃い茶色の尾には白色と淡い黄土色の横縞が数本入る。やや平たい顔盤は灰茶色の地に淡色のまだら模様があり、縁取りは比較的はっきりとしていて、白色の眉斑が目立つ。目はやや緑がかった黄色から淡い黄色で、くちばしは灰色がかった緑色から黄色みのある灰色、蠟膜 [訳注：上のくちばし付け根を覆う肉質の膜] はオリーブがかった灰色。白くて模様がない喉の下には茶色の細い襟状紋があり、胸の上部には濃淡のまだらが散漫に散る。体部下面の残りの部分は白地に暗い茶色の縦縞が入るが、腹部は模様が少ない。長めのふ蹠 [訳注：趾（あしゆび）の付け根からかかとまで] は白い羽毛で覆われ、明るい灰茶色の趾には剛毛羽が生える。爪は濃い象牙色で、先端が黒。**[幼鳥]** ヒナの綿羽は白で、体部上面はわずかに灰色のまだらになっている。第1回目の換羽を終えた幼鳥は成鳥に似ているが、ふわふわした綿羽の模様は散漫で、斑点も不鮮明。目は黄色みのある灰色。**[飛翔]** 滑空したかと思うとすばやく羽ばたき、波打つような軌跡を描きながら飛ぶ。

鳴き声　わずかに鼻にかかったような声で、「グーェク、

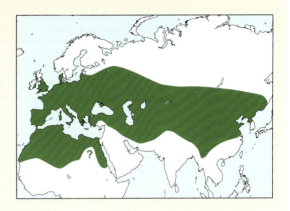

フウォッ」と少しずつ音程を上げながら鳴き、さらにこの一連を数秒間隔で繰り返す。

獲物と狩り　昆虫、特に甲虫やバッタをよく食べるが、節足動物や小型の爬虫類、カエル、ミミズ、さらには小型の哺乳類や鳥類も捕食する。通常は止まり木から獲物に飛びかかるが、地面を走って獲物を捕らえることもある。

生息地　樹木の少ない平野や乾燥した大平原（ステップ）、岩場、牧草地、果樹のある庭園など開けた場所を好むが、人家の近くに棲むこともある。標高は4,600mまで。

現状と分布　デンマークから南はアフリカ大陸北部まで、東は中央アジアを経て中国まで広く分布するほか、ニュージーランドと英国にも人為的に導入され、そこからさらに

▶コキンメフクロウの亜種 *bactriana* の体部上面には明瞭な白斑があり、白色の体部下面には砂色の縦縞がある。イランにて（写真：アリ・サドル）

スコットランド南部とウェールズにも分布が拡大している。どの地域でもごく一般的に見られる種だが、農薬の散布や交通量の増加、冬の厳しい寒さなどの影響を受け、数を減らしている。それでもヨーロッパ中部では、25,000組のつがいがいると推測される。

地理変異　羽色と大きさをもとに7亜種に分類されている。基亜種のnoctuaはヨーロッパ中部からロシア北西部に生息する。これより色が濃いA. n. vidaliiはスペインからベルギーにいたるヨーロッパ西部と、人為的に導入された英国、そしてニュージーランドに、シナモンがかった茶色のA. n. glauxはアフリカ北西部のモロッコおよびモーリタニアから東はエジプト東部まで分布する。シベリアから中国北西部に棲むA. n. orientalisについては詳細がいまだ不明。主にチベットからブータン北部に生息するA. n. ludlowiは基亜種より大型で、体部上面はチョコレート色。クレタ島を含むギリシャからウクライナを経て東はカスピ海まで、南は小アジアまで分布するA. n. indigenaは羽色が薄く、あずき色がかった灰色をしている。最後のA. n. bactrianaはイラク東部からアゼルバイジャン南東部、さらに東へアフガニスタンを経て天山山脈まで、北はカザフスタンのバルハシ湖まで分布し、体部上面は砂色に近い茶色の地に白斑が散る。これらの中には独立種として扱うのが妥当と考えられるものもあるため、本種の分類に関してはさらなる調査が必要だ。ちなみにA. lilith（No. 212）、A. spilogastra（No. 213）、A. plumipes（No. 214）は亜種から独立種に格上げされている。

類似の種　indigena、glaux、bactrianaの3亜種と部分的に生息域が重なるLilith Owl（No. 212）は、本種よりやや小型で色が淡く、特に頭頂部と首の後ろの色が薄い。中国で部分的に生息域が重なると思われるNorthern Little Owl（No. 214）は体の大きさはほぼ同じだが、趾には剛毛羽ではなく羽毛が生える。生息域がパキスタンでのみ重複するインドコキンメフクロウ（No. 215）は、体部下面の横縞がまばら。

▼トルコ産のコキンメフクロウの亜種indigena。基亜種よりもずっと色が薄く、Lilith Owl（No. 212）と自由に交雑する。5月、トルコのムラディイェにて（写真：ダニエル・オッキアート）

Little Owls：コキンメフクロウの仲間 **429**

▲コキンメフクロウの亜種*ludlowi*は基亜種より大きい。生息域は以前考えられていたより広く、中国南部と中部にも分布する。8月、中国の四川省にて（写真：クリスティアン・アルトゥソ）

▶とても色が薄い亜種の*saharae*。しばしば色の濃い亜種*glaux*に包含される。その*glaux*はアフリカ北部全域に分布する。4月、モロッコにて（写真：フアン・マトゥテ）

▼飛翔するコキンメフクロウ。普段は目立たない小翼羽（しょうよくう）[訳注：人間の親指にあたる部分に生える羽毛]が跳ね上がっているところから、速度を落として着陸体勢をとっていることがうかがえる。6月、英国にて（写真：オースティン・トーマス）

▼とても色の濃いオランダ産のコキンメフクロウの亜種*vidalii*。この亜種は基亜種よりも色が濃い。体部上面は濃い灰茶色で白斑があり、黄褐色の体部下面には白色の縦縞と斑点が見られる。6月（レスリー・ヴァン・ルー）

212 | LILITH OWL
Athene lilith

全長 19〜20cm　翼長 152〜164mm

別名　Lilith Owlet
外見　ごく小型で、羽角はない。雌雄の体格差を示すデータはない。頭頂部は黄色みがある淡い赤色から白に近い黄褐色で、ぼんやりと縦縞が入る。側頭部には不明瞭な縞とまだら模様、後頭部にはくっきりとした眼状紋が見られる。背中と上雨覆［訳注：風切羽（かざきりばね）の根本を覆う雨覆のうち、翼上面を覆う羽毛］は薄い砂色で、羽毛の多くは羽軸外側の羽弁が白。肩羽も外側の羽弁に比較的大きな白斑があるが、肩にはっきりとした帯模様はできていない。やや濃色の初列風切と次列風切［訳注：風切羽のうち、人の手首の先に相当する部分から生えているのが初列風切。肘から先の部分から生えているのが次列風切］には白色の横縞、砂色の尾には6本前後の淡色の横縞。顔盤は淡黄褐色で、茶色のまだらと斑点が入り、縁取りは不明瞭。眉斑は白で、目は黄色く、黒いまぶたの縁がよく目立つ。くちばしは緑がかった黄色で、先端が黄色い。白い喉の上端には濃色の細い線模様が何本かあり、体部下面にはあまり目立たない明るい茶色の縦縞が入る。その地色は、首と胸の上部が淡い黄土色か黄白色のまだらで、胸から下は白っぽいクリーム色か淡黄褐色。

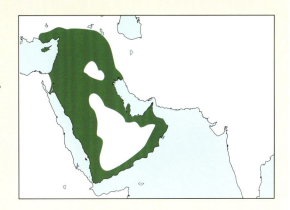

比較的長いふ蹠［訳注：趾（あしゆび）の付け根からかかとまで］は白に近い淡黄褐色の羽毛で覆われ、黄色っぽい灰色の趾には剛毛羽がまばらに生える。爪は象牙色で、先端が濃色。
[幼鳥]　不明。
鳴き声　ややしわがれた声で、「グウィウー」または「グウィアー」と語尾を伸ばして鳴くが、コキンメフクロウ（№211）のような抑揚はつけず、鼻にかかった声でもない。
獲物と狩り　昆虫やサソリなどの節足動物を主食とするが、爬虫類やカエル、小型のげっ歯類、鳥類も捕食する。
生息地　半砂漠、岩の多い砂漠、渓谷の川沿い、植物がまばらな山地のほか、人家に近い廃墟などにも棲む。
現状と分布　キプロスおよびトルコ南部からシナイ半島、アラビア半島にかけて分布する。珍しい種ではないようだが、情報は十分でなく、さらなる調査研究が求められる。
地理変異　亜種のない単型種。飼育下では、本種とコキンメフクロウ（№211）の間に生殖能力をもった子が生まれたことから、コキンメフクロウの亜種ではないかとも考えられているが、近年、トルコ南部で実施されたDNA解析では、両者には決定的な違いがあることが判明した。また、トルコ南部に棲む本種の鳴き声もコキンメフクロウとは異なる。
類似の種　部分的に生息域が重なるコキンメフクロウ（№211）はやや大きくて脚もより長く、色がずっと濃い。また、顔盤の縁取りも本種よりはっきりしている。生息域が異なるEthiopian Little Owl（№213）は若干小さく、茶色みが強い。その体部下面はクリーム色か茶色みを帯びた淡黄褐色で、胸の上部のまだらが濃い。

◀Lilith Owlの成鳥。長い脚は、全体が羽毛に覆われる。5月、トルコのシャンルウルファにて（写真：ダニエル・オッキアート）

▶イスラエルからトルコ南部に棲む淡色のコキンメフクロウ属はすべてLilith Owlとみなされる。なかには、本種とコキンメフクロウ（№ 211）の亜種（*A. n. indigena*、*saharae*、*glaux*）との中間型を示す個体も存在する。3月、イスラエルのニツァーナにて（写真：デヴィッド・ジロフスキー）

▼Lilith Owlの目は黄色で大きい。体部下面の縦縞はコキンメフクロウ（№ 211）ほど多くない。10月、イスラエルのテルアラドにて（写真：アミール・ベン・ドヴ）

▼▶写真は淡色のLilith Owl。周囲の風景にうまく溶け込んでいる。3月、オマーンのミルバトにて（写真：ハンヌ & イェンス・エリクセン）

213 ETHIOPIAN LITTLE OWL
Athene spilogastra

全長 18～19cm　翼長 129～147mm

外見　ごく小型で、羽角はない。雌雄の体格差を示すデータはない。額と頭頂部は砂色がかった茶色で、くっきりとした暗い茶色の縞が入る。側頭部には茶色とクリーム色のまだら、後頭部にはぼんやりとした眼状紋。背中はやや茶色みを帯びた明るい淡黄褐色の地に、黄白色の斑点が多数入る。肩羽は羽軸外側の羽弁に鈍い黄色の部分があるため、肩まわりには淡い帯模様ができている。上雨覆［訳注：風切羽（かざきりばね）の根本を覆う雨覆のうち、翼上面を覆う羽毛］は茶色がかった淡黄褐色で、羽毛の先端がクリーム色を帯びた淡黄褐色なので、翼をたたむと白っぽい2本の帯がはっきりと見て取れる。風切羽は雨覆よりも若干色が濃く、黄白色の横縞があり、茶色の尾にも同様の横縞が5本入る。顔盤は砂色で茶色の細かいまだらが入り、縁取りは不明瞭だが、目尻の先にまで伸びている眉斑は白くて際立つ。目は黄色く、まぶたの縁は黒。くちばしは緑がかった黄色で、蝋膜［訳注：上のくちばし付け根を覆う肉質の膜］は灰色に緑がかる。喉は白っぽく、胸の上部には茶色みを帯びた淡黄褐色とクリーム色のまだらに鈍い黄色の陰影が差す。胸の両側から脇腹にかけては淡い茶色の縦縞があるが、下腹部には模様がほとんど見られない。茶色がかった淡黄褐色のふ蹠［訳注：趾（あしゆび）の付け根からかかとまで］には羽毛がまばらに生えるが、先に行くほど羽毛より剛毛羽が多くなる。趾は茶色がかった明るい灰色で、濃い象牙色の爪は先端が黒っぽい。［幼鳥］不明。

鳴き声　詳細な記録はないが、コキンメフクロウ（No. 211）の鳴き声とは異なるようだ。

獲物と狩り　主に昆虫やムカデ、クモ、サソリを捕食するが、爬虫類や小型の哺乳類も食べる。さらに、地上で生活する小鳥の巣を襲うこともあるようだ。

生息地　シロアリの塚がある開けた場所や、岩の多い半砂漠などに棲む。

現状と分布　アフリカ大陸北東部のスーダン東部からソマリア北部にいたる紅海沿岸地域に分布する。現状は不明だが、農薬散布の影響により絶滅の危機に瀕する恐れがある。

地理変異　2亜種に分けられ、基亜種*spilogastra*は紅海に沿って、スーダン東部からエリトリアを経てエチオピア北東部にいたる地域に、もう一方の*somaliensis*はエチオピア東部からソマリア北部にかけて生息する。後者はコキンメフクロウ属の中でもっとも小型で、翼も短い。なお、本種をコキンメフクロウの種群［訳注：同一種内で性的隔離の見られるグループ］から切り離して扱うべきとの声もあり、分類を確定させるためにはさらなる調査研究が必要とされる。

類似の種　生息域が異なるコキンメフクロウ（No. 211）は、本種より体がやや大きくてずんぐりしており、顔盤の縁取りが鮮明。やはり生息域が異なるLilith Owl（No. 212）も本種より若干大きいが、茶色が弱く、胸上部のまだらも薄い。

◀ソマリアに棲む亜種*somaliensis*は特に小型で、基亜種よりも色が濃く、胸にはほとんど模様がない。白っぽい顔の上部には、太くて白い眉斑と大きな黄色の目がよく目立つ。9月、ソマリア北部にて（写真：ニック・ボロウ）

214 NORTHERN LITTLE OWL
Athene plumipes

全長 約22cm　翼長 158〜179mm

<u>外見</u>　小型で、羽角はないが、長く伸びた白色の太い眉斑の先端が上がると、小さな耳のように見える。雌雄の体格を比べると、メスのほうが大きく、翼も平均で10mmほど長い。雌雄ともに体部上面は赤茶色の地に大きな白斑があり、特に肩羽の白斑が目立つ。背中よりも濃い茶色の頭部には小さな白斑が大量に散り、後頭部には眼状紋が見られる。その眼状紋をつくるのは、ややくすんだ黄白色の帯とその上に重なる黄白色の縦長の斑状点、そして2本の襟状紋に挟まれた白色の帯模様。翼には黄白色の斑点が連なって6〜7本の横縞をつくり、尾には黄色っぽい斑点からなる3〜4本の横縞が入る。顔盤はあまり発達していないが、勾玉を背合わせしたような形の白い模様が大きな目を囲むように入り、さらに目の縁に沿って黒い線が入る。その目は明るい黄色で、眉斑は白くて長い。くちばしはクリームがかった黄色で、赤茶色の剛毛羽に囲まれる。体部下面は白地に大きな茶色の斑点があり、脇腹は胸より赤みが強く、下腹部と下尾筒［訳注：尾の付け根下面を覆う羽毛］はふわふわした白い綿毛に覆われる。ふ蹠［訳注：趾（あしゆび）の付け根からかかとまで］は白い羽毛で完全に覆われ、趾も剛毛羽ではな

く羽毛が生える。爪は濃色。［幼鳥］コキンメフクロウ（№211）とよく似ている。

<u>鳴き声</u>　不明。

<u>獲物と狩り</u>　夏は獲物の97％が昆虫で、冬には小型のげっ歯類が主食となる。中国での研究によると、果実を食べることもあるようだ。

<u>生息地</u>　樹木がまばらに生える開けた平野や土手、地面の

◀Northern Little Owlのふ蹠は分厚い羽毛に覆われ、趾にも羽毛が密に生える。これは、モンゴルや中国東北地方の寒冷な気候に適応した結果だ。10月、中国河北省にて（写真：イアン・フィッシャー）

▶Northern Little Owlの喉元には、2本の白い帯模様に挟まれた茶色の襟状紋が見られる。本種と、中国北西部に棲むコキンメフクロウの亜種 *A. n. orientalis*、および中国中部から南部に分布する *A. n. ludlowis* との生息域とがどの程度重なっているのかは不明。10月、中国河北省にて（写真：イアン・フィッシャー）

Little Owls：コキンメフクロウの仲間　**435**

割れ目、山麓林に棲む。
<u>現状と分布</u>　ロシアのアルタイ山脈からモンゴル、内モンゴル自治区に生息するほか、中国の東経105度より東の地域と長江流域北部に広く分布する。中国陝西省での生息密度は1ヘクタール当たり0.2組のつがいと推測される。
<u>地理変異</u>　亜種のない単型種とされているが、モンゴル北東部に棲む個体と中国に棲む個体では全体的な色調と胸の模様が異なる。本種が最初に発表されたのは1870年だが、DNA解析により、コキンメフクロウ（№211）とは異なる種とされたのはごく最近のことだ。
<u>類似の種</u>　体の大きさがほぼ同等のコキンメフクロウ（№211）の亜種 *A. n. orientalis* は中国の最北西部と、その隣りのシベリアに棲むが、本種と生息域が重なるのかは不明。この亜種以外のコキンメフクロウ属はもっと南に生息する。ちなみにコキンメフクロウは背中が暗い茶色で、体部下面に横縞が多く、目は緑がかった黄色。

▶Northern Little Owlの翼を広げたところ。初列風切（しょれつかざきり）[訳注：風切羽のうち、人の手首の先に相当する部分から生えている羽毛]の6番目と7番目がもっとも長いのがよくわかる。この写真では眼状紋も見られる。10月、中国河北省にて（写真：イアン・フィッシャー）

▶▼本種の生息域の最北端はモンゴル北東部。写真の個体はかなり白みが強く、新しい亜種の可能性もある。写真を撮影したモンゴルのガルシルに生息するコキンメフクロウ属はほかに知られていない。6月（写真：マティアス・ビュッツェ）

215 インドコキンメフクロウ [SPOTTED LITTLE OWL]
Athene brama

全長 19～21cm　体重 110～115g　翼長 134～171mm

別名　Spotted Owlet

外見　ごく小型で、羽角はない。雌雄の体格差を示すデータはない。頭頂部は土色で大量の白斑が散り、後頭部にはぼんやりとした眼状紋が見られる。側頭部と体部上面は灰茶色の地に、さまざまな形の白斑が入る。肩羽の縁には白い部分が広がっているが、肩にはっきりとした帯模様をつくるほどではない。翼には白に近い淡色の縞と斑点、先端が白色で短い尾には細くて白い横縞が入る。濃色の顔盤には茶色の線模様が同心円を描き、暗い茶色の頬と、白色の縁取り、およびくちばしの上からカーブを描いて伸びる白色の眉斑との対比が際立つ。耳羽も白で、目は淡い黄色か黄金色。くちばしは緑がかった象牙色で、蝋膜［訳注：上のくちばし付け根を覆う肉質の膜］はくすんだ緑色。腮（アゴ）と喉、そして首の両側は白っぽい淡黄褐色かクリーム色で、胸には茶色の帯模様と淡色のまだらが並び、細い破線模様をつくる。体部下面の残りの部分は淡いクリーム色の地に灰色から茶色の短い横縞が入り、ウロコのような模様になる。ふ蹠［訳注：趾（あしゆび）の付け根からかかとまで］は羽毛に覆われ、黄色がかった緑色の趾には剛毛羽が生える。足裏は黄色みを帯び、濃い象牙色の爪は比較的小さい。［幼鳥］ヒナの綿羽は白。第1回目の換羽を終えた幼鳥の羽衣は成鳥よりも柔らかく、白っぽさがない。頭頂部と背中の上部には斑点がほとんどなく、体部下面はむらのない煤色で、濃色の縦縞がぼんやりと入る。［飛翔］すばやく数回羽ばたいて上昇したあと、翼を閉じて下降し、また同様の上昇と下降を繰り返すので、大きく波打つような軌跡を描く。

鳴き声　なわばりを主張する際は悲しげな声で「プリュー・プリュー」と2～3秒で発したあと、すぐにこの一連をもう一度続け、さらに15～25秒おいてから同様に繰り返す。それ以外のときは、耳障りな金切り声やけたたましいギャ

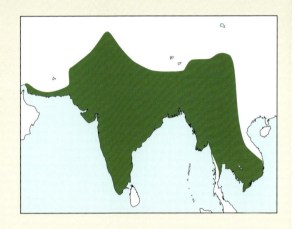

◀東南アジアに棲む亜種の*pulchra*は、基亜種の*brama*よりも小型で色が濃い。3月、タイにて（写真：HY・チェン）

▶インドコキンメフクロウはコキンメフクロウ（No. 211）とは首の後ろの模様が異なるほか、体部下面も縦縞ではなく横縞となっている。また、本種の目は黄金色で、くちばしは緑がかった象牙色。1月、インドのカルナータカ州にて（写真：ラム・マリヤ）

ーギャー声、くすくす笑いのような声を上げたりもする。

獲物と狩り 昆虫を主食とするが、ミミズやトカゲ、小型のげっ歯類や鳥類なども食べる。通常は止まり木から獲物に飛びかかるが、シロアリの羽アリなどの昆虫の場合は飛びながら空中で捕まえることもある。

生息地 深い森は好まず、疎林や、樹木が点在する田園地帯や半砂漠などに棲む。そのほか、人里近くで見られることもある。標高は1,500mまで。

現状と分布 イラン南部から東へインドを経て東南アジアにまで分布するが、マレー半島および周辺の島々には棲まない。生息域では比較的よく見られる種ではあるが、生態や鳴き声についてはさらなる調査が求められる。

地理変異 5亜種が確認されている。基亜種の*brama*は南インドに生息するが、スリランカでは見られない。インドの北部と中部に棲む*A. b. indica*は、一部で基亜種との中間型を示す個体も確認されている。羽色が若干薄い*A. b. albida*はイランとパキスタン南部に、やや大きい*A. b. ultra*はインド北東部に位置するアッサム地方北東部からブラマプトラ川流域とその支流のロフィット川流域に分布する。最後の*A. b. pulchra*はミャンマーからベトナム南西部にかけての地域に生息する亜種で、体が小さく色が濃い。このうち*ultra*はほかの亜種とは鳴き声が異なり、尾も長いため、独立した種とみなすべきとの声もある。また、英国において本種のオスとコキンメフクロウ (No.211) のメスが飼育下でつがいになり、そのうちの4~5組が産卵・孵化に成功し、ヒナを育てたが、この交雑個体に生殖能力はなかった。これにより、両者は外見が酷似しているものの、別種であることが証明された。

類似の種 一部で生息域が重なるモリコキンメフクロウ (No.209) は本種より大きく、頭部と体部上面の斑点がまばらで、首の後ろの襟状紋も目立たない。また、白い眉斑は直線的で、尾の白い横縞は幅が広く、趾には綿羽が生える。パキスタンでのみ生息域が重なるコキンメフクロウ (No.211) は若干大きく、頭頂部と腹部に縦縞が入る。

▼インドコキンメフクロウの亜種*indica*。成鳥が巣から身を乗り出している。1月、インドのグジャラート州にて（写真：マルティン・ゴッチュリング）

▼幅広の白い帯模様が喉を横切り、胸の上部中央にも白色部分があるのがよくわかる。8月、インドのカルナータカ州にて（写真：スバルギヤ・ダス）

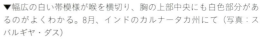

▼南インドに棲む基亜種の*brama*。亜種の*indica*よりも色が濃い。2月、インドのウッタルプラデーシュにて（写真：ヒュー・ハロップ）

Little Owls：コキンメフクロウの仲間 **439**

▶インドコキンメフクロウの亜種*indica*のつがい。見た目に雌雄差は確認できない。この亜種は基亜種よりも色が薄い。2月、インドのハリヤーナー州にて（写真：アマノ・サマルパン）

▼インドコキンメフクロウの幼鳥。全体的に羽色が茶色っぽいが、成鳥の羽衣に近くなっている。1月、インドのラージャスターン州にて（写真：ハッリ・ターヴェッティ）

216 キンメフクロウ [TENGMALM'S OWL]
Aegolius funereus

全長 22〜27cm　体重 90〜215g　翼長 154〜192mm　翼開長 55〜62cm

別名　Boreal Owl

外見　小型から中型で、丸い頭部に羽角はない。雌雄を比べると、繁殖期にはメスのほうが平均で65gほど重くなる。外見も、顔盤がメスのほうは白っぽい黄土色にあまりむらがないのに対し、オスは縁に向かって灰色が強くなるなど、若干の性差がある。どちらも体部上面は灰茶色か濃い土色で、額と頭頂部に小さな白斑が散り、首の後ろには濃淡のまだらと斑点が見られる。背中には大きな白斑、初列風切と次列風切〔訳注：風切羽のうち、人の手首の先に相当する部分から生えているのが初列風切。肘から先の部分から生えているのが次列風切〕には丸い白斑、暗い茶色の尾には白斑が連なってつくる4〜5本の帯が入る。丸みを帯びた顔盤は白に近く、縁取りは濃色の地に白色の小さな斑点が散る。ちなみに、キンメフクロウが脅威を感じると、顔盤が横に長くなって角が立ち、羽角のように見えるが、これは顔盤が上から押しつぶされたようになるためだ。その顔盤の中で際立つ目は淡い黄色から鮮やかな黄色で、まぶたは縁が黒い。目先〔訳注：左右の目とくちばしの間の部分〕は濃色で、くちばしと蝋

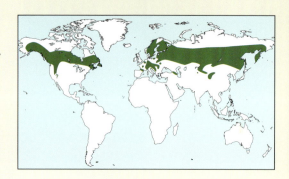

膜〔訳注：上のくちばし付け根を覆う肉質の膜〕は黄色みを帯びた象牙色。体部下面は白の地に灰茶色のまだらと縦縞が入る。ふ蹠〔訳注：趾（あしゆび）の付け根からかかとまで〕と趾は厚い羽毛で覆われ、濃い象牙色から黒に近い茶色の爪は先端がとても鋭い。**[幼鳥]** ヒナの綿羽は白だが、薄い羽毛を通して赤っぽい地肌が見える。第1回目の換羽を終えた幼鳥は濃いチョコレート色で、眉斑は白く、腮（アゴ）の両

◀ フィンランドで本種が「真珠のフクロウ」と呼ばれるのは、体部上面に真珠のような白い斑が見られるから。4月、フィンランドにて（写真：ハッリ・ターヴェッティ）

▶ キンメフクロウの基亜種。頭部はとても大きく、体部下面には濃い茶色の縦縞とまだらが入る。4月、フィンランドにて（写真：ハッリ・ターヴェッティ）

側に縦縞がある。ヒナの目は淡い黄色みを帯びた灰色だが、巣立ちの前には黄色みが強くなる。[飛翔]音を立てずに柔らかく羽ばたき、波打たずにゆったりと飛ぶ。

鳴き声 「ポー」と2〜3秒間に5〜7回発し、さらにこの一連を3〜4秒間隔で少なくとも20分、長いときには3時間も続ける。この鳴き声はタシギがディスプレイ（誇示行動）で出すコツコツという音にも似ている。

獲物と狩り 主食はハタネズミ類やトガリネズミだが、ハタネズミ類が少ない年には鳥類も捕食する。獲物は通常、止まり木から襲いかかって捕まえる。

生息地 亜寒帯および亜高山帯の成熟した針葉樹林を好み、ところにより落葉樹林にも棲むが、いずれにせよ重要なのは営巣に適した樹洞があることだ。標高は3,000mまで。

現状と分布 全北区［訳注：動物地理区において、ユーラシア大陸と北米大陸、サハラ砂漠以北のアフリカ大陸を含む地域］の針葉樹林帯、ヨーロッパの山脈、コーカサス山脈、天山山脈、ヒマラヤ山脈、中国中西部の高地に広く分布する。また、本種は北米では「Boreal Owl（北方針葉樹林のフクロウ）」という名で呼ばれるが、米国南西部のニューメキシコ州でも見られる。さらに、毎年ではないものの、越冬のために米国北部や日本に渡ることもある。生息域ではごく一般的に見られる種だが、南方に棲む個体群は森林破壊の脅威にさらされているほか、殺鼠剤の影響も受けている。また、旧世界ではフクロウ（№168）が生息域を広げていることで数を減らしているが、それでもヨーロッパ中部では9,800組ほどのつがいが生息すると推定され、フィンランドではハタネズミ類が大量発生した年には1万5,000組を数える（ただし、獲物が少ない年にはわずか1,000組に減る）。一方、北米ではアメリカフクロウ（№166）が増加しているが、それによって本種が数を減らしているという報告はない。

地理変異 6亜種が確認されている。基亜種の*funereus*はスカンジナビア半島から西はピレネー山脈、南はギリシャ、東はカスピ海以北のロシアまで分布する。*A. f. magnus*はシベリア北東部からカムチャツカ、まれにアラスカ州にも生息する亜種で、色が薄く、体が大きい。シベリアの西部と南部および天山山脈から東へサハリン島および中国北東部に棲む*A. f. pallens*も基亜種より色が薄く、斑点が多い。基亜種より小型で、色が濃い*A. f. caucasicus*は、黒海とカスピ海に挟まれたコーカサス地方から南へインド北西部およびヒマラヤ山脈に生息する。これとよく同じ亜種にまとめられるが、翼がより長い*A. f. beickianus*は中国西部の山脈に棲む。最後の*A. f. richardsoni*は米国のアラスカ州からニューメキシコ州にかけて分布し、基亜種より大型で色が濃く、模様もはっきりしている。

類似の種 ユーラシア大陸で生息域が重なるコキンメフクロウ（№211）はほぼ同等の大きさだが、顔盤はやや平たくて濃淡のまだら模様があり、趾には剛毛羽が生えている。北米で生息域が重なるアメリカキンメフクロウ（№217）は本種より体が小さく、顔盤の縁取りは不明瞭で、くちばしが黒っぽい。

Forest owls：キンメフクロウの仲間 **443**

▲おそらく亜種の*beickianus*。基亜種より小型だが、翼が長く、色が濃い。6月、中国の甘粛省にて（写真：ジョン＆ジェミ・ホームズ）

▶巣立ちを迎えたキンメフクロウ。全体的にむらのないチョコレート色で、顔は黒っぽく、眉斑（びはん）と目先、くちばしの付け根がぼんやりと白い。4月、ドイツにて（フリードヘルム・アダム）

◀亜種の*richardsoni*は体部上面が暖かみのある茶色で、基亜種よりも白斑が小さい。米国ミネソタ州北部にて（写真：トーマス・マンゲルセン）

217 アメリカキンメフクロウ [NORTHERN SAW-WHET OWL]
Aegolius acadicus

全長 17〜19cm　体重 54〜124g　翼長 125〜144mm

<u>外見</u>　ごく小型で、丸い頭部に羽角はない。雌雄の体重を比べると、メスのほうが重く、その差は繁殖期には平均で50g以上になるが、秋には16g程度になる。頭部は暖かみのある錆茶色または灰茶色で、特に額に白い筋状の模様が密に入る。首の後ろから背中、尾にかけてはコーヒー色の地に白い斑点があり、風切羽にも同様に白斑が入る。尾羽は両側の羽弁に白斑が連なるため、尾に3列の破線ができている。顔盤は茶色で、濃淡の入り混じった羽毛でぼんやりと縁取られ、目先［訳注：左右の目とくちばしの間の部分］には黒斑、目のまわりから顔盤の縁にかけては放射状に白色の縞が入る。目はオレンジがかった黄色で、まぶたは縁が黒。くちばしと蝋膜［訳注：上のくちばし付け根を覆う肉質の膜］も黒に近い。体部下面は白地に赤みがかった淡黄褐色の太い縦縞が入る。趾には羽毛がほとんどなく、濃い象牙色の爪は先端が黒っぽい。［幼鳥］ヒナの綿羽は白に近い。第1回目の換羽を終えた幼鳥はコーヒー色で、眉斑が白く、前頭部と目先が淡色のため、茶色い顔にX字型のマークが入っているように見える。目は黄色。［飛翔］音を立てずにふわりと飛行する。

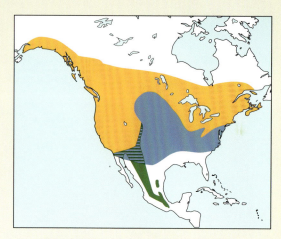

<u>鳴き声</u>　「Northern Saw-whet Owl（ノコギリを研ぐフクロウ）」という英名の通り、まさにノコギリを研いでいるような「スクリーーレヴ」という攻撃的な金切り声を出す。また、縄張りを主張するときは、柔らかい声で「テュー・テュー・テュー……」と1秒に2音のゆったりしたペースで続け、少しの間をおいてこれを再び繰り返す。

<u>獲物と狩り</u>　主食は小型のげっ歯類だが、小鳥やカエル、昆虫も食べる。さらに、カナダのブリティッシュコロンビア州沖に連なるハイダグワイ（旧称クイーンシャーロット諸島）に棲む亜種は、カニなどの甲殻類や潮間帯に姿を見せる節足動物も捕食する。

<u>生息地</u>　主に針葉樹林に棲むが、秋になると落葉樹林に移動することもある。そのほか、アメリカカラマツの生える沼沢地やスギの群生地、湿潤な林縁にも生息する。標高は2,800mまでだが、一般には1,500m以上の高地を好み、メキシコでは1,350〜2,500mの地域に棲む。

<u>現状と分布</u>　米国アラスカ州およびカナダ南部から、南はメキシコ南西部にかけて分布し、年によっては米国南部で越冬する。生息域ではごく一般的に見られる種。

<u>地理変異</u>　2亜種に分類され、基亜種の*acadicus*はアラスカ州南部からメキシコ高原にかけて生息する。もう一方の*A. a. brooksi*はカナダ西部のブリティッシュコロンビア州沖に連なるハイダグワイに固有の亜種で、羽色が非常に濃く、体部下面はオレンジ色がかった淡黄褐色。また、体部上面に斑点はほとんど見られない。この*brooksi*は特徴的な亜種なので「Queen Charlotte Owl（クイーンシャーロットのフクロウ）」とも呼ばれているが、DNA配列に基亜種との差異はないので、独立した種とはされていない。

<u>類似の種</u>　生息域が重なるキンメフクロウ（№216）は本種より体が大きく、くちばしは黄色で、頭頂部に斑点がある。メキシコキンメフクロウ（№218）はメキシコでわずかに生息域が重なるが、体部上面と下面の模様は少ない。

◀北米の西海岸沖に棲むアメリカキンメフクロウの亜種 *brooiksi*。東海岸に棲む基亜種（前ページの写真参照）よりずっと色が濃い。ただし、淡色型の個体も別亜種としてはみなされない。カナダのブリティッシュコロンビア州にて（写真：ティム・フィッツハリス）

▶独立直前の若鳥。8月、カナダのマニトバ州にて（写真：クリスティアン・アルトゥッソ）

◀アメリカキンメフクロウはキンメフクロウ（No.216）よりも体が小さい。ぼんやりとした顔盤は茶色で縞があり、肩羽（かたばね）には白点、白色の体部下面には赤みを帯びた淡黄褐色の縦縞が入る。3月、米国のニューヨークにて（写真：マット・バンゴ）

218 メキシコキンメフクロウ [UNSPOTTED SAW-WHET OWL]

Aegolius ridgwayi

全長 18〜20cm　体重 約80g　翼長 133〜146mm

外見　ごく小型で、丸い頭部に羽角はない。雌雄の体格差に関するデータはない。体部上面は土色で模様は少ないが、頭部と上背はそのほかの部分より若干色が濃く、なかには頭頂部に細かい筋状の模様が入る個体もいる。翼は茶色で、小翼羽[訳注：人間の親指にあたる部分に生える羽毛]と初列風切[訳注：風切羽のうち、人の手首の先に相当する部分から生えている羽毛]の先端には細く白い部分があり、次列風切[訳注：風切羽のうち、人の肘から先に相当する部分から生えている羽毛]の羽軸内側の羽弁には白斑が入る。尾羽も内側の羽弁にわずかに白い斑点があるが、通常この斑点は隠れているので、尾は茶色一色に見える。やはり茶色の顔盤はほぼ白色の縁取りに囲まれ、目は茶色か金茶色で、その周囲は淡色。眉斑と目先[訳注：左右の目とくちばしの間の部分]と腮（アゴ）は白く、くちばしと蝋膜[訳注：上のくちばし付け根を覆う肉質の膜]は濃い象牙色。体部下面は、鈍い黄褐色の胸に不鮮明な幅広の帯があるが、そのほかの部分は淡い黄色か淡黄褐色で模様がない。ふ蹠[訳注：趾（あしゆび）の付け根からかとまで]は羽毛に覆われ、肌色の趾には淡黄褐色の剛毛羽が生える。爪は濃い茶色みを帯びた象牙色。[**幼鳥**]ヒナの綿羽については不明。第1回目の換羽を終えた幼鳥は成鳥に似ているが、羽衣はふわふわと柔らかく、胸にごく薄い縦縞が見られることがある。

鳴き声　アメリカキンメフクロウ（№217）に似た物憂げな声を出す。両者の声は聞き分けるのが難しいが、ソナグラムでは明確な違いが見て取れ、本種のほうがより甘い低音。

獲物と狩り　記録なし。

生息地　一般には標高1,600〜3,000mの山林や雲霧林に棲むが、グアテマラでは1,400mまで。

現状と分布　メキシコ南部からパナマ西部にかけ分布する。バードライフ・インターナショナルは本種を近危急種としているが、調査はほとんどなされていないため、正確な現状についてはわかっていない。

地理変異　基亜種のA. ridgwayiのほかに、メキシコ南部のチアパス州に生息するA. r. tacanensisと、グアテマラに棲むA. r. rostratusの2亜種が報告されているが、近年になって、この2亜種はいずれも本種とアメリカキンメフクロウ（№217）の交雑個体ではないかという説も出てきた。そこで本書では、今後の研究で分類が明確になることを期待して、A. ridgwayiを暫定的に単型としたい。そもそも本種はかつてアメリカキンメフクロウの亜種とされていたこともあり、分類を確定させるためにはさらなる調査研究が必要だ。

類似の種　生息域が異なるキンメフクロウ（№216）は本種より体が大きく、頭頂部に白斑があり、趾の先端まで羽毛に覆われる。部分的に生息域が重なるアメリカキンメフクロウ（№217）は、目がオレンジがかった黄色で、頭部に白い筋状の縦縞があり、体部下面にも太い縦縞が入る。

◀メキシコキンメフクロウはアメリカキンメフクロウ（№217）の若い個体によく似ているが、本種は体部上面に斑点がなく、白で縁取られた顔と茶色の目、そして象牙色のくちばしをもつところが相違点。12月、グアテマラにて（写真：クヌート・アイゼルマン）

219 セグロキンメフクロウ [BUFF-FRONTED OWL]
Aegolius harrisii

全長 18〜23cm　体重 104〜155g　翼長 142〜167mm

<u>外見</u>　ごく小型から小型で、羽角はないが、危険を察知したときなどは顔盤が上から押しつぶされたように扁平になり、頭部の羽毛がまるで羽角のように立つことがある。雌雄の体格を比べると、メスのほうが大きくて体重も重い。頭頂部は一様に黒褐色だが、体部上面は深いコーヒー色の地に、丸い白斑がほんの少しと鈍い黄色の斑点がやや多めに入る。首の後ろには、淡黄褐色から黄土色の細い襟状紋がくっきりと目立つ。肩羽の羽軸外側の羽弁には大きな黄褐色の斑点がいくつかあり、翼には丸い白斑が連なってつくる帯模様が見られる。尾羽も両側の羽弁に白い斑点があるため、黒っぽい尾に2本の線模様ができている。ほぼ円形の顔盤はクリーム色で、細くて黒い縁取りと鈍い黄色の線に囲まれ、淡い黄土色の額を挟んで、左右の目の上から顔盤の端まで黒褐色の部分がある。さらに、腮（アゴ）にも暗い茶色か黒のよだれかけのような模様があり、その下端は黒い縁取りと混じり合う。目は黄色く、くちばしは黄色がかった緑か青みのある緑。体部下面は黄土色か淡黄褐色で、模様は見られない。ふ蹠［訳注：趾（あしゆび）の付け根からかかとまで］は羽毛に覆われ、裸出した趾は淡黄色で、爪は暗い茶色。［幼鳥］ヒナの綿羽については不明。巣立雛は成鳥に似ているが、背中に斑点がなく、全体的に成鳥ほど明るい色ではない。

<u>鳴き声</u>　笛のような震え声で「ギュルルルリュルルルルルルリュルルル……」と、1秒に15音を刻む速さで7〜10秒続ける。

<u>獲物と狩り</u>　記録なし。

<u>生息地</u>　山林や雲霧林、乾燥した森林、発育不十分な高山の森林に生息する。低地にも棲むが、アンデス山脈では標高1,700〜3,900mの高地に限られる。

<u>現状と分布</u>　ベネズエラからエクアドルを経て南へボリビア、アルゼンチン北部までのアンデス山脈地帯と、ブラジル北東部からウルグアイにかけての標高1,000mまでの地域に生息地が飛び石状に点在する。希少な種と思われるが、あまり人の目に触れない生活をするフクロウなので見落とされている可能性も否めない。

<u>地理変異</u>　3亜種が確認されている。基亜種のharrisiiはベネズエラおよびコロンビアから南はボリビア東部にいたるアンデス山脈地帯と、おそらくはパラグアイにも生息する。ボリビア西部からアルゼンチン北西部にかけて分布するA.

h. dabbeneiは、体部上面が濃色で、目は淡い黄色。A. h. iheringiはブラジル北東部からウルグアイにかけて生息する亜種で、やはり体部上面が濃色で、顔と体部下面は濃いオレンジ色。このiheringiは地理的に隔離された特異な亜種だが、独立種とするにはDNA解析などの詳細な調査が必要だ。また、ベネズエラ南部のネブリナ山には第4の亜種と考えられる個体が存在するようだが、公的な発表はなく、1985年に採集されたつがいの標本が知られるのみ。

<u>類似の種</u>　南米大陸に棲むキンメフクロウ属は本種のみ。

▶南米大陸に棲むキンメフクロウ属は、体部上面がコーヒー色のセグロキンメフクロウ以外にいない。写真は基亜種のharrisii。くちばしは青みがかり、顔には黒っぽい模様がはっきり見える。8月、エクアドルにて（写真：ハノス・オラ）

220 アカチャアオバズク [RUFOUS OWL]
Ninox rufa

全長 40～57cm　体重 700～1,300g　翼長 260～383mm　翼開長 100～120cm

<u>外見</u>　やや大型で、平たい頭部に羽角はない。雌雄を比べると、体重はオスのほうが300gほど重く、羽色はメスのほうが濃い。雌雄ともに額から頭頂部、体部上面にかけてと翼の上面は濃い赤褐色で、淡い茶色の細かい横縞が入る。尾は長く、上面には濃色で幅広の横縞、下面には黄白色でやはり幅の広い横縞が見られる。黒褐色の顔盤はあまり発達しておらず、目は黄金色で、灰色のくちばしの付け根には黒くて短い剛毛羽が生える。体部下面は赤茶色の地にクリーム色の細い横縞が密に入り、翼の下面は淡い茶色。脚部は趾の中ほどまで赤茶色の羽毛で覆われ、趾の裸出した部分はくすんだ黄色。爪は濃い象牙色で、先端が黒っぽい。
[<u>幼鳥</u>]　ヒナの綿羽は白に近い。第1回目の換羽を終えた幼鳥は頭部と体部下面が白っぽく、目の周囲はまるで仮面をつけているかのように黒っぽい。成鳥は年を経るごとに幅広の縞模様が少なくなっていく。

<u>鳴き声</u>　「ウー・フー」という2音節を1秒ほどで発するか、1音節ずつ1秒おきに6～7回繰り返す。

<u>獲物と狩り</u>　甲虫やザリガニから鳥類、オオコウモリまで、さまざまな獲物を捕食する。獲物は止まり木から襲いかかるか、飛びながら空中で捕まえる。

<u>生息地</u>　主に低地の雨林、川岸に帯状に続く森林（拠水林）、

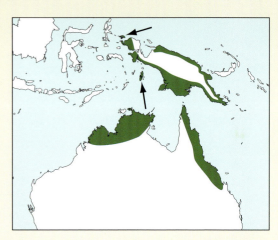

樹木が多いサバンナに棲む。一方、高地の雨林や湿地に生息することは少ないが、ニューギニア島では標高2,150mの地点でも姿が見られる。

<u>現状と分布</u>　オーストラリア北部および北東部とニューギニア地方に飛び石状に分布し、希少または少ない。

<u>地理変異</u>　4亜種が報告されている。基亜種の*rufa*はオーストラリア北部の熱帯域に生息し、これより小型で、茶色みの強い*N. r. humeralis*はワイゲオ島、アルー諸島を含むニューギニア地方に棲む。*N. r. queenslandica*はオーストラリアのクイーンズランド州東部で見られ、大型で体部上面の色が濃いが、下面の色は薄い。*N. r. meesi*については記録がほとんどないが、クイーンズランド州北東部に棲む亜種で、体が小さいことがわかっている。ただし、本種の亜種の分類については再考の余地があり、さらなる調査が求められる。

<u>類似の種</u>　本種と見間違えるようなフクロウはまずいない。生息域が異なるオニアオバズク（№221）は本種より大きく、ニュージーランドアオバズク（№225）はずっと小さい。いずれも羽衣は本種とは大きく異なるので、それぞれの項を参照されたい。生息域が重なるオーストラリアアオバズク（№222）はやや小さく、翼に白斑があり、体部上面は暗い茶色、体部下面は白地に暗い茶色の縦縞が入る。

◀亜種の*queenslandica*は頬と体部上面の色が濃く、体部下面には茶色の横縞が見られる。オーストラリアのクイーンズランド州にて（写真：マーティン・B・ウィザーズ）

▶アカチャアオバズクの基亜種。黄色い目と、両目の間の白い部分がよく目立ち、赤茶色の体部下面にはクリーム色の細い横縞が密に入る。10月、オーストラリアのダーウィンにて（写真：ローアン・クラーク）

221 オニアオバズク [POWERFUL OWL]
Ninox strenua

全長 45〜65cm　体重 1,050〜1,700g　翼長 381〜427mm　翼開長 115〜135cm

外見　オーストラリア最大のフクロウで、羽角はない。雌雄の体格を比べると、オスのほうがかなり大きく、体重も250gほど重い。体部上面は灰茶色から暗い茶色で、頭頂部と首の後ろには淡色の小さな斑点、背中と翼には白に近いクリーム色の横縞が不規則に入り、尾には黄白色の細い横縞が6本ほど見られる。顔盤は暗い茶色で、白い眉斑と大きな金色の目が目立つ。力強いくちばしは青っぽく、その付け根は剛毛羽で覆われる。体部下面はくすんだ白色で、茶色い幅広のV字が連なって不規則な横縞をつくる。ふ蹠〔訳注：趾（あしゆび）の付け根からかかとまで〕は羽毛に覆われ、裸出した趾はくすんだ黄色で剛毛羽が生える。巨大な爪は濃い象牙色で、先端が黒っぽい。[幼鳥]ヒナの綿羽は白。第1回目の換羽を終えた幼鳥は顔が白く、目の上に黒っぽい斑紋がある。頭頂部は白っぽい地に濃色の小さな斑点が散り、淡色の背中と翼には白色の横縞が多く入る。体部下面は白地に細かい濃色の縦縞が入るほか、脇腹にわずかだが

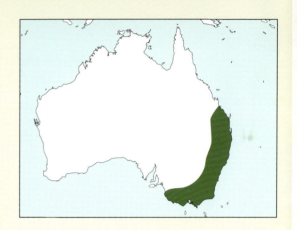

横縞も見られる。

鳴き声　深みのあるよく通る声で、「フー・ホーー」または「ウー・フーー」と鳴く。1音の長さは0.5秒強で、各音の間隔はごく短い。

獲物と狩り　主に樹上生活をする動きの遅い哺乳類や大型の鳥類を捕食するが、時に昆虫も食べる。その狩りは止まり木から、または地上で獲物に襲いかかるほか、鳥が夜にねぐらで休息しているところを急襲することもある。

生息地　やや開けた場所と小さな渓谷が近くにあり、樹木が密生する湿潤な森林に棲む。その生息地は沿岸から標高1,500mまで。

現状と分布　オーストラリア南東部、すなわちクイーンズランド州南東部（ドーソン川以南）から南へニューサウスウェールズ州東部を経て、ビクトリア州南部と東部にいたる地域に固有の種。広い縄張りを必要とする希少種とされるが、オーストラリア南東部の原生林が減少の一途をたどっているため、マツの植林地や海岸の低木林に適応できなければ、絶滅の危機にさらされることになる。

地理変異　亜種のない単型種。

類似の種　オーストラリアに棲むフクロウで、本種ほど大きい種はほかにいない。また、生息域を共にする大型のアオバズク属には、白色の体部下面に本種のような灰茶色のV字模様はない。

◀オニアオバズクは強力な鉤爪（かぎつめ）をもつ、恐るべき捕食者だ。8月、オーストラリアのクイーンズランド州にて（写真：スチュアート・エルソム）

Hawk owls：アオバズクの仲間 **451**

▲オニアオバズクはオーストラリア最大のフクロウで、体部上面にクリーム色の横縞が不規則に入る（写真：デヴィッド・ホスキング）

▲▶2羽のオニアオバズクの若鳥。成鳥とは大きく異なる姿をしており、顔は灰色で、体部下面は白い綿羽に包まれる。翼と尾はまずまず成鳥に似る。10月、オーストラリアのビクトリア州にて（写真：ローアン・クラーク）

▶ミナミコワタリガラスを捕らえたオニアオバズク。1月、オーストラリアのビクトリア州にて（写真：榛葉忠雄）

222 オーストラリアアオバズク [BARKING OWL]
Ninox connivens

全長 35〜45cm　体重 425〜510g　翼長 244〜325mm　翼開長 85〜100cm

外見　中型で、羽角はない。雌雄の体重を比べると、オスのほうが100gほど重い。羽色にはほとんど性差がなく、体部上面は茶色から灰茶色で、背中と翼には大きな白斑、雨覆[訳注：風切羽の根本を覆う短い羽毛]には小さめの斑点が散る。肩羽には白色の斑点が並んでいるため、肩を横切るように帯模様ができている。比較的長い尾には茶色の横縞。顔盤は不明瞭で、大きな目は黄色く、くちばしは黒。喉の羽毛はやや立ち気味でアゴヒゲのように見え、その喉には茶色の地に白い縦縞が見られる。首の前部から腹部にかけては白色で、濃い灰色から錆茶色の縦縞が不規則に入る。頑丈な脚部は趾の付け根まで羽毛に覆われ、その趾は鈍い黄色。爪はくすんだ象牙色で、先端が黒い。[幼鳥]ヒナの綿羽は白。第1回目の換羽を終えた幼鳥は成鳥に似ているが、眉斑はさらに白く、羽衣はふわふわしている。[飛翔]日中に飛ぶことはあまりないが、必要に迫られると弾むように飛び出し、ハイタカのように滑空する。

鳴き声　低い声で短く唸ったあと、イヌが騒がしく吠える

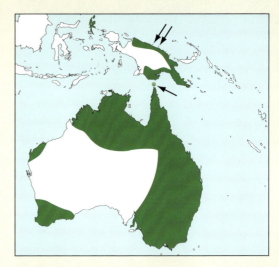

ように「ウッフ、ウッフ」または「ウーク・ウーク」と発する。また、オスとメスはデュエットをすることもある。

獲物と狩り　ウサギやフクロモモンガ、コウモリ、げっ歯類、昼行性の鳥に加え、ほかのアオバズク属と同様に昆虫もよく捕食する。獲物は地上で、または止まり木から襲いかかって捕まえる。

生息地　開けたサバンナや低地の平野で、大樹が生え、水辺に近いところを好むが、農家の近くや街なかで営巣することもある。また、ニューギニア島では低地のみならず、標高1,000mの地点でも見られる。

現状と分布　オーストラリアとニューギニア地方に分布するが、その生息地は飛び石状に点在している。ただし、オーストラリア西部の大半と乾燥した内陸部では見られない。生息域では、農薬散布の影響で絶滅の危機に瀕している地域もある。

地理変異　5亜種に分類され、基亜種の*connivens*はオーストラリア南西部と南東部から東部にかけて生息する。これより体部上面の茶色が濃い*N. c. rufostrigata*はニューギニア島の西に連なるモルッカ諸島北部（バチャン島、ハルマヘラ島、モロタイ島、オビ島）に、亜種の中でもっとも小柄な*N. c. assimilis*はニューギニア地方の中部から東部（マナム島、カルカル島を含む）に棲む。西オーストラリア州西部と北部から東はクイーンズランド州北西部にまで分布する*N. c. occidentalis*は茶色がかなり濃く、やはり体が小さい。最後の*N. c. peninsularis*はクイーンズランド州北部のヨーク岬半島にのみ生息し、基亜種よりわずかに褐色が濃く、体は小さめで、体部下面に栗色の縦縞が入る。

Hawk owls：アオバズクの仲間

類似の種 一部で生息域が重複するアカチャアオバズク（No. 220）は本種よりやや体が大きく、体部下面に横縞が密に入る。オニアオバズク（No. 221）とミナミアオバズク（No. 224）も生息域が重なるが、前者は体がずっと大きく、後者は逆にずっと小型で灰色みが薄いため、本種と見間違えようがない。

▶オーストラリアアオバズクの亜種 *occidentalis*。基亜種とは異なり、頭部は青色がかった灰色で、体部上面の茶色が濃く、灰色が弱い。体部下面も茶色が濃く、縦縞がある。1月、オーストラリアのノーザンテリトリーにて（写真：エイドリアン・ボイル）

▼亜種 *assimilis* のオスが、細い縦縞の入った赤褐色の喉を膨らませている。これで鳴き声を上げる準備は完了だ。7月、オーストラリアのサイバイ島にて（写真：ローアン・クラーク）

▼▶亜種の中で一番小柄な *assimilis* は茶色がかなり濃く、胸の縦縞がはっきりしている。眉斑は白く、黄色の目は黒で縁取られる。7月、オーストラリアのサイバイ島にて（写真：ローアン・クラーク）

◀オーストラリアアオバズクのつがい。オスはメスよりも100gほど重い。オーストラリアにて（写真：トム＆パム・ガードナー）

223 スンバアオバズク [SUMBA BOOBOOK]
Ninox rudolfi

全長 30～40㎝　体重 222g（1例）　翼長 227～243mm

<u>外見</u>　中型で、羽角はない。雌雄の体重差はデータが1例しかないため不明だが、メスのほうがわずかに大きくて重いとされる。頭頂部は暗い茶色で白斑が密に散り、後頭部と体部上面は赤みが差した暗い茶色の地に白い斑点とまだらがある。暗い茶色の初列風切と次列風切［訳注：風切羽のうち、人の手首の先に相当する部分から生えているのが初列風切。肘から先の部分から生えているのが次列風切］には白に近い淡黄褐色の斑点がつくる帯模様、雨覆［訳注：風切羽の根本を覆う短い羽毛］には濃淡の横縞、尾には淡色の横縞が5本入る。眉斑は白っぽいが目立たず、耳羽と目は暗い茶色で、くちばしは黄色みのある茶色。喉にはむらがなく、くっきりとした白斑があり、首から体部下面にかけては赤褐色と白の横縞が見られる。ふ蹠［訳注：趾（あしゆび）の付け根からかかとまで］は厚く羽毛に覆われ、裸出した趾はくすんだ淡い黄色で、爪は黒っぽい。［幼鳥］不明。

<u>鳴き声</u>　長めの咳にも似た音で、「クラック・クラック・クラック・クラック……」と1秒に2音節のペースで続ける。

<u>獲物と狩り</u>　記録はないが、さまざまな昆虫を捕食すると思われる。

<u>生息地</u>　モンスーン林や雨林、海岸の湿地、農地に棲む。標高は930mまで。

<u>現状と分布</u>　インドネシアの南に連なる小スンダ列島のス

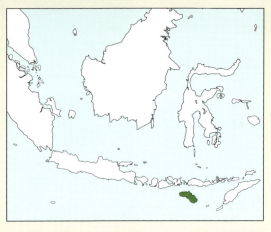

ンバ島に固有の種。希少な種で、1989～92年の調査では5カ所で少数の生息が確認されたのみだが、バードライフ・インターナショナルの分類では近危急種となっている。

<u>地理変異</u>　亜種のない単型種。

<u>類似の種</u>　生息域が完全に重なるコアオバズク（No.254）は本種より体が小さく、目が黄色で、白い眉斑が目立つ。また、体部下面には濃色のV字模様がつくる細密な波線模様が見られる。

◀スンバアオバズクはコアオバズク（No.254）より体が大きく、目は暗い茶色。どちらもインドネシアのスンバ島にしか生息していない。6月（写真：ジェームズ・イートン）

224 | ミナミアオバズク [SOUTHERN BOOBOOK]

Ninox boobook

全長 25～36cm　体重 146～360g　翼長 188～261mm

外見　小型から中型で、羽角はない。雌雄を比べると、メスのほうが体重が65gほど重く、羽色も濃い。ただし、体の大きさには地域差があり、温暖な地域ほど小型になる。羽色も淡色の砂漠型から暗色の森林型まで、さまざまなバリエーションがあるが、一般に体部上面は淡い茶色か暗い茶色で、肩には不明瞭な横縞が見られる。初列風切と次列風切［訳注：風切羽のうち、人の手首の先に相当する部分から生えているのが初列風切。肘から先の部分から生えているのが次列風切］には赤茶色と暗い茶色の横縞が入り、雨覆［訳注：風切羽の根本を覆う短い羽毛］には白色か淡色の斑点が不規則に散る。濃い赤褐色の尾には淡色の横縞。顔盤はさほど目立たず、目尻に黒っぽい部分が広がる。目は淡い黄緑色で、くちばしは青みがかった灰色。喉は模様のない白色で、体部下面は白地に赤褐色の横縞や幅広の縦縞が入る。ふ蹠［訳注：趾（あしゆび）の付け根からかかとまで］は羽毛に覆われ、灰茶色の趾は上面に剛毛羽が生える。爪は象牙色で、先端が濃色。

［幼鳥］　ヒナの綿羽は白色か淡黄褐色。第1回目の換羽を終

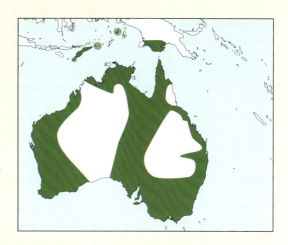

えた幼鳥は淡い茶色の目の周囲がまるでメガネのように黒く囲まれる。**［飛翔］**　黒っぽく、実際より大きく見える。

鳴き声　「ブ・ブーク」あるいは「モ・ポーク」と発するが、音程は2音節目のほうが低い。1音は約0.25秒、各音の間隔は0.5秒で、この一連を1～2分の間に20回ほど繰り返す。英名の「Southern Boobook（南に棲むブブーク）」は、この特徴的な鳴き声に由来する。

獲物と狩り　ほかのオーストラリア産のフクロウより昆虫などの節足動物を多く捕食するが、繁殖期には小型の鳥類やネズミも食べる。通常は止まり木から獲物に飛びかかるが、タカのように木々の間や林冠の上、あるいは街路灯の周囲を飛びながら獲物を捕まえることある。

生息地　樹木が豊富にあるところならどこにでも棲み、たとえば郊外の低木林や果樹園、公園や道路脇に植え込まれた木の茂みなどでも見られる。ただし、樹木が密な雨林はあまり好まない。主として低地に生息するが、ティモール島では標高2,300mの地域にも棲む。

現状と分布　オーストラリアのほぼ全土、インドネシアの南に連なる小スンダ列島東部、ニューギニア地方南部に分布する。生息数は比較的多く、オーストラリアでもっともよく見られるフクロウだが、ところにより農薬散布の影響で個体数が激減している。

地理変異　確認されているのは9亜種。基亜種の*boobook*はオーストラリア北東部のクイーンズランド州南部から南へ南オーストラリア州南部およびビクトリア州に分布する。

◀9亜種の中でも色が濃く、体が小さい部類に入る*fusca*。その羽色は赤みのない灰茶色。8月、小スンダ列島のティモール島にて（写真：フィリップ・ヴェルベレン）

かつて、その東に浮かぶノーフォーク島にも人為的に導入されたが、今は姿を消してしまった。*N. b. rotiensis*は小スンダ列島の中央に位置するロテ島に棲み、基亜種より小型で、鳴き声が大きく異なる。小スンダ列島の東端にあるティモール島、およびその北東に位置するロマング島とレティ島には、やはり体が小さく、体部上面が暗い灰茶色で、下面には多くの斑点が散る*N. b. fusca*が生息する。これと全体的によく似た*N. b. plesseni*は、小スンダ列島の中のアロール諸島に棲む。この*plesseni*は1929年以来、正基準標本しか知られていなかったが、次ページの写真は生きた野生個体の撮影に初めて成功したもの。*N. b. moae*はティモール島東沖のモア島に生息する亜種で、色が濃く、風切羽の横縞が目立つ。モルッカ諸島では、その南端に位置するババル諸島に*N. b. cinnamomina*が、南部に位置するカイ諸島に*N. b. remigialis*が棲む。前者は背中が特徴的な深いシナモン色で、体部下面にはシナモン色の縦縞が目立ち、後者は*moae*に似るが、風切羽の横縞は目立たない。オーストラリア北部の熱帯域と西部および南部、サブ島(スンバ島とティモール島の間)に分布する*N. b. ocellata*は色が薄く、砂色で、体部下面には淡黄褐色の縦縞が入る。最後の*N. b. pusilla*はこの*ocellata*に似ているが、体はずっと小さく、ニューギニア島南部の低地に生息する。なお、DNA解析の結果、*rotiensis*には固有の特徴が多く見られることから、Roti Boobook (*Ninox rotiensis*) として独立させるべきであり、生物音響学・分子生物学的な分析が待たれている。新たな種として独立させるのが遅れているのは、すべてのアオバズク類を分類するために、分子生物学的データや鳴き声、生態などを比較研究しなければならないためだ。ちなみにミナミアオバズク (*N. boobook*) とニュージーランドアオバズク (*N. novaeseelandiae*) (№225) はすでに別種として扱われているものの、公式に独立種と認められるにはいたっていない。亜種から種へと格上げさせるには、それほど時間を要するのだ。

<u>類似の種</u> 明るい黄色の目をしたオーストラリアアオバズク (№222) は生息域が重なるが、本種よりずっと大型で、灰色みが強く、白色の胸に灰色から錆茶色の縦縞がある。生息域が異なるRed Boobook (№226) は体部上面が濃い栗色で、体部下面に眼状紋がある。

▶驚いて、翼を下げている亜種のplesseni。こうした行為は、ocellataやcinnamominaでは見られないようだ。このplesseniはかつては正基準標本でしか知られていなかったが、右の写真は生きた個体の撮影に初めて成功したもの。6月、インドネシアのバンタル島にて（写真：フィリップ・ヴェルベレン）

▼亜種のplesseniは基亜種より体が小さい。その色調はfuscaに似るが、体部上面全体に白色と淡い茶色の斑点が散る。また、下面に入る縦縞は腹部では眼状紋となる。6月、インドネシアのアロール島にて（写真：フィリップ・ヴェルベレン）

▼▶こちらも亜種のplesseni。その特徴から独立した種とすべきとの声もあるが、分子生物学的な調査が必要とされる。10月、インドネシアのバンタル島にて（写真：ロブ・ハッチンソン）

◀ババル諸島のトバ島とババル島に棲む亜種のcinnamomina。頭頂部は茶色が濃く、背中は深いシナモン色で、腹部には濃いシナモン色の縦縞が入る。8月、インドネシアのババル島にて（写真：フィリップ・ヴェルベレン）

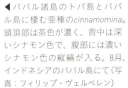

Ninox:アオバズク属

▲ミナミアオバズクの小型の亜種*ocellata*は、羽色の個体差が大きいが、概してオーストラリアに棲むほかの亜種より色が薄い。写真の個体は特に色が淡く、黄色の目のまわりに白い縁取りがある。8月、西オーストラリア州にて(写真:エイドリアン・ボイル)

▶こちらの*ocellata*の個体は赤糸色が濃く、目の周囲の濃色部分が明瞭。9月、西オーストラリア州にて(写真:エイドリアン・ボイル)

Hawk owls：アオバズクの仲間 459

▲ミナミアオバズクの亜種*rotiensis*は、鳴き声がほかの亜種とは著しく異なるので、独立種とみなすべきかもしれない。8月、インドネシアのロテ島にて（写真：フィリップ・ヴェルベレン）

▶この幼鳥は、目のまわりの黒っぽいメガネ模様と淡い茶色の目（写真では閉じていて見えない）が特徴的。11月、オーストラリアのニューサウスウェールズ州にて（写真：ローアン・クラーク）

225 ニュージーランドアオバズク [MOREPORK]
Ninox novaeseelandiae

全長 26〜29cm　体重 150〜216g　翼長 183〜222mm

外見　小型から中型で、羽角はない。雌雄の体重を比べると、メスのほうが15gほど重い。羽色は雌雄ともにさまざまなバリエーションが存在するが、一般に体部上面は暗い茶色で、頭部から上背にかけては黄土色のまだらと縞模様が入る。黒褐色の風切羽には細い黄褐色の横縞、雨覆［訳注：風切羽の根本を覆う短い羽毛］と肩羽にはシナモン色と白に近い淡黄褐色の斑点、暗い茶色の尾には5〜8本の細い淡黄褐色の横縞。やはり暗い茶色の顔盤は鈍い黄色の羽毛で縁取られ、眉斑は細くて白い。目は鮮やかな黄金色で、濃色のくちばしは先端が黒っぽい。喉から胸の上部は白茶色から淡黄褐色の地に、暗い茶色の小さな斑点と縦縞が入る。その下の体部下面は白色で、眼状紋と濃色の筋状の模様が見られる。ふ蹠［訳注：趾（あしゆび）の付け根からかかとまで］は黄褐色から赤みがかった淡黄褐色の羽毛で覆われ、裸出した趾は黄色から黄褐色で、爪は暗い茶色か黒。[**幼鳥**] ヒナの綿羽は白か白に近い灰色。第1回目の換羽を終えた幼鳥はくすんだ暗い茶色で、巣立つころにはまるでメガネのような黒い斑紋が目尻に広がる。[**飛翔**] 翼が丸く、尾が長いのがよく見える。

鳴き声　マオリ族の言葉で「ruru（ルル）」と呼ばれる通り、暗鬱な声で「ル・ル」、あるいは「クォ・クォ」と鳴く。さらにこの一連を数秒間隔で繰り返す。

獲物と狩り　昆虫を主食とするが、小型の鳥類やトカゲ、大小のネズミ類、コウモリも捕食する。獲物は止まり木から飛びかかるか、タカのように飛びながら空中で捕らえる。飛んでいる獲物を捕まえるときは、まず鉤爪でつかんでからくちばしに移す。

生息地　樹木限界までの森林や植林地を好むが、公園や農家の近くでも見られる。さらに、沖合の島々にも棲む。

現状と分布　ニュージーランドにのみ分布し、現存するニュージーランド原産のフクロウ類は本種のみ。環境適応力が高く、外来のマツからなる林にも棲むことができるため、生息数はさほど少なくない。かつてはオーストラリア東沖のロードハウ島と、そのさらに沖合に浮かぶノーフォーク島にも生息していたが、ロードハウ島からは姿を消してしまった。おそらく、体の大きなアメリカメンフクロウ（No. 002）やタスマニアメンフクロウ（No. 021）がもち込まれたせいだろう。ノーフォーク島では1986年にメス1羽の生存が確認されたにすぎないが、1989〜90年にかけて導入された基亜種のオスとの間に4羽の子が生まれた。この人為的につくられた交雑個体群はよく増えて、現在では2桁の個体数になっている。

地理変異　3亜種に分類され、基亜種の*novaeseelandiae*はニュージーランドに生息する。かつてはオーストラリア東沖のロードハウ島に棲み、現在は姿を消した*N. n. albaria*（ロードハウアオバズク）は、体部上面が淡い茶色で、下面には淡

◀もの問いたげに首をかしげるニュージーランドアオバズク。3月、ニュージーランドのティリティリ・マタンギ島にて（写真：アダム・ライリー）

い茶色の模様が入る。ロードハウ島よりもさらに東に位置するノーフォーク島原産のN. n. undulataはalbariaより若干色が濃く、首に斑点がある。ただし、前述したように現在は基亜種との交雑個体が生存するのみ。なお、本種はかつてミナミアオバズク（No.224）と同種とみなされていたこともあり、N. novaeseelandiae種群［訳注：種群とは、同一種内で性的隔離の見られるグループ］の分類をより確実なものにするためには、分子生物学的データや鳴き声、生態などに関する比較研究が求められる。

類似の種　ニュージーランドには、中型で羽角のないフクロウは本種以外にいない。生息域が離れているミナミアオバズク（No.224）は目が淡い黄緑色。生息域が重なる外来種、コキンメフクロウ（No.211）は本種より小型で尾も比較的短く、明るめの褐色の羽衣と平たい頭部をもつ。

▲ニュージーランドアオバズクはニュージーランド原産のフクロウとしては現存する唯一の種。2月、ニュージーランドのリトルバリア島にて（写真：ローアン・クラーク）

▲▶ノーフォーク島に生息していた亜種のundulata。写真は1986年に撮影された最後のメスで、基亜種よりわずかに色が薄い。オーストラリアのノーフォーク島にて（写真：ジョン・ヒックス）

▶現存する亜種のundulataは、半分は人間がつくり出したようなもの。というのも、最後の1羽であるメスの相手は導入された基亜種のオスで、今見られるのはその交雑個体に限られるからだ。写真は、そうしたうちの1羽で、親のundulataにとてもよく似ている。1月、オーストラリアのノーフォーク島にて（写真：ローアン・クラーク）

226 RED BOOBOOK
Ninox lurida

全長 28〜30cm　体重 207〜221g　翼長 244mm（1例）

外見　小型から中型で、羽角はない。雌雄の体格差に関するデータはない。頭頂部と体部上面は濃い栗色でほとんどむらがなく、斑点も縞模様もない。肩羽はシナモン系の淡黄褐色で縁取られ、風切羽と尾羽は背中と同じような色か、それよりもやや黒っぽい色で、やはり横縞は見られない。顔盤には赤褐色と暗い茶色のまだらが入り、眉斑は細くて白い。目は緑がかった黄色で、まぶたの縁は黒いが、その周囲を囲むような濃色の斑紋はない。くちばしと蝋膜［訳注：上のくちばし付け根を覆う肉質の膜］は灰色。体部下面は金茶色で、白斑と黄褐色の小さな斑点からなる眼状紋が見られる。ふ蹠［訳注：趾（あしゆび）の付け根からかかとまで］は黄褐色の羽毛に覆われ、裸出した趾は灰色がかった茶色で、爪は黒っぽい。［幼鳥］ヒナの綿羽は白に近い。第1回目の換羽を終えた幼鳥はミナミアオバズク（No.224）の幼鳥に似ているが、目を囲むメガネのような斑紋はない。

鳴き声　「クェ・クゥォ」という2音節を、長短さまざまな間隔で繰り返す。

獲物と狩り　記録はないが、主食はおそらく昆虫で、止まり木から、あるいはタカのように飛びながら狩りをする。

生息地　山地の雨林に棲む。

現状と分布　オーストラリア北東部のクイーンズランド州の中でも、北東部の限られた地域に分布する。森林破壊の

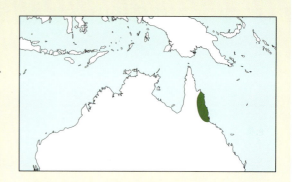

影響を受けていると思われるが、今のところ個体数に関する情報はない。

地理変異　亜種のない単型種。かつてはミナミアオバズク（No.224）の亜種とされていたが、ほかのアオバズク類と比べて濃色で、体部上面に白斑がなく、目尻の黒い部分も目立たないなど、本種には固有の特徴が多い。ただし、アオバズク属の分類や生態、行動についてはさらなる調査研究が必要とされる。

類似の種　生息域が重なるオーストラリアアオバズク（No.222）は本種より体が大きく、金色の目も大きい。また、頭頂部に斑点、体部上面に横縞が入る。

◀Red Boobookの生息域はクイーンズランド州北東部に限定される。本種はほかのアオバズク類とは大きく異なる特徴をもち、ミナミアオバズク（No.224）より小型で色が濃い。また、体部上面はむらが少なく、肩羽は淡色で、体部下面には眼状紋がある。9月、オーストラリアのクイーンズランド州ジュラッテンにて（写真：ローアン・クラーク）

Hawk owls：アオバズクの仲間 463

227 TASMANIAN BOOBOOK
Ninox leucopsis

全長 28～30cm　翼長 198～222mm

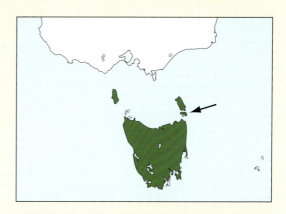

外見　小型から中型で、羽角はない。雌雄の体格差に関するデータはない。頭部は赤褐色か栗色で、小さな白斑が密に散る。体部上面は栗色の地に、白っぽい淡黄褐色から淡い黄色の斑点が入る。茶色の初列風切と次列風切［訳注：風切羽のうち、人の手首の先に相当する部分から生えているのが初列風切。肘から先の部分から生えているのが次列風切］には黄土色の横縞。尾の羽色も茶色だが、そこに入る密な横縞は細くて色が淡い。顔盤には放射状に白線が入り、その上部を縁取る白い眉斑はやや細め。目は黄金色で、まぶたの縁は色が濃く、その周囲は赤褐色の羽毛にぼんやりと囲まれる。くちばしと蝋膜［訳注：上のくちばし付け根を覆う肉質の膜］は灰色。喉は白色で、体部下面にはオレンジ系赤褐色と白色からなる眼状紋が見られる。ふ蹠［訳注：趾（あしゆび）の付け根からかかとまで］はシナモン色の羽毛で覆われ、裸出した趾は灰色から灰茶色。爪は濃い象牙色で、先端が黒い。［幼鳥］ヒナの綿羽は白に近い色か淡黄褐色。第1回目の換羽を終えた幼鳥は、目のまわりの濃色部分がさほど目立たなくなる。

鳴き声　2音節の鳴き声で、ニュージーランドアオバズク（No. 225）のものと似る。

獲物と狩り　主に昆虫をはじめとする無脊椎動物を捕食するが、小型の鳥類やげっ歯類も食べる。

生息地　低木林や高木林のあるやや開けた土地や沼沢地付近の森林を好むが、農地や人里の中に棲むこともある。

現状と分布　オーストラリアの南東に浮かぶタスマニア島とバス海峡の島々に固有の種。これらの生息域ではごく一般的に見られる。

地理変異　亜種のない単型種。かつて本種はミナミアオバズク（No. 224）の亜種とされていたが、DNA解析の結果、ニュージーランドアオバズク（No. 225）の近縁であることが示されている。ただし、種間の関連性や分類を確実なものにするには、分子レベルでの研究をさらに進める必要がある。

類似の種　オーストラリア本土に生息するミナミアオバズク（No. 224）は本種より体がやや大きく、目は緑がかった黄色。また、本種のような頭部の白斑や体部下面の眼状紋は見られない。同じく生息域が離れているニュージーランドアオバズク（No. 225）は、頭頂部から上背にかけて縦縞が入り、全体的な羽色は本種より濃い。

▶Tasmanian Boobookはミナミアオバズク（No. 224）よりやや小さく、目は黄金色で、頭部に小さな白斑が密に散る。本種は背中にも白斑があり、体部下面には明瞭な眼状紋が入る。写真はネズミを捕まえたところ。オーストラリアはタスマニア島のウッドブリッジにて（写真：デイヴ・ワッツ）

228 アオバズク [BROWN BOOBOOK]
Ninox scutulata

※本書では日本に生息するアオバズクの学名を*Ninox japonica*（No.229）としているが、日本では*Ninox scutulata*とされるため、和名は両種とも「アオバズク」とした。

全長 27～33cm　体重 172～227g　翼長 176～228mm

別名　Brown Hawk Owl

外見　小型から中型で、羽角はない。雌雄を比べると、メスのほうが若干大きいが、羽色に違いは見られない。本種はタカによく似たフクロウで、頭部は比較的小さくて丸く、額に白斑が入る。体部上面は暗い茶色で、肩羽の羽軸外側の羽弁には不定形の白い斑紋がある。長い翼は先端が尖り、やや長めの尾には淡色の横縞が入る。顔盤が形成されていないが、鮮やかな黄色の目の周囲には濃色の斑紋が見られる。くちばしは青みのある黒色で、蝋膜［訳注：上のくちばし付け根を覆う肉質の膜］は鈍い緑色か緑がかった茶色。喉と

首の前部は白に近い淡黄褐色から黄褐色で、赤褐色の縦縞が目立つ。体部下面は白に近い地に、大きなしずくが連なったような赤褐色の縦縞が入る。ふ蹠［訳注：趾（あしゆび）の付け根からかかとまで］は羽毛に覆われ、裸出した趾は黄色か黄緑色で、爪は濃い象牙色。[**幼鳥**] ヒナの綿羽は白に近い。第1回目の換羽を終えた幼鳥は羽衣がふわふわしていて、体部下面の縞が少ない。[**飛翔**] 敏捷に飛ぶ姿は獲物を狩るハヤブサに、夜空を飛ぶ昆虫を空中で捕らえるところはヨタカに似る。

鳴き声　格別大声というわけではないが、よく響くこもった声で「フーウィップ・フーウィップ」と0.5秒ほどで鳴く。この声は前半より後半のほうが音程が高く、強調され、これを1秒以内の間隔で最高20回繰り返す。

獲物と狩り　昆虫をはじめとし、トカゲやカエルからカニ、陸生げっ歯類、モモンガやムササビ、コウモリ、小鳥まで幅広く捕食する。獲物は切り株や柵の支柱を止まり木にして襲いかかるか、飛びながら空中で捕らえる。

生息地　主に標高1,700mまでの森林や樹林帯に生息するが、人里や樹木の多い都市部の公園などでも見られる。ただし、東南アジアの亜種は人里を避けるようで、低地のマングローブ林や雨林にしか棲まない。

◀本種には少なくとも8亜種がある。写真は北インド産の亜種*lugubris*。体を細長く伸ばして警戒姿勢をとっている。1月、インドのラージャスターン州にて（写真：ハッリ・ターヴェッティ）

<u>現状と分布</u>　インド亜大陸から中国南部、南はインドネシアのスンダ列島とフィリピンのパラワン島まで広く分布し、スマトラ島西岸沖のシベルト島ではごく一般的に見られることも知られている。渡りについては調査があまり進んでいないが、北方に棲む個体群は南下して越冬するようだ。一方、南方に棲む個体群は留鳥で定住性だが、ところによっては渡ってきた北方の個体群と共存するので、亜種や近縁種との分類が難しくなっている。

<u>地理変異</u>　少なくとも8亜種が確認されており、そのうちのひとつが発表待ちとなっている。基亜種の*scutulata*はマレー半島南部からインドネシアのリアウ諸島、リンガ諸島、スマトラ島、バンカ島に生息し、濃色で、翼が比較的短くて先端に丸みがあるのが特徴。*N. s. lugubris*はインド北部と中部からアッサム地方西部にかけて分布する亜種で、いくぶん羽色が薄く、灰色がかっている。インド北東部から中国南部（雲南省南部）を経て東南アジアにいたる地域に棲む*N. s. burmanica*は、*lugubris*より体部上面も下面も色が濃い。この*burmanica*よりもさらに色が濃い*N. s. hirsuta*はインドのムンバイ（ボンベイ）からスリランカに生息する。ジャワ島に棲む*N. s. javanensis*も羽色が非常に濃く、小型で、翼の先端が丸みを帯びている。ボルネオ島の*N. s. borneensis*はやや小型で、翼が短く、フィリピンの南西部にあるパラワン島で見られる*N. s. palawanensis*も、やはり翼が短い。そして、亜種としての発表を待っているのがスマトラ島西岸沖のシベルト島で留鳥の集団で、こちらは色が濃く、本島の亜種とは声がわずかに違っている。

<u>類似の種</u>　インド洋に浮かぶアンダマン・ニコバル諸島に棲むアンダマナアオバズク（No. 231）は大きさがほぼ同じだが、全体的に羽色がとても濃く、額に白斑は見られない。アンダマンアオバズク（No. 232）も同じくアンダマン・ニコバル諸島に固有の種だが、本種より体が小さく、羽色は暖かみのある茶色で、翼と尾には明るめの赤褐色が混じる。生息域が一部で重なるミンダナオアオバズク（No. 236）は体部上面が淡いシナモン色で、背中の中ほどから腰にかけては色が濃くなり、喉には白い帯と筋状の模様、ほぼ白色の腹部には濃色の小さな斑点が散る。スラウェシ島でのみ生息域が重なるチャバラアオバズク（No. 241）は、黄土色の胸の下部から腹部にかけてぼんやりと濃色の斑点が入る。生息域が異なるソロモンアオバズク（No. 242）は頭頂部から上背にかけて淡色の横縞か細密な波線模様があり、茶色の胸の上部には明るい横縞、胸の下部から腹部には淡黄褐色の細い筋状の縦縞が見られる。やはり生息域が離れているセグロアオバズク（No. 246）は、栗色の体部下面にほとんど模様がない。スラウェシ島でのみ生息域が重なるフイリアオバズク（No. 247）は本種より小型で、頭頂部から上背にかけて白い斑点が密に散り、喉に白色部分があるほか、胸にある白い斑入りの褐色の横縞の間にも白色部分が見られる。生息域が異なるニューブリテンアオバズク（No.248）はずっと小さく、体部上面は明るい赤褐色で、目がオレンジ色。また、喉から首の両側にかけて伸びる白斑がよく目立つ。

▶基亜種。濃色で、翼が比較的短く、腹部に赤褐色の縦縞がかなり大胆に入る。6月、インドネシアのスマトラ島にて（写真：シリル・ルオソ）

229 アオバズク [NORTHERN BOOBOOK]
Ninox japonica

※本書では日本に生息するアオバズクの学名を*Ninox japonica*としているが、日本では*Ninox scutulata*（No.228）とされるため、和名は両種とも「アオバズク」とした。

全長 31～33cm　体重 140～250g　翼長 206～245mm　翼開長 78～80cm

<u>外見</u>　小型から中型で、羽角はない。雌雄を比べると、渡りをする北方の個体群ではメスのほうが大きく、色が淡い。一方、定住性の台湾の個体群には体の大きさに性差は見られず、体重は北方の個体群より100gほど軽い。本種はタカによく似たフクロウで、尾と翼が長い。頭部と体部上面は暗い茶色で、尾には濃色の地に淡い茶色の太い横縞が入る。黒っぽい顔盤は不明瞭で、黄色い目の間に小さな白斑があり、くちばしは暗い灰色。体部下面は白に近い淡黄褐色の地に、幅の広い茶色の縦縞が目立つ。黄色のふ蹠［訳注：趾（あしゆび）の付け根からかかとまで］は羽毛に覆われ、趾には剛毛羽が生える。爪は灰色。［幼鳥］孵化したばかりのヒナは白色の綿羽で厚く覆われるが、ローズピンクの地肌が透けて見える部分もある。幼鳥は成鳥に似ているが、羽衣はまだふわふわとしていて、体部下面の縦縞が少ない。［飛翔］樹木の間を高速で飛び抜け、急旋回や急上昇、急降下をしても木々にかすることはない。

<u>鳴き声</u>　アオバズク（Brown Boobook［No.228］）とはまった

く異なり、深みのある声で、文字にすると「ウクー・ウクー」といった2音節を1秒に満たない速度で発し、これを1分間に最高50回ほど繰り返す。1.5km先にまで届くこの鳴き声から、ロシアの極東地域では「ukku（ウック）」あるいは「ukhti-ukhti（ウクーチ・ウクーチ）」とも呼ばれる。

獲物と狩り 夏季には獲物の90%を大型のチョウなど飛行する昆虫が占め、そのほかにはカニやトカゲ、両生類、小型の鳥類や哺乳類、コウモリなどを捕食する。狩場は伐採地や林縁、畑など。

生息地 雨林や落葉樹林、常緑樹林、針葉樹林など、さまざまなタイプの森に棲むが、植林地や公園、都市郊外の住宅地でも見られる。標高は1,500mまで。

現状と分布 シベリア南東部から南へ中国東部および南東部、朝鮮半島、日本、琉球諸島、台湾、台湾本島南東沖の孤島、蘭嶼（ランユー）にかけて分布する。そのほか千島列島南部の森林地帯、特に国後島（くなしり）でも姿が見られる。調査は十分とは言えないが、生息数は多いようだ。ただし、極東地域での大規模な森林伐採は懸念要素ではある。

北方に棲む個体群は毎年、インドネシアのスンダ列島、スラウェシ島、モルッカ諸島、フィリピン諸島などへ渡り、越冬する。大スンダ列島のボルネオ島では、北方からやってきた個体群が北西部の海岸沿いにある石油掘削装置の上や小さな島で休息してから内陸へと向かう姿も見られる。また、迷鳥になった個体がオーストラリア北西のティモール海にあるアシュモア岩礁で見つかった例が1件あるほか、反対方向のアラスカに向かっているところを発見された例も2件ある。一方、朝鮮半島より南に棲む個体は、餌の状況により渡りをすることもあるが、おおむね定住性。

地理変異 3亜種が確認されている。基亜種の*japonica*は朝鮮半島南部から日本にかけて生息し、体重はおよそ220g、最大翼長は225mmとかなり体が大きい。*N. j. florensis*はシベリア南東部の沿海地方およびサハリン島、中国北部と中部、朝鮮半島北部に分布する亜種で、基亜種よりさらに大型で最大翼長は245mm、体重は250gにもなるが、羽色は薄い。琉球諸島から台湾、蘭嶼に棲む*N. j. totogo*は定住性で、平均体重は168gと体は小さいが、やや短い翼（206～219mm）の先端が尖っているところが渡りをする基亜種と似ている。ただし、この*totogo*は大きさと生息地が大きく異なるため、「*Ninox totogo*（リュウキュウアオバズク）」という種として独立させるべきとの声もある。なお、本種はかつてアオバズク（Brown Boobook [No. 228]）の亜種とされていたことから、別種であると断定するにはDNA解析が必要だ。

類似の種 ほかのアオバズク属との相違点は、背中と頭部に白斑がないことだが、近年の写真では、本種の肩羽（かたばね）に大きな白斑が写っている。そのため、野外ではアオバズク（Brown Boobook [No. 228]）やチョコレートアオバズク（No. 230）との識別が難しい。この2種とは、北方の個体群が南下する冬期の間は、生息域が一部重なるからだ。さらに、渡ってきた個体は往々にして鳴かないことが多いので、鳴き声の違いから識別の手がかりを得ることもできない。

▶インドネシアのスラウェシ島にも近いシアウ島で撮影されたこの個体は、越冬のためにやってきた本種と思われる。ただし、興味深いことに、シアウ島では本種に関する記録がない。3月（写真：フィリップ・ヴェルベレン）

◀本種はアオバズク属の中では最北域に分布する。写真は基亜種。7月、日本にて（写真：私市一康）

230 チョコレートアオバズク [CHOCOLATE BOOBOOK]
Ninox randi

全長 27〜33cm　体重 200〜220g　翼長 228〜242mm

<u>外見</u>　小型から中型で、羽角はない。雌雄を比べると、オスのほうがやや小さく、喉の白い斑紋も若干大きいようだ。雌雄ともに体部上面は赤みがかったチョコレート色で、これが種名の由来となっている。先端が白い尾にははっきりとした濃色の横縞が4本入る。黒っぽい顔盤は不明瞭だが、黄色の目とその間の白色部分が目立つ。灰色のくちばしはきわめて頑丈で、周囲には灰白色の羽毛が口ヒゲのように生えている。体部下面は白の地に栗色の縦縞が不規則に入る。脚は黄色で力強く、爪は濃色。[幼鳥] 詳細は不明だが、アオバズク（Brown Boobook [No.228]）と同様だと思われる。

<u>鳴き声</u>　アオバズク（Northern Boobook [No.229]）にとてもよく似ており、低めのピッチで「ウクー・ウクー」とやや下がり調子に発する。1音節目と2音節目を間をおかずに続けるところもアオバズクと同じ。これをほとんど間隔をあけずに延々と繰り返すこともある。

<u>獲物と狩り</u>　記録に乏しいが、蛾やトンボなどの昆虫を主食とすることがわかっている。そのほか、頑丈なくちばし

と力強い脚をもつことから、近縁種より大型の獲物も狙うと考えられる。狩場は伐採地や林縁など。

<u>生息地</u>　低地のマングローブ林や雨林を好み、人里や農地を避ける傾向にある。

<u>現状と分布</u>　フィリピン諸島およびスールー諸島、インドネシアのタラウド諸島に分布する。アオバズク（Brown Boobook [No.228] およびNorthern Boobook [No.229]）などの近縁種とは異なり、本種は渡りをしない。調査はほとんどなされていないが、生息域の原生雨林が広範囲にわたって伐採されていることから、生存を脅かされているのは間違いない。

<u>地理変異</u>　亜種のない単型種。かつてはアオバズク（Brown Boobook [No.228]）と同種とされていたが、鳴き声が異なることから別種とみなされるようになった。

<u>類似の種</u>　アオバズク（Brown Boobook [No.228] およびNorthern Boobook [No.229]）はどちらも姿がよく似ているが、前者は体部上面が暗い茶色、後者はやや大型で羽色が薄いところが本種と異なる。また、本種のほうがくちばしががっしりしており、趾と爪が大きい。

◀チョコレートアオバズクはフィリピン諸島全域で見られる。亜種は存在せず、頑丈なくちばしと丈夫な脚が特徴的。また、尾の濃色の横縞が目立つ。10月、フィリピンのルソン島にて（写真：アラン・パスクア）

231 アンダマンアオバズク [HUME'S HAWK OWL]
Ninox obscura

全長 29〜30cm　翼長 197〜220mm

外見　小型から中型で、羽角はない。雌雄の体格差に関するデータはない。羽色は体部上面、下面ともにコーヒー色で、腹部のみやや明るい赤褐色。風切羽と尾羽は濃い茶色で、尾には淡い灰色の横縞が4本入る。顔盤は不明瞭で、額から両目の間、そして腮（アゴ）にかけての羽毛はごわごわと硬く、付け根が白色か白に近い色で、先端が黒い。目は黄色く、大きなくちばしは暗い青色で、蝋膜［訳注：上のくちばし付け根を覆う肉質の膜］は鈍い緑色。体部下面には白色の小さな斑点や横縞がわずかにあるが、この部分を覆う濃色の羽毛がもち上げられたとき以外は見えない。下尾筒［訳注：尾の付け根下面を覆う羽毛］にもかすかに横縞が入る。脚部は黄色で、爪は黒。［**幼鳥**］不明。
鳴き声　「フー・ウプ」という2音節を繰り返す。アオバズク（Brown Boobook [No. 228]）の「フーウィップ・フーウィップ」という声に似ているが、各音節の間隔は本種のほうが長い。
獲物と狩り　大型の昆虫を主食とするものと思われる。
生息地　標高の低い森林や樹林帯に生息する。同じ生息域の低地の森林に棲むアンダマンアオバズク（No. 232）と共存しているのかどうかは不明。

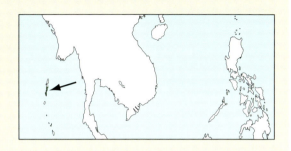

現状と分布　インド洋に連なるアンダマン諸島の南アンダマン島と中アンダマン島に固有の種。ごく限られた範囲に生息するので、個体数はかなり少ないと考えられるが、現状の詳細は不明。鳴き声や生態についてのさらなる調査も求められる。
地理変異　亜種のない単型種。
類似の種　生息域が異なるアオバズク（Brown Boobook [No. 228]）は大きさがほぼ同等だが、全体的に色が薄く、額にはっきりとした白斑があり、白っぽい体部下面には明瞭な縦縞が入る。生息域が重なるアンダマンアオバズク（No. 232）はやや小型で、本種より色が薄い。

◀◀アンダマンアオバズクはかつてアオバズク（Brown Boobook [No. 228]）と同種とみなされていたが、2005年に分離された。生息地が重なるアンダマンアオバズク（No. 232）と比べると、本種のほうが若干大型で色がずっと濃く、くちばしは青みがかった黒。また、目の間にわずかに白い部分がある。1月、アンダマン諸島のチディヤ・タブにて（写真：ニランジャン・サント）

◀尾の下面に白色部分が見える。これがなければ、本種の体部下面はかなり暗い色調になる。アンダマン諸島のワンダーにて（写真：ロブ・ハッチンソン）

232 アンダマンアオバズク　[ANDAMAN HAWK OWL]
Ninox affinis

全長 25〜28cm　翼長 167〜170mm

外見　小型から中型で、羽角はない。雌雄の体格差に関するデータはない。羽色は全体的に暖色系の茶色で、頭頂部と体部上面には黄土色の細かい波線模様がぼんやりと散る。肩羽の羽軸外側の羽弁はシナモン色で、風切羽と尾羽には茶色と鈍い黄色の横縞が入り、次列風切 [訳注：風切羽のうち、人の肘から先に相当する部分から生えている羽毛] は赤みがかる。顔盤は灰色を帯び、目は黄色で、くちばしは黒っぽい。体部下面は茶色みが弱く、首から腹部にかけてはくっきりと鮮やかな赤褐色の縦縞が続く。ふ蹠 [訳注：趾（あしゆび）の付け根からかかとまで] は羽毛に覆われ、黄色の趾にはまばらに剛毛羽が生える。爪は黒みがかった象牙色。[幼鳥] 第1回目の換羽を終えた幼鳥の羽衣はふわふわしていて、体部下面の縦縞は成鳥のものほど明瞭ではない。

鳴き声　喉を鳴らすようなこもった声で「クローウゥ」と0.45秒ほどで鳴き、数秒おいてこれを繰り返す。

獲物と狩り　記録に乏しいが、飛んでいる蛾や甲虫をタカのように空中で襲うことは知られている。

生息地　主に低地の森林に生息するが、二次林にも棲む。

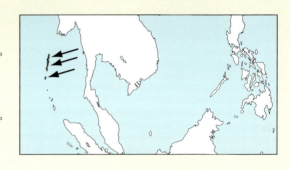

現状と分布　インド洋に連なるアンダマン諸島に固有の種。生息域が限られているため、絶滅の恐れがある。

地理変異　亜種のない単型種。

類似の種　生息域が異なるアオバズク（Brown Boobook [No. 228]）は本種より体が大きく、白っぽい体部下面に入る縦縞がよりはっきりしている。生息域が重なるアンダマナアオバズク（No. 231）は本種よりやや大きくて色がずっと濃く、むらがない。

◀アンダマンアオバズクの目は黄色で大きく、眉斑と喉は白色。アオバズク（Brown Boobook [No. 228]）よりやや小型で、色はずっと黒っぽいが、アンダマナアオバズク（No. 231）よりは色が薄い。1月、アンダマン諸島のチディヤ・タプにて（写真：ニランジャン・サント）

▼本種のくちばしは、アンダマナアオバズク（No. 231）のくちばしよりずっと明るい色をしており、嘴峰（しほう）と呼ばれるくちばしの稜線と先端は淡色。1月、アンダマン諸島のチディヤ・タプにて（写真：ニランジャン・サント）

233 マダガスカルアオバズク [MADAGASCAR HAWK OWL]
Ninox superciliaris

全長 23～30cm　体重 236g（1例）　翼長 180～193mm

別名　White-browed Hawk Owl

外見　小型から中型で、丸い頭部に羽角はない。雌雄の体重差に関してはデータが1例しかないため不明。羽色には淡色型と暗色型があるが、一般に頭頂部と体部上面はむらのない茶色で、そこに白斑がわずかに散る。長く、先端が尖った翼の上面にも白斑がまばらに散り、風切羽には淡色と濃色の横縞、茶色の尾には細い淡色の横縞が入る。灰色がかった黄褐色の顔盤は不明瞭だが、はっきりと白い眉斑がその上端を縁取る。目は暗い茶色で、くちばしは白に近い象牙色、蝋膜［訳注：上のくちばし付け根を覆う肉質の膜］は淡い黄色。腮（アゴ）と喉は薄茶色で、体部下面には明るい黄褐色の地にくっきりとした茶色の横縞が入る。ただし、この横縞は腹部ではほとんど見られない。下雨覆と下尾筒［訳注：下雨覆は翼の付け根下面を覆う羽毛。下尾筒は尾の付け根下面を覆う羽毛］は白色。ふ蹠［訳注：趾（あしゆび）の付け根からかかとまで］は茶色がかった黄色の羽毛に覆われ、裸出した趾は黄白色で、爪は象牙色。［幼鳥］不明。

鳴き声　吠えるような声で「ホ・ォ・ォ・フー」と鳴いたあと、耳障りな声で「キャン・キャン」とピッチと音量を上げながら10～15回繰り返す。この鳴き声は夜間によく聞かれる。

獲物と狩り　昆虫を主食とするが、おそらく小型の脊椎動物も食べる。獲物は止まり木から飛びかかって捕まえる。

生息地　標高800mまでの樹木が群生するサバンナや、川岸に帯状に続く森林（拠水林）、常緑樹林を好むが、伐採地や有刺低木のある開けた土地にも棲む。さらに、人里近くに姿を現すこともある。ほかの多くのフクロウ類とは異なり、森林にはあまり依存しない。

現状と分布　マダガスカル島の北東部と南西部に固有の種。ごく一般的に見られる種ではあるが、フクロウを凶兆とみなす人も多く、迫害の対象となることも少なくない。

地理変異　亜種のない単型種。シトクロムb遺伝子のアミノ酸配列から、本種はコキンメフクロウ属と共通の祖先をもつことがわかった。ただし、1例の配列しか得られておらず、分類を確定するにはより多くのデータが求められる。

類似の種　わずかに生息域が重なるマダガスカルメンフクロウ（No.012）はハート型の顔盤をもち、羽色は赤みがかった黄土色で、体部下面に横縞はない。やはり部分的に生息域が重なるマダガスカルコノハズク（No.042）は本種より体が小さく、目は黄色。また、小さいが直立する羽角がある。トロトロカコノハズク（No.043）も生息域が部分的に重なるが、こちらも本種より体が小さく、目が黄色で、直立する羽角をもつ。いずれの種も、本種とは鳴き声が異なる。

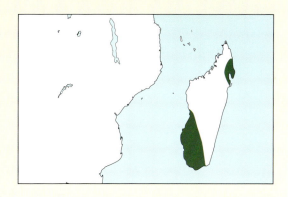

▶マダガスカルアオバズクの目は暗い茶色で、その上によく目立つ白色の眉斑があり、くちばしは緑がかった黄色。腮と喉は淡い茶色で、黄褐色の胸の上部には茶色の横縞が入るが、腹部ではほとんど見られない。10月、マダガスカル島にて（写真：マイク・ダンゼンベイカー）

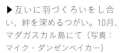
▲マダガスカルアオバズクの体部上面はむらのない茶色で、わずかに小さな白斑が散る。9月、マダガスカル島にて（写真：イアン・メリル）

▶互いに羽づくろいをし合い、絆を深めるつがい。10月、マダガスカル島にて（写真：マイク・ダンゼンベイカー）

234 フィリピンアオバズク [LUZON HAWK OWL]
Ninox philippensis

全長 約20cm　体重 125g　翼長 154～191mm

別名　Philippine Hawk Owl

外見　ごく小型で、羽角はない。雌雄を比べると、オスはメスより若干大きいが、羽色に差はない。体部上面は茶色で模様は見られないが、肩羽には白色から淡黄褐色の斑紋、雨覆［訳注：風切羽（かざきりばね）の根本を覆う短い羽毛］には大きな白斑、尾にはぼんやりとした帯模様が入る。顔盤は不明瞭だが、濃い茶色の地に白色の眉斑がよく目立つ。耳のあたりからは糸のような羽毛が伸び、目は鮮やかな黄色で、くちばしはオリーブ系の淡黄色。喉には濃色の細い横縞があり、体部下面は白っぽい地に暗い茶色か赤褐色の縦縞がぼんやりと入る。下尾筒［訳注：尾の付け根下面を覆う羽毛］は白色で、模様はない。ふ蹠［訳注：趾（あしゆび）の付け根からかかとまで］は明るい黄色で、爪は黒に近い。［幼鳥］ヒナの綿羽は白。巣立つころには体部上面は一様に濃い茶色となり、外側の肩羽には淡黄褐色の横縞ができてくる。翼は背中より色が濃く、その羽毛の外側の羽弁には黄土色の斑点と白色部分があり、白い体部下面には幅広で黄褐色の縦縞が見られる。

鳴き声　甲高くなく、唸るようでもない、力強く吠えるような声を中程度のピッチで1分30秒ほど音をつないで鳴く。鳴き始めは柔らかい声で1音ずつ、最後は2秒ほどかけて、途切れそうな4音で終わる。

獲物と狩り　昆虫を主食とするが、小型の鳥類やカエル、トカゲなども捕食する。

生息地　まばらに続く原生雨林や、川岸の両側に帯状に続く森林（拠水林）を好むが、二次林や植林地にも棲む。標高は1,800mまで。

現状と分布　フィリピン諸島のうち、19の島々に分布する。生息数は少なくない。

地理変異　3亜種に分類される。基亜種の*philippensis*が棲むのはビリラ、ボホール、ボラカイ、ブアド、キャラバオ、カタンドゥアネス、ギマラス、レイテ、ルバング、ルソン、マリンドゥケ、マスバテ、ネグロス、パナイ、ポリロ、サマール、セミラーラの各島。*N. p. ticaoensis*はティカオ島に生息し、基亜種より若干小型で体部上面の色が濃く、腹部にくっきりとした濃色の縦縞、尾に淡色の細い横縞が入る。*N. p. centralis*はシキホール島に棲む亜種で、肩羽と雨覆の斑点が少なく、体部下面の縞は不鮮明。ただし、この

*centralis*については、シキホール島で鳴き声を録音したところ独特の声であったため、分類を確実なものにするにはさらなるデータが必要だ。

類似の種　生息域が重なるチョコレートアオバズク（No. 230）は本種より大型で、翼もずっと長く、尾にははっきりとした横縞が入る。また、体部下面の縦縞はまばら。生息域が異なるミンドアオバズク（No. 235）は同等の大きさだが、頭頂部と上背、および体部下面に横縞が多数入り、鳴き声も異なる。本種の生息域には同等の大きさのコノハズク類もいるが、これらはみな直立する羽角をもつ。

▶フィリピンアオバズクには3亜種がいる。写真は基亜種で、ほかの2亜種より若干大きい。本種は大きな黄色の目と、雨覆と肩羽に入る明瞭な白斑が特徴的で、白っぽい体部下面にぼんやりとした茶色の縦縞が見られる。3月、フィリピンのルソン島にて（写真：ブラム・ドゥミュレミースター）

235 ミンドアオバズク [MINDORO HAWK OWL]
Ninox mindorensis

全長20cm　体重100〜118g　翼長154〜176mm

<u>外見</u>　ごく小型で、羽角はない。雌雄の体格差を示すデータはない。頭頂部と首の後ろは赤茶色の地に黄色と濃色の細い横縞、背中は暖色系の茶色の地に濃色の横縞が入る。肩羽の羽軸外側の羽弁には白斑、風切羽には淡色の斑点、雨覆［訳注：風切羽の根本を覆う短い羽毛］には淡黄褐色の斑点。比較的長い翼は先端が尖り、尾には細い淡黄褐色の横縞が入る。顔盤は赤茶色で、縁取りも白い眉斑もあまり目立たない。目は黄色で、くちばしは淡い緑色。体部下面はオレンジ系の赤褐色で、胸の上部の色が濃く、首の前部から腹部の上部にかけては濃い茶色の細い横縞が入る。ふ蹠［訳注：趾（あしゆび）の付け根からかかとまで］は上3分の2がオレンジがかった淡黄褐色の羽毛でまばらに覆われ、その下は裸出しているが、灰色がかった黄色の趾には剛毛羽が生える。爪は黒で、付け根付近の色が薄い。［幼鳥］不明。

<u>鳴き声</u>　高音の笛にも似た声で「フィーュ」と鳴く。また、くすくす笑いのような高い声で始まり、甲高い声で「フィークシュリュー」と締めくくることもしばしば。こうした鳴き声は、アオバズク（Brown Boobook [No.228]）の柔らかい声より、メンフクロウ（No.001）の鋭い声に似ている。

<u>獲物と狩り</u>　記録なし。

<u>生息地</u>　低地に残る森林や林に棲む。フィリピンのミンド

ロ島北部にあるハルコン山では標高1,250mまで。

<u>現状と分布</u>　フィリピンのミンドロ島に固有の種。森林破壊の影響により、危機が迫っている。

<u>地理変異</u>　亜種のない単型種。かつてはフィリピンアオバズク（No.234）の亜種とみなされていたが、鳴き声が大きく異なることから別種に分類された。

<u>類似の種</u>　フィリピンアオバズク（No.234）は同等の大きさだが、体部下面に茶色の縦縞が入る。また、本種の鳴き声は、フィリピンアオバズクの種群［訳注：同一種内で性的隔離の見られるグループ］の他種とは異なる特徴をもつ。

▶ミンドアオバズクは目が黄色で、鮮やかな赤褐色の体部下面には多くの横縞、肩羽には大きな白斑が見られる。2月、ミンドロ島のシブランにて（写真：マルクス・ラーゲルクヴィスト）

▼かつてはフィリピンアオバズク（No.234）の亜種とされていた本種。鳴き声が異なることから、現在は独立種として扱われる。2月、ミンドロ島のシブランにて（写真：ロブ・ハッチンソン）

Hawk owls：アオバズクの仲間　475

236 ミンダナオアオバズク　[MINDANAO HAWK OWL]
Ninox spilocephala

全長 約18cm　翼長 159〜188mm

外見　ごく小型で、羽角はない。雌雄の体格差に関するデータは不十分だが、翼はオスのほうが長いようだ。体部上面はシナモン色で、むらのない濃色の背中下部と腰以外の部分には、明瞭な淡黄褐色の斑点がほぼ均等に散る。肩羽には白色から淡黄褐色の斑紋、雨覆［訳注：風切羽の根本を覆う短い羽毛］には大きな白斑と細い淡黄褐色の横縞が入る。尾にははっきりとした横縞が見られるが、上尾筒［訳注：尾の付け根上面を覆う羽毛］の横縞は微細な淡色。顔盤は不明瞭で、耳のあたりからは糸のような長い濃い茶色の羽毛が外に向かって伸びている。淡い黄色か緑がかった黄色の目は黄褐色の細い輪状紋に囲まれ、くちばしは淡いオリーブ色で、先端が黄色みを帯びる。喉には細い白色の帯と濃色の筋状の模様があり、その模様は胸の上部にかけて次第に太くなる。首の両側と胸には淡黄褐色と暗い茶色からなる細い横縞と斑点が見られるが、胸の中央部では縦縞が主とな

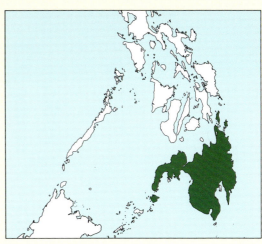

っている。腹部はほぼ白色で、濃色の小さな斑点が散る。脚は鮮やかな黄色で、爪はほぼ黒色。[幼鳥]茶色の頭頂部に斑点はないが、背中のもっとも上の部分に淡褐色の斑点からなる襟状紋がぼんやりと入る。

鳴き声　ハトのような低いピッチの柔らかい声で、ゆったりと1音だけ発するか、2音続けて鳴く。2音を続けるときは、1音目に強いアクセントが置かれる。こうした鳴き声は、ほかのフィリピンアオバズク類とは異なって、3分間以上続くこともある。

獲物と狩り　昆虫を主食とする。

生息地　原生雨林を好むが、二次林にも棲む。

現状と分布　フィリピンのミンダナオ島、ディナガット島、シアルガオ島、バシラン島に固有の種。現状に関する調査は進んでいないが、絶滅の危機に瀕しているわけではないようだ。

地理変異　亜種のない単型種。かつてはフィリピンアオバズク（No.234）の亜種と考えられていた。

類似の種　ミンダナオ島のすぐ北に位置するカミギン島に棲むカミギンアオバズク（No.239）とは羽衣の質感、腹部の模様が異なる。また、本種のような耳のあたりから外に伸びる糸のような毛も見られない。

◀ミンダナオアオバズクはミンダナオ島とその周辺の小さな島々に生息する。目は淡い黄色か緑がかった黄色で、胸には赤みが差す。耳のあたりから外に伸びる糸状の羽毛が特徴的。1月、フィリピンのミンダナオ島にて（写真：ロブ・ハッチンソン）

237 ミンドロアオバズク [ROMBLON HAWK OWL]
Ninox spilonota

全長 約20cm　翼長 185〜202mm

外見　ごく小型で、褐色の頭部に羽角はない。雌雄の体重差に関するデータはないが、翼はオスのほうが若干長い。体部上面は暗い茶色で、頭頂部と首の後ろには淡い黄褐色の小さな斑点が散るが、背中に模様は見られない。肩羽と三列風切［訳注：風切羽のうち、人の肘から肩に相当する部分に生えている羽毛］には淡黄褐色と暗い茶色の横縞、濃色の尾羽には淡黄褐色の細い横縞がくっきりと入る。顔盤は不明瞭で、眉斑もなければ、耳のあたりから外に伸びる羽毛もない。目は黄色で、くちばしはオリーブがかった淡い黄色。体部下面は黄土色を帯びた暗い茶色の地に太めの破線と斑点が入るが、喉に白い斑紋は見られず、腹部に模様が入ることもめったにない。脚部は黄色みを帯び、爪は黒っぽい。
［幼鳥］不明。

鳴き声　笛を吹くような声で「フィ、エウ」と1音ずつ区切って尻下がりに鳴くか、しわがれ声で「フィアーシュ」と

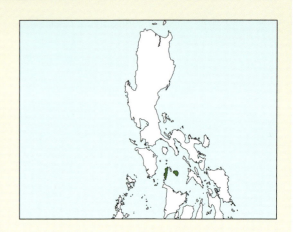

発する。これを徐々に長く繰り返すのだが、シブヤン島の個体が4音続きで鳴くのに対し、タブラス島の個体はよりかすれた声でゆっくりと3音続きで鳴く。

獲物と狩り　記録に乏しいが、くちばしが比較的大きいので、昆虫や小型の脊椎動物などを捕食すると思われる。

生息地　高木からなる低地の二次林や山岳原生林に棲む。

現状と分布　フィリピンはロンブロン州のシブヤン島とタブラス島に固有の種。いずれの島でも広範にわたって森林が破壊されており、本種にとっても深刻な問題となっている。シブヤン島では、国立のグイティン・グイティン山自然公園でさえ違法伐採が続いているため、数年のうちに姿を消してしまうことが予測される。一方のタブラス島も森林破壊は深刻で、1980年代以降、本種の繁殖に適した場所はわずかに残されるのみとなっている。こうした状況を鑑み、現状についての早急な調査が求められる。

地理変異　2亜種に分類され、基亜種の*spilonota*はシブヤン島にのみ生息する。もう一方の*N. s. fisheri*は新しく記載されたタブラス島に棲む亜種で、基亜種より若干体が小さく、鳴き声が異なる。本種もかつてはフィリピンアオバズク（No.234）の亜種と考えられていた。

類似の種　シブヤン島とタブラス島の両島からほど近いミンドロ島に生息するミンドアオバズク（No.235）は白色の小さな眉斑があり、鳴き声も大きく異なる。

◀シブヤン島に棲むミンドロアオバズクの基亜種。顔盤は不明瞭で、眉斑も喉の白斑もない。目は黄色で、くちばしはオリーブがかった黄色。1月（写真：ブラム・ドゥミュレミースター）

238 セブアオバズク [CEBU HAWK OWL]

Ninox rumseyi

全長 約20cm　体重 120〜142g　翼長 175〜195mm

<u>外見</u>　ごく小型で、丸い頭部に羽角はない。雌雄を比べると、オスのほうが体重が10gほど重く、翼も10mmほど長い。羽色は総じて体部上面が暗い茶色で、淡黄褐色の横縞が入り、頭頂部には濃色の横縞の間に小さな白い斑点が並ぶ。肩羽は大部分が白く、周囲が濃色で細く縁取られる。顔盤は不明瞭だが、白色の短い眉斑がよく目立ち、耳のあたりから糸のように細くて短い毛が外に伸びている。目は明るいレモン色で、くちばしは淡いオリーブ色。喉には大きな白斑があり、鳴き声を上げるとひときわ目を引く。体部下面はピンクがかった淡黄褐色から淡いオレンジ系茶色の地に、小さな斑点または横縞が不規則に入り、下腹部にはぼんやりと縦縞が入ることもある。中央尾羽の下面には濃色の帯模様。脚と足は鮮やかな黄色で、ふ蹠［訳注：趾（あしゆび）の付け根からかかとまで］の半分ほどは羽毛に覆われ、爪はほぼ黒。［幼鳥］不明。

<u>鳴き声</u>　中程度のピッチで、「キイェゥルル・グォック」「デュゥク」といった複数の音を不規則につなげて鳴く。この鳴き声はミンドロアオバズク（No. 237）やミンダアオバズク（No. 235）に似る部分もあるが、両者よりかなり特徴的で、声色やリズムもバリエーションが豊か。

<u>獲物と狩り</u>　大型の昆虫のほか、ネズミや小型の鳥類、ヘビ、トカゲ、ヤモリ、カエルなども捕食する。狩りは森の奥深くでも周縁部でも行い、時に伐採地や農場の近くで行うこともある。

<u>生息地</u>　森の規模や樹高など特別な好みはないようで、植林地や外来の樹木を含むさまざまなタイプの森に棲み、森の奥深くでも林縁でも、谷間でも尾根でも見られる。これは、生息地であるセブ島に現在ではたった1％しか原生林が残されていないという状況に適応した結果だろう。

<u>現状と分布</u>　フィリピンのセブ島に固有の種。つがいの生息数は、近年の調査では点在する森林の11の生息地で192組を数えたのみ。この数値が正しいとすると、本種はIUCNのレッドリストの絶滅危惧種の要件を満たす。

<u>地理変異</u>　亜種のない単型種。

<u>類似の種</u>　鳴き声の周波数帯と音の特徴がフィリピンのシブヤン島とタブラス島に棲むミンドロアオバズク（No. 237）に似ているが、本種の特徴として、早口で長く鳴くこと、それぞれの音が多様で調和していないこと、突飛に鳴くことが挙げられる。

▼セブアオバズクのつがい。この写真を見る限り、羽色にははっきりとした雌雄差があるようだが、一般的に本種の雌雄の識別は、鳴きながらディスプレイ（誇示行動）をしているときでも難しい。鳴くときは、翼を下げて体を膨らませ、白い喉を震わせる。3月、フィリピンのセブ島にて（写真：ブラム・ドゥミュレミースター）

239 カミギンアオバズク　[CAMIGUIN HAWK OWL]
Ninox leventisi

全長 約18cm　翼長 181〜187mm

<u>外見</u>　ごく小型で、羽角はない。雌雄の体格差を示すデータはない。体部上面は淡黄褐色で暗い茶色の横縞が入るが、背中から腰にかけては模様が少ない。肩羽には大きな白斑、暗い茶色の初列風切［訳注：風切羽のうち、人の手首の先に相当する部分から生えている羽毛］の羽軸外側の羽弁には細い淡黄褐色の横縞、尾の上面にはやや細い濃淡の横縞が見られる。茶色の顔盤は縁取りが不明瞭で、眉斑も目立たないが、辛子色のくちばしの上から目の上までは小さな白斑が伸びることがある。目は灰色か白に近い。喉には大きな白斑があり、ディスプレイ（誇示行動）をしながら鳴くとひときわ目立つ。体部下面は暗い茶色と淡黄褐色が帯をなし、さらに数本の白い横縞が不規則に入る。脚は辛子色で、ふ蹠［訳注：趾（あしゆび）の付け根からかかとまで］にはほかのアオバズク属の仲間ほど羽毛は生えていない。爪は淡色で、先端が黒っぽい。［幼鳥］不明。

<u>鳴き声</u>　低いピッチで、短いフレーズを不規則ながらテンポよく繰り返す。しわがれ声で始まり、次第にかすれた唸り声へと変化していくこの鳴き声は、遠くで中型犬が吠え立てて合唱しているようにも聞こえる。

<u>獲物と狩り</u>　記録なし。

<u>生息地</u>　点在する森林に棲む。

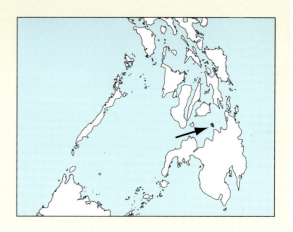

<u>現状と分布</u>　フィリピンのカミギン島に固有の種。森林は一部にしか残っていないため、希少種と思われる。

<u>地理変異</u>　亜種のない単型種。本種も以前はフィリピンアオバズク（№234）の種群［訳注：同一種内で性的隔離の見られるグループ］に含められていた。

<u>類似の種</u>　灰色か白に近い色の目をしたフクロウとして最初に発見されたのが本種。

◀カミギンアオバズクの目は灰色で、眉斑は目立たない。体を誇示して鳴いているときには、喉の大きな白い斑紋がよく見える。肩羽にもくっきりした白斑が入る。1月、フィリピンのカミギン島にて（写真：ブラム・ドゥミュレミースター）

240 スールーアオバズク [SULU HAWK OWL]
Ninox reyi

全長 19〜20cm　翼長 172〜195mm

<u>外見</u>　ごく小型で、羽角はない。雌雄の体格差を示すデータはない。体部上面は白に近い色か淡黄褐色で、頭部には暗い茶色の細い横縞がくっきりと入る。上背にはそれよりやや淡色の横縞のほかに、まだらと細密な波線模様があるが、背中の下部から腰にかけてはさらに淡い色の横縞が入るのみ。雨覆[訳注：風切羽の根本を覆う短い羽毛]には鮮明な帯模様、肩羽の外側には白斑、尾の上面には中くらいの幅の濃色の横縞がはっきりと見て取れる。白い眉斑はごく小さくてあまり目立たず、目は辛子色で、くちばしは緑がかった鈍い黄色。喉にはかなり大きな白い斑紋があり、胸には濃色の横縞が均等に入る。その下の体部下面は白の縦縞が入ったり、濃色のまだらが不規則に入ったりと個体差が大きく、なかには全身が白黒の横縞で覆われる個体もいる。脚と趾は黄色みを帯び、爪は黒っぽい。[幼鳥] 不明。

<u>鳴き声</u>　抑揚のない声で「トゥルク・トゥルク・トゥルク、

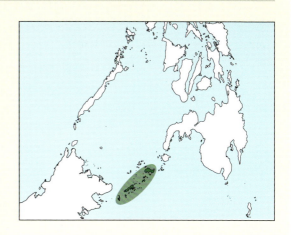

トゥルク・トゥルク・トゥルク」とリズミカルに鳴き、最後に強いアクセントが置かれる。「lukuluku（ルクルク）」という現地での呼び名は、この声に由来していると思われる。

<u>獲物と狩り</u>　記録はないが、大きくて幅の広いくちばしをもつので、ほかのフィリピンアオバズク類より大きな獲物を狩っていると考えられる。

<u>生息地</u>　本来は原生林や二次林に棲むが、生息域のほとんどの島々で大規模な森林伐採が進んでいるため、林縁や成熟したマングローブ林、さらには人里近くの巨木に棲まざるをえない状況となっている。

<u>現状と分布</u>　フィリピンのシアシ島、シブツ島、ホロ島、タウィタウィ島、サンガサンガ島、ボンガオ島の6島に固有の種。タウィタウィ島にはまだ多くの二次林といくらかの原生林が残っているが、ほかの5島では森林破壊が激しく、生息域がかなり縮小しているので、絶滅危惧種ではないにしても、それに準じる危急種と見て間違いない。

<u>地理変異</u>　亜種のない単型種。本種もかつてはフィリピンアオバズク（No.247）の亜種に含められていた。

<u>類似の種</u>　本種はほかのフィリピンアオバズク類とは鳴き声が異なることから識別が可能だ。また、頭部と胸の上部にはっきりとした横縞があり、喉の白斑がかなり大きいことも本種の特徴。

◀ スールーアオバズクは頭部と上背に暗い茶色の横縞がくっきりと入る。目は辛子色で、胸の上部に横縞が目立つが、腹部に模様は少ない。1月、フィリピンのタウィタウィ島にて（写真：ブラム・ドゥミュレミースター）

241 チャバラアオバズク [OCHRE-BELLIED HAWK OWL]
Ninox ochracea

全長 25〜29cm　翼長 180〜196mm

別名　Ochre-bellied Boobook

外見　小型から中型で、羽角はない。雌雄の体格を比べると、メスのほうが若干小さい。頭部と体部上面は濃い栗色だが、頭頂部は黒みを帯びている。肩羽の羽軸外側の羽弁と、初列風切と次列風切［訳注：風切羽のうち、人の手首の先に相当する部分から生えているのが初列風切。肘から先の部分から生えているのが次列風切］の外側の羽弁、そして雨覆［訳注：風切羽の根本を覆う短い羽毛］にはいずれも白斑が見られる。比較的長い尾は暗い茶色で、細くて白っぽい淡黄褐色の横縞が入る。茶色の顔盤は目に近いほど色が薄く、その上端を細い白色の眉斑が、下端を腮（アゴ）の白斑がまるで縁取りのように取り囲む。目は黄色で、くちばしと蝋膜［訳注：上のくちばし付け根を覆う肉質の膜］は青みがかった象牙色。体部下面は黄褐色で、喉には白斑、胸の上部にはやや明るい不明瞭な横縞が数本入る。胸の下部から腹部にかけては黄色みが増し、ぼんやりした濃色の斑点が散る。ふ蹠［訳注：趾（あしゆび）の付け根からかかとまで］は羽毛に覆われ、裸出した趾は灰黄色で、爪は明るい象牙色。［幼鳥］不明。

鳴き声　しわがれた声で喉を鳴らすように「クルゥル・クルゥル」と発する。この1フレーズは1.8秒。

獲物と狩り　昆虫を主食とし、止まり木から飛びかかって捕まえるのが狩りの常套手段。

生息地　標高1,000mまでの湿潤で樹木が密生する原生林、成熟した二次林、川辺の森林に棲む。

現状と分布　インドネシアのスラウェシ島、ブトゥン島、ペレン島に固有の種。これらの島々では環境破壊が進んでおり、存続が脅かされている。

地理変異　亜種のない単型種。

類似の種　生息域が近接するチョコレートアオバズク（No. 230）は体部上面がほとんど模様のないチョコレート色で、白っぽい体部下面には不規則に栗色の縦縞が入る。生息域が重なるフイリアオバズク（No. 247）は目が茶色で、赤茶色の体部上面には小さな白斑が大量に散る。また、体部下面は白く、胸の上部には白斑の入った茶色の横縞が入る。やはり生息域が重なるシュイロアオバズク（No. 252）は全体的に赤褐色。生息域がごく近いトギアンアオバズク（No. 253）は頭頂部に淡色の斑点と横縞が入り、体部下面には濃色と白色のまだらが散る。

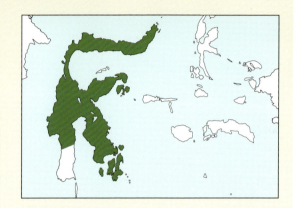

▶チャバラアオバズクはシュイロアオバズク（No. 252）と生息域が重なるが、シュイロアオバズクは全体的に赤褐色で、肩羽に三角形の白い斑点がある。9月、スラウェシ島のタンココにて（写真：ロブ・ハッチンソン）

242 ソロモンアオバズク [WEST SOLOMONS BOOBOOK]
Ninox jacquinoti

全長 26〜31cm　体重 約200g　翼長 185〜228mm

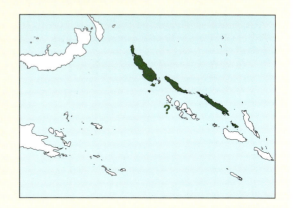

別名　West Solomons Hawk Owl

外見　小型から中型で、羽角はない。雌雄の体重差に関するデータはないが、メスのほうが若干大きいとされる。体部上面は濃い赤褐色から茶色で、全体的に白い小さな斑点が大量に散るが、頭頂部から首の後ろ、上背にかけては羽毛の縁が淡色なので、淡い色の横縞または細密な波線模様もできている。風切羽には小さな白斑が並んでつくる細い帯模様、雨覆［訳注：風切羽の根本を覆う短い羽毛］には白色の斑点、暗い茶色の尾には5〜7本の細い淡色の横縞。顔盤は茶色の地に同心円状の線模様が広がり、目の周囲とくちばしの付け根には白斑がある。白い眉斑はとても短く、目は暗い黄色で、くちばしは濃いオリーブ色。喉は白く、胸の上部は茶色の地に明るい色の横縞がぼんやりと入る。胸の下部から腹部にかけては白色で、茶色みを帯びた淡黄褐色の細い筋状の縦縞が見られる。ふ蹠［訳注：趾（あしゆび）の付け根からかかとまで］は羽毛に覆われ、裸出した趾は黄色。爪は濃い象牙色で、先端が黒っぽい。［幼鳥］不明。

鳴き声　「キュウ・キュウ」という2音節を0.6秒間隔で繰り返す。つがいがデュエットをすることも多く、鳴き声は1年を通して聞かれる。

獲物と狩り　記録に乏しいが、昆虫などの節足動物を主食とし、そのほかに小型の脊椎動物も捕食すると思われる。

生息地　原生林や高木からなる二次林を好むが、点在する林や庭園の近くにも棲む。

現状と分布　南太平洋に連なるソロモン諸島に広く分布する。現状の詳細は不明だが、森林破壊や農薬散布の影響を受けている恐れがある。

地理変異　4亜種が確認されており、基亜種の*jacquinoti*はサンタイサベル島とサンホルヘ島に生息する。*N. j. eichhorni*はブーゲンビル島、ブカ島、チョイスル島に棲み、やや小型で、体部上面に細い横縞がまばらに入る。*N. j. mono*はモノ島で見られる亜種で、翼の白みが少ない。ソロモン諸島中央部のフロリダ諸島に生息する*N. j. floridae*は基亜種よりやや大きく、顔はクリーム色。そのほかコロンバンガラ島、ニュージョージア島、ボナボナ島でも小型の茶色いフクロウ類が観察されており、近い将来、本種の亜種として認められるかもしれない。

類似の種　生息域が異なるセグロアオバズク（No.246）は体部上面が濃い茶色で、下面は赤みの強い栗色。ソロモン諸

▶ソロモンアオバズクの基亜種。体部上面は赤褐色から黒褐色で、胸の上部は茶色、胸の下部から下は白っぽい。目は暗い黄色で、眉斑は白くて細い。10月、ソロモン諸島のサンタイサベル島にて（写真：ガイ・ダットソン）

島に近いグッディナフ島、ファーガソン島、ノーマンビー島に棲むセグロアオバズクの亜種 *N. t. goldii* は、全体的な色調が鈍い。生息域が重なるオニコミミズク（№259）は本種よりずっと大きいが、尾は短く、強力な鉤爪とくちばし、そしてよく目立つ白い眉斑をもつ。また、体部上面は本種より淡い色で、模様が密。

◀ソロモンアオバズクの亜種 *eichhorni* が巣穴から顔を覗かせている。基亜種よりやや小さく、体部上面には細かい横縞がまばらに入る。7月、ソロモン諸島のブーゲンビル島アラワにて（写真：マルクス・ラーゲルクヴィスト）

243　GUADALCANAL BOOBOOK
Ninox granti

全長 24cm　翼長 178～183mm

外見　小型で、羽角はない。雌雄の体格差は不明。頭部と体部上面は茶色で、頭頂部と雨覆［訳注：風切羽（かざきりばね）の根本を覆う短い羽毛］に白斑があり、翼と尾には淡黄褐色の横縞が不規則に入る。顔盤は不鮮明で、眉斑は白く、目は黄色かやや茶色。体部下面は白色で、太くて茶色い横縞が密に入る。脚部は黄色っぽく、爪は濃い象牙色。［幼鳥］全体が一様に濃い茶色だが、翼と尾に白色の横縞が入り、体部下面にもかすかに白色の横縞が見られる。
鳴き声　抑揚のない「ブープ」という声を数分繰り返すことが多いが、時には不規則な音程と間隔で鳴く。また、つがいがデュエットするときの声は「フー・ハ、フー・ハ」となる。こうした鳴き声が聞こえるのは主に夕暮れ時。
獲物と狩り　記録はないが、昆虫を主食とし、そのほかに小型の脊椎動物も捕食すると思われる。
生息地　標高1,500mまでの林縁や、開けた土地に点在する林に棲む。
現状と分布　南太平洋に連なるソロモン諸島最大の島、ガダルカナル島に固有の種。調査は進んでいないが、絶滅の

危機には瀕していないと思われる。
地理変異　亜種のない単型種。本種は近年になってソロモンアオバズク（№242）の亜種からガダルカナル島の固有種に分類されたが、その基準は明確ではない。
類似の種　オーストラリアメンフクロウ（№008）は生息域が重なるが、体部上面の羽毛に灰色、黄色みや赤茶が強い淡黄褐色、明るい金色が入り混じり、目が黒く、顔盤の縁取りがはっきりしているところが本種と大きく異なる。

Hawk owls：アオバズクの仲間 483

244 MALAITA BOOBOOK
Ninox malaitae

全長22cm　体重 174g（1例）　翼長 164〜165mm

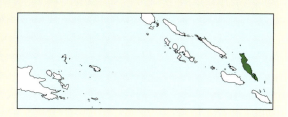

<u>外見</u>　小型で、羽角はない。雌雄の体格差は不明。体部上面は暗い茶色で、赤みがかった淡黄褐色の斑点と横縞が入る。初列風切［訳注：風切羽のうち、人の手首の先に相当する部分から生えている羽毛］には白い大きな斑点または横縞、雨覆［訳注：風切羽の根本を覆う短い羽毛］には淡色の斑点、尾羽には細い横縞が見られる。額は白く、眉斑は縞模様。目は濃い灰色で、くちばしは淡い黄白色。喉には白い三角形の斑点があり、体部下面は暗い茶色の地に淡色の細い横縞が入るが、腹部と脇腹はやや淡い錆茶色を帯び、淡色の横縞が特に多く見られる。脚部は黄褐色で、爪は黒っぽい。［幼鳥］成鳥とほぼ同じだが、体部上面と下面に横縞が目立ち、耳羽にも縞がある。

<u>鳴き声</u>　詳細は不明だが、「プープ」という深みのある声を単調に数分間繰り返すとされる。

<u>獲物と狩り</u>　記録なし。

<u>生息地</u>　標高900〜1,200mの森林に棲む。

<u>現状と分布</u>　南太平洋に連なるソロモン諸島のマライタ島に固有の種で、2体の標本が知られるのみ。低地林が消失していることから、絶滅が危惧される。

<u>地理変異</u>　亜種のない単型種とされるが、ソロモン諸島に生息するアオバズク属から切り離し、本種を独立種とするにはさらなる調査研究が必要だ。

<u>類似の種</u>　生息域が重なるオーストラリアメンフクロウ（No.008）はずっと大型で、羽衣にさまざまな色が入り混じっている。同じソロモン諸島に棲むが、生息する島が異なるMakira Boobook（No. 245）は本種より若干小型で、羽色が濃く、体部上面と下面に入る横縞が少ない。

245 MAKIRA BOOBOOK
Ninox roseoaxillaris

全長 21cm　翼長 157mm

<u>外見</u>　小型で、羽角はない。雌雄の体格差は不明。頭部は茶色、体部上面はシナモン系赤褐色で、頭部と赤褐色の翼に小さな白斑がうっすらと入る。尾も赤褐色で、その羽毛の内側の羽弁には白い横縞が不規則に4〜5本入る。淡黄褐色の眉斑は不鮮明で、目は黒褐色、くちばしは象牙色。喉には白色の帯模様があり、体部下面はオレンジ系シナモン色の地にクリーム色の細密な波線模様が入るが、その模様は特に腹部で多く見られる。脚部は羽毛に覆われるが、趾に近いほど羽毛は少なく、代わりに剛毛羽がまばらに生える。爪は黒。［幼鳥］不明。

<u>鳴き声</u>　サンクリストバルミツスイ（*Meliarchus sclateri*）のものに似た「プープ」という声を1音1秒ほどで発し、さらにこれを間隔と音程を変化させながら数分間続ける。また、「コ・ヘ・コ」という鳴き声も報告されている。

<u>獲物と狩り</u>　記録なし。

<u>生息地</u>　低地から標高600mの森林に棲むとされる。

<u>現状と分布</u>　ソロモン諸島南部に位置するマキラ島（旧称サンクリストバル島）の固有種とされるが、ウギ島とサンタカタリナ島でも姿が見られるようだ。これらの島々では低地林が減少していることと、目撃例が少なく、標本も3体しかないことから絶滅が危惧される。

<u>地理変異</u>　亜種のない単型種とされるが、完全に独立した種とするには分布も含め、さらなる調査研究が必要だ。

<u>類似の種</u>　生息域が重なるオーストラリアメンフクロウ（No.008）はずっと大型で、羽衣にさまざまな色が入り混じっている。同じソロモン諸島のマライタ島に固有のMalaita Boobook（No. 244）は本種よりも若干大きく色が薄い。

246 セグロアオバズク　[JUNGLE HAWK OWL]
Ninox theomacha

全長 20～28cm　翼長 175～227mm

別名　Papuan Boobook

外見　小型から中型で、羽角はない。雌雄を比べると、羽色に大きな差異はないが、体はメスのほうがやや大きい。頭頂部と体部上面、および翼と尾の上面はむらのない濃い茶色で、次列風切[訳注：風切羽のうち、人の肘から先に相当する部分から生えている羽毛]には少数の白斑がある。顔盤は黒に近い茶色で、額には白斑が散り、目は黄色か黄金色。くちばしは暗い黄色で、蝋膜[訳注：上のくちばし付け根を覆う肉質の膜]は緑がかった灰色。体部下面と尾の下面は一様に赤みの強い栗色で、翼の下面には淡色か白の横縞が見られる。暗い赤茶色のふ蹠[訳注：趾（あしゆび）の付け根からかかとまで]は羽毛に覆われ、裸出した趾は鈍い黄色か茶色で、爪は黒。[幼鳥]ヒナの綿羽は灰色。第1回目の換羽を終えた幼鳥の羽衣は鈍い茶色で、ふわふわとしている。

鳴き声　尻下がりに「クルゥ・クルゥ」と、数秒おきに何度も繰り返す。夜通し鳴き続けることもしばしば。

獲物と狩り　記録に乏しいが、飛ぶ昆虫を空中で捕らえたり、街灯の近くで狩りをする姿が目撃されている。

生息地　低地の雨林や林縁に棲むことが多いが、標高2,500mまでの山林でも見られる。

現状と分布　ニューギニア島とその周辺の島々に固有の種。生息域ではごく一般的に見られる種。

地理変異　4亜種が確認されている。基亜種の*theomacha*はニューギニア島に、*N. t. hoedtii*はニューギニア島の西のワイゲオとミソール島に生息する。基亜種より鈍い色調の*N. t. goldii*は、ニューギニア島の東に連なるダントルカストー諸島のグッディナフ島、ファーガソン島、ノーマンビー島に分布する。*N. t. rosseliana*はニューギニア島の南東沖に位置するルイジアード諸島のタグラ島とロッセル島に棲む亜種で、胸の下部と腹部に白いまだらが散る。

類似の種　部分的に生息域が重なるアカチャアオバズク（No. 220）は本種よりずっと大きく、赤茶色の体部下面にクリーム色の横縞が密に入る。やはり生息域が部分的に重なるオーストラリアアオバズク（No. 222）も体が大きく、白色の体部下面に濃い灰色から錆茶色の縦縞が目立つ。ニューギニア島では南部にのみ生息するミナミアオバズク（No. 224）は白色の体部下面に模様が多く、胸に赤茶色のまだら、腹部に縦縞がある。ニューギニア島に隣接した島に棲むニューブリテンアオバズク（No. 248）は、胸上部の暗い茶色の帯に白斑が重なる。パプアニューギニアのニューアイルランド島およびニューハノーバー島に固有のニューアイルランドアオバズク（No. 257）は、白っぽい体部下面に赤褐色の横縞がある。生息域が部分的に重なるパプアオナガフクロウ（No. 258）は本種より大きく、体部下面に入る茶色の縦縞と、長い尾に入る帯模様が目立つ。

◀セグロアオバズクのつがい。羽色に雌雄差はほとんどない。本種と比べると、パプアオナガフクロウ（No. 258）は体が大きく、淡黄褐色の体部下面に茶色の縦縞が目立つ。8月、パプアニューギニアにて（写真：スチュアート・エルソム）

Hawk owls：アオバズクの仲間 485

247 フイリアオバズク [SPECKLED HAWK OWL]
Ninox punctulata

全長 20～27cm　体重 151g（オス1例）　翼長 157～177mm

別名　Speckled Boobook

外見　小型から中型で、羽角はない。雌雄の体重差はデータがオスの1例しかないため不明だが、体はメスのほうがわずかに大きいとされる。羽色に雌雄差はなく、体部上面は鈍い赤茶色で、頭頂部から首の後ろ、上背にかけて白斑が大量に散る。暗い茶色の風切羽には白斑が並んでつくる帯模様、雨覆 [訳注：風切羽の根本を覆う短い羽毛] と次列風切 [訳注：風切羽のうち、人の肘から先に相当する部分から生えている羽毛] には白斑、茶色の尾には淡色の細い横縞が数本見られる。顔盤は濃い茶色で、細い眉斑は白色部分がくちばしの付け根から耳羽まで続く。目は暗い茶色で、くちばしは緑がかった黄色。喉には白い斑紋が入り、胸の上部には白斑の入った茶色の縞、その下には卵形の白斑、そして再び白斑の入った茶色の縞と続く。胸の下部から腹部にかけては白っぽく、脇腹には淡黄褐色の横縞が入る。ふ蹠 [訳注：趾（あしゆび）の付け根からかかとまで] は羽毛に覆われ、裸出した趾は黄みを帯びた灰色で、爪は濃い象牙色。[幼鳥] 第1回目の換羽を終えた幼鳥は全体的に暗い茶色で、白い眉斑にも暗い茶色が混じるが、翼と尾は成鳥に似る。

鳴き声　大きな声ではっきりと「トイ・トイ・トイトゥ」と、初めの2音節は短く、最後の1音節は低く長く鳴く。この鳴き声は、1年を通じて夜に聞かれる。

獲物と狩り　記録はないが、おそらく昆虫を主食とするものと思われる。

生息地　河川に近い原生林を好むが、開けた樹林帯や耕作地、人里近くにも棲む。一般的に標高は1,100mまでだが、まれに2,300mまで生息する。

現状と分布　インドネシアのスラウェシ島、カバエナ島、ムナ島、ブトゥン島に固有の種。生息数は今のところ少なくないようだが、森林伐採や農薬散布の影響で減少傾向にあると思われる。

地理変異　亜種のない単型種とされるが、分類を確実なものにするには、鳴き声や生態などさまざまな調査研究が必要とされる。

類似の種　生息域が隣接するチョコレートアオバズク（No. 230）は本種よりやや大きく、体部下面にはっきりとした縦縞が入る。生息域が重なるチャバラアオバズク（No. 241）は

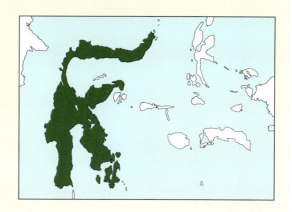

目が黄色で、褐色を帯びた栗色の体部上面に白斑は少ない。また、胸は黄褐色で、腹部は黄色みが強い。やはり生息域が重なるシュイロアオバズク（No. 252）は全体的に赤褐色。トギアンアオバズク（No. 253）も生息域が近接するが、喉に目立った白色部分がなく、体部下面は白に近い地に茶色の縦縞が入る。

▶フイリアオバズクの目は暗い茶色で、喉から首の両脇に白い斑紋が広がる。雨覆と次列風切を含む体部上面には小さな白斑が散り、顔盤は黒褐色で、白い眉斑は比較的細い。人里の近くで見られることも多く、鳴き声は1年を通して聞くことができる。10月、スラウェシ島のボガニ・ナニ・ワルタボネ国立公園（旧称ドゥモガ・ボネ国立公園）にて（写真：プラム・ドゥミュレミースター）

▼フイリアオバズクの美しさがわかる1枚。10月、スラウェシ島にて（写真：ジェームズ・イートン）

248 ニューブリテンアオバズク [RUSSET HAWK OWL]

Ninox odiosa

全長 20〜23cm　体重 209g（メス1例）　翼長 170〜187mm

別名　Russet Boobook、New Britain Boobook

外見　小型で、羽角はない。雌雄の体格を比べると、メスのほうがわずかに大きい。羽色に雌雄差はなく、額から頭頂部、首の後ろにかけてが暗い茶色で、そこに淡黄褐色の斑点が入る。体部上面はやや明るめの茶色で模様はないが、風切羽には数本の横縞が入り、濃いチョコレート色の雨覆［訳注：風切羽の根本を覆う短い羽毛］には大小さまざまな白斑がまばらに散る。茶色い尾にもやはり数本の白い横縞。顔盤は茶色で、眉斑は白くて短い。目は鮮やかな黄色からオレンジで、淡い緑色のくちばしは先端が黄色みを帯びる。喉から首の両側にかけては白斑が伸び、胸の上部に入る暗い茶色の帯模様には白に近い淡黄褐色の小さな斑点が重なる。その下は白に近い色と淡い茶色がまだらになり、下腹部には筋状の模様が見られる。ふ蹠［訳注：趾（あしゆび）の付け根からかかとまで］は羽毛に覆われ、裸出した趾は黄褐色。爪は煤けた象牙色で、先端が黒っぽい。［幼鳥］不明。

鳴き声　「フー・フー・フー……」と少しずつ音程と音量、速度を上げながら、最長で3分ほど続けて鳴く。

獲物と狩り　主に昆虫やコウモリなどの小型の脊椎動物を捕食する。

生息地　低地や丘陵地の森林に棲むが、耕作地や街なかでも見られる。標高はおよそ800mまで。

現状と分布　パプアニューギニアの北東部に連なるビスマルク諸島のニューブリテン島とワトム島に固有の種。このふたつの島には広く分布し、数はさほど少なくない。

地理変異　亜種のない単型種とされるが、分類を確実なものにするには生物学的調査が必要だ。

類似の種　ビスマルク諸島のニューアイルランド島およびニューハノーバー島（別名ラボンガイ島）に固有のニューアイルランドアオバズク（№257）は、本種より若干大きく、体部下面に赤褐色の太い横縞が入る。また、本種のような頭部の斑点と、胸の上部を横切る帯模様は見られない。

◀ニューブリテンアオバズクはフイリアオバズク（№247）に似ているが、本種のほうが色が明るく、尾が長い。また、白色の斑点が入った暗い茶色の帯模様が胸の上部にあり、脇腹に横縞、下腹部にくっきりした筋状の模様が見られる。目は鮮やかな黄色からオレンジ。5月、ニューブリテン島のポキリにて（写真：ニック・ボロウ）

249 モルッカアオバズク [MOLUCCAN BOOBOOK]
Ninox squamipila

全長 26～36cm　体重 140～210g　翼長 190～212mm

別名　Moluccan Hawk Owl、Hantu Boobook

外見　小型から中型で、羽角はない。雌雄の体格を比べると、メスのほうがわずかに大きい。羽色に雌雄差はなく、体部上面は暗い赤茶色で、頭頂部はやや色が濃く、肩羽の羽軸外側の羽弁には白くて短い横棒のような縞が見られる。赤褐色の風切羽には明るいあずき色の斑点が4本の帯模様をつくり、雨覆［訳注：風切羽の根本を覆う短い羽毛］には淡黄褐色の斑点、赤茶色の尾には淡い錆茶色の横縞が入る。顔盤も全体的に赤茶色で、眉斑は白っぽくて細い。目の色は若鳥は茶色だが、年を経るごとに黄色へと変化する。くちばしは淡い灰色で、蝋膜［訳注：上のくちばし付け根を覆う肉質の膜］は黄色。胸の上部には暗い赤褐色の地に煤けた色の横縞が密に入り、胸の下部から腹部にかけては色がやや薄くなるが、濃い赤褐色の横縞がやはり密に入る。ふ蹠［訳注：趾（あしゆび）の付け根からかかとまで］は赤褐色の羽毛に覆われ、裸出した趾は黄色みの強い茶色で、象牙色の爪は先端

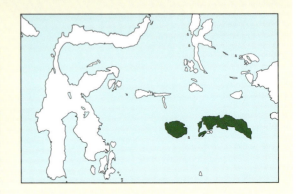

が黒っぽい。［幼鳥］不明。

鳴き声　すばやく「ク・ク・ク・ク・ク・ク」と続けるか、カエルのような声で「クワォル・クワォル、クワォル・クワォル」と2音節ずつ続けて鳴く。

獲物と狩り　バッタなどの昆虫を主食とする。狩りの詳細は不明だが、樹冠の中層で獲物を捕らえるとの報告がある。

生息地　海岸沿いの熱帯雨林や木立、雑木林のほか、標高1,750mまでの山林に棲む。

現状と分布　インドネシアはモルッカ諸島のセラム島とブル島に固有の種。特にブル島ではよく見られる。

地理変異　2亜種が確認されており、茶色の目をした基亜種 *squamipila* はセラム島に、黄色の目の *N. s. hantu* はブル島に生息する。後者は基亜種より小さくて羽色が濃く、赤褐色の体部下面にぼんやりとした横縞が見られる。ハルマハラアオバズク（No.250）およびタニンバルアオバズク（No.251）を別種に分けたのと同じく、ブル島のこの亜種も形態学的に独特なので、種として独立させるべきとの声もあるが、現在のところその判断は保留になっている。ただし、その鳴き声は基亜種と差がないので、そもそも亜種として分けるべきではないとする見解もある。

類似の種　生息域が異なるオーストラリアアオバズク（No.222）は赤みがずっと少なく、体部上面は暗い灰茶色で、白色の体部下面には横縞ではなく、濃い灰色から錆茶色の縦縞が入る。やはり生息域が異なるチャバラアオバズク（No.241）は、体部下面に入る横縞が少ない。フイリアオバズク（No.247）も生息域が異なる種で、喉に白い斑紋が目立ち、頭頂部と上背には白い斑点が入る。

◀モルッカアオバズクの基亜種。体部上面は暗い赤茶色で、頭部の色が濃く、肩羽に白い横縞が入る。1月、インドネシアのセラム島にて（写真：ジェームズ・イートン）

250 ハルマハラアオバズク　[HALMAHERA BOOBOOK]
Ninox hypogramma

全長 39cm　体重 200g以上　翼長 220〜241mm

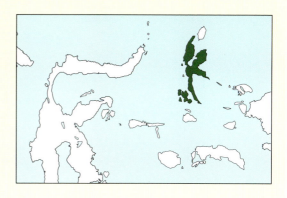

外見　中型で、羽角はない。雌雄の体格や羽色の違いに関するデータはない。体部上面は一様に濃い赤褐色で、肩羽と雨覆［訳注：風切羽（かざきりばね）の根本を覆う短い羽毛］の一部には白い横縞が見られる。顔には大きな黄色の目の間に白色部分があり、くちばしは黒っぽい。喉は白色で、体部下面は白っぽい地に赤褐色の横縞があり、長い尾の下面には灰色の横縞が6本以上入る。脚部は赤みがかった黄色で、ふ蹠［訳注：趾（あしゆび）の付け根からかかとまで］は完全に羽毛に覆われ、趾にもまばらに羽毛が生える。爪は黒色。
［幼鳥］不明。
鳴き声　犬が吠えるような声で「ウーフ、ウーフ」と鳴く。
獲物と狩り　記録なし。
生息地　熱帯雨林に棲む。
現状と分布　インドネシアはモルッカ諸島のハルマヘラ島、テルナテ島、バチャン島に固有の種。現状の詳細は不明。
地理変異　亜種のない単型種とされるが、バチャン島の個体はハルマヘラ島の個体と大きく異なるため、未報告の亜種が少なくとも1種あると考えられる。また、こちらもまだ報告されていないが、ハルマヘラ島と西パプアの間に位置するゲベ島にもアオバズク属が生息すると言われている。ちなみに本種はかつて、モルッカアオバズク（No.249）の亜種とされていた。

類似の種　ニューアイルランドアオバズク（No.257）は本種と姿形がよく似ているが、生息域が異なる。同じく生息域が異なるモルッカアオバズク（No.249）とタニンバルアオバズク（No.251）は、本種よりも尾が短い。

◀ハルマハラアオバズクはモルッカアオバズク（No.249）やタニンバルアオバズク（No.251）よりも色が濃く、尾が長い。その尾の下面には灰色の横縞が6本以上入る。10月、インドネシアのハルマヘラ島にて（写真：ロブ・ハッチンソン）

251 タニンバルアオバズク [TANIMBAR BOOBOOK]
Ninox forbesi

全長 約30cm　翼長 190〜212mm

<u>外見</u>　小型から中型で、羽角はない。雌雄の体格差に関するデータはない。体部上面は淡い錆茶色で、頭部はやや色が濃く、肩羽にはくっきりとした白色部分がある。風切羽には鮮やかな横縞、雨覆［訳注：風切羽の根本を覆う短い羽毛］には淡色の斑点。顔盤は未発達だが、くちばしの上部に明瞭な白色の十字模様があり、そのくちばしは灰色。目は黄色で、周囲が黒い輪で囲まれる。胸の上部は黄褐色で模様はないが、白っぽい胸の下部と腹部には淡い茶色の横縞が入る。短い尾の下面はむらのない灰茶色で、縞模様は見られない。ふ蹠［訳注：趾（あしゆび）の付け根からかかとまで］と趾は黄色で、爪は濃い象牙色。［幼鳥］不明。

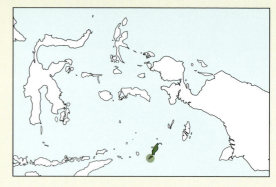

<u>鳴き声</u>　抑揚のない声で「ク・クッ」と発し、一定の間隔をおいてさらにこれを繰り返す。また、カエルのように「グールル」と鳴くこともある。この鳴き声はモルッカアオバズク（No.249）のものにも似ているが、「クワォル・クワォル」と2音節ずつ続けて鳴くところが本種との相違点。
<u>獲物と狩り</u>　記録はないが、おそらく昆虫を主食とするものと思われる。
<u>生息地</u>　熱帯雨林に棲む。
<u>現状と分布</u>　インドネシア東部のタニンバル諸島に固有の種。現状についてはわかっていない。
<u>地理変異</u>　亜種のない単型種。かつて本種はモルッカアオバズク（No.249）の亜種と考えられていた。
<u>類似の種</u>　生息域が異なるモルッカアオバズク（No.249）は目が茶色から黄色で、暗い赤褐色の胸の上部には煤けた色の横縞、やや淡色の胸の下部と腹部には濃い赤褐色の横縞が密に入る。やはり生息域が離れているハルマハラアオバズク（No.250）は本種と同じく目が黄色だが、体がずっと大きく、尾も長い。また、羽色が全体的に濃く、尾の下面には灰色の横縞が6本以上入り、黒いくちばしをもつところも本種と異なる。

◂タニンバルアオバズクは、モルッカアオバズク（No.249）やハルマハラアオバズク（No.250）とは生息域が地理的に離れているものの、かつては同じ種とされていた。10月、インドネシアのタニンバル諸島にて（写真：ジェームズ・イートン）

252 シュイロアオバズク [CINNABAR HAWK OWL]
Ninox ios

全長 22cm（1例）　体重 78g（1例）　翼長 172mm（1例）

別名　Cinnabar Boobook

外見　小型で、羽角はない。雌雄の体格差についてはデータが1例しかないため不明だが、体はメスのほうがわずかに大きいと思われる。雌雄ともに頭頂部から首の後ろ、体部上面にかけては濃い赤褐色で、肩羽にのみ三角形の白斑が散る。翼は全体的に細くて先端が尖り、初列風切［訳注：風切羽のうち、人の手首の先に相当する部分から生えている羽毛］には栗色と茶色のぼんやりとした横縞が見られる。比較的長い栗色の尾には、茶色の横縞がうっすらと数本入る。顔盤は未発達で、眉斑もはっきりしておらず、額は頭頂部よりやや色が薄い。目は黄色く、まぶたは縁がピンク。くちばしは象牙色で、蝋膜［訳注：上のくちばし付け根を覆う肉質の膜］はくすんだ黄色。体部下面は鮮やかな赤褐色で、淡い黄色の細い筋状の模様が入る。ふ蹠［訳注：趾（あしゆび）の付け根からかかとまで］はかなり細くて短く、黄褐色の羽毛が趾の付け根まで生えている。その趾は黄白色で、象牙色の爪はさほど力が強くない。［幼鳥］不明。

鳴き声　乾いた声で、扉をノックをするような「ジュック・ジュック」という音を発し、さらにこの2音節を、音程を上げ下げしながら10秒間隔で繰り返す。

獲物と狩り　主に飛んでいる昆虫を、見通しの良い木の枝から飛びかかって捕まえる。

生息地　標高1,100〜1,700mの山林に棲む。チャバラアオバズク（№241）とは生息域が重なるが、本種のほうがより標高の高い場所を好むようだ。

現状と分布　インドネシアのスラウェシ島に固有の種。本種の正基準標本が採集されたのは同島北部で、1985年のことだった。その後、島の中央部でも目撃されたが、報告件数は10件にも満たない。このことから本種は希少と考えられるが、全容を把握できているとは言えない。また、現地の食肉市場ではコウモリを捕獲するためにネットを仕掛けているため、不幸にしてそれにかかって個体数が減少している可能性もある。

地理変異　亜種のない単型種。

類似の種　ほぼ全身が一様に赤褐色から栗色のアオバズク属は本種のみ。また、スラウェシ島に棲むアオバズク類はいずれも本種より大きい。

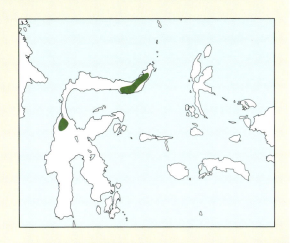

▶シュイロアオバズクはほぼ全身がむらのない赤褐色。スラウェシ島でもっとも小さいアオバズクで、チャバラアオバズク（№241）よりも高地に棲む。3月、インドネシアはスラウェシ島のアンバン山にて（写真：フィリップ・ヴェルベレン）

253 | トギアンアオバズク [TOGIAN HAWK OWL]
Ninox burhani

全長 25cm（1例）　体重 98～100g　翼長 183～184mm

別名　Togian Boobook
外見　小型で、羽角はない。雌雄の体格差に関するデータはない。頭頂部から首の後ろ、体部上面にかけては濃い茶色で、白色か淡黄褐色の小さな斑点と横縞が入る。焦げ茶色の風切羽には白色と黄色がかったオリーブ色の斑点があり、初列風切 [訳注：風切羽のうち、人の手首の先に相当する部分から生えている羽毛] には三角形の白斑も見られる。尾はやや長く、暗い灰茶色の地に横縞が入る。茶色の顔盤は未発達で、黄色みを帯びた明るいオリーブ色の眉斑がやや目立つ。目は黄色かオレンジがかった黄色で、クリーム色から灰色のくちばしは嘴峰が淡い緑色。胸には赤褐色の部分があり、体部下面の残りの部分は白に近い色のまだらで、茶色の縦縞が入る。やや細いふ蹠 [訳注：趾（あしゆび）の付け根からかかとまで] は裸出しているが、趾には剛毛羽が生え、爪は黒色。[幼鳥] 不明。
鳴き声　しわがれた、きしるような声で「クゥク、クゥク・ククゥク」と発する。この鳴き声は、生息域を共にするアオバズク類のいずれともまったく異なる
獲物と狩り　記録なし。
生息地　低地の熱帯林に棲むが、人里に近い庭園の植え込みなどでも見られる。
現状と分布　インドネシアはスラウェシ島中部のトミニ湾内に連なるトギアン諸島に固有の種。現状の詳細は不明だ

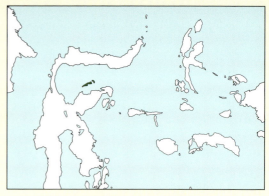

が、ごく限られた生息域のわりに個体数は多いようだ。ただし、本種が棲む小さな島々でも森林伐採が進んでいる。
地理変異　亜種のない単型種。
類似の種　生息域が異なるチョコレートアオバズク（No.230）は本種よりやや大きく、腹部の縦縞が明瞭。生息域がごく近いチャバラアオバズク（No.241）は体部上面が濃い栗色で、黒っぽい頭頂部に模様がなく、体部下面は黄褐色。やはり生息域が近接するフイリアオバズク（No.247）は白色の喉が際立ち、胸の上部にある大きな白斑と、白斑の入った茶色の横縞も目を引く。生息域が異なるシュイロアオバズク（No.252）は眉斑が不明瞭で、全体的に赤褐色。

◀トギアンアオバズクのつがい。いずれの個体も程度の差こそあれ、胸に赤褐色の部分がある。10月、インドネシアのバトゥダカ島にて（写真：ブラム・ドゥミュレミースター）

254 コアオバズク [LITTLE SUMBA HAWK OWL]
Ninox sumbaensis

全長 23cm（1例）　体重 90g（1例）　翼長 176mm（1例）　翼開長 57cm（1例）

<u>別名</u>　Little Sumba Boobook
<u>外見</u>　小型で、羽角はない。雌雄の体格差に関するデータはない。体部上面は灰茶色で、頭頂部から首の後ろにかけては微細な白色の横縞とまだら、背中には黒褐色の細密な波線模様がある。肩羽は白い部分が大きく、1本1本の羽毛には色の濃い縦横の縞模様があるため、肩を横切るように白色の帯模様ができている。初列風切と次列風切［訳注：風切羽のうち、人の手首の先に相当する部分から生えているのが初列風切。肘から先の部分から生えているのが次列風切］には赤みのある灰褐色と暗い茶色の横縞、尾には約16本の暗い茶色の横縞が入る。顔盤は灰茶色が淡く、やや不明瞭で、目立った縁取りもないが、白色の眉斑と黄色の目が際立つ。くちばしは黄緑色で、蝋膜［訳注：上のくちばし付け根を覆う肉質の膜］は黄色。喉は赤褐色の地に濃色の細密な波線模様があり、白に近い淡黄褐色の体部下面にも細かいV字が連なって同様の模様ができている。ふ蹠［訳注：趾（あしゆび）の付け根からかかとまで］は羽毛に覆われ、灰色がかった黄色の趾には剛毛羽が生える。黄色みを帯びた爪は、先端が黒に近い灰色。［幼鳥］巣立ったばかりの1羽の観察例があるのみだが、その羽色はぼんやりと赤みがかかり、体部下面にV字模様がつくる細密な波線模様は見られなかった。
<u>鳴き声</u>　笛を吹くような声を2～3秒間隔で繰り返す。
<u>獲物と狩り</u>　記録なし。
<u>生息地</u>　原生林または二次林に棲み、森から外れた開けた場所は避ける傾向にある。
<u>現状と分布</u>　インドネシアは小スンダ列島のスンバ島に固有の種。森林伐採により個体数が減っているのは間違いないが、現状や生態に関するさらなる調査研究が求められる。
<u>地理変異</u>　亜種のない単型種。
<u>類似の種</u>　生息域が完全に重なるスンバアオバズク（No. 223）は本種より体がかなり大きく、目が茶色で、くちばしは黄色みを帯びた茶色。また、体部上面には白斑が密に散り、下面には茶色みの強い赤褐色の横縞が入るほか、鳴き声も大きく異なる。スンバ島にはほかに類似するフクロウはいない。

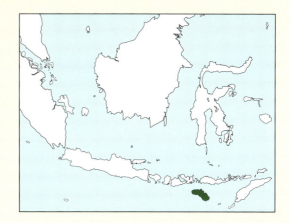

▶コアオバズクは体部下面が黄褐色で、白色の眉斑が目立つ。スンバアオバズク（No. 223）とは同じ地域に生息するが、本種のほうが体はずっと小さい。7月、スンバ島にて（写真：ジェームズ・イートン）

255 クリスマスアオバズク　[CHRISTMAS HAWK OWL]
Ninox natalis

全長 26〜29cm　体重 130〜190g　翼長 188〜200mm

別名　Christmas Boobook

外見　小型から中型で、羽角はない。雌雄を比べると、メスのほうが若干大きい。頭頂部から首の後ろにかけては明るい黄褐色で、淡黄褐色の斑点がある。背中は黄褐色の地に白っぽい淡黄褐色の斑点と暗い茶色の横縞が入り、肩羽には淡黄褐色と黄褐色の斑紋が見られる。風切羽は茶色みの強い黄土色で、暗い茶色の横縞が初列風切［訳注：風切羽のうち、人の手首の先に相当する部分から生えているのが初列風切。肘から先の部分から生えているのが次列（じれつ）風切］には5〜7本、次列風切には4〜5本入る。赤みがかった黄褐色の雨覆［訳注：風切羽の根本を覆う短い羽毛］には濃淡の斑点。比較的長い尾は濃い茶色で、赤みを帯びた明るい淡黄褐色の横縞が10本入る。栗色の顔盤には白色の眉斑がうっすらと見え、目は濃い黄色で、黒いまぶたが目立つ。くちばしは青っぽく、蝋膜［訳注：上のくちばし付け根を覆う肉質の膜］は灰色を帯びた黄色またはレモン色。腮（アゴ）の羽毛は黄褐色で、白い筋状の模様がある。体部下面は赤みを帯びた黄土色の地に、赤茶色の横縞が均等に入る。ふ蹠［訳注：趾（あしゆび）の付け根からかかとまで］は羽毛に覆われ、裸出した趾は麦わらのような黄褐色で、爪は濃色。[幼鳥] 頭部から背中にか

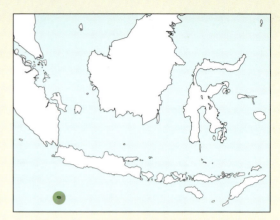

けて斑点があり、体部下面の横縞は幅広で、尾は淡い黄みのある栗色。

鳴き声　「グル・ワ・グラク」という3音節を間をおかずに、あるいは短い間をおいて繰り返す。

獲物と狩り　主に大型の昆虫を捕食し、そのほかにトカゲやヤモリ、小型の鳥類なども食べる。獲物は森の中で止まり木から飛びかかって捕まえることが多いが、街灯のまわりにいる蛾を追い回して狩ることもある。

生息地　原生雨林または二次雨林に棲むが、伐採地や人里近くでも姿が見られる。大木があることが必須かどうかは不明。

現状と分布　ジャワ島の南375kmに浮かぶクリスマス島（オーストラリア領）に固有の種。以前はごく一般的に見られたが、雨林の減少により個体数が減っており、バードライフ・インターナショナルの分類では危急種に指定されている。ただし、2004年に実施された調査では、原生林で1,000羽と二次林で少数が確認されたことから、絶滅の危機に瀕しているわけではないようだ。

地理変異　亜種のない単型種。

類似の種　クリスマス島に生息するアオバズク属は本種のみ。

◀クリスマスアオバズクは、黄色の大きな目と黒いまぶたの縁がよく目立つ。体部上面は黄褐色、下面は赤みを帯びた黄土色で、どちらにも茶色の横縞が入る。2月、オーストラリアのクリスマス島にて（写真：デヴィッド・ホランズ）

▶クリスマスアオバズクのつがい。オス（上）はメスより若干小さく、赤褐色が濃いが、どちらにも白っぽい眉斑があり、肩羽には白っぽい斑紋、風切羽には暗い茶色の横縞、雨覆には濃淡の斑点が入る。1月、オーストラリアのクリスマス島にて（写真：エリック・ソン・ジョー・タン）

256 アドミラルチーアオバズク [MANUS HAWK OWL]
Ninox meeki

全長 25〜31cm　翼長 230〜240mm

別名　Manus Boobook

外見　小型から中型で、羽角はない。雌雄の体重差に関するデータはないが、メスのほうがやや小さいとされる。羽色にも若干の雌雄差があり、オスの頭頂部が一様に赤褐色なのに対し、メスには若干の横縞または細い縦縞がある。首の後ろは雌雄ともに赤茶色で、淡黄褐色の横縞が入る。体部上面は黄土色を帯びた赤褐色の地に淡色の横縞が入り、肩羽にも同様の横縞が見られる。風切羽と尾羽には暗い茶色と白に近い色の横縞、雨覆［訳注：風切羽の根本を覆う短い羽毛］には淡色の横縞。顔盤はほぼむらのない茶色だが、黄色い目の周囲は色が薄い。青みを帯びた灰色のくちばしは先端が淡色で、その周囲には白っぽい剛毛羽が生える。喉は明るい黄褐色で、首の前部と胸の上部は白に近い淡黄褐色の地に幅の広い赤茶色の縦縞が密に入る。胸の下部から腹部にかけては錆茶色の長い縦縞が走るが、この縦縞は特に胸の下部で多く見られる。ふ蹠［訳注：趾（あしゆび）の付け根からかかとまで］は上半分が羽毛で覆われ、ふ蹠の下部と趾には剛毛羽が生える。その趾は黄色っぽいクリーム色で、象牙色の爪は先端が濃色。［幼鳥］喉はほぼ白色で、胸は模様のない褐色。雨覆には白色の横縞が多く、腰にも同様の横縞が入る。尾の横縞は幅広で淡色、体部下面の縦縞は細め。

鳴き声　しわがれた声で、徐々に速度を上げながら10音ほど続けて鳴く。

獲物と狩り　記録はないが、おそらく昆虫を主食とするものと思われる。

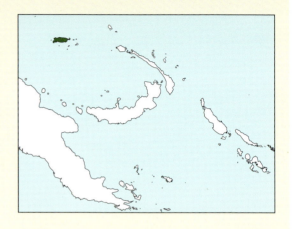

生息地　森林に棲むが、荒廃林地や水辺の耕作地、開けた場所にある木立でも見られる。

現状と分布　パプアニューギニアはビスマルク諸島のマヌス島に固有の種。現状や生態に関する調査は進んでいないが、島の大半が森林で覆われているので、生息域が限られてはいるものの絶滅の危機に瀕しているわけではないと思われる。

地理変異　亜種のない単型種。

類似の種　生息域が近接するセグロアオバズク（No. 246）は本種より体がやや小さく、体部上面がむらのない濃い茶色で、体部下面は一様に赤みの強い栗色。やはり生息域が近接するニューブリテンアオバズク（No. 248）もやや小型で、体部上面に模様がなく、体部下面には大きなまだらや帯模様、細密な波線模様が見られる。生息域が異なるニューアイルランドアオバズク（No. 257）は、体部上面が模様のない暗い茶色で、体部下面には縦縞の代わりに明瞭な横縞が入る。

◀アドミラルチーアオバズクはニューアイルランドアオバズク（No. 257）によく似ているが、本種の体部下面は白に近い淡黄褐色で、横縞ではなく赤褐色の縦縞がくっきりと入る。雌雄で頭部の色調に違いがあり、オスはむらのない赤褐色だが、メスには横縞か縦縞がある。7月、パプアニューギニアのマヌス島にて（写真：ジョン・ホーンバックル）

257 | ニューアイルランドアオバズク　[BISMARCK HAWK OWL]
Ninox variegata

全長 23～30cm　翼長 192～224mm

別名　Bismarck Boobook, New Ireland Boobook

外見　小型から中型で、羽角はない。雌雄の体格差に関するデータはない。羽色には淡色型と暗色型があるが、一般に体部上面は暗い茶色の地に、濃淡の赤褐色の斑点がうっすらと入る。頭部は灰茶の色味が強く、斑点は見られない。肩羽には白色の短い横縞と小さな斑点があるが、肩に明瞭な帯模様はできていない。茶色の初列風切と次列風切［訳注：風切羽のうち、人の手首の先に相当する部分から生えているのが初列風切。肘から先の部分から生えているのが次列風切］には白色の斑点が並んで帯をつくり、雨覆［訳注：風切羽の根本を覆う短い羽毛］には肩羽と同様の模様、尾羽には淡色の横縞が入る。顔盤もやはり茶色で、耳羽は灰茶色。目は黄色く、くちばしは黄色みを帯びた象牙色で、先端が淡色。体部下面は白地に細い横縞があるが、この横縞は淡色型ではオレンジ系赤褐色、暗色型では濃い赤褐色になる。首の前部は胸と腹より色が濃く、模様が多い。ふ蹠［訳注：趾（あしゆび）の付け根からかかとまで］は羽毛に覆われ、鈍い黄色の趾には剛毛羽が生える。爪は濃い象牙色。［幼鳥］不明。

鳴き声　カエルのような声で「クラァ・クラァ、クラァ・クラァ」と発する。

獲物と狩り　記録はないが、おそらく昆虫を主食とするものと思われる。

生息地　低地から標高1,000mまでの森林に棲む。

現状と分布　パプアニューギニアはビスマルク諸島のニューアイルランド島とニューハノーバー島（別名ラボンガイ

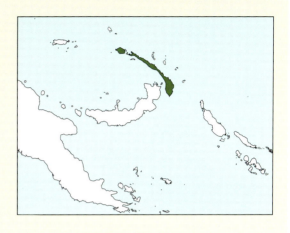

島）に固有の種。個体数はかなり多い。

地理変異　2亜種が確認されており、ニューアイルランド島に生息するのが基亜種の*variegata*。もう一方の*N. v. superior*はニューハノーバー島に棲み、体がやや大きく、羽色は淡い茶色。

類似の種　生息域が近接するニューブリテンアオバズク（No. 248）は、羽色が本種と同じ暗い茶色だが、額から頭頂部、首の後ろにかけて白に近い淡黄褐色の斑点が入り、胸の上部には淡色の小さな斑点が散る。また、尾に入る横縞は少ない。生息域が異なるアドミラルチーアオバズク（No. 256）は、体部下面に赤褐色の縦縞が目立つ。

▼ニューアイルランドアオバズクの基亜種。暗い茶色の体部上面には斑点、白色の体部下面には横縞が入る。頭頂部から首の後ろにかけては斑点がなく、胸の上部にも幅広の帯は見られない。一方、近接した島に棲むニューブリテンアオバズク（No. 248）は体がやや小さく、白に近い淡黄褐色の斑点が額から頭頂部、首の後ろにかけて散る。写真の標本はビスマルク諸島のニューアイルランド島で採集され、大英自然史博物館（トリング館）に収蔵されているもの（写真：ナイジェル・レッドマン）

258 パプアオナガフクロウ　[PAPUAN HAWK OWL]
Uroglaux dimorpha

全長 30～34cm　翼長 200～225mm

別名　New Guinea Hawk Owl

外見　小型から中型で、羽角はない。雌雄の体格差に関するデータはない。本種はアオバズク属（*Ninox*）に似ているが、本種のほうが頭部が小さく、尾が長い。体部上面は暗い茶色で、頭頂部と首の後ろには茶色から淡黄褐色の横縞、翼と尾および背中には黒褐色と淡い茶色もしくは錆茶色の帯模様が入る。白に近い顔盤には細い黒色の縦縞が走り、目は黄色で、淡い灰青色のくちばしは先端が濃色。体部下面は白に近い淡黄褐色から茶色がかった黄白色で、喉から腹部にかけてくっきりとした茶色の縦縞が入る。ふ蹠［訳注：趾（あしゆび）の付け根からかかとまで］は羽毛に覆われ、裸出した趾は黄色で、爪は黒。［幼鳥］第1回目の換羽を終えた幼鳥は成鳥より全体的に色が薄い。巣立ちを迎えるころの幼鳥は頭部と体部下面が白っぽい。

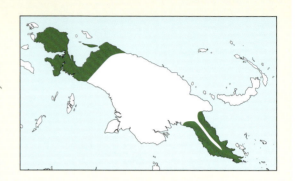

鳴き声　笛を吹くように「ポウィーーーホー」という息の長い声を発し、さらにこれを数秒間隔で繰り返す。

獲物と狩り　昆虫を主食とするが、げっ歯類やハトまでの大きさの鳥類も捕食する。

生息地　主に標高1,500mまでの雨林や、サバンナの水辺に沿って帯状に続く森林（拠水林）に棲む。

現状と分布　ニューギニア島のふたつの地域、すなわちパプアニューギニア南東部と、ヤーペン島を含むインドネシア領の西パプア州に固有の種。現状の詳細は不明だが、森林破壊の影響を受けていると思われる。

地理変異　亜種のない単型種。

類似の種　アオバズク属はいずれも目に見えて尾が短く、体部上面にくっきりとした横縞は見られない。生息域が一部で重なるアカチャアオバズク（No.220）は本種よりだいぶ大きく、体部上面と下面に細かい横縞が密に入る。

▼パプアオナガフクロウはほっそりとして頭部が小さい。体部下面は白に近い淡黄褐色から茶色がかった黄白色の地に縦縞が入るが、胸は腹部より色が濃い。くちばしは灰青色で先端の色が濃く、周囲に黒い剛毛羽が生える。目は黄色で比較的大きい。右側の写真は、驚いて翼と尾を広げているところ。7月、インドネシアの西パプア州にて（写真：エドウィン・コラーツ）

259 オニコミミズク [FEARFUL OWL]
Nesasio solomonensis

全長 約38cm　翼長 約300mm

<u>外見</u>　中型で、羽角はない。雌雄の体格差に関するデータはない。頭頂部から首の後ろ、背中にかけてはやや赤みを帯びた黄茶色か黄土色で、暗い茶色の縦縞と横縞が密に入る。黄色みの強い茶色の肩羽には茶色の筋状の縦縞と横縞があり、翼と尾には濃淡の横縞が目立つ。赤褐色の顔盤には仮面のように目を取り囲む濃色の部分があり、眉斑から目先［訳注：左右の目とくちばしの間の部分］、さらに頬にかけてつながる白色のX字型の模様が目立つ。目は暗い黄色で、黒っぽい青色のくちばしはかなり力が強い。体部下面は濃い黄土色で、暗い茶色か黒色の細い筋状の縦縞が入る。ふ蹠［訳注：趾（あしゆび）の付け根からかかとまで］は羽毛に覆われ、灰色の趾には剛毛羽が生える。爪は濃い象牙色で、くちばしと同様、かなり力強い。［幼鳥］不明。

<u>鳴き声</u>　悲しげな一声を長く伸ばしながら発する。

<u>獲物と狩り</u>　記録に乏しいが、現地の住民によると、サルに似たハイイロクスクスやオポッサムなどの有袋類、小型の鳥類を食べるとされる。

<u>生息地</u>　低地の原生林や二次林に棲む。

<u>現状と分布</u>　ソロモン諸島のブーゲンビル島（パプアニューギニア領）、チョイスル島、サンタイサベル島に固有の種。姿はまれにしか見られないが、地域によってはさほど珍しい種ではないようだ。ただし、森林破壊の影響を受けているため、バードライフ・インターナショナルの分類では危急種に指定されている。

<u>地理変異</u>　亜種のない単型種。

<u>類似の種</u>　タカに似たソロモンアオバズク（No.242）は生息域が完全に一致するが、本種より小型で、顔にX字型の模様はなく、体部下面の縦縞と横縞も少ない。さらに、体部上面にも違いが見られ、赤褐色の地に白い斑点と横縞が大量に散る。また、すでに絶滅してしまったが、ニュージーランド産のワライフクロウ（*Sceloglaux albifacies*）(69ページ参照) は色、声、大きさのすべてが本種と似ていたという。加えて、生息域も同じ南太平洋だったが、近縁種であるという証拠はなく、同じ環境に過ごしたため、外見が似る（収斂進化）ことになったと思われる。

◀ オニコミミズクは、全体的な羽色がコミミズク（No.266）に似ているが、羽角はなく、顔盤の白いX字型の模様が目立つ。くちばしは黒っぽい青色で、濃い黄土色の体部下面には濃color縦縞が入り、趾には剛毛羽が生える。10月、ソロモン諸島のサンタイサベル島にて（写真：ガイ・ダットソン）

Pseudoscops:ジャマイカズク属

260 ジャマイカズク [JAMAICAN OWL]
Pseudoscops grammicus
全長 27～34cm　翼長 197～229mm

<u>外見</u>　小型から中型で、羽角はやや長く、茶色と黒がまだらになっている。雌雄の体格差に関するデータはない。頭部と体部上面は暖かみのある黄褐色で、額と頭頂部には濃色のまだら、上背と肩羽、雨覆［訳注：風切羽（かざきりばね）の根本を覆う短い羽毛］には暗い茶色か黒の筋状の模様と細密な波線模様がある。風切羽と暖かみのある赤茶色の尾羽には濃淡の横縞。やはり暖かみのある赤茶色または淡黄褐色の顔盤は濃い色で縁取られ、ぼんやりとした白色部分も見られる。大きな目は淡い茶色で、くちばしと蝋膜［訳注：上のくちばし付け根を覆う肉質の膜］は青みがかった灰色。体部下面は上面より若干色が薄く、鈍い黄色で、濃色の長い筋状の模様と茶色の細密な波線模様がある。赤褐色の脚部は趾の付け根まで羽毛に覆われ、その趾は灰茶色。爪は濃い茶色で、先端が黒っぽい。［幼鳥］ヒナの綿羽は白。若鳥は体部上面が全体的に明るい色で、背中は淡い灰茶色、そのほかの部分はくすんだシナモン色。

<u>鳴き声</u>　調査は十分ではないが、長短さまざまな間隔で「トゥ・フゥーー」と繰り返すと思われる。また、カエルのようなしわがれ声もしばしば聞かれる。

<u>獲物と狩り</u>　大型の昆虫とクモを主食とするが、トカゲやカエル、小型の鳥類、げっ歯類なども捕食する。

<u>生息地</u>　標高の高い場所は好まず、低地の森林や山林に棲む。そのほか、木立のあるやや開けた田園地帯や、樹木のある庭園でも見られる。

<u>現状と分布</u>　カリブ海の大アンティル諸島に位置するジャマイカに固有の種。現状に関する調査はほとんどなされていないが、希少種ではないと思われる。ただし、森林破壊が続けば個体数が激減する可能性もある。

<u>地理変異</u>　亜種のない単型種とされるが、後述するトラフズク属（*Asio*）と本種との関連性を明確にするためにも、分子生物学的な研究が待たれる。

<u>類似の種</u>　コミミズク（No. 266）は本種より体が大きく、羽角はとても短い。また、ジャマイカにトラフズク属が生息するという記録はなく、カリブ海で姿を見ることがあれば、それは迷鳥であり、まれに繁殖することはあっても常在しているのではない。

◀ジャマイカズクはタテジマフクロウ（No. 265）に若干似ているが、両者の関係性を明確にするためには分子生物学的な面からの研究が必要だ。本種の体部下面は鈍い黄色で、濃色の筋状の模様と茶色の細密な波線模様が見られる。目は淡い茶色。写真は羽角を完全に直立させているところ。11月、ジャマイカにて（写真：イヴ＝ジャック・レイ＝ミレ）

Jamaican Owl：ジャマイカズク **501**

▲ジャマイカズクは小型から中型で、黄褐色の体部上面には暗い茶色か黒の筋状の模様、横縞、斑紋、そして細密な波線模様が見られる。顔は暖かみのある赤茶色または淡黄褐色。羽角は自由に立たせたり寝かせたりできる。11月、ジャマイカにて（写真：イヴ＝ジャック・レイ＝ミレ）

▶ジャマイカズクの幼鳥。頭にはまだふわふわした綿羽が残っている。1月、ジャマイカにて（写真：ポール・ノークス）

261 ナンベイトラフズク [STYGIAN OWL]
Asio stygius

全長 38～46cm　体重 591～675g　翼長 291～380mm

外見　中型で、直立した長い羽角をもつ。雌雄の体格を比べると、メスのほうが大きい。体部上面は黒褐色で、背中には淡色の斑点がある。かなり長い翼は濃い茶色で模様がほとんどないが、初列風切［訳注：風切羽のうち、人の手首の先に相当する部分から生えているのが初列風切。肘から先の部分から生えているのが次列（じれつ）風切］には淡色の斑点がつくる不明瞭な帯模様、次列風切には濃淡の横縞が見られる。煤けた濃い茶色の尾はやや短く、淡色の横縞が数本入る。顔盤は暗い茶色で、細かい白斑が入った縁取りがあり、眉斑は白くて短い。額はやや色が薄く、目は黄色からオレンジがかった黄色。くちばしは黒っぽく、蝋膜［訳注：上のくちばし付け根を覆う肉質の膜］は灰茶色。体部下面は鈍い黄色で、胸の上部に大量の濃色の斑紋、それ以外の部分には濃色の縦縞とくっきりとした横縞が入る。脚部は趾の付け根まで羽毛に完全に覆われ、茶色みのあるピンク色の趾には短い羽毛がまばらに生える。爪は濃い象牙色で、先端が黒。［幼鳥］ヒナの綿羽は白。第1回目の換羽を終えた幼鳥は鈍い黄色で、灰色の横縞が散漫に入り、顔盤と翼は黒褐色。［飛翔］

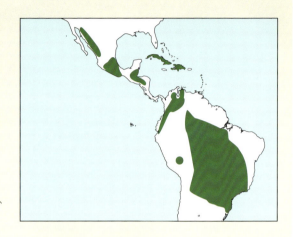

ゆっくり羽ばたき、しばしば滑空する。

鳴き声　深みのある声で「ウォフ」と強い調子で発し、さらにこれを3～5秒間隔で繰り返す。キューバに棲む亜種はこの一声が短く、間隔が長い。

獲物と狩り　通常は小型の脊椎動物と昆虫を止まり木から狙うが、コウモリを空中で狩ることもある。

生息地　湿潤な山林から半乾燥の山林に棲むが、木立があれば標高の低いやや開けた場所でも見られる。メキシコでは標高3,900mまで。

現状と分布　米国とメキシコの国境からブラジル南東部およびアルゼンチン北部に飛び石状に分布する。また、米国テキサス州のリオグランデバレー南部での迷鳥の目撃例もある。現状は不明だが、あまり鳴かないので、実際の個体数より少なく見積もられている可能性もある。

地理変異　4亜種が確認されている。基亜種の*stygius*はコロンビアからブラジル中部に生息する。*A. s. barberoi*はパラグアイおよびアルゼンチン北部からブラジル南東部に分布し、基亜種より体が大きい。メキシコからベリーズにかけて生息する*A. s. robustus*は、体部下面の色が明るい。*A. s. siguapa*はフベントゥド島を含むキューバ、イスパニオラ島、ゴナーブ島に生息する小型の亜種で、模様が白っぽい。ただし、それぞれの分布と地理変異については未知な部分も多く、さらなる調査研究が求められる。

類似の種　生息域が異なるトラフズク（No.262）は、淡黄褐色の顔盤を取り囲む縁取りが濃色。生息域が重なるタテジマフクロウ（No.265）は羽色が薄く、目は茶色。部分的に生息域が重なるコミミズク（No.266）は羽角が小さく、黄色の目を黒色の斑紋が囲む。そのほか、生息域を同じくするアメリカオオコノハズク類はいずれも体が小さい。

Eared owls：トラフズクの仲間 503

▲カリブ海の島に棲む亜種の*siguapa*は基亜種よりも色が薄いとされるが、その違いはごくわずか。4月、キューバにて（写真：ヘニー・ラマーズ）

▲▶マユグロシマセゲラの若鳥を捕らえたナンベイトラフズク。4月、キューバにて（写真：ヘニー・ラマーズ）

▶こちらも亜種の*siguapa*。顔の色も基亜種より若干薄い。12月、キューバのサパタにて（写真：クリスティアン・アルトゥソ）

◀亜種*robustus*の背中は濃色で、黒に近く、白っぽいまだらがある。7月、ベリーズにて（写真：イェライ・セミナリオ）

262 | トラフズク　[LONG-EARED OWL]
Asio otus

全長 35～40cm　体重 200～435g　翼長 252～320mm　翼開長 90～100cm

別名　Northern Long-eared Owl

外見　中型で、羽角は長く、よく目立つ。雌雄を比べると、メスはオスよりも色が濃く、体重も50～80g重い。頭頂部と体部上面は灰色がかった濃い黄土色で、頭頂部には濃色の細かいまだら、後頭部と首の後ろには黒っぽい筋状の縦縞、背中には濃色の小さな斑点と黒色の縦縞が入る。肩羽は羽軸外側の羽弁に白斑があるため、肩を横切る帯模様ができている。風切羽には濃淡の横縞が入るが、初列風切［訳注：風切羽のうち、人の手首の先に相当する部分から生えている羽毛］は黄色みの強い黄土色。尾は灰色がかった黄土色の地に濃色の細い横縞が6～8本入る。淡黄褐色の顔盤は白色と黒色で二重に縁取られ、眉斑は白くて短い。額から顔の中心部にかけては淡色の部分があり、その縁に沿って伸びる濃色のややぼんやりした縦縞は羽角にまで達するので、顔が細長く見える。目は濃いオレンジで、くちばしは黒に近く、蝋膜［訳注：上のくちばし付け根を覆う肉質の膜］は灰色。体部下面は鈍い淡黄褐色の地に黒っぽい縦縞が入り、腹部にはごく細かい横縞も見られる。翼の下面は大部分が白に近い色で、手根骨［訳注：手首にあたる部分］に濃色のコンマのような形の帯状紋がある。脚と趾は全体が黄白色の羽毛で覆われ、爪は黒。**[幼鳥]** ヒナの綿羽は白に近い色で、肌はピンク。第1回目の換羽を終えた幼鳥の羽毛はふわふわで、灰白色か白茶色の地に濃色の不明瞭な横縞が入り、顔はほぼ黒。羽角はまだ完全には発達していないが、風切羽と尾は成鳥とほぼ同じ。**[飛翔]** 2～3回ばたいたのち、長く滑空する。両翼はまっすぐ横に広がり、V字型になることはあまりない。

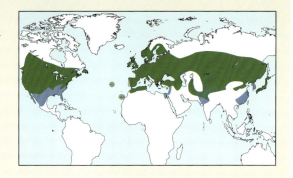

鳴き声　深みのある声で、「フゥーーー」と10～200回繰り返す。間隔は2～4秒で一定か、長短さまざま。

獲物と狩り　ハタネズミ類を中心に小型の哺乳類を主食とし、そのほかに鳥類やコウモリ、カエル、昆虫なども捕食する。通常は生け垣や林縁に沿って低空飛行しながら狩りをするが、止まり木から獲物に飛びかかることもある。

生息地　標高2,750mまでの針葉樹林や混交林で、伐採地や開けた平地のあるところを好むが、庭園や墓地、さらには植え込みのある街なかに姿を現すこともある。

現状と分布　北米ではカナダ南部からメキシコ北部にかけて広く生息し、ユーラシア大陸では英国とスカンジナビア半島を含むヨーロッパの大部分、そして東は中国北部と中部、朝鮮半島北部を経て日本まで、南はヒマラヤ山脈西部まで分布する。そのほかモロッコからチュニジアにかけてのアフリカ北部でも繁殖するが、カスピ海からアラル海にかけての地域では見られない。生息数は少なくなく、特にハタネズミ類が豊富な年には本種の個体数も増える。近年の推計によれば、ヨーロッパ中部に棲むつがいは8万2,000組とされる。また、フィンランドでは2009年に1,130の営巣が確認されたが、ハタネズミ類が激減した2010年にはその数が107にまで落ち込んだ。越冬地はメキシコ中部と南部（オアハカまで）、メキシコ湾岸、米国フロリダ州、キューバ、アフリカ大陸北部、インド北西部、中国南部。

地理変異　4亜種が確認されている。基亜種のotusはユーラシア大陸とアフリカ北部に生息する。アフリカ大陸北西のカナリア諸島に棲むA. o. canariensisは基亜種よりも体

◀メスのもとにキタハタネズミを運んできたトラフズクのオス。巣はカササギが放棄したもの。5月、ロシアのサラトフにて（写真：エフゲニー・コテレフスキー）

▶トラフズクの基亜種。体部下面には黒っぽい縦縞があり、腹部にはかすかに細かい横縞が見られる。スコットランドのスペイサイドにて（写真：フィル・マクリーン）

が小さく、体部上面と胸にまだらと細密な波線模様が多く見られ、腹部には明瞭な横縞とやや幅広の筋状の模様が入る。*A. o. wilsonianus*はカナダから米国（西部を除く）にかけて生息する亜種で、色が濃く、体部下面の横縞が明瞭。また、顔盤は赤褐色で、目は黄色。この*wilsonianus*よりも色が薄く、灰色がかった色合いの*A. o. tuftsi*は、カナダのブリティッシュコロンビア州からメキシコ北西部にかけて分布する。なお、北米に棲む*wilsonianus*と*tuftsi*は亜種に含めることを疑問視する向きもあり、基亜種の羽色二型である可能性も否定できない。

<u>類似の種</u>　生息域が異なるナンベイトラフズク（No. 261）は本種よりやや大型で、色が濃く、顔盤の縁取りは目立たない。タテジマフクロウ（No. 265）も生息域が離れており、白茶色の顔盤と茶色の目をもつ。生息域を共にするコミミズク（No. 266）は羽角がとても短く、黄色い目は黒色の縁に囲まれる。モロッコでのみ生息域が重なるアフリカコミミズク（No. 268）は目が暗い茶色で、羽角は小さい。また、羽衣は全体的に褐色で、体部下面には細密な波線模様が入る。同じ地域に生息するそのほかのアメリカオオコノハズク類やコノハズク類は体がずっと小さく、羽角もごく短い。

Eared owls：トラフズクの仲間　507

▲トラフズクの基亜種。この個体は特に顔の色が淡いことから、老齢個体であることがわかる。1月、ハンガリーにて（写真：リー・モット）

▲▶こちらもトラフズクの基亜種。胸にまだらと縦縞模様が密に入り、腹部にも細い縦縞が多く見られるが、横縞は少ない。2月、クロアチアのカルロヴァツにて（写真：マルコ・マテシク）

▶空を飛ぶトラフズクの基亜種。手根骨に濃色の短い帯状紋が見える（写真：ディーター・ホフ）

◀亜種 *wilsonianus* の顔は赤褐色で、基亜種より体部下面の横縞が目立つ。カナダのケベック州にて（写真：スコット・リンステッド）

263 アビシニアトラフズク [AFRICAN LONG-EARED OWL]
Asio abyssinicus

全長 40～44cm　体重 245～400g　翼長 309～360mm

別名　Abyssinian Long-eared Owl

外見　中型で、濃色の羽角が目立つ。雌雄の体格を比べると、メスのほうがわずかに大きい。頭頂部と体部上面は濃い金茶色で黄褐色のまだらがあるが、肩羽に明瞭な白斑は見られない。翼はとても長く、風切羽には濃淡の横縞が目立つ。灰茶色の尾には比較的幅の広い濃色の横縞。顔盤は濃い黄褐色で、黒褐色の縁取りに囲まれ、色の淡い眉斑は短くて目立たない。目は黄色みを帯びたオレンジで、くちばしは黒みを帯び、蝋膜［訳注：上のくちばし付け根を覆う肉質の膜］は灰茶色。体部下面は褐色を帯びた黄色で、胸には濃色のまだら、腹部には黄褐色と白色の横縞が不規則に入る。脚と趾は完全に羽毛に覆われ、爪は黒みのある象牙色。

[幼鳥]　詳細は不明だが、トラフズク（No.262）の幼鳥と似

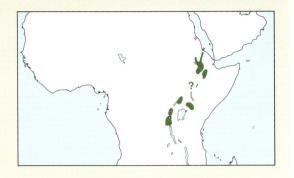

ていると思われる。

鳴き声　柔らかく深みのある声で「ウー・ウーム」と、ピッチをわずかに上げながら鳴く。

獲物と狩り　トラフズク（No.262）よりは大きな小型哺乳類（90g以下）を捕食すると報告されている。獲物は飛行しながら探し、見つけたら低空飛行で狙いを定めて襲いかかる。

生息地　さまざまなタイプの山林に棲むが、特にビャクシンなどの常緑針葉樹林やユーカリの植林地を好む。さらに常緑低木の生える荒野でも見られるほか、エチオピアでは標高1,800～3,900mの高地にも生息する。

現状と分布　アフリカ大陸東部のエチオピアとエリトリアの高地、ケニア中部（ケニア山）、ウガンダ西部、ルワンダ、コンゴ民主共和国東部に飛び石状に分布する。現状の詳細は不明だが、個体数は少ないようで、森林破壊や泥炭地の減少により絶滅の危機に瀕している地域もある。

地理変異　2亜種が確認されており、基亜種*abyssinicus*はエチオピアとエリトリアに生息する。一方の*A. a. graueri*はケニア中西部、ウガンダ中西部、ルワンダ、コンゴ民主共和国東部に分布し、基亜種より体が小さく、灰色が強い。本種はかつてはトラフズク（No.262）の亜種と考えられていた。

類似の種　生息域が異なるトラフズク（No.262）はやや小型で、翼が短く、逆に羽角は長い。また、脚とくちばしの力はさほど強くなく、顔盤は淡い色で、鳴き方も異なる。部分的に生息域が重なるアフリカコミミズク（No.268）も本種よりやや小さく、暗い茶色の目の周囲に黒褐色の部分があり、羽角はほとんど見えないほど小さい。

◀ アビシニアトラフズクの基亜種。トラフズク（No.262）よりやや大型で、体部上面はかなり黒みが強く、下面のまだらは明瞭。1月、エチオピアのディンショにて（写真：ポール・ノークス）

Eared owls：トラフズクの仲間　509

264　マダガスカルトラフズク　[MADAGASCAR LONG-EARED OWL]
Asio madagascariensis

全長 36〜51cm　翼長 260〜340mm

外見　中型からやや大型で、羽角は先細で長く、左右の間隔がかなり広い。雌雄の体格を比べると、メスのほうがかなり大きい。額と頭頂部は黒褐色の地に黄褐色の小さな斑点が散り、体部上面は黒褐色のまだらで、暗い茶色と金茶色からなる縦縞と横縞が入る。風切羽にはくっきりとした濃淡の横縞、淡い茶色の尾には比較的幅の広い濃色の横縞。顔盤は黄褐色だが、オレンジ色の目のまわりは色が濃く、細い黒色の縁取りに囲まれる。短い眉斑は色が淡く不明瞭で、くちばしは黒。体部下面は黄褐色の地に、煤色の筋状の縦縞と横縞が入る。力強い脚と趾は全体が黄褐色の羽毛に覆われ、爪は濃色。[幼鳥] ヒナの綿羽は白。第1回目の換羽を終えた幼鳥も白っぽいが、顔盤は黒っぽく、羽角がはっきりと見える。翼と尾は成鳥とほぼ同じ。

鳴き声　吠えるような声で「ハン・カン、ハン・カン」と、速度と音量を少しずつ上げながら長く続けて鳴き、最後は下がり調子でフェードアウトする。また、陽気な大声で「ウローオー」と数秒おきに繰り返すこともある。

獲物と狩り　主に大小のネズミ類や小さなキツネザルを捕食し、そのほかにコウモリや鳥類、爬虫類、昆虫も食べる。

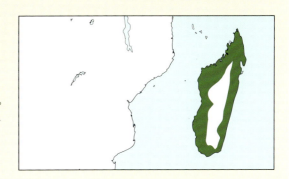

狩場は森の中、あるいは森に近い開けた場所。

生息地　標高1,800mまでの雨林や川岸に帯状に続く森林（拠水林）に棲むが、荒廃林地でも見られる。

現状と分布　アフリカ大陸南東沖のマダガスカル島に固有の種。絶滅が危惧されるほど希少と思われる。

地理変異　亜種のない単型種。

類似の種　部分的に生息域が重なるアフリカコミミズク（No. 268）は羽角がごく小さく、目は暗い茶色。

▼マダガスカルトラフズクの体部下面は色がとても薄く、濃色の細い縦縞と横縞が入る。9月、マダガスカルのペリネットにて（写真：ポール・ノークス）

▼顔盤は黄褐色で、目のまわりは色が濃く、縁取りが目立つ。眉斑と両目の間は淡色。7月、マダガスカルのペリネットにて（写真：ナイル・ペリンス）

265 タテジマフクロウ [STRIPED OWL]
Asio clamator

全長 30～38cm　体重 335～556g　翼長 228～294mm

<u>外見</u>　小型から中型で、ボサボサした黒っぽい羽角がよく目立つ。雌雄の体重を比べると、オスよりメスのほうが最大で150g重い。体部上面は黄褐色から淡黄褐色で、額から頭頂部、首の後ろにかけて濃色の縞が多く入り、背中には濃色のまだらと縦縞がある。肩羽は羽軸外側の羽弁に白斑があるため、肩を横切る帯模様ができている。翼はとても長く、暗い茶色の風切羽と尾には淡色の太い横縞が入る。顔盤は白茶色で、くっきりとした黒の縁取りで囲まれる。白色の眉斑はさほど長くはないが、その白色部分はくちばしの付け根まで続く。くちばしは黒に近い色で、目は茶色からシナモン色。喉は白く、体部下面はやや淡い黄褐色から白に近い淡黄褐色で、暗い茶色か黒色の縦縞が目立つ。ふ蹠［訳注：趾（あしゆび）の付け根からかかとまで］と趾はクリーム色の羽毛で覆われ、爪は黒。［<u>幼鳥</u>］ヒナの綿毛は白に近い。第1回目の換羽を終えた幼鳥は体部上面がくすんだ灰茶色で、横縞がまばらに入り、淡黄褐色の顔盤が煤色の羽毛で縁取られる。体部下面はくすんだ白色の地に灰茶色のまだらがあり、首の前部と胸の上部には濃色の斑点がまばらに散る。［<u>飛翔</u>］速く浅く羽ばたきながら、開けた場所を飛ぶ。

<u>鳴き声</u>　鼻にかかった声で、単音または2音続きで鳴くほか、タカにも似た高い声で笛を吹くように鳴くこともある。

いずれの鳴き声もトラフズク（No.262）のものより高音。

<u>獲物と狩り</u>　主に小型の哺乳類や鳥類、コウモリなどの小型の脊椎動物を捕食するが、大きなバッタなどの昆虫を食べることもある。獲物は飛びながら、あるいは標柱や見通しの良い枝から急降下して捕まえる。

<u>生息地</u>　開けた、あるいはやや開けたサバンナや草原を好むが、湿潤な林縁や、水田や空港の近くにも生息する。ただし、密林には棲まない。

<u>現状と分布</u>　メキシコ南部からウルグアイにかけて分布する。開けた場所を好む本種にとっては、森林破壊はむしろメリットになるかもしれない。

<u>地理変異</u>　4亜種が確認されている。基亜種の*clamator*はコロンビアからブラジル中部にかけて生息する。*A. c. oberi*はカリブ海に浮かぶトバゴ島に固有の亜種だが、1971年を最後に目撃されていない。メキシコ南部からコスタリカおよびパナマに分布する*A. c. forbesi*は、基亜種より体が小さく、色が薄い。ボリビアからウルグアイに棲む*A. c. midas*は亜種の中で体が一番大きく、色はもっとも薄い。そのほか、アンデス山脈西側斜面のエクアドルからペルーにいたる地域でも、新亜種（名称未定）が見つかっている。ただし、この新亜種の鳴き声や目の色、形態には、ほかの亜種と大きな違いが見られる。これまで本種はジャマイカズク属（*Pseudoscops*）や*Rhinoptynx*属など、さまざまな属に分類されてきたが、現在ではトラフズク属（*Asio*）に戻されている。

<u>類似の種</u>　生息域が重なるナンベイトラフズク（No.261）は羽色が濃く、顔盤は黒ずんでいて、目が黄色。

Eared owls：トラフズクの仲間　511

▲タテジマフクロウの基亜種。亜種の中ではもっとも色が濃く、体部上面と下面は黄褐色で、縦縞が明瞭。羽角は長く、白茶色の顔盤は黒色ではっきりと縁取られる。目は茶色で、眉斑と両目の間は白。11月、ブラジル南東部にて（写真：リー・ディンガン）

▲▶*midas*は亜種の中でもっとも体が大きく、色が薄い。9月、アルゼンチンのブエノスアイレスにて（写真：ジェームズ・ローウェン）

▶タテジマフクロウの幼鳥が翼を広げて、体を大きく見せている。顔盤の縁取りが特徴的で、茶色の目の間には白色のX字型の模様がくっきりと見える。5月、コスタリカのサンホセにて（写真：ダニエル・マルティネス・A）

◀亜種の*forbesi*は基亜種より小さく、色が薄い。7月、コスタリカのニコヤにて（写真：ダニエル・マルティネス・A）

266 コミミズク [SHORT-EARED OWL]
Asio flammeus

全長 34〜42cm　体重 206〜500g　翼長 281〜335mm　翼開長 95〜110cm

外見　中型で、羽角はごく小さく、ほとんど見えない。雌雄の体重を比べると、メスのほうが70gほど重い。体部上面は淡黄褐色で、濃色の縦縞と大小のまだらがある。翼の上面では、手根骨［訳注：手首にあたる部分］に濃色のはっきりとした斑紋、風切羽に濃淡の横縞、初列風切［訳注：風切羽のうち、人の手首の先に相当する部分から生えている羽毛］の付け根に淡黄褐色から白色の斑紋が見られる。わずかに凹型をした短めの尾には、浅い矢型の濃色の横縞が4〜5本入る。顔盤は淡黄褐色か白色で、濃色の小さな斑点が入った細い線で縁取られる。眉斑は白くて短く、比較的小さい黄色の目は黒色の斑紋で囲まれる。くちばしは光沢のある象牙色で、その付け根には白い剛毛羽が生え、蝋膜［訳注：上のくちばし付け根を覆う肉質の膜］は灰茶色。体部下面は鈍い淡黄褐色で、首の前部から胸の上部にかけて黒っぽい縦縞がはっきりと入るが、その縦縞は下腹部に向かうにつれて徐々に目立たなくなる。翼の下面は白っぽく、先端と手根骨は濃色。ふ蹠［訳注：趾（あしゆび）の付け根からかかとまで］と趾は淡黄褐色かクリーム色の羽毛で覆われ、爪は灰色がかった象牙色。［幼鳥］ヒナの綿羽は淡い黄土色。第1回目の換羽を終えた幼鳥の顔は黒っぽく、黄色の目と白色の眉斑が際立つ。羽衣は全体的に淡黄褐色で、煤色の横縞が入る。

［飛翔］　数回羽ばたいて滑空するので、軌跡はいくぶん波打つ。滑空する際は、翼を浅いV字型にして前方に保つが、時には翼をまっすぐ横に広げることもある。

鳴き声　飛びながら、あるいは枝にとまって「フー・フー・フー・フー・……」と、2〜4秒に20音までのペースでテンポよく発し、さらにこの一連を長短さまざまな間隔をおいて繰り返す。

獲物と狩り　ハタネズミ類を好むが、鳥類や小型の脊椎動物も捕食するし、まれに昆虫も食べる。獲物は地面近くを飛びながら探し、見つけたらその上でホバリングしてから襲いかかるか、見張り場所にしている杭の上から探し、見つけたら飛びかかって捕まえる。

生息地　田園地帯、ツンドラやサバンナ、牧草地、沼沢地、伐採地など、開けた土地に棲む。標高は4,300mまで。

現状と分布　世界各地に広く分布し、カリブ海域諸島やガラパゴス諸島など、さまざまな島にも生息する。ただし、こうした孤島に棲む個体群の分類については疑問の余地もある。生息域ではごく一般的に見られる種だが、農地開拓による生息地の減少が懸念されており、実際に世界中で個体数の減少を招いている。たとえばヨーロッパ中部では、つがいの生息数は年平均400組にまでに落ち込み、フィンランドでは、2005〜2010年の調査で確認された巣は少ない年でわずか17個、多い年でも224個にすぎなかった。なお、ユーラシアの北方に棲む個体はブリテン諸島からサヘル（サハラ砂漠南の大草原）、アジア南部、インド、フィリピン北部、ハワイ諸島西部へ、北米大陸の北方に棲む個体は米国からフロリダ州南部、メキシコ中部および中部、カリブ海の島々へ渡って冬を越す。

◀丸々と太ったユーラシアハタネズミを捕らえたコミミズク。羽角は見えない。4月、オランダにて（写真：レスリー・ヴァン・ルー）

<u>地理変異</u>　7亜種が確認されている。基亜種の*flammeus*は北方に広く分布し、*A. f. bogotensis*はコロンビアからペルーまでと、ベネズエラ、トリニダードトバゴからスリナムにかけて棲む。この*bogotensis*は基亜種より小型で色が濃く、錆茶色がかっている。ペルー南部およびブラジルから南米大陸最南端のティエラ・デル・フエゴに生息する*A. f. suinda*は基亜種によく似ていて、南米大陸南端のフォークランド諸島に棲む*A. f. sanfordi*は*suinda*よりも小型で色が濃い。ハワイに棲む*A. f. sandwichensis*は全体的に灰黄色で、絶滅危惧亜種に指定されている。*A. f. ponapensis*は南太平洋のポンペイ島（旧称ポナペ島）に生息し、翼が短い。最後の*A. f. domingensis*はキューバ、イスパニオラ島、プエルトリコに分布する亜種で、基亜種よりも体が小さく、腹部に微細な縦縞があり、顔盤の縁取りが黒っぽい。そのほかインド西部にも、羽色と声の特徴から独立種として扱われることもある亜種が存在する。これらの亜種のうち、ユーラシア大陸の北方からアジアへ渡ってくる個体は、太平洋の島々――マーシャル諸島、北マリアナ諸島、時にはハワイ北西部のクレ環礁、ミッドウェー島、ミクロネシアのヤップ島など――で迷鳥となる例も観察されている。一方、ハワイの主だった島に生息する*sandwichensis*は渡りをすることがないので、大陸に棲むコミミズクとは接することがない。そのため別種として扱うよう提唱されており、DNA配列の確認が待たれている。また、*sandwichensis*とポンペイ島に棲む*ponapensis*は区別が難しく、*ponapensis*をどう分類するか意見が割れている。ただし、この*ponapensis*も生息地が地理的に隔絶されてはいるものの、これまでのところ独立種とすべきという声は上がっていない。

<u>類似の種</u>　生息域を共にするトラフズク（No. 262）と、生息域が中南米の一部でのみ重なるタテジマフクロウ（No. 265）は、どちらも羽角が目立つ。また、生息域を同じくするメンフクロウ類は、いずれも顔盤がハート型で、目は茶色。

▼コミミズクの基亜種。スコットランド西岸のアウターヘブリディーズ諸島にて（写真：ロジャー・ウィルムシャースト）

▲ハワイに棲むコミミズクの亜種sandwichensisは、現地では「プエオ（Pueo）」と呼ばれる。外見は大陸に棲むコミミズクによく似ているが、生物地理学的な見地から、別種として扱うよう提唱されている。11月、ハワイにて（写真：キャスリーン・デュウェル）

▲◀亜種のsuindaは羽衣が濃い赤褐色。8月、アルゼンチンのブエノスアイレスにて（写真：ロベルト・ギュラー）

◀基亜種flanmeusは北方に広く分布する。北米の個体は特にくちばしと脚が強力。2月、米国ワシントン州にて（写真：ボニー・ブロック）

▼こちらもコミミズクの基亜種。日本産で、顔が非常に白っぽい。2月、日本にて（写真：榛葉忠雄）

▲草丈の低いタソックグラス（イネ科の牧草）の茂みの中でたたずむ亜種の*sanfordi*。フォークランド諸島にのみ生息するこの亜種は、大陸に棲むほかの亜種より色が濃い（写真：マーティン・B・ウィザーズ）

▶獲物を探して低空飛行しているコミミズク。2月、ベルギーにて（写真：レスリー・ヴァン・ルー）

267 ガラパゴスコミミズク [GALÁPAGOS SHORT-EARED OWL]
Asio galapagoensis

全長 約35cm 翼長 278〜288mm

外見 中型で、小さい羽角が額の中心寄りにあるが、普段は目立たない。雌雄の体重差に関するデータはないが、メスのほうが大きいとされる。頭頂部と首まわりは黄色がかった赤褐色で、幅の広い黒褐色の縦縞が入り、体部上面は溶岩のような地色に黄色がかった赤褐色と黄土色のまだらがある。初列風切［訳注：風切羽のうち、人の手首の先に相当する部分から生えているのが初列風切。肘から先の部分から生えているのが次列（じれつ）風切］には明るい黄褐色か鈍い黄色の横縞、黒褐色の次列風切には淡色の横縞。比較的短い尾は暗い茶色の地に、赤みがかった淡黄褐色の横縞が入る。黄色がかった赤褐色の顔盤に入る放射状の線模様は細くて、外側ほど色が薄くなる。目は硫黄のような黄色で、まぶたは縁が黒く、その周囲にも仮面のような黒っぽい部分が広がる。くちばしも黒く、蝋膜［訳注：上のくちばし付け根を覆う肉質の膜］は黒に近い灰色。体部下面は赤茶色で、黒褐色の縦縞が目立つ。ふ蹠［訳注：趾（あしゆび）の付け根からかかとまで］と趾は灰茶色の羽毛で覆われ、爪は黒。［幼鳥］ヒナの綿羽は茶色が混じる白。第1回目の換羽を終えた幼鳥は黄色みが強い淡黄褐色で、淡い黄色の目とその周囲の仮面のような黒い斑紋が特徴的。［飛翔］手根骨［訳注：手首にあたる部分］の濃色部分が目立つ。

鳴き声 「フー・フー・フー・フー・フー」と、1秒に5〜6音のペースで発する。この鳴き声はコミミズク（No.266）のものよりも若干ペースが速い。

獲物と狩り ミズナギドリなどの鳥類を主食とするが、ネズミ類も捕食する。狩りは開けた場所を低空飛行しながら行うことが多く、時にはカツオドリなどの自分より大柄な鳥を仕留めることもある。体の大きなカツオドリがその大きなくちばしでもって身を守れないとは驚きだが、敵の襲来に気づく間もなく首の後ろに鉤爪の一撃を加えられ、捕らえられてしまうのだ。

生息地 大きな島の開けた草原や、溶岩の広がる場所に棲む。標高は1,700mまで。

現状と分布 エクアドルから約1,000kmの沖合に浮かぶガラパゴス諸島に固有の種。本種は海洋島の厳しい環境によく適応しているが、人間による迫害を受けたり、島にもち込まれたイヌやネコ、ブタの犠牲になったりしているため、絶滅が危惧される。

地理変異 亜種のない単型種。かつてはコミミズク（No.266）の変色亜種とみなされていたが、遺伝的に長く隔離されたことから別種とされた。ただし、分類を確実なものにするにはさらなる調査研究が求められる。

類似の種 ガラパゴス諸島に棲むGalápagos Barn Owl（No.005）は体部下面に斑点が散り、顔盤はメンフクロウ類らしいハート型。さらに、濃い茶色の目の周囲に黒い斑紋がないところが本種と異なる。コミミズク（No.266）は若干体が大きくて色が薄く、羽角は目立たない。また、目の周囲の黒い斑紋は小さく、白色の眉斑が明瞭。

◀ガラパゴスコミミズクは、南米大陸に分布するコミミズクのもっとも色の濃い亜種 *A. f. bogotensis* よりも濃色。9月、ガラパゴス諸島のヘノベサ島にて（写真：フレッド・ファン・オルフェン）

▶ガラパゴスコミミズクを背後から撮影。体部上面の模様と黒っぽい顔がよく見える。9月、ガラパゴス諸島のヘノベサ島にて（写真：リー・ディンガン）

268 アフリカコミミズク [MARSH OWL]
Asio capensis

全長 29～38cm　体重 225～485g　翼長 284～380mm　翼開長 82～99cm

別名　African Marsh Owl

外見　中型で、羽角は直立するが、小さくて目立たない。雌雄を比べると、メスのほうが50gほど重く、色が濃い。体部上面はむらのない土色で、頭頂部と首の後ろには淡黄褐色の細密な波線模様が散る。翼と尾には黄褐色と暗い茶色の横縞が入り、淡黄褐色を基調とした初列風切は濃色の初列雨覆［訳注：風切羽のうち、人の手首の先に相当する部分から生えているのが初列風切で、その根本を覆う羽毛が初列雨覆］と対比をなす。顔盤は鈍い淡黄色で、濃色の細い縁取りには淡色の小さな斑点が混じる。目は暗い茶色で、その周囲は黒褐色の斑紋で囲まれ、くちばしもやはり黒っぽい。体部下面は茶色の地に淡黄褐色の細密な波線模様が散るが、下腹部では一様に淡黄褐色になる。翼の下面もほぼ淡黄褐色で、先端に黒っぽい横縞、手根骨［訳注：手首にあたる部分］に濃色の斑紋が入る。ふ蹠［訳注：趾（あしゆび）の付け根からかかとまで］と趾は大部分が羽毛に覆われ、裸出するのは濃い茶色の趾の先端のみで、爪は黒みがかる。［幼鳥］ヒナの綿羽は淡黄褐色で、肌と趾はピンク、くちばしは黒。第1回目の換羽を終えた幼鳥は体部上面に茶色の横縞が入る。顔盤は成鳥より黒っぽく、縁取りも黒。［飛翔］ゆっくりと力強く羽ばたいて滑空する。翼の上面にも下面にも手根骨部の黒い斑紋がよく見える。

鳴き声　しわがれた声で「ケルルルルルル」と、長短さまざまな間隔で繰り返す。また、急に飛び立つときには、すばやくカラスのような大声で鳴く。

獲物と狩り　小型のげっ歯類や鳥類、爬虫類、節足動物な

どを捕食する。狩りは、地表近くを飛びながら行う。

生息地　開けた田園地帯を好むが、水辺近くやサバンナにも棲む。ただし、草の茂みや森林地帯は避ける傾向にある。マダガスカルでは標高1,800mまで。

現状と分布　マダガスカル島と、アフリカ大陸北西端に位置するモロッコ北西部から南アフリカ共和国のケープ州にかけての地域に飛び石状に分布し、モーリタニアからコンゴにかけては渡り途中の個体や迷鳥が訪れることもある。サハラ砂漠以南ではよく見られるが、モロッコに棲むつがいは推定40～150組と少なく、将来的に絶滅が危惧される。ただし、本種の調査はほとんど進んでいない。

地理変異　3亜種が確認されている。基亜種の*capensis*はサハラ砂漠以南に分布し、モロッコに棲む*A. c. tingitanus*は色が濃く、体部下面は白斑が際立っている。*A. c. hova*はマダガスカル島に棲む亜種で、体が大きく、全体的にくっきりとした横縞が入る。ただし、分類を確実なものにするには分子生物学的な分析も含め、さらなる調査が必要だ。

類似の種　生息域が重なるミナミメンフクロウ（№016）は本種よりやや大きく、体部上面がオリーブ色の灰色で、下面は淡色。その顔盤はハート型で、黒い目は比較的小さい。また脚は長く、趾には剛毛羽が生える。冬季や渡りの季節に生息域が部分的に重なるコミミズク（№266）は目が黄色で、淡黄褐色の体部上面には濃色の縦縞とまだら、鈍い淡黄褐色の体部下面にはやはり濃色の縦縞が目立つ。

Eared owls：トラフズクの仲間 519

▲アフリカコミミズクの基亜種。顔が白に近い黄色で、尾に白っぽい横縞が見られ、翼の横縞は黄色がかっている。ナイジェリアにて（写真：タッソ・レヴェンティス）

▶亜種の*tingitanus*は、翼をたたむと初列風切の黄色が隠れ、背中がほぼ均質な暗い茶色となる。写真では小さな羽角が片方だけ直立している。2月、モロッコのメルジャ・ゼルガにて（写真：ダニエル・オッキアート）

◀アフリカコミミズクは翼が長く、力強く羽ばたいて飛ぶ。初列風切には大きな黄色みを帯びた部分と茶色の横縞があり、翼の上面、下面ともに手根骨には濃色の斑紋がある。写真は亜種の*tingitanus*。2月、モロッコのメルジャ・ゼルガにて（写真：ダニエル・オッキアート）

参考文献

Aebischer, A. 2008. *Eulen und Käuze*. Haupt Verlag, Bern.

BirdLife International. 2000. *Threatened Birds of the World*. Lynx Edicions and BirdLife International, Barcelona and Cambridge, UK.

Baudvin, H., Génot, J. C., & Muller, Y. 1991. *Les rapaces nocturnes*. Éditions Sang de la Terre, Paris.

Burton, J. A. (ed) 1992. *Owls of the World*. Revised Edition. Eurobook, London.

Burton, J. A., & Schwarz, J. (eds) 1986. *Eulen der Welt*. Neumann-Neudamm, Melsungen.

Chiavetta, M. 1992. *Guida ai rapaci notturni*. Zanichelli Editore, Bologna.

del Hoyo, J., Elliott, A. & Sargatal, J. (eds) 1999. *Handbook of the Birds of the World. Vol. 5. Barn-owls to Hummingbirds*. Lynx Edicions, Barcelona.

Duncan, J. R. 2003. *Owls of the World , Their Lives, Behavior and Survival*. Firefly Books, New York.

Forsman, E. D., Anthony, R. G., Dugger, K. M., Glenn, E. M., Franklin, A. B., White, G. C., Schwarz, C. J., Burnham, K. P., Anderson, D. R., Nichols, J. D., Hines, J. E., Lint, J. B., Davis, R. J., Ackers, S. H., Andrews, L. S., Biswell, B. L., Carlson, P. C., Diller, L. V., Gremel, S. A., Herter, D. R., Higley, J. M., Horn, R. B., Reid, J. A., Rockweit, J., Schaberl, J. R. Snetsinger, T. J. & Sovern, S. G. 2011. *Population Demography of Northern Spotted Owls*. University of California Press, Berkeley and Los Angeles.

Freethy, R. 1992. *Owls. A Guide for Ornithologists*. Bishopsgate Press, Hildenborough.

Fry, C. H., Keith, S. & Urban, E. K. (eds) 1988. *The Birds of Africa. Vol. III* . Academic Press, London.

Hollands, D. 1991. *Birds of the Night*. Reed Books, Balgowlah.

Hume, R. & Boyer, T. 1991. *Owls of the World*. Dragon's World, Limpsfield, Surrey.

Johnsgard, P. A. 2002. *North American Owls*. Second Edition. Smithsonian Institution Press, Washington and London.

Kemp, A. & Calburn, S. 1987. *The Owls of Southern Africa*. Struik, Cape Town.

König, C., Weick, F. & Becking, J.-H. 2008. *Owls of the World*. Second Edition. Christopher Helm, London.

Korpimäki, E. & Hakkarainen, H. 2012. *The Boreal Owl: Ecology, Behaviour, and Conservation of a Forest-dwelling Predator*. Cambridge University Press, Cambridge.

Martin, J. 2008. *Barn Owls in Britain*. Whittet Books, Yatesbury.

Martínez , J. A., Zuberogoitia, Í. & Alonso, R. 2002. *Rapaces Nocturnas Guia para la determinación de la edad y el sexo en las Estrigiformes ibéricas*. Monticola Ediciones, Madrid.

Mastrorilli, M. & Bressan, P. 2011. *Il Gufo di Palude*. Grafiche Cesina, Piacenza.

Mebs, T. & Scherzinger, W. 2008. *Die Eulen Europas*. 2. Auflage. Kosmos Verlag, Stuttgart.

Mikkola, H. 1983. *Owls of Europe*. T. & A.D. Poyser, Calton.

Mikkola, H. 1995. *Rapaces Nocturnas de Europa*. Editorial Perfils, Lleida.

Mikkola, H. 1995. *Der Bartkauz*. Die Neue Brehm-Bücherei Bd. 538. Westarp Wissenschaften, Magdeburg.

Morris, D. 2009. *Owl*. Reaktion Books, London.
（『フクロウ：その歴史・文化・生態』デズモンド・モリス著、伊達淳訳、白水社、2011年）

Newton, I., Kavanagh, R., Olsen, J. & Taylor, I. 2002. *Ecology and Conservation of Owls*. CSIRO, Collingwood.

Peeters, H. 2007. *Field Guide to Owls of California and the West*. University of California Press, Berkeley and Los Angeles.

Potapov, E. & Sale, R. 2012. *The Snowy Owl*. T & AD Poyser, London.

Sparks, J. & Soper, T. 1989. *Owls: Their natural and unnatural history*. Revised Edition. David & Charles, Newton Abbot.

Steyn, P. 1984. *A Delight of Owls. African Owls Observed*. Tanager Books, Dover, New Hampshire.

Tarboton, W. & Erasmus, R. 1998. *Owls and Owling*. Struik Publishers, Cape Town.

Tyler, H. A. & Phillips, D. 1978. *Owls by Day and Night*. Naturegraph, Happy Camp, California.

Van Nieuwenhuyse, D., Génot, J-C. & Johnson, D. H. 2008. *The Little Owl: Conservation, Ecology and Behaviour of Athene Noctua*. Cambridge University Press, Cambridge.

Voous, K. H. 1988. *Owls of the Northern Hemisphere*. Collins, London.

Weick, F. 2006. *Owls (Strigiformes) : Annotated and Illustrated Checklist. Springer*, Berlin & Heidelberg.

写真クレジット

本書に使用した写真の著作権保有者は以下の通り。

Abhishek Das: 299tl; **Adam Riley/Rockjumper Bird Tours**: 135, 253bl, 301b, 305, 382, 460; **Adam Scott Kennedy/rawnaturephoto.com**: 280l, 367tr, 413l; **Adrian Boyle/www.wildlifeimages.com.au**: 107, 108l, 453t, 458t, 458b; **Agami**: 120; **Alain Pascua**: 170, 173, 325tl, 468; **Alex Vargas**: 387l, 387r; **Ali Sadr/www.birdsofiran.com**: 271tl, 427; **Amano Samarpan**: 155bl, 275r, 404tl, 404b, 439t; **Amir Ben Dov**: 319, 320, 432br; **András Mazula**: 121; **Andrés Manuel Domínguez**: 28r, 38c, 43t, 122, 123, 317tr; **Anne Elliott**: 43b, 353; **April Conway**: 307l, 307tr, 307br; **Arpit Deomurari**: 150, 324, 325tr; **Arthur Grosset**: 221tr, 253br, 266, 278, 383tr, 388l; **Arto Juvonen/Birdphoto.fi**: 127b; **Atle Ivar Olsen**: 49b, 136; **Augusto Faustino**: 317bl; **Aurélien Audevard**: 371br; **Austin Thomas**: 429b; **Bence Mate/Agami**: 62; **Bill Baston/FLPA**: 302; **Bonnie Block**: 514bl; **Bram Demuelemeester**: 12, 59, 101, 112l, 186, 192, 294, 473, 476, 477, 478, 479, 485, 492; **Carmabi Institute/Peter van der Wolf**: 86l, 86r; **Charles Marsh**: 141l, 141r; **Ch'ien C. Lee/wildborneo.com.my**: 162; **Choy Wai Mun**: 292, 300, 322, 326; **Chris Brignell**: 17r; **Christian Artuso**: 43c, 48b, 49t, 52b, 63, 153tr, 209b, 215t, 216, 221br, 223tl, 223tr, 223b, 226, 230, 233t, 233b, 237b, 253t, 262, 264b, 301tl, 339, 359tr, 359b, 399b, 425r, 429tl, 445b, 503b; **Christian Fosserat**: 36b, 46t, 54t; **Chris Townend**: 316, 351l, 351r; **Chris van Rijswijk**: 37t, 347tl, 347b; **Chris van Rijswijk/Agami**: 23c, 34t, 77, 81bl, 81br; **Cyril Ruoso/JH Editorial/Minden Pictures/Corbis** 465; **Daniel Martínez-A**: 221tl, 310, 334r, 379r, 510, 511b; **Dan Lockshaw**: 241t; **Daniele Occhiato - www.pbase.com/dophoto**: 273t, 315, 360, 428, 431, 518, 519b; **Danny Laredo**: 36t; **Dario Lins**: 239; **Dave Watts**: 110, 111l, 463; **David Ascanio**: 244; **David Behrens**: 293; **David Hollands**: 111r, 494; **David Hosking/FLPA**: 451tl; **David Jirovsky**: 432t; **David Monticelli**: 127tr; **David Shackleford/Rockjumper Bird Tours**: 283b, 306l; **David W. Nelson**: 241b; **Deborah Allen**: 347tr; **Desmond Allen**: 161bl, 161br; **Dick Forsman**: 283t; **Dieter Hopf/Imagebroker/FLPA**: 507b; **Dominic Mitchell**: 384; **Donald M. Jones/Minden Pictures/FLPA**: 48t, 426tl; **Doug Wechsler/VIREO**: 185; **Dubi Shapiro**: 139r, 145, 398, 417; **Dušan M. Brinkhuizen**: 227b, 232, 340t; **Edwin Collaerts**: 103tl, 103tr, 498l, 498r; **Eric Didner**: 89l, 89r; **Eric Sohn Joo Tan**: 495; **Eric VanderWerf**: 304, 343; **Esko Rajala**: 41, 260, 365bl; **Evgeny Kotelevsky**: 47c, 504; **Eyal Bartov**:

48c, 79, 104, 125tr, 254; **Fabio Olmos**: 90, 211, 267b; **Filip Verbelen**: 165, 166, 167t, 167b, 191t, 196, 198, 455, 456, 457t, 457bl, 459t, 467, 491; **Frank Lambert**: 332r; **Franz Steinhauser/wedaresort.com**: 180; **Fred van Olphen**: 67b, 68t, 516; **Friedhelm Adam/Imagebroker/FLPA**: 443b; **Gaku Tozuka**: 38b, 297t; **G. Armistead/VIREO**: 402; **Gary Thoburn**: 317br, 386t, 406l, 406r; **Gehan de Silva Wijeyeratne**: 289; **Glenn Bartley**: 229, 237t; **Guilherme Gallo-Ortiz**: 337, 388r; **Guy Dutson**: 481, 499; **Han Bouwmeester/Agami**: 365tl; **Hanne & Jens Eriksen/birdsoman.com**: 128, 129b, 272, 273b, 432bl; **Hans Germeraad/Agami**: 39b; **Harri Taavetti**: 21b, 34b, 44b, 66, 151t, 303b, 352tl, 354l, 356t, 362, 363br, 365tr, 409tr, 439b, 440, 441, 464; **Harri Taavetti/FLPA**: 303t, 355; **Heimo Mikkola**: 60; **Hennie Lammers**: 503tl, 503tr; **Hira Punjabi**: 403; **Holly Kuchera**: 4; **Hugh Harrop**: 23b, 157, 352b, 438b; **HY Cheng**: 19cr, 290, 301tr, 323bl, 323br, 436; **Ian Fisher**: 47t, 80, 434, 435t, 435bl; **Ian Merrill**: 117, 144bl, 146t, 176, 199, 200, 227t, 284, 325b, 411, 423b, 472t; **James Eaton/Birdtour Asia**: 17l, 106l, 106r, 119, 153b, 161tr, 164, 175, 177, 179, 180, 182, 183, 184, 189l, 191b, 201, 327, 329, 331l, 348, 349b, 407, 454, 486, 488, 490, 493; **Jacques Erard**: 217l; **James Lowen - www.pbase.com/james_lowen**: 263r, 267t, 333l, 397t, 397bl, 426tr, 511tr; **János Oláh**: 314l, 359tl, 447; **Jan Vermeer/Minden Pictures/FLPA**: 352tr; **Jari Peltomäki/Birdphoto.fi**: 22t, 68t, 356b; **Jayesh Joshi**: 421, 422, 423tl, 423tr; **Jérôme Micheletta**: 194; **Jesus Contreras**: 54bl; **Jim & Deva Burns**: 24, 35b, 37b, 84l, 84r, 204, 205r, 212l, 213, 264tl, 346, 375l, 375r, 376, 377tr, 377br; **John Carlyon**: 413br; **John Hicks**: 461tr; **John Mittermeier**: 87; **John & Jemi Holmes**: 154, 404tr, 443t; **John Eveson/FLPA**: 276; **Jonathan Martinez**: 330; **Jonathan Newman**: 225; **Jon Groves**: 363t; **Jon Hornbuckle**: 230b, 247, 367bl, 370, 496; **José Carlos Motta-Junior**: 31, 46b, 49c, 54br, 82, 424; **Juan Matute/vultour.es**: 429tr; **Jussi Sihvo**: 19tr; **Kai Gauger**: 125b; **Karen Hargreave**: 357, 399tl; **Kathleen Deuel**: 514tr; **Kazuyasu Kisaichi**: 158, 160, 350, 466; **K.-D. B. Dijkstra**: 133l, 133r; **Keith Valentine/Rockjumper Bird Tours**: 144t; **Kenji Takehara**: 159t, 159b; **Kevin Lin**: 149; **Kleber de Burgos**: 394; **Knut Eisermann**: 212r, 214, 215b, 334l, 335, 345l, 345r, 377bl, 380, 381tl, 381tr, 381b, 446; **Konrad Wothe/Minden Pictures/FLPA** 113; **Lars Soerink/Agami**: 21t; **Lee Dingain**: 238, 313, 317tl, 511tl,

517; **Lee Mott**: 45br, 507tl; **Leif Gabrielsen**: 250b; **Lesley van Loo**: 44t, 46c, 124, 317cr, 365br, 426b, 430, 512, 515b; **Lev Frid**: 250t; **Lucas Limonta**: 246; **Lucian Coman**: 105b; **Luiz Gabriel Mazzoni**: 332l; **Manchi Shirish S.**: 94; **Mandy Etpison**: 251; **Marco Mastrorilli**: 20; **Mario Dávalos P.**: 95, 96, 97; **Marcel Holyoak**: 109l, 109r, 127tl; **Mark Bridger**: 16; **Marko Matesic**: 507tr; **Markus Lagerqvist**: 219, 220t, 220bl, 474r, 482; **Markus Lilje/Rockjumper Bird Tours**: 105t; **Martin B. Withers/FLPA**: 412, 448, 515t; **Martin Goodey**: 320; **Martin Gottschling**: 56, 438tl; **Martin Hale**: 331r, 409tl; **Martjan Lammertink**: 118, 393tr; **Mathias Putze**: 271b, 435br; **Matt Bango**: 38t, 444; **Matt Knoth**: 29bl; **Matthias Dehling**: 236, 396, 397br; **Matti Suopajärvi**: 19bl, 22b, 47b, 51, 364; **Menno van Duijn/Agami**: 21c, 365cr; **Michael & Patricia Fogden**: 218, 240, 281; **Michael R. Anton**: 102, 295tl, 295tr, 295b; **Michelle & Peter Wong**: 156l; **Mike Danzenbaker/Agami**: 146b, 147, 161tl, 205l, 206t, 210, 217r, 312, 340, 341b, 344tl, 372, 373tr, 379l, 471, 472b; **Miorenz**: 29tr; **Murray Cooper**: 393tl; **Neil Bowman/FLPA**: 228, 405, 408, 409b; **Niall Perrins**: 367, 414, 509r; **Nick Athanas**: 85t, 235; **Nick Baldwin**: 306r; **Nick Gardner/Moidjio CRCAD**: 142l; **Nigel Redman/The Natural History Museum, London**: 100, 187, 288t, 288b, 415, 497; **Nik Borrow**: 115b, 366, 368, 410, 413tr, 433, 487; **Niranjan Sant**: 44c, 151b, 152, 274, 275l, 328, 469l, 470l, 470r; **Oliver Smart**: 252, 383tl, 383b; **Ong Kiem Sian**: 323t; **Paddy Ryan**: 69r; **Peter Krejzl**: 1; **Paul Bannick/Paul Bannick.com**: 27, 202, 203, 208, 261t, 344tr, 344b, 363bl, 373tl, 373bl, 373br, 418, 420b; **Paul Noakes**: 130, 144tr, 224, 249, 399tr, 501b, 508, 509l; **Paul Smith/faunaparaguay.com**: 336; **Paul S. Wolf**: 29br; **Pei-Wen Chang**: 156r, 371bl; **Pete Morris**: 71, 139l, 140, 142r, 143, 349t, 374, 385, 386b, 400; **Phil McLean/FLPA**: 505; **Pia Öberg**: 242; **Ralph Martin**: 321b; **Ram Mallya**: 437; **Rebecca Nason/www.rebeccanason.com**: 55, 67t; **Richard Porter**: 132r; **Rick van der Weijde**: 131t, 277l, 280r; **Rob Hutchinson/Birdtour Asia**: 14, 112r, 126, 148, 169l, 169r, 171, 172, 174, 180r, 188, 189r, 193, 195, 277r, 333r, 457br, 469r, 474l, 475, 480, 489; **Robin Arundale**: 78; **Robin Chittenden**:

358, 392; **Rob McKay**: 261b; **Roberto Güller**: 514tl; **Roger Ahlman**: 222, 231, 248, 263l, 338, 416, 425l; **Roger Wilmshurst/FLPA**: 513; **Rohan Clarke/www.wildlifeimages.com.au**: 18, 35t, 91, 92l, 92r, 103b, 108r, 114, 115t, 291t, 449, 451tr, 453bl, 453br, 459b, 461tl, 461b, 462; **Rollin Verlinde/Agami**: 64; **Rolf Kunz**: 298; **Rolf Nussbaumer/FLPA**: 207; **Ronald Messemaker**: 393b; **Ron Hoff**: 44t, 45bl, 93t, 369t, 369b; **Ross McLeod**: 234l; **Roy de Haas/Agami**: 19cl, 19br, 134l, 153tl; **Russell Thorstrom**: 98, 99; **S & D & K Maslowski/FLPA**: 420t; **Sander Lagerveld**: 168, 178; **Santiago David-R**: 314r; **Scott Linstead/FLPA**: 209t, 419, 506; **Scott Olmstead**: 221bl, 243; **Sebastian K. Herzog**: 234r; **Seig Kopinitz**: 88; **Shutterstock**: 65, 70bl, 70br, 81t, 85b; **Simon Woolley**: 299tr; **Soner Bekir** 299b; **S. P. Vijayakumar**: 155t, 163l, 163r; **Stan Tekiela**: 245; **Stefan Hage**: 354r; **Stefan Hohnwald**: 393, 401; **Steve Gettle/Minden Pictures/FLPA**: 258, 259, 265, 361; **Steve Huggins**: 155t; **Stuart Elsom**: 297b, 450, 484; **Subharghya Das**: 371tl, 371tr, 438tr; **Tadao Shimba**: 451b, 514br; **Tanguy Deville**: 390, 391tl, 391tr, 391b; **Tasso Leventis**: 125tl, 134r, 137t, 137b, 255, 279, 282, 286, 308, 309, 321t, 395, 519t; **Thomas Mangelsen/Minden Pictures/FLPA**: 442; **Thomas M. Butynski**: 116l, 116r; **Thomas Vinke/Imagebroker/FLPA**: 220br; **Tim Fitzharris/Minden Pictures/FLPA**: 445t; **Tom & Pam Gardner/FLPA**: 131b, 452; **Tom Middleton**: 2–3; **Tom Vezo/Minden Pictures/FLPA**: 206b; **Toyonari Tanaka**: 155br; **Trevor Hardaker**: 138; **Tui De Roy/Minden Pictures/FLPA**: 287; **Uditha Hettige**: 180l; **Ulf Ståhle**: 132l; **Vincenzo Penteriani**: 23t, 25, 26, 39t, 40t, 40b, 50, 268, 269, 270; **Werner Müller**: 129t; **Wil Leurs/Agami**: 256r, 367tl; **Willy Ekariyono**: 291b; **Winnie Poon**: 378; **Yeray Seminario**: 311, 502; **Yves Adams/Agami**: 35c; **Yves-Jacques Rey-Millet**: 83, 500, 501t.

Cover: main image Tengmalm's Owl Aegolius funereus in flight by **Dietmar Nill/Naturepl.com**; bottom left Barred Owl Strix varia by **Cynthia Kidwell**; bottom centre Galápagos Short-eared Owl Asio galapagoensis by **Austin Thomas**; bottom right Common Scops Owl Otus scops by **Andrés Miguel Dominguez**.

索引　**523**

索 引

【和名】

アオバズク（Brown Boobook）　464
アオバズク（Northern Boobook）　466
アカアシモリフクロウ　333
アカウオクイフクロウ　307
アカオビヒナフクロウ　338
アカオビメガネフクロウ　314
アカスズメフクロウ　392
アカチャアオバズク　448
アカチャコノハズク　178
アカヒメコノハズク　133
アクンワシミミズク　278
アドミラルチーアオバズク　496
アナホリフクロウ　424
アネッタイスズメフクロウ　394
アビシニアトラフズク　508
アビシニアンワシミミズク　282
アフリカオオコノハズク　254
アフリカコノハズク　130
アフリカスズメフクロウ　366
アフリカヒナフクロウ　320
アフリカワシミミズク　280
アメリカキンメフクロウ　444
アメリカコノハズク　202
アメリカフクロウ　346
アメリカメンフクロウ　82
アメリカカワシミミズク　262
アラビアコノハズク　128
アンジュアンコノハズク　141
アンダマナアオバズク　469
アンダマンアオバズク　470
アンダマンコノハズク　181
アンダマンメンフクロウ　94
アンデスオオコノハズク　229
アンデスコノハズク　234
アンデススズメフクロウ　395
イスパニョラメンフクロウ　95
イワワシミミズク　276
インドオオコノハズク　150
インドコキンメフクロウ　436
インドモリフクロウ　324
ウオクイフクロウ　304
ウオミミズク　302
ウサンバラワシミミズク　285
ウスイロモリフクロウ　318
ウスグロワシミミズク　292
ウンムリンスズメフクロウ　378
エベレットコノハズク　171
エンガノコノハズク　165
オオコノハズク　158
オオスズメフクロウ　408
オーストラリアアオバズク　452
オーストラリアメンフクロウ　91
オオフクロウ　326
オオメンフクロウ　107
オナガフクロウ　360
オニアオバズク　450
オニコノハズク　174
オニコミミズク　499
カオカザリヒメフクロウ　416

カキイロコノハズク　251
カミギンアオバズク　478
ガラパゴスコミミズク　516
カラフトフクロウ　353
カリフォルニアスズメフクロウ　372
カンムリズク　358
キタアフリカワシミミズク　272
キマユメガネフクロウ　313
キューバスズメフクロウ　382
キンメフクロウ　440
クーパーコノハズク　210
グアテマラスズメフクロウ　380
クリイロスズメフクロウ　415
クリスマスアオバズク　494
クリセスズメフクロウ　406
クロオビヒナフクロウ　340
クロワシミミズク　286
ケープスズメフクロウ　374
ケープベルデメンフクロウ　89
ケープワシミミズク　276
コアオバズク　493
コキンメフクロウ　427
コスズメフクロウ　387
コスタリカスズメフクロウ　379
コノハズク　152
コミミズク　512
コメンフクロウ　106
コモロコノハズク　140
コヨゴジマワシミミズク　284
コリマスズメフクロウ　385
コロンビアオオコノハズク　231
コンゴニセメンフクロウ　116
ザイールスズメフクロウ　414
サバクコノハズク　126
サボテンフクロウ　418
サントメコノハズク　136
シセンフクロウ　348
シナモンオオコノハズク　232
シマフクロウ　296
ジャマイカズク　500
ジャワコノハズク　182
ジャワスズメフクロウ　407
シュイロアオバズク　491
シロエリオオコノハズク　224
シロクロヒナフクロウ　339
シロフクロウ　258
スールーアオバズク　479
ズグロオオコノハズク　238
ススイロメンフクロウ　114
スズメフクロウ　364
スピックスコノハズク　218
スラメンフクロウ　101
スリランカメンフクロウ　120
スンダコノハズク　162
スンバアオバズク　454
セーシェルコノハズク　138
セアカスズメフクロウ　410
セグロアオバズク　484
セグロキンメフクロウ　447
セブアオバズク　477

セレベスコノハズク　194
セレベスメンフクロウ　109
セレンディブコノハズク　178
ソコトラコノハズク　132
ソロモンアオバズク　481
タイワンコノハズク　148
タスマニアメンフクロウ　110
タテガミズク　357
タテジマウオクイフクロウ　308
タテジマフクロウ　510
タニンバルアオバズク　490
チャイロアメリカフクロウ　345
チャコフクロウ　336
チャバラアオバズク　480
チャバラオオコノハズク　235
チョコレートアオバズク　468
トギアンアオバズク　492
トラフズク　504
トロトロカコノハズク　145
ナンベイトラフズク　502
ナンベイヒナフクロウ　332
ニコバルコノハズク　163
ニシアメリカオオコノハズク　204
ニシアメリカフクロウ　342
ニセメンフクロウ　117
ニューアイルランドアオバズク　497
ニュージーランドアオバズク　460
ニューブリテンアオバズク　487
ニューブリテンメンフクロウ　100
ネグロコノハズク　173
ネパールワシミミズク　289
ノドジロオオコノハズク　249
ハーディスズメフクロウ　390
ハイイロコノハズク　134
ハナジロコノハズク　177
パナマオオコノハズク　217
パプアオナガフクロウ　498
ハラグロオオコノハズク　245
パラワンオオコノハズク　176
バルサスオオコノハズク　216
ハルマハラアオバズク　489
ビアクコノハズク　193
ヒガシアメリカオオコノハズク　207
ヒガシオオコノハズク　156
ヒガシメンフクロウ　102
ヒゲオオコノハズク　214
ヒゲコノハズク　212
ヒマラヤフクロウ　339
ヒメスイロメンフクロウ　113
ヒメフクロウ　370
ファラオワシミミズク　272
フイリアオバズク　485
フィリピンアオバズク　473
フィリピンワシミミズク　294
プエルトリコオオコノハズク　246
フクロウ　350
ブラジルモリフクロウ　337
フロレスオオコノハズク　183
フロレスコノハズク　184
ペルーオオコノハズク　222

ペルースズメフクロウ　398
ベンガルワシミミズク　274
ベンバオオコノハズク　135
ホイオオコノハズク　228
ボリビアスズメフクロウ　396
ボルネオコノハズク　199
マゼランワシミミズク　266
マダガスカルアオバズク　471
マダガスカルコノハズク　143
マダガスカルトラフズク　509
マダガスカルメンフクロウ　98
マヌスメンフクロウ　108
マヨットコノハズク　139
マレーウオミミズク　300
マレーモリフクロウ　322
マレーワシミミズク　290
ミナハサメンフクロウ　112
ミナミアオバズク　455
ミナミアフリカオオコノハズク　256
ミナミシマフクロウ　298
ミナミスズメフクロウ　400
ミナミメンフクロウ　104
ミナミワシミミズク　274
ミミナガオオコノハズク　239
ミンダナオアオバズク　475
ミンダナオコノハズク　185
ミンドアオバズク　474
ミンドロアオバズク　476
ミンドロコノハズク　187
ムシクイコノハズク　240
ムネアカスズメフクロウ　368
ムンタワイコノハズク　164
メガネフクロウ　310
メキシコキンメフクロウ　446
メキシコスズメフクロウ　384
メンタワイオオコノハズク　166
メンフクロウ　78
モリコキンメフクロウ　421
モリコノハズク　142
モリスズメフクロウ　403
モリフクロウ　315
モルッカアオバズク　488
モルッカコノハズク　189
ユビナガフクロウ　252
ヨーロッパコノハズク　122
ヨコジマスズメフクロウ　412
ヨコジマワシミミズク　288
ラジャーオオコノハズク　168
リュウキュウコノハズク　160
リンジャニコノハズク　188
ルソンオオコノハズク　170
ルソンコノハズク　186
ロードハウアオバズク　460
ロッキーズスズメフクロウ　375
ワシミミズク　268

【英名】
African Barred Owlet　412
African Grass Owl　104
African Long-eared Owl　508

African Marsh Owl　518
African Scops Owl　130
African Wood Owl　320
Akun Eagle Owl　278
Albertine Owlet　414
Amazonian Pygmy Owl　390
American Barn Owl　82
Andaman Barn Owl　94
Andaman Hawk Owl　470
Andaman Masked Owl　94
Andaman Scops Owl　181
Andean Pygmy Owl　395
Anjouan Scops Owl　141
Arabian Scops Owl　128
Ashy-faced Owl　95
Asian Barred Owlet　408
Austral Pygmy Owl　400
Australian Barn Owl　91
Australian Masked Owl　107
Baja Pygmy Owl　374
Balsas Screech Owl　216
Band-bellied Owl　314
Banggai Scops Owl　196
Bare-legged Owl　252
Bare-shanked Screech Owl　217
Barking Owl　452
Barn Owl　78
Barred Eagle Owl　290
Barred Owl　346
Bartels's Wood Owl　330
Bearded Screech Owl　214
Biak Scops Owl　193
Bismarck Boobook　497
Bismarck Hawk Owl　497
Black-and-white Owl　339
Black-banded Owl　340
Black-capped Screech Owl　238
Blakiston's Fish Owl　296
Boang Barn Owl　93
Bonaire Barn Owl　84
Boreal Owl　440
Brown Boobook　464
Brown Fish Owl　298
Brown Hawk Owl　464
Brown Wood Owl　326
Buff-fronted Owl　447
Buffy Fish Owl　300
Burrowing Owl　424
Camiguin Hawk Owl　478
Cape Eagle Owl　276
Cape Pygmy Owl　374
Cape Verde Barn Owl　89
Cebu Hawk Owl　477
Celebes Barn Owl　109
Celebes Masked Owl　109
Central American Pygmy Owl　387
Chaco Owl　336
Chaco Pygmy Owl　402
Chestnut-backed Owlet　406
Chestnut Owlet　415

Chinese Tawny Owl　329
Chocó Screech Owl　242
Chocolate Boobook　468
Christmas Boobook　494
Christmas Hawk Owl　494
Cinnabar Boobook　491
Cinnabar Hawk Owl　491
Cinnamon Scops Owl　133
Cinnamon Screech Owl　232
Cloud-forest Pygmy Owl　378
Cloud-forest Screech Owl　234
Coastal Screech Owl　226
Colima Pygmy Owl　385
Collared Owlet　370
Collared Pygmy Owl　370
Collared Scops Owl　156
Colombian Barn Owl　84
Colombian Screech Owl　231
Common Barn Owl　78
Common Scops Owl　122
Congo Bay Owl　116
Costa Rican Pygmy Owl　379
Crested Owl　358
Cuban Bare-legged Owl　252
Cuban Pygmy Owl　382
Cuban Screech Owl　252
Curaçao Barn Owl　86
Desert Eagle Owl　272
Dusky Eagle Owl　292
Eastern Barn Owl　91
Eastern Grass Owl　102
Eastern Screech Owl　207
Elegant Scops Owl　160
Elf Owl　418
Enggano Scops Owl　165
Etchécopar's Owlet　411
Ethiopian Little Owl　433
Eurasian Eagle Owl　268
Eurasian Pygmy Owl　364
Eurasian Scops Owl　122
Eurasian Tawny Owl　315
Everett's Scops Owl　171
Fearful Owl　499
Ferruginous Pygmy Owl　392
Flammulated Owl　202
Flores Scops Owl　184
Foothill Screech Owl　244
Forest Eagle Owl　289
Forest Owlet　421
Forest Spotted Owl　421
Fraser's Eagle Owl　284
Fulvous Owl　345
Galápagos Barn Owl　88
Galápagos Short-eared Owl　516
Giant Eagle Owl　286
Giant Scops Owl　174
Golden Masked Owl　100
Grande Comore Scops Owl　140
Great Grey Owl　353
Great Horned Owl　262

Greater Sooty Owl　114
Greyish Eagle Owl　282
Guadalcanal Boobook　482
Guatemalan Pygmy Owl　380
Guatemalan Screech Owl　245
Halmahera Boobook　489
Hantu Boobook　488
Himalayan Wood Owl　329
Hoy's Screech Owl　228
Hume's Hawk Owl　469
Hume's Owl　318
Hume's Tawny Owl　318
Indian Eagle Owl　274
Indian Scops Owl　150
Itombwe Owl　116
Jamaican Owl　500
Japanese Scops Owl　158
Javan Owlet　407
Javan Scops Owl　182
Jungle Hawk Owl　484
Jungle Owlet　403
Kalidupai Scops Owl　195
Karthala Scops Owl　140
Koepcke's Screech Owl　222
Lesser Antilles Barn Owl　87
Lesser Eagle Owl　174
Lesser Horned Owl　266
Lesser Masked Owl　106
Lesser Sooty Owl　113
Lilith Owl　431
Lilith Owlet　431
Little Owl　427
Little Sumba Boobook　493
Little Sumba Hawk Owl　493
Long-eared Owl　504
Long-tufted Screech Owl　239
Long-whiskered Owl　416
Long-whiskered Owlet　416
Luzon Hawk Owl　473
Luzon Lowland Scops Owl　170
Luzon Scops Owl　186
Madagascar Grass Owl　98
Madagascar Long-eared Owl　509
Madagascar Red Owl　98
Madagascar Scops Owl　143
Madagascar Hawk Owl　471
Magellan Horned Owl　266
Magellanic Horned Owl　266
Makira Boobook　483
Malaita Boobook　483
Malay Eagle Owl　290
Malay Fish Owl　300
Maned Owl　357
Mantanani Scops Owl　199
Manus Boobook　496
Manus Hawk Owl　496
Manus Masked Owl　108
Maria Koepcke's Screech Owl　222
Marsh Owl　518
Mayotte Scops Owl　139

Mentawai Scops Owl　166
Mexican Wood Owl　334
Milky Eagle Owl　286
Minahassa Masked Owl　112
Mindanao Hawk Owl　475
Mindanao Lowland Scops Owl　171
Mindanao Scops Owl　185
Mindoro Hawk Owl　474
Mindoro Scops Owl　187
Mohéli Scops Owl　142
Moluccan Boobook　488
Moluccan Hawk Owl　488
Moluccan Masked Owl　106
Moluccan Scops Owl　189
Montane Forest Screech Owl　228
Mottled Owl　332
Mottled Wood Owl　324
Mountain Pygmy Owl　375
Mountain Scops Owl　148
Mountain Wood Owl　331
Negros Scops Owl　173
New Britain Boobook　487
New Britain Masked Owl　100
New Guinea Hawk Owl　498
New Ireland Boobook　497
Nias Wood Owl　328
Nicobar Scops Owl　163
Northern Boobook　466
Northern Hawk Owl　360
Northern Little Owl　434
Northern Long-eared Owl　504
Northern Pygmy Owl　372
Northern Saw-whet Owl　444
Northern Tawny-bellied Screech
　Owl　235
Northern White-faced Owl　254
Oaxaca Screech Owl　211
Ochre-bellied Boobook　480
Ochre-bellied Hawk Owl　480
Oriental Bay Owl　117
Oriental Scops Owl　152
Pacific Pygmy Owl　398
Pacific Screech Owl　210
Palau Owl　251
Palau Scops Owl　251
Palawan Scops Owl　176
Pallid Scops Owl　126
Papuan Boobook　484
Papuan Hawk Owl　498
Pearl-spotted Owl　366
Pearl-spotted Owlet　366
Pel's Fishing Owl　304
Pemba Scops Owl　135
Pere David's Owl　348
Pernambuco Pygmy Owl　389
Peruvian Pygmy Owl　398
Peruvian Screech Owl　224
Pharaoh Eagle Owl　272
Philippine Eagle Owl　294
Philippine Hawk Owl　473

Powerful Owl　450
Puerto Rican Screech Owl　246
Rainforest Scops Owl　143
Rajah Scops Owl　168
Red Boobook　462
Red-chested Owlet　368
Red-chested Pygmy Owl　368
Reddish Scops Owl　178
Ridgway's Pygmy Owl　376
Rinjani Scops Owl　188
Rio Napo Screech Owl　247
Rock Eagle Owl　274
Romblon Hawk Owl　476
Roraima Screech Owl　244
Rufescent Screech Owl　229
Rufous Fishing Owl　307
Rufous-banded Owl　338
Rufous-legged Owl　333
Rufous Owl　448
Russet Boobook　487
Russet Hawk Owl　487
Rusty-barred Owl　337
Ryukyu Scops Owl　160
Sandy Scops Owl　133
Sangihe Scops Owl　198
Santa Catarina Screech Owl　239
Santa Marta Screech Owl　230
São Tomé Barn Owl　90
São Tomé Scops Owl　136
Serendib Scops Owl　180
Seychelles Scops Owl　138
Shelley's Eagle Owl　288
Short-browed Owl　312
Short-eared Owl　512
Siau Scops Owl　197
Sichuan Wood Owl　348
Sick's Pygmy Owl　388
Simeulue Scops Owl　164
Singapore Scops Owl　169
Sjöstedt's Owlet　410
Snowy Owl　258
Socotra Scops Owl　132
Sokoke Scops Owl　134
Sooty Eagle Owl　278
Southern Boobook　455
Southern Tawny-bellied Screech
　Owl　236
Southern White-faced Owl　256
Speckled Boobook　485
Speckled Hawk Owl　485
Spectacled Owl　310
Spot-bellied Eagle Owl　289
Spotted Eagle Owl　280
Spotted Little Owl　436
Spotted Owl　342
Spotted Owlet　436
Spotted Wood Owl　322
Sri Lanka Bay Owl　120
Striated Scops Owl　126
Striped Owl　510

Stygian Owl 502
Subtropical Pygmy Owl 394
Sula Scops Owl 192
Sulawesi Golden Owl 112
Sulawesi Masked Owl 109
Sulawesi Scops Owl 194
Sulu Hawk Owl 479
Sumba Boobook 454
Sunda Scops Owl 162
Taliabu Masked Owl 101
Tamaulipas Pygmy Owl 384
Tanimbar Boobook 490
Tasmanian Boobook 463
Tasmanian Masked Owl 110
Tawny-browed Owl 313
Tawny Fish Owl 302
Tawny Owl 315
Tengmalm's Owl 440
Togian Boobook 492
Togian Hawk Owl 492
Torotoroka Scops Owl 145
Tropical Screech Owl 218
Tucuman Pygmy Owl 402
Tumbes Screech Owl 226
Unspotted Saw-whet Owl 446
Ural Owl 350
Usambara Eagle Owl 285
Variable Screech Owl 238
Vermiculated Eagle Owl 282
Vermiculated Fishing Owl 308
Vermiculated Screech Owl 240
Verreaux's Eagle Owl 286
Visayan Lowland Scops Owl 173
Wallace's Scops Owl 183
West Solomons Boobook 481
West Solomons Hawk Owl 481
Western Barn Owl 78
Western Screech Owl 204
Wetar Scops Owl 190
Whiskered Screech Owl 212
White-browed Hawk Owl 471
White-fronted Scops Owl 177
White-throated Screech Owl 249
Yungas Pygmy Owl 396
Yungas Screech Owl 228

【学名】

Aegolius acadicus 444
Aegolius funereus 440
Aegolius harrisii 447
Aegolius ridgwayi 446
Asio abyssinicus 508
Asio capensis 518
Asio clamator 510
Asio flammeus 512
Asio galapagaensis 516
Asio madagascariensis 509
Asio otus 504
Asio stygius 502
Athene brama 436

Athene cunicularia 424
Athene lilith 431
Athene noctua 427
Athene plumipes 434
Athene spilogastra 433
Bubo africanus 280
Bubo ascalaphus 272
Bubo bengalensis 274
Bubo blakistoni 296
Bubo bouvieri 308
Bubo bubo 268
Bubo capensis 276
Bubo cinerascens 282
Bubo coromandus 292
Bubo flavipes 302
Bubo ketupu 300
Bubo lacteus 286
Bubo leucostictus 278
Bubo magellanicus 266
Bubo nipalensis 289
Bubo peli 304
Bubo philippensis 294
Bubo poensis 284
Bubo shelleyi 288
Bubo sumatranus 290
Bubo ussheri 307
Bubo virginianus 262
Bubo vosseleri 285
Bubo zeylonensis 298
Glaucidium bolivianum 396
Glaucidium brasilianum 392
Glaucidium brodiei 370
Glaucidium californicum 372
Glaucidium cobanense 380
Glaucidium costaricanum 379
Glaucidium gnoma 375
Glaucidium griseiceps 387
Glaucidium hardyi 390
Glaucidium hoskinsii 374
Glaucidium jardinii 395
Glaucidium minutissimum 389
Glaucidium nana 400
Glaucidium nubicola 378
Glaucidium palmarum 385
Glaucidium parkeri 394
Glaucidium passerinum 364
Glaucidium perlatum 366
Glaucidium peruanum 398
Glaucidium ridgwayi 376
Glaucidium sanchezi 384
Glaucidium sicki 388
Glaucidium siju 382
Glaucidium tephronotum 368
Glaucidium tucumanum 402
Gymnoglaux lawrencii 252
Heteroglaux blewitti 421
Jubula lettii 357
Lophostrix cristata 358
Megascops albogularis 249
Megascops asio 207

Megascops atricapilla 238
Megascops barbarus 214
Megascops centralis 242
Megascops choliba 218
Megascops clarkii 217
Megascops colombianus 231
Megascops cooperi 210
Megascops 'gilesi' 230
Megascops guatemalae 245
Megascops hoyi 228
Megascops ingens 229
Megascops kennicottii 204
Megascops koepckeae 222
Megascops lambi 211
Megascops marshalli 234
Megascops napensis 247
Megascops nudipes 246
Megascops pacificus 226
Megascops petersoni 232
Megascops roboratus 224
Megascops roraimae 244
Megascops sanctaecatarinae 239
Megascops seductus 216
Megascops trichopsis 212
Megascops usta 236
Megascops vermiculatus 240
Megascops watsonii 235
Micrathene whitneyi 418
Nesasio solomonensis 499
Ninox affinis 470
Ninox boobook 455
Ninox burhani 492
Ninox connivens 452
Ninox forbesi 490
Ninox granti 482
Ninox hypogramma 489
Ninox ios 491
Ninox jacquinoti 481
Ninox japonica 466
Ninox leucopsis 463
Ninox leventisi 478
Ninox lurida 462
Ninox malaitae 483
Ninox meeki 496
Ninox mindorensis 474
Ninox natalis 494
Ninox novaeseelandiae 460
Ninox obscura 469
Ninox ochracea 480
Ninox odiosa 487
Ninox philippensis 473
Ninox punctulata 485
Ninox randi 468
Ninox reyi 479
Ninox rudolfi 454
Ninox rufa 448
Ninox rumseyi 477
Ninox scutulata 464
Ninox spilocephala 475
Ninox spilonota 476

Ninox squamipila 488
Ninox strenua 450
Ninox sumbaensis 493
Ninox superciliaris 471
Ninox theomacha 484
Ninox variegata 497
Nyctea scandiaca 258
Otus alfredi 184
Otus alius 163
Otus angelinae 182
Otus bakkamoena 150
Otus balli 181
Otus beccarii 193
Otus brookii 168
Otus brucei 126
Otus capnodes 141
Otus cnephaeus 169
Otus collari 198
Otus elegans 160
Otus enganensis 165
Otus everetti 171
Otus fuliginosus 176
Otus gurneyi 174
Otus hartlaubi 136
Otus icterorhynchus 133
Otus insularis 138
Otus ireneae 134
Otus jolandae 188
Otus kalidupae 195
Otus lempiji 162
Otus lettia 156
Otus longicornis 186
Otus madagascariensis 145
Otus magicus 189
Otus manadensis 194
Otus mantananensis 199
Otus mayottensis 139
Otus megalotis 170
Otus mendeni 196
Otus mentawi 166
Otus mindorensis 187
Otus mirus 185
Otus moheliensis 142
Otus nigrorum 173
Otus pamelae 128
Otus pauliani 140
Otus pembaensis 135
Otus rufescens 178
Otus rutilus 143
Otus sagittatus 177
Otus scops 122
Otus semitorques 158
Otus siaoensis 197
Otus silvicola 183
Otus socotranus 132
Otus spilocephalus 148
Otus sulaensis 192
Otus sunia 152
Otus tempestatis 190
Otus thilohoffmanni 180

Otus umbra 164
Phodilus assimilis 120
Phodilus badius 117
Pseudoscops grammicus 500
Psiloscops flammeolus 202
Ptilopsis granti 256
Ptilopsis leucotis 254
Pulsatrix koeniswaldiana 313
Pulsatrix melanota 314
Pulsctrix perspicillata 310
Pulsatrix pulsatrix 312
Pyrroglaux podarginus 251
Strix albitarsis 338
Strix aluco 315
Strix bartelsi 330
Strix butleri 318
Strix chacoensis 336
Strix davidi 348
Strix fulvescens 345
Strix huhula 340
Strix hylophila 337
Strix leptogrammica 326
Strix nebulosa 353
Strix newarensis 331
Strix niasensis 328
Strix nigrolineata 339
Strix occidentalis 342
Strix ocellata 324
Strix rufipes 333
Strix seloputo 322
Strix squamulata 334
Strix uralensis 350
Strix varia 346
Strix virgata 332
Strix woodfordii 320
Surnia ulula 360
Taenioglaux albertina 414
Taenioglaux capense 412
Taenioglaux castanea 415
Taenioglaux castanonota 406
Taenioglaux castanoptera 407
Taenioglaux cuculoides 408
Taenioglaux etchecopari 411
Taenioglaux radiata 403
Taenioglaux sjostedti 410
Tyto alba 78
Tyto aurantia 100
Tyto bargei 86
Tyto capensis 104
Tyto castanops 110
Tyto crassirostris 93
Tyto delicatula 91
Tyto deroepstorffi 94
Tyto detorta 89
Tyto furcata 82
Tyto glaucops 95
Tyto inexspectata 112
Tyto insularis 87
Tyto longimembris 102
Tyto manusi 108

Tyto multipunctata 113
Tyto nigrobrunnea 101
Tyto novaehollandiae 107
Tyto prigoginei 115
Tyto punctatissima 88
Tyto rosenbergii 109
Tyto sororcula 106
Tyto soumagnei 98
Tyto tenebricosa 114
Tyto thomensis 90
Uroglaux dimorpha 498
Xenoglaux loweryi 416

【属名：学名（和名）】

Aegolius（キンメフクロウ属）　440-447
Asio（トラフズク属）　502-519
Athene（コキンメフクロウ属）　424-439
Bubo（ワシミミズク属）　262-309
Glaucidium（スズメフクロウ属）　364-402
Gymnoglaux（ユビナガフクロウ属）
　252-253
Heteroglaux（属）　421-423
Jubula（属）　357
Lophostrix（カンムリズク属）　358-359
Megascops（属）　204-250
Micrathene（サボテンフクロウ属）
　418-420
Nesasio（オニコミミズク属）　499
Ninox（アオバズク属）　448-497
Nyctea（シロフクロウ属）　258-261
Otus（コノハズク属）　122-201
Phodilus（ニセメンフクロウ属）　117-121
Pseudoscops（ジャマイカズク属）
　500-501
Psiloscops（属）　202-203
Ptilopsis（アフリカオオコノハズク属）
　254-257
Pulsatrix（メガネフクロウ属）　310-314
Pyrroglaux（カキイロコノハズク属）　251
Strix（フクロウ属）　315-356
Surnia（オナガフクロウ属）　360-363
Taenioglaux（属）　403-415
Tyto（メンフクロウ属）　78-116
Uroglaux（属）　498
Xenoglaux（ナガヒゲコノハズク属）
　416-417

【著者】

ハイモ・ミッコラ(Heimo Mikkola)

世界的に著名なフクロウ研究家。1965年、フィンランドのオウル大学にてフクロウをはじめとする猛禽類の研究を始め、のちに同国のクオピオ大学に研究拠点を移す。研究の主眼はヨーロッパに棲むフクロウ、特にカラフトフクロウ(*Strix nebulosa*)の生態。約50年にわたるキャリアの中で、フクロウとの出会いを求めて訪れた国は128カ国に及ぶ。著書に『Owls of Europe(ヨーロッパのフクロウ)』(Poyser)などがある。

【監修者】

早矢仕有子(はやし・ゆうこ)

北海学園大学工学部教授。大阪府出身。北海道大学大学院農学研究科在学時より、北海道に生息する絶滅危惧種シマフクロウの生態と保全を研究対象とし、現在に至る。札幌大学教授などを経て2017年より現職。博士(農学)。主な著書(分担執筆)に『日本の希少鳥類を守る』(京都大学学術出版会)、『野生動物の餌付け問題』(地人書館)など。

【訳者】

五十嵐友子(いがらし・ともこ)

翻訳家。主な訳書に『世界で一番美しいフクロウの図鑑』『世界で一番美しい猫の図鑑』(いずれもエクスナレッジ)、『生物30億年の進化史』(ニュートンプレス)、『イラストでわかる! ジュニア科学辞典』(成美堂出版)など。

世界のフクロウ全種図鑑

2018 年 9 月 1 日　初版第 1 刷発行

著者	ハイモ・ミッコラ
監修者	早矢仕有子
訳者	五十嵐友子
発行者	澤井聖一
発行所	株式会社エクスナレッジ
	〒106-0032 東京都港区六本木7-2-26
	http://www.xknowledge.co.jp/

編集	Tel：03-3403-1381／Fax：03-3403-1345
	mail：info@xknowledge.co.jp
販売	Tel：03-3403-1321／Fax：03-3403-1829

無断転載の禁止
本書の内容(本文、図表、イラストなど)を当社および著作権者の承諾なしに無断で転載(翻訳、複写、データベースへの入力、インターネットでの掲載など)することを禁じます。